FUNDAMENTOS DE QUÍMICA ORGÁNICA PARA CIENCIAS DE LA SALUD

VOLUMEN II
REACTIVIDAD DE GRUPOS FUNCIONALES

FUNDAMENTOS DE QUÍMICA ORGÁNICA PARA CIENCIAS DE LA SALUD

VOLUMEN II
REACTIVIDAD DE GRUPOS FUNCIONALES

María Eugenia González Rosende
Vicente Soler Martínez

EDITORIAL SINTESIS

Vallehermoso, 34 - 28015 Madrid
Teléf.: 91 593 20 98
http://www.sintesis.com

ISBN: 978-84-9171-092-9
ISBN obra completa: 978-84-9171-104-9
Depósito Legal: M-32.113-2017

Impreso en España - Printed in Spain

ÍNDICE

PRÓLOGO

El plan de convergencia europea hacia el Espacio Europeo de Educación Superior, así como la implantación de una normativa de calidad en las universidades españolas, implica un importante proceso de innovación académica. En este sentido, es necesario, un cambio en el enfoque docente basado en el aprendizaje, de manera que permita valorar si el estudiante ha alcanzado, no solo conocimientos, sino también competencias previamente definidas, convirtiéndose el proceso de aprendizaje del alumno en el eje fundamental del proyecto formativo.

La obra *Fundamentos de química orgánica para ciencias de la salud* es un texto de conceptos básicos de química orgánica, orientado hacia los estudios de grado de ciencias experimentales y de la salud.

El libro utiliza el enfoque del aprendizaje activo, basado en las *competencias* que se deben alcanzar, convirtiéndose el estudiante en un participante activo en el proceso educativo.

La resolución de problemas resulta esencial en el aprendizaje de la química orgánica y permite su empleo en la *enseñanza activa* de la materia. Cada competencia se refuerza con numerosos problemas. El libro incluye ejercicios resueltos y ejercicios propuestos, que el estudiante debe trabajar de forma autónoma, y que posteriormente serán objeto de discusión en los seminarios de la materia.

Se ha prestado una atención especial en considerar la aplicación práctica de la química orgánica en las ciencias de la salud, lo que permite al alumno reconocer la especial relevancia en el mundo de la salud de los conceptos estudiados y relacionarlos con otras disciplinas que se imparten en las titulaciones de salud, como química farmacéutica, farmacología o fitoterapia.

Con este objeto, se ha incluido en todos los capítulos un ejemplo de aplicación en el ámbito de la salud que resulte atractivo a los alumnos, desde las fuerzas de enlace en la unión de los fármacos con las dianas terapéuticas y la importancia del pH en la distribución de las sulfonamidas antibacterianas, hasta el desarrollo de los antibióticos β-lactámicos y fármacos intercalantes que actúan sobre el ADN, pasando por agentes alquilantes como antineoplásicos, el diseño racional de los primeros agentes quimioterápicos antitumorales, la desactivación controlada del relajante muscular atracurio mediante una eliminación de Hofmann, la farmacomodulación de la testosterona, los fenilpropenos como carminativos de origen natural, el diseño de fármacos antiparkinsonianos inhibidores de la MAO, o los profármacos de corticosteroides.

Para ajustarlos a la nueva ordenación de los grados universitarios en cuatrimestres, los contenidos de esta obra se han estructurado en dos volúmenes. El primer volumen, *Estructura y enlace*, está organizada en siete capítulos. En ellos se incluyen conceptos generales relacionados con la estructura, el enlace y la reactividad de los compuestos orgánicos y responden a los objetivos de un primer cuatrimestre. En el volumen II, *Reactividad de grupos funcionales*, se desarrolla de forma sistemática los distintos grupos funcionales, que corresponde a objetivos que se impartirían en cuatrimestres posteriores.

Cada capítulo comienza con la descripción del contenido conceptual seguido de los objetivos de aprendizaje y las competencias que el alumno debe alcanzar al finalizar el capítulo, acompañado de una brevísima introducción a este y un glosario con las palabras clave que aparecerán en el capítulo. Además, al final, los capítulos incluyen un ejemplo de aplicación en ciencias de la salud de conceptos estudiados y un resumen de la naturaleza, propiedades y reacciones descritas en el capítulo.

Esta obra se presenta como una herramienta útil para facilitar el trabajo, tanto individual como en grupo, de los alumnos. La disposición intercalada de conceptos teóricos con ejercicios resueltos y propuestos permite emplear este libro en la *enseñanza activa*, dentro y fuera del aula.

Al resolver problemas y cuestiones el alumno comprobará su progreso en la comprensión de los conceptos que va adquiriendo. Deseamos que este libro facilite la organización del estudio y el aprendizaje de la asignatura, bajo la insustituible tutela del profesor.

Pretendemos desterrar la idea, muy generalizada, de que la química orgánica es una materia ardua y memorística y que en su lugar aparezca la racionalidad de los conceptos y las múltiples aplicaciones que tienen en la comprensión de numerosas ciencias. La relación entre estructura molecular y reactividad, que es fundamental, se ilustra en los ejercicios de cada capítulo y capacita al estudiante para abordar situaciones más complejas y predecir el comportamiento de nuevos compuestos.

Nuestro primer agradecimiento se dirige a los alumnos que hemos tenido a lo largo de todos estos años, ellos dan sentido a nuestro trabajo, nos estimulan a mantener actualizados los contenidos y revisar la metodología. Les agradecemos su valiosa contribución a nuestro enriquecimiento como profesores y, lo que es más importante, como personas.

También queremos expresar nuestro agradecimiento al personal de la Editorial Síntesis, que nos ha orientado y guiado con su experiencia en la elaboración de este libro.

Esperamos que esta nueva obra tenga una grata acogida por cuantos se interesan por el estudio de la química orgánica en los distintos grados universitarios de ciencias experimentales y de la salud y sirva de ayuda a los que se inician en el estudio de esta materia.

1

COMPUESTOS ORGANOMETÁLICOS

INTRODUCCIÓN

Este capítulo presenta la química de los compuestos organometálicos. Los derivados organometálicos son compuestos orgánicos que contienen un enlace carbono-metal y su importancia radica en que constituyen fuentes de carbono nucleofílico. Así mismo, se estudia una de las aplicaciones más interesantes del carácter nucleofílico del grupo alquilo de los compuestos organometálicos de litio y magnesio: la síntesis de alcoholes por adición a compuestos carbonílicos y apertura nucleófila de epóxidos. Además, se muestra por primera vez el análisis retrosintético como estrategia en la síntesis de compuestos orgánicos.

OBJETIVOS PARA EL APRENDIZAJE

- ✓ Reconocer la polarización del enlace entre el metal y el carbono en un compuesto organometálico.
- ✓ Diferenciar la polarización del enlace carbono-metal y carbono-halógeno.
- ✓ Identificar los compuestos organometálicos como fuentes de carbono nucleofílico y básico.
- ✓ Valorar la importancia sintética de los compuestos organometálicos a la hora de formar enlaces carbono-carbono.
- ✓ Saber aplicar los compuestos organometálicos para la obtención de alcoholes utilizando como compuestos de partida aldehídos, cetonas, ésteres y epóxidos.
- ✓ Obtener ácidos carboxílicos por reacción de compuestos organometálicos con CO_2.
- ✓ Proponer un mecanismo de reacción entre un compuesto organometálico y un aldehído o una cetona.
- ✓ Proponer un mecanismo de reacción entre un compuesto organometálico y un éster.
- ✓ Proponer un mecanismo de apertura de epóxidos por ataque nucleofílico de un organometálico.

Glosario

Alcohol (ROH): compuesto orgánico que posee el grupo hidroxilo (–OH).

Aldehído (RCHO): compuesto carbonílico en el que el átomo de carbono del grupo carbonilo se encuentra unido a un átomo de hidrógeno.

Cetona (RCOR): compuesto carbonílico con dos grupos alquilo (arilo) enlazados al carbono carbonílico.

Compuestos organometálicos (reactivos organometálicos): derivados orgánicos en los que un átomo de carbono se encuentra unido a un metal (R–M).

Derivado de ácido carboxílico: compuestos orgánicos que resultan de sustituir el grupo hidroxilo del ácido por un átomo o grupo de átomos.

Ion alcóxido (RO^-): base conjugada de un alcohol.

Epóxido (oxirano): éter cíclico que contiene un anillo de tres miembros.

Éster (RCOOR): derivado de ácido carboxílico en el que el grupo hidroxilo es sustituido por un grupo alcóxido.

Reactivo de Grignard: compuesto organometálico de magnesio de estructura RMgX, siendo X = halógeno.

Reactivo organolítico: compuesto organometálico de litio de estructura RLi.

1.1. Introducción a los compuestos organometálicos

Son derivados orgánicos en los que un átomo de carbono se encuentra unido a un metal (R–M).

Los más usados son los compuestos organometálicos de litio y los organometálicos de magnesio (también conocidos como reactivos de Grignard).

R–Mg–X	R–Li
Organomagnesiano o reactivo de Grignard	*Organolítico*
$CH_3-CH(CH_3)-Mg-I$ Ioduro de isopropilmagnesio	$CH_3CH_2CH_2CH_2Li$ *n*-Butil-litio

FIGURA 1.1. Compuestos organometálicos más habituales.

1.2. Síntesis de los compuestos organometálicos

Los reactivos organometálicos pueden obtenerse por reacción de un haloalcano con el metal, en disolventes inertes, como los éteres. El éter dietílico o el tetrahidrofurano (THF) son los más utilizados.

$$R-X + 2\,Li \xrightarrow{Et_2O} R\,Li + LiX$$

$$R-X + Mg \xrightarrow{Et_2O} R-Mg-X$$

FIGURA 1.2. Formación de compuestos organometálicos.

En el caso de los magnesianos, la reacción se lleva a cabo disolviendo el derivado halogenado en éter etílico o en tetrahidrofurano (THF) y tratando la disolución con virutas de magnesio. Los éteres, además de ser inertes, tienen la propiedad de solvatar al magnesio. Los orbitales vacíos del átomo de magnesio establecen enlaces coordinados con dos moléculas de éter etílico como se muestra en la figura 1.3.

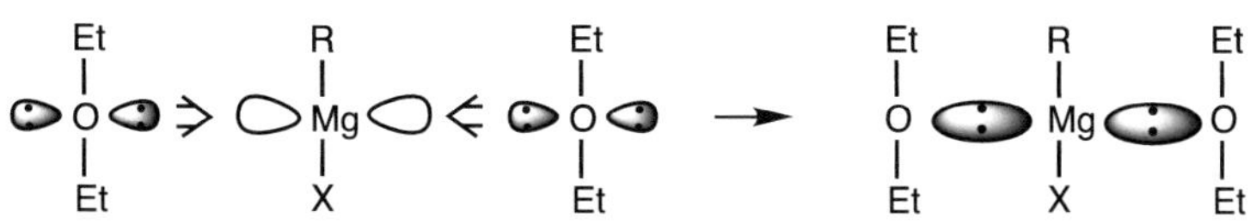

FIGURA 1.3. Solvatación del magnesio por el éter dietílico.

1.1. Escribe la estructura del producto de cada reacción.

a) 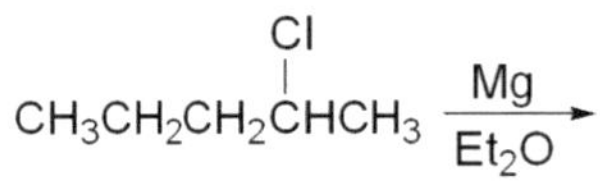

b) 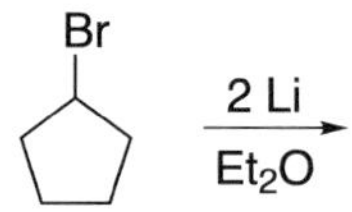

1.2. Indica cuál de los siguientes compuestos sería un disolvente adecuado para una reacción en la que se utilice un reactivo de Grignard.

a) $CH_3CH_2CH_2CH_2CH_3$ *b)* $CH_3OCH_2CH_2CH_3$ *c)* $CH_3OCH_2CH_2Cl$

d) 

e) 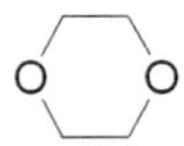

1.3. Reacciones de los compuestos organometálicos

La polarización característica de los organometálicos hace que sean muy reactivos y buenos agentes en síntesis orgánica. Con un carbono cargado negativamente, se comportan como bases frente a compuestos ácidos. También reaccionan como nucleófilos, permitiendo la formación de enlaces carbono-carbono.

1.3.1. Polarización del enlace entre el carbono y el metal

Los organometálicos (OM) tienen enlaces muy polarizados, en los que el metal representa el extremo positivo del dipolo y el carbono posee carga negativa.

Presentan una polaridad opuesta a los *haloalcanos*. En un haloalcano, la presencia del halógeno electronegativo hace que el carbono al que está unido sea un centro electrófilo. En los organometálicos, la metalación convierte un centro electrófilo en un centro nucleófilo (y básico), con la correspondiente reactividad característica.

$\overset{\delta+}{C} \rightarrow \overset{\delta-}{Br}$ enlace carbono-halógeno polarizado hacia el halógeno

$\overset{\delta+}{M} \rightarrow \overset{\delta-}{C}$ enlace carbono-metal polarizado hacia el carbono

La diferencia de electronegatividad entre el átomo de carbono y el metal es tan grande que el enlace puede ser tratado como iónico. Así, los derivados organometálicos reaccionan químicamente como si tuvieran un carbono cargado negativamente, un *carbanión*.

FIGURA 1.4. Polarización del enlace carbono-metal.

1.3.2. Comportamiento de los compuestos organometálicos como bases

El *carbono* unido al metal en los compuestos organometálicos, con polaridad negativa, reacciona como *base* cuando se enfrenta a compuestos más ácidos que él y se protona, mientras que el metal polarizado positivamente se combina con el anión.

El carácter básico se pone de manifiesto por su reacción con compuestos que poseen hidrógenos ácidos, como los alcoholes, las aminas primarias y secundarias y los hidrocarburos acetilénicos.

$$RLi + H\text{-}OH \longrightarrow RH + HO\text{-}Li$$
$$RMgBr + H\text{-}OH \longrightarrow RH + HO\text{-}MgBr$$
$$RLi + R\text{-}OH \longrightarrow RH + R\text{-}O\text{-}Li$$
$$RMgBr + R\text{-}OH \longrightarrow RH + R\text{-}O\text{-}MgBr$$
$$R{-}C{\equiv}C{-}H + RMgBr \longrightarrow R{-}C{\equiv}C{-}MgBr + RH$$
$$R{-}C{\equiv}C{-}H + RLi \longrightarrow R{-}C{\equiv}C{-}Li + RH$$

FIGURA 1.5. Reacciones ácido-base de los compuestos organometálicos.

Una aplicación del carácter básico de los OM es la sustitución de halógenos por hidrógeno, según se ilustra en la figura 1.6.

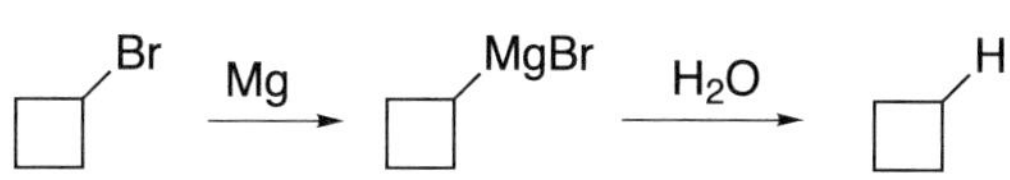

FIGURA 1.6. Sustitución de un átomo de halógeno por un átomo de hidrógeno.

Los reactivos organometálicos deben prepararse en ausencia de humedad, ya que reaccionan (en algunos casos violentamente) con el agua, formándose el hidróxido metálico y un alcano.

$$H{-}OH + CH_3Li \longrightarrow CH_4 + HO{-}Li$$

1.3. Escribe la estructura del producto de cada reacción.

a) 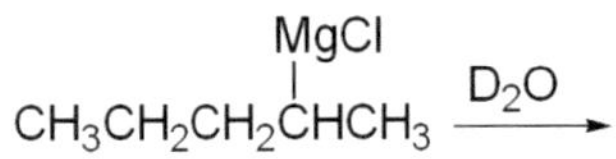

b) 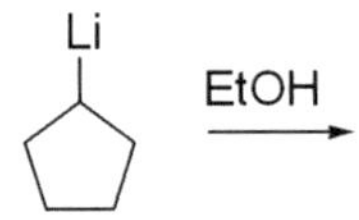

1.4. Indica cómo se prepararía deuteriociclopentano a partir de ciclopentano.

1.5. Un estudiante sostiene que un reactivo de Grignard reacciona con el agua para dar un alcohol. ¿Es cierta esa afirmación? Justifica la respuesta.

1.3.3. Comportamiento de los compuestos organometálicos como nucleófilos

El *carbono* unido al metal en los compuestos OM se comporta como un *nucleófilo*. Este carácter nucleofílico puede utilizarse para la síntesis de compuestos orgánicos, mediante un proceso en el que se forma un nuevo *enlace carbono-carbono*.

Las reacciones más habituales de los compuestos organometálicos como centros nucleófilos se muestran a continuación.

A) Reacciones de sustitución nucleofílica. Síntesis de Wurtz

Es la reacción del sodio con halogenuros de alquilo. Permite obtener alcanos de mayor número de átomos de carbono que el compuesto del que se parte, con formación de enlaces carbono-carbono. Presenta el inconveniente de estar limitada a la síntesis de alcanos simétricos.

$$
\begin{array}{lcl}
RX + 2\,Na & \longrightarrow & R\text{-}Na\ (\textit{O.M.}) + NaX \\
RX + R\text{-}Na & \longrightarrow & RR\ (\textit{alcano}) + NaX \\
\hline
2\,RX + 2\,Na & \longrightarrow & RR\ (\textit{alcano}) + 2\,NaX
\end{array}
$$

FIGURA 1.7. Síntesis de Wurtz.

El campo de aplicación de la reacción de haluros de alquilo con compuestos organometálicos es limitado. Los reactivos de Grignard o los derivados litiados, por ejemplo, solo se acoplan con unos pocos haluros orgánicos excepcionalmente reactivos, como haluros alílicos y bencílicos.

Ejercicio resuelto

Propón una estrategia de síntesis para la preparación del 1-buteno a partir de cloruro de alilo y bromuro de metilo.

Solución

Aplicamos un análisis retrosintético. Para formar el enlace C-C hay dos rutas sintéticas, según qué carbonos lleven la carga positiva y negativa: Ruta a) y Ruta b), ambas igualmente correctas.

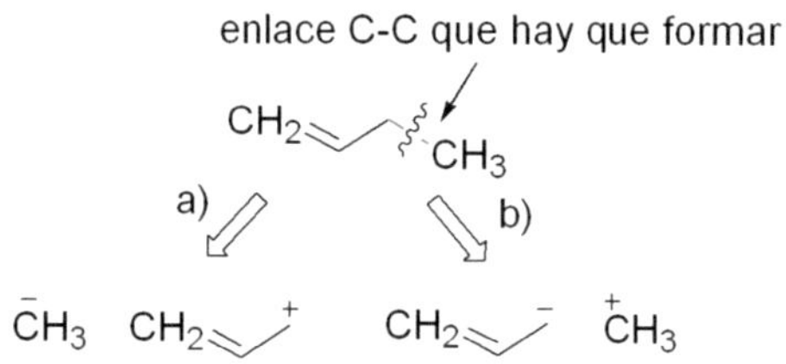

a)

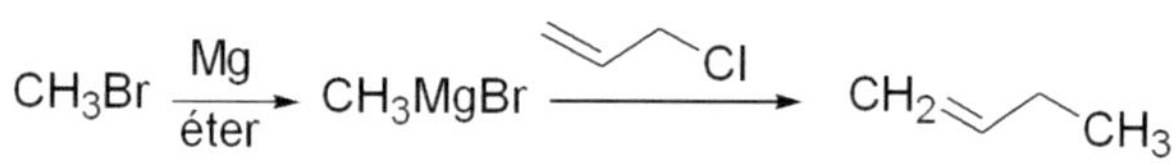

O bien:

b)

1.6. Propón un esquema de síntesis para la obtención del propano a partir de 1-bromopropano.

1.7. Justifica el siguiente resultado de la reacción del magnesio con 1,3-dibromopropano.

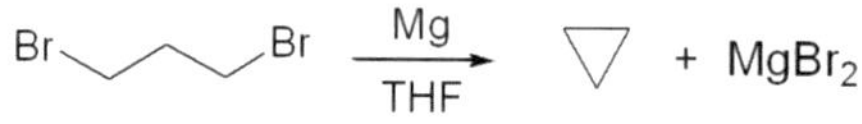

B) Reacciones de adición nucleofílica al grupo carbonilo

Los reactivos organometálicos se adicionan al carbono del carbonilo de aldehídos, cetonas, ésteres y dióxido de carbono, en un proceso en el que se forma un nuevo enlace C–C. Esta reacción es de gran utilidad como estrategia de síntesis.

- *Adición al grupo carbonilo de aldehídos y cetonas*

El átomo de carbono de un grupo carbonilo en los aldehídos y las cetonas es electrófilo y, por tanto, susceptible de ataque por nucleófilos, como los compuestos OM.

La reacción, en la que se obtienen alcoholes, se lleva a cabo en dos etapas:

1. *Adición nucleofílica del organometálico al grupo carbonilo*. El grupo R´ del organometálico ataca con su par de electrones al carbono carbonílico y empuja dos electrones del doble enlace hacia el oxígeno, produciendo un alcóxido metálico.
2. *Transferencia de protón*. La hidrólisis del alcóxido proporciona el alcohol correspondiente.

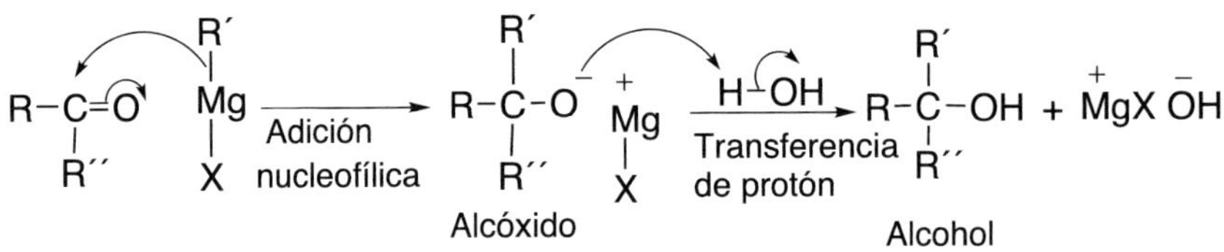

FIGURA 1.8. Mecanismo de adición al carbonilo de aldehídos y cetonas.

El tipo de compuesto carbonílico va a determinar la clase de alcohol que se obtiene.

- La reacción con *metanal* da lugar a la formación de *alcoholes primarios*.
- Los *aldehídos* conducen a *alcoholes secundarios*.
- Las *cetonas*, *alcoholes terciarios*.

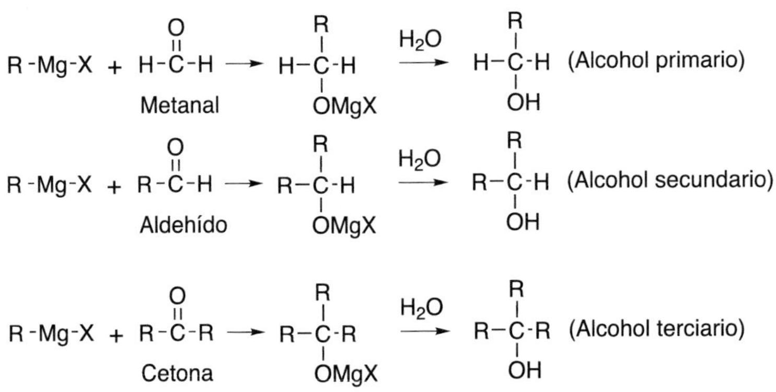

FIGURA 1.9. Formación de alcoholes.

Ejercicio resuelto

Mediante un análisis retrosintético, propón estrategias sintéticas para la obtención del siguiente compuesto.

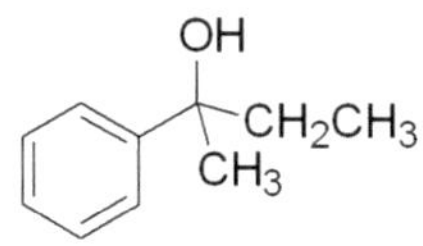

Solución

Aplicando el método de la retrosíntesis, realizamos las desconexiones correspondientes y escribimos los precursores detrás de cada doble flecha.

Primera desconexión. Identificar el átomo de carbono directamente unido al grupo hidroxilo. A continuación, identificar todos los grupos conectados a esta posición y analizar todas las posibilidades. En este caso, hay tres respuestas probables.

a)

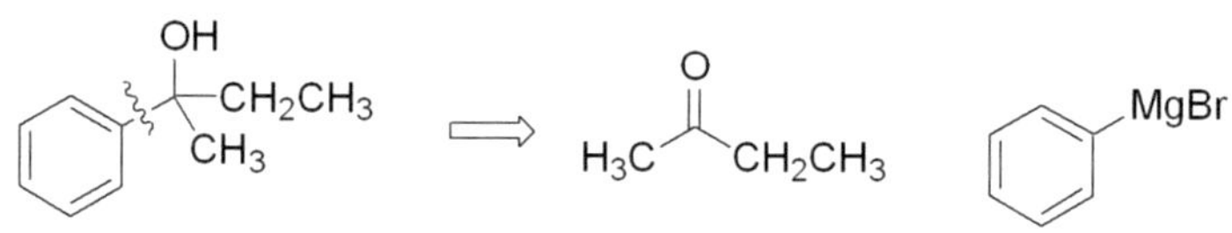

b)

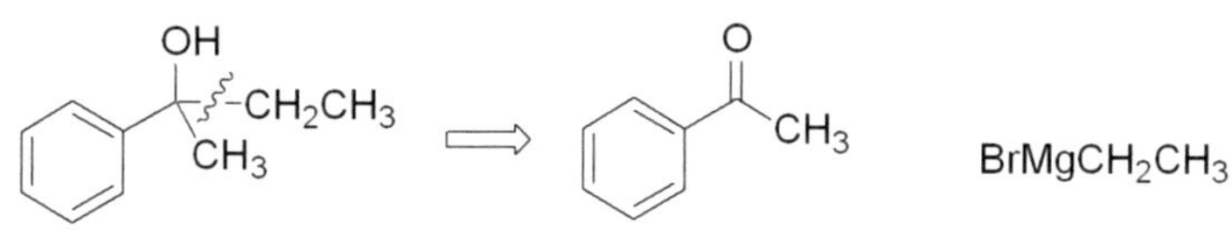

c)

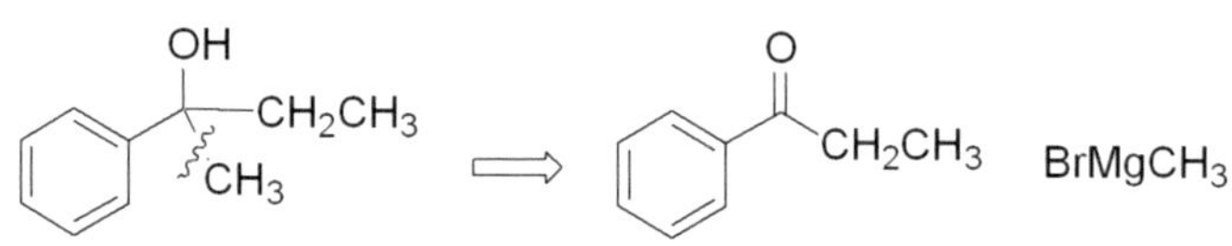

La siguiente desconexión corresponde a la obtención del derivado organometálico.

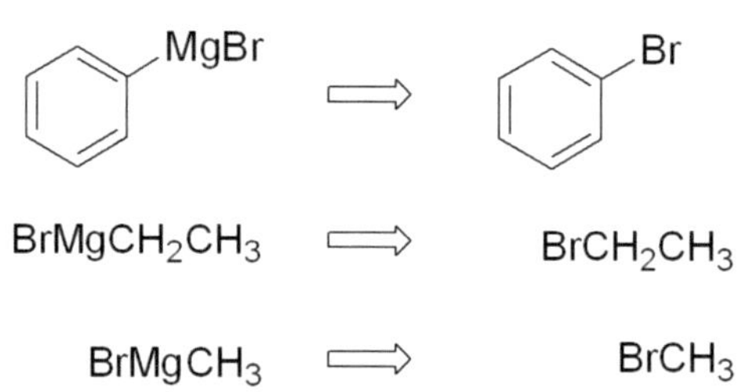

1.8. Escribe el producto mayoritario de las reacciones siguientes (después del tratamiento con agua). El disolvente en todos los casos es éter dietílico.

a) $CH_3CH_2CH_2MgBr + H_2C{=}O \longrightarrow$

b) $PhCH_2MgCl + CH_3CHO \longrightarrow$

c) $(CH_3)_2CHCH_2Li + PhCHO \longrightarrow$

d) 

1.9. Un químico:

a) Trata iodobenceno con magnesio metálico y éter dietílico.
b) Adiciona acetona y, finalmente.
c) Adiciona una solución de HCl diluido.

Escribe una ecuación química para cada una de las reacciones.

1.10. ¿Cómo prepararías 1-ciclohexiletanol a partir de bromociclohexano y un aldehído?

1.11. En un intento de síntesis del 6-heptin-3-ol se llevó a cabo la siguiente reacción:

$$HC{\equiv}C{-}CH_2CH_2CHO + EtMgBr \longrightarrow$$

El producto deseado no se obtuvo, observándose desprendimiento gaseoso desde la mezcla de reacción, cuyo posterior tratamiento condujo exclusivamente a material polimérico. Explica tales observaciones.

1.12. Indica los reactivos adecuados para las siguientes transformaciones.

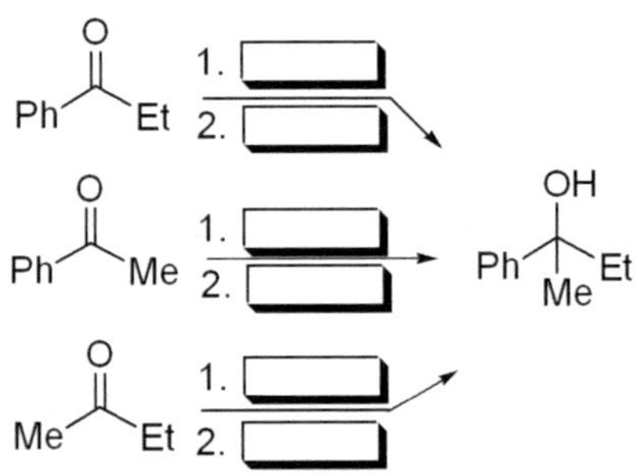

- *Adición al grupo carboxilo de ésteres y al CO_2*

– Los organometálicos reaccionan con los *ésteres* para dar *alcoholes terciarios*. En esta transformación se introduce *dos veces* el radical del organometálico. La variación de las proporciones de los reactivos no permite la obtención de la cetona intermedia, debido a que la adición del OM a la cetona que se va formando es más rápida que la adición inicial.

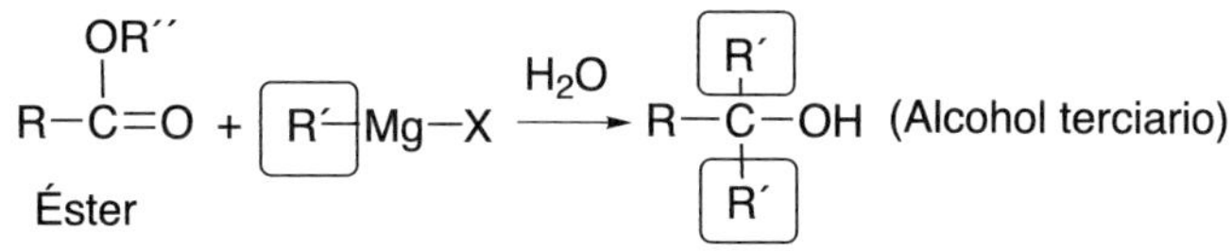

FIGURA 1.10. Adición a ésteres de compuestos organometálicos.

Mecanismo

1.º *Adición nucleofílica del OM al carboxilo.* En la primera etapa el carbanión R ataca nucleofílicamente al carbono del carboxilo.

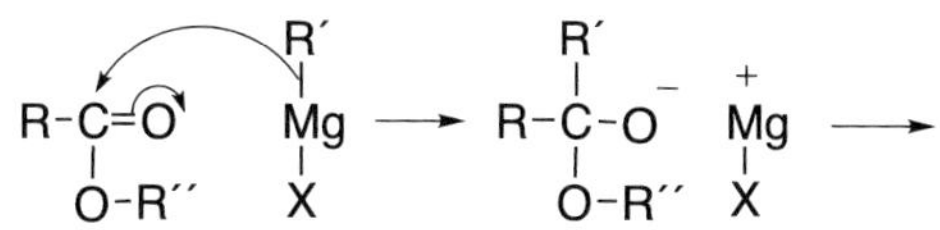

FIGURA 1.11. Adición al carbonilo del éster (primera etapa).

2.º *Pérdida del grupo saliente.* El desplazamiento del ion alcóxido determina que el éster se transforme en una cetona.

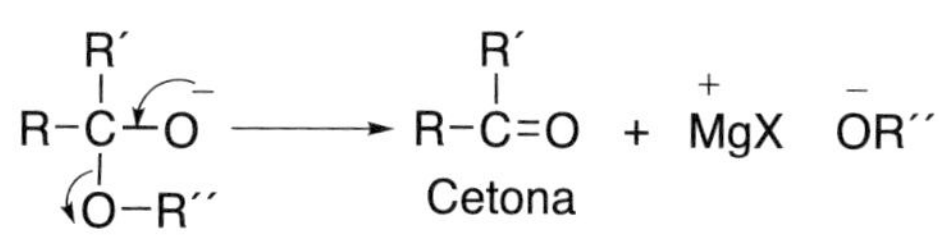

FIGURA 1.12. Desplazamiento del ion alcóxido (segunda etapa).

3.º *Ataque nucleofílico del OM a la cetona y transferencia de protón.* La cetona continúa reaccionando con una segunda molécula de OM. El OM ataca al grupo carbonilo y el ion alcóxido resultante es protonado para dar finalmente alcohol terciario.

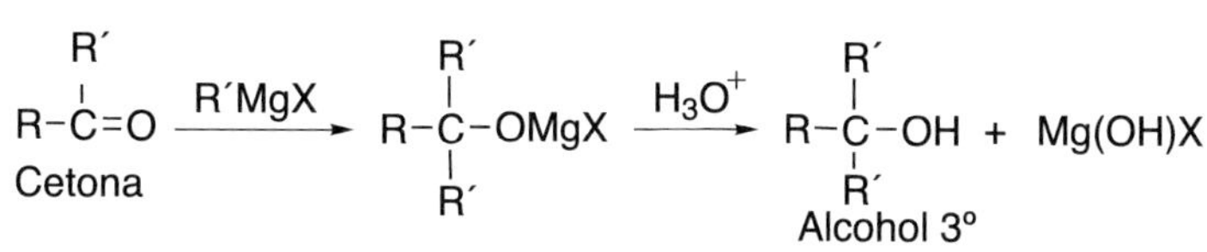

FIGURA 1.13. Adición al carbonilo de la cetona y formación del alcohol terciario.

– Los compuestos organometálicos reaccionan con *dióxido de carbono* para dar ácidos carboxílicos, tras la posterior hidrólisis.

$$RMgX + CO_2 \longrightarrow RCOOMgX \xrightarrow{H_2O} RCOOH$$

FIGURA 1.14. Síntesis de ácidos carboxílicos por reacción con dióxido de carbono.

C) Apertura de epóxidos: obtención de alcoholes

Los éteres cíclicos tensionados, como el oxaciclopropano, son suficientemente reactivos para que el carbono nucleófilo de un compuesto organometálico pueda abrir el anillo, obteniéndose alcoholes, tras la hidrólisis correspondiente.

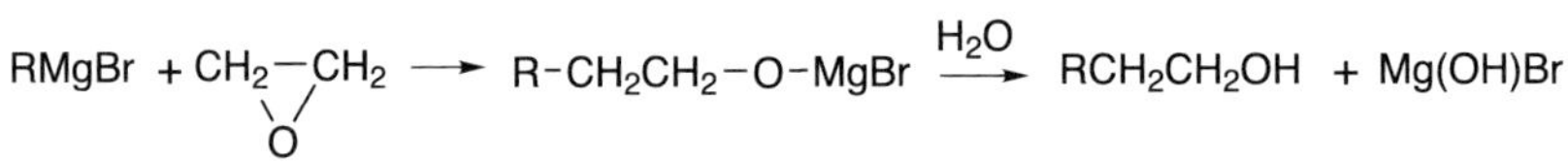

FIGURA 1.15. Reacción con epóxidos.

En el caso de éteres asimétricos se obtiene preferentemente el producto del ataque por el lado menos impedido.

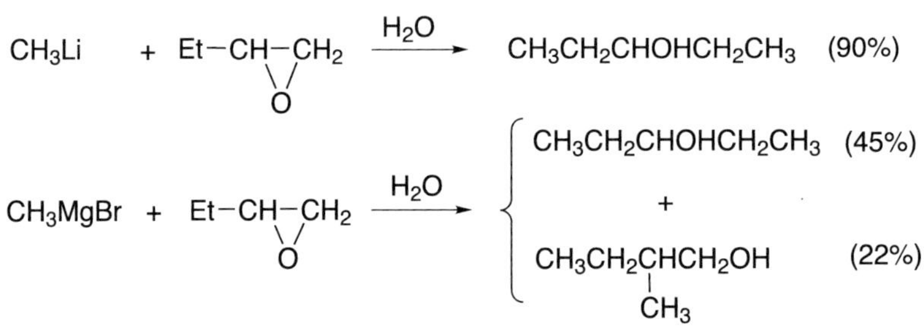

FIGURA 1.16. Regioselectividad en la apertura de epóxidos.

1.13. Escribe el producto mayoritario de las reacciones siguientes (después del tratamiento con agua).

a) $2\ CH_3MgBr + HCOOCH_3 \longrightarrow$
b) $2\ CH_3CH_2CH_2Li + PhCOOCH_3 \longrightarrow$

c) 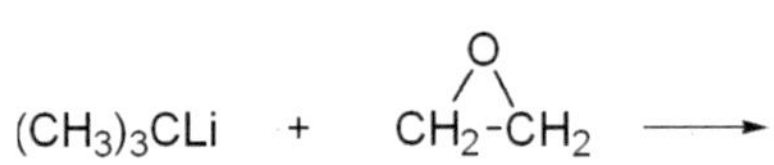

d) 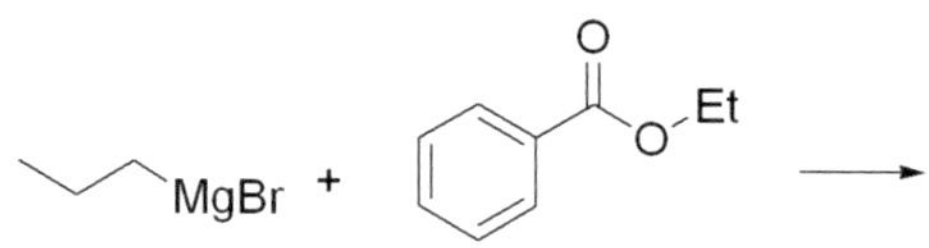

e) 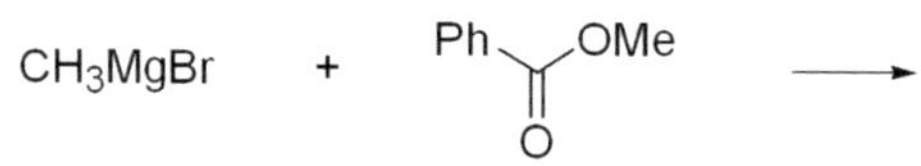

f) 

1.14. Muestra cómo prepararías los siguientes compuestos por reacción entre un reactivo de Grignard y un éster.

a) 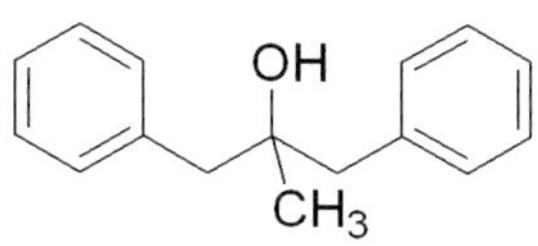

b) 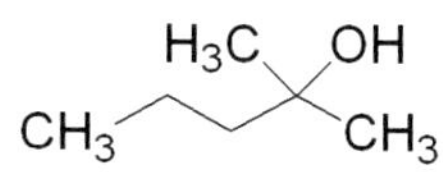

1.15. Propón síntesis para los siguientes productos a partir de moléculas que no tengan más de cuatro carbonos.

a) $CH_3CH_2CH_2CH(OH)CH_3$

c) 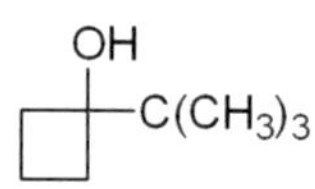

b) $CH_3C(OH)(CH_3)_2$

d) $CH_3(CH_2)_5OH$

1.16. Haz un análisis retrosintético para la obtención de 2,3,3-trimetil-2-heptanol.

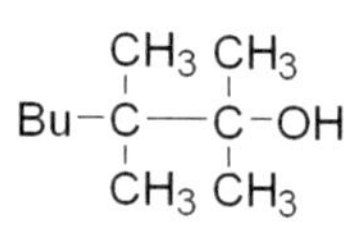

1.17. Señala la respuesta correcta.

Los compuestos organometálicos son derivados:

a) Con carácter radicalario.
b) Con enlaces covalentes entre átomos de carbono y átomos de metal.
c) Con déficit electrónico y carácter electrofílico.
d) Prácticamente no reactivos.
e) Con carácter esencialmente reductor.

Ejemplo de aplicación en ciencias de la salud. Reacciones de Grignard en la síntesis de fármacos

Una de las estrategias más habituales en química farmacéutica para la preparación de fármacos que contienen el grupo funcional hidroxilo consiste en la adición de compuestos organometálicos a los correspondientes precursores carbonílicos, aldehídos, cetonas o ésteres. Algunos ejemplos son el colerético *fenipentol* (obtención de un alcohol secundario por adición a un aldehído), el analgésico opiáceo *tramadol* (alcohol terciario por adición a una cetona) o el relajante muscular y antiparkinsoniano *pirindol* (alcohol terciario con dos radicales iguales fenilo, por adición a un éster).

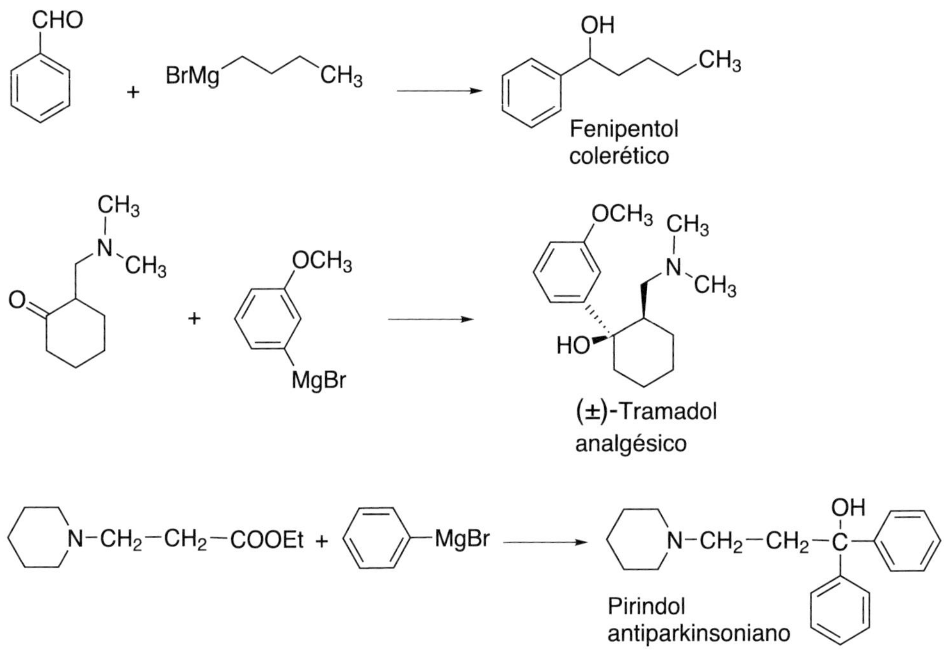

FIGURA 1.17. Ejemplos de obtención de fármacos por reacción con magnesianos.

En el caso del analgésico opioide *metadona,* una de las últimas etapas de la síntesis es un ejemplo de la obtención de una cetona alifática por adición de un compuesto organometálico. La estrategia consiste en la adición del derivado de Grignard a un nitrilo, seguida de la hidrólisis de la imina intermedia.

Otros ejemplos de la extensa utilización de las reacciones de Grignard para la síntesis de principios activos los podemos encontrar en un amplio arsenal de fármacos como el *difenidol* (antiemético), el *difepanol* (espasmolítico), el *propoxifeno* (hipnoanalgésico), la *amitriptilina* (antidepresivo tricíclico) o la *sibutramina* (anorexígeno y antidepresivo).

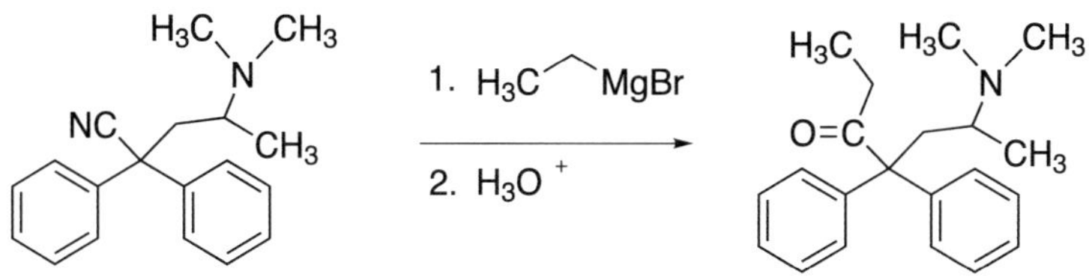

(±)-Metadona
analgésico

FIGURA 1.18. Síntesis de Grignard de la metadona.

RESUMEN

1. *Definición.*

Derivados orgánicos en los que un átomo de C se encuentra unido a un metal.

R–Mg–X	R–Li
Organomagnesiano o reactivo de Grignard	*Organolítico*
$CH_3-CH(CH_3)-Mg-I$ Ioduro de isopropilmagnesio	$CH_3CH_2CH_2CH_2Li$ *n*-Butil-litio

2. *Síntesis.*

$$R-X + Mg \xrightarrow{THF} R-MgX$$

$$R-X + 2\,Li \xrightarrow{THF} R-Li$$

3. *Polarización del enlace carbono-metal.*

Polaridad opuesta a los *haloalcanos.*

$\overset{\delta+}{C} \rightarrow \overset{\delta-}{Br}$ enlace carbono-halógeno polarizado hacia el halógeno

$\overset{\delta+}{M} \rightarrow \overset{\delta-}{C}$ enlace carbono-metal polarizado hacia el carbono

Al tratarse de un carbono cargado negativamente →

- Se comportan como bases, frente a compuestos ácidos.
- Se comportan como nucleófilos, con formación de enlaces C-C.

4. *Reacciones.*

– *Comportamiento como bases.* Con compuestos que poseen hidrógenos ácidos (H_2O, alcoholes, aminas primarias y secundarias, hidrocarburos acetilénicos, etc).

RLi + H-OH $\longrightarrow$ RH + HO-Li
RMgBr + H-OH $\longrightarrow$ RH + HO-MgBr
RLi + R-OH $\longrightarrow$ RH + R-O-Li
RMgBr + R-OH $\longrightarrow$ RH + R-O-MgBr

– *Comportamiento como nucleófilos*: Formación de enlaces C-C.

a) Reacciones de sustitución nucleofílica (S_N):

2 R-X + 2 Na $\longrightarrow$ R-R (alcano) + 2 XNa

b) Reacciones de adición nucleofílica:

- Adición a aldehídos y cetonas:

RMgX + CH_2=O (metanal) $\longrightarrow$ RCH_2OH (alcohol primario)
RMgX + R CH=O (aldehído) $\longrightarrow$ R(R´)CHOH (alcohol secundario)
RMgX + R (R´´)C=O (cetona) $\longrightarrow$ R(R´)(R´´)COH (alcohol terciario)

- Adición a ésteres y dióxido de carbono:

RMgX + R COOR (éster) $\longrightarrow$ R (R)(R)COH (alcohol terciario)
RMgX + CO_2 (dióxido de carbono) $\longrightarrow$ RCOOH (ácido)

c) Apertura de epóxidos: obtención de alcoholes:

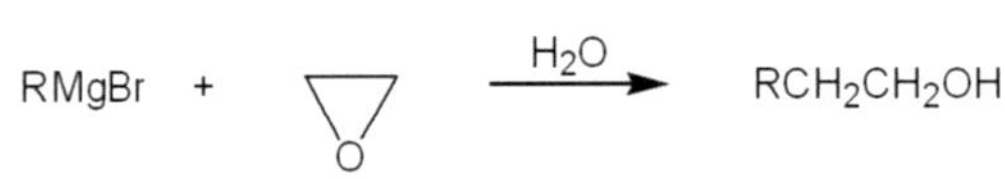

2

ALCOHOLES

INTRODUCCIÓN

Los alcoholes y los éteres son compuestos orgánicos que pueden considerarse derivados del agua, en los que átomos de hidrógeno son reemplazados por grupos alquilo. En este capítulo se presenta la química de los alcoholes. Los éteres, compuestos relacionados estructuralmente con los alcoholes, se tratarán en el capítulo 3.

Los alcoholes representan una de las clases más importantes de los compuestos orgánicos. Muy abundantes, son ampliamente utilizados como disolventes e intermedios sintéticos. En este capítulo se describe, en primer lugar, su estructura y propiedades físicas. Posteriormente, se tratan las transformaciones que sufren y que permiten la interconversión de grupos funcionales. Por último, se estudian los métodos habituales de obtención: reacciones de sustitución nucleofílica, introducidas en el capítulo 6 del volumen I, el empleo de compuestos organometálicos, estudiados en el capítulo 1 y reacciones de reducción de compuestos carbonílicos y oxaciclopropano, que se presentan por primera vez en este capítulo.

OBJETIVOS PARA EL APRENDIZAJE

- ✓ Definir la estructura y propiedades físicas de los alcoholes, considerando el papel de los enlaces por puente de hidrógeno en estas últimas.
- ✓ Reconocer el carácter anfótero de los alcoholes y aplicar el comportamiento ácido-base.
- ✓ Identificar el potencial sintético de los alcoholes.
- ✓ Aplicar los conocimientos adquiridos sobre la reactividad de los alcoholes y ser capaz de transformarlos en diversos grupos funcionales: haluros de alquilo, éteres, ésteres, sulfonatos, alquenos, ácidos carboxílicos, aldehídos y cetonas.
- ✓ Predecir reacciones de oxidación y reducción en las que participan los alcoholes, bien como reactivos, o bien como productos.
- ✓ Conocer las distintas estrategias sintéticas que permiten la obtención de alcoholes: sustitución nucleofílica en haloalcanos, reducción de compuestos carbonílicos y epóxidos y adición de compuestos organometálicos a compuestos carbonílicos y epóxidos.
- ✓ Representar el mecanismo simplificado de las reacciones de compuestos carbonílicos y epóxidos con hidruro.

Glosario

Alcohol (ROH): compuesto orgánico que posee el grupo hidroxilo (–OH).

Clorocromato de piridinio (PCC): complejo de óxido de cromo (VI) con piridina y HCl.

Diol: compuesto orgánico con dos grupos alcohol.

Esterificación de Fischer: transformación en la que los alcoholes reaccionan con ácidos carboxílicos en presencia de cantidades catalíticas de ácido mineral para dar ésteres y agua.

Grupo hidroxilo: grupo OH.

Haloalcano: compuesto orgánico en el que hay un enlace carbono-halógeno.

Ion alcóxido: base conjugada de un alcohol.

Ion oxonio: ácido conjugado de un alcohol.

Síntesis de Williamson: método de preparación de éteres por reacción S_N2 entre un ion alcóxido y un haluro de alquilo.

Sulfonatos: ésteres sulfónicos. Se preparan por tratamiento de los alcoholes con cloruro de sulfonilo en presencia de una base.

2.1. Estructura molecular y propiedades físicas de los alcoholes

El grupo funcional que caracteriza a los alcoholes es el grupo hidroxilo (–OH).

Se pueden clasificar en alcoholes *primarios*, *secundarios* o *terciarios*, según el grupo hidroxilo esté sobre un átomo de carbono primario, secundario o terciario, respectivamente.

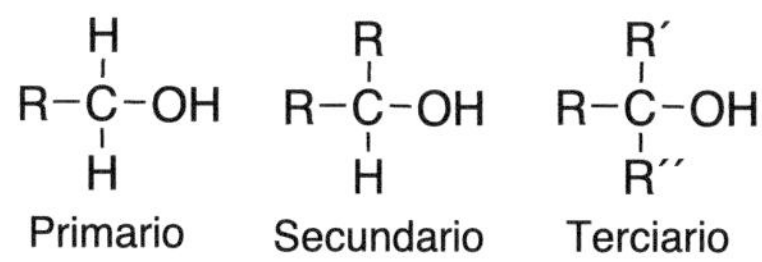

FIGURA 2.1. Tipos de alcoholes.

La palabra *fenol* se utiliza para describir un hidroxibenceno.

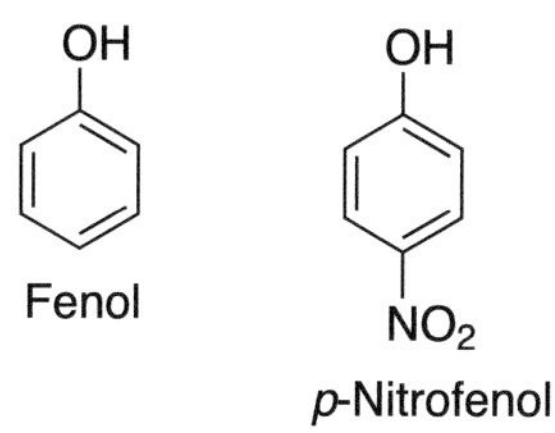

FIGURA 2.2. Fenoles.

La estructura molecular de los alcoholes se caracteriza por un ángulo de enlace R–O–H casi tetraédrico (108,9°). La hibridación, tanto del carbono como del oxígeno, es sp^3. El enlace O–H es más corto que el enlace C–H y está polarizado, debido a la diferencia de electronegatividad entre el O y el H.

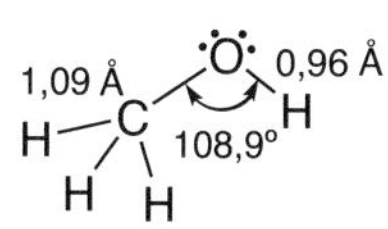

FIGURA 2.3. Longitudes y ángulos de enlace.

Las características físicas de los alcoholes están gobernadas por la presencia del grupo hidroxilo. Presentan propiedades físicas bastante singulares, asemejándose a las moléculas de agua. Así, la tendencia a formar puentes de hidrógeno, como el carácter ácido-base es similar al del agua.

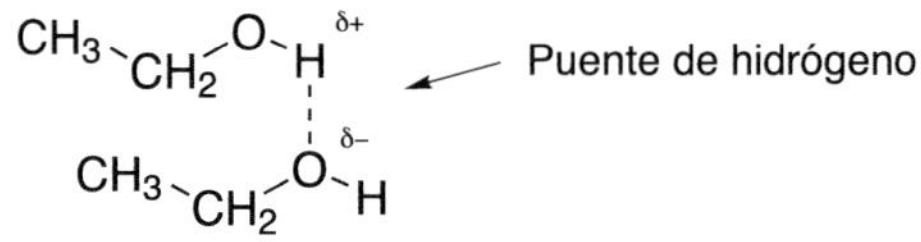

FIGURA 2.4. Puentes de hidrógeno.

La influencia de los enlaces por puentes de hidrógeno en las propiedades es notable. Tienen puntos de ebullición más altos que los de los correspondientes alcanos y haloalcanos, ya que los enlaces de hidrógeno dificultan la volatilización de los alcoholes, con temperaturas de cambio de estado más elevadas de lo que cabría esperar para su tamaño y forma.

La capacidad de formación de enlaces por puentes de hidrógeno explica otra propiedad: muchos alcoholes son apreciablemente solubles en disolventes polares, como por ejemplo el agua. La solubilidad disminuye a medida que aumenta la longitud de la cadena de alquilo.

Ejercicio resuelto

Predice el orden relativo de los siguientes compuestos respecto a la propiedad que se indica entre paréntesis:

a) Metanol, 1-propanol y etanol (solubilidad en agua).

b) 2-butanol, dietiléter, butano, 1,3-butanodiol (punto de ebullición).

Solución

a) CH_3OH (metanol) > CH_3CH_2OH (etanol) > $CH_3\,CH_2CH_2OH$ (1-propanol).

A medida que aumenta la longitud de la cadena, disminuye la solubilidad en el agua.

b) $CH_3CH(OH)CH_2CH_2OH$ (1,3-butanodiol) > $CH_3CH(OH)CH_2CH_3$ (2-butanol) > $CH_3CH_2OCH_2CH_3$ (dietiléter) > $CH_3CH_2CH_2CH_3$ (butano).

El mayor punto de ebullición del 1,3-butanodiol y 2-butanol es consecuencia de las interacciones de enlaces de hidrógeno. La electronegatividad del átomo de oxígeno del dietiléter hace que tenga un ligero momento dipolar y por tanto un punto de ebullición más alto que el butano. Sin embargo, su temperatura de ebullición es más baja que el alcohol isómero, 2-butanol.

2.1. Cuando se disuelve el alcohol etílico en agua, sus moléculas establecen una red de enlaces de hidrógeno con el agua. Dibuja una figura que ilustre este hecho. Usa líneas punteadas para los enlaces de hidrógeno y coloca los símbolos $+\delta$ y $-\delta$.

2.2. Ordena los siguientes compuestos según su solubilidad creciente en agua.

a) $CH_3CH(OH)CH(OH)CH(OH)CH_3$ *b)* $CH_3CH_2CH_2CH_2CH_3$
c) $CH_3CH_2CH(OH)CH_2CH_3$ *d)* CH_3OCH_3

2.3. Explica por qué el 1,2-etanodiol existe en la conformación *gauche* en una proporción mucho mayor que el 1,2-dicloroetano.
¿Debe esperarse, en el caso del 2-cloroetanol, una proporción *gauche/anti* parecida a la del 1,2-dicloroetano o a la del 1,2-etanodiol?

2.2. Propiedades ácido-base de los alcoholes

Los alcoholes se comportan como *ácidos* y *bases*. En un medio ácido fuerte, los alcoholes existen como *iones oxonio*, en medio neutro como *alcoholes* y en medio fuertemente básico como *alcóxidos*.

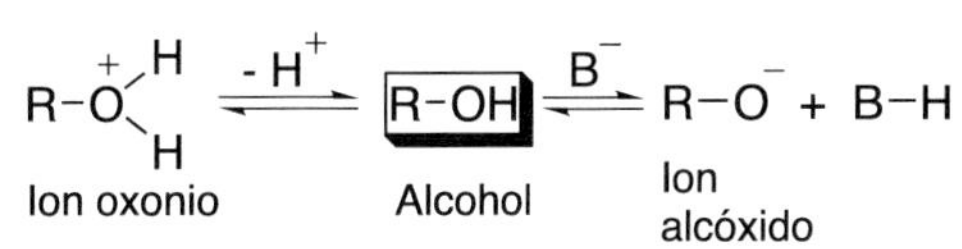

FIGURA 2.5. Comportamiento ácido-base de los alcoholes.

El comportamiento de los alcoholes como bases es debido a la presencia de pares de electrones no enlazantes del átomo de oxígeno del grupo hidroxilo. El comportamiento como ácidos es consecuencia de la electronegatividad del oxígeno que está unido al protón.

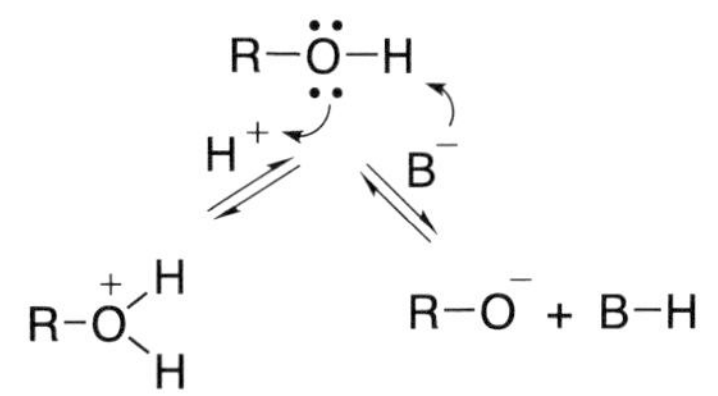

FIGURA 2.6. Mecanismo ácido-base.

Los alcoholes son *ácidos muy débiles*, como se aprecia en el cuadro 2.1. El efecto inductivo dador de la cadena alifática explica la ligera diferencia de acidez entre alcoholes primarios, secundarios, terciarios y el metanol.

CUADRO 2.1
Acidez en alcoholes

Compuesto	H_2O	MeOH	EtOH	Me_2CHOH	Me_3COH
pK_a	15,7	15,5	15,9	17,1	18

Para convertir los alcoholes en sus bases conjugadas *se requieren bases muy fuertes*, como amiduro sódico ($NaNH_2$) o hidruro sódico (NaH).

$$\mathrm{EtOH + NaNH_2 \longrightarrow Na^+\,EtO^- + NH_3}$$
$$\mathrm{EtOH + NaH \longrightarrow Na^+\,EtO^- + \tfrac{1}{2}\,H_2}$$
$$\mathrm{EtOH + NaOH \not\longrightarrow Na^+\,EtO^- + H_2O}$$

FIGURA 2.7. Comportamiento ácido del etanol (alcohol alifático).

Ejercicio resuelto

Una sustancia desconocida puede ser el compuesto A o el compuesto B. La sustancia se disuelve en hidróxido sódico acuoso pero no en agua. ¿A cuál de los dos compuestos nos referimos?

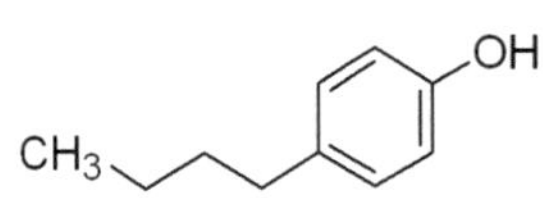

A

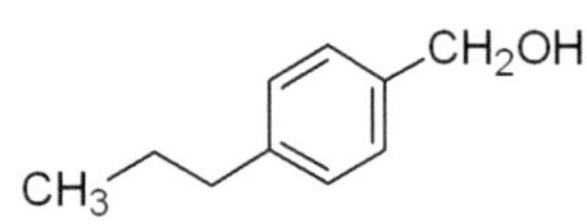

B

Solución

El compuesto A se trata de un derivado fenólico. Por lo tanto, puede formar una sal de sodio con el hidróxido sódico, NaOH. El compuesto B es un derivado del alcohol bencílico, para obtener un alcóxido se necesitaría una base más fuerte que el NaOH, como el hidruro sódico NaH.

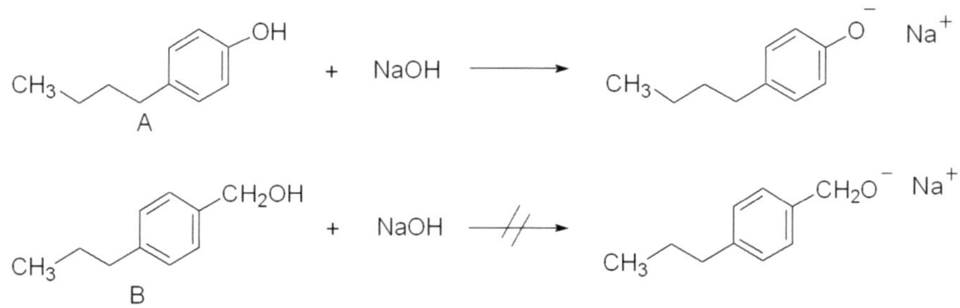

2.4. El fenol es soluble en una disolución acuosa de hidróxido sódico, mientras que el ciclohexanol no. Escribe una reacción que ilustre el diferente comportamiento de ambos compuestos y justifícalo en base a su acidez.

2.5. Un compuesto desconocido puede tener la estructura molecular I o II. Cuando se agitó el compuesto con una disolución acuosa de KOH no sucedió ninguna reacción química. ¿Cuál es el compuesto, el (I) o el (II)? ¿Cómo se llama?

Los alcoholes, al igual que el agua, presentan *carácter básico débil*, gracias a los pares de electrones no enlazantes sobre el átomo de oxígeno. Solo los ácidos fuertes son capaces de transferir un protón a la molécula de alcohol.

Los ácidos conjugados (*iones oxonio*) son relativamente estables si son primarios, pero se convierten en carbocationes por pérdida de agua si son secundarios y terciarios.

Los carbocationes pueden sufrir transposiciones para convertirse en otros carbocationes más estables, tanto mediante *desplazamientos de hidrógeno*, como *desplazamientos de grupos alquilo*. Los carbocationes primarios son demasiado inestables para formarse durante una transposición y la dan mediante mecanismos concertados.

$$\text{Ph-CHOH-Ph} + H_2SO_4 \rightleftharpoons Ph_2CHOH_2^+ \text{ (catión oxonio)} + HSO_4^-$$
$$Ph_2CHOH_2^+ \rightleftharpoons Ph_2CH^+ \text{ (carbocatión)} + H_2O$$

FIGURA 2.8. Comportamiento básico de los alcoholes.

Ejercicio resuelto

Escribe una reacción para mostrar de qué forma cada uno de los alcoholes siguientes puede actuar en disolución; primero, como base y segundo, como ácido.

a) Isopropanol, *b)* 2-Fluoro-1-propanol, *c)* Tricloroetanol

Solución

Comportamiento como bases:

a) Isopropanol

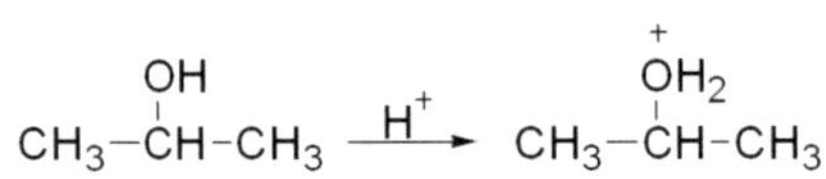

b) 2-Fluoro-1-propanol

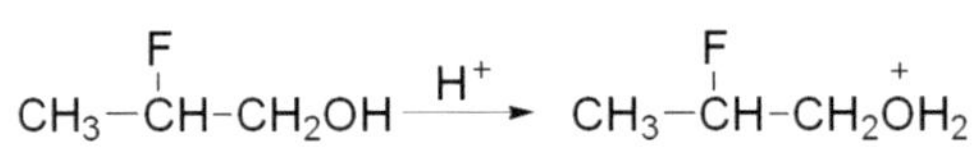

c) Tricloroetanol

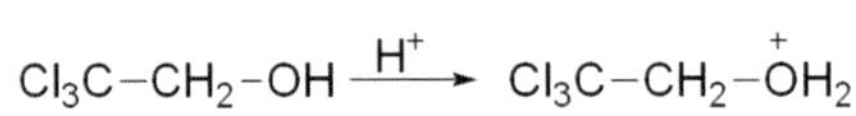

Comportamiento como ácidos:

a) Isopropanol

b) 2-Fluoro-1-propanol

$$CH_3-CH(F)-CH_2OH \; + \; B^- \longrightarrow CH_3-CH(F)-CH_2O^- \; + \; BH$$

c) Tricloroetanol

$$Cl_3C-CH_2-OH \; + \; B^- \longrightarrow Cl_3C-CH_2-O^- \; + \; BH$$

Ejercicio resuelto

Predice el producto mayoritario de la siguiente reacción.

$$\text{2-metil-3-pentanol} \xrightarrow[CH_3OH]{SO_4H_2}$$

Solución

Tiene lugar una transposición o migración de hidrógeno (anión hidruro), para dar un carbocatión terciario más estable.

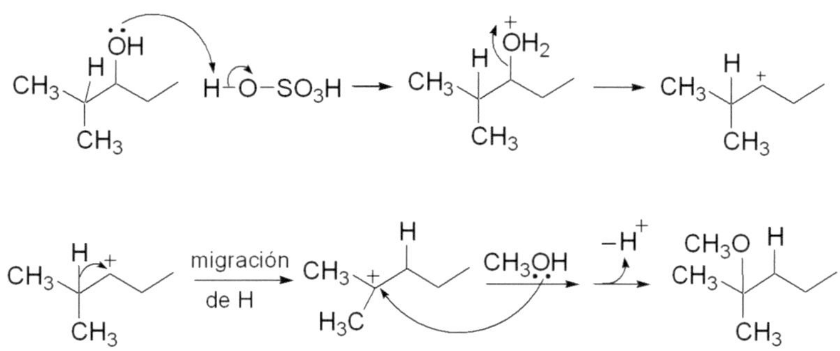

2.6. Dibuja para cada uno de los alcoholes siguientes:

1. La estructura del ion oxonio que se produce por protonación con ácido fuerte.
2. La estructura del carbocatión formado si el ion oxonio pierde agua.
3. Si el carbocatión formado es susceptible de sufrir una transposición, escribe la estructura de los nuevos carbocationes que se podrían formar.

a) 1-propanol
b) 2-propanol
c) 1-butanol
d) 2-metil-1-propanol
e) 3,3-dimetil-1-butanol
f) 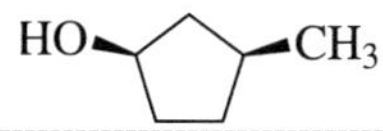

- *Transposición pinacolínica*

Al tratar *dioles vecinales* con ácido se obtienen *aldehídos* o *cetonas*. Esto es consecuencia de que un desplazamiento de hidrógeno o de alquilo conduce a un carbocatión sustituido con un grupo hidroxilo, intermedio favorecido, ya que el hidroxicarbocatión está estabilizado por resonancia.

La reacción de transposición o migración cuando se trata de dioles tetraalquilados vecinales se denomina *transposición pinacolínica*.

Ejercicio resuelto

Explica la siguiente transformación mediante un mecanismo apropiado.

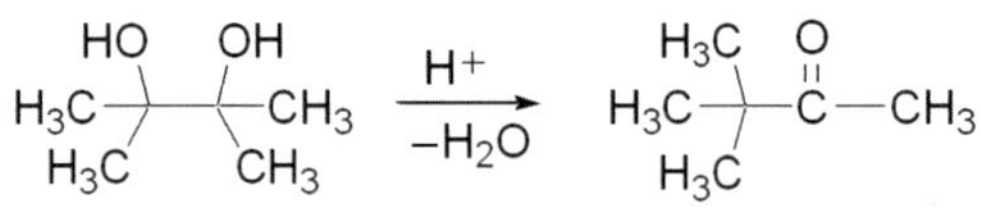

Solución

El proceso es una transposición pinacolínica. La reacción comienza con la protonación del grupo hidroxilo para formar un buen grupo saliente, seguida de desplazamiento de agua y una migración 1,2 del alquilo. Por último, se pierde un protón para dar la cetona.

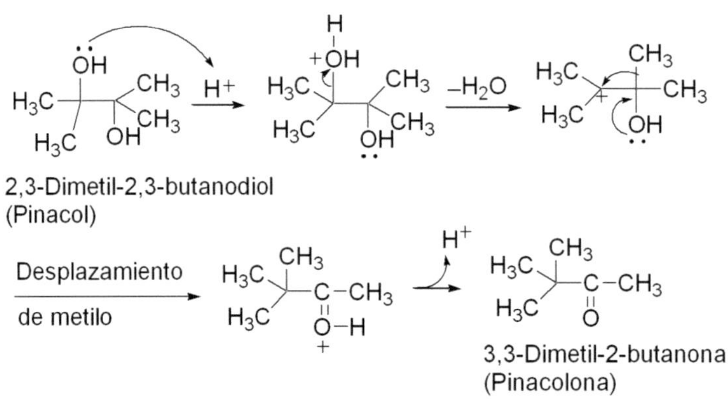

2.7. Predice el producto que se obtiene al tratar 1,2-ciclohexanodiol con H_2SO_4.

2.8. Explica la siguiente transformación mediante el mecanismo apropiado.

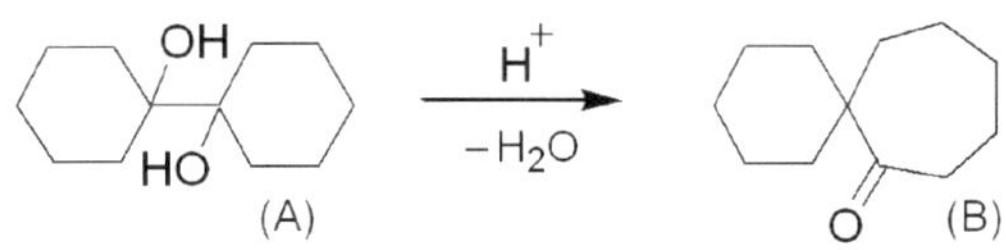

2.3. Reacciones de los alcoholes

Los alcoholes poseen un gran potencial sintético y se transforman en una amplia gama de compuestos. Trataremos primero reacciones en las que se produce una ruptura del enlace entre el oxígeno y el hidrógeno del grupo hidroxilo. Después, reacciones que implican la ruptura del enlace entre el carbono y el oxígeno del hidroxilo.

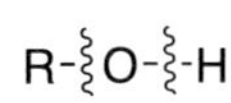

FIGURA 2.9. Ruptura de enlaces.

El enlace O-H está polarizado debido a la gran electronegatividad del átomo de oxígeno, lo que permite su ruptura y la transformación de los alcoholes en *alcóxidos* y *éteres*. Por otro lado, la nucleofilia del oxígeno da lugar a reacciones de adición a carbonilo y sulfonilo, en las que el resultado es la sustitución del hidrógeno y la obtención de los correspondientes *ésteres* y *sulfonatos*.

El enlace C-O también está polarizado. Se presentarán reacciones de los alcoholes en las que se rompe el enlace entre los átomos de carbono y oxígeno para dar lugar a la formación de *haloalcanos*, *éteres* y *alquenos*.

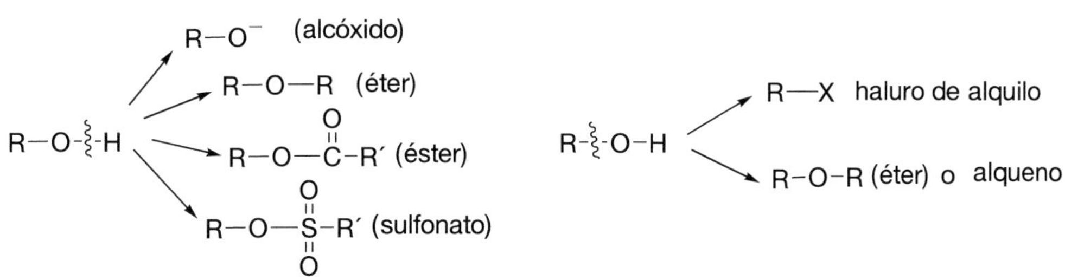

FIGURA 2.10. Derivados de alcoholes por ruptura del enlace O-H y del enlace C-O.

2.3.1. *Reacción con metales alcalinos*

La reacción de un metal alcalino con exceso de alcohol anhidro conduce a la obtención de aniones alcóxido. Se trata de una *reacción de oxidación-reducción* en la que el metal se oxida y el hidrógeno del grupo hidroxilo se reduce a hidrógeno elemental.

$$ROH + Na \longrightarrow RO^- Na^+ + \tfrac{1}{2} H_2 \text{ (anión alcóxido)}$$

FIGURA 2.11. Reacción con metales alcalinos.

2.3.2. *Formación de éteres*

Se presenta un método general para la obtención de éteres, la *síntesis de Williamson*, y uno específico para éteres metílicos, en el que se utiliza el diazometano como reactivo.

A) Síntesis de Williamson (S_N2)

Los alcóxidos reaccionan con los centros electrófilos de los haluros de alquilo primarios y algunos secundarios, según un mecanismo S_N2, para dar éteres.

$$\text{R–OH + Base fuerte o Na} \longrightarrow \text{R–O}^- \text{ (alcóxido)}$$
$$\text{R–O}^- + \text{R–X} \longrightarrow \text{R–O–R}' \text{ (éter) } (S_N2)$$
$$\text{X = halógeno, o } –OSO_2R'' \text{ (sulfonato)}$$

FIGURA 2.12. Síntesis de Williamson.

Además de buenos nucleófilos, los alcóxidos son bases fuertes. Por lo tanto, su utilización estará restringida a haluros de alquilo sin impedimento estérico, ya que si no se podría obtener una cantidad significativa de producto E2.

2.9. Sintetiza cada uno de los siguientes éteres por el método de Williamson. Indica la preparación de los correspondientes iones alcóxido.

a) $CH_3\text{-}CH(CH_3)\text{-}O\text{-}CH_2CH_3$

b) $CH_3\text{-}O\text{-}CH_2CH_2CH_2CH_3$

c) 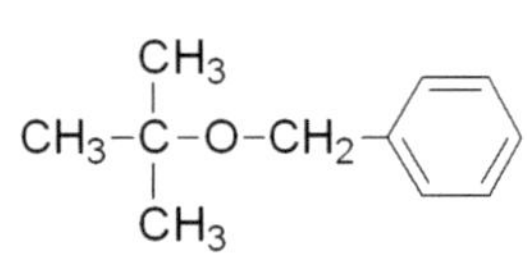

d) 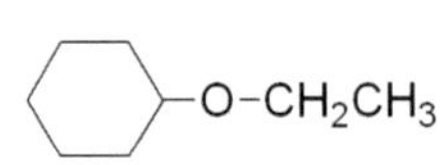

2.10. Diseña una síntesis sencilla para los siguientes éteres, a partir de un alcohol y un haloalcano, mediante reacciones S_N2.

a) 2-metil-2-(1-metiletoxi)butano *b)* 1-metoxi-2,2-dimetilpropano

---

B) Formación de éteres metílicos con diazometano

Los alcoholes pueden metilarse con diazometano, reemplazando el hidrógeno ácido del grupo hidroxilo por un grupo metilo.

$$\text{R-O-H} + \text{CH}_2\text{N}_2 \text{ (diazometano)} \longrightarrow \text{R-O-CH}_3$$

FIGURA 2.13. Formación de éteres metílicos por reacción con diazometano.

Ejercicio resuelto

a) El diazometano se representa normalmente como un híbrido de resonancia de dos formas de Lewis. Escribe estas dos formas.
b) Propón un mecanismo para la formación de un éter metílico con diazometano y alcohol.

Solución

a)

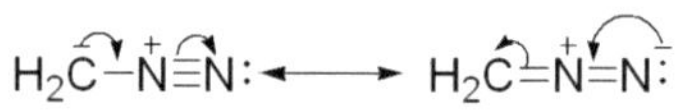

b)

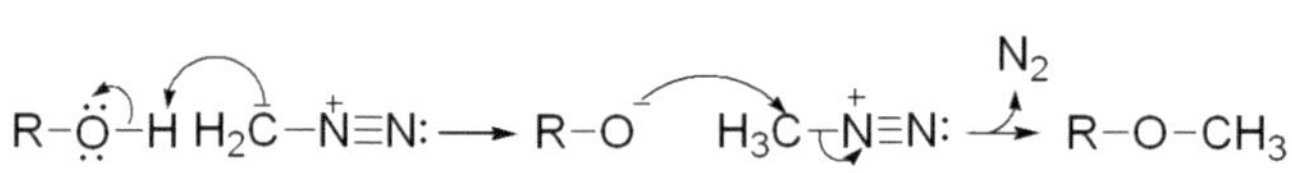

2.3.3. Formación de ésteres orgánicos

Los alcoholes se pueden convertir en ésteres por:

a) Reacción con *cloruros de ácido o anhídridos*. Reacción completamente desplazada hacia la formación de los productos.

b) Reacción con los ácidos carboxílicos: *esterificación de Fischer*. Los alcoholes reaccionan con ácidos carboxílicos en presencia de cantidades catalíticas de ácido mineral para dar ésteres y agua. En esta transformación, los materiales de partida y los productos están en un equilibrio que puede ser desplazado empleando un exceso de uno de los componentes.

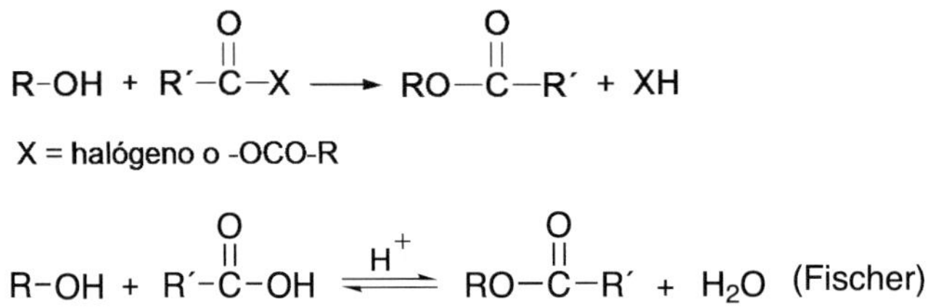

FIGURA 2.14. Formación de ésteres.

2.11. Asigna una estructura a cada uno de los compuestos indicados con una letra en las siguientes reacciones.

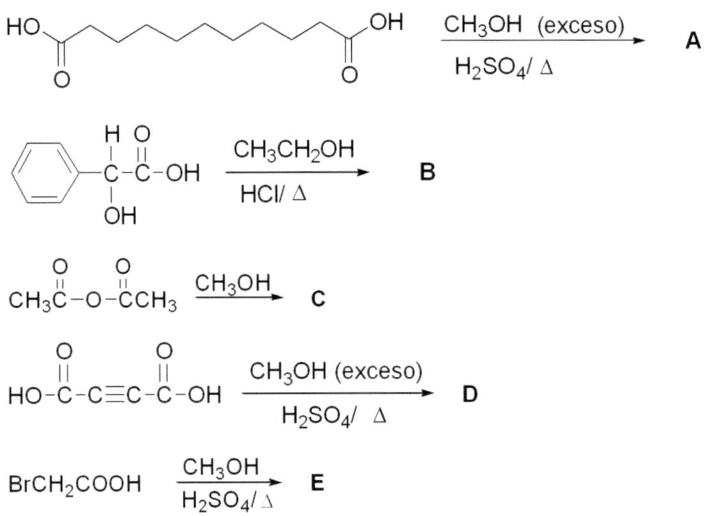

2.12. Las ceras son ésteres naturales con largas cadenas lineales de alquilo. El aceite de ballena contiene la cera hexadecanoato de hexadecilo.

a) ¿Cómo se sintetizaría esta cera utilizando una reacción S_N2?
b) ¿Cuáles serían los productos de la reacción de este compuesto con NaOH acuoso?

2.13. Se prepara benzoato de metilo calentando 10 g de ácido benzoico en 25 mL de metanol y 3 mL de ácido sulfúrico concentrado.

a) Escribe la ecuación de la reacción en equilibrio.
b) ¿Cómo se eliminaría el exceso de metanol, ácido sulfúrico y ácido benzoico que quedan sin reaccionar de la mezcla de reacción?

2.3.4. Formación de sulfonatos

Los ésteres sulfónicos (sulfonatos) se preparan por tratamiento de los alcoholes con cloruro de sulfonilo en presencia de una base.

$$ROH + ClSO_2R' \longrightarrow ROSO_2R'$$

R´ = CH_3, cloruro de metanosulfonilo o cloruro de mesilo

R´ = *p*-Ph(CH_3), cloruro de *p*-toluenosulfonilo o cloruro de tosilo

FIGURA 2.15. Formación de sulfonatos.

2.3.5. Formación de haloalcanos

Los haluros de alquilo o haloalcanos pueden prepararse a partir de alcoholes mediante diversos procedimientos sintéticos:

a) Reacción con haluros de hidrógeno (S_N1/ S_N2).
b) Reacción con haluros de fósforo (S_N2).
c) Reacción con cloruro de tionilo (S_N2).

A) Reacción con haluros de hidrógeno

Uno de los métodos empleados para la obtención de haluros de alquilo consiste en la sustitución del grupo hidroxilo por un halógeno, mediante la reacción del alcohol con haluros de hidrógeno. Se producirá una sustitución S_N1 o S_N2, dependiendo de la estructura del alcohol.

$$ROH + XH \longrightarrow RX + H_2O$$

FIGURA 2.16. Reacción con haluros de hidrógeno.

La protonación del grupo hidroxilo por el ácido lo convierte en un buen grupo saliente: una molécula de agua. Si el proceso tiene lugar en un *alcohol primario*, el ion haluro desplaza el agua en una reacción S_N2 y se obtiene el haluro de alquilo.

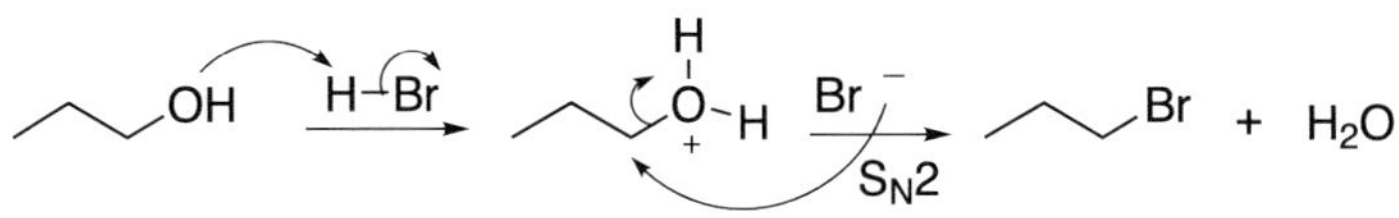

FIGURA 2.17. Mecanismo S_N2 con un alcohol primario.

Cuando los alcoholes son *secundarios* y *terciarios*, el mecanismo pasa a través de carbocationes (S_N1). En algunos casos, los carbocationes pueden transponerse por desplazamiento de hidrógeno o grupos alquilo para dar carbocationes más estables.

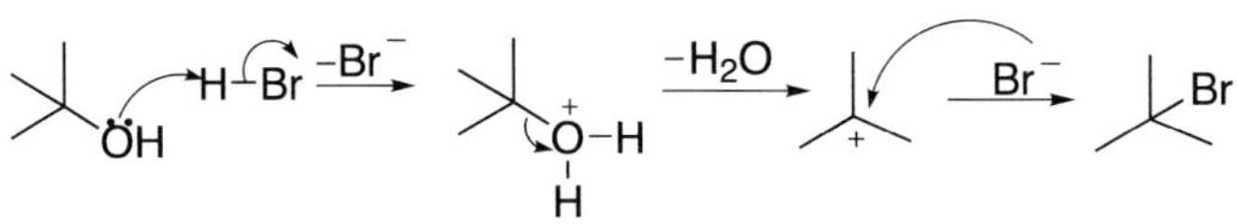

FIGURA 2.18. Mecanismo S_N1 con un alcohol terciario.

Ejercicio resuelto

Al tratar 2-metilciclohexanol con HBr se obtiene 1-bromo-1-metilciclohexano. Justifícalo mediante un mecanismo adecuado.

Solución

El alcohol se protona y pierde agua, formándose un carbocatión secundario. La transposición de hidrógeno conduce a un carbocatión terciario y este carbocatión es atacado nucleofílicamente por el ion bromuro.

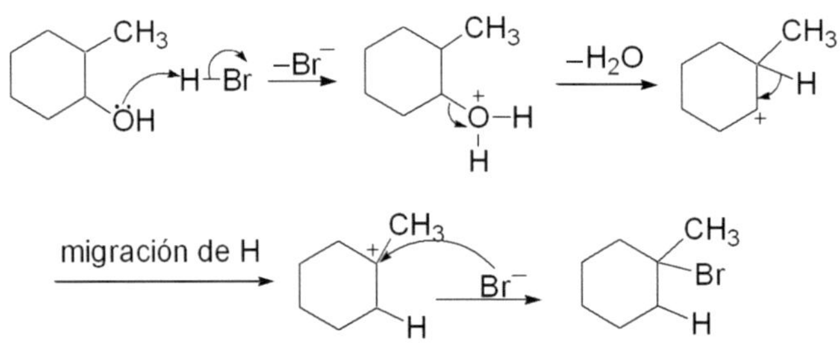

2.14. Propón un mecanismo para la conversión del alcohol *terc*-butílico en cloruro de *terc*-butilo usando ácido clorhídrico.

2.15. Escribe todos los productos de la reacción de cada uno de los alcoholes siguientes con HBr concentrado y acuoso:

a) 1-propanol

b) 2-propanol

c) 2-metil-1-propanol

d) 3,3-dimetil-1-butanol

e)

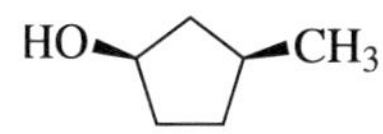

2.16. Escribe el mecanismo para la conversión del 3-pentanol en los dos bromopentanos cuando reacciona con ácido bromhídrico acuoso.

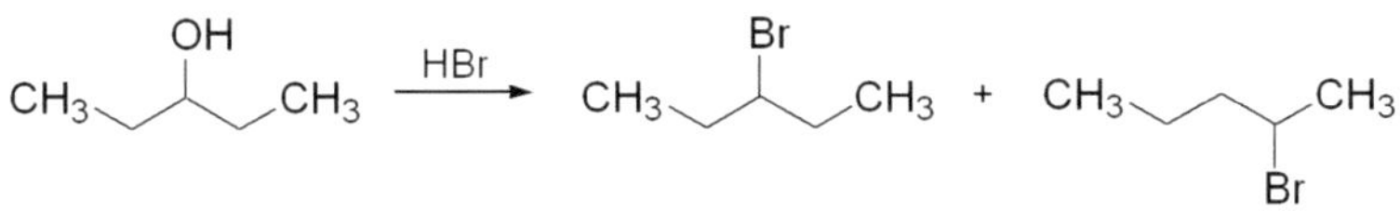

B) Reacción con haluros de fósforo (S_N2)

Para evitar los intermedios carbocatiónicos y, por tanto, minimizar las transposiciones, se pueden utilizar otros reactivos, como por ejemplo los trihaluros de fósforo. Los alcoholes primarios y secundarios reaccionan a través de un proceso S_N2. En alcoholes quirales se observa *inversión de configuración*.

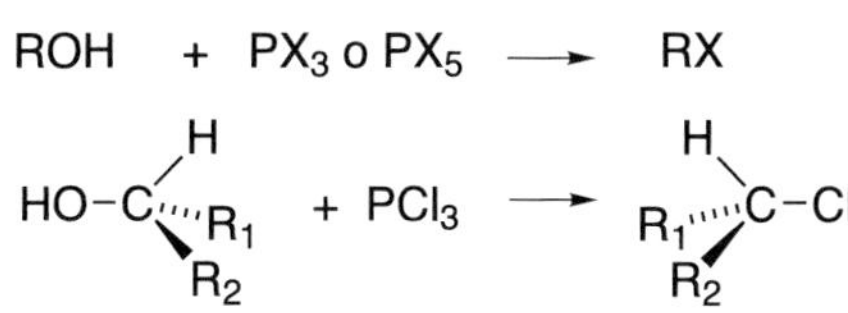

FIGURA 2.19. Reacción con haluros de fósforo.

Ejercicio resuelto

Cuando el 2-octanol ópticamente activo se trata con tribromuro de fósforo se obtiene 2-bromooctano con inversión de la configuración. Escribe un mecanismo detallado.

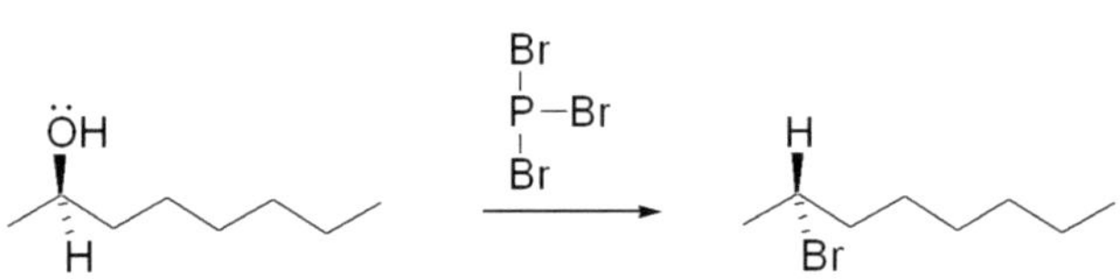

Solución

La reacción procede a través de un mecanismo S_N2. El grupo hidroxilo es un mal grupo saliente para ser desplazado por nucleófilos en las reacciones S_N2. El primer paso convierte un mal grupo saliente en un buen grupo saliente. A continuación, el haluro ataca en un proceso S_N2.

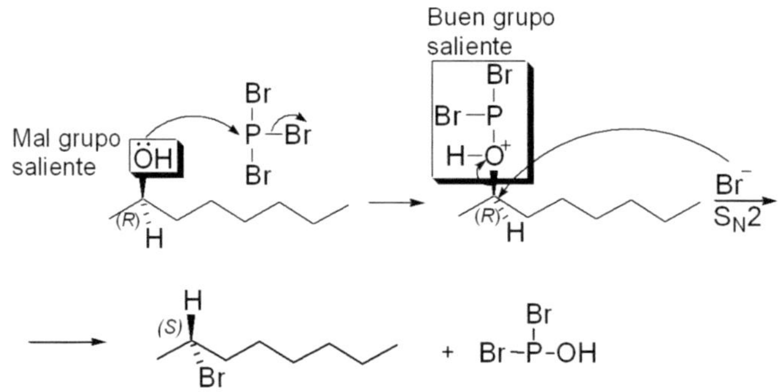

C) *Reacción con cloruro de tionilo (S_N2)*

Otro reactivo utilizado en la sustitución del grupo hidroxilo por un halógeno, sin productos de transposición, es el cloruro de tionilo ($SOCl_2$). El mecanismo es S_N2, por lo tanto, si la reacción se produce en un centro quiral es de esperar *inversión de configuración.*

$$ROH + SOCl_2 \longrightarrow RCl + SO_2 + HCl$$

FIGURA 2.20. Reacción con cloruro de tionilo.

Ejercicio resuelto

Indica los reactivos que se podrían utilizar para la siguiente transformación.

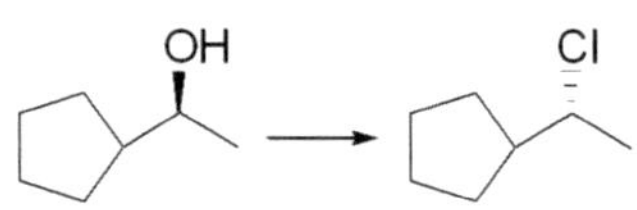

Solución

La transformación es un proceso de sustitución del grupo hidroxilo por cloro. El sustrato es secundario, por lo tanto, se podrían usar condiciones S_N1 o S_N2. En este caso, al tener lugar una inversión de la configuración, el proceso necesariamente ha de ser S_N2 y los reactivos que se podrían utilizar serían cloruros de fósforo, como el PCl_5 o cloruro de tionilo ($SOCl_2$).

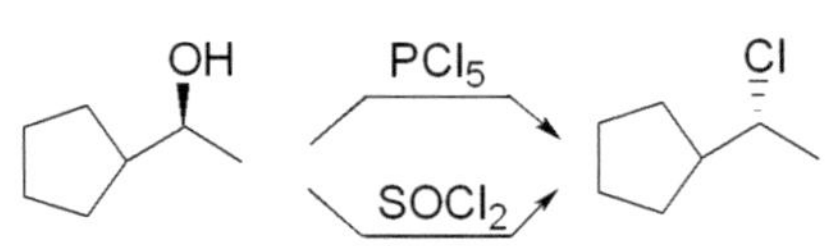

2.17. Sugiere un método sintético adecuado para preparar los siguientes haloalcanos a partir de alcoholes.

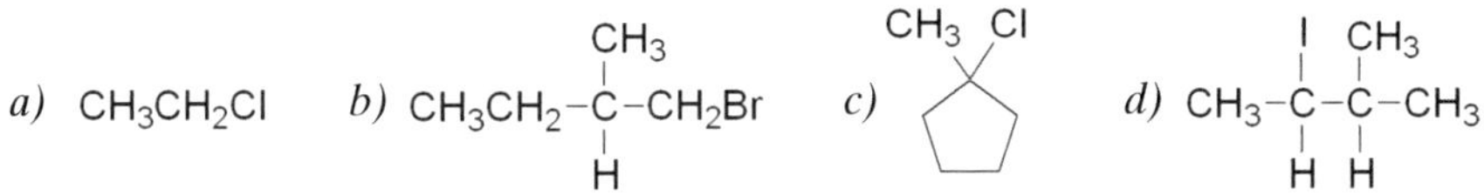

2.3.6. Deshidratación de alcoholes

A temperaturas elevadas y en ausencia de nucleófilos, los alcoholes dan *alquenos* mediante reacciones de eliminación catalizadas por ácidos.

$$ROH + H^+/\text{calor} \longrightarrow \text{Alqueno} + H_2O$$

FIGURA 2.21. Obtención de alquenos por la deshidratación de alcoholes.

La eliminación puede tener lugar a través de un mecanismo E1 o E2, en función del alcohol de partida. Los alcoholes secundarios y terciarios originan alquenos por un mecanismo E1 y los alcoholes primarios por un camino E2.

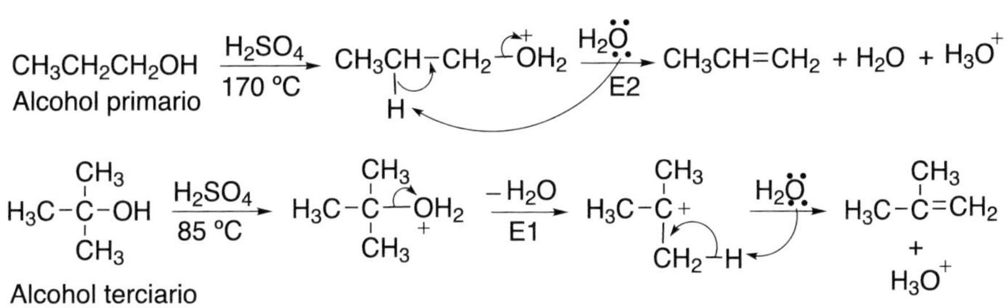

FIGURA 2.22. Mecanismos E1/E2 de la deshidratación.

Cuando hay posibilidad de obtención de más de un alqueno, la eliminación en general favorece el alqueno más sustituido. En las deshidrataciones que implican iones carbonio, los carbocationes pueden sufrir *transposiciones*.

Ejercicio resuelto

Escribe las estructuras de los alquenos que se forman cuando los siguientes alcoholes sufren una deshidratación catalizada por ácidos.

a) $CH_3CH(OH)CH_2CH_3$

b) $Me_2C(OH)CH_2CH_2CH_3$

c) $PhCH_2CH_2OH$

d) $PhCH(OH)CH_2Ph$

Solución

a) $CH_3 - CH = CH - CH_3$ (mayoritario) $CH_2 = CH - CH_2CH_3$ (minoritario)

b) 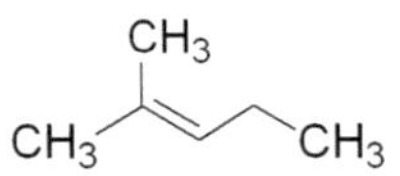

(mayoritario) 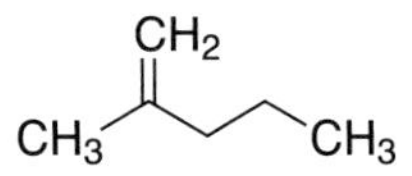

(minoritario)

c) $Ph - CH = CH_2$

d) 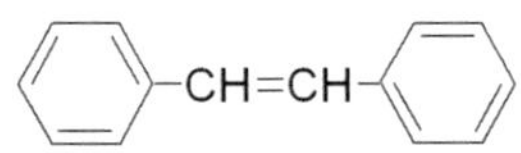

Cuando las temperaturas no son elevadas, pueden obtenerse éteres a partir de alcoholes en presencia de ácido.

ROH (exceso) + H^+ ⟶ ROR (éter) + HOH

FIGURA 2.23. Formación de éteres.

2.18. Escribe la estructura de los alcoholes que pueden deshidratarse para dar los alquenos siguientes:

a) $CH_2{=}CH_2$ *b)* $CH_2{=}CMe_2$ *c)* $CH_3CH{=}CH_2$ *d)* $CH_3CH{=}CHCH_3$

2.19. Explica mediante un mecanismo los alquenos obtenidos al tratar 4-metilciclohexanol con ácido en caliente.

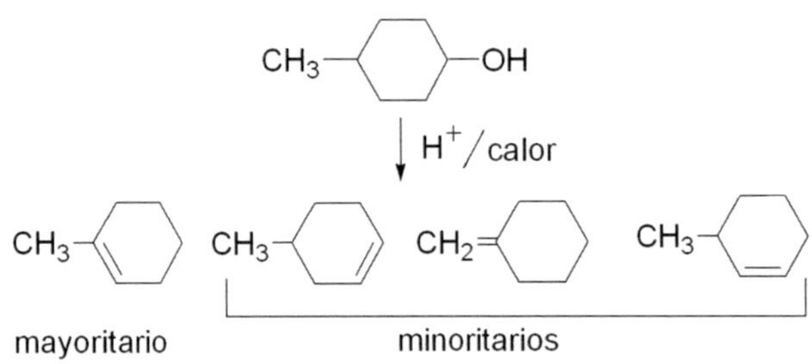

2.4. Oxidación de alcoholes

El proceso de oxidación de un alcohol, inverso al de la reducción de un aldehído o una cetona, implica un aumento en el estado de oxidación.

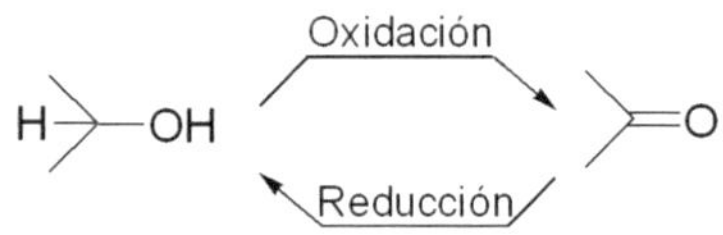

El producto obtenido depende de si el alcohol de partida es primario, secundario o terciario (figura 2.24).

- El *alcohol primario* tiene dos protones en el átomo de carbono que posee el grupo hidroxilo. Como resultado puede ser oxidado dos veces. La primera oxidación produce *aldehído* y la posterior oxidación del aldehído conduce a un *ácido carboxílico*.
- El *alcohol secundario* solo tiene un protón unido al átomo de carbono, de modo que solo puede ser oxidado una vez y formar una cetona.
- Un *alcohol terciario* no tiene protones. Por consiguiente, no sufre oxidación.

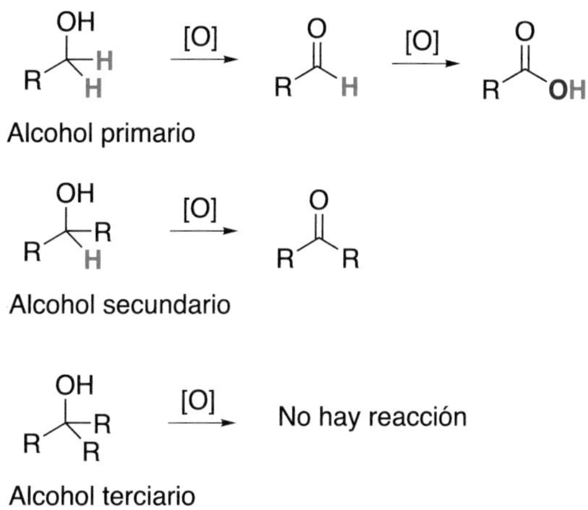

FIGURA 2.24. Oxidación de alcoholes primarios, secundarios y terciarios.

2.20. Escribe las estructuras de los productos de oxidación de los alcoholes siguientes. Si el alcohol es primario dibuja las estructuras del aldehído y del ácido carboxílico que se pueden obtener al variar la calidad del agente oxidante.

a) $CH_3CH(OH)CH_2CH_3$

b) $Me_2C(OH)CH_2CH_2CH_3$

c) $PhCH_2CH_2OH$

d) $PhCH(OH)CH_2Ph$

e) 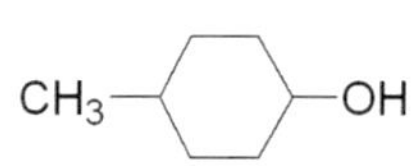

2.21. Escribe las estructuras de alcoholes que pueden usarse para preparar los siguientes compuestos, a través de una reacción de oxidación.

a) CH_3CH_2COOH

c) $CH_3COCH_2CH_2CH_3$

b) 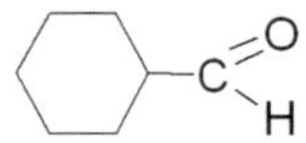

d) 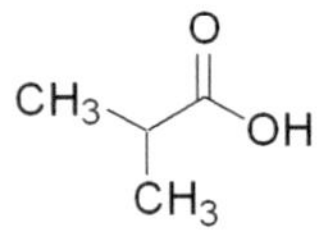

2.22. Se dispone de un líquido desconocido que puede ser alcohol *terc*-butílico o alcohol *n*-butílico. También se sabe que cuando unas gotas del líquido desconocido se agitan con un agente oxidante fuerte se produce una reacción. ¿De qué alcohol se trata? Representa la reacción química que ha tenido lugar.

2.23. Una sustancia desconocida puede ser pentano o alcohol *sec*-butílico. Cuando la sustancia se agita con un agente oxidante fuerte se produce una reacción. ¿Qué compuesto es? Escribe la reacción correspondiente.

Existe un gran número de reactivos empleados para la oxidación de los alcoholes ($KMnO_4$, CrO_3, $K_2Cr_2O_7$). Uno de los mejores es el cromo (VI). Cuando se pone en presencia de un alcohol, la especie Cr (VI) se reduce a Cr (III). Este reactivo se comercializa en forma de sales de dicromato ($K_2Cr_2O_7$) o como CrO_3 y la oxidación se realiza en disolución acuosa ácida. En estas condiciones, los alcoholes primarios suelen sobreoxidarse a ácidos, pero en condiciones más suaves (CrO_3/piridina o PCC, clorocromato de piridinio) se forman aldehídos.

RCH_2OH (alcohol 1.º)	+ CrO_3	⟶	R-COOH (ácido)
RCH_2OH (alcohol 1.º)	+ PCC	⟶	R(H)C = O (aldehído)
R(R')CHOH (alcohol 2.º)	+ CrO_3 o PCC	⟶	R(R')C = O (cetona)
R (R')(R'')C-OH (alcohol 3.º)	+ CrO_3	⟶	No reacciona

FIGURA 2.25. Oxidantes más habituales en la oxidación de alcoholes.

El clorocromato de piridinio (PCC), oxidante más suave que el CrO_3 y selectivo, se forma cuando se añade piridina a una solución de trióxido de cromo en ácido clorhídrico.

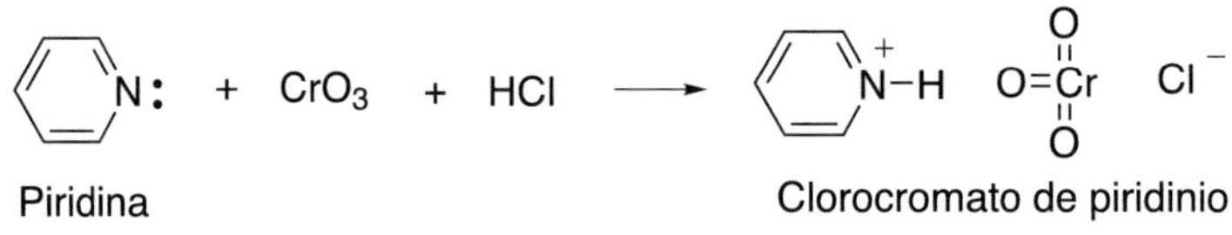

FIGURA 2.26. Preparación de Clorocromato de piridinio (PCC).

Ejercicio resuelto

Predice el producto que se obtiene en cada una de las siguientes oxidaciones.

a) 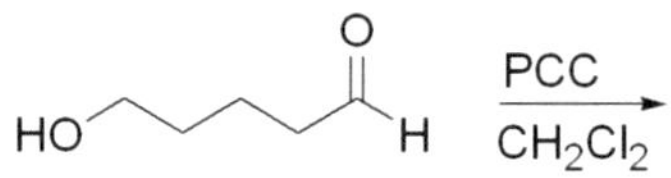

b) 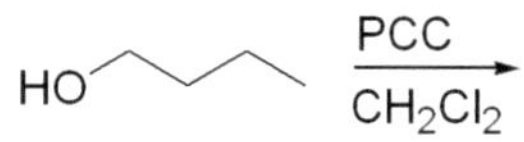

c) 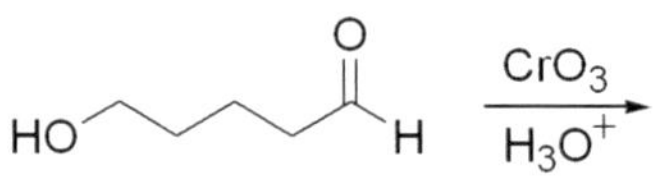

d) 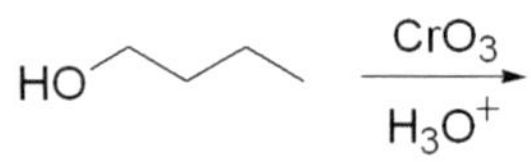

e) 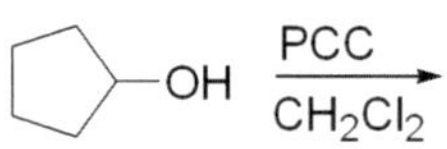

f) 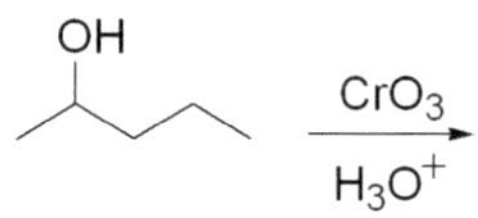

Solución

a) 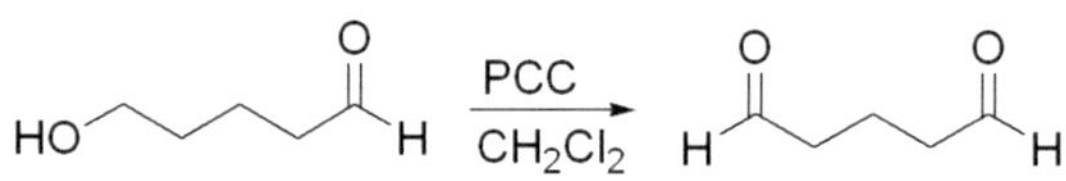

b) 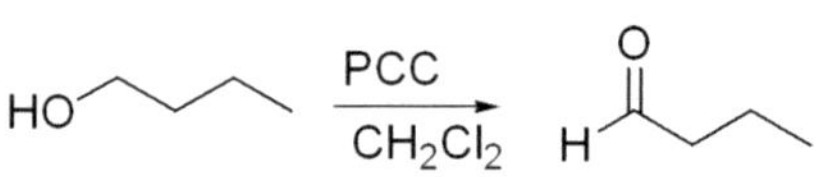

c) 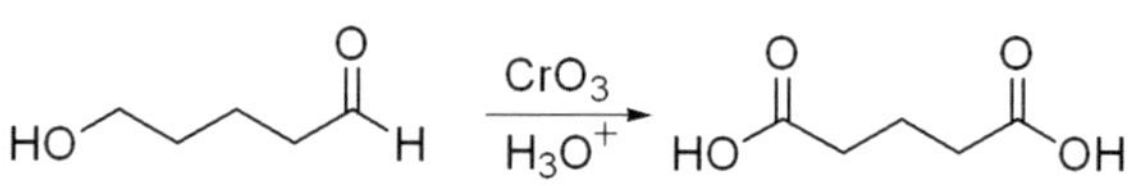

d) 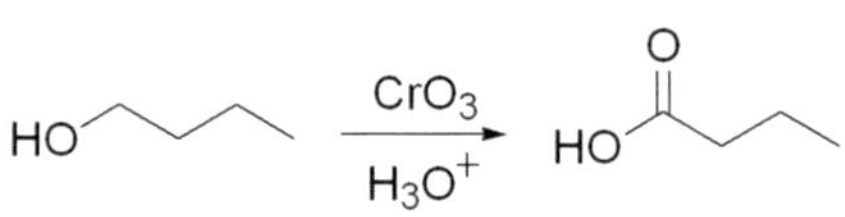

e) 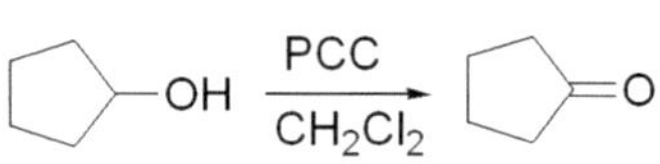

f) 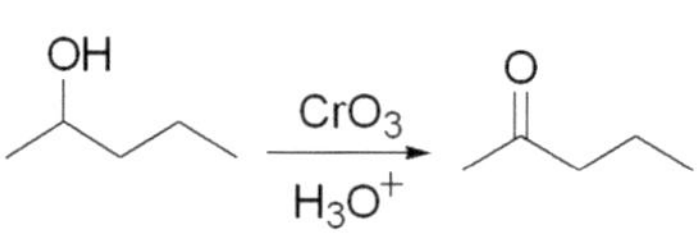

2.24. Sugiere el mejor método para preparar los siguientes compuestos a partir de un alcohol apropiado.

a) Ciclopentanona
b) Ácido pentanoico
c) Formilciclohexano
d) 3-metilbutanona
e) Etanal

2.25. Escribe los productos de la reacción del 1-propanol con los siguientes reactivos en las condiciones que se indican.

a) HBr, calor; *b)* PBr_3; *c)* $SOCl_2$, piridina; *d)* NaH; *e)* H_3O^+ en frío; *f)* H_2SO_4, calor; *g)* Na metal y después $CH_3CH_2CH_2CH_2Br$; *h)* $Na_2Cr_2O_7$, H_2SO_4; *i)* clorocromato de piridinio, diclorometano; *j)* cloruro de tosilo, piridina

2.26. Escribe los productos obtenidos del 2-propanol con los mismos reactivos del ejercicio anterior.

2.5. Síntesis de alcoholes

A continuación, se presentan algunos de los métodos más habituales para la obtención de alcoholes. Se encuentran clasificados de forma sistemática según el tipo de reacción utilizada.

2.5.1. *Desplazamiento nucleofílico por ion hidróxido*

Los alcoholes pueden prepararse por reacciones de sustitución en las que un grupo saliente X (un haluro o un sulfonato) es reemplazado por un grupo hidroxilo.

Un sustrato primario necesitará condiciones S_N2 (un nucleófilo fuerte como el ion hidróxido). Un sustrato terciario requerirá condiciones S_N1 (un nucleófilo débil, como el H_2O).

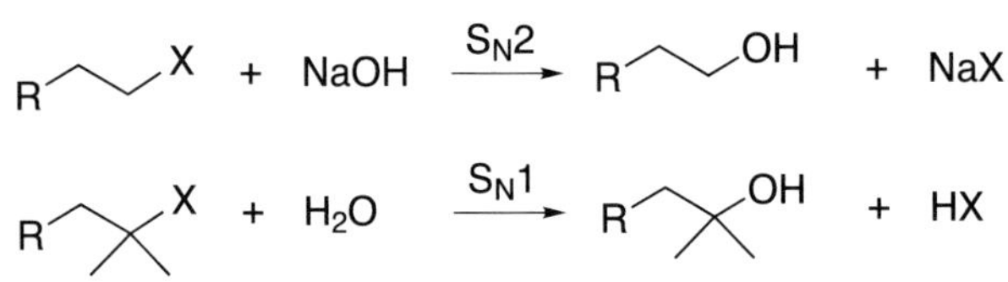

FIGURA 2.27. Preparación de alcoholes por reacciones de sustitución.

El desplazamiento nucleofílico por un grupo hidroxilo no es un método muy empleado, ya que con frecuencia los haloalcanos necesarios solo pueden obtenerse a partir de los correspondientes alcoholes.

Además, presenta el inconveniente de que en sistemas primarios impedidos o con derivados secundarios la E2 puede ser una reacción secundaria importante. Una manera de solventar el problema de la eliminación es utilizar un nucleófilo con oxígeno menos básico, como el etanoato. El etanoato es una base más débil que el hidróxido y, por tanto, da productos de sustitución con buenos rendimientos. Una vez completado este paso, el etanoato resultante puede hidrolizarse para dar el alcohol deseado.

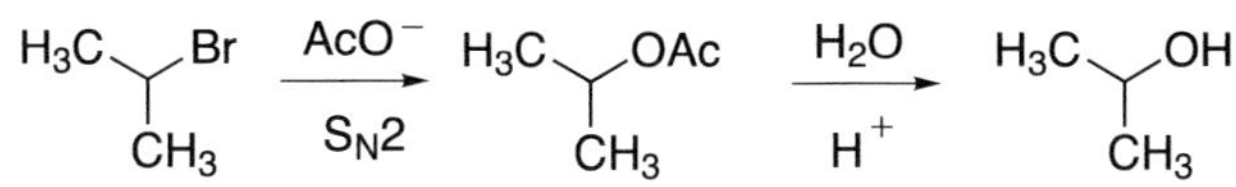

FIGURA 2.28. Síntesis de alcoholes por desplazamiento nucleofílico por acetato.

Ejercicio resuelto

Considera la reacción del bromociclohexano con cada uno de los reactivos siguientes.

a) Agua *b)* Ion hidroxilo *c)* Ácido acético *d)* Ion acetato

1. ¿Cuál es el mecanismo de reacción más importante en cada caso?
2. ¿Qué reactivo dará más cantidad de producto de eliminación?
3. ¿Cuál es el reactivo más útil para sintetizar un alcohol?

Solución

1. El haluro es secundario. Con el agua y el ácido acético, nucleófilos débiles, predomina el mecanismo S_N1. Con el ion acetato, buen nucleófilo, el mecanismo principal es una S_N2. El ion hidróxido, que posee carácter básico, dará fundamentalmente una eliminación E2.

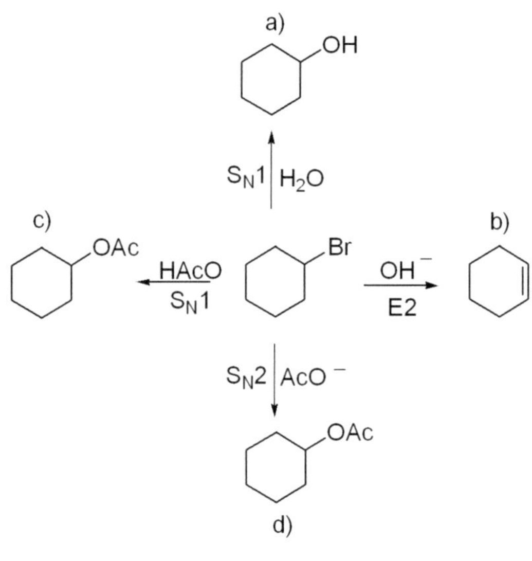

2. El anión OH es la base más fuerte y produce mayor cantidad del producto de eliminación.
3. El método (a) no es bueno para obtener ciclohexanol porque el rendimiento es bajo; mientras que el método (b) produce mayoritariamente el producto de eliminación. La mejor reacción es (d), ya que da el acetato con buen rendimiento y que luego se puede hidrolizar al alcohol correspondiente.

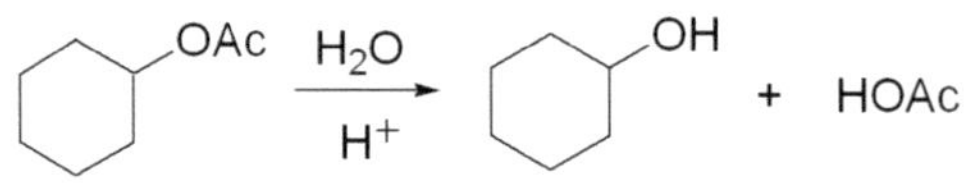

2.5.2. Reducción de compuestos carbonílicos

Uno de los métodos más importantes para la obtención de alcoholes consiste en la reducción de compuestos carbonílicos (aldehídos, cetonas, ésteres y ácidos carboxílicos).

A) Reducción de aldehídos y cetonas

El doble enlace carbono-oxígeno de aldehídos y cetonas adiciona *hidrógeno* obteniéndose alcoholes. La reacción requiere un catalizador metálico como Pt, Pd o Ni.

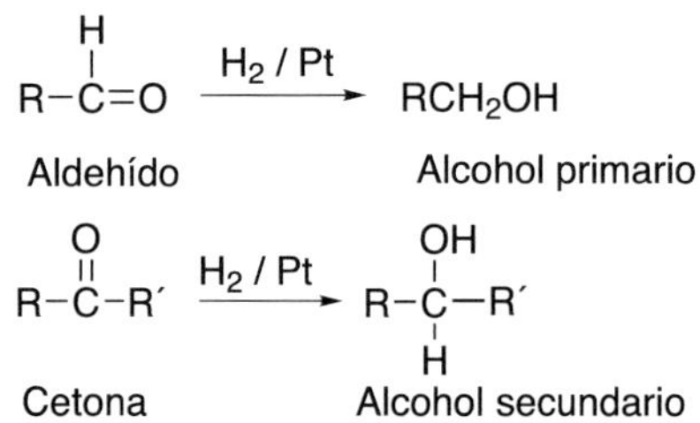

FIGURA 2.29. Obtención de alcoholes por hidrogenación de aldehídos y cetonas.

La naturaleza electrofílica del carbono carbonílico puede utilizarse en reducciones mediante hidruros metálicos que proporcionan aniones hidruro. Dos de estos hidruros son el *borohidruro sódico*, $NaBH_4$ y el *hidruro de litio y aluminio*, $LiAlH_4$. Estos agentes ofrecen una ventaja significativa sobre la hidrogenación catalítica: pueden reducir de manera selectiva un grupo carbonilo en presencia de un enlace C=C.

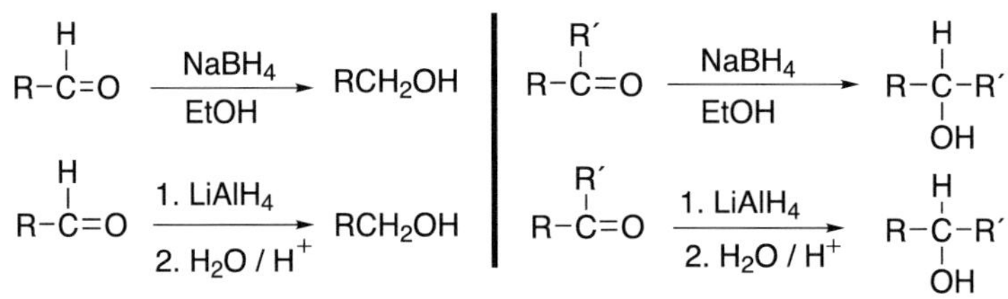

FIGURA 2.30. Obtención de alcoholes por reducción con hidruros complejos.

El *mecanismo* simplificado de la reducción de aldehídos y cetonas con hidruros consiste en una adición nucleófila del anión hidruro, proporcionado por el $NaBH_4$ o el $LiAlH_4$, al carbono electrófilo del carbonilo. El segundo paso es una transferencia de protón al ion alcóxido para dar el alcohol.

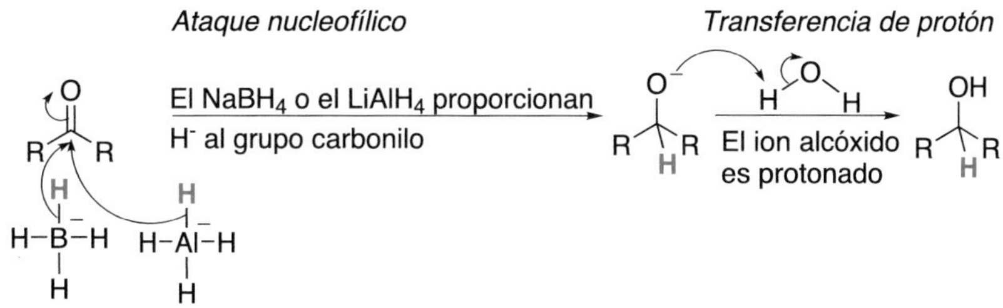

FIGURA 2.31. Mecanismo simplificado de la reducción por hidruros metálicos.

2.27. Completa las siguientes reacciones.

a) $CH_3(CH_2)_4CH_2CHO \xrightarrow[\text{dietil éter}]{LiAlH_4} \xrightarrow{H_3O^+} A$

b) 

c) 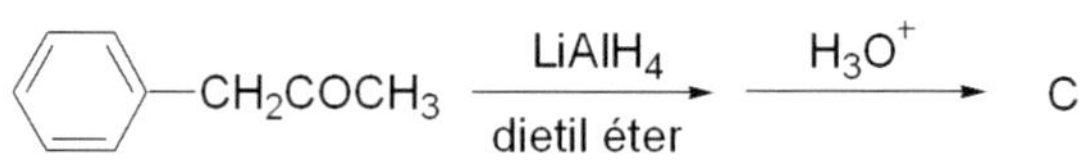

d) 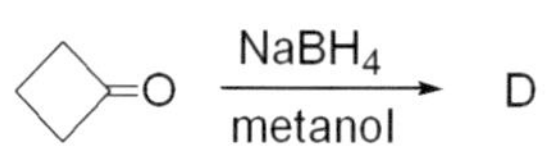

e) 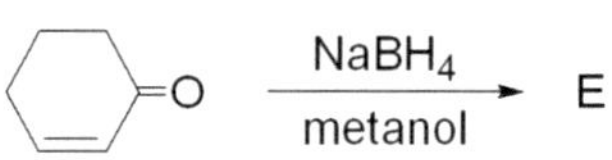

f) $CH_3CH = CHCHO \xrightarrow[\text{dietil éter}]{LiAlH_4} \xrightarrow{H_3O^+} F$

B) Reducción de ésteres y ácidos carboxílicos

El hidruro de aluminio y litio es un reductor tan potente que reacciona también con ácidos carboxílicos y ésteres para dar alcoholes primarios.

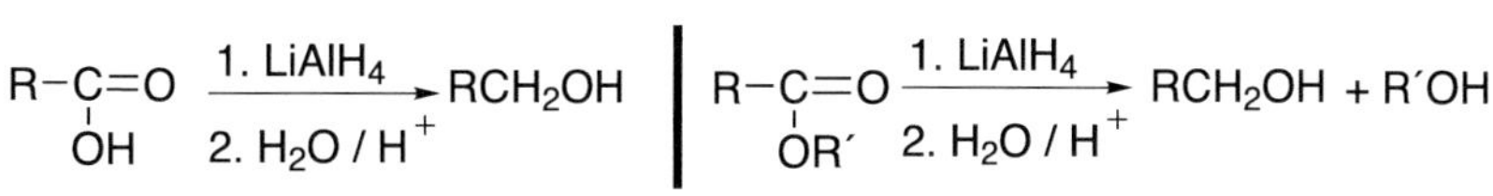

FIGURA 2.32. Obtención de alcoholes por reducción de ácidos y ésteres.

El mecanismo para la reducción del éster implica la transferencia de hidruro dos veces.

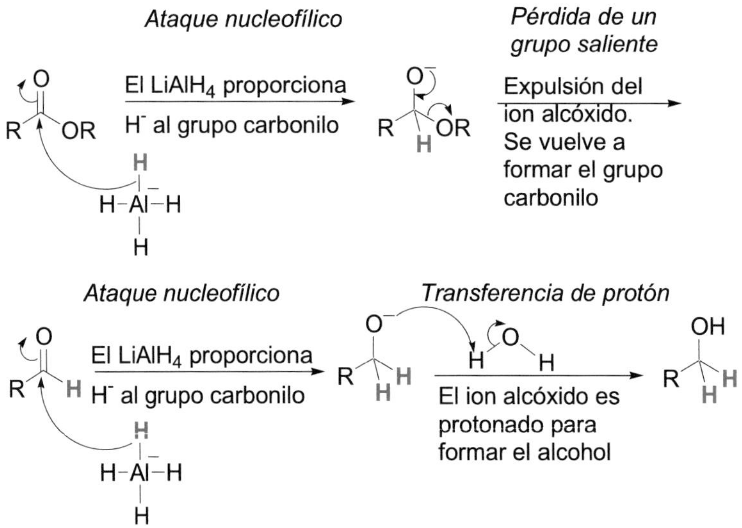

FIGURA 2.33. Mecanismo de la reducción de ésteres.

Ejercicio resuelto

Predice el producto de la siguiente reacción y dibuja un mecanismo que lo justifique.

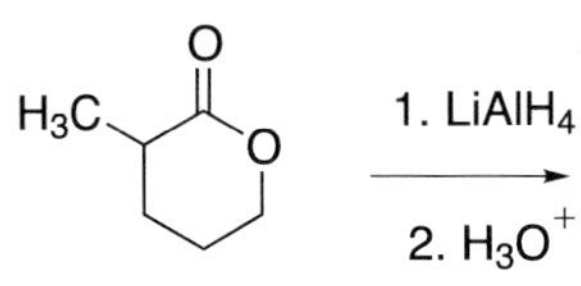

Solución

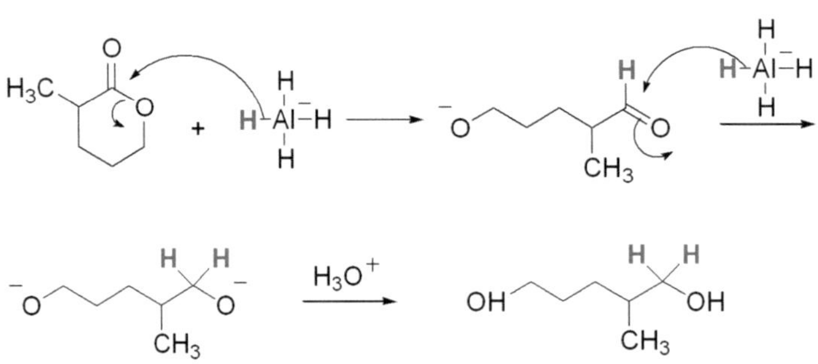

2.5.3. Apertura de oxaciclopropano con hidruro de aluminio y litio

El poder nucleófilo del hidruro de aluminio y litio se manifiesta también en su capacidad de atacar a éteres contenidos en anillos de tres miembros, como el oxaciclopropano. La reacción transcurre por un ataque nucleófilo del hidruro. El oxígeno del éter actúa como grupo saliente intramolecular.

En sistemas asimétricos, el hidruro ataca al carbono menos impedido.

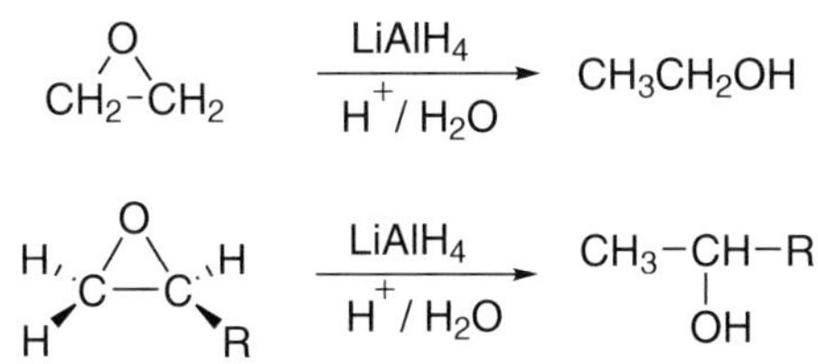

FIGURA 2.34. Obtención de alcoholes por reducción de epóxidos.

2.28. Escribe el producto de cada una de las reacciones siguientes:

a) 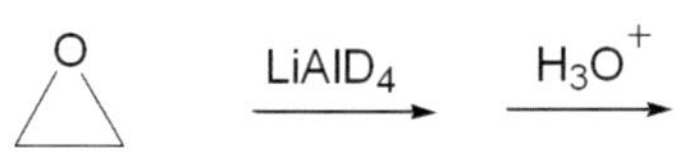

b) 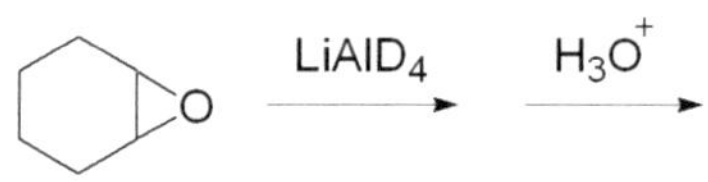

2.5.4. Adición de compuestos organometálicos

Los reactivos organometálicos se adicionan a *aldehídos* y *cetonas* para dar alcoholes. La reacción con metanal dará lugar a la formación de *alcoholes primarios*. Los demás aldehídos se convertirán en *alcoholes secundarios*. Si la reacción se lleva a cabo con cetonas se obtendrán *alcoholes terciarios*.

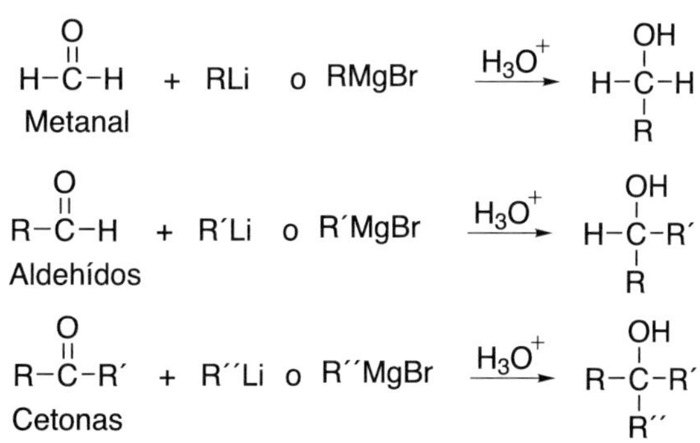

FIGURA 2.35. Síntesis de alcoholes por reacción con compuestos organometálicos.

El mecanismo es similar al de la reducción por hidruros. Los compuestos organometálicos son nucleófilos de carbono, capaces de atacar el carbono carbonílico de los aldehídos y las cetonas, formando un enlace carbono-carbono.

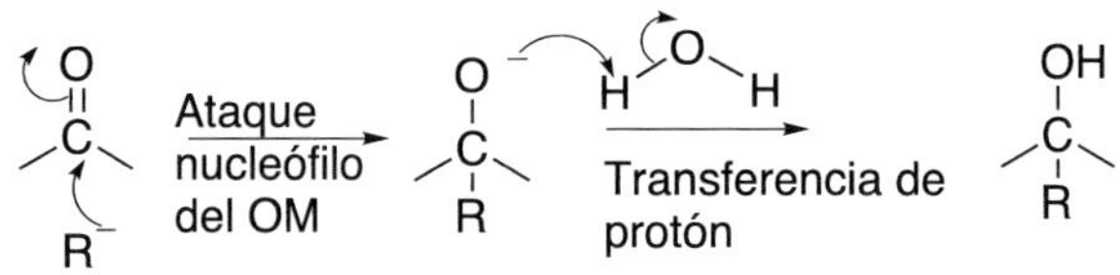

FIGURA 2.36. Mecanismo de la obtención por reacción con organometálicos.

Los *ésteres* también reaccionan con los compuestos organometálicos para dar alcoholes. En estas transformaciones, el grupo alcóxido es desplazado del éster, y el aldehído o la cetona obtenidos reaccionan con el organometálico más rápidamente que el éster inicial. Se consumen dos equivalentes del compuesto organometálico dando alcoholes secundarios (R = H) o terciarios (R = alquilo).

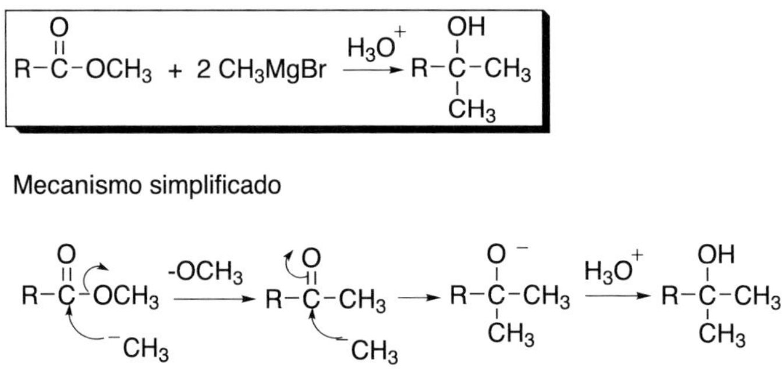

FIGURA 2.37. Alcoholes a partir de ésteres por reacción con organometálicos.

Ejercicio resuelto

Indica cómo puede prepararse 2-bromo-2-metilpropano a partir de metanol como único compuesto orgánico de partida.

Solución

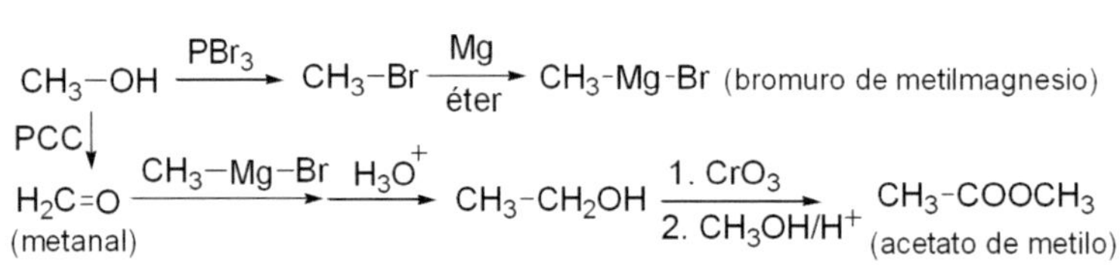

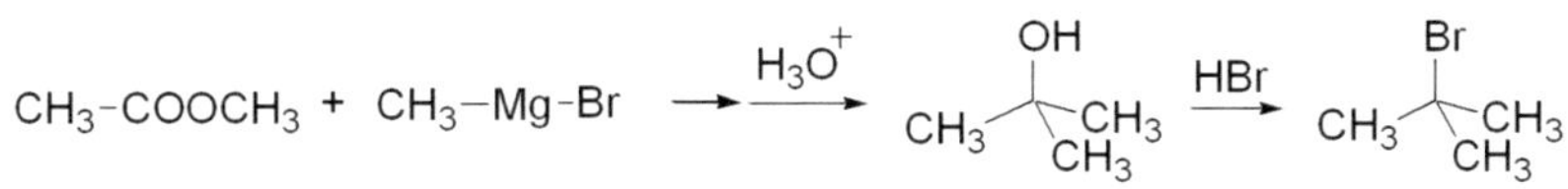

2.29. Propón un mecanismo para la siguiente transformación.

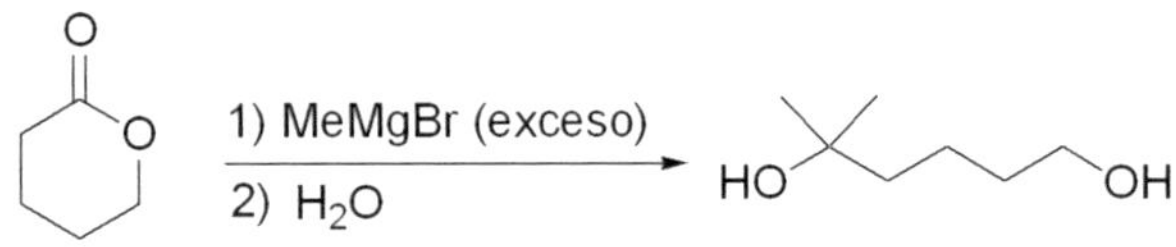

El carbono nucleofílico de un compuesto organometálico puede abrir un anillo de *oxaciclopropano*. Se obtienen alcoholes en los que la cadena hidrocarbonada contiene dos unidades más de metileno.

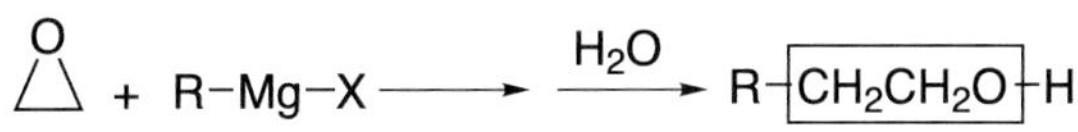

FIGURA 2.38. Obtención de alcoholes por reacción de epóxidos con magnesianos.

Ejercicio resuelto

Utilizando los principios del análisis retrosintético, diseña síntesis posibles para cada una de las moléculas siguientes, empleando como productos de partida aldehídos, cetonas o ésteres de pequeño tamaño.

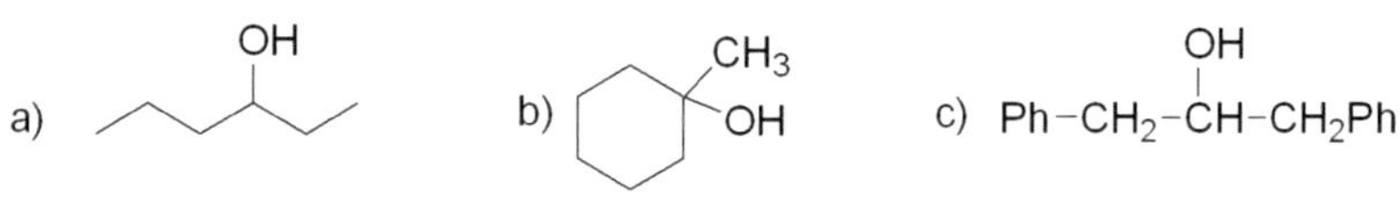

Solución

El procedimiento de síntesis lo obtendremos mediante análisis retrosintético. Nos fijamos en los enlaces contiguos al grupo funcional y utilizamos las desconexiones más adecuadas en cada caso.

- Compuesto (a). Tres desconexiones posibles. Las dos primeras son igualmente válidas.

  - Método 1

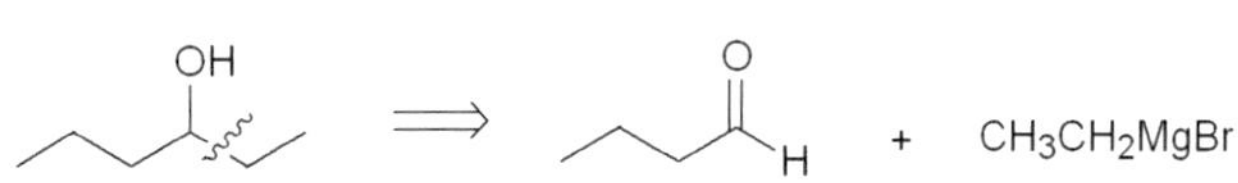

La estrategia sintética sería:

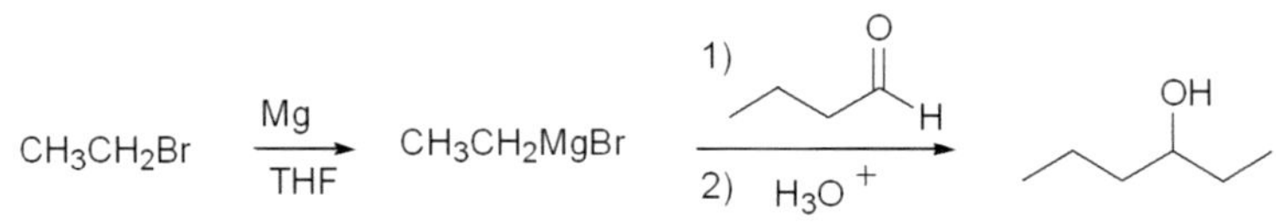

- Método 2

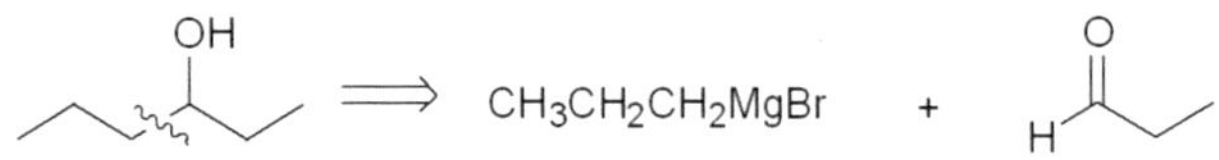

La estrategia sintética sería:

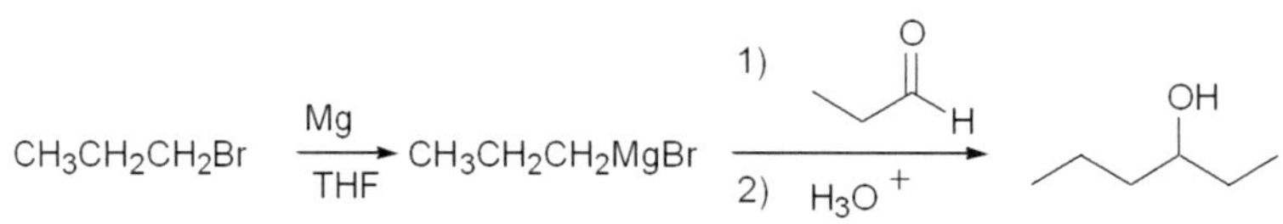

- Método 3

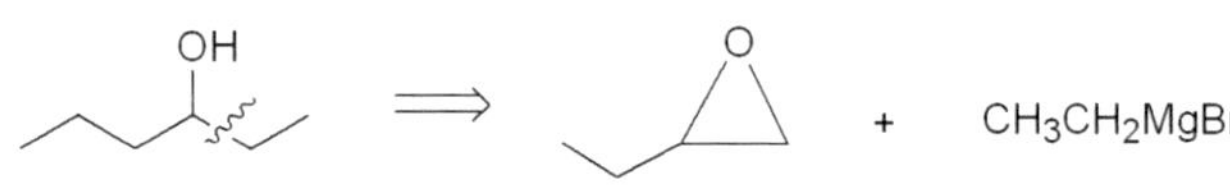

La estrategia sintética sería:

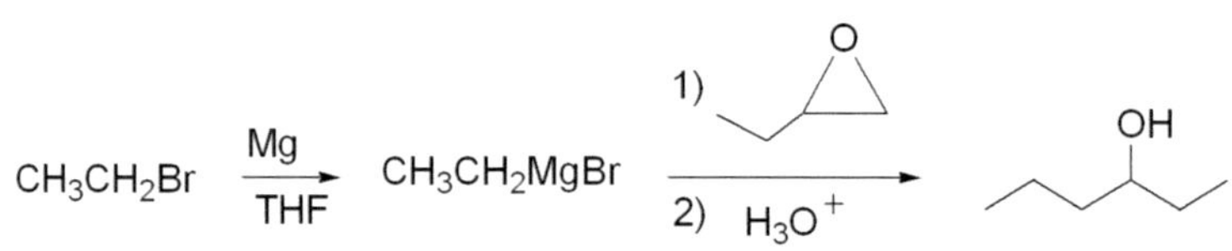

– Compuesto (b). Para la obtención de 1-metilciclohexanol existen tres posibles estrategias sintéticas.

- Método 1

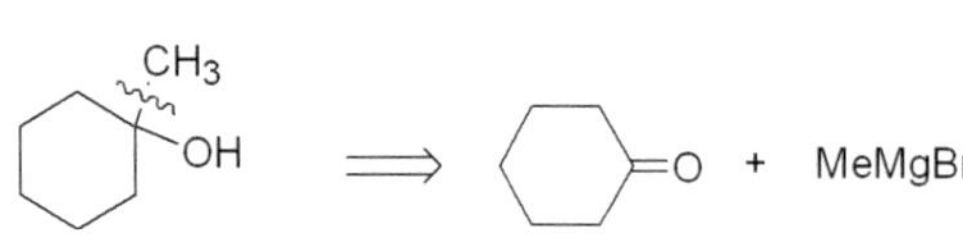

- Método 2

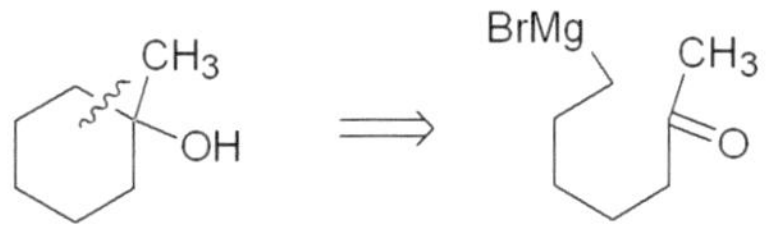

- Método 3

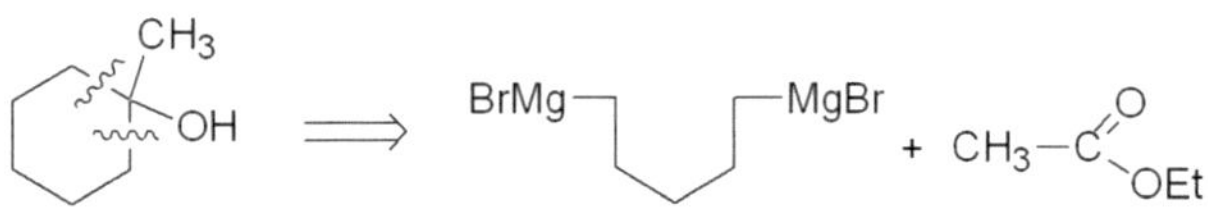

El último método implica fragmentos menos desiguales.

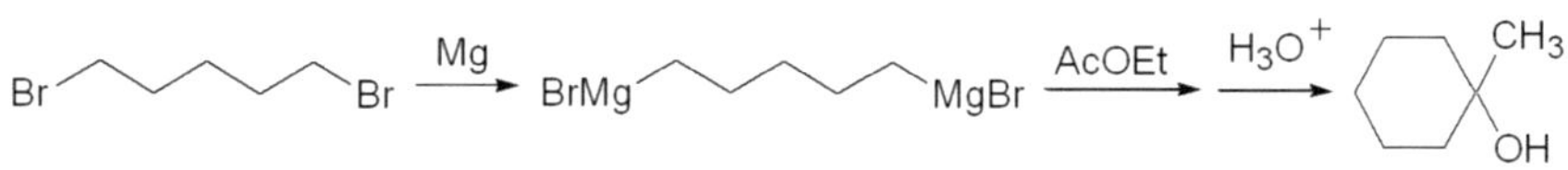

– Compuesto (c). En este caso se puede obtener el alcohol de dos maneras distintas:

- Método 1

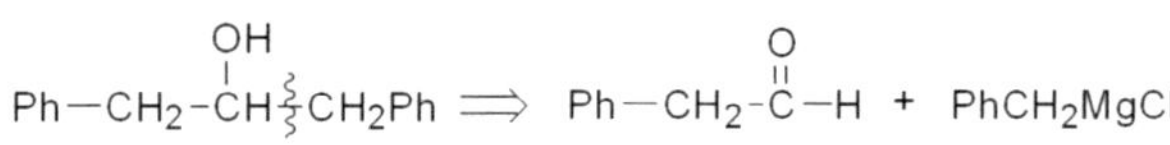

- Método 2

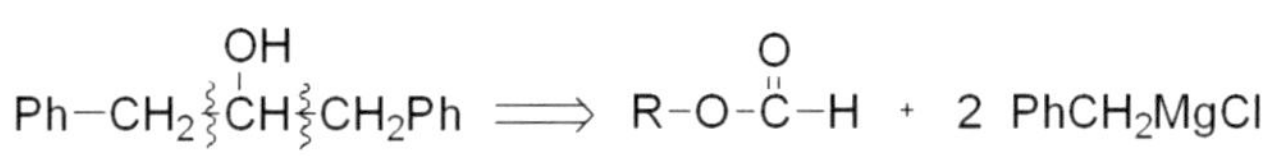

Este último es el mejor método de síntesis:

2.30. Sugiere la mejor ruta sintética para cada uno de los alcoholes siguientes, partiendo en cada caso de un compuesto que no tenga más de dos átomos de carbono.

a) Etanol
b) 1-propanol
c) 2-propanol
d) 1-butanol
e) 2-butanol
f) 2-metil-2-propanol

2.31. Indica la estructura de los compuestos representados por letras mayúsculas en la siguiente secuencia de reacciones.

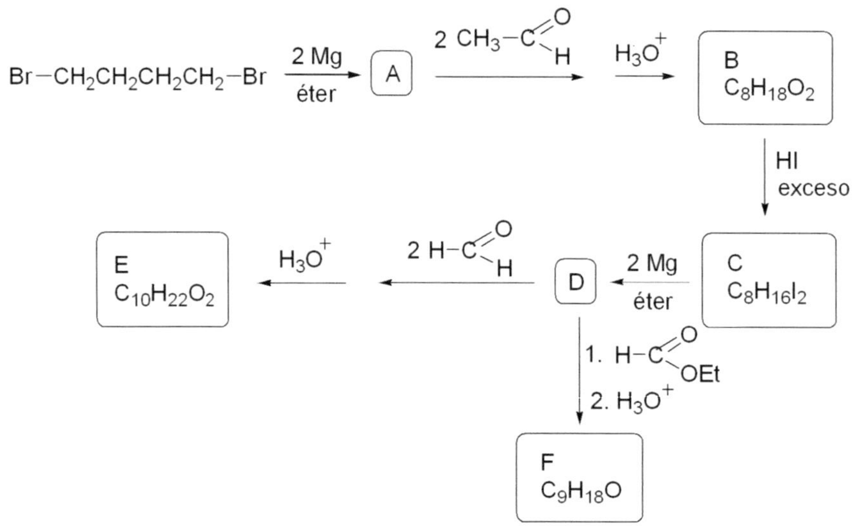

2.32. Utilizando los principios del análisis retrosintético, diseña dos o tres síntesis posibles para cada una de las moléculas siguientes, empleando como productos de partida aldehídos y cetonas de pequeño tamaño, ésteres o hidrocarburos.

a) $(CH_3)_3CCH_2CH_2OH$ *b)* 2-etil-2-metil-1-butanol

Ejemplo de aplicación en ciencias de la salud. Diseño de fármacos androgénicos: farmacomodulación de la testosterona

Las hormonas esteroideas naturales masculinas son la testosterona (T) (hormona androgénica y anabolizante) y su metabolito de reducción, la 4,5α-dihidrotestosterona (DHT).

La principal aplicación de la testosterona es como terapia de sustitución en pacientes con insuficiencia endocrina en el varón (hipogonadismo). Si bien, la testosterona también se utiliza para el desarrollo de la masa muscular y mejora del rendimiento deportivo, a pesar del riesgo que ello conlleva.

Las hormonas esteroideas naturales tienen un uso limitado como fármacos, ya que administradas por vía oral se degradan con rapidez, debido a su rápida metabolización hepática, por oxidación del grupo hidroxilo en C-17β, que conduce a una baja biodisponibilidad oral. Esto ha dado lugar al desarrollo de formulaciones alternativas.

En la práctica se emplean ésteres de elevada lipofilia (propionato de testosterona, enantato de testosterona, benzoato de testosterona), por vía inyectable, aptos para su administración intramuscular. La esterificación del hidroxilo en C-17β, origina compuestos solubles en lípidos que se administran como formas de depósito, de acción retardada, acumulándose en los tejidos grasos y liberándose lentamente, lo que permite administraciones espaciadas, con inyecciones cada 2-4 semanas.

En el caso de la administración oral, la semivida de la testosterona y su metabolito la DHT puede prolongarse por la introducción de sustituyentes alquilo en C17β, como la metiltestosterona (un grupo metilo). Esta modificación estructural de la molécula origina análogos más estables metabólicamente, que no sufren oxidación por tratarse de alcoholes terciarios, pudiéndose administrar por vía oral. No obstante, se han descrito efectos adversos hepáticos, además de tener una potencia androgénica menor que la testosterona, lo que se traduce en un inconveniente de este tipo de transformación.

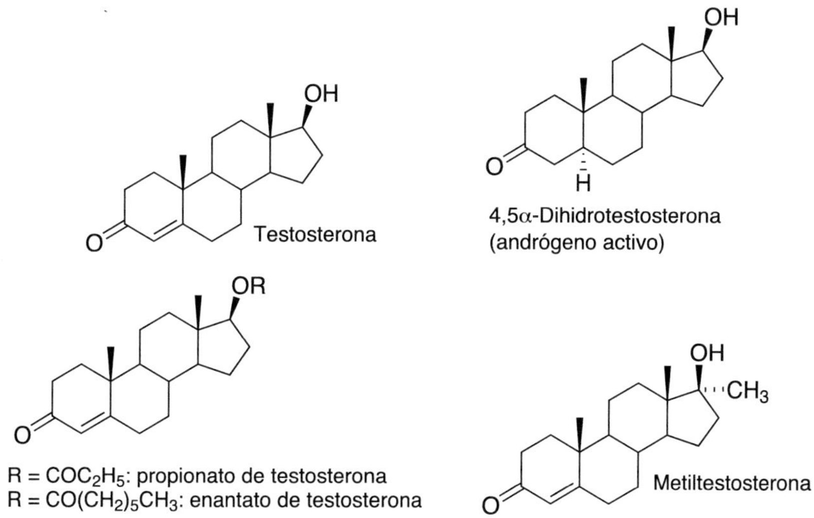

FIGURA 2.39. Farmacomodulación de la testosterona.

RESUMEN

Compuestos orgánicos con el grupo funcional hidroxilo (–OH).

1. *Estructura molecular.*

   Hidridación sp^3, tanto del carbono como del oxígeno. Oxígeno casi tetraédrico. Enlace OH: corto y polarizado.

   – Tipos de alcoholes:

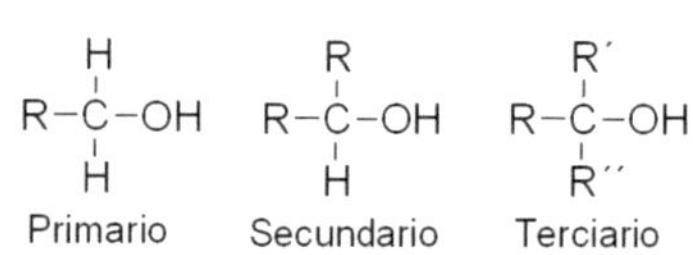

2. *Propiedades físicas.*

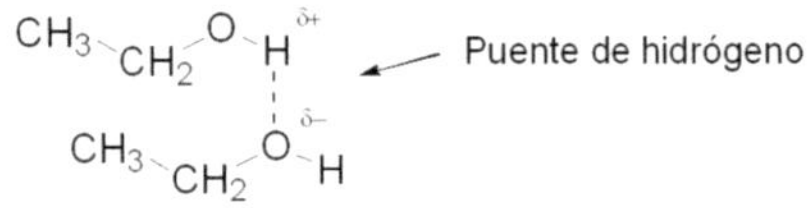

- Puentes de hidrógeno.
- Solubles en disolventes polares. La solubilidad disminuye a medida que aumenta la longitud de la cadena de alquilo.

3. *Propiedades ácido-base.* Carácter ácido-base: similar al del agua. Son anfóteros.

- Medio ácido fuerte: se comportan como *bases* para dar *iones oxonio*.
- Medio neutro: alcoholes.
- Medio fuertemente básico: se comportan como *ácidos* para dar *alcóxidos.* Se requieren bases muy fuertes, $NaNH_2$ o NaH, para desplazar el equilibrio.

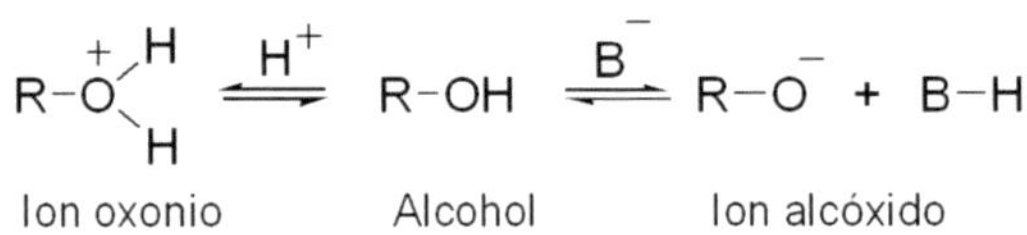

Transposición pinacolínica:

- La dan dioles vecinales en medio ácido.
- Desplazamiento o transposición de la cadena carbonada.
- Se obtienen aldehídos o cetonas.

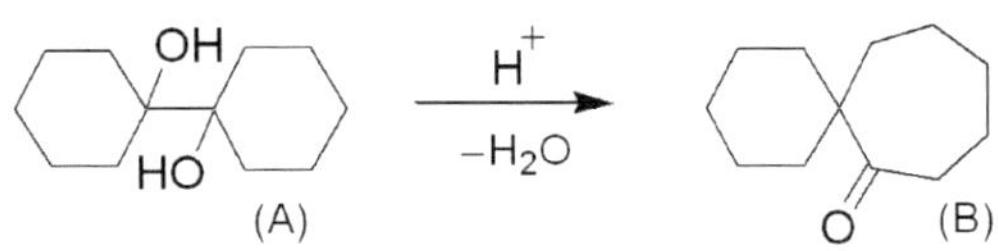

4. *Reacciones.*

A) RUPTURA DEL ENLACE O-H

1. Formación de alcóxidos.

- R–OH + Base fuerte ⟶ $R–O^-$ (alcóxido)

- Reacción con metales alcalinos.

R–OH + Na ⟶ $R–O^- Na^+$ (alcóxido) + H_2

2. Formación de éteres.

- *Síntesis de Williamson*

R–OH + Base fuerte o Na → R–O^- (alcóxido)

R–O^- + R–X → R–O–R (éter) (S_N2)

X = halógeno, sulfonato

– Formación de éteres metílicos.

R–OH + CH_2N_2 (diazometano) R–O–CH_3 (éter metílico)

3. Formación de ésteres orgánicos.

$$R{-}OH + R'{-}\overset{\displaystyle O}{\overset{\|}{C}}{-}X \longrightarrow RO{-}\overset{\displaystyle O}{\overset{\|}{C}}{-}R' + XH$$

X = halógeno o -OCO-R

$$R{-}OH + R'{-}\overset{\displaystyle O}{\overset{\|}{C}}{-}OH \overset{H^+}{\rightleftharpoons} RO{-}\overset{\displaystyle O}{\overset{\|}{C}}{-}R' + H_2O \text{ (Fischer)}$$

4. Formación de sulfonatos.

ROH + $ClSO_2$– R → R–O–SO_3–R

B) RUPTURA DEL ENLACE C-O

1. Formación de haluros.

– R–OH + HX → R–X + H_2O (S_N1/S_N2)
– R–OH + PX_3 o PX_5 → R–X (S_N2)
– R–OH + $SOCl_2$ → R–Cl + SO_2 + HCl (S_N2)

2. Deshidratación de alcoholes.

– ROH + H^+ / calor → Alqueno + H_2O

– ROH (exceso) + H^+ → R–O–R (éter) + H_2O

3. Oxidación de alcoholes.

- Oxidantes suaves.

– RCH_2OH (1.º) + CrO_3/piridina → R(H)C= O (aldehído)
– R(R´)CHOH (2.º) + CrO_3/piridina → R(R)C= O (cetona)
– R(R´)(R´´)COH (3.º) + CrO_3/piridina → No reacciona

- Oxidantes fuertes.

– RCH_2OH (1.º) + CrO_3/H^+ → R–COOH (ácido)
– R(R´)CHOH (2.º) + CrO_3/H^+ → R(R)C= O (cetona)
– R(R´)(R´´)COH (3.º) + CrO_3/H^+ → No reacciona

5. *Síntesis*

1. Desplazamiento nucleofílico.

Por ion hidróxido	$R–CH_2–X$ (1.º) + OH^-	→	$R–CH_2–OH$ (S_N2)
Con H_2O	R–X (3.º) + H_2O	→	R–OH (S_N1)

2. Síntesis con reactivos organometálicos.

– Adición a *aldehídos y cetonas.*

RLi o RMgX + CH_2=O (metanal)	→	RCH_2OH (1.º)
RLi o RMgX + R CH=O (aldehído)	→	R(R´)CHOH (2.º)
RLi o RMgX + R (R´´)C=O (cetona)	→	R(R´)(R´´)COH (3.º)

– Adición a *ésteres.*

RCOOR + R MgX → R(R´´)(R´´)COH (3.º)

– Apertura de un anillo de *oxaciclopropano.*

• Sistemas simétricos.

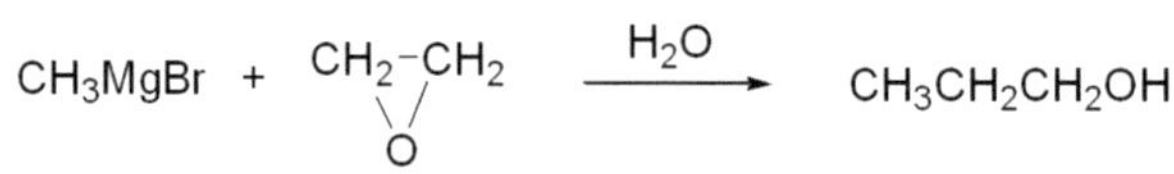

• Sistemas asimétricos.

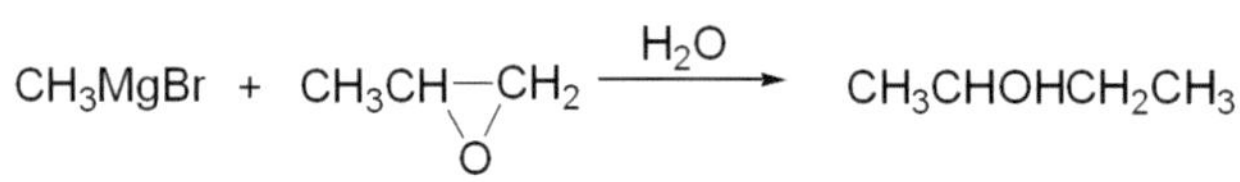

3. Reacciones de reducción.

– Aldehídos y cetonas: hidrogenación catalítica e hidruros.

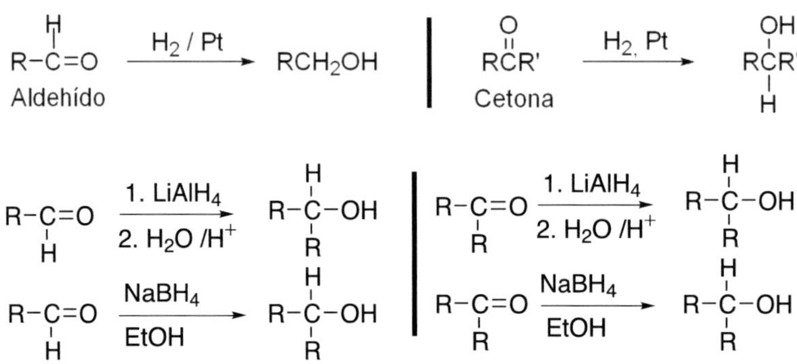

– Ácidos carboxílicos y ésteres con $LiAlH_4$.

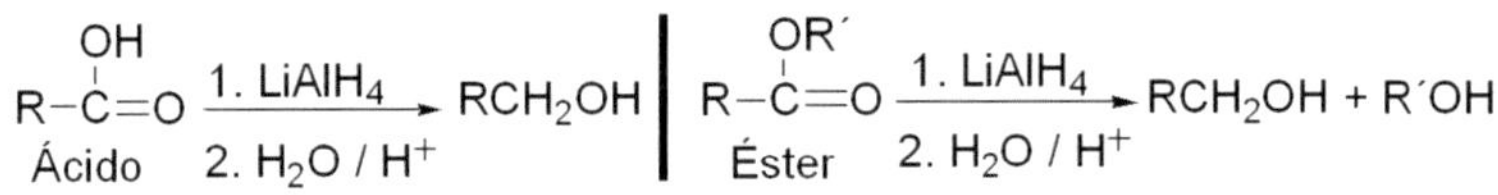

– Apertura nucleófila de oxaciclopropano con $LiAlH_4$.

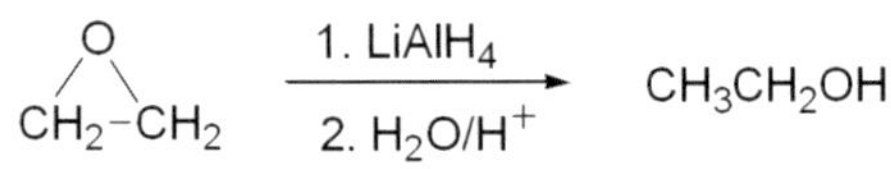

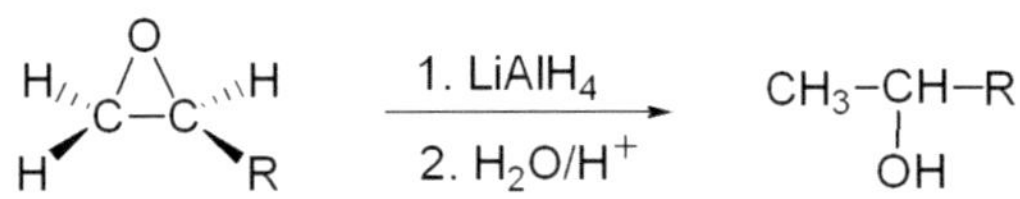

3

ÉTERES

INTRODUCCIÓN

En este capítulo se presenta la química de los éteres, compuestos orgánicos que contienen dos cadenas carbonadas unidas a un átomo de oxígeno.

El grupo funcional éter lo podemos encontrar no solo en el *éter dietílico*, un conocido anestésico general, sino también en productos naturales con actividad terapéutica, como el antibiótico *monensina*, el analgésico opiáceo *morfina* o el *tetrahidrocannabinol*, componente de la marihuana, así como en principios activos de síntesis, como el antidepresivo *(R)-fluoxetina*, el *propranolol*, utilizado para el tratamiento de la hipertensión, o el antitumoral *tamoxifeno*. Otros éteres sintéticos habitualmente utilizados son el aditivo de la gasolina MTBE (metil *terc*-butil éter), empleado para aumentar el índice de octano, o el óxido de etileno, la materia prima del etilenglicol, utilizado como anticongelante.

Se abordará la síntesis y la reactividad tanto de los éteres acíclicos como de los éteres cíclicos, además de describirse brevemente las propiedades físicas.

OBJETIVOS PARA EL APRENDIZAJE

- ✓ Definir la estructura y las propiedades físicas de los éteres.
- ✓ Justificar el empleo de los éteres como disolventes en las reacciones orgánicas
- ✓ Preparar éteres a partir de alcoholes.
- ✓ Reconocer la síntesis de Williamson como el método más habitual para la obtención de éteres.
- ✓ Elegir los sustratos adecuados para la preparación de éteres mediante la síntesis de Williamson, minimizando los productos de eliminación.
- ✓ Obtener éteres cíclicos y en especial epóxidos.
- ✓ Predecir el producto de la reacción de apertura de un epóxido por ataque de un nucleófilo fuerte y dibujar el mecanismo.
- ✓ Predecir el producto de la reacción de apertura de un epóxido catalizada por ácido y dibujar el mecanismo.

Glosario

Alqueno: compuesto orgánico que contiene un doble enlace carbono-carbono.

Deshidratación: reacción de eliminación que implica la pérdida de H y OH.

Epoxidación: reacción de oxidación de un alqueno para dar un epóxido.

Epóxido (oxirano): éter cíclico con un átomo de oxígeno en un anillo de tres miembros.

Dioxano: éter cíclico con dos átomos de oxígeno en un anillo de seis miembros.

Éter: compuesto orgánico que contiene dos cadenas carbonadas unidas a un átomo de oxígeno.

Isómeros estructurales: compuestos que contienen la misma fórmula molecular pero que difieren en el orden en el que están conectados los átomos.

MCPBA (meta-chloroperbenzoic acid): sigla en inglés de ácido *m*-cloroperbenzoico.

Perácido (peroxiácido): ácido carboxílico con un oxígeno extra en el grupo hidroxilo.

Regioselectiva: reacción que puede producir dos o más isómeros estructurales, pero uno es el producto principal.

3.1. Estructura y propiedades físicas de los éteres

Los éteres son compuestos orgánicos en los que el átomo de oxígeno se encuentra unido a dos grupos R. Pueden considerarse derivados del agua en los que los dos átomos de hidrógeno han sido sustituidos por grupos alquilo.

H–O–H	R–O–H	R_1–O–R_2	$R_1 = R_2$	Éter simétrico
Agua	Alcoholes	Éteres	$R_1 \neq R_2$	Éter asimétrico

FIGURA 3.1. Estructura de los éteres.

El oxígeno de los éteres presenta una hibridación sp^3, al igual que el agua y los alcoholes. La geometría se caracteriza por presentar un ángulo de enlace C-O-C próximo al valor tetraédrico.

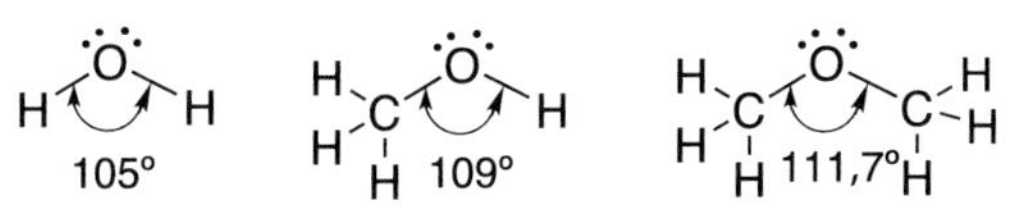

FIGURA 3.2. Ángulos de enlace del agua, el metanol y el dimetiléter.

La fórmula molecular de un éter simple es $C_nH_{2n+2}O$, idéntica a la de los alcoholes. Sin embargo, a causa de la ausencia de enlaces de hidrógeno, los puntos de ebullición de los éteres son mucho menores que los correspondientes alcoholes isómeros. Cuando se compara con los alcanos isoméricos, los éteres presentan mayores puntos de ebullición, consecuencia de las interacciones dipolo-dipolo al tratarse de moléculas polares. Por ejemplo, el punto de ebullición del dietiléter es de 35 °C, el del butanol 117 °C y el del butano 0 °C.

Los dos miembros más pequeños de la serie son miscibles en el agua, pero a medida que aumenta el tamaño del residuo de hidrocarburo lo son menos.

3.1. Escribe la estructura de todos los isómeros estructurales con fórmula molecular $C_5H_{12}O$ que no reaccionan con sodio ni forman ésteres.

3.2. Métodos de obtención de éteres

Los éteres se obtienen a partir de los alcoholes. Las estrategias más habituales pueden ser mediante reacciones S_N2 (síntesis de Williamson), S_N1 (alcoholisis de haloalcanos o sulfonatos), o deshidratación de alcoholes en medio ácido y en frío (S_N1 o S_N2).

3.2.1. Síntesis de Williamson

La forma más sencilla de obtener un éter es hacer reaccionar un alcóxido con un haloalcano o un sulfonato primarios, en condiciones S_N2: *síntesis de Williamson.* Hoy en día es el método de elección para la preparación de éteres, tanto simétricos como asimétricos.

El proceso se lleva a cabo en dos pasos. Primero, desprotonación del alcohol para generar el ion alcóxido. Posteriormente, el ion alcóxido (nucleófilo), reacciona con el haloalcano o sulfonato en una reacción S_N2.

Hay que tener en cuenta que con sustratos impedidos se puede formar una cantidad significativa de productos de eliminación E2.

ROH + Base fuerte o Na → RO^- (ion alcóxido)

RO^- + R´X → ROR´ (S_N2)

X = halógeno, sulfonato

FIGURA 3.3. Síntesis de Williamson.

Ejercicio resuelto

Para sintetizar *terc*-butil metil éter se debe emplear como alcóxido el *terc*-butóxido de potasio y como haluro de alquilo el iodometano. Sugiere una posible explicación a esta afirmación.

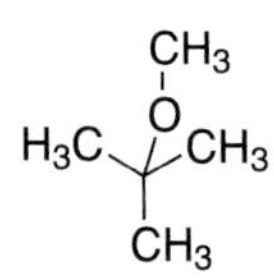

terc-butil metil éter

Solución

Los alcóxidos son bases fuertes. Con sustratos impedidos se forma una cantidad significativa de alqueno, resultado de una eliminación E2. Por lo tanto, se deben utilizar haluros primarios.

En el caso del *terc*-butil metil éter se debe emplear como alcóxido *terc*-butóxido de potasio y como haluro de alquilo el iodometano. Si fuera al contrario, utilizando como alcóxido el metóxido sódico y como haluro de alquilo, el 2-iodo-2-metilpropano, al ser este un haluro terciario, y por lo tanto un sustrato con impedimento estérico, no se produciría la reacción de sustitución, sino una eliminación E2, obteniéndose el alqueno correspondiente.

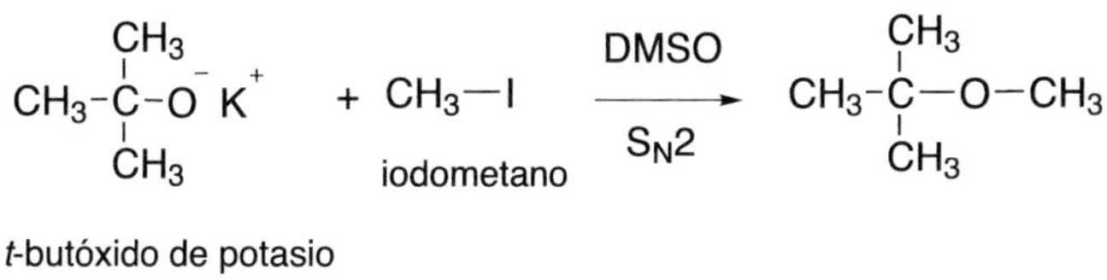

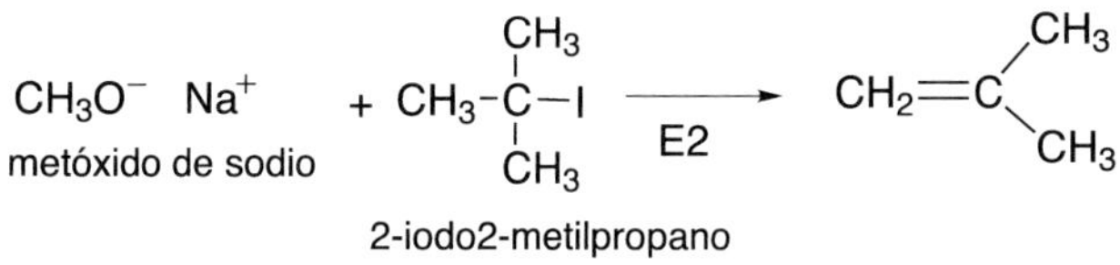

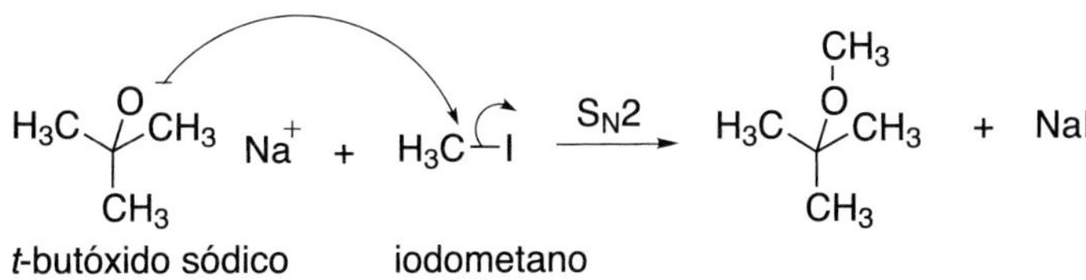

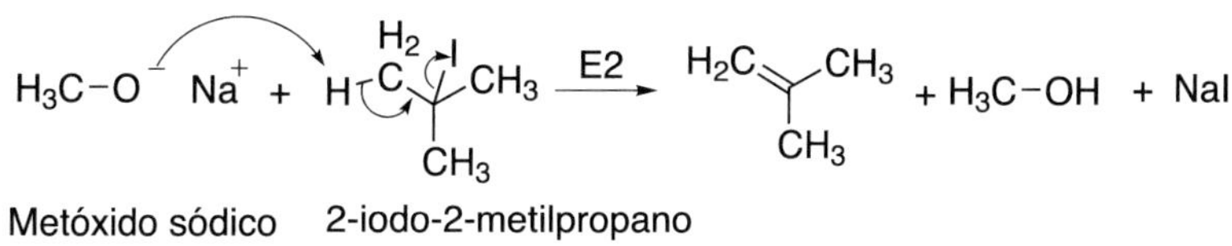

3.2. El benceno sulfonato de hexilo reacciona con metóxido de sodio para dar hexil metil éter con un rendimiento de 90% y trazas de 1-hexeno. La misma reacción llevada a cabo con *terc*-butóxido de potasio da, sin embargo, un rendimiento de un 69% de hexil *terc*-butil éter y un 20% de 1-hexeno.

Sugiere una posible explicación a estas observaciones.

3.3. Muestra qué reactivos utilizarías para preparar los siguientes éteres mediante una síntesis de Williamson.

a) 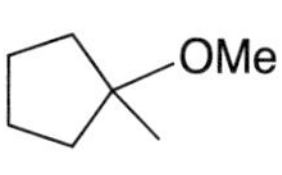 *b)* 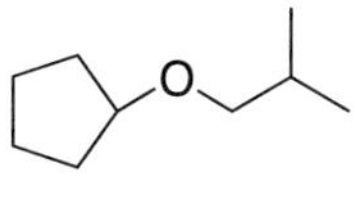 *c)* 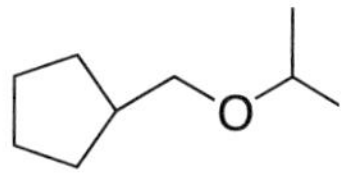

3.2.2. Deshidratación de alcoholes

Cuando se trata un alcohol con cantidades catalíticas de ácidos fuertes, que no sean nucleófilos, como el ácido sulfúrico, a una temperatura más baja que la requerida para deshidratar el alcohol a alqueno, y si existe un exceso de alcohol, tiene lugar la deshidratación a éter.

$$\text{ROH (exceso)} + H^+ \longrightarrow \text{ROR (éter)} + H_2O$$

FIGURA 3.4. Síntesis de éteres por deshidratación de alcoholes.

- En el caso de *alcoholes primarios* se produce la formación de éteres, mediante un mecanismo S_N2.

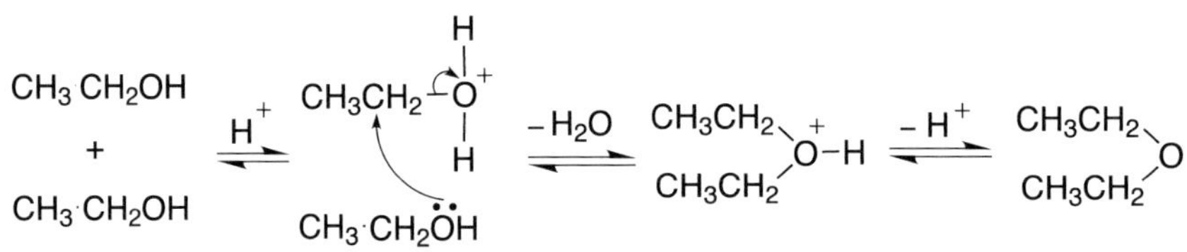

FIGURA 3.5. Mecanismo S_N2 en alcoholes primarios.

- De forma similar, pueden obtenerse éteres a partir de *alcoholes secundarios* y *terciarios* en presencia de ácido. Con estos sustratos se forma en primer lugar el carbocatión, que es atrapado por el alcohol (S_N1).

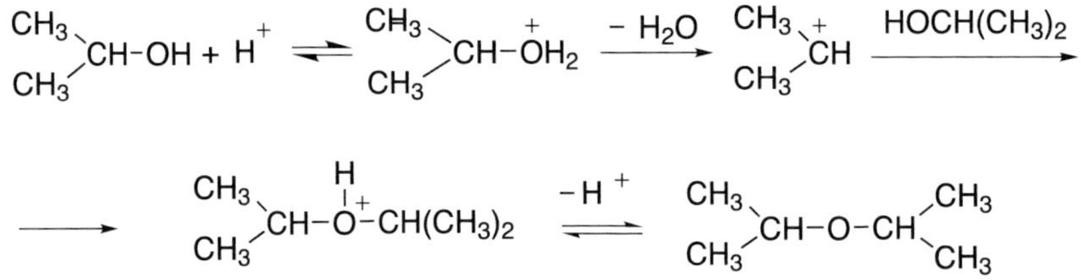

FIGURA 3.6. Mecanismo S_N1 en un alcohol secundario (isopropanol).

3.4. Al tratar una mezcla de alcohol etílico y *n*-propílico con ácido sulfúrico, se obtienen tres éteres. Dibuja sus estructuras.

3.2.3. Reacciones de alcoholisis

Haloalcanos, tosilatos o mesilatos terciarios experimentan una reacción de solvólisis S_N1 con alcoholes, dando éteres con buenos rendimientos.

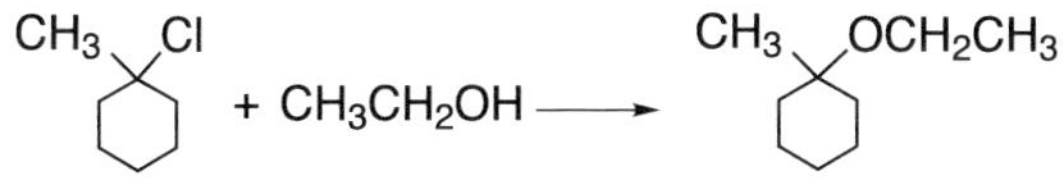

FIGURA 3.7. Alcoholisis de un haluro terciario.

3.2.4. Formación de éteres metílicos

El diazometano reacciona con grupos hidroxilo formando un metiléter.

$$R{-}O{-}H + CH_2N_2 \text{ (diazometano)} \longrightarrow R{-}O{-}CH_3$$

FIGURA 3.8. Formación de metiléteres con diazometano.

3.5. ¿Cuál es la estructura del producto resultante de la reacción entre el ácido 2,3-dihidroxi-6-nitrobenzoico con un mol de diazometano; luego con dos y, por último, con tres moles del reactivo indicado?

3.3. Reacciones de los éteres

En general, los éteres no son demasiado reactivos. Éteres acíclicos y los cíclicos de más de tres miembros solo pueden romperse por la acción de un ácido fuerte. Los epóxidos u oxiranos, éteres en los que el átomo de oxígeno forma parte de un anillo pequeño y tensionado, son una excepción. En estos compuestos, el anillo se abre fácilmente, tanto en medio ácido como por ataque nucleofílico. Su reactividad se estudiará más adelante (apartado 3.5).

En este apartado estudiaremos la formación de iones oxonio y la ruptura de éteres por ácidos concentrados HI y HBr.

> El carácter inerte de los éteres, junto con su capacidad para disolver una amplia variedad de compuestos y sus bajos puntos de ebullición, permite que se utilicen como disolventes en las reacciones orgánicas. Por ejemplo, el dietiléter, el tetrahidrofurano o el 1,4-dioxano.

CH_3CH_2-O-CH_2CH_3 dietiléter 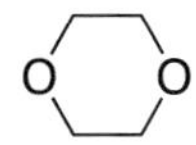 1,4-dioxano  tetrahidrofurano

FIGURA 3.9. Éteres como disolventes orgánicos.

3.3.1. Formación de iones oxonio

Los éteres son inertes frente a las bases. Sin embargo, dan reacciones en presencia de ácidos para formar *iones oxonio*. Los pares de electrones no enlazantes del oxígeno se protonan, conduciendo al ion oxonio.

$$\text{R-O-R} + \text{H}^+ \longrightarrow \text{H-}\overset{+}{\underset{\text{R}}{\text{O}}}\text{-R} \quad \text{(ion oxonio)}$$

FIGURA 3.10. Protonación de éteres y formación de iones oxonio.

3.3.2. Ruptura por ácidos XH

Los éteres pueden reaccionar con ácidos fuertes, como HBr y HI, para dar alcoholes o haloalcanos *a través de iones oxonio*.

Cuando se utiliza exceso de ácido, el proceso involucra dos reacciones de sustitución, en las que el éter es convertido en dos haluros de alquilo.

R–O–R + HX (exceso)	→	R–X + R –X + H_2O

R–O–R + HX	→	R–X + R –O–H
R –O–H + HX	→	R X + H_2O

FIGURA 3.11. Ruptura ácida de éteres.

La reacción se inicia con la protonación inicial del éter para formar un buen grupo saliente. Según la naturaleza de los grupos R, el ion oxonio puede emprender una ruta S_N1, para dar un carbocatión, o sufrir un ataque nucleofílico S_N2 del ion haluro, actuando ROH como grupo saliente.

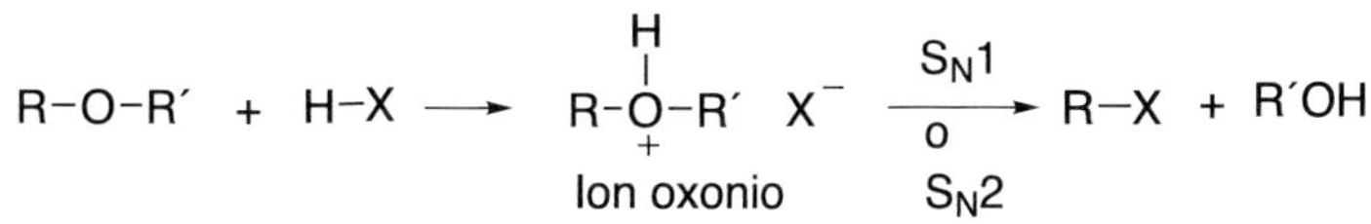

FIGURA 3.12. Posibles mecanismos de la ruptura de éteres.

Los grupos alquilo primarios favorecen el mecanismo S_N2, mientras que los grupos alquilo terciarios, alílicos y bencílicos favorecen el mecanismo S_N1.

- Ejemplos del mecanismo S_N2 y S_N1

  – *Ruptura del dimetiléter (S_N2)*:

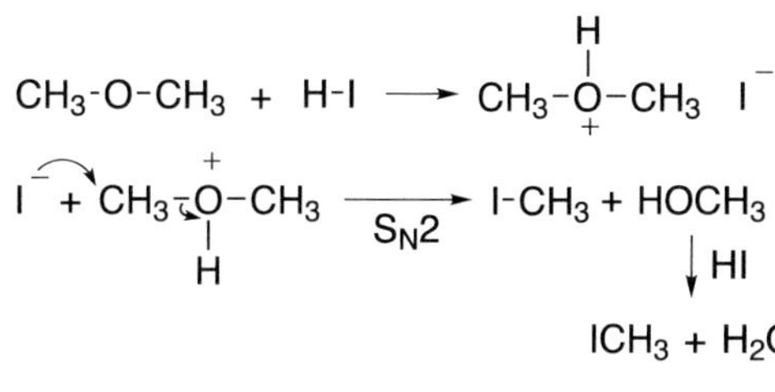

FIGURA 3.13. Mecanismo bimolecular S_N2.

  – *Ruptura del metil terc-butil éter (S_N1)*:

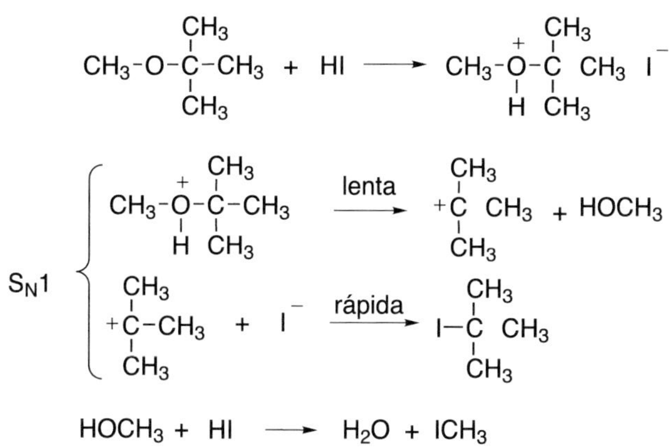

FIGURA 3.14. Mecanismo unimolecular S_N1.

Un alquil fenil éter conduce siempre al haluro de alquilo y fenol, aunque se utilice un exceso de HI, ya que los fenoles, compuestos en los que el grupo hidroxilo se encuentra unido a un anillo aromático, no experimentan una sustitución nucleofílica en el anillo.

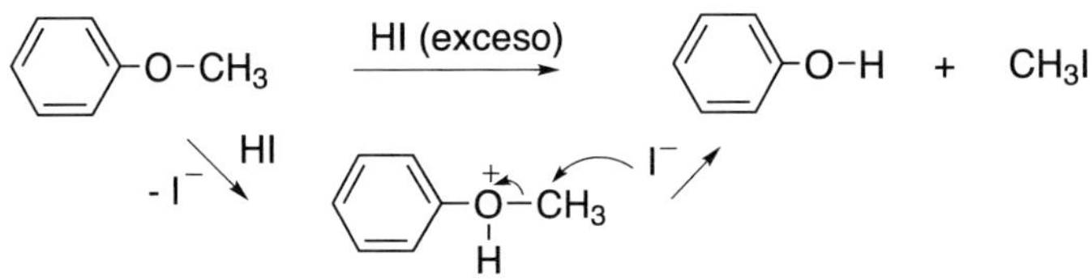

FIGURA 3.15. Ruptura de feniléteres.

Ejercicio resuelto

Predice los productos para cada una de las siguientes reacciones

a)

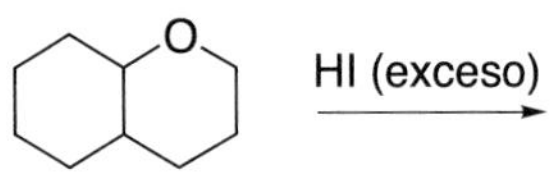

b)

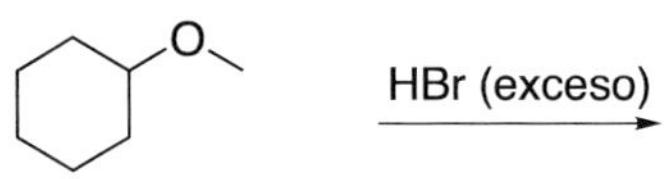

c)

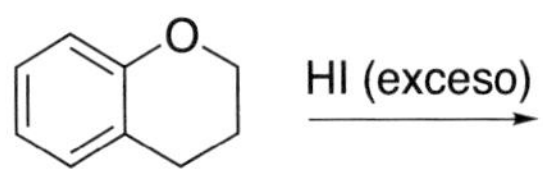

d)

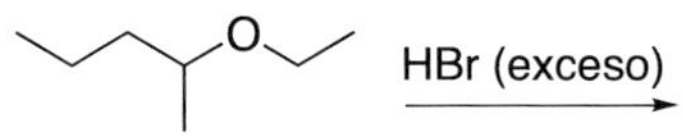

Solución

a)

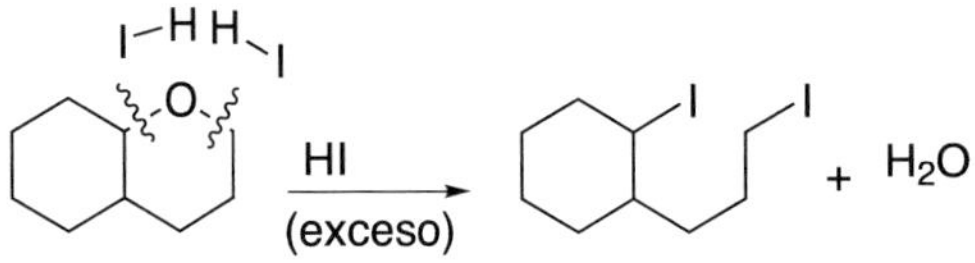

b)

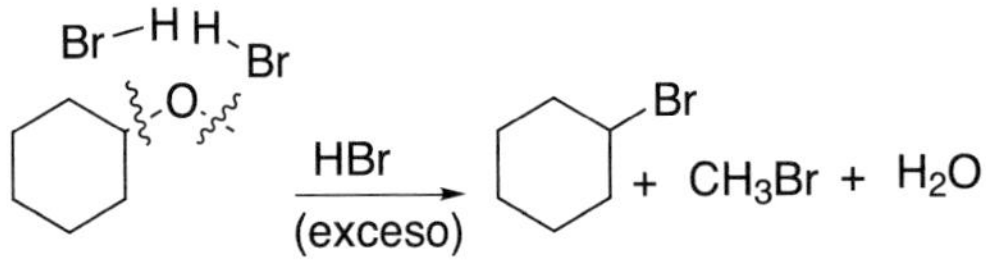

c)

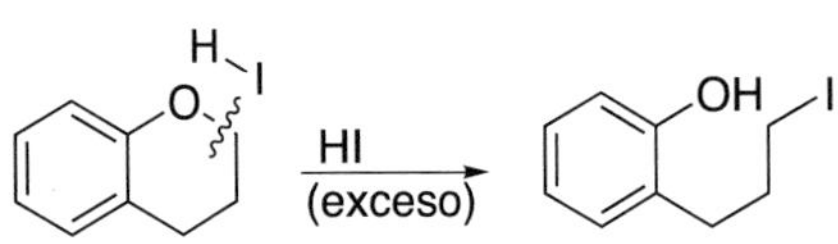

d)

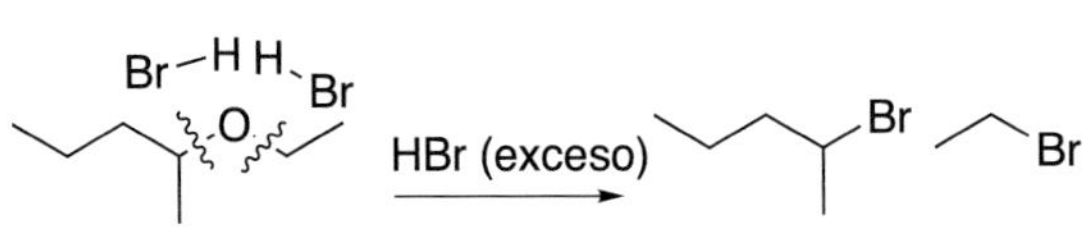

3.6. Muestra, mediante reacciones, cómo se comportan los éteres siguientes con un exceso de disolución caliente de HI.

a) Éter metilpropílico *b)* Bencil metil éter *c)* Fenil metil éter

3.7. Dibuja la estructura del producto mayoritario de la reacción.

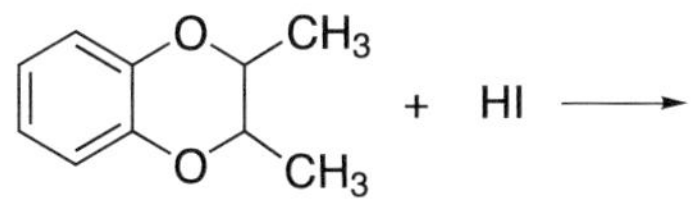

3.8. ¿Por qué el di-*terc*-butil éter se fragmenta fácilmente con HI?

3.9. La degradación del metil *sec*-butil éter con HBr anhidro da principalmente bromuro de metilo y alcohol *sec*-butílico, que tiene la misma configuración y pureza óptica que el material de partida. Interpreta estos resultados.

3.4. Éteres cíclicos. Síntesis

Los éteres cíclicos son compuestos orgánicos que contienen un átomo de oxígeno incorporado en un anillo.

El método clásico para la preparación de éteres cíclicos de diversos tamaños consiste en la aplicación de la síntesis de Williamson en halohidrinas, utilizando condiciones en las que se favorece el cierre intramolecular. En el caso de éteres cíclicos de tres miembros, el método de elección es la epoxidación de alquenos.

3.4.1. *Síntesis de Williamson intramolecular*

Para la preparación de éteres cíclicos de varios tamaños, se puede aplicar la síntesis de Williamson, cuando se tratan halohidrinas con una base, como el anión hidróxido.

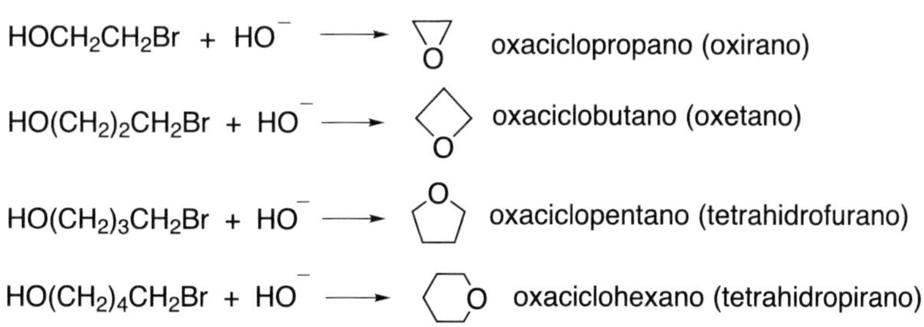

FIGURA 3.16. Éteres cíclicos por síntesis de Williamson intramolecular.

El mecanismo de la reacción consiste en la formación de un haloalcóxido intermedio, mediante una transferencia rápida de un protón a la base, seguido del cierre del ciclo (S_N2 intramolecular).

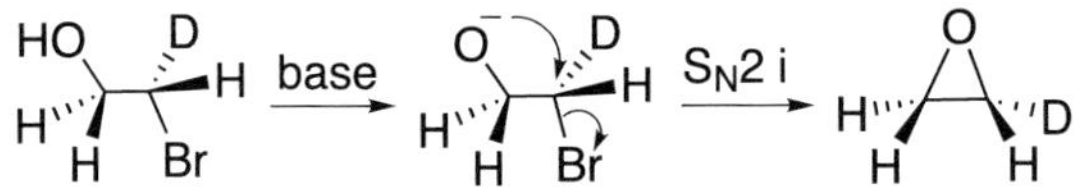

FIGURA 3.17. Estereoquímica de la síntesis intramolecular.

- La reacción de sustitución del grupo saliente por el grupo hidroxilo, que conduciría al diol, no compite con la desprotonación inicial del alcohol porque es muy lenta.
- El cierre intramolecular de anillos se realiza normalmente en soluciones diluidas para minimizar la posibilidad de reacción intermolecular.
- La formación del oxaciclopropano requiere una disposición *anti* del nucleófilo y del grupo saliente. Es *estereoespecífica*.

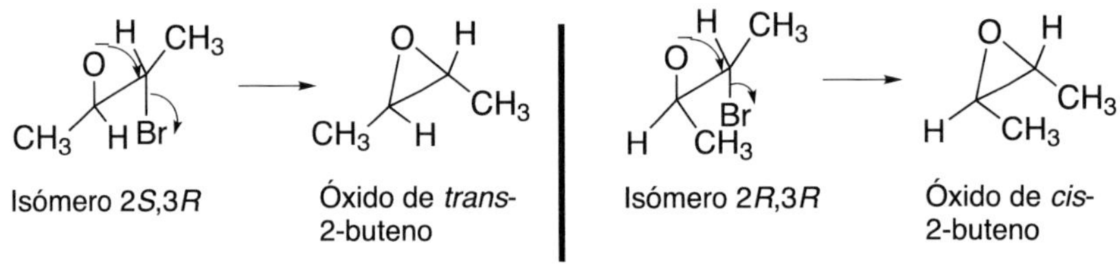

FIGURA 3.18. Estereoespecificidad *anti* de la S_N2 intramolecular.

Ejercicio resuelto

Únicamente el isómero *trans* del 2-bromociclohexanol puede reaccionar con hidróxido de sodio para formar un producto que contiene un oxaciclopropano.

Explica la falta de reactividad del isómero *cis*.

Solución

La reacción S_N2 intramolecular es estereoespecífica *anti*. Solo puede producirse cuando el nucleófilo (el anión alcóxido) se encuentra *trans* diaxial con el grupo saliente (el bromo). Esta condición estereoquímica se cumple en el isómero *trans*, pero no en el *cis*.

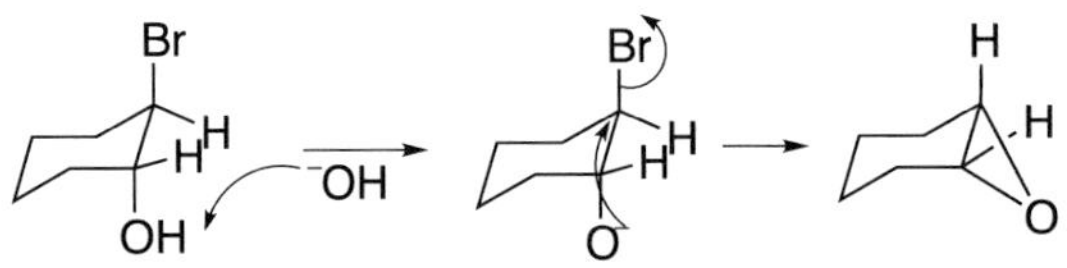

3.10. La reacción del (3*R*,2*S*)-3-bromo-2-pentanol en medio básico origina un compuesto de fórmula molecular $C_5H_{10}O$. Indica la estructura de dicho compuesto, especificando claramente la estereoquímica de sus estereocentros.

Razona si la reacción es estereoespecífica.

3. 11. Propón un mecanismo para la siguiente reacción:

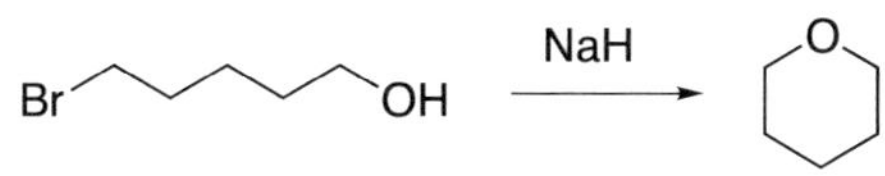

3.12. Indica qué reactivos utilizarías para la preparación del éter que se muestra a continuación, mediante una síntesis de Williamson intramolecular.

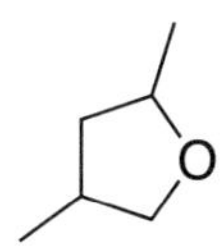

3.4.2. Epoxidación de alquenos

Es el método más frecuente para la preparación de epóxidos. Al reaccionar un alqueno con un *perácido* (peroxiácidos orgánicos) se rompe el enlace del alqueno y se forma un éter cíclico de tres eslabones (*epóxido* u *oxirano*).

Los perácidos más utilizados son peroxiacético (CH_3COOOH) y ácido *m*-cloroperoxibenzoico (MCPBA).

Estereoquímica. La epoxidación es estereoespecífica, con retención de la estereoquímica del alqueno de partida.

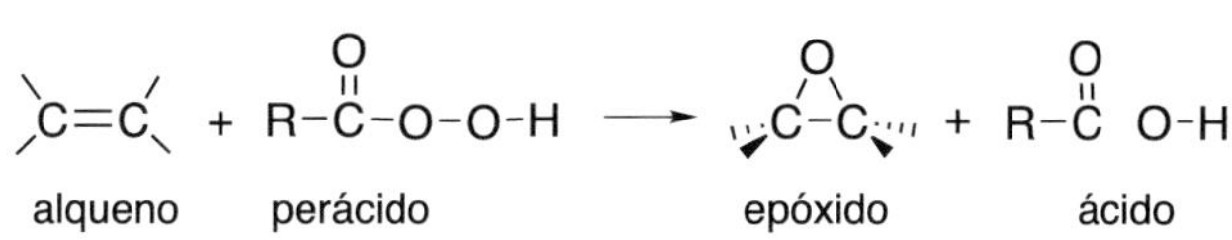

FIGURA 3.19. Epoxidación de alquenos.

---

3. 13. Propón un mecanismo que explique la reacción siguiente:

1-buteno + ácido *meta*-cloroperoxibenzoico (MCPBA) ⟶ Etiloxaciclopropano

---

3.5. Reacciones de apertura de epóxidos

Mientras que los éteres suelen ser poco reactivos, los *epóxidos* presentan un comportamiento químico muy diferente, ya que debido a la tensión existente en el anillo reaccionan rápidamente, dando lugar a la apertura del ciclo. En este apartado se estudiará que los epóxidos pueden abrirse en condiciones que implican un nucleófilo fuerte, o bien catálisis ácida.

3.5.1. Apertura con nucleófilos

El anillo de oxaciclopropano puede abrirse por acción de hidruros, reactivos organometálicos y otros nucleófilos.

En un *éter simétrico* estas transformaciones se realizan mediante el ataque a cualquiera de los dos átomos de carbono igualmente reactivos.

En un *sistema asimétrico*, la apertura nucleófila de un oxaciclopropano es *regioselectiva*. De dos *regiones* posibles, el nucleófilo ataca al carbono menos impedido. Son válidas las reglas S_N2.

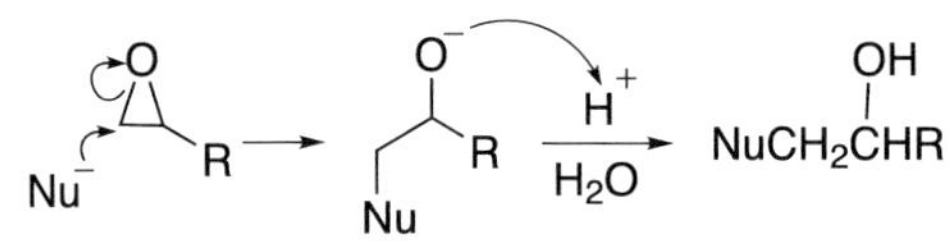

FIGURA 3.20. Apertura nucleofílica de epóxidos.

Estereoquímica. La apertura del ciclo ocurre con inversión de la configuración en el carbono donde tiene lugar el ataque nucleofílico.

Ejercicio resuelto

Predice el producto de la siguiente reacción:

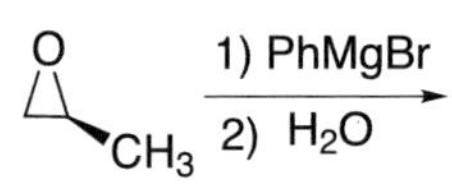

Solución

La reacción es una apertura de epóxidos por ataque de un nucleófilo fuerte. Será regioselectiva (ataque al carbono menos impedido) y estereoespecífica. En este caso el carbono atacado no es quiral.

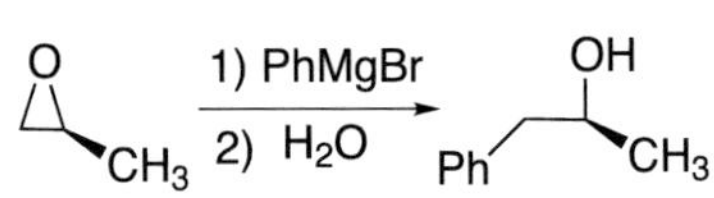

3.14. Escribe las siguientes reacciones químicas:

a) Óxido de etileno con bromuro de fenil magnesio.
b) Óxido de estireno (vinilbenceno) con butil-litio.

3.5.2. Apertura con nucleófilos catalizada por ácidos

La apertura del anillo oxiránico puede estar catalizada por ácidos. La reacción tiene lugar a través de la formación inicial de un ion oxonio cíclico, seguida del ataque del nucleófilo, con apertura del anillo.

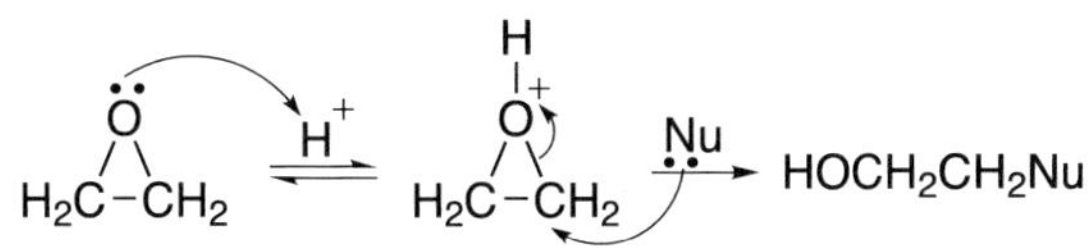

FIGURA 3.21. Apertura de epóxidos mediante catálisis ácida.

La reacción es *regioselectiva*. El ataque nucleofílico tiene lugar sobre el carbono más impedido. Una posible explicación puede encontrarse en la catálisis ácida de la reacción. La protonación en el oxígeno polariza el enlace oxígeno-carbono y como resultado aparecen cargas positivas sobre ambos carbonos del anillo. El carbono más sustituido soporta mejor la carga positiva.

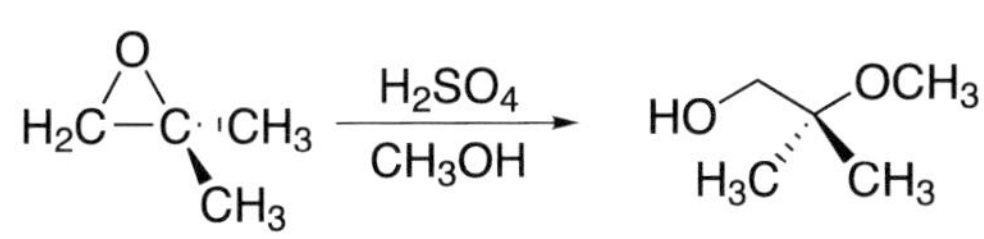

FIGURA 3.22. Regioselectividad en la apertura de epóxidos.

Ejercicio resuelto

Cuando el *cis*-2,3-dimetiloxirano se trata con ácido acuoso se obtiene una mezcla racémica de 2,3-butanodioles. En cambio, el isómero *trans*-2,3-dimetiloxirano produce *meso*-2,3-butanodiol, en las mismas condiciones. Escribe el mecanismo de estas transformaciones, haciendo hincapié en la estereoquímica.

Solución

La apertura del anillo del *cis*-2,3-dimetiloxirano en medio ácido da como resultado una mezcla racémica de los 2,3-butanodioles estereoisómeros.

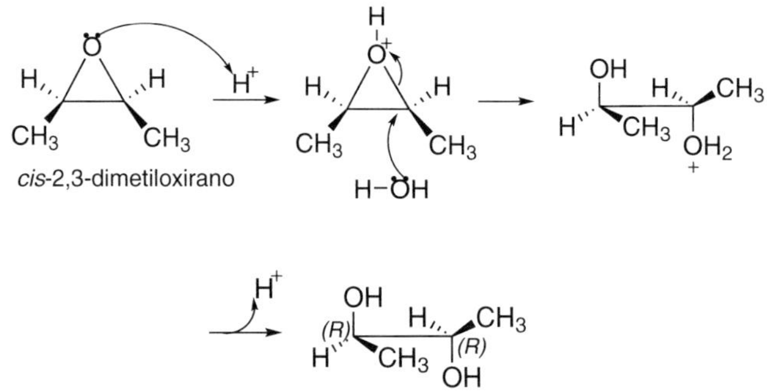

La apertura del anillo del *trans*-2,3-dimetiloxirano en medio ácido da como único producto el *meso*-2,3-butanodiol.

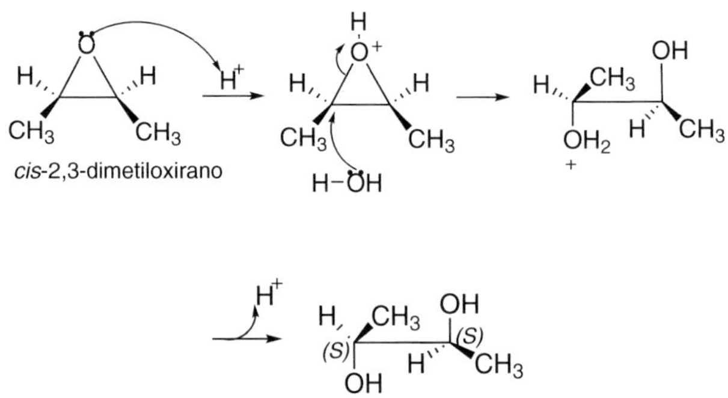

3.15. Escribe la estructura de los productos de las siguientes reacciones.

1-metilciclohexeno + HCOOOH ⟶ **A** $\xrightarrow{H_3O^+}$ **B**

(*E*)-3-hexeno + MCPBA ⟶ **C** $\xrightarrow{H_3O^+}$ **D**

3.16. Completa el siguiente esquema con la estructura de los compuestos indicados con letras. Señala la configuración *R/S* en los casos oportunos.

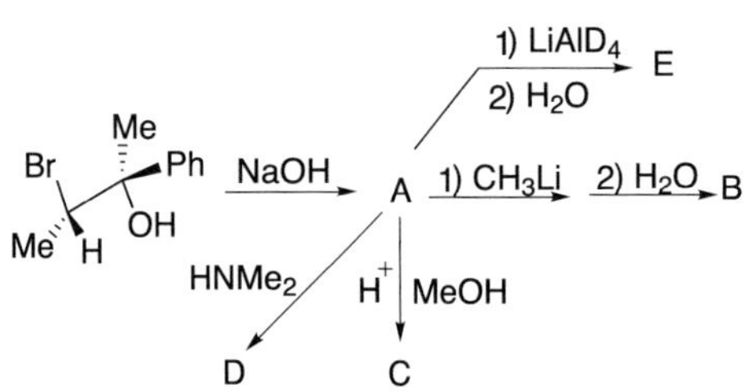

Ejemplo de aplicación en ciencias de la salud. Epoxidación y metabolismo de fármacos

Uno de los factores que condicionan el efecto biológico de los fármacos es su metabolismo. Consiste en la biotransformación química que éstos experimentan cuando entran en el organismo, dirigida a la formación de compuestos más hidrosolubles, con el objeto de facilitar su eliminación, generalmente por vía renal. Así, un fármaco al ser metabolizado se puede transformar parcial o totalmente en otras sustancias, a través de reacciones químicas habituales en la química orgánica.

Las principales transformaciones metabólicas de tipo oxidativo en los alquenos y compuestos aromáticos, se producen a través de epóxidos, los cuales son convertidos en diversos derivados hidroxílicos. Además, los epóxidos pueden interactuar fácilmente con biomoléculas, como los ácidos nucléicos o las proteínas, conduciendo a su inactivación e incluso mutagénesis.

Oxidación de alquenos

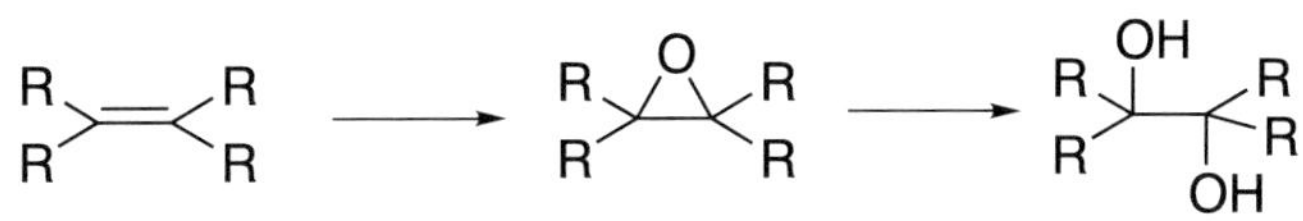

Oxidación de arenos

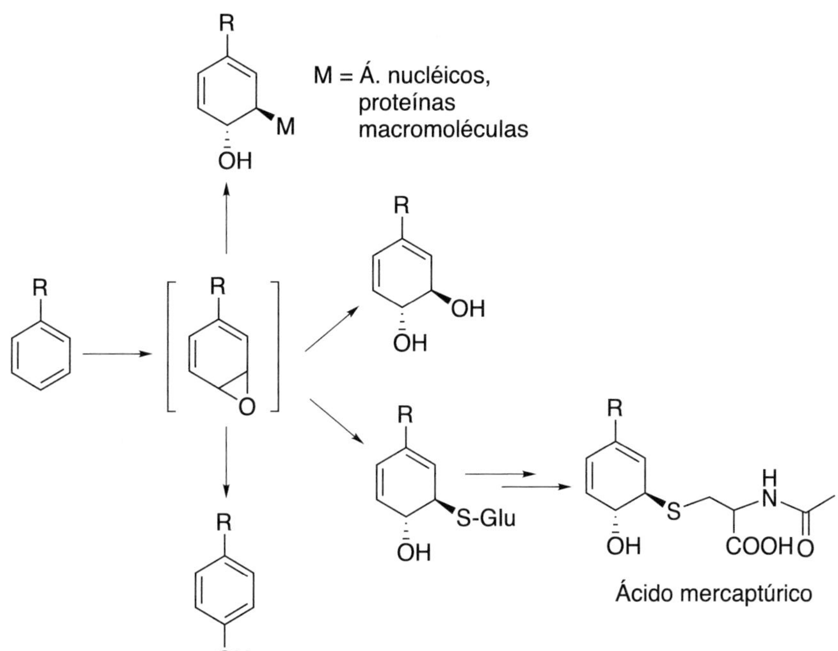

FIGURA 3.23. Interacción de epóxidos con biomoléculas.

Fármacos metabolizados en el hígado a través de epóxidos, que conducen a una hidroxilación aromática, incluyen la *anfetamina*, barbitúricos como el *fenobarbital*, el sedante-hipnótico *metacualona*, el antihipertensivo *propranolol*, el anticonvulsivante difenilhidantoína (*fenitoína*), el anticoagulante *warfarina*, el neuroléptico *clorpromazina* o el antidepresivo *protriptilina*.

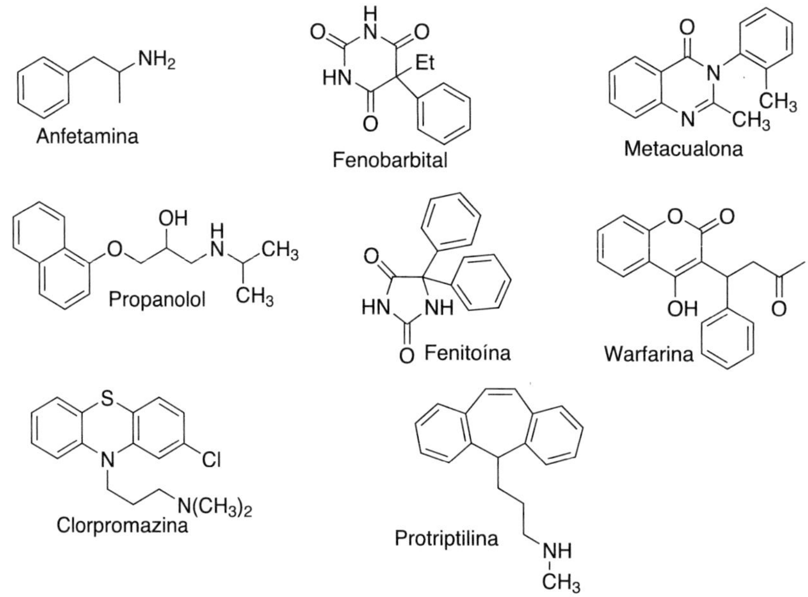

FIGURA 3.24. Fármacos con metabolismo oxidativo por formación de epóxidos.

Por otra parte, el estudio de las rutas metabólicas ha permitido conocer metabolitos activos resultantes de una hidroxilación aromática, a través de epóxidos, que son administrados en lugar del compuesto original. En este contexto, cabe citar el analgésico y antiinflamatorio *oxifenbutazona*, diseñado a través del estudio del metabolismo de la fenilbutazona. Otro ejemplo que ilustra este concepto es el del *paracetamol*, analgésico y antitérmico, que proviene del metabolismo de la acetanilida, utilizada inicialmente con esta finalidad terapéutica.

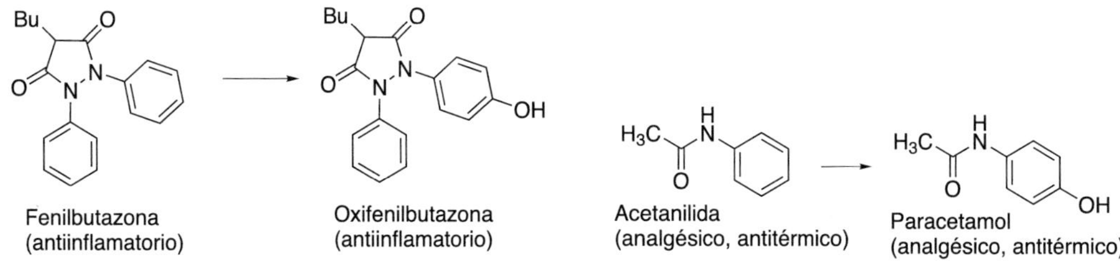

FIGURA 3.25. Metabolitos activos administrados en lugar del compuesto original.

Hay que señalar que los procesos metabólicos son, a menudo, reacciones competitivas y pueden darse diferencias en los enantiómeros. Así, en el caso del antiepiléptico *mefenetoína*, solo el enantiómero (+)-*S* es metabolizado preferentemente por hidroxilación.

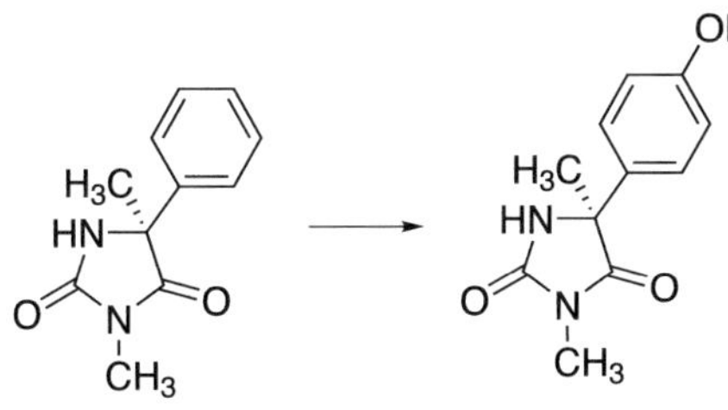

(+)-*S*-mefenetoina

FIGURA 3.26. Metabolización estereoselectiva de la (*S*)-mefenetoína.

En resumen, el conocimiento de las reacciones metabólicas es de una importancia fundamental a la hora de optimizar el perfil terapéutico de un determinado fármaco y los estudios metabólicos juegan un papel esencial en el diseño de fármacos.

RESUMEN

1. DEFINICIÓN

   Compuestos de fórmula general R—O—R.

2. SÍNTESIS: a partir de alcoholes (ROH).

   – GENERAL

   2.1. Síntesis de Williamson (S_N2).

   R–OH + Base fuerte o Na → R–O⁻ (alcóxido)
   R–O⁻ + R –X → R–O–R (S_N2)
   X = halógeno, sulfonato

   2.2. Alcohólisis de haloalcanos o sulfonatos de alquilo (solvólisis S_N1).

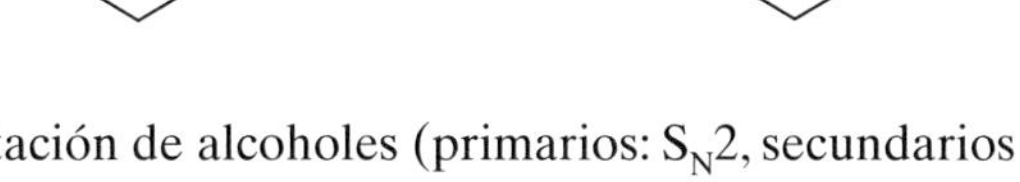

   2.3. Deshidratación de alcoholes (primarios: S_N2, secundarios y terciarios: S_N1).

   ROH (exceso) + H^+ → R–O–R (éter) + H_2O

– ÉTERES METÍLICOS

$$R{-}OH + CH_2N_2 \text{ (diazometano)} \longrightarrow R{-}O{-}CH_3$$

3. REACCIONES

En general, no son demasiado reactivos.

3.1. Formación de iones oxonio.

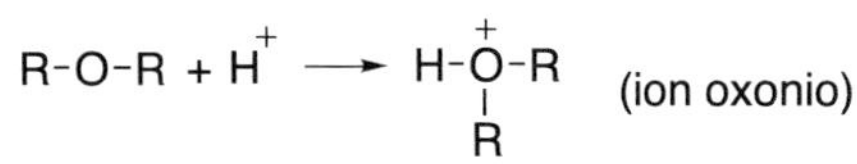

3.2. Ruptura con HX (S_N1, S_N2)

- Ácidos fuertes (HBr y HI).
- A través de iones oxonio.

$$R{-}O{-}R + HX \longrightarrow R{-}X + R{-}O{-}H$$
$$R{-}O{-}R + HX \text{ (exceso)} \longrightarrow R{-}X + R{-}X + H_2O$$

Grupos alquilo primarios: favorecen el mecanismo S_N2.
Grupos alquilo terciarios: favorecen el mecanismo S_N1.

Alquil fenil éter:

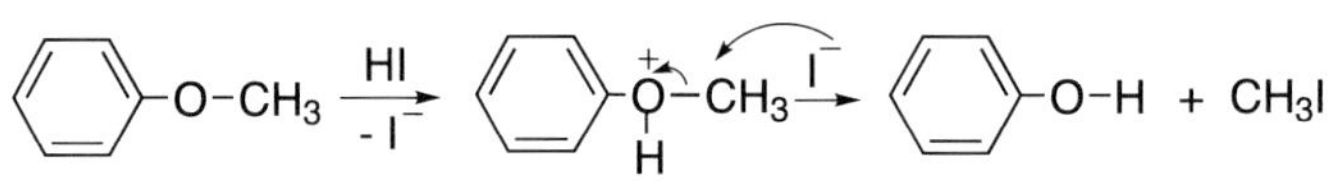

4. ÉTERES CÍCLICOS

– SÍNTESIS

1. Síntesis de Williamson intramolecular: éteres cíclicos de varios tamaños.

Mecanismo: S_N2 intramolecular.

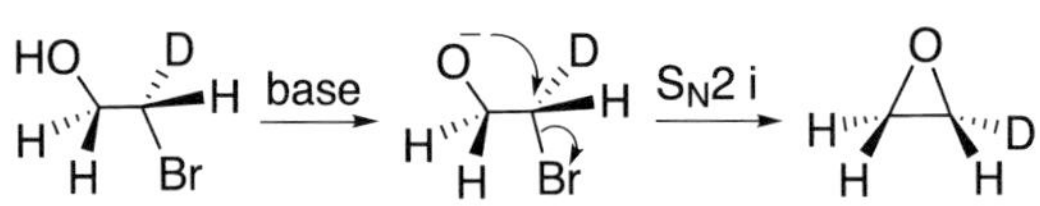

Estereoespecífica: disposición *anti* del nucleófilo y del grupo saliente.

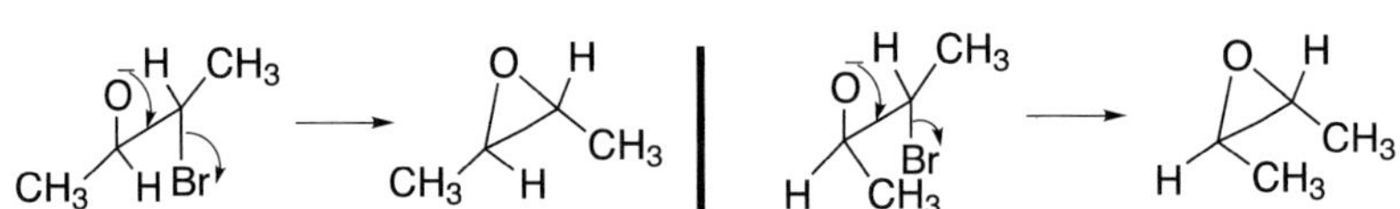

Isómero 2*S*,3*R* — Óxido de *trans*-2-buteno | Isómero 2*R*,3*R* — Óxido de *cis*-2-buteno

2. Epoxidación de alquenos.

Método más frecuente para la preparación de epóxidos.
Perácidos más utilizados: CH_3COOOH, MCPBA.
Estereoespecífica, retención de la estereoquímica del alqueno de partida.

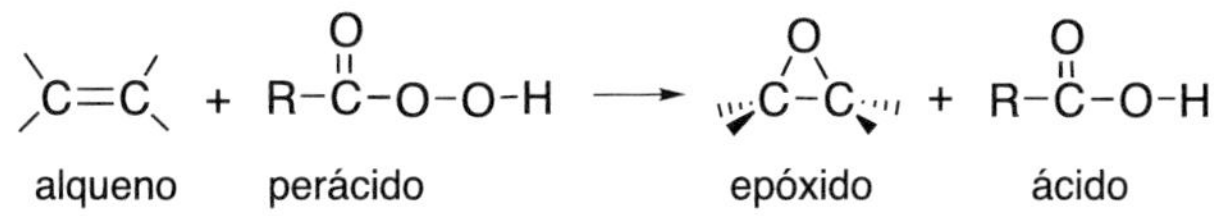

– REACCIONES

Los epóxidos reaccionan fácilmente, dando lugar a la apertura del ciclo

1. Apertura con nucleófilos (reglas S_N2).

Regioselectiva
Éter simétrico: ataque a cualquiera de los dos átomos de carbono.
Éter asimétrico: el Nu ataca al carbono menos impedido.

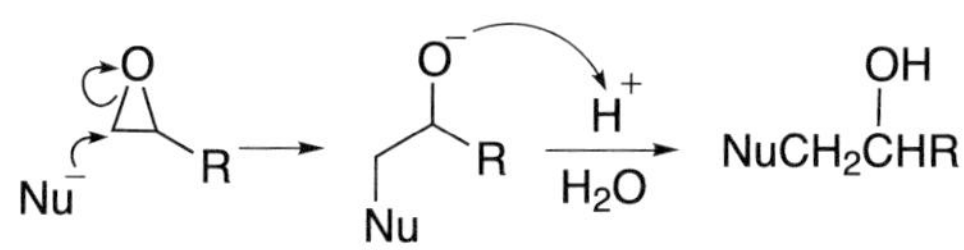

Estereoespecífica: inversión de la configuración en el carbono donde tiene lugar el ataque nucleofílico.

2. Apertura catalizada por ácidos.

Regioselectiva. Ataque nucleofílico tiene lugar sobre el carbono más impedido.

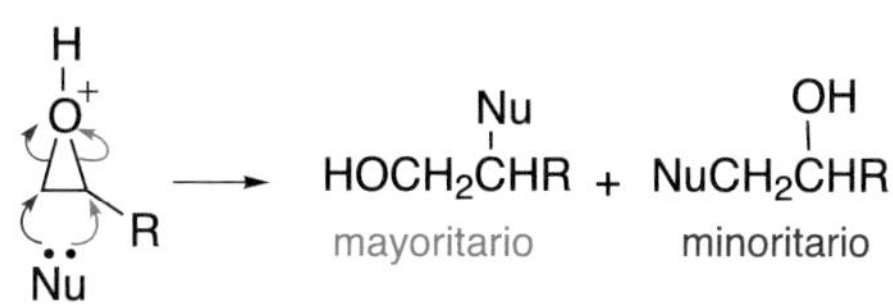

4

ALQUENOS

INTRODUCCIÓN

Los capítulos precedentes se han centrado en moléculas que solo contienen enlaces sencillos. Este capítulo y los dos siguientes (capítulos 5 y 6) abarcan las propiedades, obtención y reactividad de los hidrocarburos insaturados, *alquenos, alquinos y dienos*.

El presente capítulo se ocupa de la química de los alquenos, hidrocarburos que se caracterizan por el grupo funcional doble enlace carbono-carbono. Se comienza con el estudio de la estructura, el enlace y la estabilidad. Posteriormente, se revisan reacciones que permiten la obtención de alquenos. El capítulo se centra fundamentalmente en las reacciones de adición que conducen a compuestos saturados. Se inicia con la hidrogenación, seguida de adiciones en las que el protón o los halógenos actúan como electrófilos. Por último, se examinan otras reacciones de adición de utilidad sintética, como reacciones de tipo radicalario, la hidroboración o la oxidación.

Objetivos para el aprendizaje

- ✓ Relacionar las propiedades del doble enlace con su estructura.
- ✓ Comparar la estabilidad de alquenos.
- ✓ Predecir la reactividad de los alquenos.
- ✓ Aplicar las estrategias sintéticas adecuadas para la preparación de alquenos por deshidrohalogenación de halogenuros de alquilo y por deshidratación de alcoholes.
- ✓ Predecir la estructura de los productos resultantes de las reacciones de adición, reducción y oxidación al doble enlace, identificando la regioselectividad y estereoespecificidad esperadas.
- ✓ Predecir los productos de la hidrogenación catalítica.
- ✓ Dibujar el mecanismo de la hidrohalogenación.
- ✓ Dibujar el mecanismo de la hidratación catalizada por ácido.
- ✓ Dibujar el mecanismo que conduce a la formación de halohidrinas.
- ✓ Predecir los productos de la hidroboración-oxidación.
- ✓ Preparar epóxidos a partir de alquenos.
- ✓ Dibujar los productos de una dihidroxilación *anti*.
- ✓ Predecir los productos de la ozonólisis.

Glosario

Deshidrohalogenación: reacción de eliminación en la que se pierde un hidrógeno y un halógeno.

Eliminación beta (eliminación β): reacción de eliminación en la que se pierde un átomo de hidrógeno en posición β y un grupo saliente para formar un doble enlace.

Halohidrina: compuesto orgánico con un halógeno y un grupo hidroxilo.

Halogenación: reacción de adición de halógeno (X_2) a una molécula.

Hidrogenación: adición de hidrógeno (H_2) a un doble enlace en presencia de un catalizador.

Ion halonio: ion intermedio catiónico con un anillo de tres miembros que contiene un átomo de halógeno.

Ozonólisis: uso de ozono para romper un doble enlace carbono-carbono y formar dos enlaces C=O.

Producto de eliminación Hofmann: alqueno menos sustituido obtenido en una reacción de eliminación.

Regla de Saytzeff: reacción de eliminación en la que el producto mayoritario es el alqueno más sustituido (más estable).

Ruptura oxidativa: ruptura del enlace σ carbono-carbono, además del enlace π mediante oxidación.

4.1. Estructura y enlace en los alquenos

Los alquenos son hidrocarburos que poseen el grupo funcional doble enlace carbono-carbono.

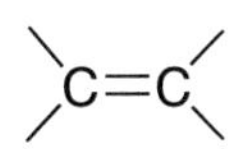

FIGURA 4.1. Estructura de alqueno.

En virtud de sus dobles enlaces poseen *características electrónicas* y *estructurales* especiales, diferentes a los enlaces sencillos.

- *Hibridación sp^2*. Los carbonos del doble enlace tienen hibridación sp^2. Los dos orbitales sp^2 de los carbonos se combinan para formar un enlace σ. La interacción de los orbitales "*p*" da lugar a un enlace π. Así pues, el doble enlace está constituido por un enlace σ y un enlace π.

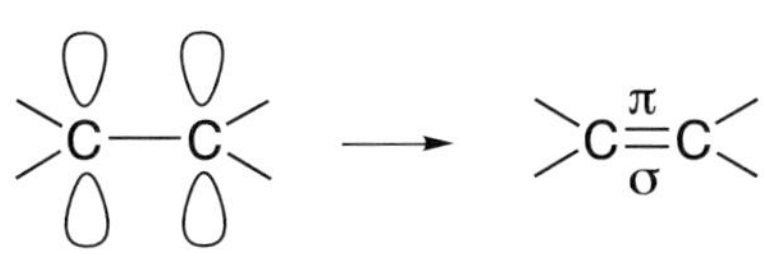

FIGURA 4.2. Orbitales moleculares σ y π del doble enlace.

- *Fuerza relativa de los enlaces σ y π.* En un enlace σ el solapamiento es mejor que en un enlace π . Por lo tanto, el enlace π es más débil que el σ.
- *Estructura molecular*. La geometría es triangular plana con α de 120º, al tener los carbonos hibridación sp^2.

- Longitud de enlace. Los dobles enlaces carbono-carbono son más cortos que los enlaces sencillos.
- El doble enlace no tiene libertad de giro. Esto da lugar a *isomería geométrica cis-trans.*

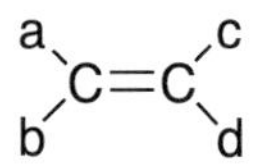

a ≠ b   c ≠ d

FIGURA 4.3. Isomería geométrica *cis-trans*.

- Según su estructura, los alquenos pueden presentar *momentos dipolares*.

sin momento dipolar $\mu = 0$ con momento dipolar $\mu \neq 0$

FIGURA 4.4. Polaridad en alquenos.

Ejercicio resuelto

Dibuja la estructura molecular del *trans*-3-penten-1-ol. Indica los átomos que se encuentran en el mismo plano. Señala la hibridación de los átomos de carbono.

Solución

Todos los átomos señalados en negrita se encuentran en el mismo plano.

Los dos átomos de carbono conectados por un doble enlace presentan hibridación sp^2, los restantes átomos de carbono tienen la hibridación sp^3.

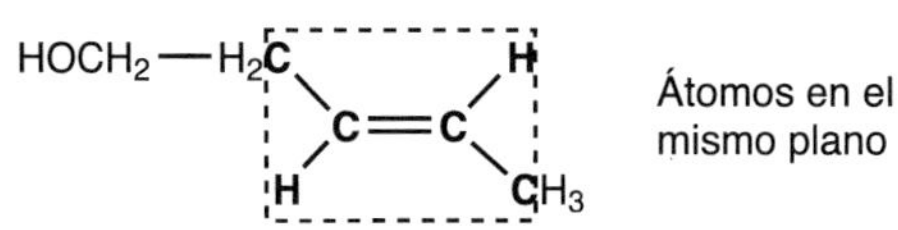

4.2. Estabilidad relativa de los alquenos

Los *calores de hidrogenación* revelan la estabilidad relativa de alquenos isómeros. La reacción de hidrogenación es una reacción exotérmica. Cuanto más estable sea el alqueno, tendrá una menor energía y por lo tanto el calor desprendido en la hidrogenación será menor.

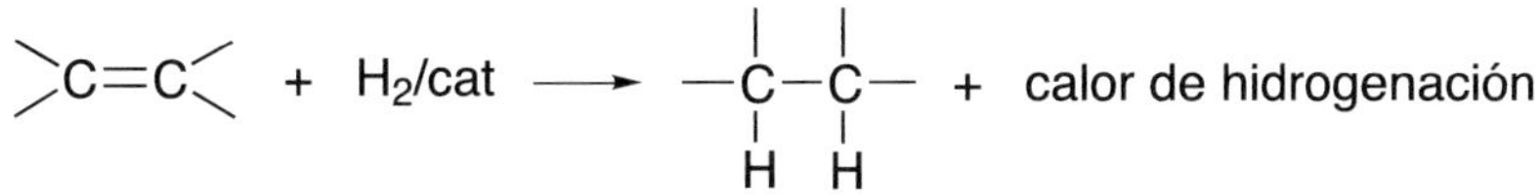

FIGURA 4.5. Hidrogenación exotérmica.

Al comparar las estabilidades relativas de un gran número de alquenos se han llegado a establecer las siguientes conclusiones:

- Un alqueno cuanto más sustituido es más estable.
- Los alquenos *trans* son más estables que los *cis*. El análisis de la geometría de los alquenos estereoisómeros (*cis* y *trans*) pone de manifiesto que el isómero *cis* presenta repulsión entre los grupos alquilo, mientras que en el *trans* no existe repulsión.

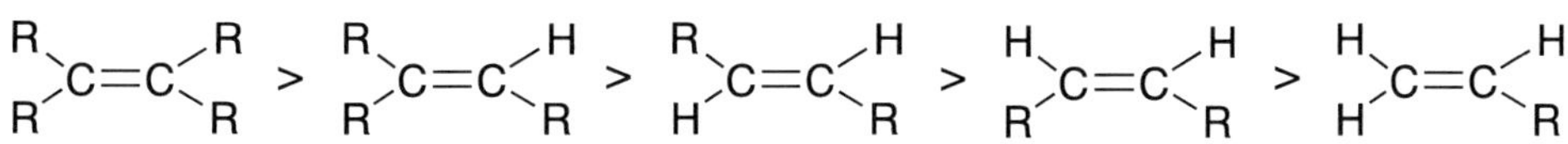

FIGURA 4.6. Orden de estabilidad de alquenos.

Una excepción importante a la regla general de que los alquenos *trans* son más estables que los *cis* la constituyen los *cicloalquenos* de tamaño pequeño y mediano, en los cuales *la sustitución cis es más estable que la trans,* debido a la tensión del anillo.

El cicloalqueno más pequeño con un isómero *trans* aislable es el ciclooocteno.

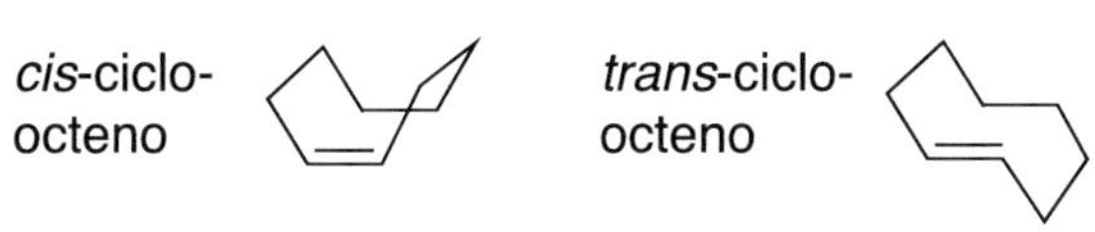

FIGURA 4.7. Estructuras *cis* y *trans* del ciclooocteno.

4.1. Los calores de hidrogenación del 2,3-dimetil-1-buteno y del 2,3-dimetil-2-buteno son –28,0 y –26,6 kcal/mol, respectivamente. ¿Qué alqueno es más estable y cuánto?

4.3. Síntesis de alquenos

Las estrategias de síntesis más habituales para la obtención de alquenos son reacciones de eliminación: la *deshidrohalogenación*, en la que se elimina un hidrógeno y un halógeno de un haluro de alquilo, promovida por una base (eliminación E2) y la *deshidratación* (pérdida de agua) de alcoholes, catalizada por ácidos.

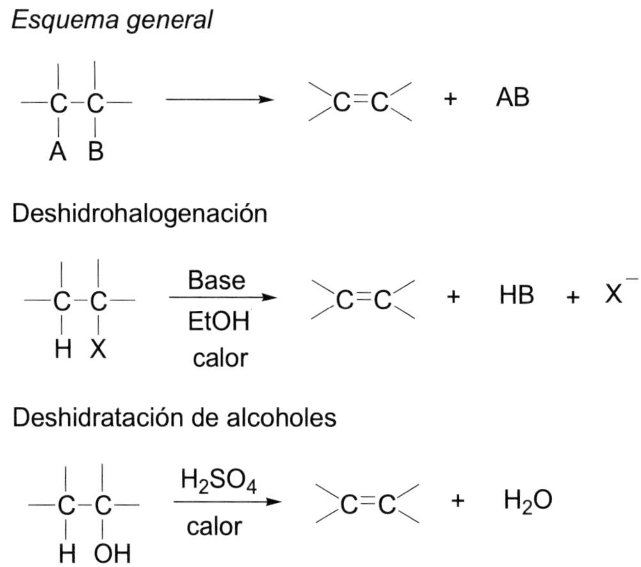

FIGURA 4.8. Síntesis de alquenos.

4.3.1. Reacciones de eliminación E2

Al estudiar las reacciones de eliminación en el capítulo 7 del volumen I, se vio que muchos sustratos en medio básico producen moléculas insaturadas. Los halogenuros de alquilo, los tosilatos, mesilatos y otros compuestos similares pueden usarse como materias primas en la síntesis de olefinas.

$$CH_3\text{–}CHCl\text{–}CH_2\text{–}CH_3 + Na^+\ EtO^- \longrightarrow CH_3CH = CHCH_3 + EtOH + NaCl$$

FIGURA 4.9. Deshidrohalogenación E2.

La eliminación E2 puede ser regioselectiva, estereoselectiva y estereoespecífica.

a) *Regioselectividad.* La eliminación puede tener lugar en más de una dirección. Podemos controlar la regioselectividad en cierta medida.

- Con una base pequeña, como el etóxido sódico, el producto mayoritario es el alqueno más sustituido (*Regla de Sayztev*).
- Cuando la base es voluminosa, como el *terc*-butóxido de potasio, se obtiene una mayor proporción del alqueno menos sustituido (*Regla de Hofmann*).

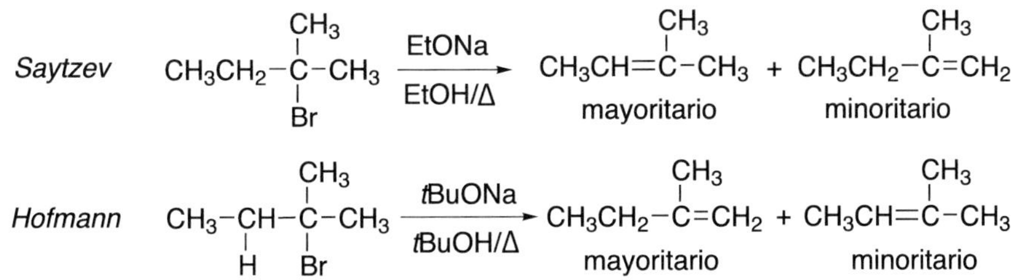

FIGURA 4.10. Regioselectividad de la eliminación E2.

b) Estereoselectividad. Independientemente de la estereoquímica del producto de partida, la reacción puede ser estereoselectiva, produciéndose mayor cantidad de isómeros *trans* que de isómeros *cis*.

c) Estereoespecificidad. Estereoespecífica *anti*. El protón en β y el grupo saliente han de adoptar una conformación periplanar *anti.*

Ejercicio resuelto

Explica detalladamente las diferencias entre los mecanismos que dan lugar a los siguientes resultados experimentales.

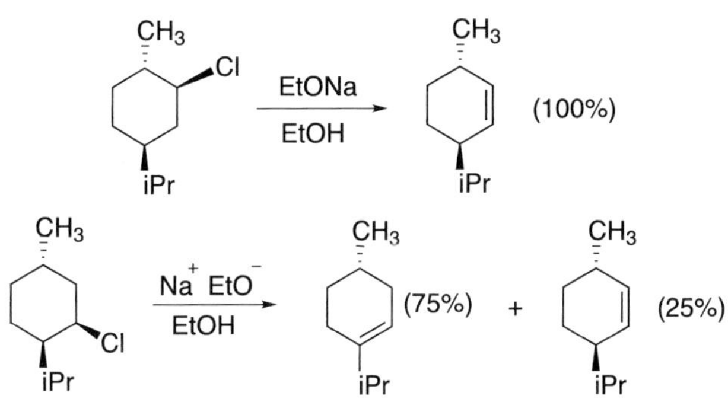

Solución

Cuando la eliminación E2 tiene lugar en ciclohexanos, el grupo saliente y el átomo de hidrógeno situado en posición β deben estar en disposición *trans*-diaxial.

En la primera reacción hay solo un átomo de hidrógeno (rodeado por un círculo) en posición *anti* con el átomo de cloro, por tanto, se obtiene un único alqueno.

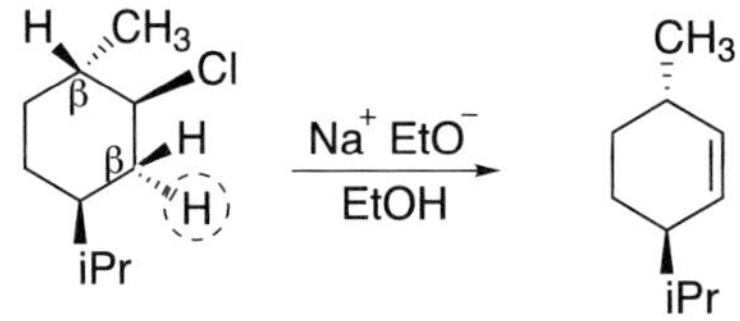

En la segunda reacción, sin embargo, existen dos átomos de hidrógeno (rodeados por círculos) en posición *anti* con el átomo de cloro, y ambos pueden ser eliminados. Se forman dos alquenos isómeros, aunque no en la misma proporción: el alqueno más sustituido es el de mayor abundancia, porque la base utilizada es el etóxido de sodio.

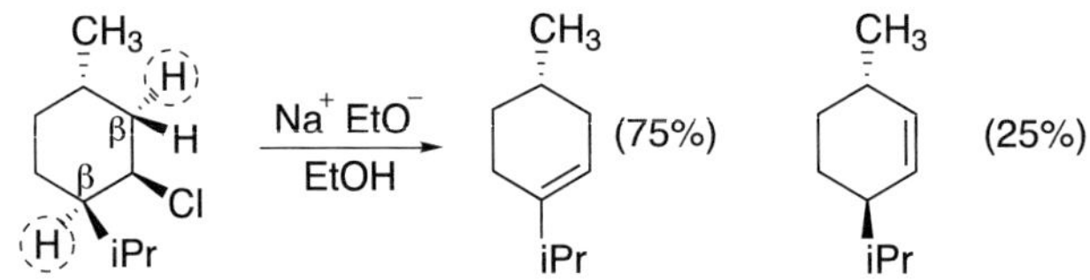

4.2. Escribe los productos mayoritarios más probables que se obtendrán al tratar los siguientes haloalcanos con:

1. Etóxido sódico en etanol.
2. *Terc*-butóxido potásico en 2-metil-2-propanol.

a) clorometano
b) 1-bromopentano
c) 2-bromopentano
d) 1-cloro-1-metilciclohexano
e) (1-bromoetil)ciclopentano
f) (2*R*,3*R*)-2-cloro-3-etilhexano
g) (2*R*,3*S*)-2-cloro-3-etilhexano
h) (2*S*,3*R*)-2-cloro-3-etilhexano

4.3. ¿Cuál es el producto principal que se forma cuando el *meso*-1,2-difenil-1,2-dibromoetano se trata con un equivalente de etóxido de potasio?

4.4. La reacción de eliminación E2 entre el 2-bromobutano y el etóxido sódico da tres productos. ¿Cuáles son?

Dibuja en proyección de Newman las conformaciones responsables de la formación de cada producto. ¿Qué indican dichas conformaciones acerca de la facilidad relativa de formación de cada producto?

4.3.2. Deshidratación de alcoholes

Otra reacción de eliminación para sintetizar alquenos es la deshidratación de los alcoholes, en medio fuertemente ácido y en caliente. La reacción es regioselectiva y estereoselectiva.

a) Regioselectividad. Cuando se deshidrata un alcohol se cumple la *Regla de Sayztev*, obteniéndose mayoritariamente el alqueno más sustituido.

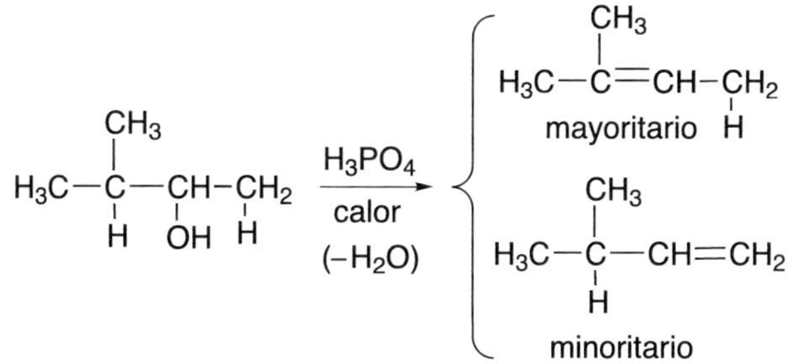

FIGURA 4.11. Regioselectividad en la deshidratación de alcoholes.

b) Estereoselectividad. Cuando son posibles productos *cis* y *trans*, por lo general se observa una preferencia por la formación del estereoisómero *trans*.

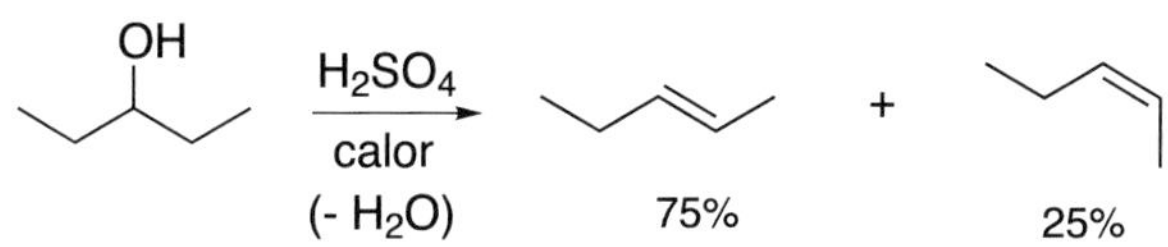

FIGURA 4.12. Estereoselectividad *cis-trans* de la deshidratación.

En estas eliminaciones en medio ácido puede seguirse un mecanismo E1 y, en tal caso, se dan con frecuencia *transposiciones*.

4.5. Pronostica el producto principal de la deshidratación en medio ácido y en caliente de cada uno de los alcoholes siguientes:

a) $Me_2C(OH)CH_2CH_3$

b) $Me_2CHCH(OH)CH_3$

c) $Me_2C(OH)CHMe_2$

d)
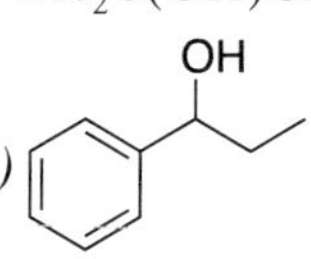

4.6. Indica los reactivos para efectuar las siguientes transformaciones.

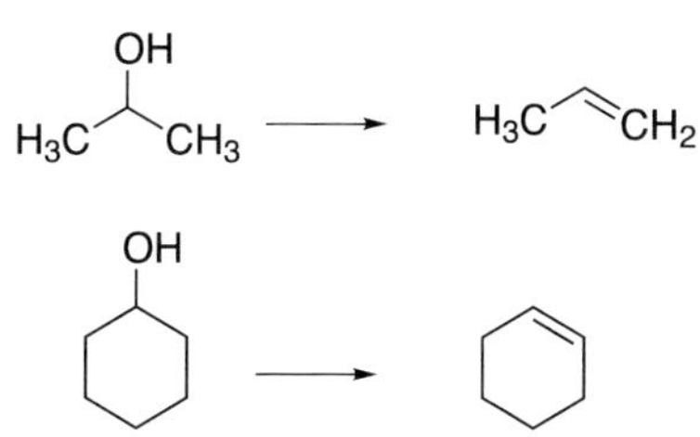

4.7. Indica el resultado de las siguientes reacciones, teniendo en cuenta la regioquímica y estereoquímica:

a) Deshidrohalogenación (–BrH) del compuesto *meso*-(2*R*, 3*S*)-2,3-dibromobutano

b)

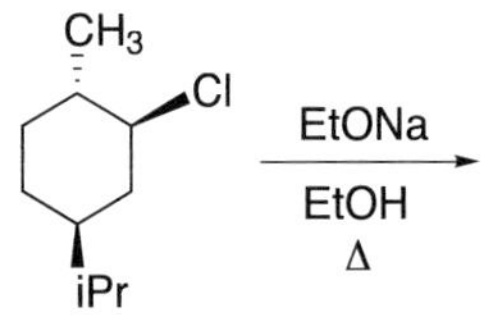

c)

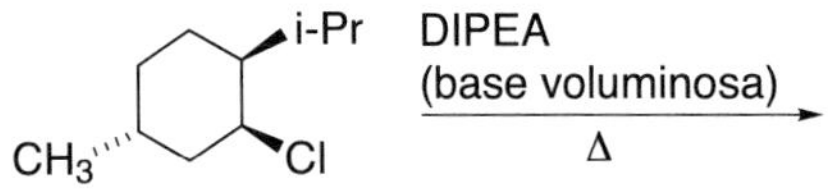

4.8. Justifica el siguiente resultado:

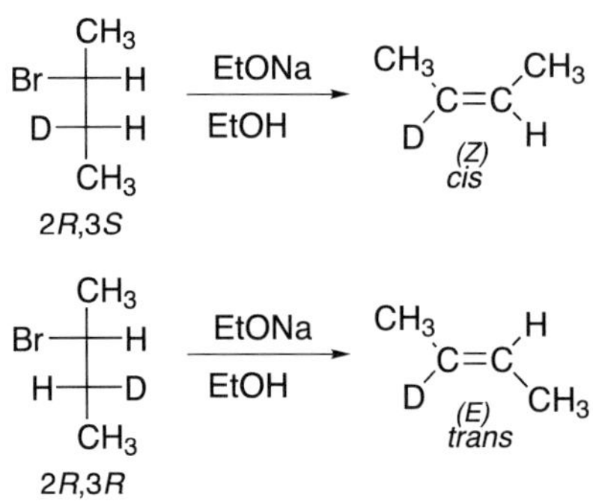

4.9. Propón un mecanismo para la siguiente transformación:

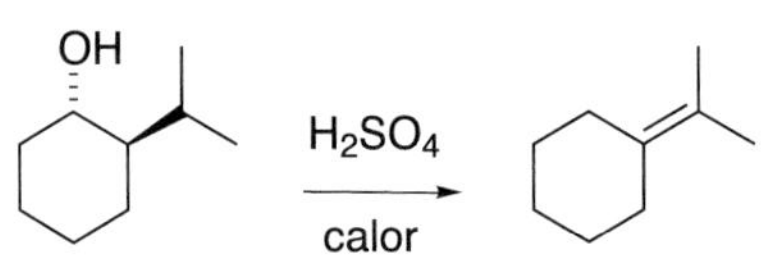

4.4. Reacciones de adición al doble enlace

Las reacciones de adición son exclusivas de sistemas insaturados e implican a los enlaces de tipo π de los dobles y triples enlaces.

En la reacción de adición a un alqueno, el reactivo se adiciona sin pérdida de ningún átomo. El enlace π se rompe y su par de electrones se emplea en la formación de dos nuevos enlaces σ. Los átomos de carbono con hibridación sp^2 pasan a tener una hibridación sp^3.

FIGURA 4.13. Hibridación sp^3 en la reacción de adición.

4.4.1. Hidrogenación catalítica

La adición de hidrógeno a un doble enlace, en presencia de un catalizador, se conoce como *reacción de hidrogenación*. Es una reducción de un compuesto con enlace π. Constituye el método más importante para sintetizar alcanos.

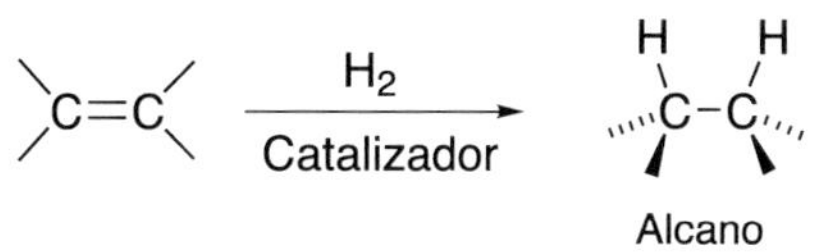

FIGURA 4.14. Hidrogenación catalítica.

Los catalizadores que suelen emplearse son Pd-C, PtO_2, Ni (Raney).

- *Estereoquímica*. Adición *estereoespecífica sin*. Los dos hidrógenos se adicionan por el mismo lado.

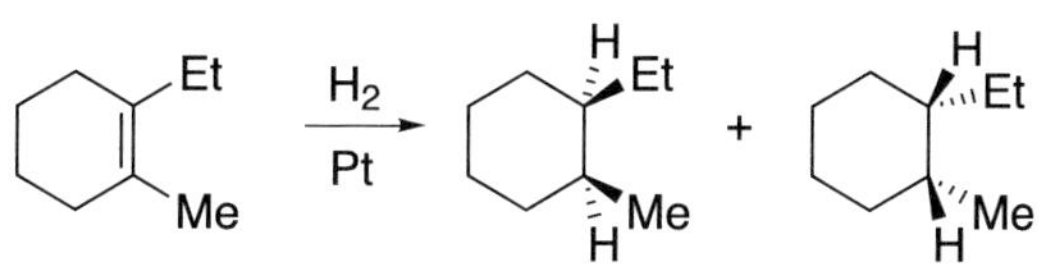

FIGURA 4.15. Estereoquímica de la hidrogenación.

Ejercicio resuelto

Escribe el/los producto/s que se pueden esperar de la deuteración de *cis*-2-buteno. Lo mismo para el *trans*-2-buteno. Indica en cada caso la estereoquímica obtenida.

Solución

a)

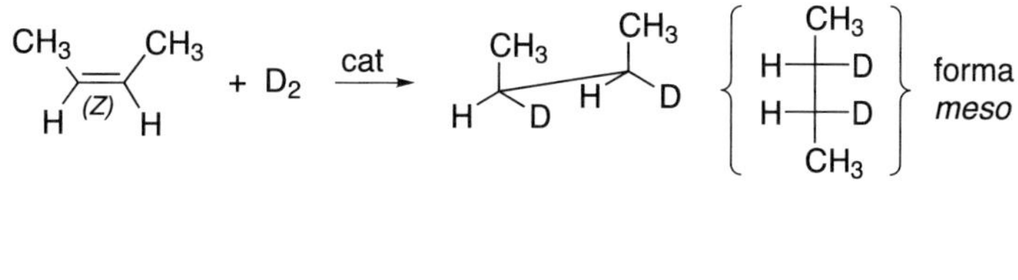

b)

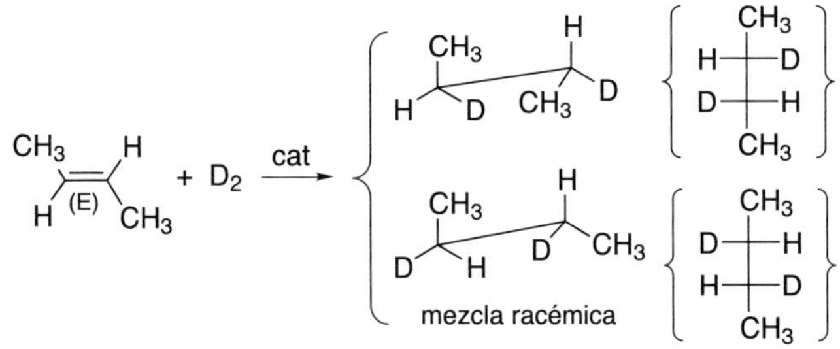

4.10. Dibuja las estructuras de los productos que se obtienen al reaccionar hidrógeno, en presencia del catalizador adecuado, con los compuestos siguientes:

a) 3,4-dimetil-3-octeno

b)

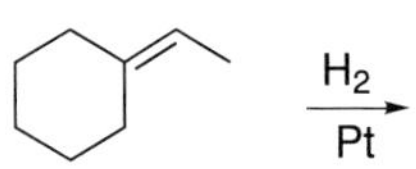

c) 1,4-ciclohexadieno

d)

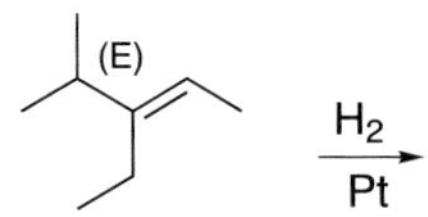

4.11. Completa las siguientes reacciones:

a)

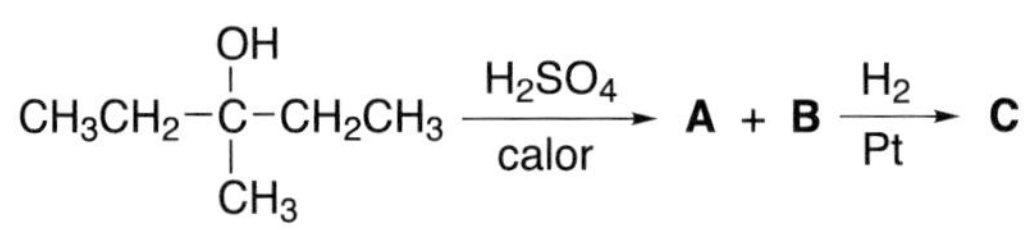

b)

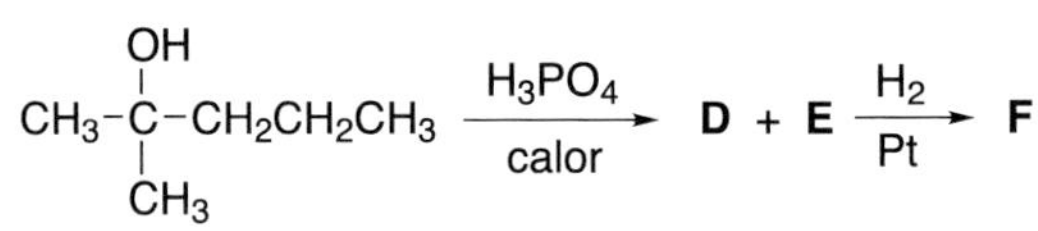

4.4.2. Adición electrofílica

Los alquenos reaccionan con los electrófilos mediante reacciones de adición electrofílica. En este tipo de reacciones, la etapa más importante es la interacción de los electrones del enlace π del alqueno con el electrófilo (E^+).

En reacciones como la hidrohalogenación o la hidratación, el electrófilo H^+ inicia el ataque para dar un carbocatión, el cual es atacado por un nucleófilo. La halogenación o formación de halohidrinas son reacciones de adición semejantes a las anteriores; sin embargo, el intermedio es un ion halonio cíclico, el cual es atacado rápidamente por el nucleófilo.

A) Hidrohalogenación

Los alquenos reaccionan con haluros de hidrógeno (HX, X = Cl, Br o I) para dar haluros de alquilo, R-X.

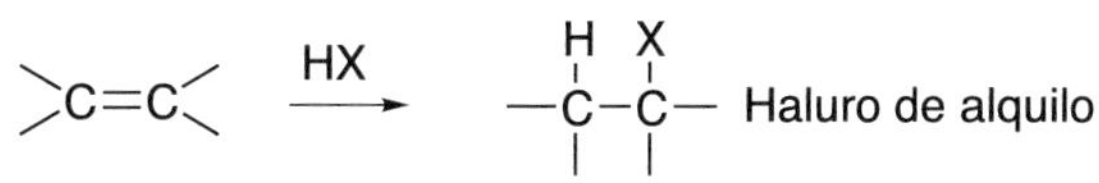

FIGURA 4.16. Hidrohalogenación.

La reactividad relativa de los haluros de hidrógeno en esta reacción es la siguiente:

HI > HBr > HCl > HF

• *Mecanismo*

Los haluros de hidrógeno tienen un enlace altamente polar H-X y pueden perder fácilmente un protón que es atraído por el enlace π de un alqueno. Se distinguen dos etapas:

1. Protonación (ataque electrofílico de H^+) para dar un carbocatión. Etapa lenta.
2. Ataque nucleofílico del haluro. Rápido.

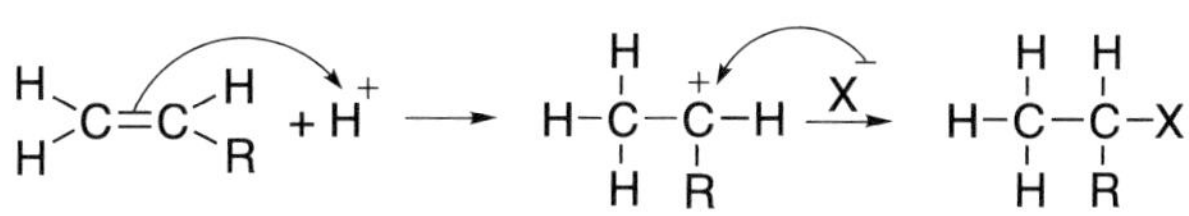

FIGURA 4.17. Mecanismo de la hidrohalogenación.

Como el ataque inicial es efectuado por un electrófilo (H^+), se dice que es una reacción de adición electrófila.

• *Regioselectividad*

Si el alqueno es asimétrico, se podrían obtener dos productos distintos. Experimentalmente se observó que predomina el 2-cloropropano.

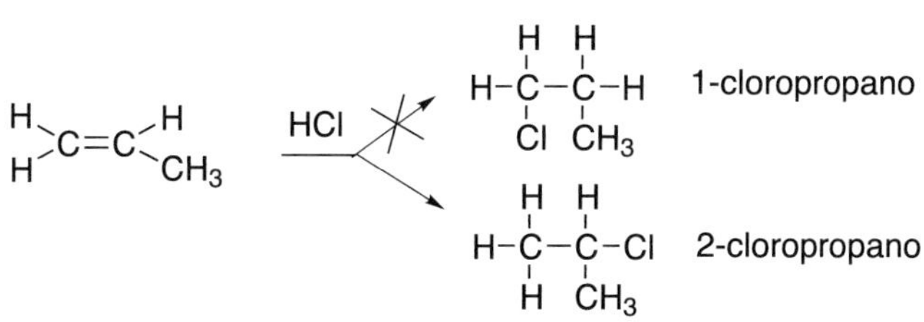

FIGURA 4.18. Regioselectividad en la hidrohalogenación.

– La reacción es *regioselectiva* y sigue la *regla de Markovnikov*.

Markovnikov (1869) formuló la siguiente regla empírica: *en la reacción de adición HX a alquenos asimétricos, el H del HX se une al carbono del doble enlace que tiene mayor número de hidrógenos.*

La justificación de la *regla de Markovnikov* se puede encontrar en el mecanismo de la reacción. La protonación inicial sobre el alqueno tiene lugar de manera que se obtenga el *carbocatión más estable*. Puesto que los sustituyentes alquilo estabilizan los carbocationes, el protón se añade al átomo de carbono del doble enlace que esté menos sustituido. Considerando el ejemplo anterior, en el primer caso (1-cloropropano), el carbocatión sería primario y menos estable que en la obtención del 2-cloropropano.

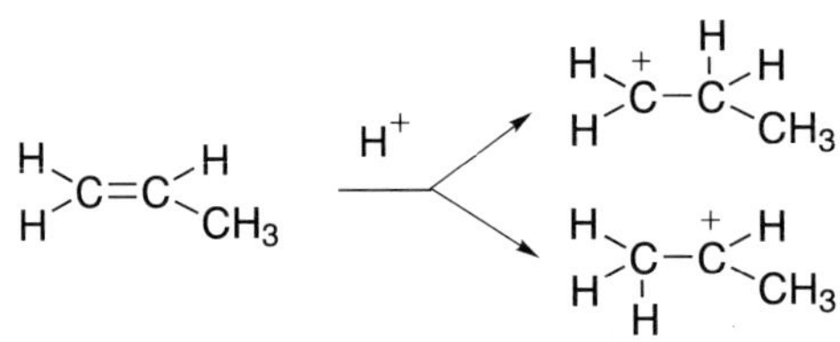

FIGURA 4.19. Regla de Markovnikov.

- *Estereoquímica*

Cuando la hidrohalogenación involucra la formación de un centro quiral, se espera un par de enantiómeros.

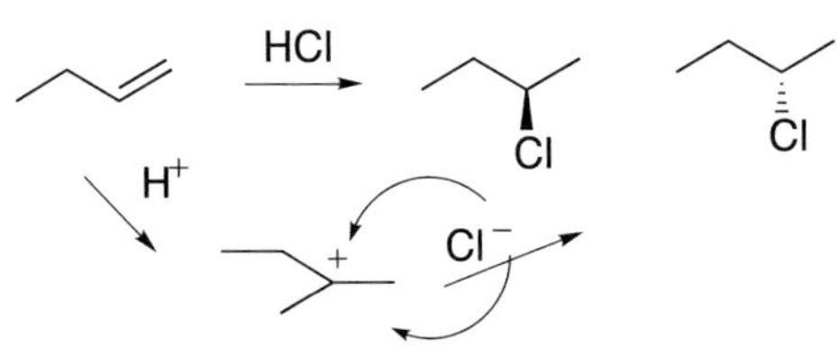

FIGURA 4.20. Estereoquímica de la hidrohalogenación.

Ejercicio resuelto

En la adición de DBr al ciclohexeno se observan cuatro productos: *trans*-2-deuterio-1-bromociclohexano, como mezcla de enantiómeros, y *cis*-2-deuterio-1-bromociclohexano, como mezcla de enantiómeros.

Dibújalos e indica los mecanismos para la conversión de los carbocationes en cada uno de los cuatro productos.

Solución

El proceso reactivo comienza adicionándose el átomo de deuterio al doble enlace y formándose dos carbocationes secundarios, que son enantiómeros.

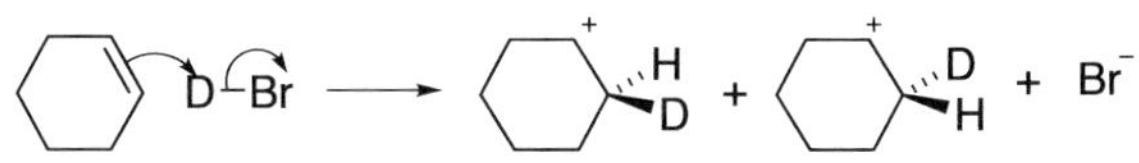

El anión bromuro puede entrar sobre el carbocatión plano por los dos semiespacios superior o inferior.

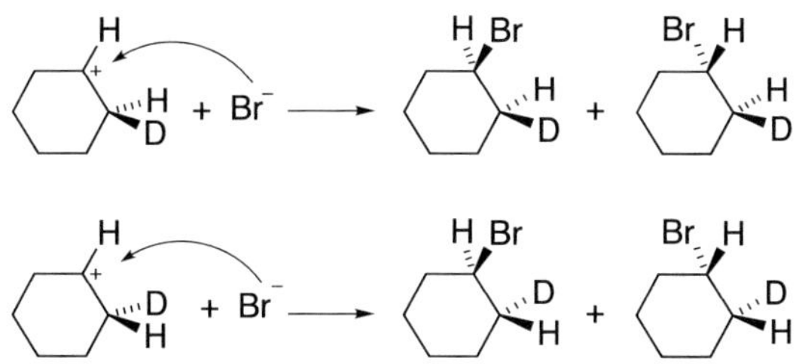

Así, se obtienen los isómeros geométricos: *trans*-2-deuterio-1-bromociclohexano y *cis*-2-deuterio-1-bromociclohexano. Cada uno de ellos integrado por sus dos enantiómeros.

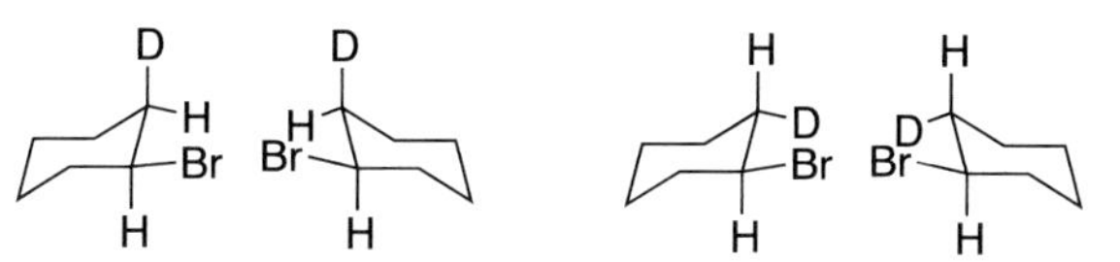

Par de enantiómeros *cis* Par de enantiómeros *trans*

Los enantiómeros *cis* son:

- (1*S*, 2*R*)-2-deuterio-1-bromociclohexano.
- (1*R*, 2*S*)-2-deuterio-1-bromociclohexano.

Los enantiómeros *trans* son:

- (1*R*, 2*R*)-2-deuterio-1-bromociclohexano.
- (1*S*, 2*S*)-2-deuterio-1-bromociclohexano.

4.12. En la reacción del cloruro de hidrógeno a 1-metilciclohexeno.

a) ¿Se produce una adición de tipo Markovnikov o anti-Markovnikov?
b) El producto obtenido, ¿es quiral o aquiral?

4.13. Da las estructuras y nombres de los productos principales que se esperan en la adición de HI a los compuestos siguientes:

a) 2-buteno
b) 2-metil-1-buteno
c) 2-metil-2-buteno
d) 3-metil-1-buteno
e) 2,3-dimetil-1-buteno
f) 2,4,4-trimetil-2-penteno

4.14. Dibuja un mecanismo para la siguiente transformación.

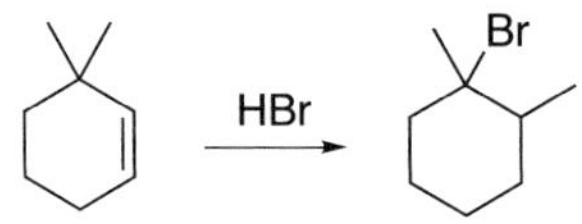

B) Hidratación catalizada por ácido

Cuando un alqueno se trata con un ácido diluido tiene lugar una reacción de hidratación (adición de agua al doble enlace), obteniéndose alcoholes. El medio ácido es proporcionado por un ácido mineral como el H_2SO_4 o H_3PO_4.

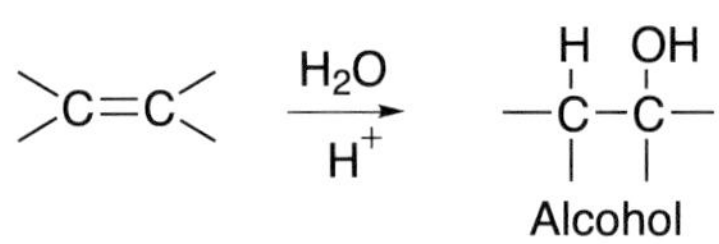

FIGURA 4.21. Hidratación catalizada por ácidos.

Mecanismo. Adición regioselectiva. Sigue la regla de Markovnikov. El resultado neto es la adición de H y OH al enlace π, en la que el grupo OH se une al carbono más sustituido (el que tiene menos hidrógenos).

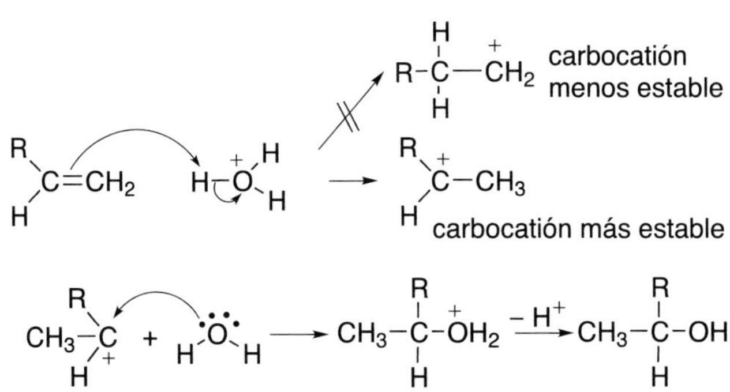

FIGURA 4.22. Mecanismo que justifica la regioselectividad de la hidratación.

- *Estereoquímica*

El carbocatión intermedio puede ser atacado por cualquiera de los dos lados. Por lo tanto, se espera una mezcla racémica en los casos en los que se genera un nuevo centro de quiralidad.

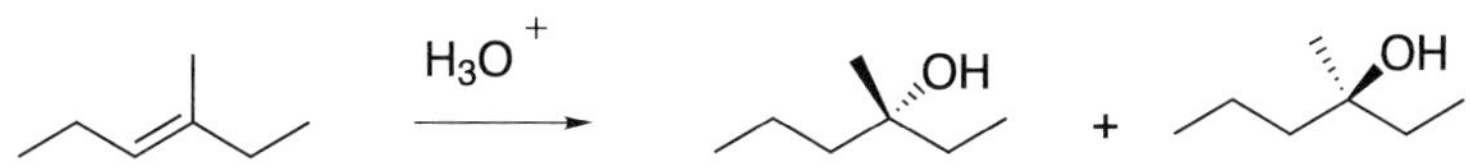

FIGURA 4.23. Estereoquímica de la hidratación.

Ejercicio resuelto

Escribe un mecanismo para la hidratación del isobutileno.

Solución

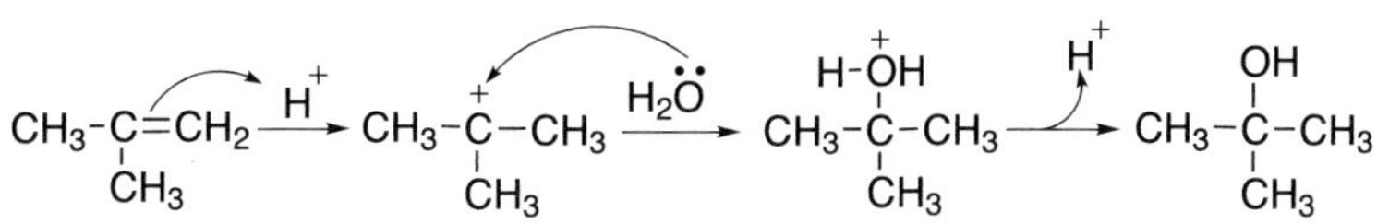

4.15. Escribe un mecanismo para la hidratación del propileno CH_3-CH=CH_2.

4.16. ¿Qué alqueno se espera que sea más reactivo el 2-metil-2-buteno o el 3-metil-1-buteno en la hidratación?

C) Halogenación

Los halógenos (X_2, puede ser Br_2, Cl_2) se adicionan a los alquenos para dar un dihaluro vecinal.

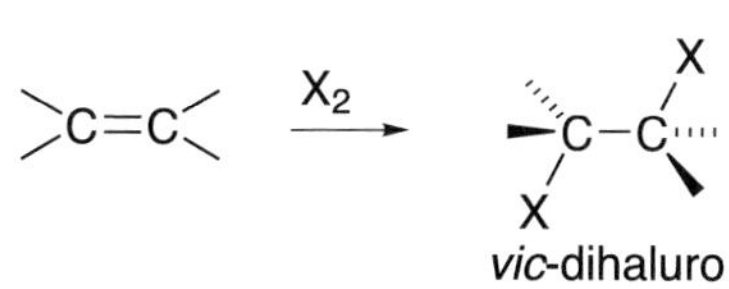

FIGURA 4.24. Halogenación.

- *Mecanismo*

Cuando el halógeno (compuesto apolar) se aproxima a los electrones π del doble enlace, se induce polaridad en la molécula, colocando una carga positiva parcial sobre uno de los átomos de halógeno.

– En la primera etapa, la nube electrónica π del alqueno, nucleófila, ataca a la molécula de halógeno electrófila, con desplazamiento simultáneo de un átomo de halógeno, como anión haluro, generándose el ion halonio cíclico, intermedio de la reacción.

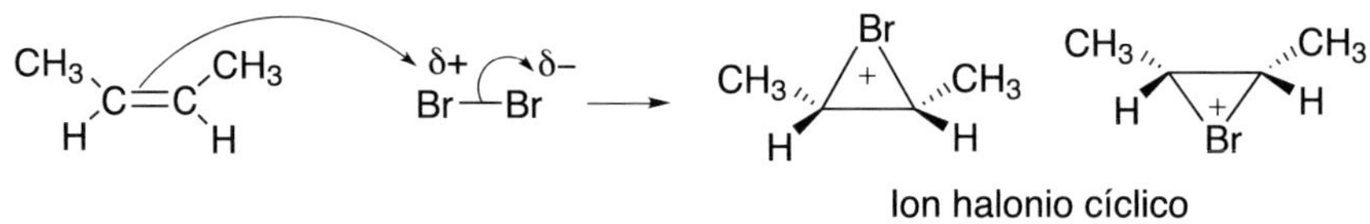

FIGURA 4.25. Mecanismo de la halogenación (primera etapa).

– En la etapa siguiente, se produce la apertura del catión cíclico al reaccionar con el nucleófilo (el anión haluro desplazado).

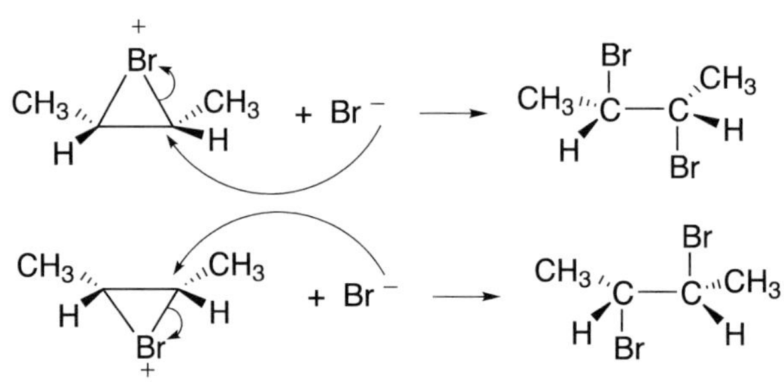

FIGURA 4.26. Mecanismo de la halogenación (segunda etapa).

- *Estereoquímica*

La halogenación es estereoespecífica *anti*. Las dos especies entran por lados opuestos.

Ejercicio resuelto

Dibuja los productos obtenidos (incluidos todos los estereoisómeros) en la adición de bromo al 1,2-dimetilciclohexeno.

Solución

La adición de bromo al doble enlace es estereoselectiva *anti*, obteniéndose una mezcla racémica de los dos enantiómeros.

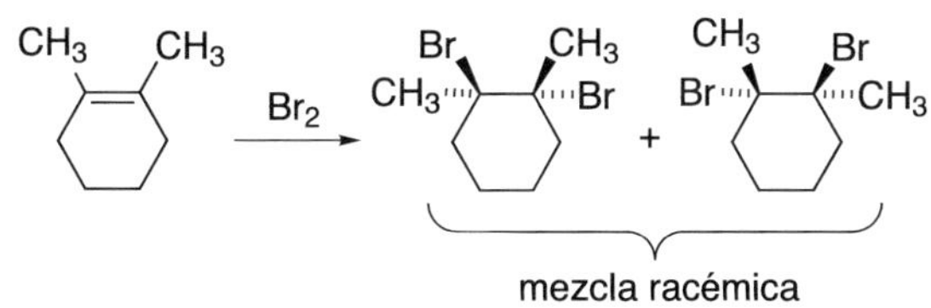

4.17. Completa las siguientes reacciones:

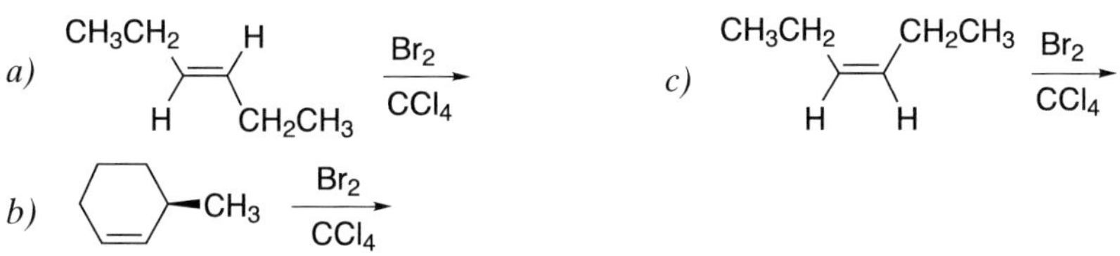

4.18. Dadas las siguientes constantes de velocidad para las reacciones con bromo a 25 °C, propón una explicación para las diferencias de velocidad que se base en un mecanismo en el que intervenga el ion bromonio: $CH_3(CH_2)_3CH = CH_2$; 20000 $(M.min)^{-1}$; $ClCH_2CH = CH_2$; 1,6 $(M.min)^{-1}$; $(CH_3)_3N^+ CH = CH_2$; ausencia de reacción.

D) Síntesis de halohidrinas

La utilización de agua, en lugar de un disolvente inerte en la reacción de halogenación, origina la formación de una *halohidrina*.

También se obtienen halohidrinas por reacción de los alquenos con ácido hipocloroso (HOCl) o ácido hipobromoso (HOBr), los cuales se preparan acidificando disoluciones de hipohalitos.

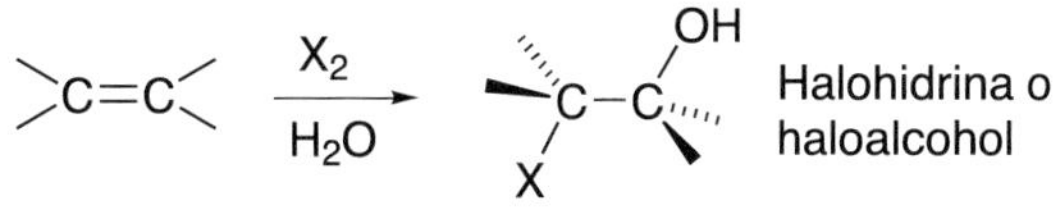

FIGURA 4.27. Síntesis de halohidrinas.

- *Mecanismo*. La adición del halógeno al doble enlace produce un ion halonio intermedio, el cual es atacado por el agua, originando la halohidrina.

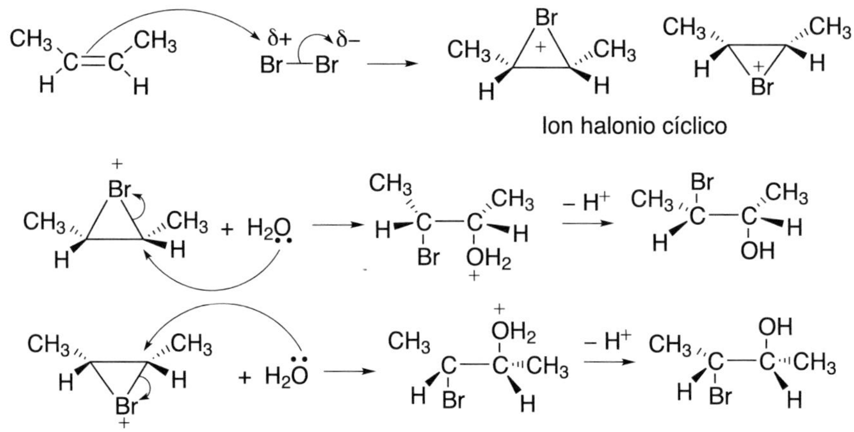

FIGURA 4.28. Mecanismo de la formación de halohidrinas.

- La adición es *regioselectiva* y sigue la *regla de Markovnikov*. El OH se une al carbono más sustituido.
- También es *estereoespecífica* en *anti*.

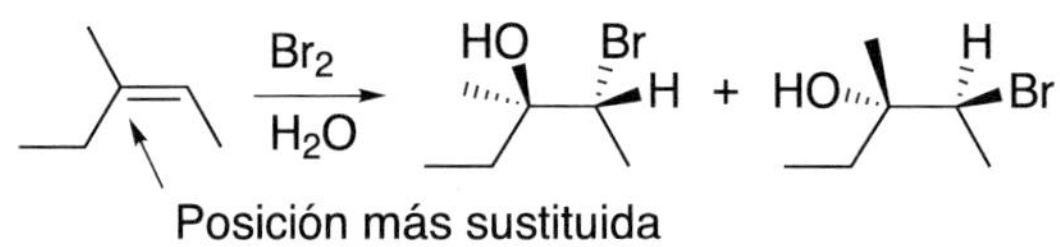

FIGURA 4.29. Regioselectividad y estereoespecificidad *anti* de la adición.

Ejercicio resuelto

Si el *terc*-butiletileno se trata con cloro, en agua como disolvente, la mezcla resultante contiene 1,2-dicloro-3,3-dimetilbutano, 4-cloro-2,3-dimetil-2-butanol y 1-cloro-2,3-dimetil-2-buteno. Propón un mecanismo que explique la formación de estos productos.

Solución

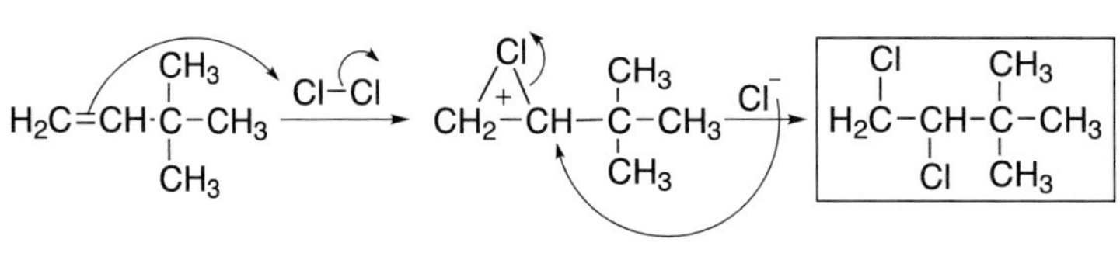

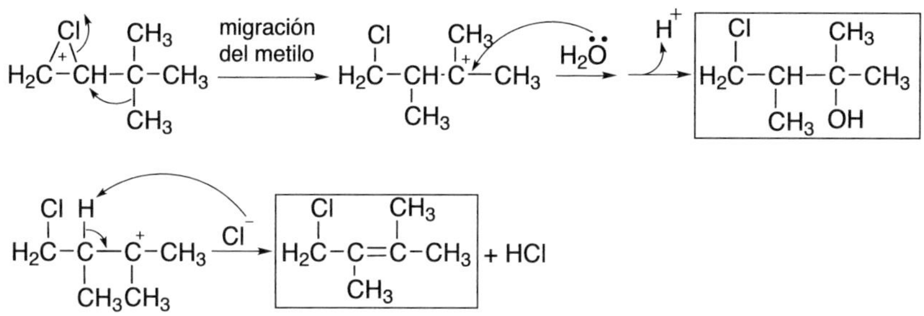

4.19. Completa la siguiente reacción indicando la relación estereoisomérica de los productos.

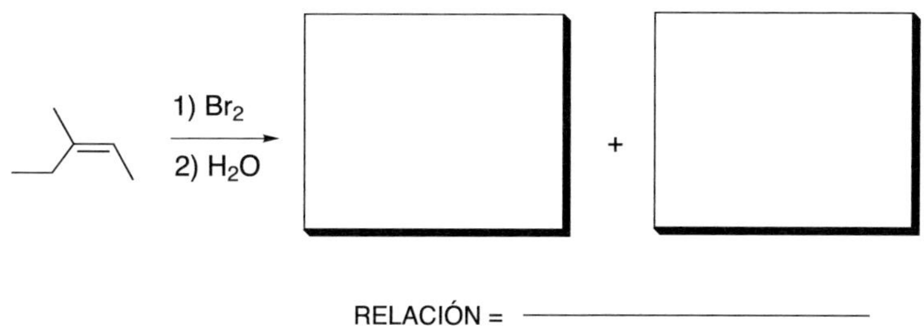

4.20. Explica por qué las reacciones de adición de halógenos se efectúan de ordinario en disolventes como el tetracloruro de carbono y no en disolventes polares como el agua, el metanol o el etanol.

4.21. El etileno y el bromo reaccionan en el agua formando dos productos, el 1,2-dibromoetano y el 2-bromoetanol. En presencia de cloruro de sodio se forma un producto adicional, el 1-bromo-2-cloroetano. Escribe un mecanismo que explique la formación de estos productos.

4.22. Indica los reactivos adecuados para llevar a cabo las siguientes reacciones.

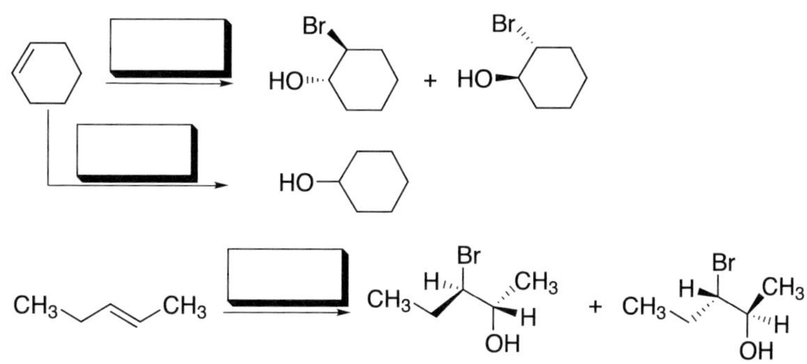

4.4.3. Hidroboración

La adición de hidrógeno y boro al doble enlace para dar un organoborano se conoce como *hidroboración*.

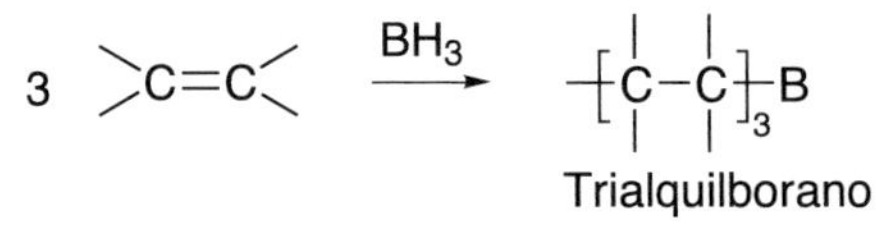

FIGURA 4.30. Hidroboración.

El diborano (B_2H_6) es un gas que en solución se disocia en BH_3. Se comporta como electrófilo, gracias al sexteto electrónico del boro con su orbital vacío. El borano es atacado por el enlace π, lo que produce el desplazamiento simultáneo de hidruro. El primer paso se repite para cada enlace B-H para conducir al trialquilborano.

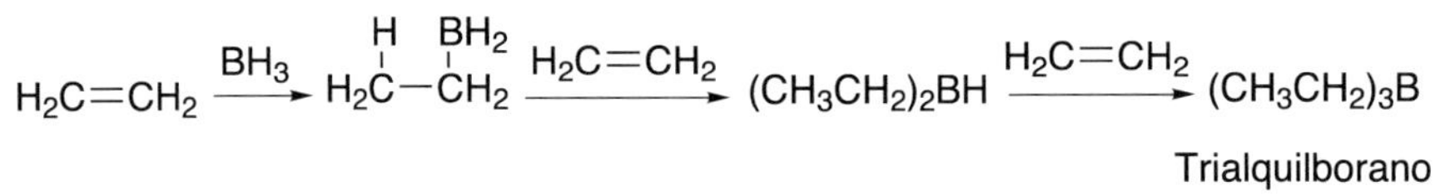

FIGURA 4.31. Obtención del trialquilborano.

Se trata de un proceso concertado, con formación de un complejo tetracéntrico que justifica la regioquímica y estereoquímica de la reacción.

- *Regioselectividad anti-Markovnikov*. El boro por ser menos electronegativo que el hidrógeno queda unido al carbono menos sustituido, mientras que el hidrógeno (ahora más electronegativo) se une al carbono más sustituido.
- *Estereoquímica. Reacción estereoespecífica sin*. El estado de transición correspondiente a la adición del borano a un alqueno predice que el átomo de boro y el átomo de hidrógeno quedarán unidos por el mismo lado de la molécula.

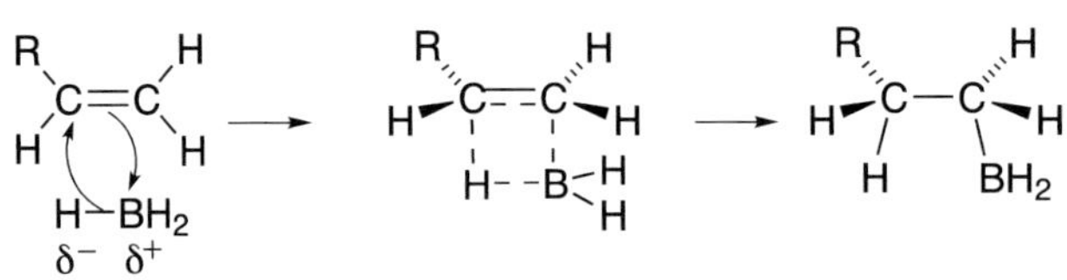

FIGURA 4.32. Regioselectividad anti-Markovnikov y estereoespecificidad *sin* en la hidroboración.

- *Reacción de hidroboración-oxidación*

La importancia de la hidroboración radica en el hecho de que los organoboranos son fácilmente oxidados con peróxido de hidrógeno en medio alcalino.

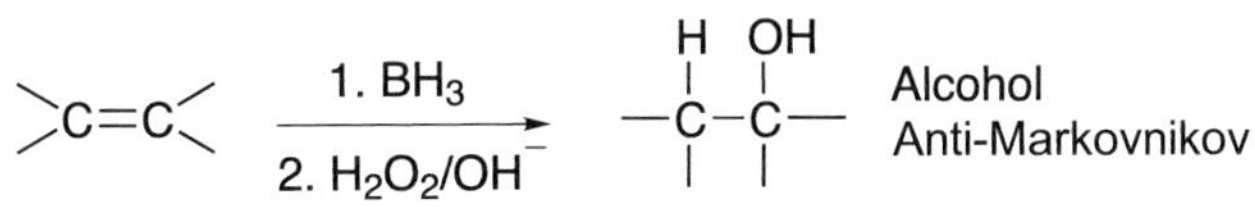

FIGURA 4.33. Obtención de alcoholes por hidroboración/oxidación de alquenos.

1. *Hidroboración:* el diborano se adiciona al alqueno para dar el organoborano.
2. *Oxidación:* el organoborano se convierte en alcohol por la oxidación con peróxido de hidrógeno en medio básico, en el cual se sustituye el boro por una función hidroxilo.

$$3\ H_2C{=}CH_2 \xrightarrow{BH_3} (CH_3CH_2)_3B \xrightarrow{H_2O_2/OH^-} 3\ CH_3CH_2OH$$

La hidroboración-oxidación permite sintetizar alcoholes con elevada regioselectividad y estereoespecificidad. Es una adición regioselectiva *anti-Markovnikov,* el OH se une al carbono menos sustituido. Estereoespecificidad: adición *sin,* el H y el OH quedan en la misma cara.

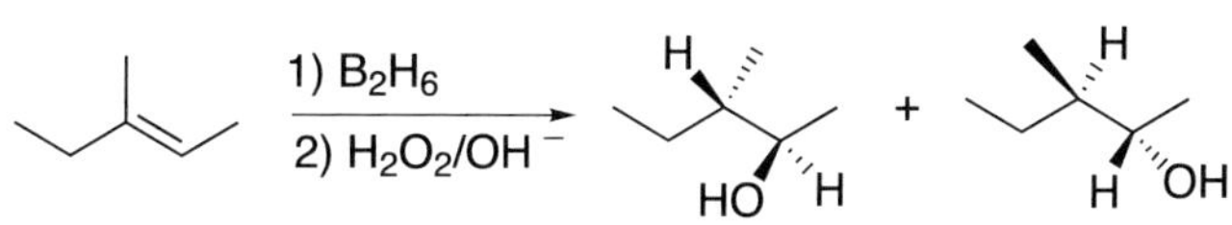

FIGURA 4.34. Regioselectividad y estereoespecificidad.

Las reacciones de transposición, típicas de las hidrataciones de alquenos en medio ácido, no tienen lugar en las condiciones en que se efectúa la hidroboración

Ejercicio resuelto

Escribe la reacción completa que se produce cuando se trata 1,2-dimetilciclopenteno con diborano y después con peróxido de hidrógeno alcalino.

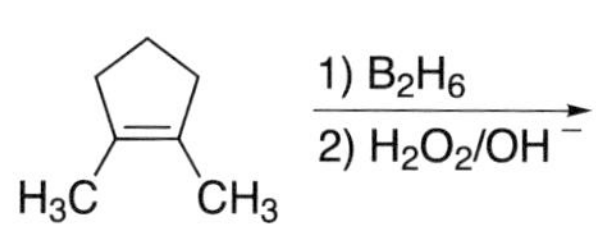

Solución

Se obtiene un alcohol. Al ser el alqueno simétrico, no se considera la regioselectividad. Es estereoespecífica *sin*. El H y el OH entran por el mismo lado, obteniéndose una mezcla racémica.

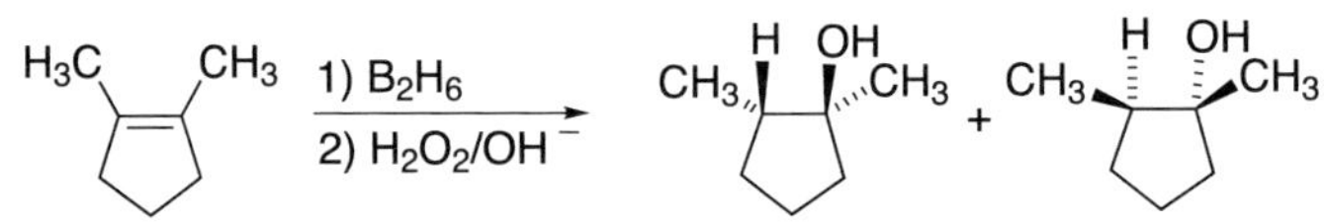

Ejercicio resuelto

Utilizando los reactivos que consideres oportunos, muestra cómo podría convertirse el alcohol *terc*-butílico en 2-metil-1-propanol.

Solución

Se lleva a cabo una deshidratación y posteriormente una hidratación anti-Markovnikov.

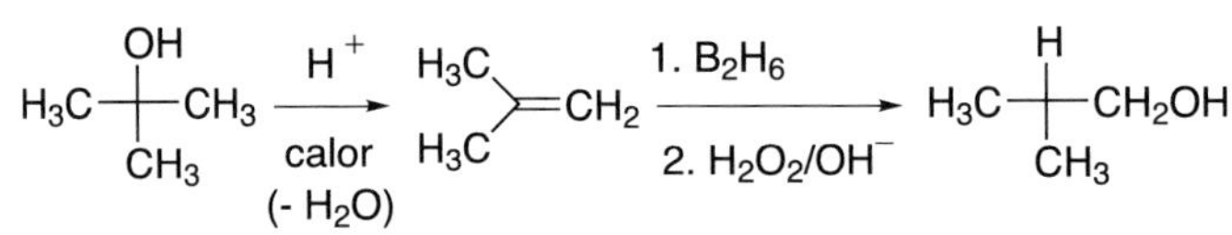

4.23. Escribe el producto o productos resultantes de la reacción del 1-propeno con los siguientes reactivos:

a) H_2O/H^+　　*b)* 1) B_2H_6 2) $H_2O_2 + OH^-$

4.24. Los siguientes alquenos se tratan con diborano y después con peróxido de hidrógeno alcalino. Escribe las reacciones completas que se producen en cada caso.

a) *cis*-2-buteno　　*b)* *trans*-2-buteno　　*c)*

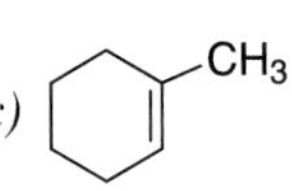

4.25. Completa la siguiente reacción indicando la relación estereoisomérica de los productos.

RELACIÓN = ____________________

4.4.4. Adiciones radicalarias

Los iniciadores radicalarios, como los peróxidos (ROOR), cambian el mecanismo de adición del HBr de iónico a radicalario. Esta vía, que involucra intermedios radicales, es eficiente para la adición de HBr, pero no de HCl o HI.

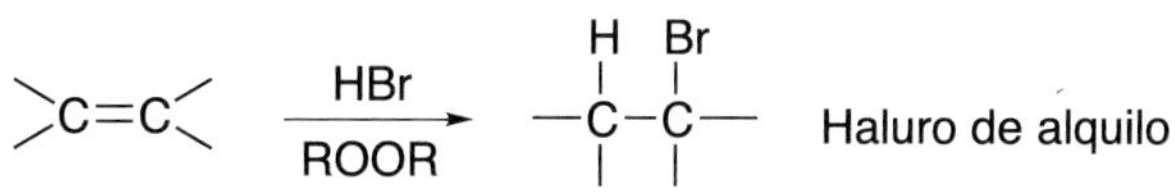

FIGURA 4.35. Hidrohalogenación radicalaria.

La reacción transcurre por el mecanismo indicado a continuación, que justifica la *regioselectividad anti-Markovnikov* en la adición.

$$ROOR \longrightarrow 2\,RO\cdot$$

$$RO\cdot + HBr \longrightarrow ROH + Br\cdot$$

$$CH_3CH{=}CH_2 + Br\cdot \longrightarrow CH_3\dot{C}HCH_2Br$$

$$CH_3\dot{C}HCH_2Br + HBr \longrightarrow CH_3CH_2CH_2Br + Br\cdot$$

FIGURA 4.36. Mecanismo de la adición radicalaria.

Ejercicio resuelto

Escribe un mecanismo para la adición radicalaria de HBr al 1-buteno.

Solución

El resultado es el derivado bromado *anti-Markovnikov*, 1-bromobutano.

– *Iniciación*: ruptura homolítica del enlace entre el bromo y el hidrógeno, generándose el radical bromo.

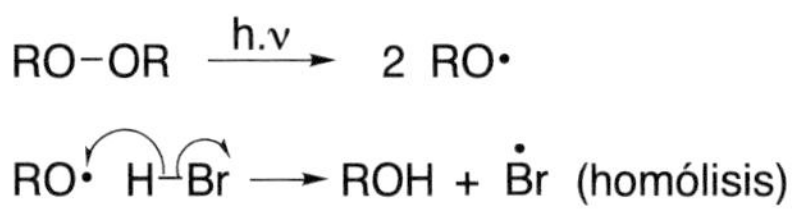

– *Propagación*:

1. El radical bromo ataca al alqueno uniéndose al átomo de carbono menos sustituido y permitiendo que se forme el radical más estable.

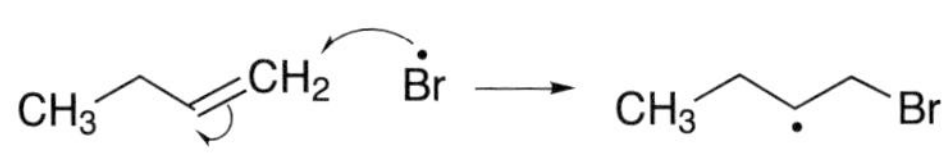

2. El radical resultante abstrae un átomo de hidrógeno de otra molécula de HBr, formándose un nuevo radical bromo que comienza la cadena reactiva.

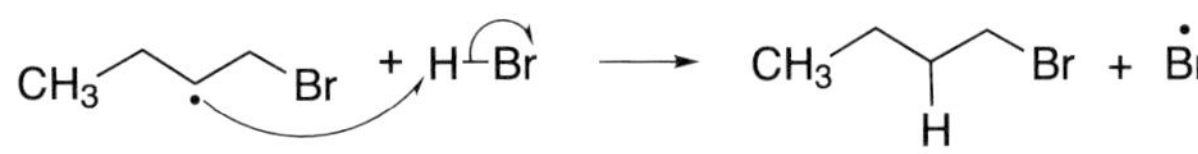

4.26. Escribe el producto mayoritario de las siguientes reacciones. Indica si el mecanismo es radicalario o iónico.

a) 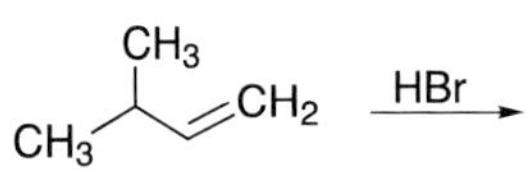

d) 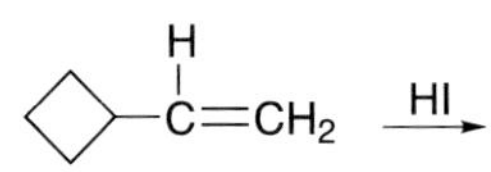

b) 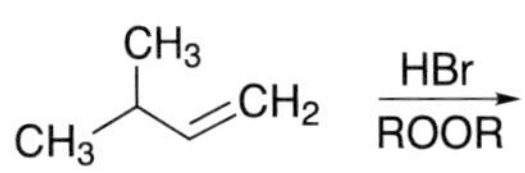

e) 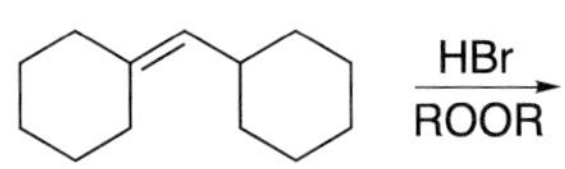

c) $CH_3\text{–}CH = CH_2 \xrightarrow{HBr}$

4.27. Identifica los reactivos adecuados para realizar las siguientes transformaciones.

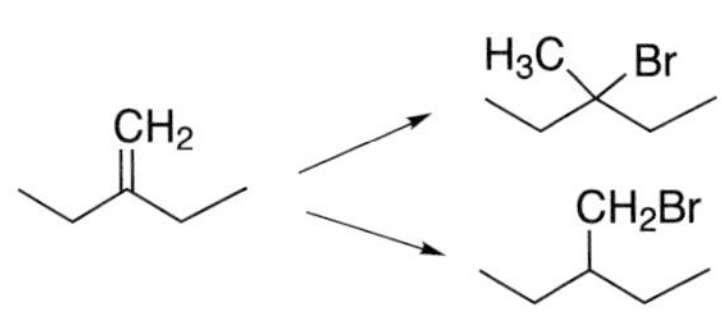

4.5. Reacciones de oxidación al doble enlace

Constituye uno de los métodos para introducir oxígeno en las moléculas orgánicas. Se estudiarán la *dihidroxilación* y la *epoxidación*, reacciones en las que se rompe el enlace π y la *ozonólisis*, en la que se produce la ruptura del enlace σ, además del enlace π.

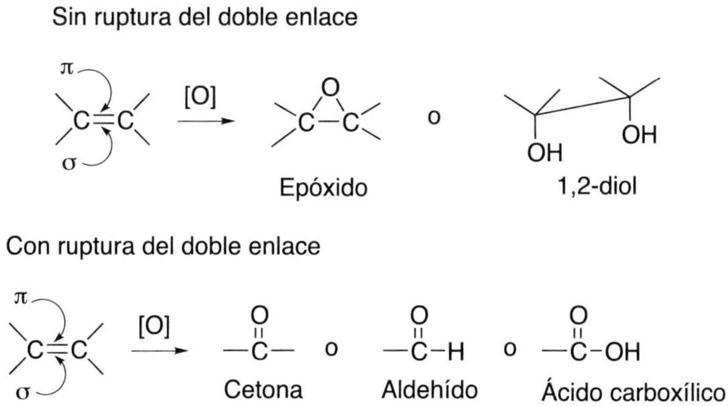

FIGURA 4.37. Oxidación del doble enlace.

4.5.1. Dihidroxilación vecinal sin

Una solución acuosa de permanganato potásico ($KMnO_4$) puede oxidar enlaces múltiples de alquenos para dar *cis* 1,2-dioles, reduciéndose el ion permanganato a dióxido de manganeso.

Se cree que el primer paso es la adición *sin* del ion permanganato al doble enlace, dando un intermedio cíclico, un éster mangánico. El intermedio se descompone en agua, obteniéndose el *cis* 1,2-diol. La reacción es estereoespecífica *sin*, uniéndose los dos grupos hidroxilo por la misma cara del doble enlace.

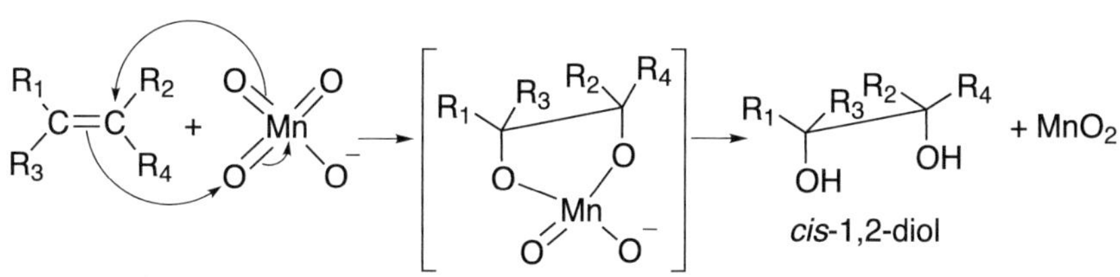

FIGURA 4.38. Dihidroxilación *sin* de alquenos.

Otro oxidante que permite obtener dioles vecinales *cis*, mediante un intermedio similar, es el tetraóxido de osmio (OsO_4), un reactivo caro y tóxico. Sin embargo, presenta la ventaja de que da una reacción más limpia.

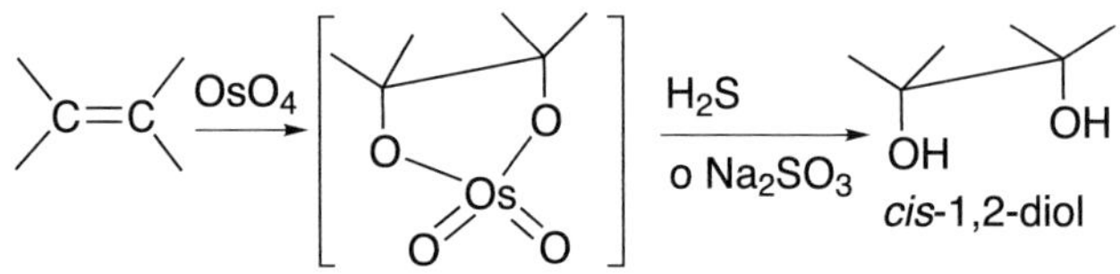

FIGURA 4.39. Oxidación con tetróxido de osmio.

Ejercicio resuelto

¿Qué productos se espera obtener en la siguiente reacción? Designa con *R* y *S* los carbonos quirales.

$$\textit{cis}\text{-2-penteno} + KMnO_4 \xrightarrow{H_2O}$$

Solución

Se obtiene una mezcla racémica de los dioles enantiómeros

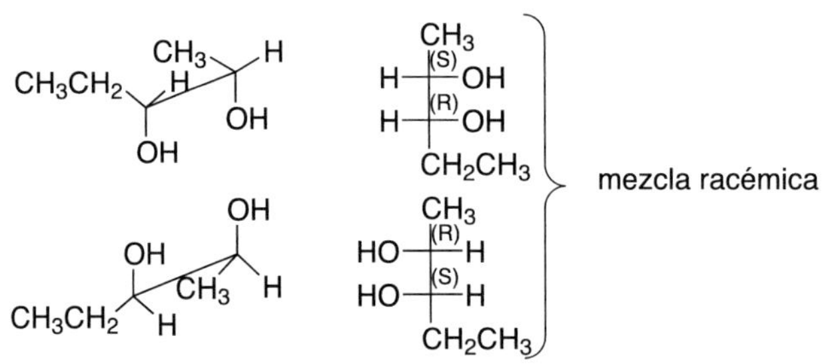

4.28. Dibuja el producto de la hidroxilación de *cis*-2-buteno con tetróxido de osmio. ¿Cuántos carbonos asimétricos tendrá el producto obtenido? Representa el compuesto en su conformación más estable.

4.29. Completa la siguiente reacción. Indica la relación estereoisomérica de los productos (enantiómeros o diastereómeros).

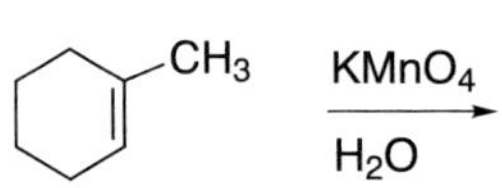

4.5.2. Epoxidación de alquenos. Dihidroxilación vecinal anti

Los *perácidos* son agentes oxidantes. Reaccionan con alquenos para formar éteres cíclicos de tres miembros llamados *epóxidos* u *oxiranos*.

El perácido se asemeja a un ácido carboxílico en su estructura, pero posee un átomo de oxígeno adicional. Uno de los perácidos más usados es el ácido *m*-cloroperbenzoico (MCPBA).

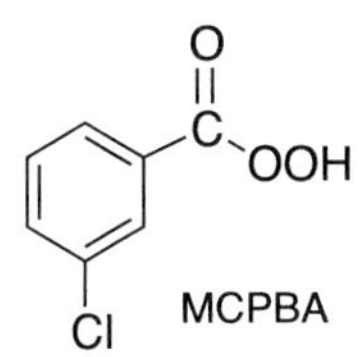

- *Mecanismo*. Se transfiere un átomo de oxígeno desde el perácido al doble enlace, formando el éter cíclico. El otro producto de reacción es un ácido carboxílico. En esta reacción, el perácido se comporta como un electrófilo. Su carácter electrófilo se manifiesta en la selectividad con la que reacciona cuando los dobles enlaces presentan diferentes grados de sustitución. Cuando más sustituyentes alquilo tiene el doble enlace, más fácilmente es atacado por el perácido.

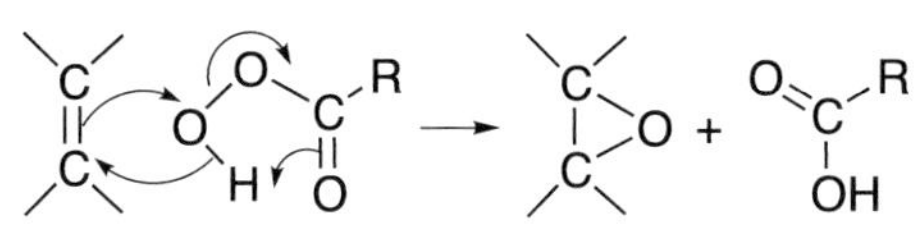

FIGURA 4.40. Epoxidación de alquenos.

- *Estereoquímica*. La epoxidación es estereoespecífica *sin*. Si los sustituyentes del alqueno son *cis*, permanecen *cis* en el epóxido; si son *trans*, permanecen *trans* en el epóxido.

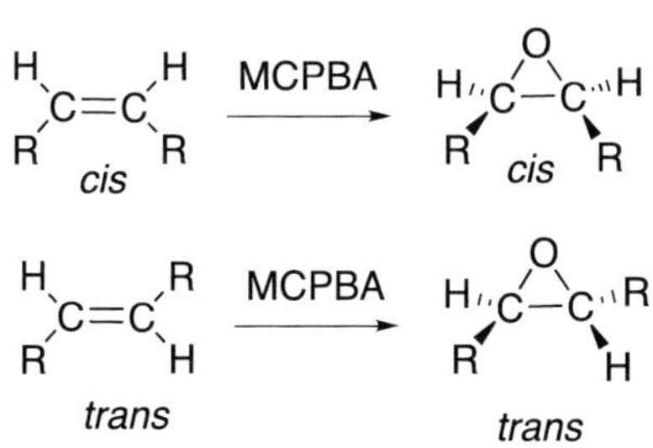

FIGURA 4.41. Estereoquímica de la epoxidación.

4.30. Completa la siguiente reacción indicando la relación estereoisomérica de los productos obtenidos.

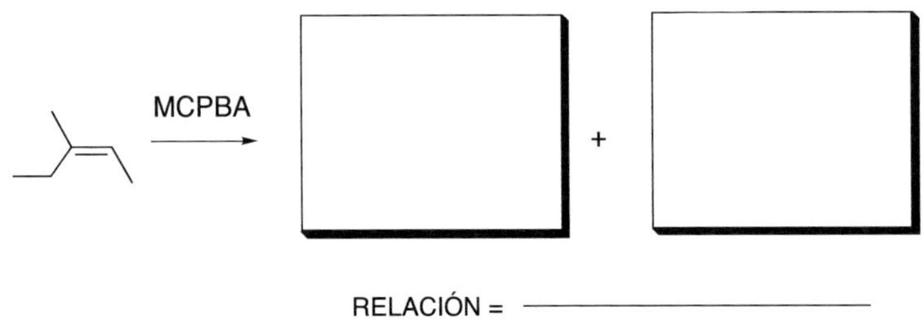

- *Dihidroxilación vecinal anti*

Al tratar un epóxido con agua, en presencia de cantidades catalíticas de un ácido, tiene lugar la apertura del ciclo, con formación del correspondiente *diol vecinal.*

El epóxido se protona para generar un intermedio similar al ion halonio. El agua ataca nucleofílicamente al anillo de tres miembros por la parte opuesta donde se encuentra el átomo de oxígeno. En el paso final del mecanismo, el ion oxonio es desprotonado. El resultado global es una dihidroxilación *anti.*

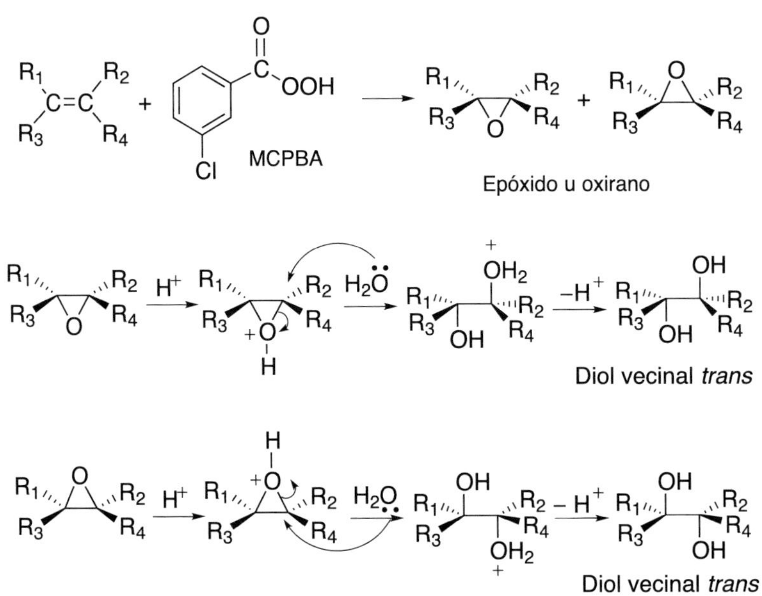

FIGURA 4.42. Dihidroxilación vecinal *anti.*

Ejercicio resuelto

Escribe los productos que se espera obtener en la siguiente reacción. Designa con *R* y *S* los carbonos quirales.

trans-2-penteno + PhCOOOH ⟶ **A** $\xrightarrow{H_3O^+}$ **B**

Solución

La epoxidación conduce a una mezcla racémica de epóxidos (A). La apertura de los epóxidos por catálisis ácida proporciona una mezcla racémica de los dioles *trans* (B).

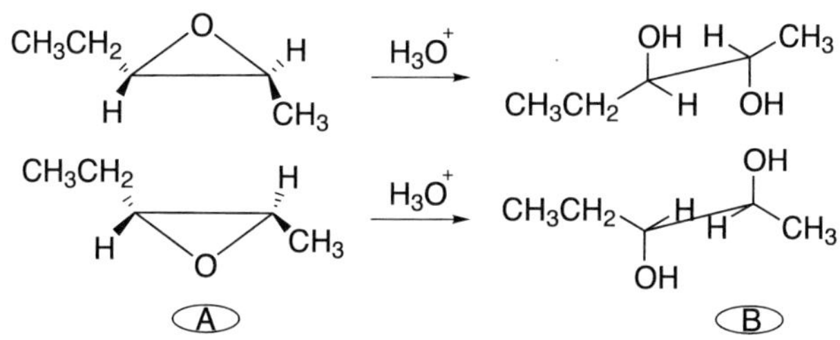

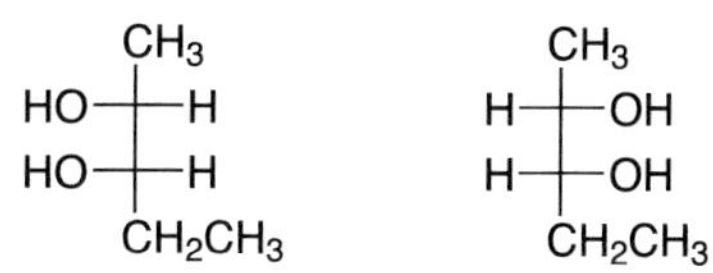

(2*R*, 3*S*)-2,3-pentanodiol (2*S*, 3*R*)-2,3-pentanodiol

4.31. Escribe los productos que se espera obtener en la siguiente reacción. Designa con *R* y *S* los carbonos quirales.

cis-2-penteno + PhCOOOH ⟶ **A** $\xrightarrow{H_3O^+}$ **B**

4.32. Completa la siguiente reacción:

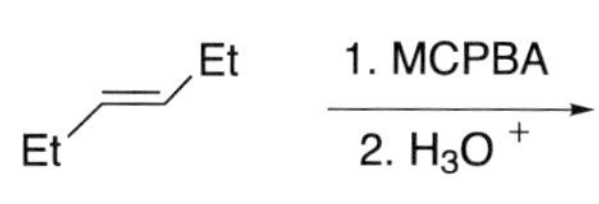

4.33. Escribe el producto o productos resultantes de la reacción del ciclohexeno con el ácido *meta*-cloroperbenzoico (MCPBA) y posterior hidrólisis ácida.

4.34. Indica los reactivos adecuados para llevar a cabo las siguientes reacciones.

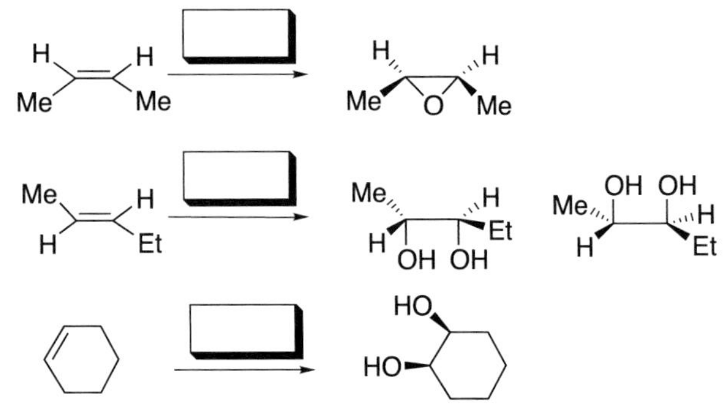

4.5.3. Ruptura oxidativa de alquenos: ozonólisis

Existen reactivos que también pueden romper el enlace σ, además del enlace π. Así, cuando el ozono (O_3) reacciona con un alqueno, el doble enlace carbono-carbono se rompe, para dar un *ozónido*. El segundo paso es la reducción o la oxidación del ozónido formándose un doble enlace carbono-oxígeno en cada fragmento de la molécula. La reacción global se llama *ozonólisis*.

Los compuestos obtenidos dependen de las condiciones empleadas y de la sustitución que presenten los carbonos del doble enlace. Si se utiliza Zn o sulfuro de dimetilo (*tratamiento reductor*), los productos son aldehídos y cetonas. Si no se emplea agente reductor (tratamiento oxidante), los aldehídos se oxidan a ácidos carboxílicos.

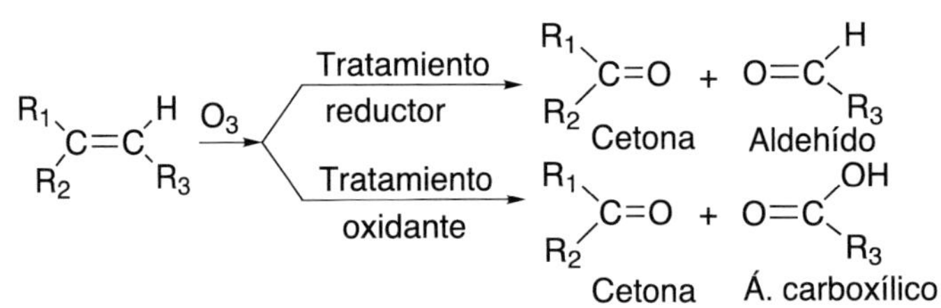

FIGURA 4.43. Ozonólisis.

– *Mecanismo*. El ozono es un electrófilo que se adiciona a un doble enlace para dar un compuesto cíclico inestable denominado *molozónido*. El molozónido se descompone produciendo un intermedio y un compuesto carbonílico. Las dos especies se recombinan para formar un *ozónido*. El ozónido es inestable y en agua da compuestos carbonílicos.

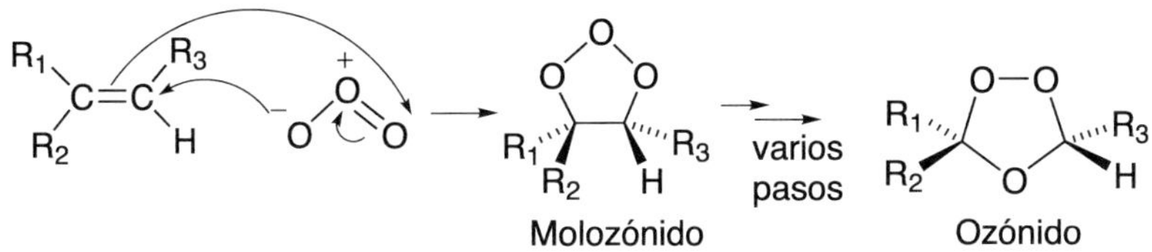

FIGURA 4.44. Formación del ozónido.

Ejercicio resuelto

Escribe los productos de las siguientes reacciones:

a)

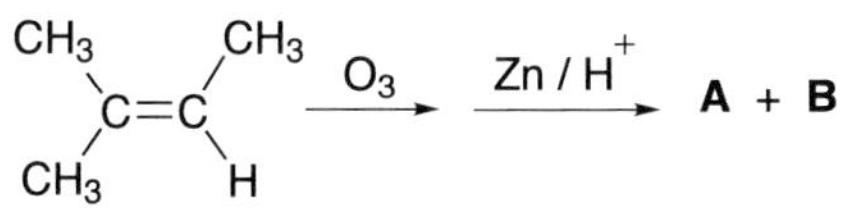

b)

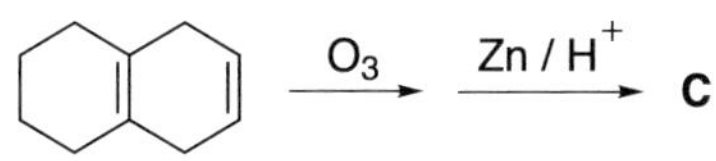

Solución

a) En la molécula hay un doble enlace. Se alarga, se borra el centro y se colocan dos átomos de oxígeno en el espacio. Como las condiciones son reductoras (Zn/H^+), al poseer el carbono del doble enlace un hidrógeno, se obtiene aldehído.

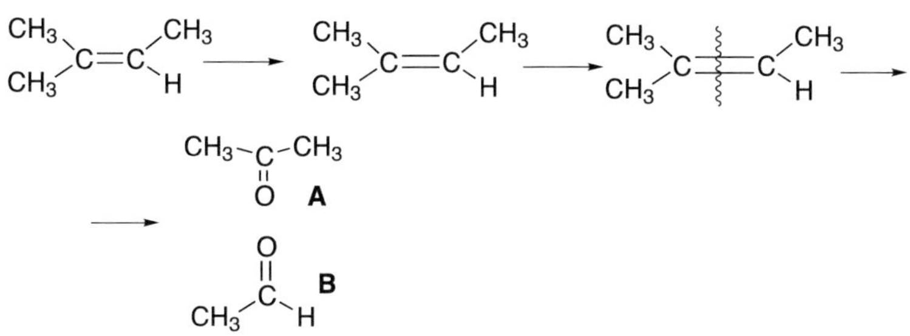

b) Se sigue el mismo procedimiento. En este caso en un compuesto cíclico.

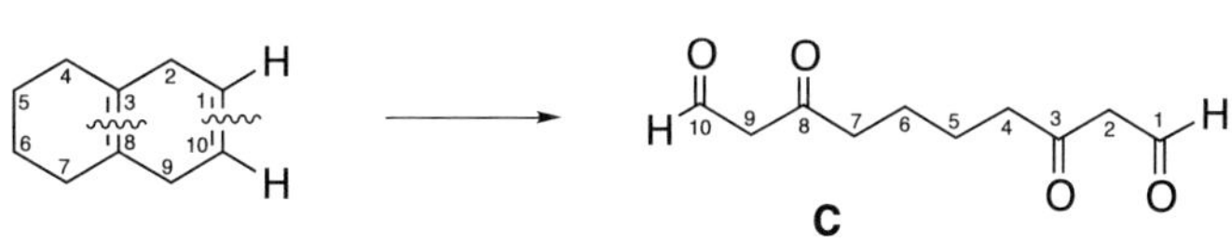

Las reacciones de ozonólisis son particularmente importantes para determinar estructuras de alquenos. Se puede deducir fácilmente la estructura de un alqueno eliminando mentalmente los átomos de oxígeno y juntando los átomos de carbono de los dos grupos carbonilo para formar un doble enlace.

Ejercicio resuelto

Indica cuál es la estructura de un hidrocarburo de fórmula $C_{10}H_{16}$, sabiendo que por ozonólisis da $CH_3COCH_2CH_2COCH_2CHO$ y acetona.

Solución

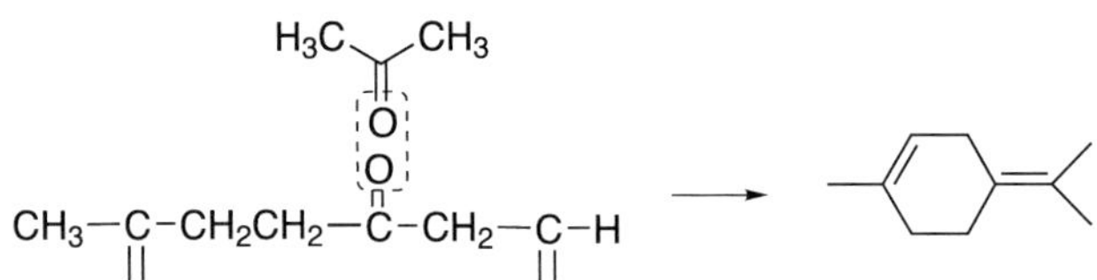

4-isopropiliden-1-metil-1-ciclohexeno

4.35. Escribe los productos de las siguientes reacciones:

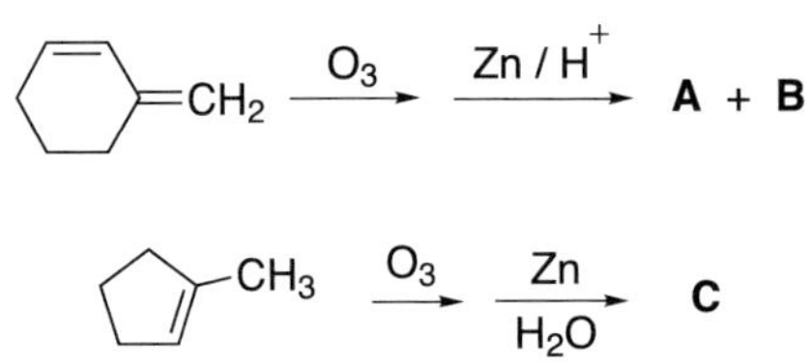

4.36. Escribe las estructuras de los productos de la ozonólisis de cada uno de los seis pentenos isoméricos, C_5H_{10}.

Hay que señalar que cuando se utiliza una disolución concentrada y en caliente de permanganato potásico, puede llegar a romperse el doble enlace para dar cetonas o ácidos carboxílicos, dependiendo de la sustitución que presenten los carbonos del doble enlace. Si se compara la oxidación del doble enlace con permanganato y con ozono, por este último método se pueden obtener aldehídos, además de ácidos carboxílicos y cetonas.

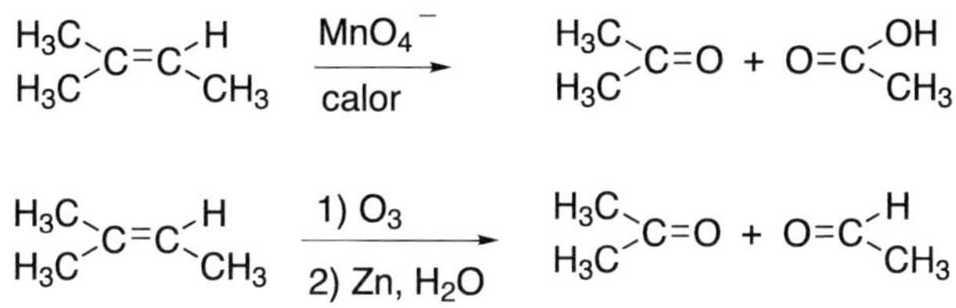

FIGURA 4.45. Oxidación exhaustiva de alquenos.

Ejercicios de revisión de conceptos

Ejercicio resuelto

Escribe los productos que se forman cuando el ciclohexeno reacciona con cada uno de los siguientes reactivos. Indica la estereoquímica.

a) H_2/Pd
b) $KMnO_4/H_2O$
c) HBr/inhibidor de radicales
d) Br_2/H_2O
e) $B_2H_6/H_2O_2 + OH^-$
f) Cl_2/CCl_4
g) $O_3/Zn + H^+$

Solución

Para predecir los productos debe tenerse en cuenta:

1. Las identidades de los grupos que se adicionan al doble enlace.
2. Regioselectividad esperada: Markovnikov o anti-Markovnikov.
3. Estereoespecificidad esperada: adición *sin* o *anti.*

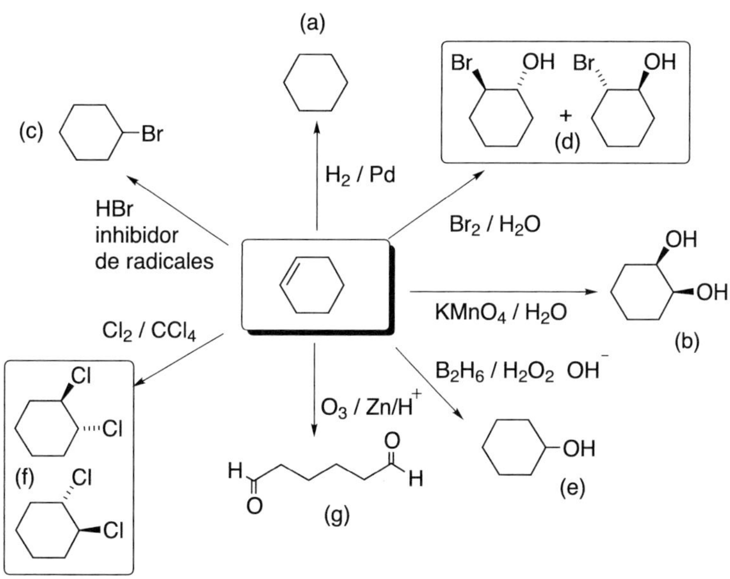

4.37. Indica los productos mayoritarios resultantes de las siguientes reacciones. Señala la estereoquímica cuando sea necesario.

a) 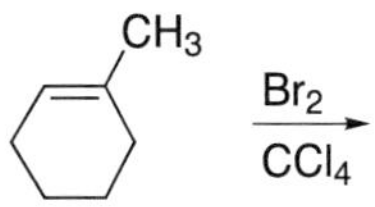

d) 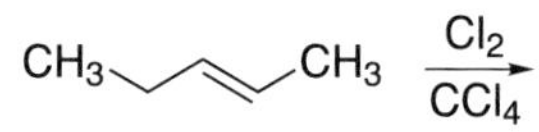

b) 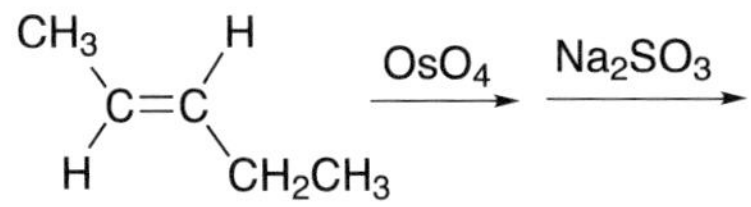

e) 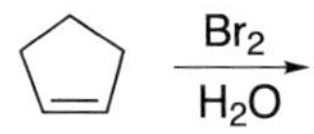

c) 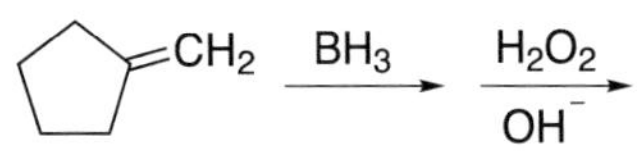

f) 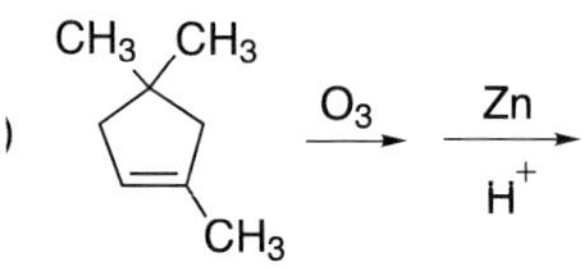

4.38. Escribe los productos obtenidos en la reacción del 3-etil-2-penteno con los siguientes reactivos:

a) H_2/Pd
b) Cl_2/CCl_4
c) Br_2/H_2O
d) $KMnO_4/H_2O$
e) $B_2H_6/H_2O_2 + OH^-$
f) $O_3/Zn + H^+$
g) HBr/ROOR
h) RCOOOH
i) HBr/inhibidor de radicales

4.39. ¿Cómo puede preparse 1,6-hexanodiol a partir de ciclohexeno?

4.40. Muestra cómo sintetizarías las siguientes moléculas a partir de alquenos.

a) *cis*-1,2-ciclohexanodiol
b) *trans*-1,2-ciclohexanodiol
c) ciclopentanona
d) *cis*-1,2-dideutero-ciclopentano

4.41. Señala la respuesta correcta.

1. La hidroboración-oxidación es un método para hidratar alquenos que:

   a) Cursa con orientación Markovnikov y estereoquímica *sin*.
   b) Cursa con orientación Markovnikov y estereoquímica *anti*.
   c) Cursa con orientación anti-Markovnikov y estereoquímica *anti*.
   d) Cursa con orientación anti-Markovnikov y estereoquímica *sin*.
   e) Se obtienen mezclas de productos derivados de todas las orientaciones y estereoquímicas posibles.

2. El mecanismo de la hidratación de un alqueno catalizada por un ácido es un ejemplo de:

   a) Mecanismo en el que están implicados carbaniones.
   b) Mecanismo en el que están implicados carbocationes.
   c) Mecanismo en el que están implicados radicales libres.
   d) Mecanismo de sustitución nucleófila.
   e) Mecanismo de adición nucleófila.

3. ¿Qué producto se obtiene por tratamiento de bromuro de *n*-propilo con potasa alcohólica ($KOH/H_2O/EtOH$)?

a) Propano.
b) Propeno.
c) 1,3-dibromopropano.
d) 1,2-dibromopropano.
e) Propino.

4. La presencia de grupos alquilo unidos a carbonos que participan de un doble enlace:

a) Disminuye la estabilidad del alqueno.
b) No afecta a la estabilidad del alqueno.
c) Aumenta la estabilidad del alqueno.
d) Aumenta la estabilidad del alqueno si generan el isómero *cis*.
e) La estabilidad del alqueno es independiente del tipo de isómero.

5. El ciclohexeno puede ser obtenido con relativa facilidad a partir del:

a) Ciclohexano por reducción.
b) Benceno, por oxidación selectiva.
c) Ciclohexanol, por deshidratación con ácido sulfúrico.
d) 1-hexanol, por deshidratación con pentóxido de fósforo.
e) 2-hexanol, por hidratación en medio ácido.

6. Al tratar bromuro de ciclohexilo con etóxido de potasio, en presencia de calor, se puede obtener:

a) Ciclohexano.
b) Etilciclohexeno.
c) Ciclohexeno.
d) Ciclohexanol.
e) Etilciclohexanol.

7. ¿Cuál de los siguientes reactivos puede usarse para transformar un alcohol en un alqueno?

a) H_2SO_4 concentrado.
b) $NaOH/CH_3CH_2OH$.
c) $H_2/Pd\text{-}C$.
d) $K_2Cr_2O_7/H^+$.
e) $KMnO_4/KOH$.

8. La deshidrohalogenación es una reacción característica de los halogenuros de alquilo según la cual:

a) Se elimina una molécula de agua, dando lugar a un doble enlace.
b) Se elimina el halógeno y un hidrógeno dando lugar a un doble enlace.
c) Se elimina el halógeno y se obtiene el correspondiente alcano.
d) Se sustituye el halógeno por otro nucleófilo.
e) Se sustituye el halógeno por un electrófilo.

9. La hidrogenación de 2-metilpropeno (isobutileno) en presencia de platino conduce a la obtención de:

   a) Butano.
   b) Buteno.
   c) metilpropano (isobutano).
   d) No hay reacción.
   e) 2-propanol.

4.42. Señala las palabras que faltan en los huecos en blanco.

Las reacciones de hidrohalogenación son regioselectivas porque el halógeno suele ubicarse en la posición ______ sustituida, lo que se denomina *adición* ___________.

La _________ - ___________ puede usarse para lograr una adición anti-Markovnikov de agua en un alqueno. La reacción es estereoespecífica y avanza a través de una adición ________________.

Un procedimiento de dos pasos para la dihidroxilación *anti* involucra la conversión de un alqueno en un __________, seguida por la apertura del anillo catalizada por un ácido.

En presencia de ___________, la adición de HBr se realiza a través de una adición anti-Markovnikov.

La bromación se produce a través de un intermedio con un puente, denominado __________ ________, que se abre en un proceso S_N2 capaz de generar una adición estereoespecífica ___________.

4.43. Propón síntesis.

a)

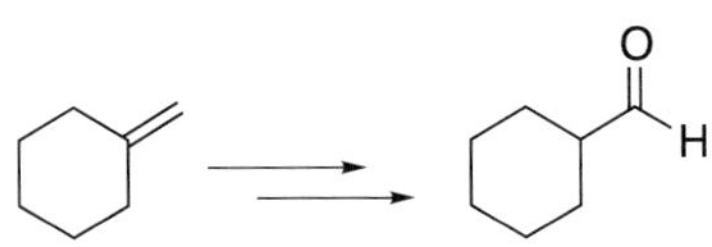

b)

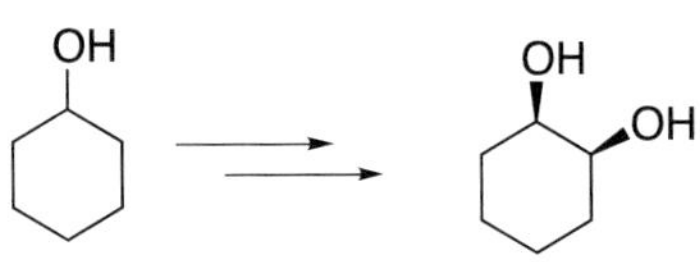

c) (*E*)-3-hexeno

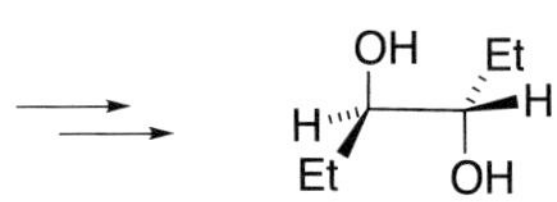

d)

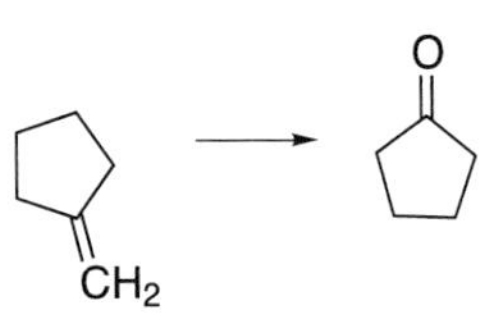

(un solo paso)

Ejemplo de aplicación en ciencias de la salud. Fenilpropenos: carminativos de origen natural

Los *compuestos fenólicos* constituyen un amplio grupo de metabolitos secundarios de las plantas. El elemento estructural fundamental que los caracteriza es la presencia de un anillo bencénico unido al menos a un grupo hidroxilo, libre o funcionalizado, normalmente como éster, éter o heterósido. Hay diversos sistemas de clasificación de los compuestos fenólicos, siendo uno de los más utilizados el que está basado según su complejidad estructural, y que los diferencia en compuestos fenólicos sencillos (ácidos cinámicos, ácidos benzoicos y fenoles sencillos), fenilpropenos, cumarinas, lignanos, flavonoides, isoflavonoides, antocianos, taninos y quinonas.

Los *fenilpropenos* son compuestos fenólicos ampliamente distribuidos en los vegetales. Componentes de los aceites esenciales, con estructura C_6C_3, caracterizada por un anillo aromático unido a una cadena de tres átomos de carbono, derivan biosintéticamente del ácido sikímico. Se utilizan tanto por sus propiedades aromáticas como por sus propiedades farmacológicas, entre las que destacan como *carminativos* o antisépticos.

Muchas plantas se usan desde la Antigüedad para el tratamiento de las enfermedades. Uno de los grupos más numerosos lo constituyen las que se emplean para tratar alteraciones del aparato digestivo, entre las que se encuentran las sustancias *carminativas* y estomacales, que facilitan el proceso digestivo. Las estomacales favorecen la digestión y los carminativos favorecen la expulsión de gases producidos en las fermentaciones intestinales.

Los hidratos de carbono procedentes de la dieta que no son absorbidos, son hidrolizados por la flora intestinal y producen glucosa y galactosa. Estos azúcares son, a su vez, degradados y se transforman en gases como el CO_2. De esta forma, puede producirse una acumulación de gas en el colon, que origina lo que se conoce como *flatulencia*, que en ocasiones, puede provocar distensión o dolor abdominal. Aunque el tratamiento principal de esta alteración debe basarse en medidas higiénicas, existen algunos tratamientos fitoterápicos de acción antiflatulenta o carminativa. Dentro de las plantas medicinales que pueden emplearse, el grupo más importante corresponde a aquellas drogas que contienen *fenilpropenos,* especialmente *anetol,* presente en el fruto del anís estrellado (*Illicium verum*), anís verde (*Pimpinella anisum*) o en el hinojo dulce (*Foeniculum vulgare*). Otros fenilpropenos de acción carminativa conocida son el *estragol*, *eugenol*, *safrol* o la *miristicina*.

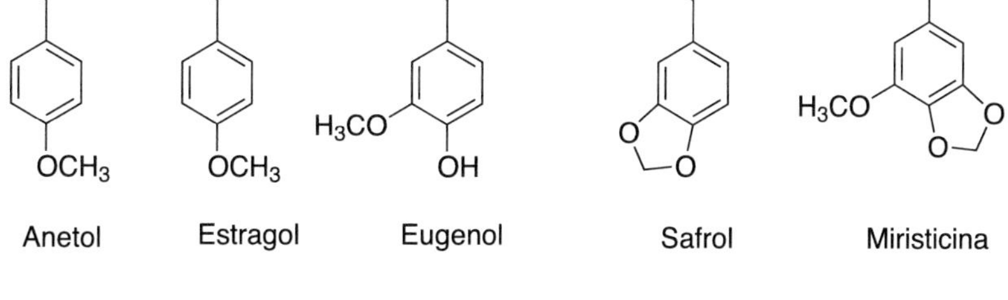

RESUMEN

Alquenos: hidrocarburos que poseen el grupo funcional doble enlace C-C.

1. Estructura y enlace.

   - *Doble enlace:* un enlace σ y un enlace π.
   - *Hibridación de los C del doble enlace: sp²*.
   - *Geometría:* triangular plana (α = 120º).
   - *Isomería geométrica: cis-trans, Z-E.*

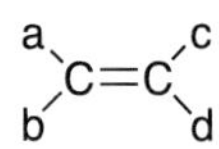

$a \neq b \qquad c \neq d$

2. Estabilidad.

   - *Un alqueno cuanto más sustituido está es más estable.*
   - Alquenos *trans* más estables que los *cis*.

3. Síntesis.

   3.1. Eliminación E2.

   $CH_3–CHX–CH_2–CH_3 + Na^+ EtO^- \longrightarrow CH_3CH = CHCH_3 + EtOH + NaCl$
   X = halógenos, sulfonatos (mesilatos, tosilatos) y acetatos

   A) Regioselectiva.

   - *Regla de Sayztev:* producto mayoritario alqueno más sustituido.
   - *Regla de Hofmann:* mayor proporción del alqueno menos sustituido.

Saytzev

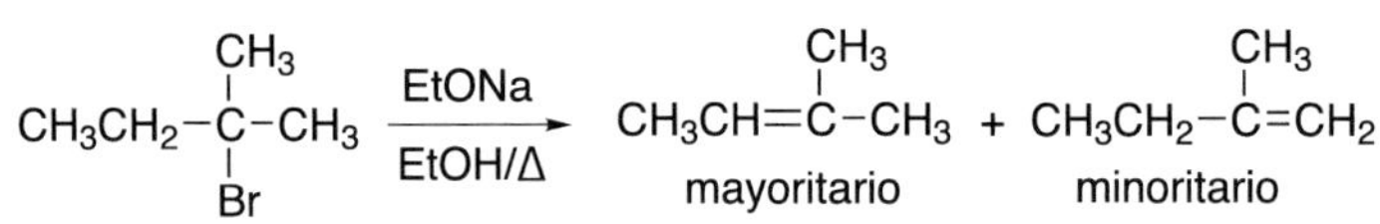

Hofmann

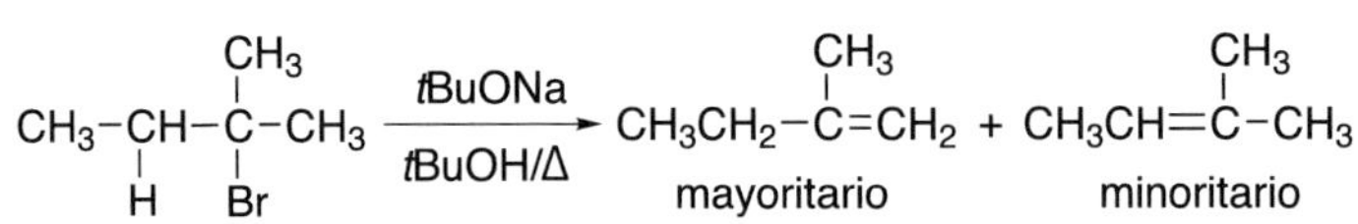

   B) Estereoselectiva.
   C) Estereoespecífica anti.

   3.2. Deshidratación de alcoholes.

   $(CH_3)_2CH\text{-}CHOHCH_3 + H_3PO_4 \xrightarrow{\text{calor}} (CH_3)_2C = CHCH_3 + H_2O$

- Puede seguir un mecanismo E1.
- Se dan con frecuencia *transposiciones.*

4. Reacciones.

A) REACCIONES DE ADICIÓN.

4.1. *Hidrogenación. Estereoespecífica sin.*

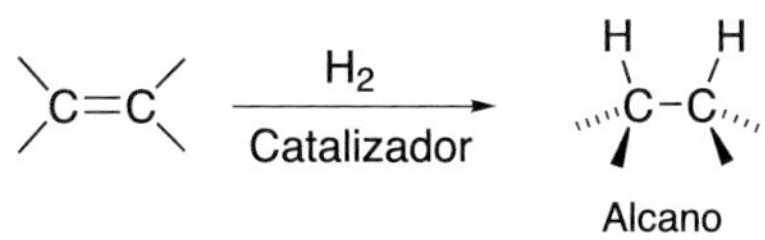

Catalizadores: Pd-C, PtO_2, Ni (Raney).

4.2. *Adición electrofílica.*

Dos mecanismos posibles: carbocationes planos, iones halonio cíclicos.

– *A través de carbocationes.*

a) Hidrohalogenación. *Regioselectiva Markovnikov.*

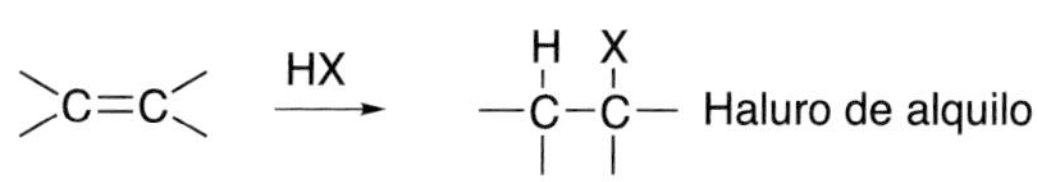

Mecanismo. 1.º) Protonación para formar el carbocatión más estable.
2.º) Ataque nucleofílico.

b) Hidratación. Regioselectiva Markovnikov: protonación inicial → *carbocatión más estable.*

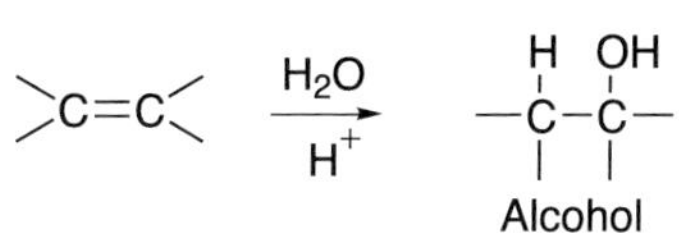

– *A través de iones halonio cíclicos.*

c) Halogenación. Estereoespecífica *anti.*

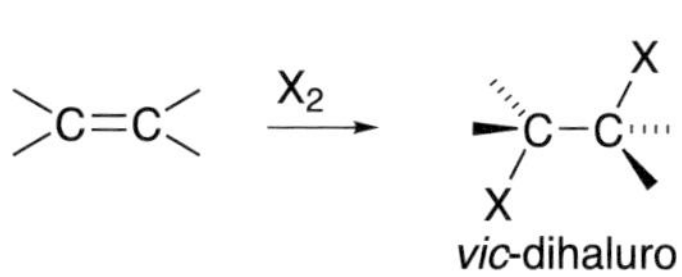

d) Síntesis de halohidrinas. *Regioselectiva Markovnikov.* Estereoespecífica: *anti.*

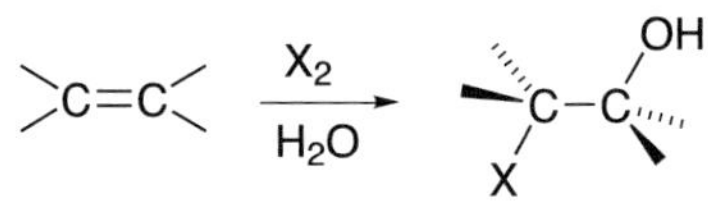

Halohidrina o haloalcohol

4.3. *Hidroboración.*

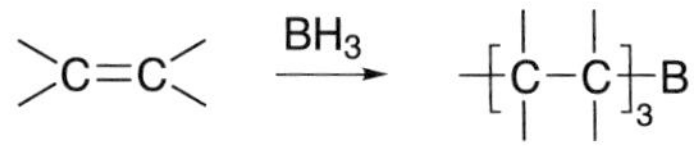

Alquilborano

- Adición en una sola etapa: formación de un complejo tetracéntrico.
- *Estereoespecífica sin.*
- Regioselectiva *anti-Markovnikov.*

– *Hidroboración-oxidación* → alcoholes: regioselectiva anti-Markovnikov y estereoespecífica *sin*.

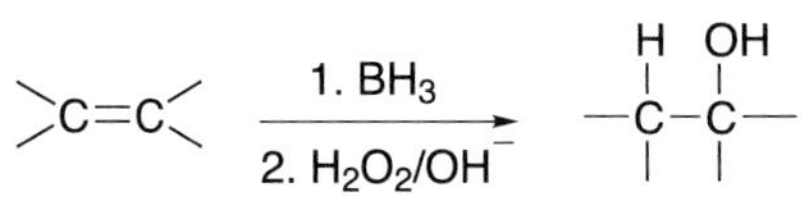

Alcohol Anti-Markovnikov

4.4. *Adición radicalaria: regioselectividad anti-Markovnikov*.

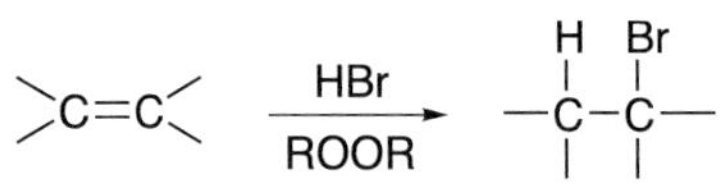

Haluro de alquilo

B) REACCIONES DE OXIDACIÓN

- Ruptura del enlace π.

a) Dihidroxilación vecinal estereoespecífica *sin*.

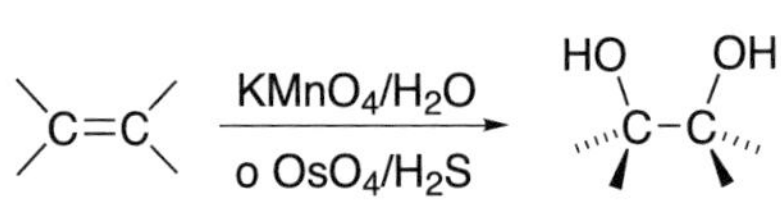

cis-vic diol

b) Epoxidación y dihidroxilación vecinal *anti.*

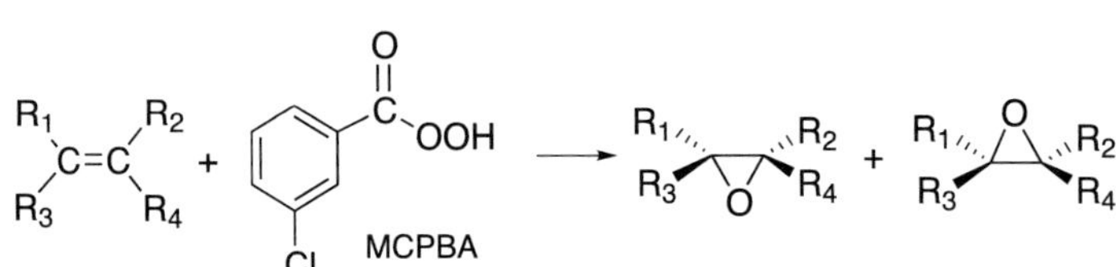

Epóxido u oxirano

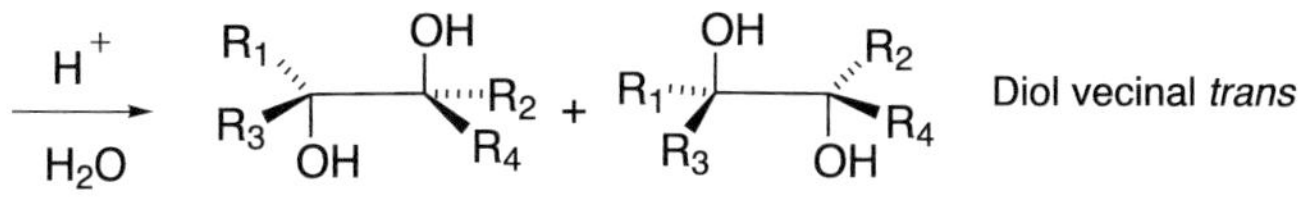

Ácido *m*-cloroperbenzoico (MCPBA): uno de los perácidos más usados.

- Ruptura del enlace π y del enlace σ.

c) Ozonólisis.

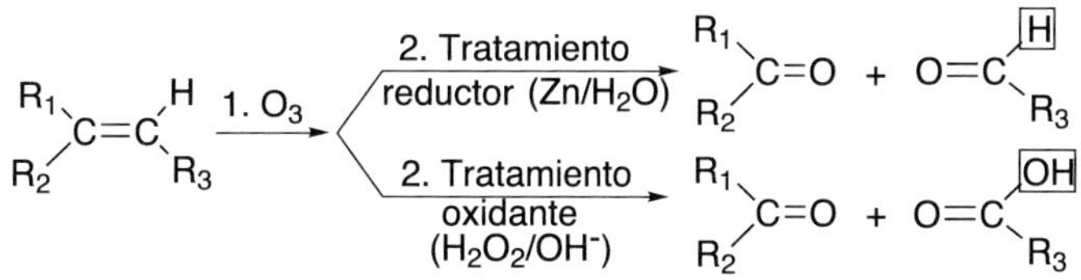

5

ALQUINOS

INTRODUCCIÓN

En este capítulo se presenta la química de los *alquinos,* hidrocarburos insaturados que poseen un triple enlace carbono-carbono. Los alquinos no son frecuentes en la naturaleza, aunque podríamos citar la *cicutoxina,* compuesto tóxico que se encuentra en la cicuta. Tampoco son habituales en los fármacos, sin embargo, el triple enlace es un elemento estructural de la *dinemicina A,* antibacteriano, que se está ensayando como antitumoral, o en el antiparkinsoniano *selegilina,* inhibidor selectivo de la monoamino oxidasa B (MAO B), enzima responsable del metabolismo de la dopamina, neurotransmisor cuyo déficit está implicado en la enfermedad de Parkinson.

A lo largo del capítulo se estudia la estructura y reactividad de los alquinos. En algunos aspectos se parecen a los alquenos. Reaccionan con los mismos reactivos electrófilos, pero, a diferencia de los alquenos, son capaces de adicionar dos equivalentes. Otra diferencia importante es que en los alquinos terminales el átomo de hidrógeno es suficientemente ácido para ser arrancado por una base fuerte. La base conjugada resultante es un buen nucleófilo, hecho que permite la formación de enlaces carbono-carbono.

Objetivos para el aprendizaje

- ✓ Reconocer la estructura del triple enlace carbono-carbono.
- ✓ Relacionar la reactividad del triple enlace y la presencia de enlaces π.
- ✓ Establecer las similitudes de reactividad entre los alquinos y los alquenos.
- ✓ Reconocer el carácter ácido de los alquinos terminales y seleccionar las bases adecuadas para llevar a cabo la desprotonación.
- ✓ Realizar la alquilación de alquinos terminales.
- ✓ Seleccionar los reactivos adecuados para la hidratación de un alquino, teniendo en cuenta la regioquímica.
- ✓ Sintetizar alquinos.

Glosario

Adición Markovnikov: en reacciones de adición, la protonación inicial tiene lugar de manera que se obtiene el carbocatión más estable. Normalmente, el hidrógeno se ubica en el carbono que tiene más hidrógenos.

Alquilación: reacción en la que se produce la incorporación de un grupo alquilo.

Alquino interno (R–C≡C–R): alquino que contiene un triple enlace carbono-carbono en cualquier parte de la cadena, excepto en el extremo.

Alquino terminal (R–C≡C–H): alquino que contiene un triple enlace carbono-carbono en el extremo de la cadena.

Catalizador Lindlar: catalizador heterogéneo constituido por paladio precipitado sobre sulfato de bario o carbonato cálcico y tratado con acetato de plomo y quinoleína.

Enol: compuesto que contiene un grupo hidroxilo, "OL", unido a un átomo de carbono de un doble enlace carbono-carbono, "ENO".

Ion acetiluro: anión que resulta de la pérdida de un átomo de hidrógeno unido al carbono de un triple enlace terminal.

LDA: diisopropilamiduro de litio, sigla correspondiente al término inglés.

Reducción: reacción en la que un compuesto disminuye su estado de oxidación.

Tautómeros: isómeros estructurales que pueden interconvertirse mediante el movimiento de un protón y un doble enlace. El equilibrio entre tautómeros se conoce como *tautomería*.

5.1. Estructura y enlace en alquinos

Los alquinos son hidrocarburos que contienen un triple enlace carbono-carbono en su molécula. La fórmula empírica es C_nH_{2n-2}, igual a los cicloalquenos. Los acetilenos monosustituidos son *alquinos terminales*, mientras que los disustituidos son *alquinos internos*.

R−C≡C−H	R−C≡C−R
Alquino terminal	Alquino interno

FIGURA 5.1. Tipos de alquinos.

- *Estructura electrónica.* En un triple enlace carbono-carbono los dos carbonos tienen hibridación *sp*. Cada carbono posee dos orbitales *p* puros situados perpendicularmente al enlace σ y ocupados por un solo electrón. Estos dos conjuntos de orbitales *p* se solapan para formar dos enlaces π perpendiculares.

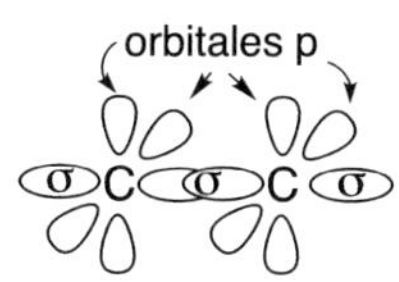

FIGURA 5.2. Estructura electrónica.

- *Estructura molecular.* Como consecuencia de la hibridación *sp:*
  - La molécula es lineal, con un ángulo de enlace $\alpha = 180°$.
  - El triple enlace es más corto que el doble enlace y su energía de enlace es mayor.
- *Propiedades físicas y químicas.*
  - Los puntos de ebullición son similares a alcanos y alquenos de igual número de átomos de carbono.
  - El mayor carácter *s* de la hibridación *sp* del carbono aumenta la electronegatividad; así pues, los alquinos pueden presentar momento dipolar (μ), excepto aquellos simétricamente distribuidos.

5.1. Un compuesto A es un alquino terminal con fórmula molecular C_6H_{10}. Dibuja los cuatro isómeros constitucionales que son posibles estructuras para el compuesto A.

5.2. Acidez de alquinos terminales. Alquilación de aniones acetiluro

Por la misma razón expuesta anteriormente, la mayor electronegatividad de los orbitales *sp* del carbono, *los alquinos terminales son más ácidos* que alcanos y alquenos homólogos.

Orden de acidez	H−C≡C−H	>	$CH_2{=}CH_2$	>	$CH_3{-}CH_3$
Hibridación	*sp*		sp^2		sp^3
Orden del pK_a	25		44		50

FIGURA 5.3. Hibridación y acidez de los alquinos.

El átomo de hidrógeno unido al carbono del triple enlace es débilmente ácido. Es arrancado por bases fuertes formándose *aniones alquinilo o alquinuro*. Las bases empleadas deben ser fuertes como NaH, $NaNH_2$, LDA (diisopropilamiduro de litio), RLi o magnesianos. El hidróxido de sodio (NaOH) no es una base adecuada para desprotonar alquinos terminales.

$$\text{R-C}{\equiv}\text{C-H} \xrightarrow{\text{B}^-} \underset{\text{Anión alquinilo}}{\text{R-C}{\equiv}\text{C}^-} + \text{BH}$$

FIGURA 5.4. Comportamiento ácido de los alquinos terminales.

Los iones alquinilo son carbaniones nucleófilos que pueden reaccionar con haluros de alquilo primarios creando *nuevos enlaces C-C.* Otros agentes alquilantes, además de los haluros de alquilo, son los oxiranos, aldehídos y cetonas.

$$\text{R-C}{\equiv}\text{C}^- \xrightarrow{\text{R}'\text{—X}} \text{R-C}{\equiv}\text{C}{-}\text{R}'$$

FIGURA 5.5. Los alquinuros como nucleófilos.

Cuando la reacción de alquilación tiene lugar con haluros secundarios o terciarios, la reacción predominante es la eliminación, ya que los aniones alquinilo son bases fuertes.

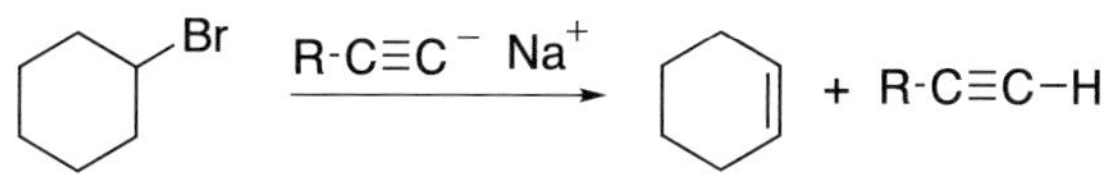

FIGURA 5.6. Los alquinuros como bases.

Ejercicio resuelto

Escribe las reacciones del 1-butino con amiduro de sodio, con butil-litio y con nitrato de plata.

Solución

El 1-butino se comporta como un ácido débil y da reacciones ácido-base con bases muy fuertes como el amiduro de sodio y el butil-litio.

También, una reacción característica de alquinos terminales, como el 1-butino, es formar sales de plata insolubles con el nitrato de plata.

$$CH_3\text{-}CH_2\text{-}C{\equiv}C\text{-}H + NaNH_2 \longrightarrow CH_3\text{-}CH_2\text{-}C{\equiv}C^-\,Na^+ + NH_3$$

$$CH_3\text{-}CH_2\text{-}C{\equiv}C\text{-}H + Bu\text{-}Li \longrightarrow CH_3\text{-}CH_2\text{-}C{\equiv}C^-\,Li^+ + Bu\text{-}H$$

$$CH_3\text{-}CH_2\text{-}C{\equiv}C\text{-}H + AgNO_3 \longrightarrow CH_3\text{-}CH_2\text{-}C{\equiv}C^-\,Ag^+ + HNO_3$$

Ejercicio resuelto

Escribe los productos de las siguientes reacciones ácido-base. En algún caso puede que no se produzca reacción alguna.

a) acetiluro de sodio + metanol
b) acetileno + cianuro de sodio
c) acetileno + metil-litio
d) acetiluro de sodio + ácido acético

Solución

a)

$$HC{\equiv}C^-\;Na^+ + CH_3OH \longrightarrow HC{\equiv}CH + CH_3O^-\;Na^+$$

b) El ácido cianhídrico (HCN) es un ácido más fuerte que el acetileno. Por esta razón no hay reacción entre el acetileno y el cianuro sódico.

$$HC{\equiv}CH + NaCN \not\longrightarrow$$

c)

$$HC{\equiv}CH + LiCH_3 \longrightarrow HC{\equiv}C^- \ Li^+ + CH_4$$

d)

$$HC{\equiv}C^- \ Na^+ + CH_3{-}C(=O)OH \longrightarrow HC{\equiv}CH + CH_3{-}C(=O)O^- \ Na^+$$

El acetileno posee dos protones terminales. Por lo tanto, puede sufrir una doble alquilación. Se requieren dos alquilaciones separadas porque el $NaNH_2$ y el RX no pueden adicionarse juntos.

$$HC{\equiv}CH \xrightarrow[2)\ CH_3I]{1)\ NaNH_2} HC{\equiv}C{-}CH_3 \xrightarrow[2)\ CH_3I]{1)\ NaNH_2} H_3C{-}C{\equiv}C{-}CH_3$$

FIGURA 5.7. Doble alquilación del acetileno.

5.2. En cada uno de los siguientes casos, determina si la base es lo suficientemente fuerte para desprotonar el propino.

a) $H{-}C{\equiv}C{-}CH_3 + NaOH \longrightarrow$
b) $H{-}C{\equiv}C{-}CH_3 + NaNH_2 \longrightarrow$
c) $H{-}C{\equiv}C{-}CH_3 + NaOEt \longrightarrow$
d) $H{-}C{\equiv}C{-}CH_3 + NaH \longrightarrow$

5.3. La preparación del 2,2-dimetil-3-octino no puede lograrse mediante alquilación de acetileno. Justifícalo.

5.4. Escribe la reacción entre 1-hexino y bromuro de isobutilo con butil-litio como base, en el disolvente adecuado.

¿Cuál es el producto mayoritario? ¿Por qué?

5.5. Indica los reactivos necesarios para llevar a cabo la siguiente transformación.

$$H-C\equiv C-CH_3 \longrightarrow H_3C-C\equiv C-CH_3$$

5.6. Un estudiante intentó preparar 3-butin-1-ol por tratamiento de 2-bromoetanol con un equivalente de acetiluro de sodio. No se formó ninguno de los productos deseados.

a) ¿Qué compuestos obtuvo?
b) ¿Cómo puede prepararse 3-butin-1-ol?

5.3. Reacciones de los alquinos

La reactividad de los alquinos es muy parecida a la de los alquenos. Muchas de las reacciones de adición descritas para los alquenos también se producen con los alquinos, como la hidrogenación catalítica, adiciones electrofílicas o hidroboración.

5.3.1. Reducción

Los alquinos pueden reducirse a alcanos o alquenos dependiendo de los reactivos utilizados.

A) Reducción a alcanos

Los alquinos pueden hidrogenarse en las mismas condiciones empleadas para hidrogenar alquenos. Los catalizadores usuales son platino y paladio sobre carbón.

En condiciones normales, los catalizadores son tan activos que es imposible pararlos. Se adicionan dos equivalentes de hidrógeno hasta la saturación completa del triple enlace para dar *alcanos*. El alqueno *cis* es difícil de aislar debido a que es incluso más reactivo que el alquino inicial.

$$R-C\equiv C-R \xrightarrow[\text{cat.}]{H_2} RCH_2CH_2R \quad \text{alcano} \qquad \text{cat: Pd/C, Pt}$$

FIGURA 5.8. Hidrogenación a alcanos.

B) Reducción a alquenos

1. *Síntesis estereoselectiva de alquenos cis*

Los alquinos adicionan *un equivalente de hidrógeno* en presencia de un *catalizador envenenado*. Uno de estos catalizadores es paladio precipitado sobre sulfato de bario o carbonato cálcico y tratado con acetato de plomo y quinoleína (*catalizador Lindlar*). El catalizador Lindlar limita la adición de hidrógeno a un mol convirtiendo el alquino en un alqueno *cis*.

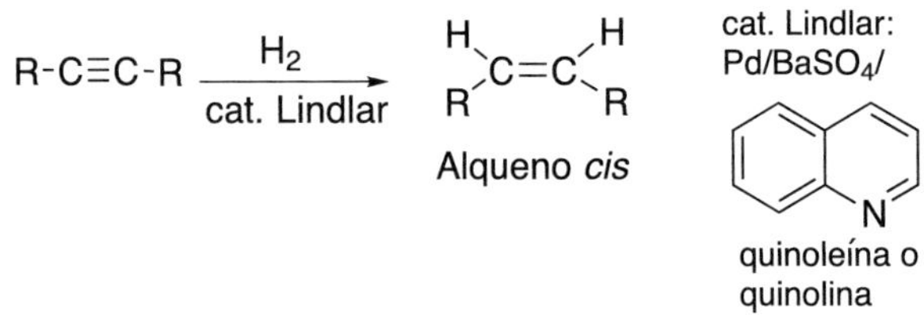

FIGURA 5.9. Síntesis estereoselectiva de alquenos *cis*.

- *Estereoquímica*: adición *sin*. Ambos átomos de hidrógeno se añaden al mismo lado. En la hidrogenación de alquinos internos se obtienen alquenos *cis*.

Ejercicio resuelto

Escribe dos ejemplos de reducción catalítica parcial con hidrógeno y catalizador de Lindlar.

Solución

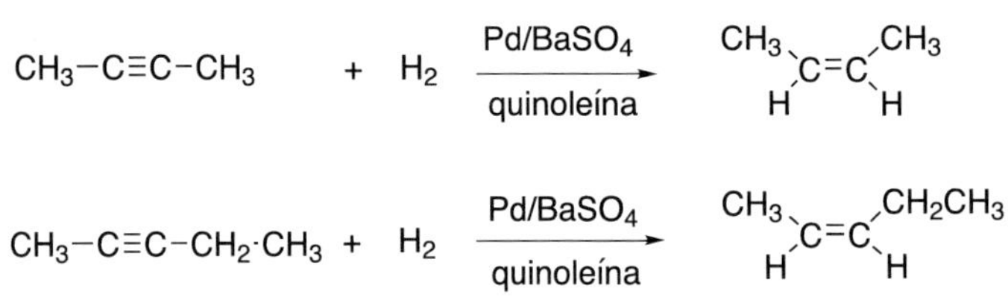

5.7. Cuando el 2-butino se trata con deuterio (D_2) en presencia de catalizador envenenado, se obtiene un alqueno con un rendimiento del 99%. ¿Cuál es la estructura del alqueno?

2. *Síntesis estereoselectiva de alquenos trans*

Si en lugar de hidrógeno activado catalíticamente, se emplea sodio metal disuelto en amoniaco líquido, se obtienen alquenos *trans*.

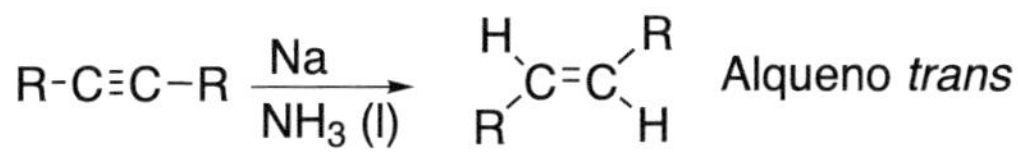

FIGURA 5.10. Síntesis estereoselectiva de alquenos *trans*.

Ejercicio resuelto

Dibuja las fórmulas estructurales de los productos designados por letras.
Muestra la estereoquímica de los productos siempre que sea posible.

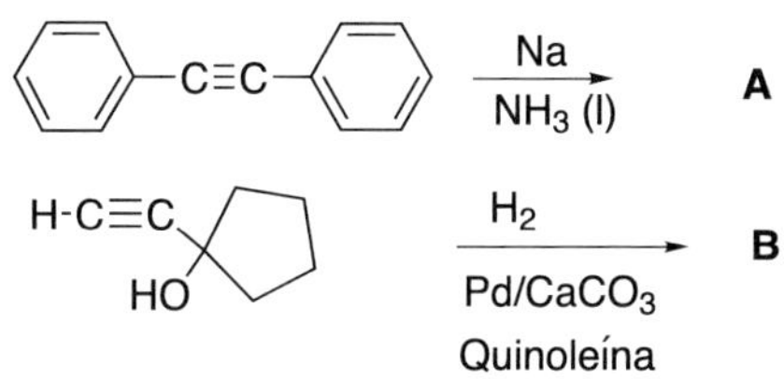

Solución

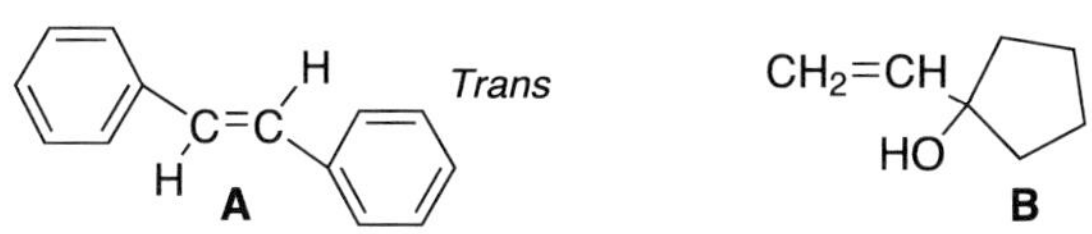

5.8. Completa las siguientes reacciones, indicando la estereoquímica de los productos.

a) 1-pentino + H_2 + Pd/$BaSO_4$/quinoleína ⟶
b) 2-pentino + Na / NH_3 (l) ⟶
c) 2-butino + H_2 (exceso) + Pt ⟶

5.9. Completa las siguientes reacciones

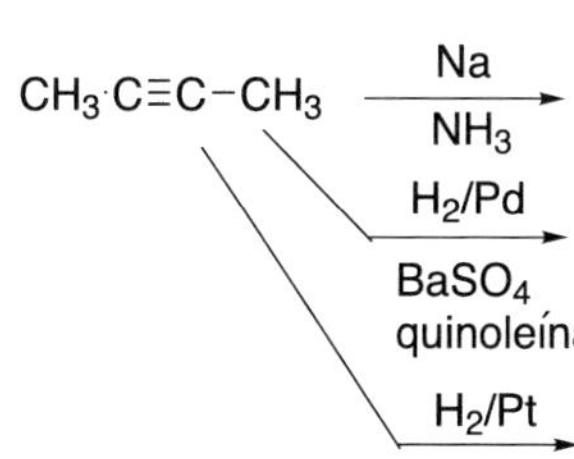

5.10. Indica los reactivos adecuados para las siguientes transformaciones.

$$\text{1-pentino} \longrightarrow CH_2 = CH\text{-}CH_2CH_2CH_3$$

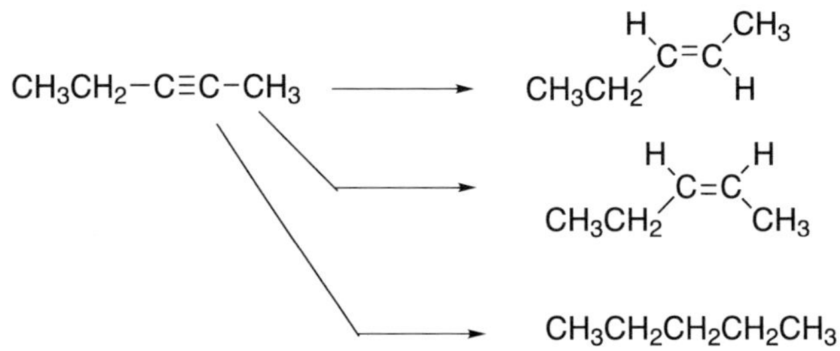

5.11. Un alquino de fórmula molecular C_5H_8 se trató con sodio en amoniaco líquido para dar un alqueno sustituido con fórmula molecular C_5H_{10}. Dibuja la estructura del alqueno.

5.12. Completa los espacios en blanco

La hidrogenación catalítica de un alquino produce un ________________.
Una reducción por un metal en disolución convertirá a un alquino en un alqueno ________.

5.13. ¿Cuál es la diferencia de comportamiento químico entre el amiduro de sodio y el sodio disuelto en amoniaco líquido?

5.3.2. *Adición electrofílica*

Al igual que los alquenos, los electrones π de los alquinos están expuestos al ataque electrofílico, y, por lo tanto, intervienen en reacciones de adición electrofilica, como la *adición de halógenos*, la *adición de haluros de hidrógeno* y la *adición de agua*, que se describen a continuación.

A) Adición de halógenos

En el capítulo anterior pudo verse que los alquenos reaccionan con Br_2 o Cl_2 para producir dihaluros. La adición electrófila de halógeno a alquinos, al tener dos enlaces π, puede sumar dos equivalentes de halógeno para formar *tetrahaloalcanos*. La reacción procede a través de haloalquenos vecinales aislables con estereoquímica *trans*.

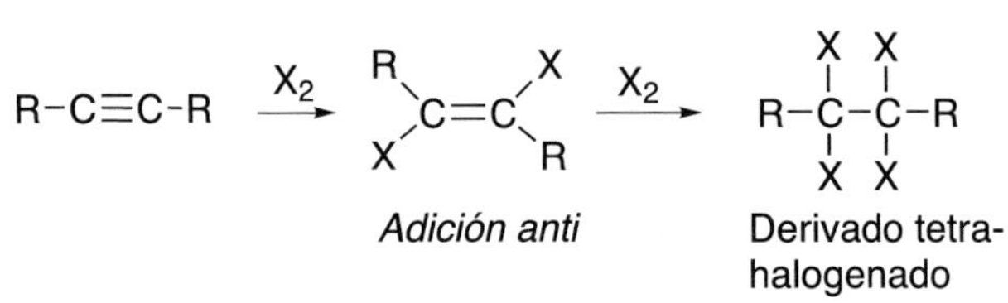

FIGURA 5.11. Halogenación de alquinos.

B) Adición de haluros de hidrógeno

La adición de haluro de hidrógeno a un alquino es similar a la adición a un alqueno, con la salvedad de que son necesarios dos equivalentes de haluro de hidrógeno para formar el compuesto saturado.

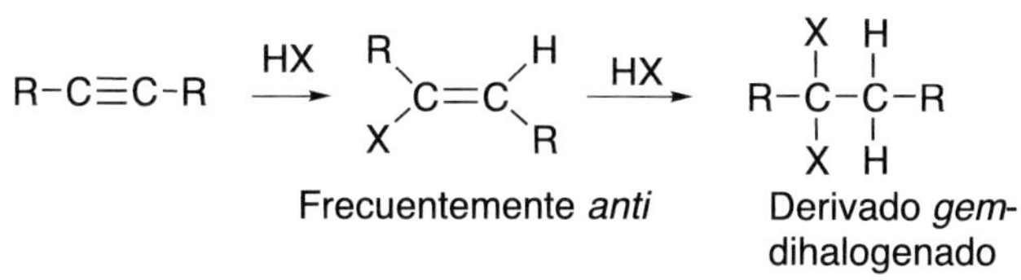

FIGURA 5.12. Hidrohalogenación de alquinos.

- *Mecanismo.* Similar a la adición de HX en alquenos, consiste en la protonación inicial del alquino para formar el catión alquenilo, atacado a continuación por el contraión. Sin embargo, se considera que probablemente se produzca a través de varias vías mecanísticas.

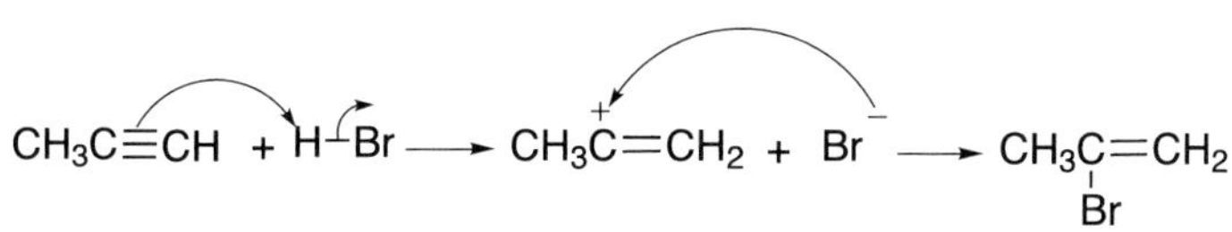

FIGURA 5.13. Mecanismo de la hidrohalogenación.

- *Regioselectividad. Adición Markovnikov.* Cuando se usan reactivos no simétricos, el halógeno se une al carbono más sustituido.

5.14. Completa las siguientes reacciones.

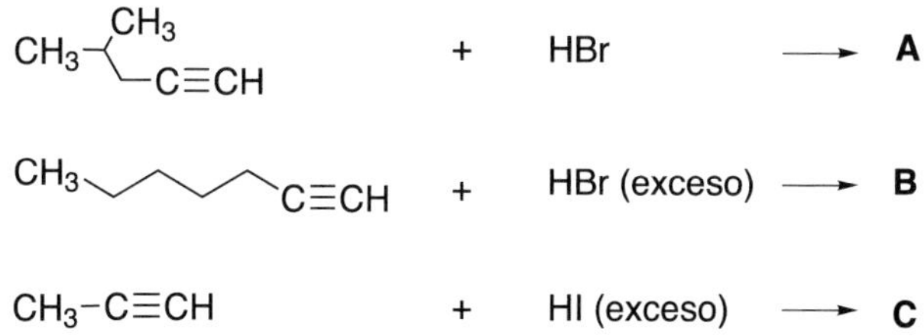

C) Adición de agua

Los alquinos sufren hidratación catalizada por ácido. La adición de agua se lleva a cabo en presencia de ácido (H_2SO_4) y una sal de mercurio (II) ($HgSO_4$), que aumenta marcadamente la velocidad de la hidratación. A diferencia de los alquenos, la adición de agua a alquinos requiere, además de la catálisis ácida, ion Hg (II), ya que en el caso de estos últimos es más lenta.

El producto inicial es un *enol* (doble enlace: *en,* grupo OH: *ol).* El enol no suele aislarse porque rápidamente se tautomeriza en la *cetona* correspondiente.

La reacción es *regioselectiva* y sigue la *regla de Markovnikov*.

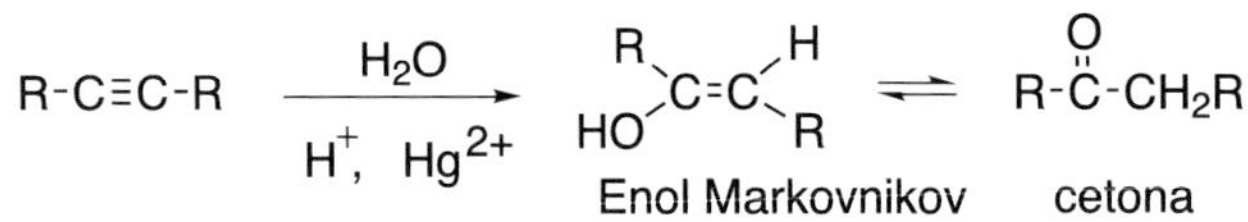

FIGURA 5.14. Hidratación de alquinos.

La hidratación catalizada por ácido de alquinos internos asimétricos produce una mezcla de cetonas.

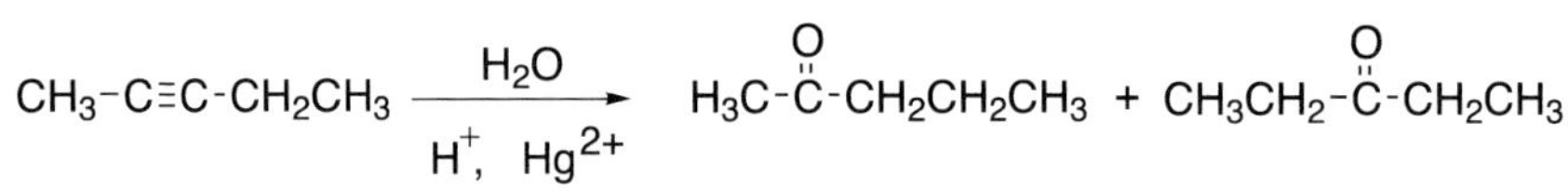

FIGURA 5.15. Hidratación de 2-pentino.

5.15. La hidratación del propino conduce a una cetona, la acetona (propanona), y no al aldehído propanal.

¿Qué sugiere este hecho en cuanto a la orientación de la adición inicial?

5.16. Dibuja el producto o los productos principales que se obtienen al tratar los siguientes alquinos con ácido acuoso en presencia de sulfato de mercurio

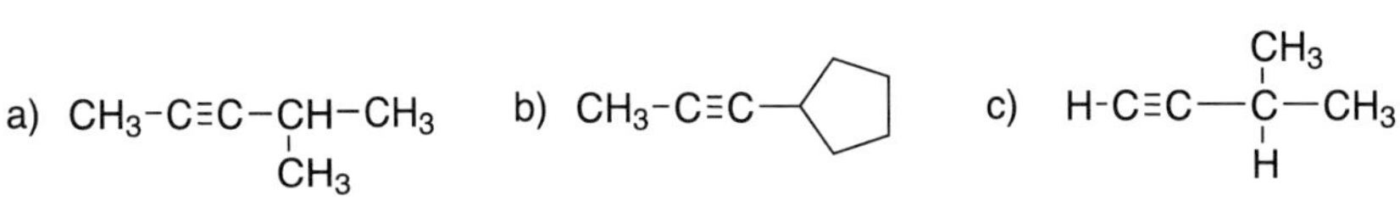

5.17. Identifica el alquino que podría utilizarse para preparar cada una de las siguientes cetonas mediante una hidratación catalizada por ácido.

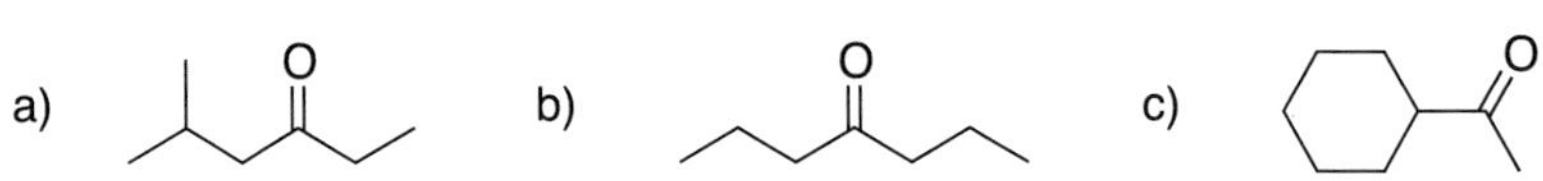

5.3.3. Hidroboración-oxidación

En el capítulo anterior hemos visto que los alquenos sufren hidroboración para dar alquilborano. La reacción de un alquino con borano (R_2BH) conduce a un *alquenil-borano.*

Se considera que la reacción procede a través de un mecanismo similar al de los alquenos. Sin embargo, un alquino posee dos enlaces π; como consecuencia, pueden adicionarse dos moléculas de BH_3. Para evitar una segunda adición, se emplean boranos impedidos (R_2BH), como diisoamilborano y diciclohexilborano (R = isoamilo o ciclohexilo). Los dos grupos alquilo producen impedimento estérico que evita la segunda adición.

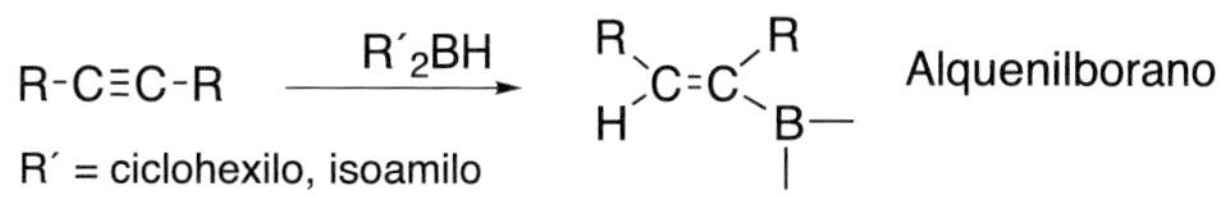

FIGURA 5.16. Hidroboración de alquinos.

La adición es *regioselectiva anti-Markovnikov*. El boro ataca al átomo de carbono menos impedido. Además, es *estereoespecífica sin*: el boro y el hidrógeno entran por el mismo lado.

- *Hidroboración-oxidación*

La secuencia hidroboración-oxidación conduce a una *hidratación anti-Markovnikov,* instalándose el grupo hidroxilo en el carbono menos sustituido. El enol inicial es convertido rápidamente en un aldehído o cetona por tautomería.

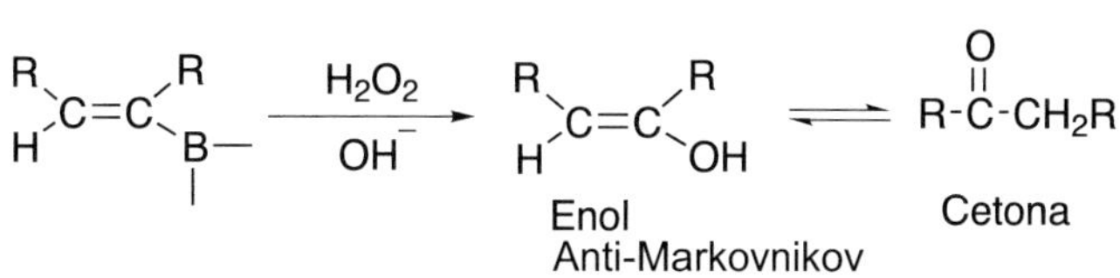

FIGURA 5.17. Oxidación del borano formado.

- Los alquinos terminales dan *aldehídos.*
- Los alquinos internos dan *cetonas.*

Ejercicio resuelto

Dibuja las fórmulas estructurales de los productos designados por letras.

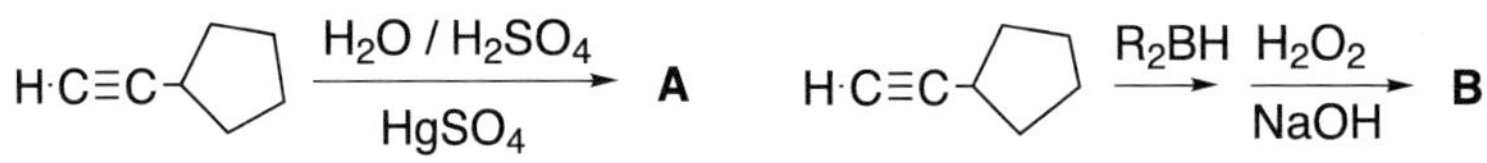

Solución

La hidratación catalizada por ácido de un alquino terminal conduce a una metilcetona, mientras que la hidroboración-oxidación produce un aldehído.

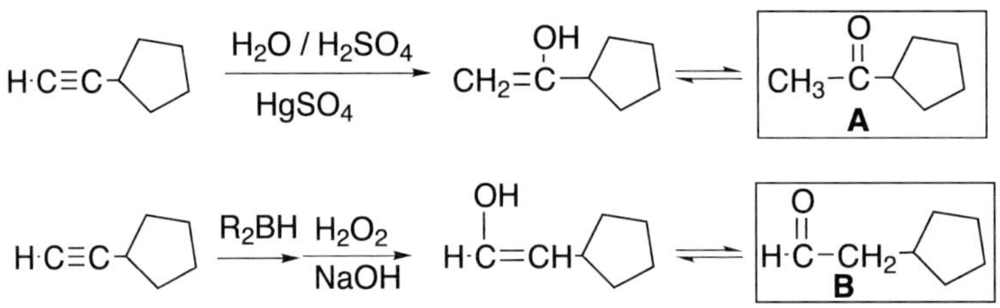

5.18. Completa las siguientes reacciones:

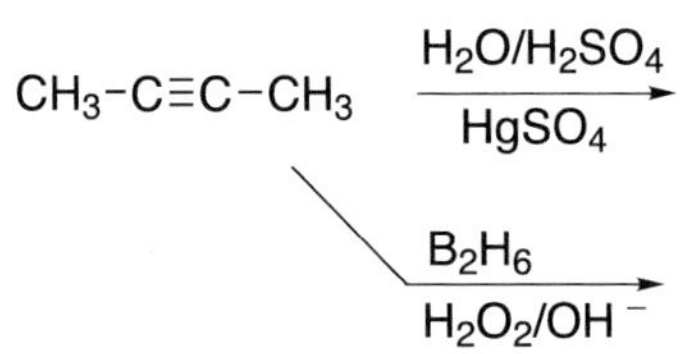

5.19. Indica los reactivos adecuados para efectuar las siguientes transformaciones:

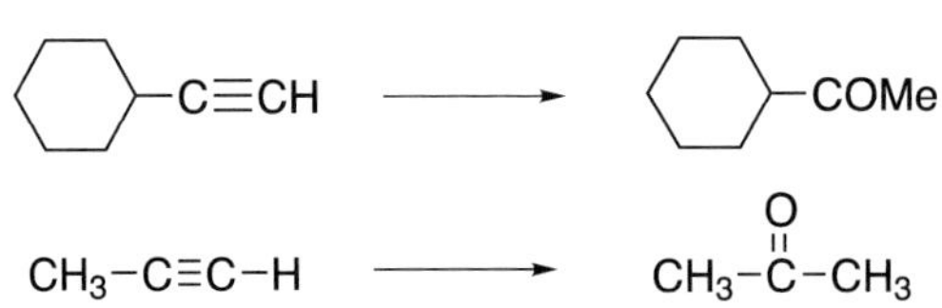

5.20. Completa los recuadros con los reactivos que consideres oportunos.

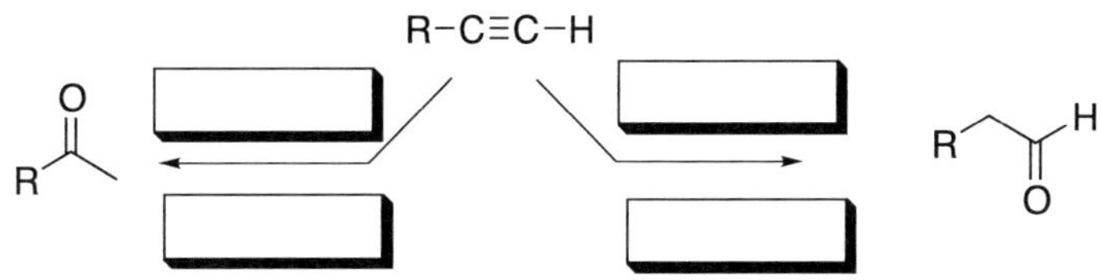

5.21. Propón una síntesis para la siguiente transformación.

$$H\text{-}C{\equiv}C\text{-}CH_2CH_3 \longrightarrow CH_3CH_2CH_2\text{-}\overset{\overset{\large O}{\|}}{C}\text{-}CH_3$$

5.4. Síntesis de alquinos

Así como los alquenos se pueden obtener a partir de haluros de alquilo mediante una reacción de eliminación E2, dos reacciones de eliminación E2 sucesivas de dihaluros de alquilo pueden conducir a alquinos.

Los dos métodos más importantes para la preparación de alquinos son reacciones de doble eliminación de 1,2- y 1,1-dihaloalcanos.

A) Reacciones de eliminación a partir de 1,2-dihaloalcanos

El tratamiento de dihaloalcanos vecinales con una base conduce a la obtención de alquinos.

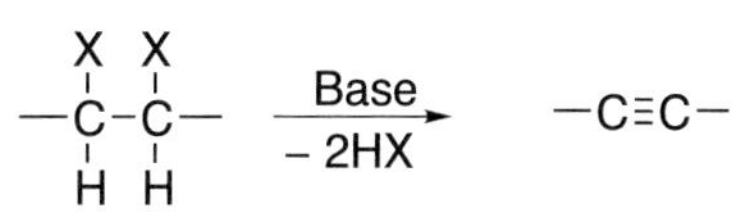

FIGURA 5.18. Síntesis de alquinos por doble eliminación de 1,2-dihaloalcanos.

Ejercicio resuelto

¿Cómo puede prepararse 2-butino a partir de 2-buteno?

Solución

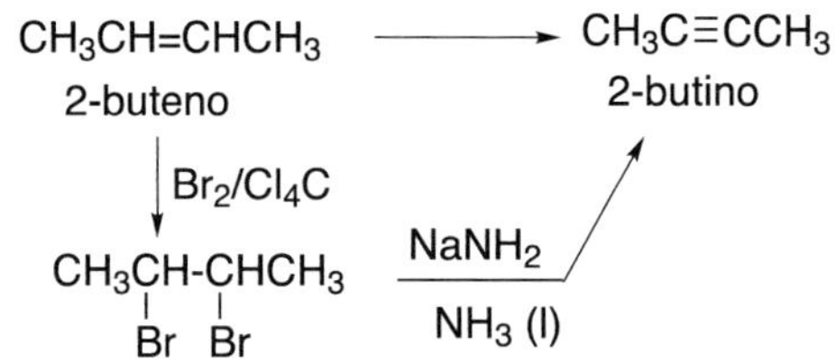

B) Reacciones de eliminación a partir de 1,1-dihaloalcanos

Los alquinos también se preparan a partir de dihaloalcanos geminales (1,1-dihaloalcanos).

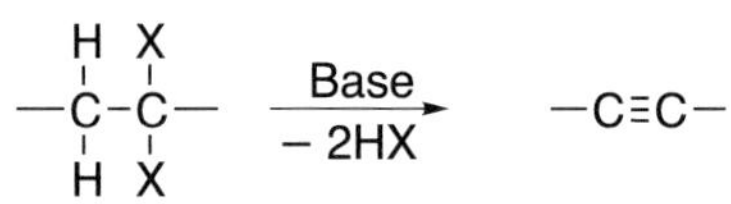

FIGURA 5.19. Formación de alquinos a partir de dihaloalcanos geminales.

El mecanismo de esta reacción transcurre a través de una etapa intermedia de formación de haloalquenos. La estereoquímica del haloalqueno intermedio no tiene influencia en el resultado de la reacción de formación del alquino.

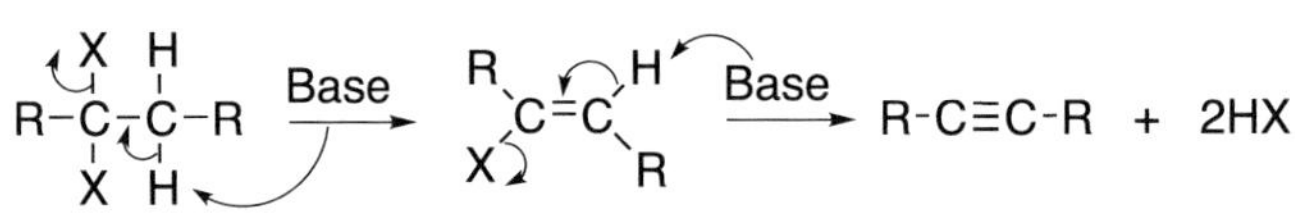

FIGURA 5.20. Mecanismo de la deshidrohalogenación.

Ejercicio resuelto

¿Cómo puede prepararse 1-butino a partir de 1-butanol?

Solución

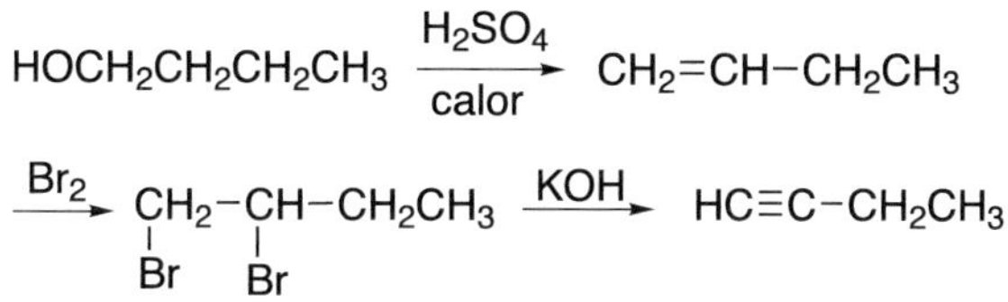

5.22. Predice el producto en cada una de las siguientes transformaciones.

a)
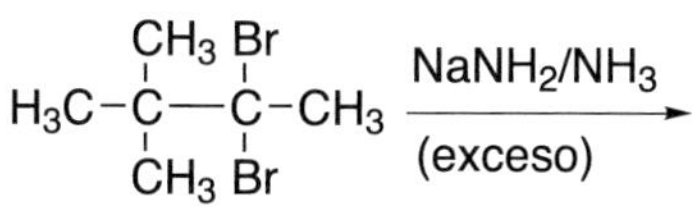

b)
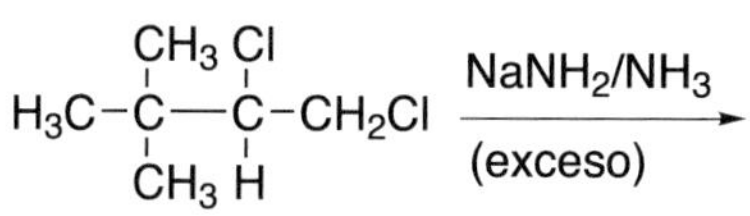

c)
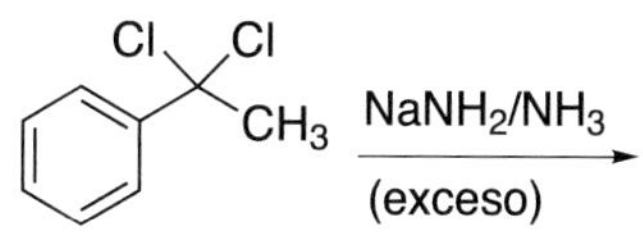

5.23. Indica todos los pasos para la síntesis de propino, a partir de cada uno de los compuestos siguientes, empleando los reactivos necesarios.

a) 1,2-dibromopropano
b) alcohol *n*-propílico
c) propileno
d) 1,1-dicloropropano
e) bromuro de isopropilo
f) acetileno
g) propano

5.24. El tratamiento del ciclohexeno con bromo y luego con KOH en etanol no produce 1-bromociclohexeno, sino que se forma 1,3-ciclohexadieno.
Sugiere una explicación para este hecho.

Ejercicios de revisión de conceptos

Ejercicio resuelto

Da los productos formados en la reacción del 1-butino con los siguientes reactivos:

a) H_2 / Pt
b) Na / NH_3 (l)
c) $AgNO_3$
d) R_2BH/H_2O_2 / OH^-
e) H_2SO_4 / H_2O / $HgSO_4$
f) H_2 / Pd / $BaSO_4$/quinoleína

Solución

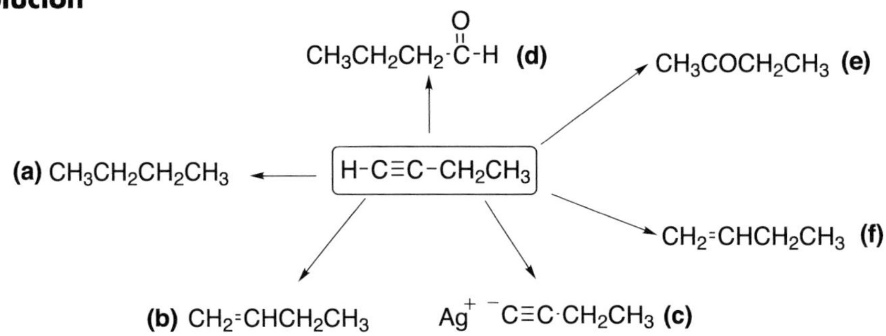

Ejercicio resuelto

Propón síntesis razonables para las moléculas siguientes a partir del 1-propino.

a) CH_3CH_2CHO

b) CH_3COCH_3

c) $CH_3(CH_2)_4CH_3$

d) $CH_3CCl{=}CH_2$

e)

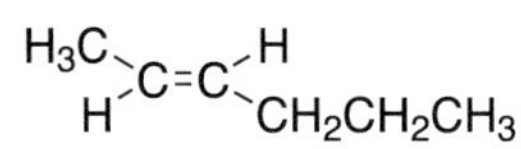

Solución

a)

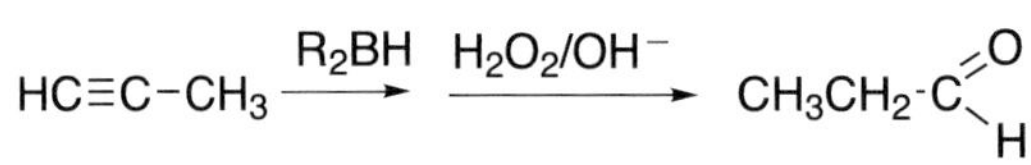

b)

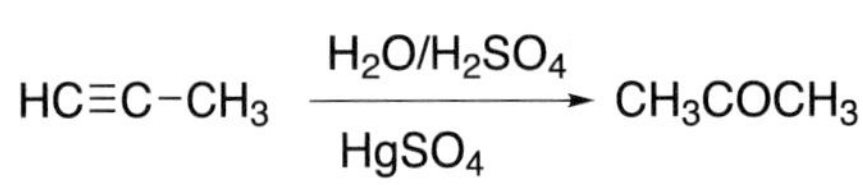

c)

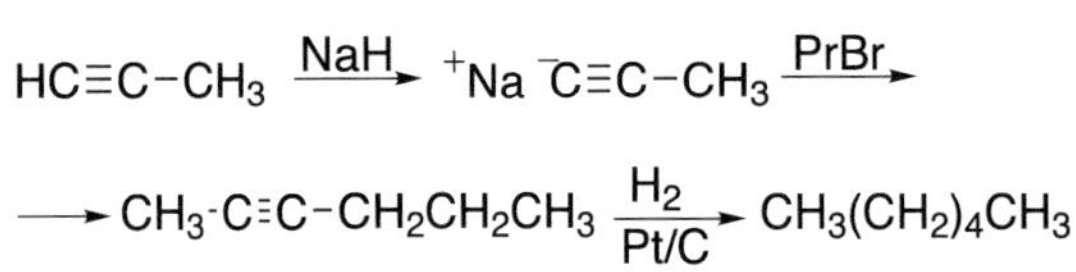

d)

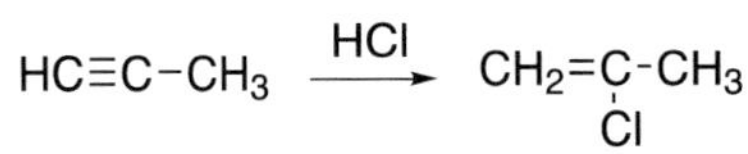

e)

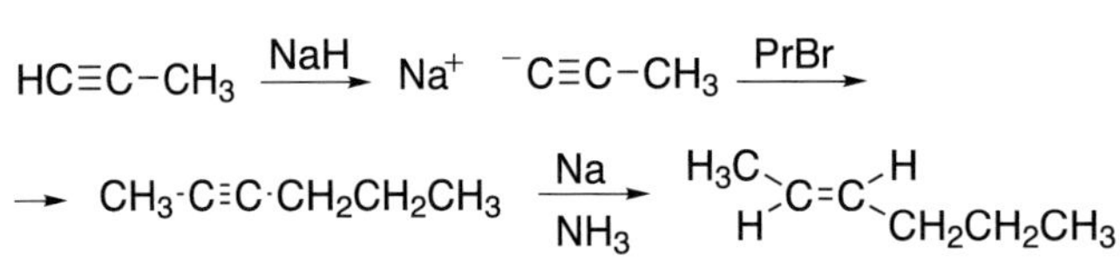

5.25. Da el producto o productos formados en la reacción del 2-butino con los siguientes reactivos:

a) H_2 / Pt
b) Na / NH_3 (l)
c) $AgNO_3$
d) R_2BH/H_2O_2 / OH^-
e) H_2SO_4 / H_2O / $HgSO_4$
f) H_2 / Pd / $BaSO_4$/quinoleína

5.26. Completa las siguientes reacciones.

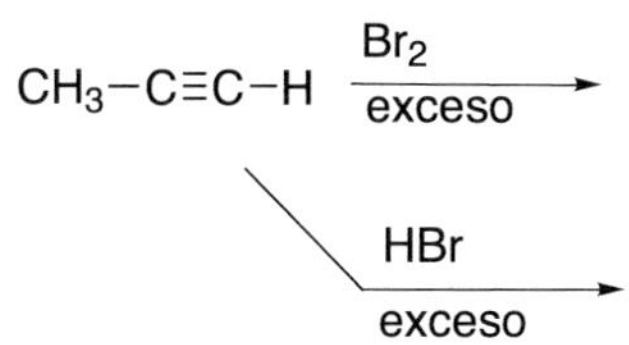

5.27. Indica todos los pasos para la síntesis de los compuestos siguientes, partiendo de acetileno y los reactivos necesarios.

a) Etileno.
b) 1,2-dicloroetano.
c) *Cis*-2-buteno.
d) Etano.
e) Etanal.
f) *Trans*-2-buteno.
g) 1,1-dibromoetano.
h) Propino
i) 1-pentino.
j) Cloruro de vinilo.
k) 1-butino.
l) 2-butino.

5.28. Identifica los reactivos necesarios para llevar a cabo cada una de las siguientes transformaciones.

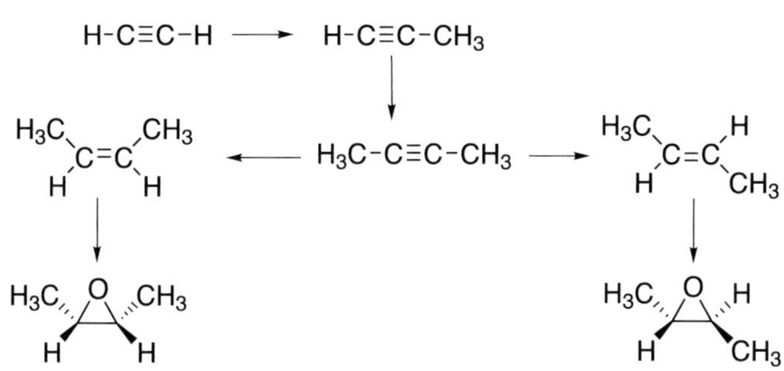

5.29. Propón síntesis:

a) 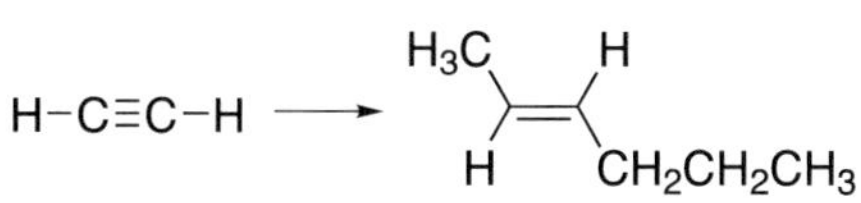

b) 

a partir de acetileno y bromuro de metilo como única fuente de átomos de carbono.

c) 

5.30. Señala la respuesta correcta.

1. La reacción de 2-butino con hidrógeno en presencia de catalizador de Lindlar, permite la obtención de:

   a) *Cis*-2-buteno.
   b) *Trans*-2-buteno.
   c) 1-buteno.
   d) Butano.
   e) 1-butino.

2. El acetileno reacciona con amiduro de sodio para obtener:

   a) Acetiluro de sodio y amoniaco.
   b) Etano y amoniaco.
   c) Eteno y amoniaco.
   d) *N,N*-dietilamina.
   e) No hay reacción.

Ejemplo de aplicación en ciencias de la salud. Inhibición suicida y diseño de fármacos antiparkinsonianos inhibidores de la MAO

Una de las estrategias más actuales en la búsqueda de nuevos fármacos está basada en el diseño de inhibidores enzimáticos. Buena prueba de ello es que esta clase de compuestos representa prácticamente la tercera parte de los fármacos más vendidos hoy en día.

Los inhibidores enzimáticos pueden ser reversibles (inhibición temporal de la enzima, generalmente por formación de enlaces no covalentes) e irreversibles (habitualmente por formación de enlaces covalentes con el centro activo o una zona alostérica de la enzima). En ocasiones, es el propio producto de una reacción enzimática el responsable de la inhibición irreversible de la enzima que ha catalizado su formación. Los inhibidores diseñados de acuerdo con este fundamento reciben el nombre de *inhibidores latentes* y la inhibición a la que dan lugar *inhibición suicida* o *dependiente del mecanismo de la reacción enzimática.*

Antiparkinsonianos que en su estructura poseen un triple enlace carbono-carbono, como la *pargilina,* (*R, S*)-(-)-*selegilina* o la (*R*)-(+)-*rasagilina*, un análogo cíclico de la anterior, son inhibidores irreversibles de la monoaminooxidasa (MAO), cuyo mecanismo de inhibición es de tipo "suicida".

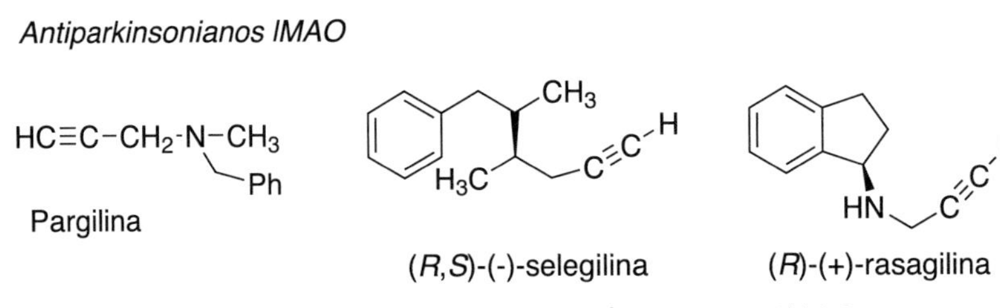

FIGURA 5.21. Fármacos antiparkinsonianos IMAO.

La MAO consiste en un grupo de enzimas dependientes de flavina que oxidan aminas biógenas, como la *dopamina*. El mecanismo de la oxidación llevada a cabo por la MAO implica la abstracción de un hidruro por parte de la flavina. La inhibición puede considerarse de tipo "suicida", ya que la especie que inactiva el resto de flavina proviene del proceso inicial de oxidación por parte de la propia enzima. En la figura siguiente se muestra cómo la especie resultante de la oxidación inicial de la *pargilina* es capaz de alquilar irreversiblemente el resto de flavina.

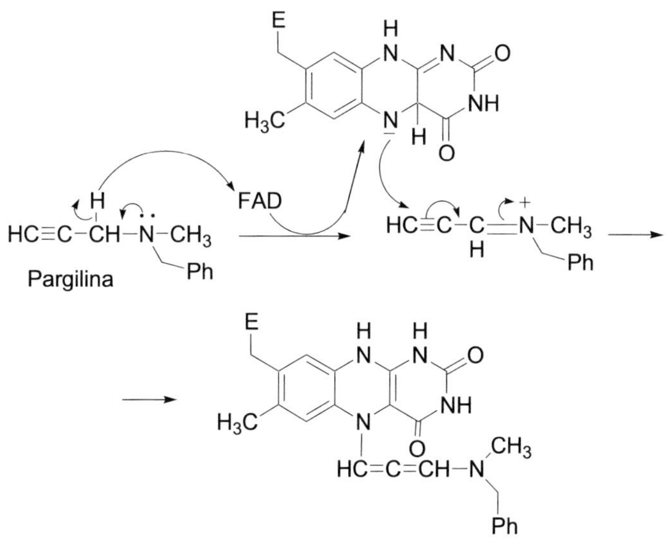

FIGURA 5.22. Alquilación irreversible de la flavina.

RESUMEN

1. ESTRUCTURA Y ENLACE EN ALQUINOS.

   - Los alquinos son compuestos orgánicos que poseen triples enlaces carbono-carbono.
   - Triple enlace: está constituido por un enlace σ y dos enlaces π. Carbonos con hibridación *sp*.
   - Geometría lineal ($\alpha = 180°$).

2. ACIDEZ DE ALQUINOS TERMINALES.

   Los alquinos terminales son ácidos. Solamente pueden desprotonarse con bases lo suficientemente fuertes.

$$\text{R-C}\equiv\text{C-H} \xrightarrow{B^-} \underset{\text{Anión alquinilo}}{\text{R-C}\equiv\text{C}^-} + \text{BH}$$

   B : $NaNH_2$, LDA (diisopropilamiduro de litio), RLi o magnesianos

3. REACCIONES.

A) Reacciones del triple enlace terminal (≡C-H)

Los iones alquinilo son nucleófilos. Pueden reaccionar con haluros de alquilo primarios, oxiranos, aldehídos y cetonas.

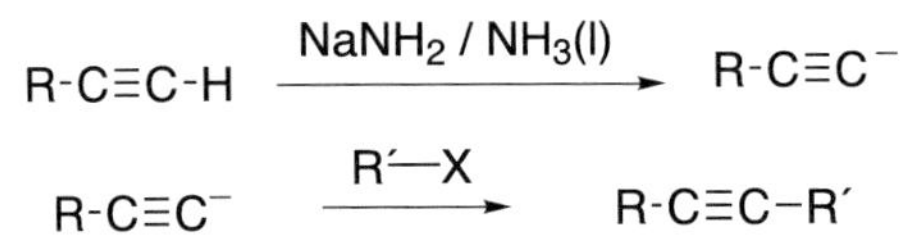

B) Reacciones semejantes a los alquenos (C≡C)

1. Reducción.

a) Saturación completa del triple enlace.

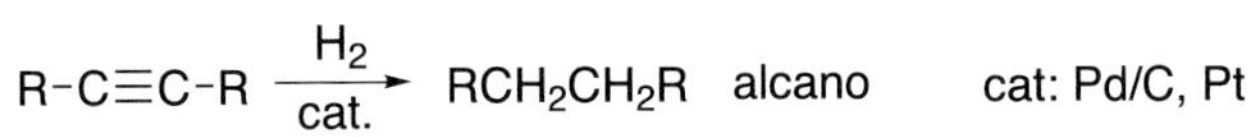

b) Reducción a alquenos.

– *Síntesis estereoselectiva de alquenos cis.*

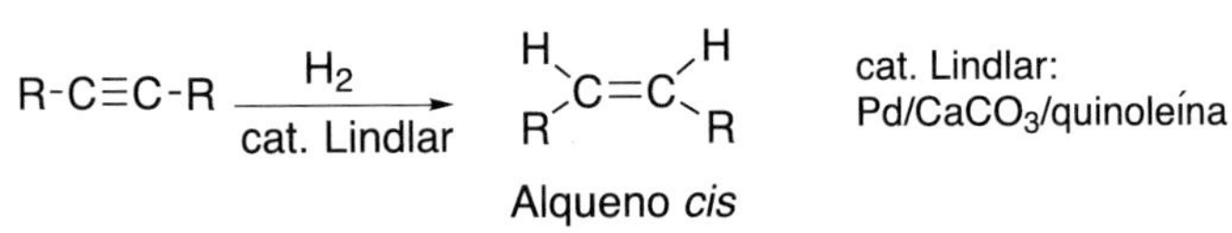

– *Síntesis estereoselectiva de alquenos trans.*

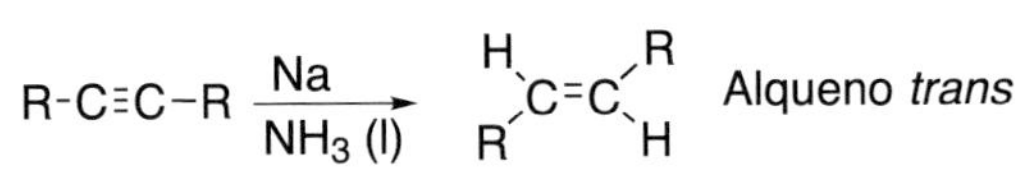

2. Adición electrofílica.

a) Adición de halógenos.

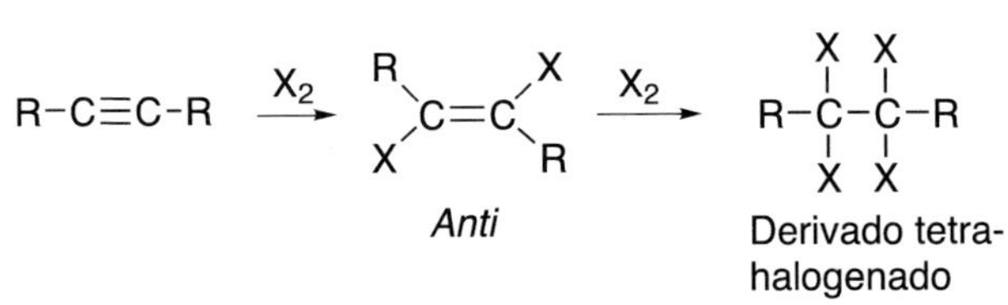

b) Adición de haluros de hidrógeno. Regioselectiva *Markovnikov.*

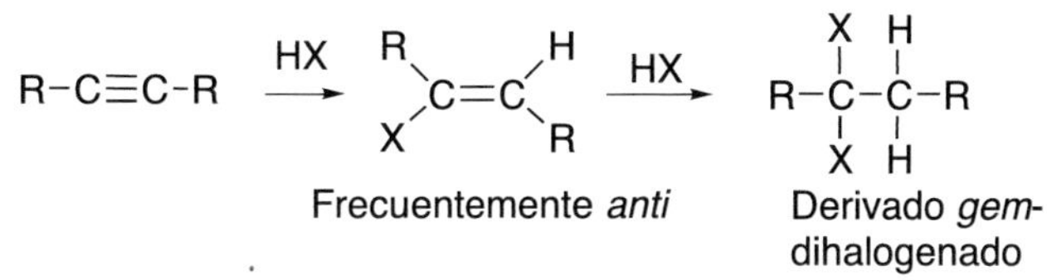

c) Adición de agua. Regioselectiva *Markovnikov.* La catálisis requiere Hg (II).

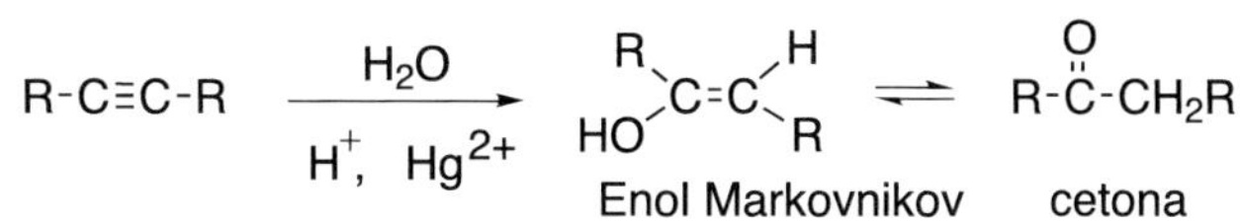

3. Hidroboración.

Regioselectiva *anti-Markovnikov*. Estereoespecífica *sin.*

Se utilizan boranos impedidos.

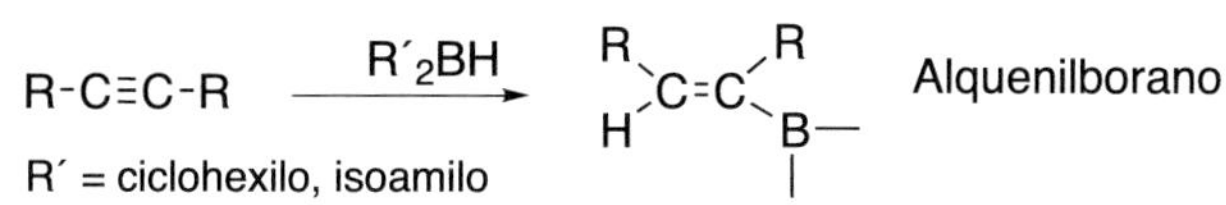

– *Hidroboración–oxidación.*

Hidratación anti-Markovnikov → aldehídos y cetonas por tautomería.

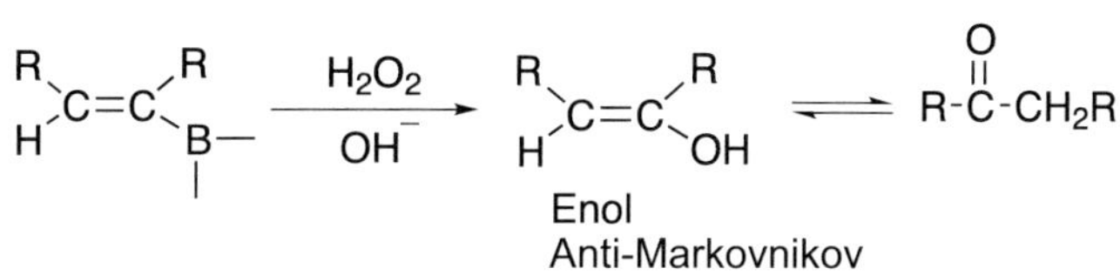

Alquinos terminales → aldehídos
Alquinos internos → cetonas

4. SÍNTESIS.

Reacciones de doble eliminación a partir de 1,2-dihaloalcanos y 1,1-dihaloalcanos.

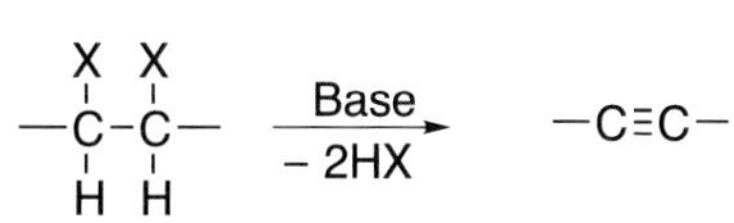

1,2-dihaloalcano

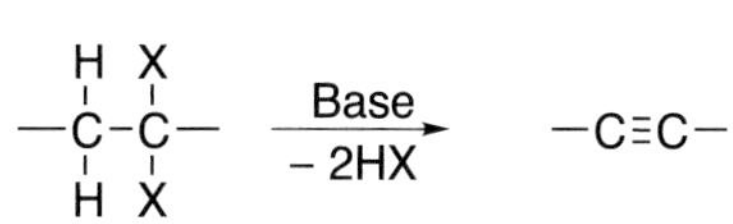

1,1-dihaloalcano

6

DIENOS CONJUGADOS

INTRODUCCIÓN

En este capítulo se presenta la química de los *dienos conjugados*, hidrocarburos insaturados en los que dos dobles enlaces carbono-carbono están alternados con enlaces sencillos carbono-carbono. En la naturaleza se pueden encontrar compuestos que poseen sistemas diénicos. Por ejemplo, los terpenos presentes en los aceites esenciales. Estos aceites se extraen de las plantas. Poseen gran importancia en perfumería, como aditivos alimentarios, o también con fines medicinales. Entre ellos podemos citar el *geraniol* (aceite del geranio) o el *limoneno* (aceite de los cítricos). Otros ejemplos de dienos conjugados son el *licopeno*, presente en los tomates o el *ß-caroteno*, pigmento amarillo-naranja de la zanahoria y otros vegetales, un precursor de la vitamina A. En ambos, el color se encuentra asociado a un sistema conjugado extendido.

El capítulo comienza examinando brevemente las propiedades de los dienos conjugados. Posteriormente, se centra en la reactividad de estos sistemas, para finalizar con una de las reacciones más importante de los dienos conjugados, que presenta un modo de reactividad no visto hasta ahora, la *reacción de Diels-Alder*.

Objetivos para el aprendizaje

- ✓ Reconocer los distintos tipos de dienos.
- ✓ Justificar la estabilidad de los dienos conjugados.
- ✓ Formular los productos de adición electrofílica 1,2 y 1,4 a dienos conjugados y proponer un mecanismo que justifique su formación.
- ✓ Predecir el producto principal de una adición electrofílica a dienos conjugados teniendo en cuenta el control cinético o termodinámico de la reacción.
- ✓ Predecir el producto de una reacción de Diels-Alder, con el resultado estereoquímico correcto.

Glosario

Adición 1,2: reacción de adición a un sistema conjugado en la que un átomo o grupo de átomos se instala en el carbono C1 y el otro átomo o grupo de átomos en el carbono C2. Predomina a bajas temperaturas (control cinético).

Adición 1,4: reacción de adición a un sistema conjugado en la que un átomo o grupo de átomos se instala en el carbono C1 y el otro átomo o grupo de átomos en el carbono C4. Predomina a temperaturas elevadas (*control termodinámico*).

Cicloadición: reacción en la que se unen dos sistemas π para formar un anillo (cicloaducto). En el proceso se forman dos nuevos enlaces σ a partir de dos enlaces π.

Diels-Alder: reacción de cicloadición de un dieno conjugado con un alqueno o un alquino (dienófilo) para dar un compuesto cíclico (*cicloaducto*).

Dieno: hidrocarburo insaturado con dos dobles enlaces.

Dieno acumulado(aleno): hidrocarburo insaturado que presenta dos dobles enlaces contiguos.

Dieno conjugado: hidrocarburo insaturado en el que los dos dobles enlaces carbono-carbono están alternados con un enlace sencillo carbono-carbono.

Dienófilo: reactivo que contiene un doble o un triple enlace. Se conoce como *dienófilo*, porque es el compuesto que reacciona con un dieno conjugado para dar un cicloaducto.

Endo: orientación en que los sustituyentes de un dienófilo se aproximan al doble enlace que se está formando en una reacción de Diels-Alder; o bien, que los sustituyentes del sistema bicíclico creado están orientados alejándose del carbono puente.

Exo: orientación en la que los sustituyentes del dienófilo se alejan del doble enlace que se está formando en una reacción de Diels-Alder, o bien que los sustituyentes están acercándose al puente.

6.1. Alcadienos. Dienos conjugados

Los *alcadienos* son hidrocarburos con dos dobles enlaces.

Se pueden clasificar en:

- *Aislados:* enlaces múltiples separados por dos o más enlaces sencillos.
- *Conjugados:* enlaces sencillos y dobles alternados.
- *Acumulados* (también denominados *alenos*): presentan dobles enlaces contiguos.

A su vez, los dienos conjugados pueden ser:

- *Cíclicos.*
- *Lineales.*

$CH_2{=}CH{-}CH_2{-}CH{=}CH_2$
Dieno aislado

$CH_2{=}CH{-}CH_2{-}CH_2{-}CH{=}CH_2$
Dieno aislado

$CH_2{=}C{=}CH_2$
Dieno acumulado

$H_2C{=}CH{-}CH{=}CH_2$
Dieno conjugado lineal

Dieno conjugado cíclico

FIGURA 6.1. Tipos de dienos.

Ejercicio resuelto

El antibiótico micomicina presenta la siguiente fórmula.

$$HC{\equiv}C{-}C{\equiv}C{-}CH{=}C{=}CH{-}CH{=}CH{-}CH{=}CH{-}CH_2{-}C({=}O){-}OH$$

a) ¿Qué enlaces múltiples están conjugados?
b) ¿Qué enlaces múltiples están aislados?
c) ¿Qué enlaces múltiples están acumulados?

Solución

a)

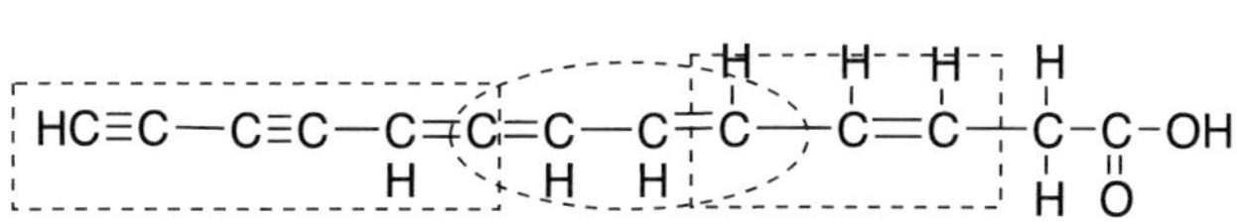

Enlaces múltiples conjugados

b)

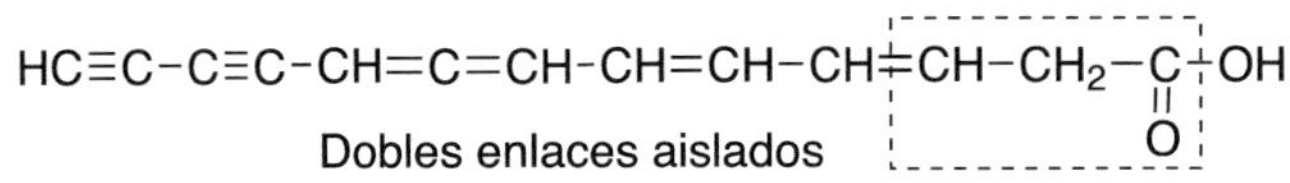

c)

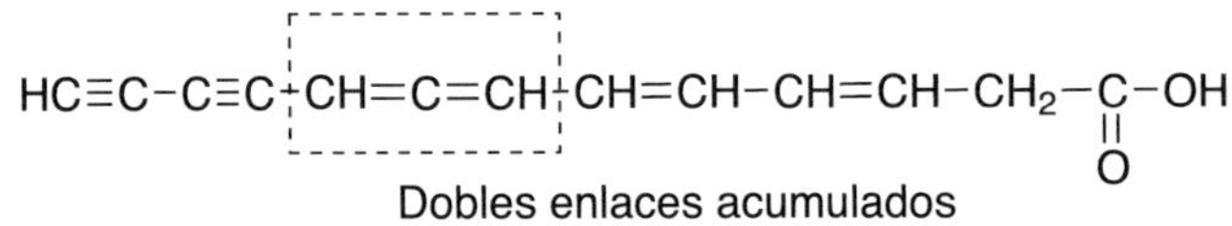

6.1. Sintetiza 2,3-dimetilbutadieno a partir de 2,3-dimetil-1,4-butanodiol. ¿En qué categoría incluirías el compuesto obtenido: dieno aislado, acumulado, conjugado cíclico o conjugado lineal?

6.2. Propiedades de los sistemas conjugados 1,3. Estabilidad y estructura

Los dienos conjugados son más estables que los dienos no conjugados. Este hecho se ha observado midiendo los calores de hidrogenación. Se podría esperar que el calor de hidrogenación de 2 moles de 1-buteno fuera igual que el calor de hidrogenación de 1 mol de 1,3-butadieno. Sin embargo, los experimentos revelan que el calor de hidrogenación del dieno conjugado es menor de lo esperado, como corresponde a un compuesto más estable (figura 6.2).

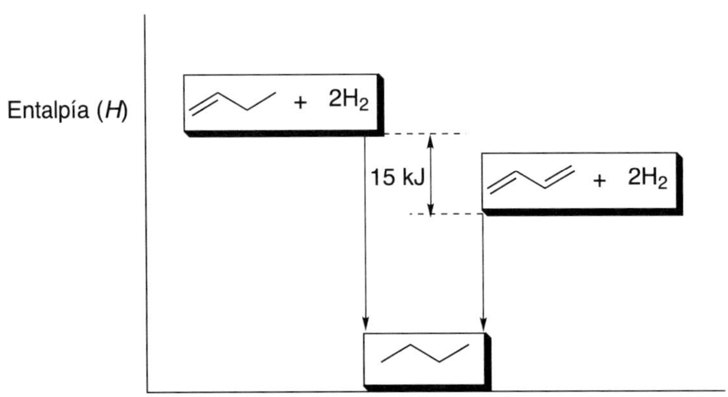

FIGURA 6.2. Diagrama energético de los calores de hidrogenación.

La mayor estabilidad de los dienos conjugados es debida a la deslocalización de electrones sobre toda la molécula, ya que los orbitales *p* paralelos se combinan para formar un orbital π extendido.

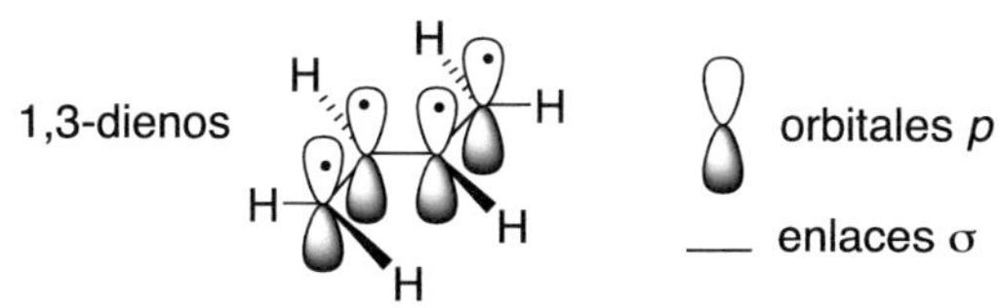

FIGURA 6.3. Estructura molecular del 1,3-butadieno.

La molécula de un dieno conjugado puede adoptar dos posibles conformaciones respecto al enlace sencillo:

- *Conformación s-trans:* los dos dobles enlaces están dispuestos en lados opuestos del enlace sencillo.
- *Conformación s-cis:* los dos dobles enlaces están dispuestos en el mismo lado del enlace sencillo.

La conformación *s-cis* es de mayor energía que la conformación *s-trans* (menos estable), pero su isomerización es relativamente sencilla.

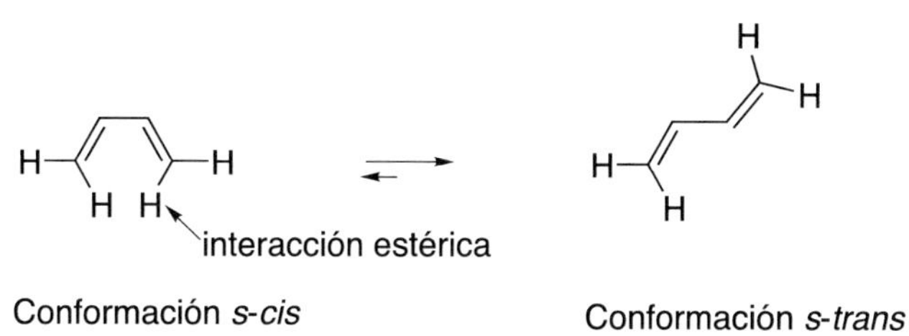

FIGURA 6.4. Conformaciones *s-cis* y *s-trans* de los dienos conjugados.

6.2. Identifica el compuesto más estable.

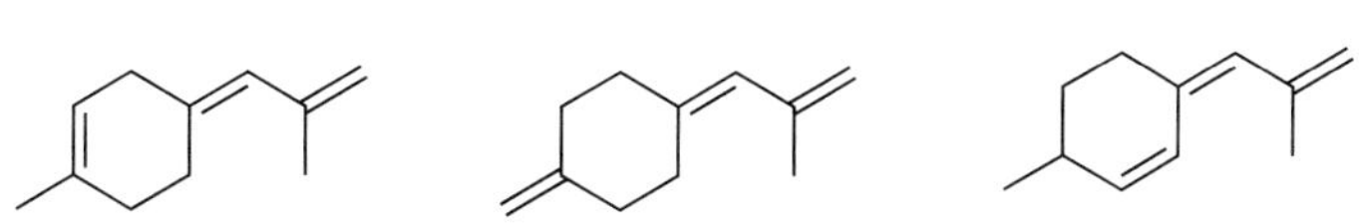

6.3. Reactividad de los sistemas conjugados 1,3

La alternancia de dobles enlaces y sencillos en los dienos conjugados hace que tengan una reactividad especial en las reacciones de adición.

6.3.1. Hidrogenación

El hidrógeno se adiciona en presencia de un catalizador para dar el alcano correspondiente, de forma análoga a los alquenos.

$$CH_2{=}CH{-}CH{=}CH_2 \xrightarrow[Pt]{H_2} CH_3{-}CH_2{-}CH_2{-}CH_3$$

Alcadieno   Alcano

FIGURA 6.5. Reacción de hidrogenación.

Si la hidrogenación se detiene antes de haberse consumido dos equivalentes de hidrógeno, se obtienen mezclas de alquenos y una pequeña cantidad del alcano correspondiente.

6.3.2. Adición electrofílica. Adición 1,2 y adición 1,4

En el capítulo 4 analizamos la adición electrofílica de HX a un alqueno. Se observó que la reacción era regioselectiva Markovnikov y que el halógeno se situaba en el carbono más sustituido, ya que la protonación se producía en el carbono menos sustituido, con el fin de crear el carbocatión más estable.

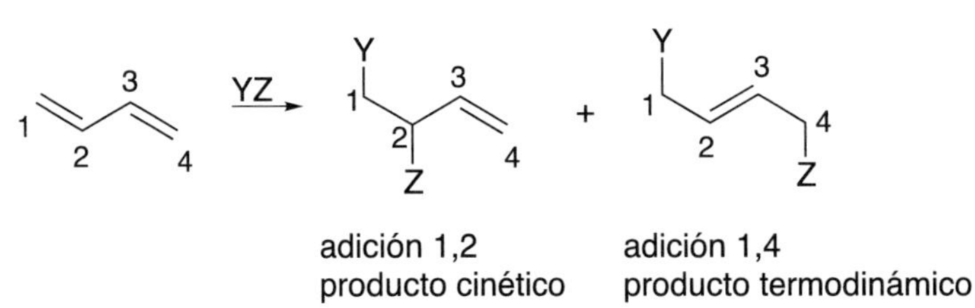

FIGURA 6.6. Adición 1,2 y adición 1,4 a un dieno conjugado.

Los dienos conjugados son ricos en electrones y pueden ser atacados por electrófilos al igual que los alquenos, pero se observan ciertas diferencias.

Cuando un dieno conjugado se trata con un mol de reactivo electrófilo se obtienen dos productos de adición:

- *Producto de adición 1,2:* predomina a bajas temperaturas (*control cinético*).
- *Producto de adición 1,4*: predomina a temperaturas elevadas (*control termodinámico*).

• *Mecanismo*

Para comprender la formación de los dos productos es necesario recurrir al mecanismo de la reacción. La adición electrofílica es un proceso en dos etapas:

- En la primera etapa, el sistema diénico conjugado recibe el ataque del electrófilo en uno de sus extremos, puesto que así se obtiene el intermedio catiónico más estable, un carbocatión alílico estabilizado por resonancia.
- El paso siguiente es el ataque del nucleófilo, o bien en el carbono 2 para dar el producto de adición 1,2, o bien en el carbono 4 para dar el producto de adición 1,4.

En la figura 6.7 tomamos como ejemplo la adición de HBr al 1,3-butadieno.

Las cantidades relativas de los productos van a depender de la temperatura a la que se lleva a cabo la reacción. Cuando la adición se realiza a temperatura ambiente o temperaturas menores, el aducto 1,2 predomina sobre el 1,4. Cuando la misma reacción se lleva a cabo a temperaturas superiores, el aducto 1,4 es mayoritario.

A bajas temperaturas, la proporción entre los productos viene determinada por la velocidad de la reacción (*control cinético*). A altas temperaturas, la proporción va a depender de la estabilidad termodinámica de los productos (*control termodinámico*). El producto de adición 1,4, que presenta un doble enlace interno, es termodinámicamente más estable que el producto de adición 1,2, que posee el doble enlace terminal.

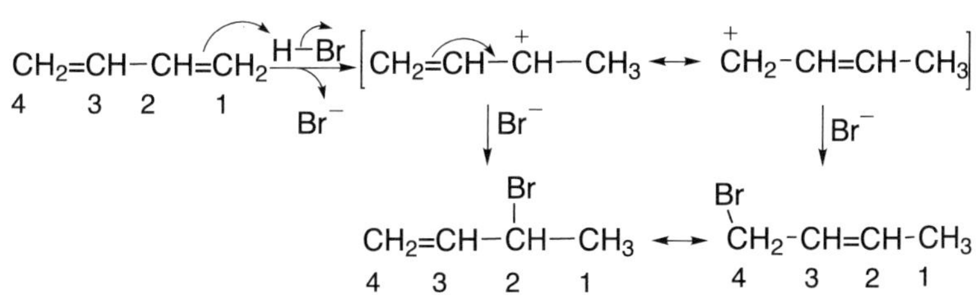

T	Producto de adición 1,2	Producto de adición 1,4
0 °C	71%	29%
40 °C	15%	85%

FIGURA 6.7. Adición de HBr al 1,3-butadieno. Control cinético y termodinámico.

Adiciones electrofílicas más interesantes:

– Adición de hidrácidos.

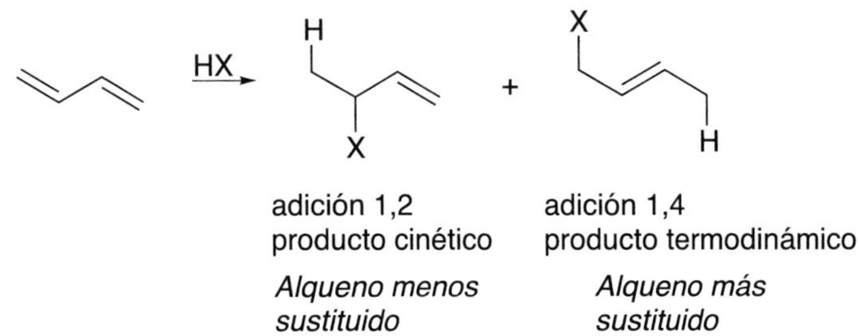

FIGURA 6.8. Hidrohalogenación de 1,3-dienos.

– Adición de halógenos.

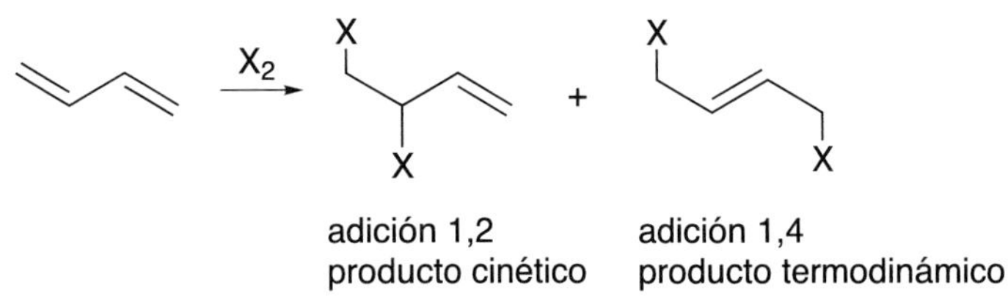

FIGURA 6.9. Halogenación de 1,3-dienos.

Ejercicio resuelto

El bromuro de hidrógeno se adiciona al 1,3-pentadieno dando tres isómeros constitucionales.

a) Dibuja sus estructuras.
b) ¿Qué productos se forman en la reacción del DBr con 1,3-pentadieno?

Solución

a) Consideraremos solo los regioisómeros, sin tener en cuenta la estereoquímica.

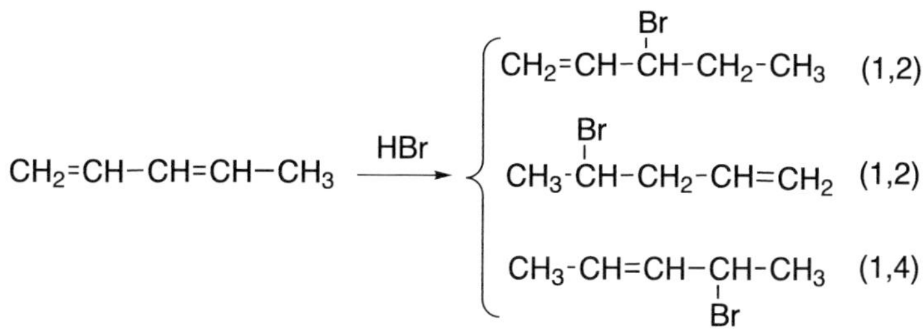

b) En el caso de que el agente que se adiciona sea DBr, se forman cuatro productos en lugar de los tres anteriores. Existen dos posibilidades de adición 1-2 sobre el enlace C3-C4, además de la adición 1-2 sobre el enlace C1-C2 y la adición conjugada 1-4.

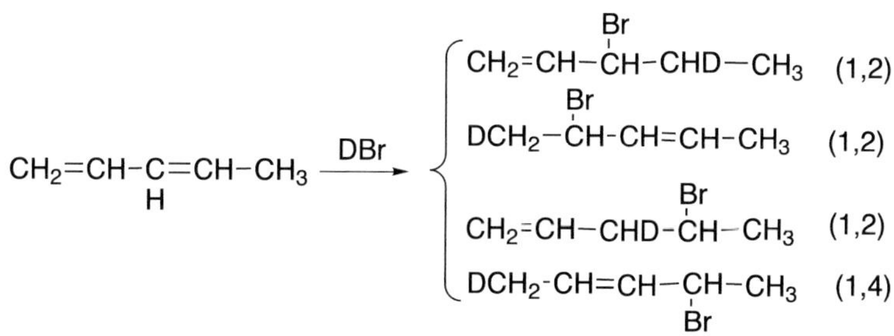

6.3. Escribe el producto o productos de la reacción de bromo con 1,3-pentadieno.

6.4. Completa las siguientes reacciones.

a)

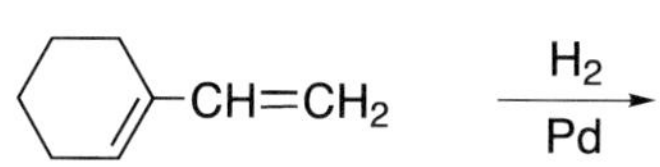

b)

c)

6.5. Predice los productos de la siguiente reacción y determina cuál sería el mayoritario.

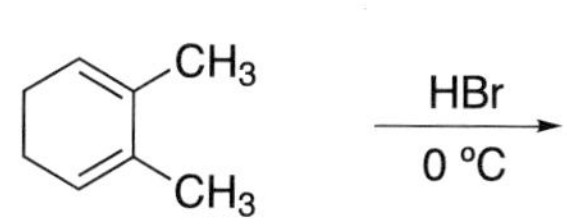

6.6. Completa los espacios en blanco:

Se considera que los dienos conjugados que experimentan adición a baja temperatura están bajo el control ______________, mientras que los dienos conjugados que experimentan adición a temperatura elevada están bajo el control __________________.

Cuando se trata 1,3-butadieno con HBr, se obtienen dos posibles productos, procedentes de la adición- ______ y la adición- ______.

6.3.3. Reacción de cicloadición Diels-Alder

Los dienos conjugados pueden reaccionar con alquenos y alquinos para dar otro tipo de adición en la que se obtiene un compuesto cíclico (*cicloaducto*). Esta reacción de ciclación se conoce como *reacción de Diels-Alder.*

Intervienen dos reactivos:

- Un *dieno conjugado.*
- Un *dienófilo.* Reactivo que tiene un doble o un triple enlace. Se conoce como dienófilo porque es el compuesto que reacciona con el dieno.

FIGURA 6.10. Reacción de Diels-Alder.

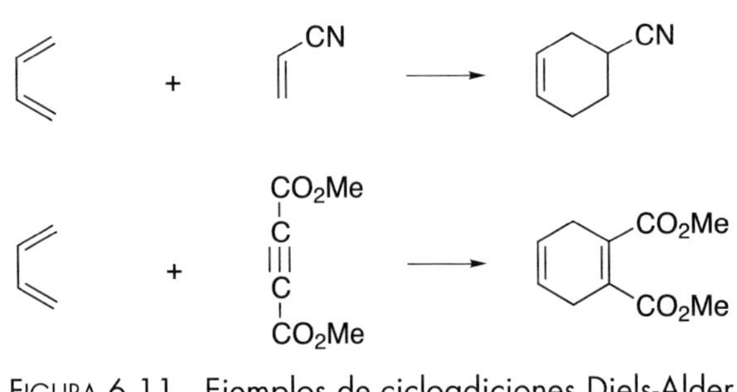

FIGURA 6.11. Ejemplos de cicloadiciones Diels-Alder.

A continuación se muestran los dienófilos más frecuentes.

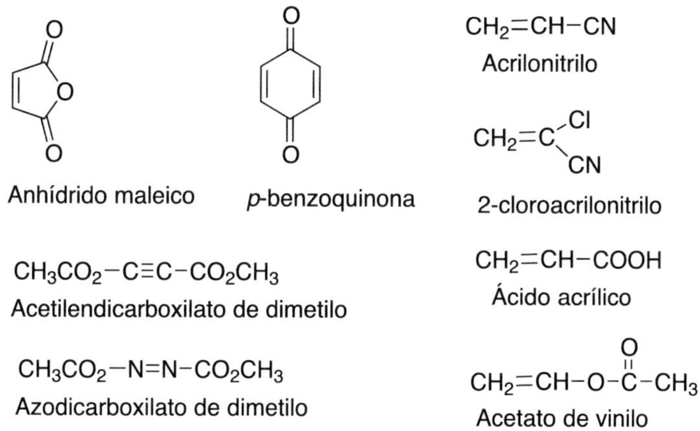

FIGURA 6.12. Ejemplos de dienófilos.

• *Mecanismo*

Reacción concertada de ciclación, en la que los cuatro electrones π del *dieno* en conformación *s-cis* reaccionan con los dos electrones π del *dienófilo* para dar el *cicloaducto.* Por esa razón se denomina *reacción de cicloadición [4+2].*

Se cree que la reacción transcurre a través de un estado de transición cíclico, en el que los dos nuevos enlaces σ y el nuevo enlace π se forman simultáneamente, al tiempo que se rompen los tres enlaces π de los compuestos de partida.

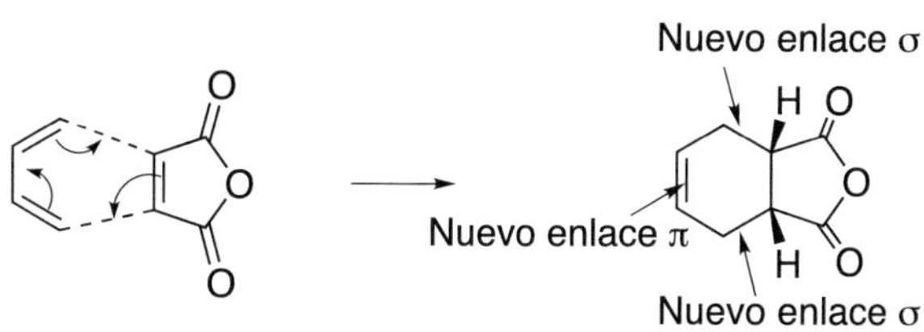

FIGURA 6.13. Mecanismo de la cicloadición Diels-Alder.

Ejercicio resuelto

Escribe las estructuras de los productos mayoritarios de las reacciones siguientes:

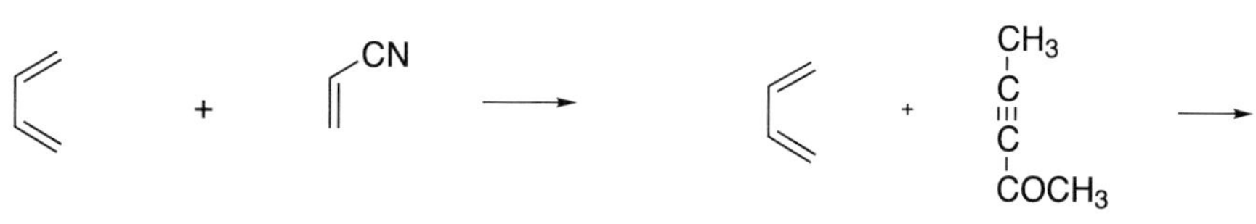

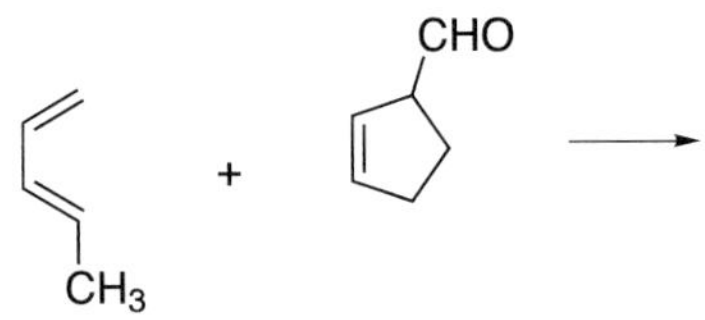

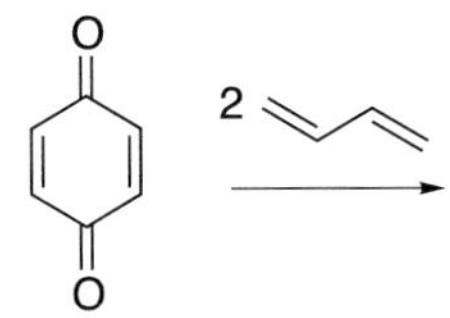

Solución

Primero hay que dibujar de nuevo el dieno y el dienófilo, de modo que los extremos del dieno estén próximos al dienófilo. A continuación se dibujan tres flechas curvas que se mueven alrededor de un círculo, en sentido horario o antihorario.

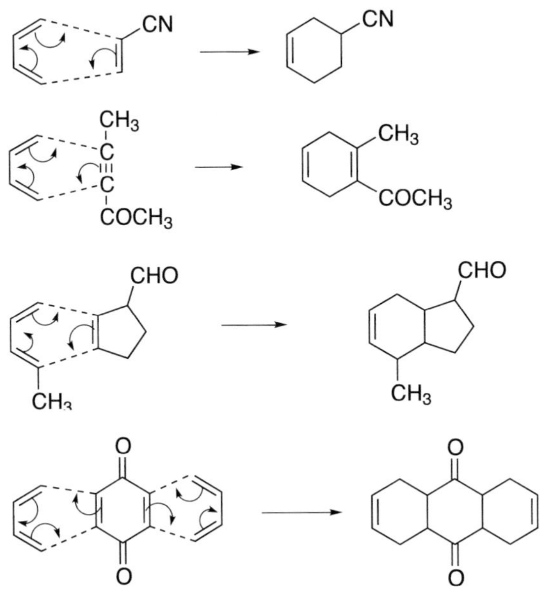

6.7. Escribe las estructuras de los productos mayoritarios de las reacciones siguientes:

a) Butenona + Propenonitrilo (acrilonitrilo)

b) Furano + 4-penten-2-ona

c) 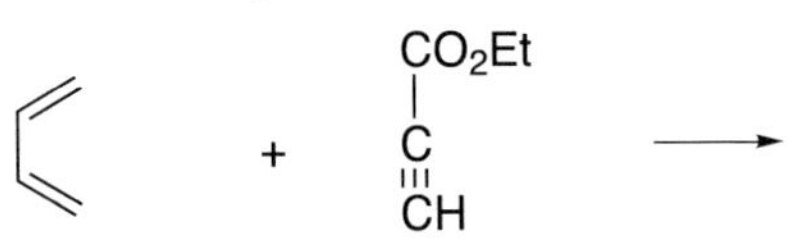

d) 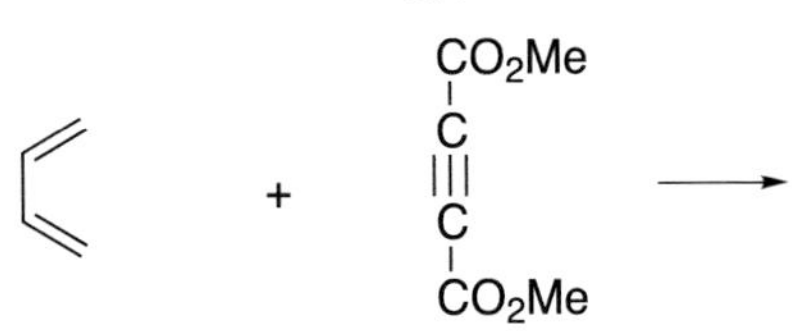

Ejercicio resuelto

En la síntesis del colesterol de R. B. Woodward, la primera etapa es la preparación del compuesto I mediante una reacción de Diels-Alder.

Indica cuál es el dieno y cuál el dienófilo de esta reacción de adición.

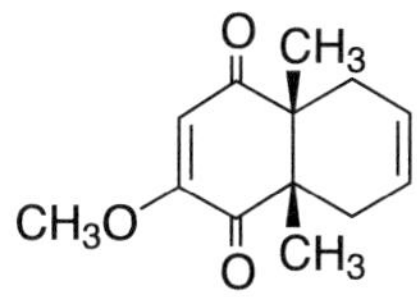

Compuesto I

Solución

Las líneas con gusanillo indican los enlaces formados en la reacción.

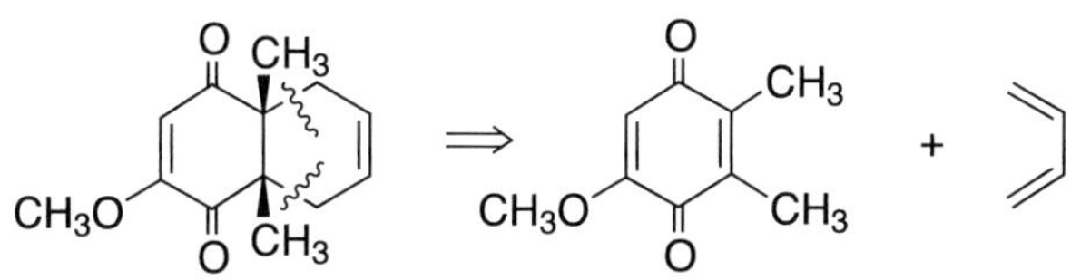

Aducto — Dienófilo — Dieno

Ejercicio resuelto

¿Qué reactivos se necesitarían para obtener cada uno de los aductos de Diels-Alder indicados a continuación?

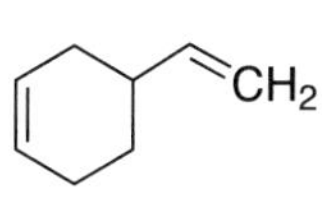

1

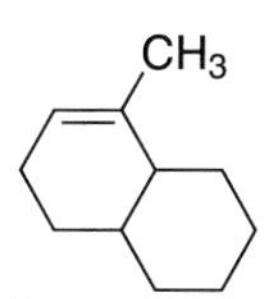

2

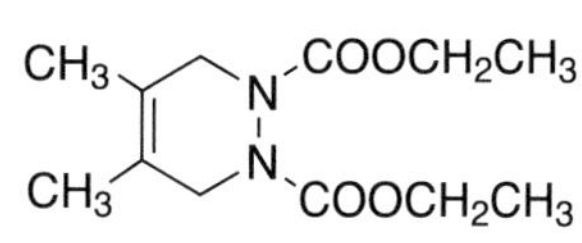

3

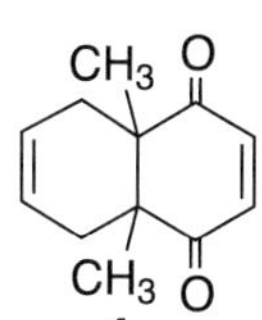

4

Solución

1.

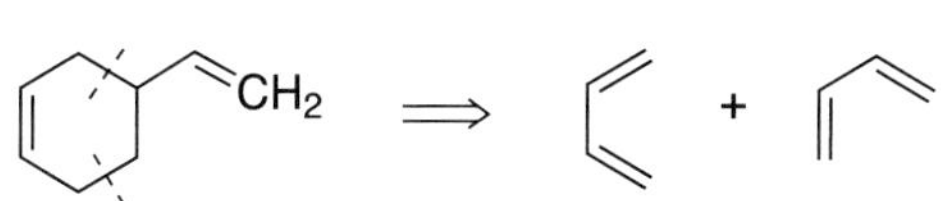

2.

3.

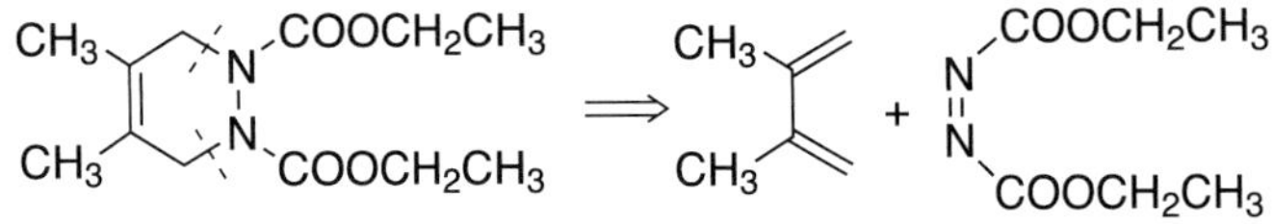

4.

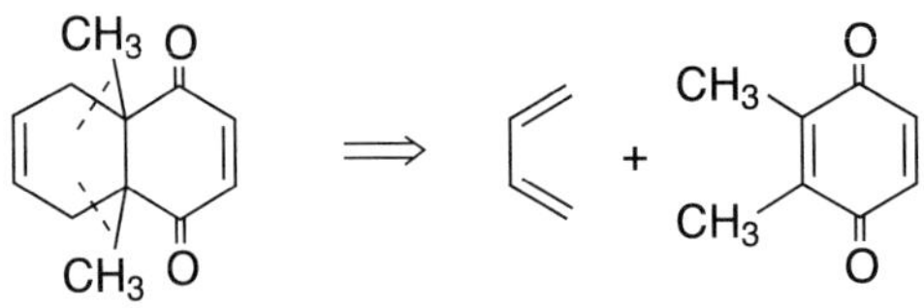

6.8. Dibuja las estructuras de los dienos y dienófilos que pueden reaccionar para dar los productos de Diels-Alder siguientes:

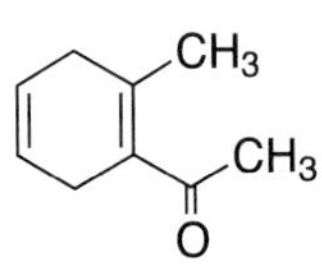

A

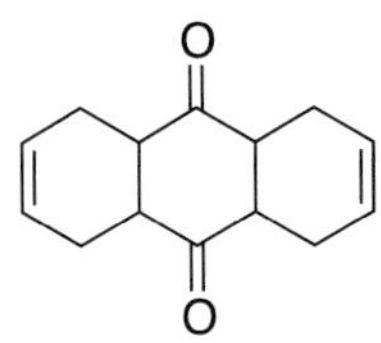

B

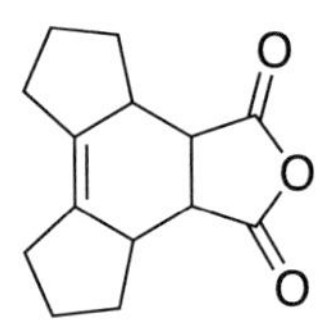

C

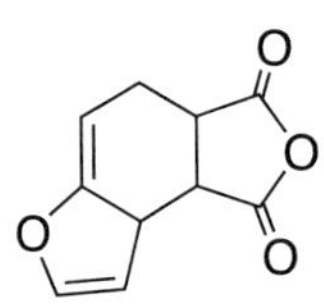

D

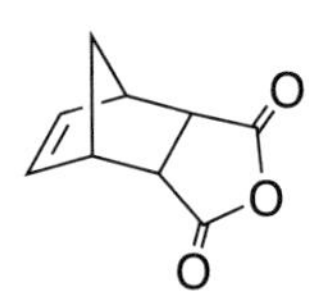

E

6.9. El azodicarboxilato de dimetilo participa en la reacción de Diels-Alder como dienófilo. Escribe la estructura del producto de cicloadición de dicha molécula con los dienos siguientes.

a) 1,3-butadieno *b)* *Trans,trans*-2,4-hexadieno

- *Estereoquímica*

La reacción de Diels-Alder es estereoselectiva.

1. El dieno ha de adoptar la conformación *s-cis.*
2. Es estereoespecífica respecto al tipo de *sustitución de los dobles enlaces* del dieno y del dienófilo.
3. Es estereoespecífica respecto a la *orientación* relativa del dienófilo y el dieno.

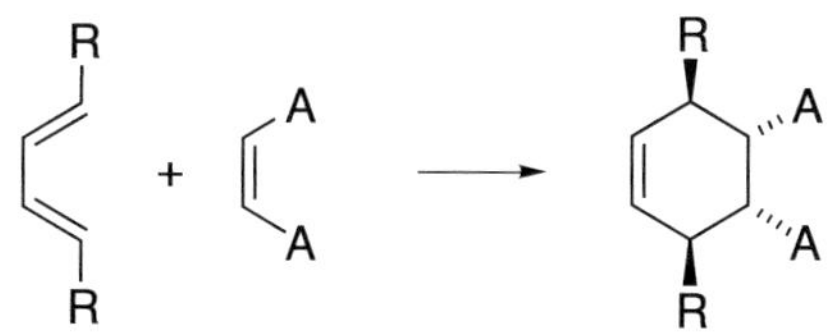

FIGURA 6.14. Esquema de la estereoselectividad.

1. *El dieno ha de adoptar la conformación s-cis.*

Ejercicio resuelto

Justifica el siguiente hecho: el 4-etil-1,5-biciclo[4,4,0]decadieno reacciona con anhídrido maleico para dar el producto de cicloadición de Diels-Alder, sin embargo, el 7-isopropil-1,9-biciclo[4,4,0]decadieno es totalmente inerte frente al anhídrido.

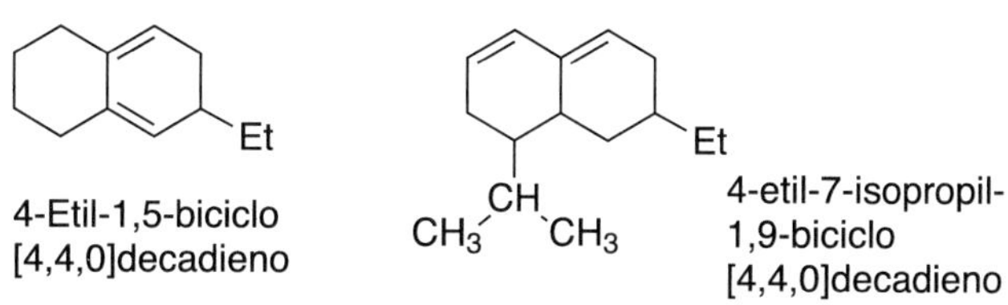

Solución

El 4-etil-1,5-biciclo[4,4,0]decadieno tiene los dobles enlaces conjugados en conformación *s-cis*, condición que deben cumplir los dienos para reaccionar con un dienófilo.

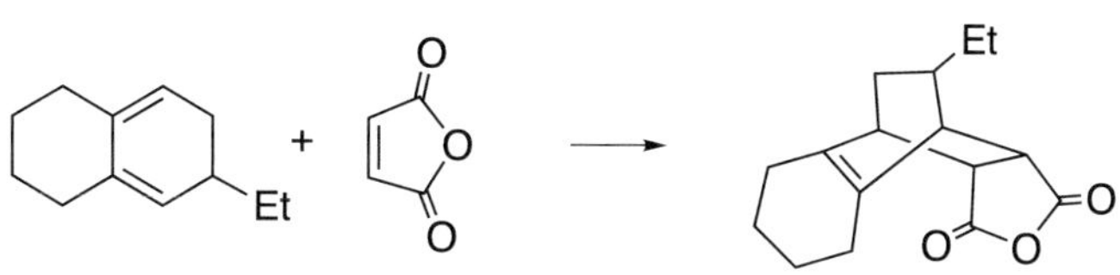

El 7-isopropil-1,9-biciclo[4,4,0]decadieno tiene los dos dobles enlaces en conformación *s-trans*. Por tanto, no reacciona con los dienófilos.

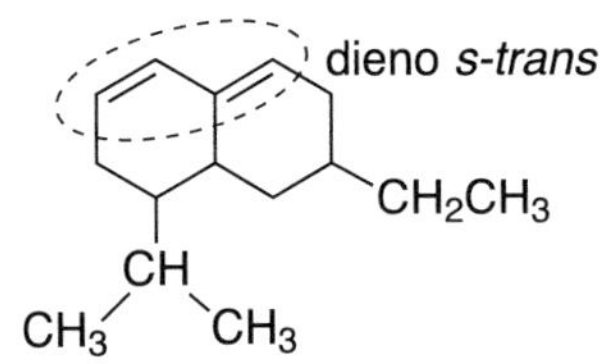

---

2. La reacción es *estereoespecífica respecto al tipo de sustitución de los dobles enlaces del dieno y del dienófilo*. Los sustituyentes del dienófilo, así como los del dieno, mantienen la estereoquímica que tenían antes de la reacción.

   – Se retiene la estereoquímica del dienófilo.

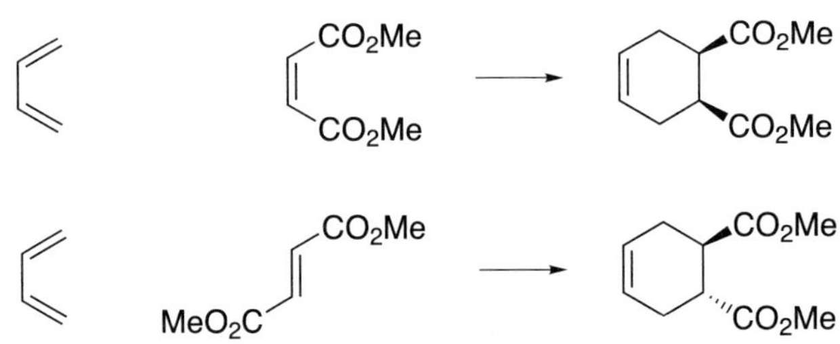

FIGURA 6.15. Estereoespecificidad respecto al tipo de sustitución *cis-trans* del dienófilo.

   – Se mantiene la estereoquímica del dieno.

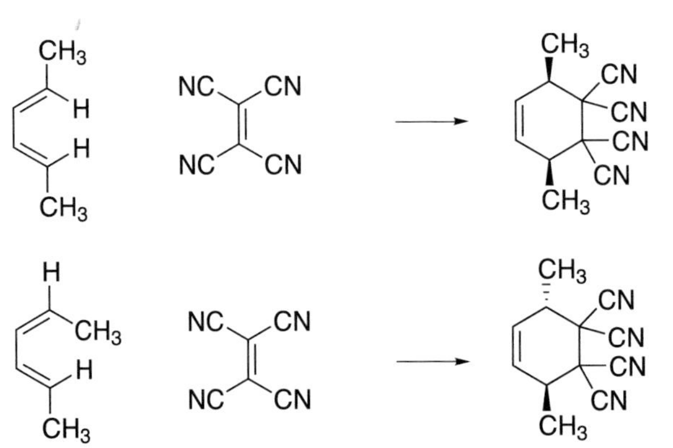

FIGURA 6.16. Retención de la configuración del dieno.

Ejercicio resuelto

Escribe la estructura del producto de la siguiente reacción.

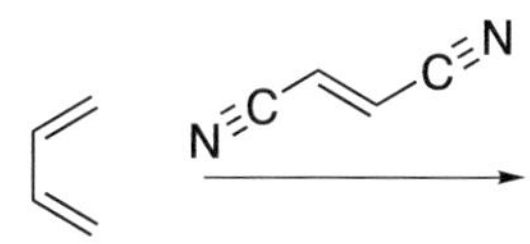

Solución

1. Se aproximan los extremos del dieno y del dienófilo.
2. Se dibujan las tres flechas curvas moviéndose en un círculo.
3. Se dibuja el producto teniendo en cuenta la estereoquímica. El dienófilo es un alqueno disustituido *trans*. Los grupos ciano estarán en *trans* en el cicloaducto.

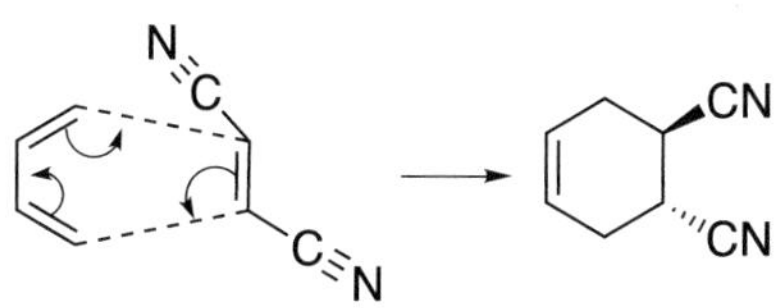

6.10. Escribe las estructuras de los productos mayoritarios de las reacciones siguientes.

1.

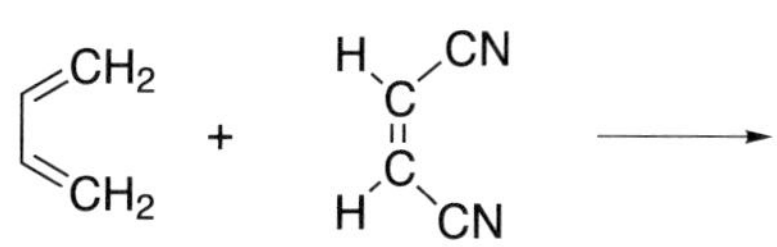

2.

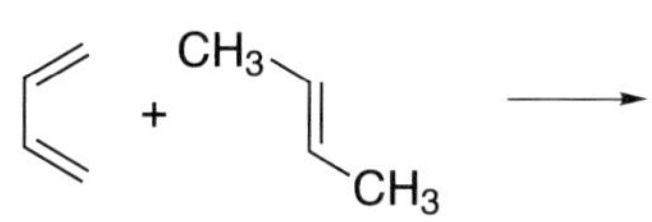

3.

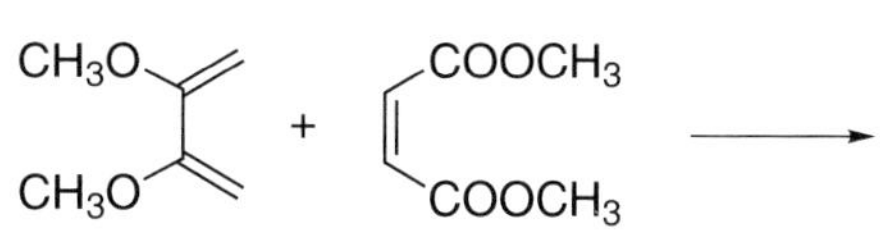

4.

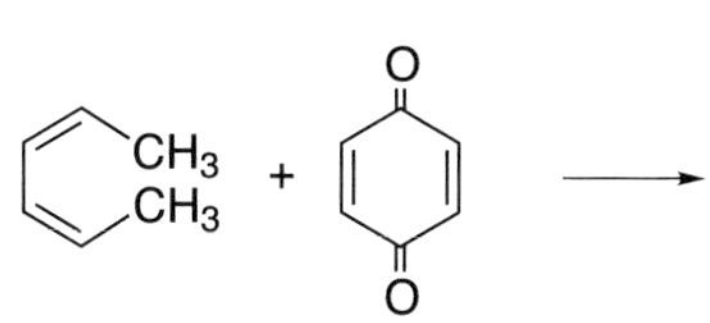

5.

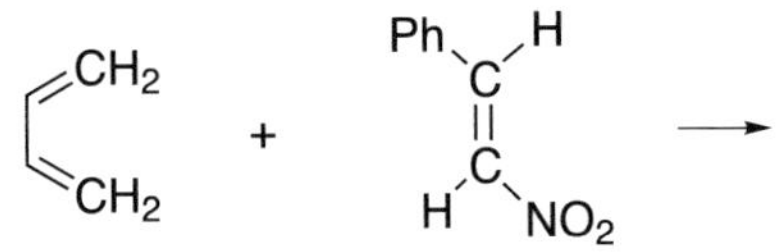

6.11. ¿Qué reactivos se necesitarían para obtener cada uno de los aductos de Diels-Alder indicados a continuación?

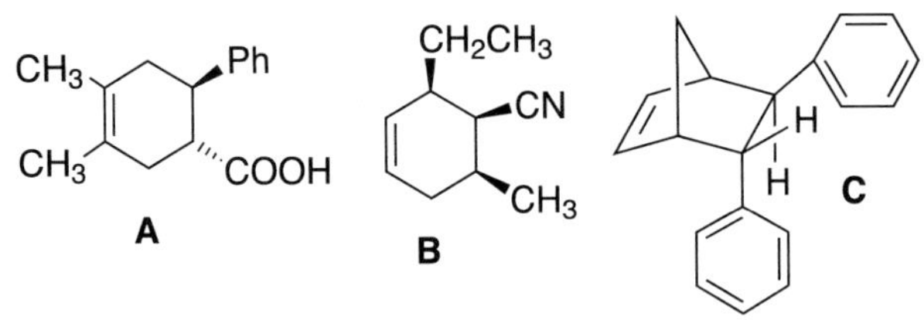

---

3. La reacción de Diels Alder también es *estereoespecífica respecto a la orientación relativa del dienófilo con el dieno*. De acuerdo con las dos posibles orientaciones entre el dieno y el dienófilo pueden esperarse dos productos, el *endo* y el *exo*.

   – *Endo:* orientación en que los sustituyentes del dienófilo se aproximan al doble enlace que se está formando; o bien, que los sustituyentes del sistema bicíclico creado están orientados alejándose del carbono puente.
   – *Exo:* orientación en la que los sustituyentes del alqueno se alejan del doble enlace que se está formando, o bien que los sustituyentes están acercándose al puente.

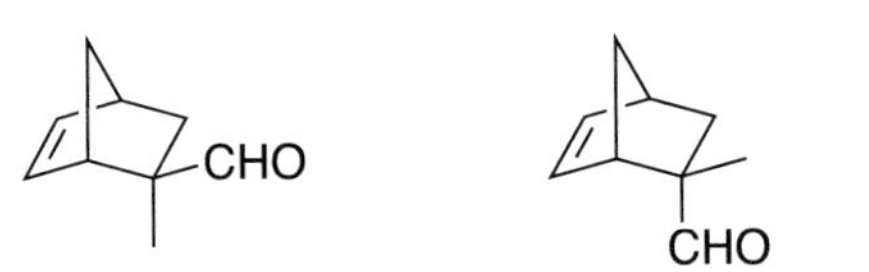

Orientación *exo* Orientación *endo*

FIGURA 6.17. Isomería *endo/exo* en biciclos.

Ejercicio resuelto

Los reactivos siguientes experimentan una reacción de Diels-Alder. Complétala, mostrando cuando sea posible la estereoquímica del producto.

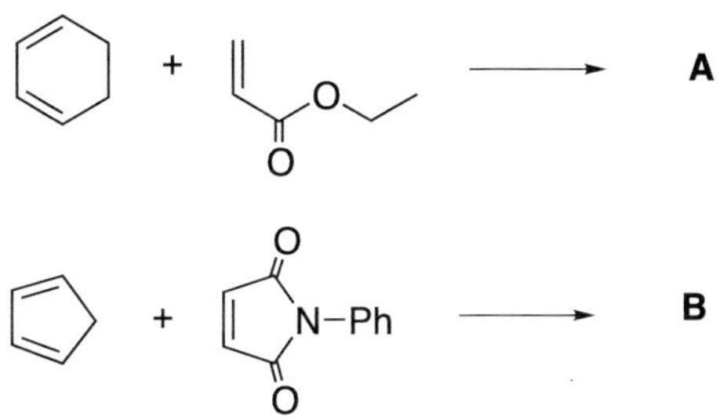

Solución

6.12. Completa las siguientes reacciones.

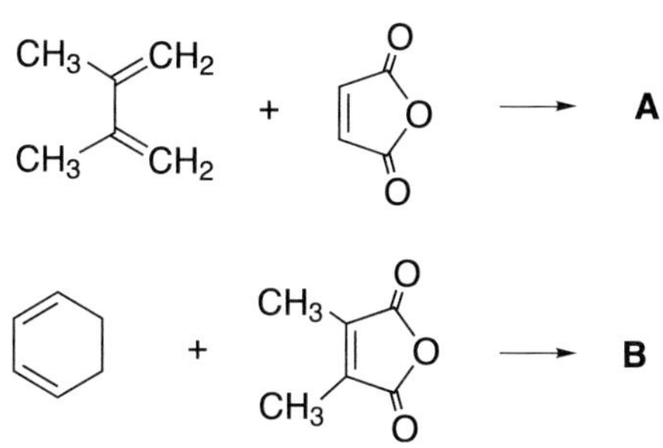

6.13. Escribe todos los productos que se forman en la reacción del 1,3-ciclohexadieno con 2-butenonitrilo.

Justifica la formación del producto mayoritario mediante el correspondiente mecanismo de reacción.

• *Regioquímica.*

La reacción de Diels-Alder presenta, además de una gran estereoselectividad, una elevada *regioselectividad*.

Cuando un dieno sustituido en el primer átomo de carbono reacciona con un *dienófilo no simétrico*, el producto mayoritario normalmente tiene los sustituyentes sobre carbonos vecinos.

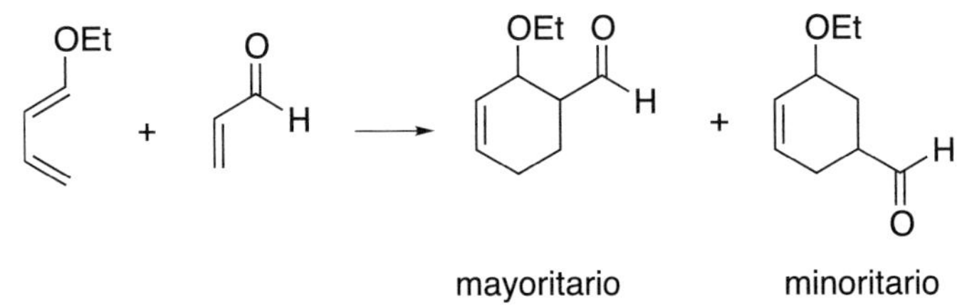

FIGURA 6.18. Regioquímica de la cicloadición Diels-Alder.

El curso de la reacción del 1-etoxi-1,3-butadieno con propenal puede justificarse de la siguiente manera: la polarización del 1-etoxi-1,3-butadieno tiende a incrementar la densidad electrónica en el carbono 4 del dieno.

El átomo de carbono β del compuesto carbonílico α,β-insaturado, por su parte, es deficiente en electrones. En el estado de transición, las moléculas se colocan de forma que las cargas parciales interaccionen una con otra, lo cual da lugar al producto en el que el grupo etóxido y el aldehído están el uno al lado del otro.

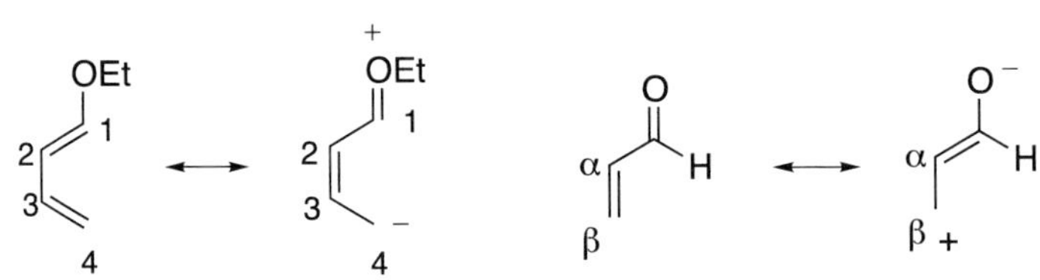

FIGURA 6.19. Formas resonantes de dieno y dienófilo que justifican la regioselectividad.

Ejercicio resuelto

Asigna una estructura a los productos mayoritarios.

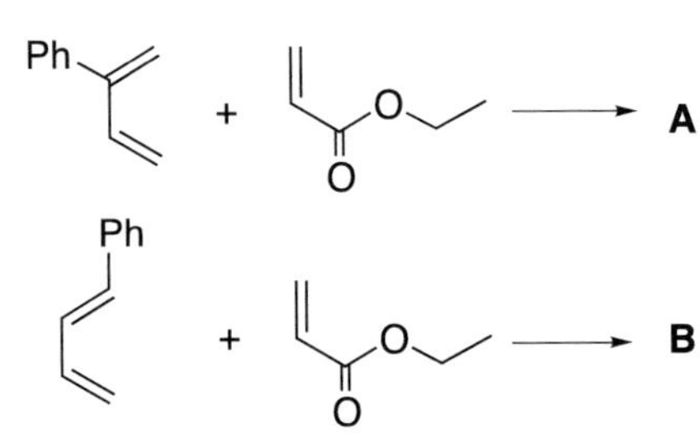

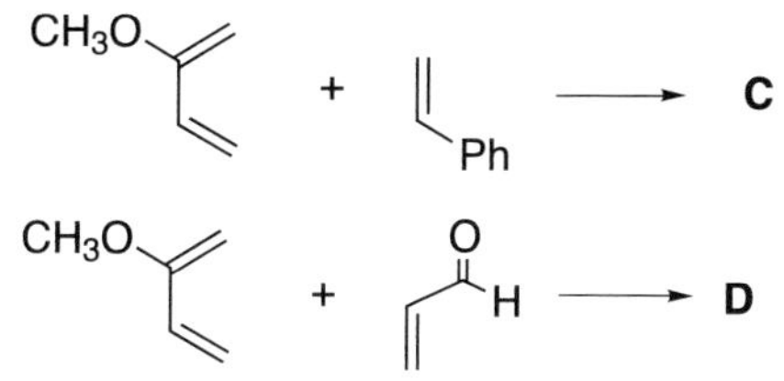

Solución

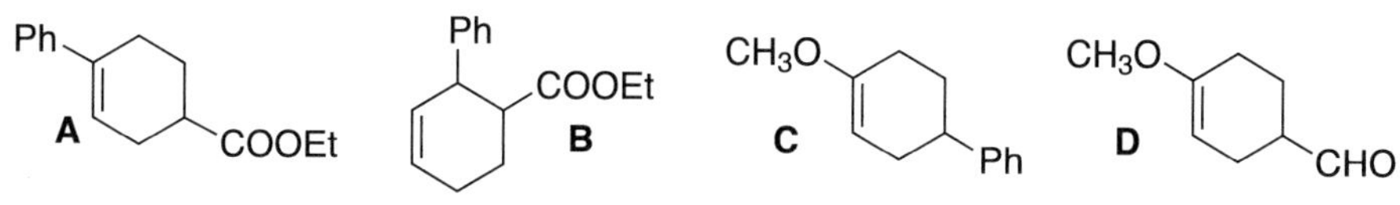

6.14. Completa los espacios en blanco:

Los dienos conjugados experimentan rotación libre alrededor del enlace C2–C3, lo que origina dos conformaciones importantes: *s*-_________ y *s*-_________.

Los materiales iniciales para una reacción de Diels-Alder son dienos y un __________.

Ejemplo de aplicación en ciencias de la salud. Prostaglandinas

En 1930 fueron descubiertas en el semen humano una serie de sustancias que podían estimular el tejido muscular liso, como el músculo uterino, produciendo contracciones. Suponiendo que procedían de la glándula de la próstata recibieron el nombre de *prostaglandinas*. Hoy en día, se sabe que estos compuestos se encuentran ampliamente distribuidos en casi todos los tejidos humanos y que poseen diversos efectos sobre la inflamación, el dolor, la secreción ácida del estómago, el metabolismo, el corazón o la presión sanguínea. Estructuralmente derivan del núcleo del ácido *trans*-prostanoico, distinguiéndose varias familias en función del tipo de sustitución del anillo de ciclopentano, indicado por letras, A, B, C, etc. Además, dentro de cada familia pueden existir tres subtipos que hacen referencia al número de dobles enlaces en las cadenas laterales. Las más abundantes son las de la serie 2 (dienos).

Algunas prostaglandinas se utilizan como tales para fines terapéuticos. Por ejemplo, la *dinoprostona* (prostaglandina E2) o el *dinoprost* (prostaglandina F2), que tienen utilidad como oxitócicos y se emplean como inductores del parto por su capacidad para contraer la musculatura lisa uterina, o el *epoprostenol* (PGI2), vasodilatador y antiagregante plaquetario, que se emplea como alternativa a la heparina en diálisis renal o en distintas técnicas de circulación extracorpórea, así como en la hipertensión pulmonar.

De entre los análogos sintéticos, en la actualidad solo se emplean algunos con fines terapéuticos, tales como el *carboprost*, para el tratamiento de hemorragias posparto o el *iloprost*, análogo metilado del epoprostenol, sintetizado para frenar el metabolismo oxidativo del OH en el carbono 15.

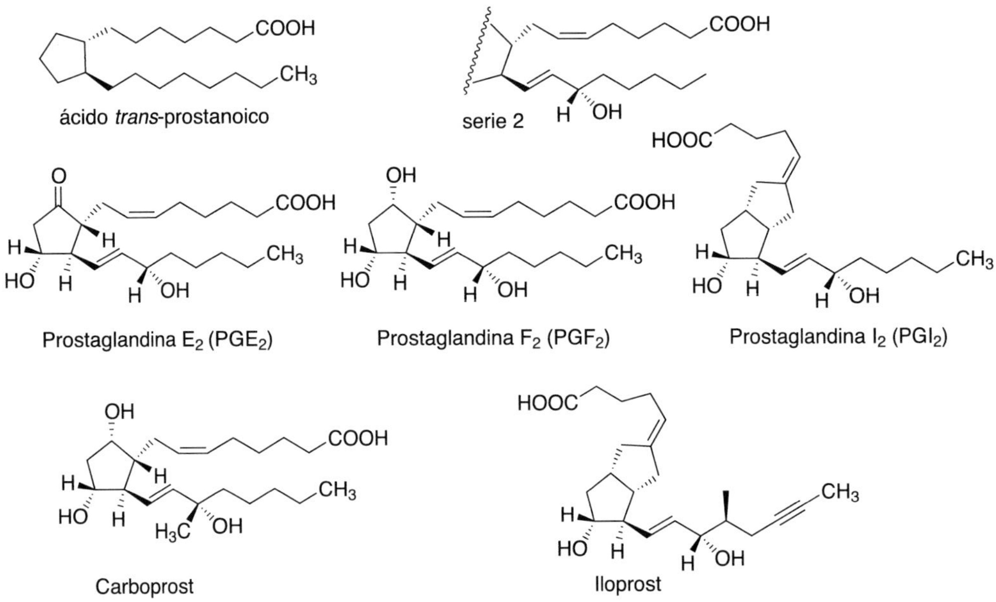

FIGURA 6.20. Prostaglandinas y análogos sintéticos.

RESUMEN

1. Alcadienos.

   Hidrocarburos con dos dobles enlaces.

   – *Aislados:* enlaces múltiples separados por dos o más enlaces sencillos.

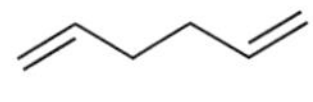

   – *Conjugados:* enlaces sencillos y dobles alternados.

Cíclicos 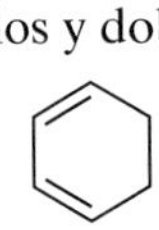 *Lineales* 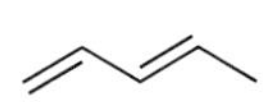

   – *Acumulados (o alenos):* dobles enlaces contiguos. $H_2C{=}C{=}CH_2$

2. Propiedades de los sistemas conjugados 1,3.

   Son más estables que los dienos no conjugados.

   Pueden adoptar dos posibles conformaciones respecto al enlace sencillo:

   – Conformación *s-cis*.
   – Conformación *s-trans*: más estable.

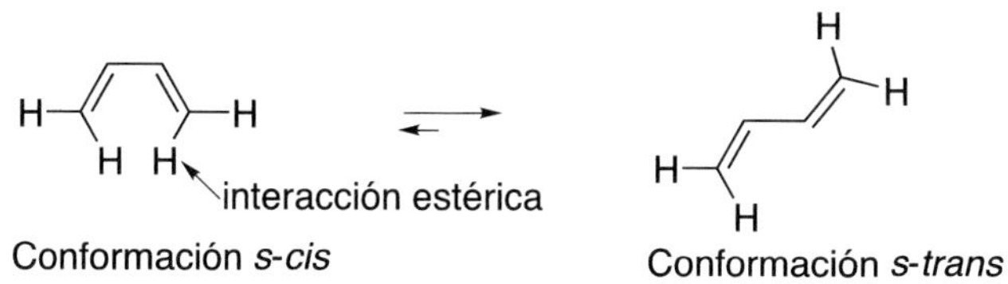

3. Reactividad de los sistemas conjugados 1,3.

   3.1. Hidrogenación.

$$CH_2{=}CH{-}CH{=}CH_2 \xrightarrow[Pt]{2\ H_2} CH_3{-}CH_2{-}CH_2{-}CH_3$$

   3.2. Adición electrofílica. Los dienos conjugados presentan una reactividad especial dando productos de adición 1,2 y 1,4.

   – *Producto de adición 1,2:* predomina a bajas temperaturas (*control cinético*).
   – *Producto de adición 1,4:* predomina a temperaturas elevadas (*control termodinámico*). Se obtiene mayoritariamente el producto más estable.

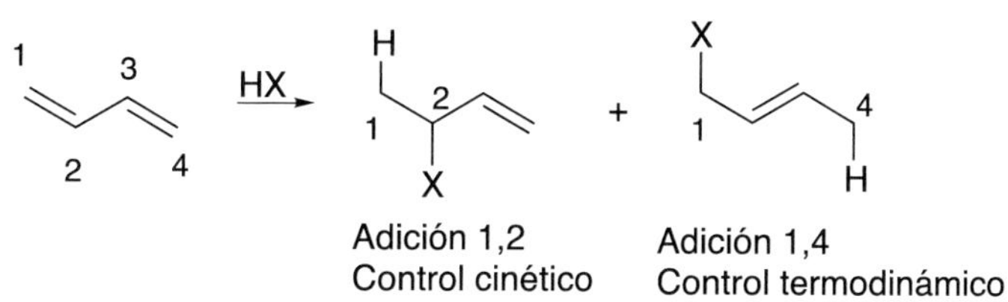

Adiciones electrofílicas más interesantes:

- Adición de hidrácidos.

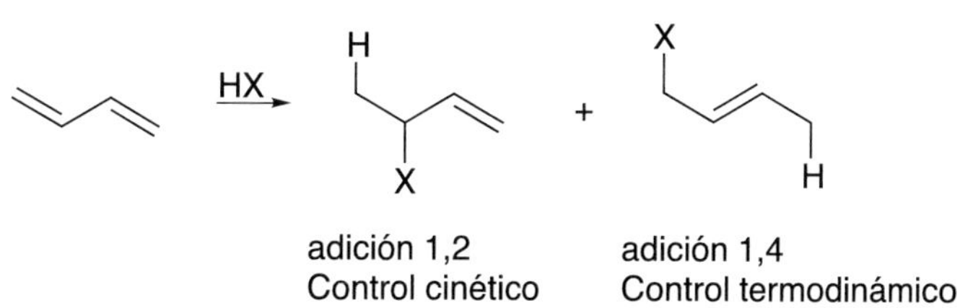

- Adición de halógenos.

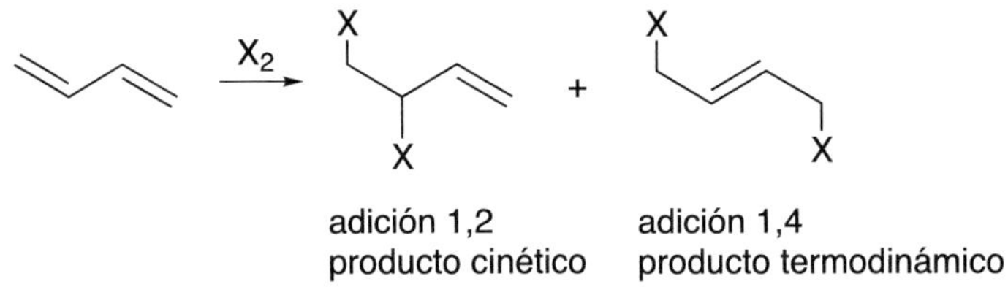

3.3. Reacción de Diels-Alder. Reacción concertada de ciclación [4+2].

Reactivos:

- Un *dieno conjugado.*
- Un *dienófilo.* Reactivo que tiene un doble o un triple enlace.

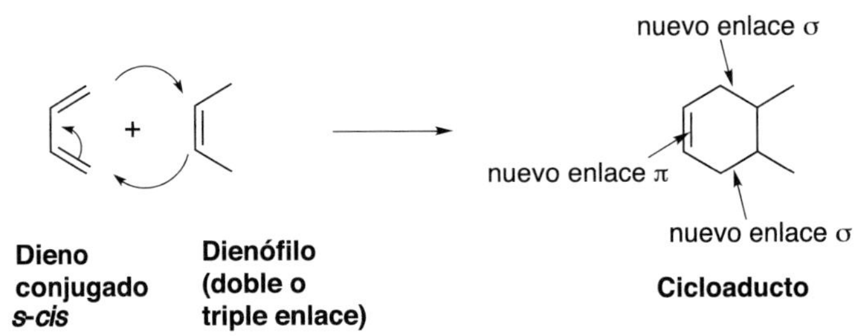

Estereoespecífica.

1. El dieno ha de adoptar la conformación *s-cis*.
2. Se retiene la estereoquímica del dieno y del dienófilo.

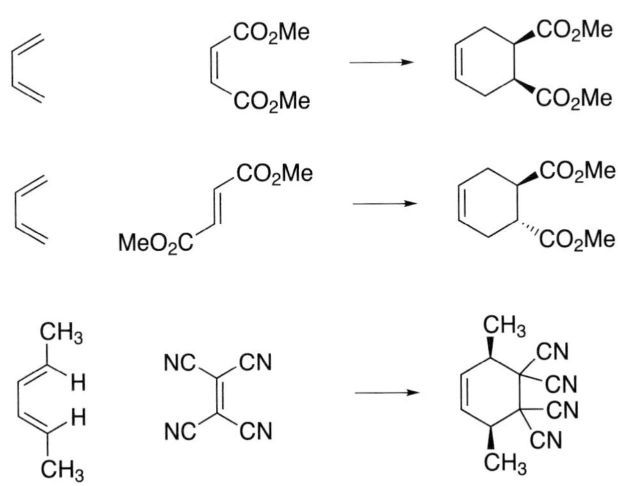

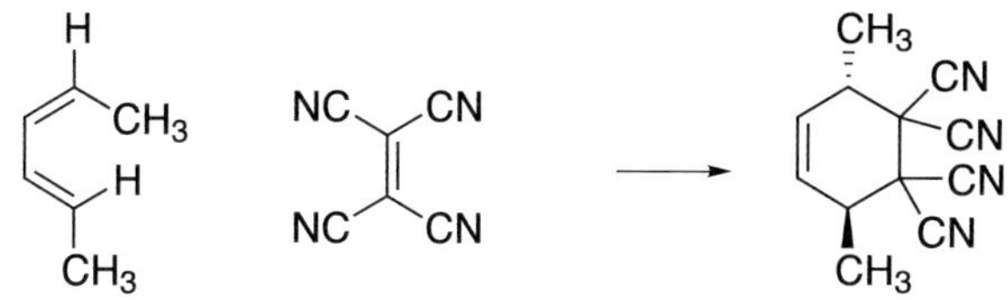

3. Respecto a la orientación relativa del dienófilo con el dieno, cuando se emplean dienos cíclicos y dienófilos sustituidos, pueden esperarse dos productos, el *endo* y el *exo*. Normalmente se obtiene solo el aducto *endo*.

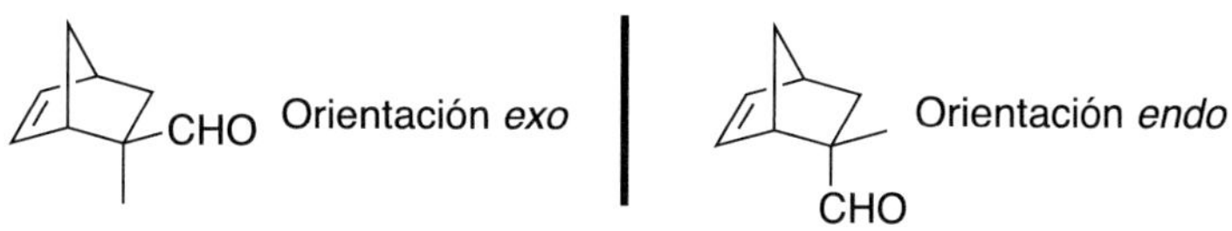

7

EL GRUPO CARBONILO: ALDEHÍDOS Y CETONAS

INTRODUCCIÓN

Tras haber estudiado la química del doble enlace carbono-carbono (C=C), se presenta la del doble enlace carbono-oxígeno (*grupo carbonilo,* C=O), probablemente la función más importante de toda la química orgánica. Los compuestos carbonílicos se encuentran ampliamente representados, no solamente en química orgánica, sino también en otras disciplinas de ciencias de la salud, como bioquímica y biología. En este capítulo se presentan los *aldehídos* y las *cetonas,* los compuestos carbonílicos más sencillos, pero con gran interés biológico. Ambas clases de compuestos son abundantes en la naturaleza. El aldehído natural más abundante es la *glucosa,* fuente de energía de los seres humanos.

Muchas hormonas esteroideas son cetonas (*testosterona, progesterona* o *cortisona*). La *aldosterona,* hormona que regula la concentración de iones sodio en el organismo, posee ambos grupos funcionales. También, los podemos encontrar en perfumes y otros productos, como jabones, lejías y ambientadores, debido a que suelen poseer fragancias agradables, como la *vainilla,* el *cinamaldehído,* la (*R*)-*carvona* o el *benzaldehído.* Su extracción a partir de compuestos de origen natural suele ser cara, por ello se ha recurrido a la síntesis orgánica. El primer perfume obtenido por un procedimiento sintético fue el perfume Chanel n.º 5, en 1921. La *prednisona* es un ejemplo de fármaco sintético, diseñado como un sustituto de la cortisona con menores efectos secundarios.

A lo largo del capítulo se estudiará la síntesis y la reactividad de los aldehídos y las cetonas, haciendo especial hincapié en las reacciones de adición nucleofílica, frente a una amplia variedad de nucleófilos. Reacciones que tienen lugar en muchos procesos biológicos y que también son útiles para el diseño de fármacos.

Objetivos para el aprendizaje

- ✓ Identificar aldehídos y cetonas y predecir sus propiedades físicas y químicas.
- ✓ Determinar la reactividad que pueden presentar los compuestos carbonílicos, en función de la estructura del grupo funcional carbonilo.
- ✓ Comparar la reactividad de los compuestos carbonílicos en las reacciones de adición nucleofílica, en función del grupo funcional carbonilo.
- ✓ Diferenciar la reactividad de aldehídos y cetonas en reacciones de adición nucleofílica.
- ✓ Establecer el mecanismo general por el que transcurren las reacciones de adición nucleofílica a compuestos carbonílicos.
- ✓ Dibujar el mecanismo para la formación de acetales, iminas y enaminas.
- ✓ Dibujar el mecanismo para una reacción de hidrólisis de acetales, iminas y enaminas.
- ✓ Planificar la síntesis de un alqueno mediante una reacción de Wittig.
- ✓ Saber aplicar los diferentes procedimientos para reducir y oxidar aldehídos y cetonas.
- ✓ Seleccionar el procedimiento sintético más adecuado para preparar aldehídos y cetonas.

Glosario

Acetal: compuesto orgánico que se caracteriza por contener dos grupos éter unidos a un mismo átomo de carbono.

Aldehído: compuesto carbonílico en el que el carbono del grupo carbonilo está unido a un átomo de carbono y a otro átomo de hidrógeno (excepto el metanal, que está unido a dos hidrógenos).

Cetona: compuesto carbonílico en el que el carbono del grupo carbonilo está unido a dos átomos de carbono.

Cianhidrina: compuesto orgánico que contiene un grupo ciano y un grupo hidroxilo.

Hidrazona: compuesto orgánico de estructura $R_2C{=}N{-}NH_2$.

Enamina: compuesto orgánico que contiene un átomo de nitrógeno directamente enlazado a un átomo de carbono olefínico.

Hemiacetal: compuesto orgánico que posee un grupo hidroxilo y un grupo éter unidos al mismo átomo de carbono.

Iluro: compuesto iónico que contiene dos átomos con cargas opuestas adyacentes entre sí.

Imina: compuesto orgánico que contiene un doble enlace carbono-nitrógeno (C=N).

Oxima: compuesto orgánico de estructura R_2C=N-OH.

Reacción de Clemmensen: reducción completa del grupo carbonilo (C=O) de un aldehído o una cetona a CH_2.

Reacción de Wittig: reacción que conduce a la obtención de olefinas mono-, di- o trisustituidas, a partir de compuestos carbonílicos e iluros de fósforo (o fosforanos).

7.1. Introducción a los compuestos carbonílicos

Los compuestos carbonílicos son derivados orgánicos que contienen el *grupo carbonilo.*

Está formado por un átomo de carbono y un átomo de oxígeno, unidos a través de un doble enlace (C=O). Se presenta en una amplia variedad de grupos funcionales como los que se muestran en la figura 7.1, entre los que se incluyen los aldehídos y las cetonas.

En los *aldehídos*, el carbono carbonílico está unido a un átomo de carbono y a otro de hidrógeno (excepto el metanal, que está unido a dos hidrógenos). En las *cetonas,* el grupo carbonilo está unido a dos átomos de carbono.

Para comprender mejor las reacciones de los aldehídos, las cetonas y otros compuestos carbonílicos es necesario analizar primero la estructura y las propiedades del grupo carbonilo.

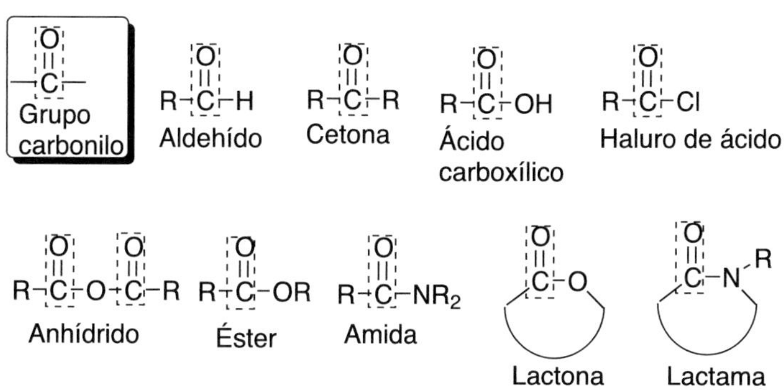

FIGURA 7.1. Compuestos carbonílicos.

7.2. Aldehídos y cetonas: estructura molecular y enlace

El grupo carbonilo (C=O) contiene un enlace σ y un enlace π entre el átomo de carbono y el de oxígeno.

La hibridación de los átomos de carbono y oxígeno es sp^2, por lo que la geometría es plana, con ángulos próximos a 120°.

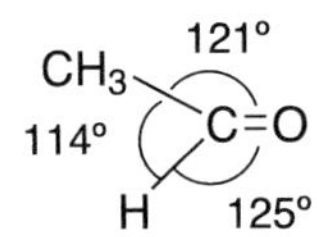

FIGURA 7.2. Estructura molecular. Ángulos de enlace.

El átomo de oxígeno presenta dos pares de electrones no compartidos. Además, al ser más electronegativo que el carbono, hace que la nube electrónica se desplace hacia el primero, originando una polarización del doble enlace con una carga parcial positiva en el carbono y una carga negativa en el oxígeno. Esta polarización se puede expresar mediante una estructura resonante.

FIGURA 7.3. Mesomería de aldehídos y cetonas.

7.1.

a) Dibuja la estructura de todos los aldehídos de fórmula molecular C_4H_8O que sean isómeros constitucionales.

b) Dibuja la estructura de todas las cetonas de fórmula molecular $C_6H_{12}O$ que sean isómeros constitucionales.

7.3. Propiedades físicas y químicas de los aldehídos y las cetonas

La presencia del doble enlace C=O en el grupo carbonilo va a determinar las propiedades físicas y químicas de los compuestos que posee ese grupo, como es en el caso de los aldehídos y las cetonas.

7.3.1. Propiedades físicas

La *solubilidad* en agua de aldehídos y cetonas de pequeño número de átomos de carbono es una de las propiedades físicas más sobresalientes. El átomo de oxígeno del carbonilo es capaz de establecer enlaces a través de puentes de hidrógeno con las moléculas de agua.

En la figura 7.4 se representan los puentes de hidrógeno del metanal, soluble en agua en todas proporciones.

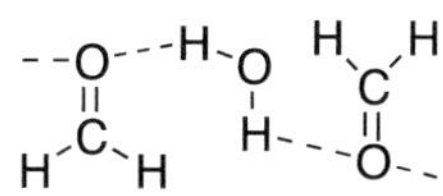

FIGURA 7.4. Enlaces de hidrógeno.

Presentan *puntos de ebullición* más altos que los hidrocarburos de igual número de átomos de carbono, debido a la polaridad del grupo carbonilo y a que el átomo de oxígeno tiende a formar puentes de hidrógeno; sin embargo, son inferiores a los de los alcoholes y ácidos carboxílicos.

7.2. El formol es una disolución acuosa muy concentrada de metanal en agua. ¿Cómo explicarías la gran solubilidad del metanal en agua?

7.3.2. Propiedades químicas

Las moléculas de los aldehídos y las cetonas tienen cierta *basicidad* frente a los ácidos, gracias a los pares electrónicos no enlazantes del átomo de oxígeno.

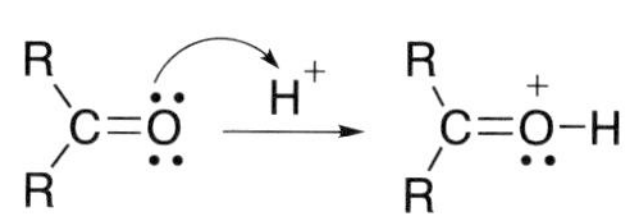

FIGURA 7.5. Basicidad del carbonilo.

Los compuestos carbonílicos, entre los que se encuentran incluidos los aldehídos y las cetonas, además, pueden comportarse como *nucleófilos* (por el átomo de oxígeno), o como *electrófilos* (por el átomo de carbono).

Los pares electrónicos del oxígeno les confieren carácter nucleofílico.

La capacidad de actuar como electrófilos proviene de los efectos de resonancia, así como de los inductivos. Como se muestra en la figura 7.3, una de las estructuras de resonancia exhibe una carga positiva en el átomo de carbono. Los efectos inductivos también mantienen el átomo de carbono deficiente en cuanto a su densidad electrónica. Como resultado, este átomo es particularmente electrófilo y susceptible al ataque nucleofílico.

Los aldehídos y las cetonas también presentan *hidrógenos ácidos* sobre los átomos de carbono en α, por lo que pueden desplazarse por acción de una base originando un carbanión. Las reacciones debidas a la acidez de los hidrógenos en posición α se tratarán posteriormente.

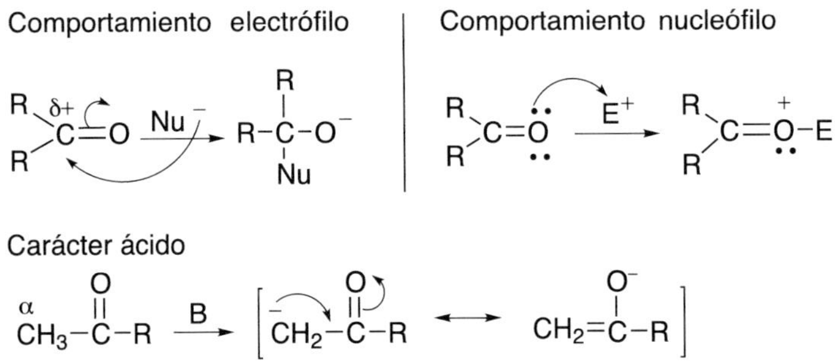

FIGURA 7.6. Comportamiento químico de aldehídos y cetonas.

- *Orden de reactividad de los compuestos carbonílicos frente a nucleófilos*

Depende de la densidad de carga positiva sobre el carbono carbonílico, determinada por los efectos inductivos y mesómeros de los sustituyentes.

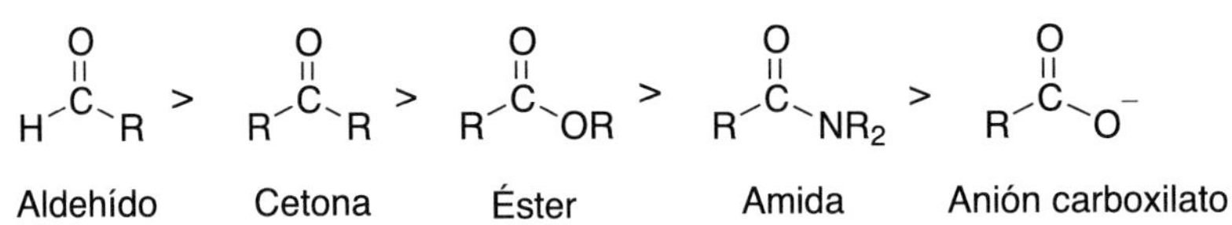

FIGURA 7.7. Reactividad de los compuestos carbonílicos.

Como se muestra en la figura 7.7, existen diferencias de reactividad entre los aldehídos y las cetonas. En general, *los aldehídos son más reactivos que las cetonas frente a los nucleófilos*. Las razones son de tipo estérico y electrónico.

La presencia de dos sustituyentes en las cetonas dificulta el ataque nucleofílico, ya que presentan un mayor *impedimento estérico*.

Electrónicamente, el mayor grado de polaridad del grupo carbonilo en los aldehídos, hace que estos sean más reactivos frente a los nucleófilos. Una cetona tiene dos grupos alquilo donantes de electrones que estabilizan la carga positiva en el átomo de carbono del grupo carbonilo. Sin embargo, los aldehídos tienen un único grupo donante de electrones.

FIGURA 7.8. Mayor reactividad de aldehídos. Efectos electrónicos y estéricos.

En resumen, los aldehídos y las cetonas pueden reaccionar con nucleófilos, con electrófilos o con bases fuertes, según la parte de la molécula que reaccione.

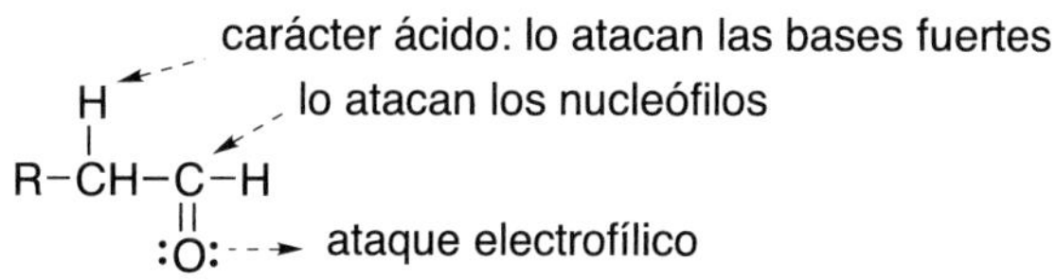

FIGURA 7.9. Puntos reactivos en la molécula.

Ejercicio resuelto

Escribe las reacciones que se producirían al tratar cada uno de los siguientes compuestos con (1.º) ácido sulfúrico concentrado y (2.º) con etóxido de sodio, dibujando las formas resonantes que explican la estabilidad de los iones formados.

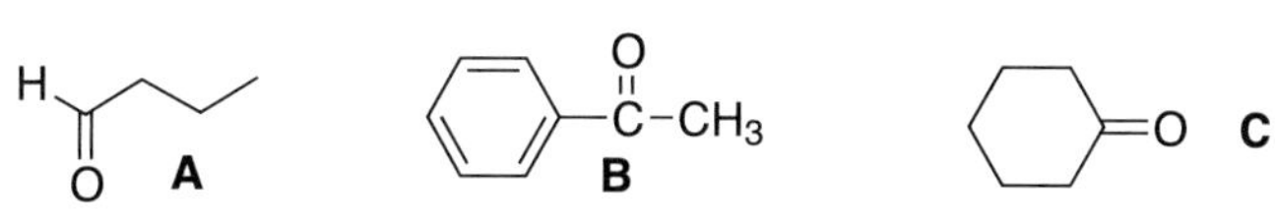

Solución

Compuesto A

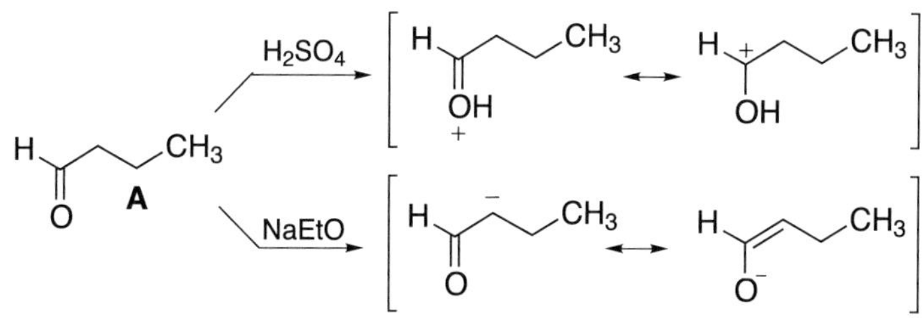

Compuesto B

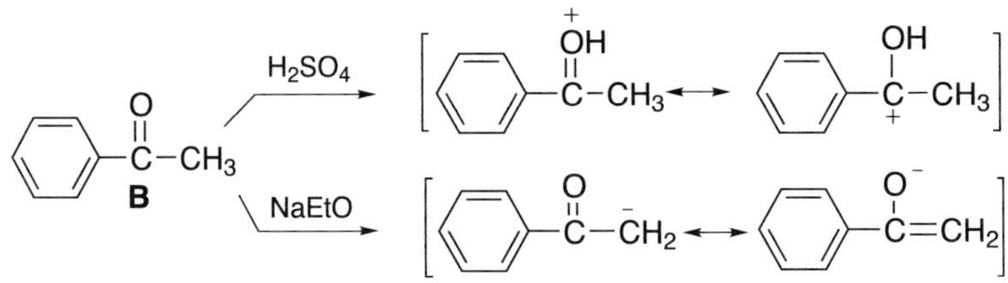

Compuesto C

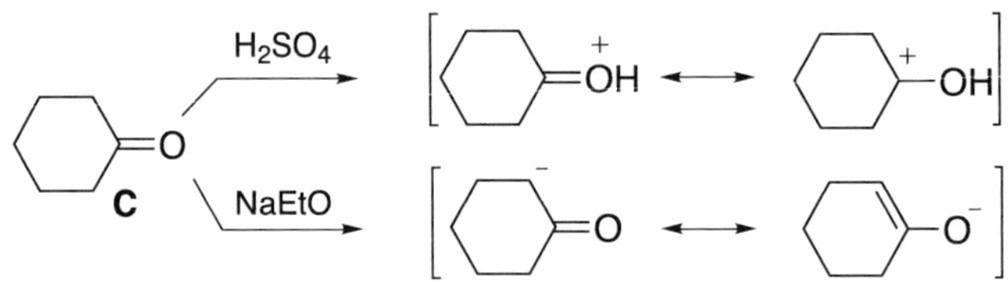

7.3. Indica para cuál de los siguientes compuestos se espera una mayor reactividad frente a un nucleófilo.

a)

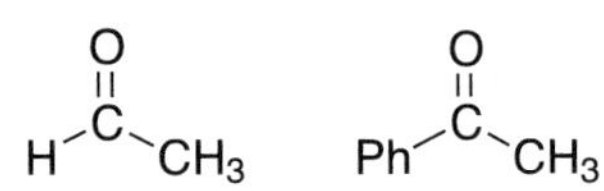

b)

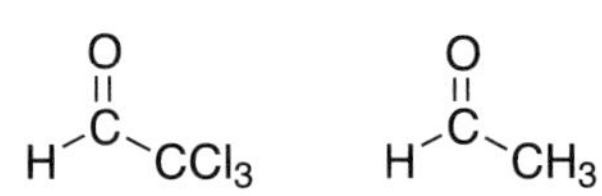

7.4. Reactividad del grupo carbonilo: mecanismo de la reacción de adición nucleofílica

El *grupo carbonilo*, debido a su naturaleza –un enlace múltiple y polarizado– puede dar *reacciones de adición. Los nucleófilos* atacan al carbono deficitario de electrones y los *reactivos de naturaleza electrofílica* pueden ser atacados por el átomo de oxígeno.

La adición presenta dos posibles mecanismos:

a) Adición nucleófila + protonación. La adición comienza por el ataque de un nucleófilo sobre el carbono carbonílico, deficitario en electrones, formándose un intermedio tetraédrico, posteriormente protonado.

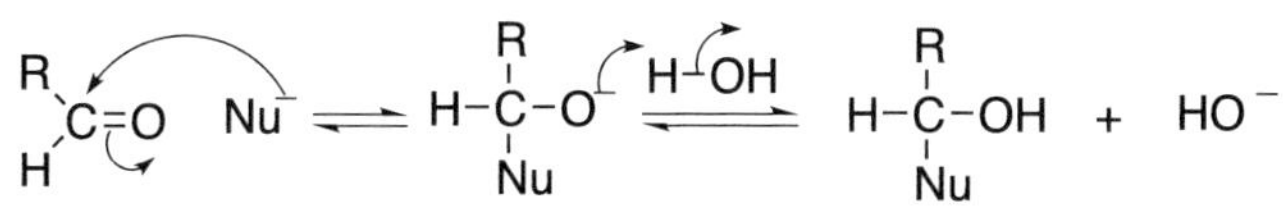

FIGURA 7.10. Mecanismo de adición nucleófila seguida de protonación.

b) Protonación + adición. Este mecanismo predomina en medio ácido. Se inicia con un ataque electrófilo del protón al oxígeno del carbonilo. El ataque nucleófilo completa el proceso de adición y desplaza el primer equilibrio.

La protonación del grupo carbonilo tiene especial importancia cuando se emplean nucleófilos débiles, como el agua o los alcoholes, ya que se genera un electrófilo muy potente, dejando el átomo de carbono aún más positivo.

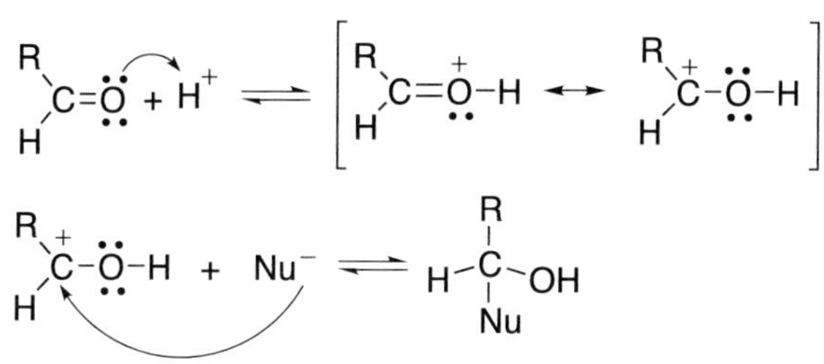

FIGURA 7.11. Mecanismo de protonación seguida de adición.

7.4. Dibuja un mecanismo probable para la siguiente reacción.

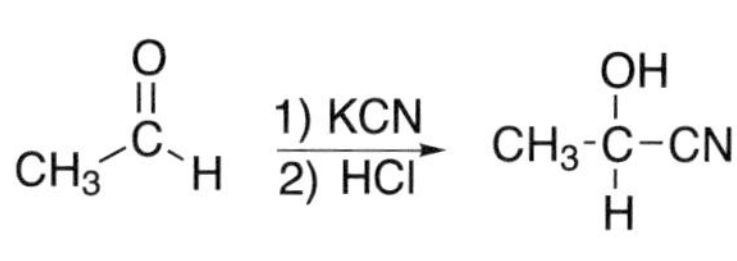

7.5. Reacciones de adición nucleófila al carbonilo

Se estudiarán reacciones de adición de diversos nucleófilos. Según la naturaleza del átomo atacante:

- *Adición de oxígeno:* adición de H_2O y ROH. La adición de agua o de un alcohol sigue caminos similares. En ambos casos se requiere catálisis ácida o básica. Con el agua se obtienen *hidratos* y con los alcoholes *acetales*.
- *Adición de nitrógeno:* adición de aminas y compuestos nitrogenados relacionados con las aminas, H_2N-X (X = OH, NH_2, $NHCONH_2$).
- *Adición de carbono:* además de los alcoholes y de las aminas, existen otros reactivos nucleófilos que pueden reaccionar con los aldehídos y las cetonas. Entre ellos, quizá, los más importantes son aquellos que presentan un átomo de carbono que puede actuar como nucleófilo. En estas reacciones se va a generar un nuevo enlace carbono-carbono. Se estudiará la adición de ion cianuro e iluros de fósforo. Aquí también se incluirían las reacciones de adición de los compuestos organometálicos, ya tratadas en los capítulos 1 y 2.

7.5.1. Adición de agua: hidratación

Se adiciona una molécula de agua sobre el enlace múltiple del carbonilo, sin que se produzca fragmentación de la molécula, obteniéndose un *diol geminal*. Puede catalizarse con ácidos o bases.

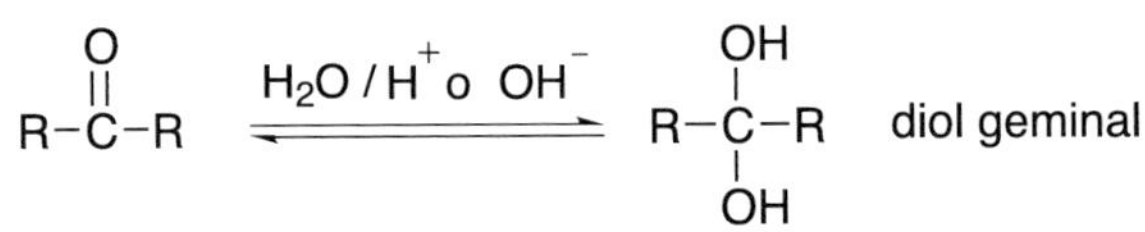

FIGURA 7.12. Hidratación.

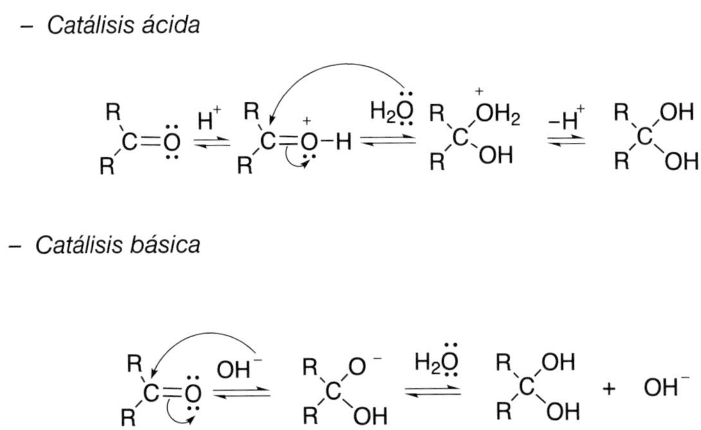

FIGURA 7.13. Mecanismo de la adición de agua con catálisis ácida y básica.

La hidratación es un proceso reversible. Por lo general, la posición de equilibrio favorece el grupo carbonilo en lugar de hidrato, salvo en el caso de aldehídos muy simples o carbonos muy electrófilos por el efecto de grupos atrayentes de electrones.

Ejercicio resuelto

Coloca en orden de reactividad creciente respecto a la hidratación los siguientes compuestos:

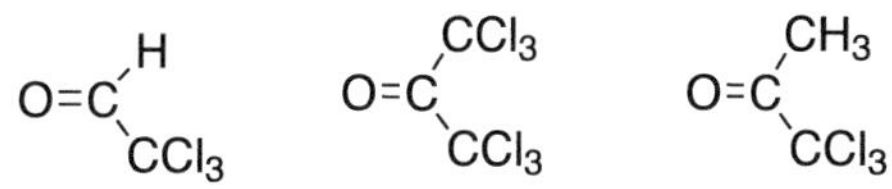

Solución

Los grupos triclorometilo, gracias a su efecto aceptor (–I), estabilizan al hidrato que se forma y permiten una mejor reacción de hidratación.

El grupo metilo con su efecto dador (+I) actúa desestabilizando el hidrato que se forma.

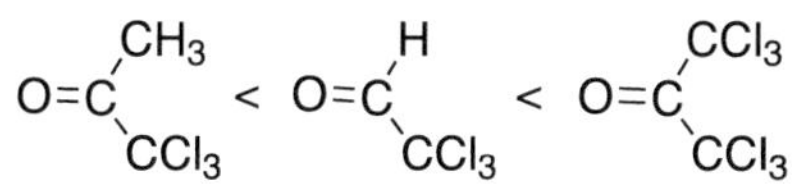

7.5. Escribe las reacciones de hidratación de los siguientes compuestos:

a) 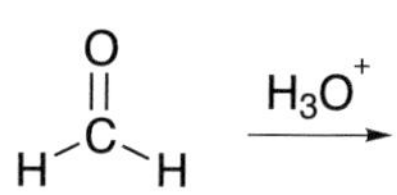

Metanal

b) 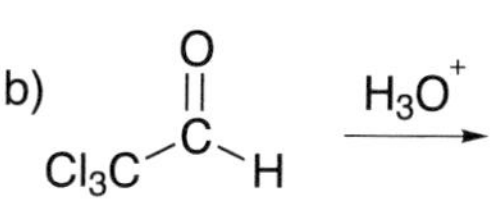

Cloral

7.6. Justifica la siguiente transformación:

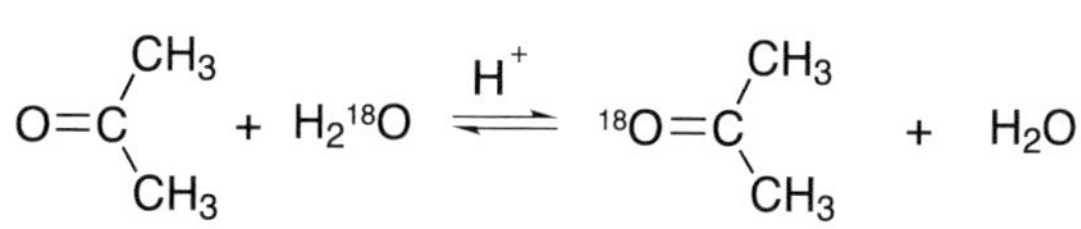

7.5.2. Adición de alcoholes. Grupos protectores

La adición de alcoholes a aldehídos conduce a la formación de *hemiacetales*, compuestos que poseen un grupo hidroxilo y un grupo éter, unidos al mismo carbono. La reacción está catalizada por ácidos o bases. Cuando hay exceso de alcohol y en medio ácido, la reacción no se detiene, sino que reaccionan con otra molécula de alcohol proporcionando *acetales*, que poseen dos grupos funcionales éter, unidos al mismo carbono.

Cuando la adición del alcohol tiene lugar sobre cetonas, el producto puede ser llamado *hemicetal*. Los *cetales* se forman, asimismo, por nueva adición de alcohol en medio ácido.

No obstante, hemiacetal y acetal son términos más generales y son los que se suelen utilizar, tanto para aldehídos como cetonas.

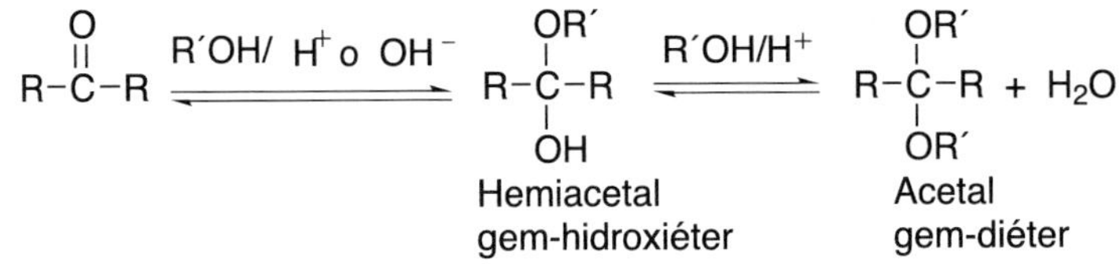

FIGURA 7.14. Formación de hemiacetales y acetales.

Los ácidos más utilizados como catalizadores son el ácido *p*-toluensulfónico (TsOH) y el ácido sulfúrico.

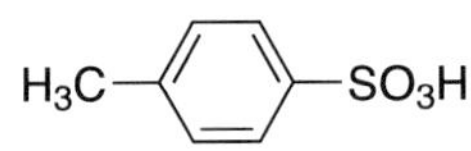

Ácido *p*-toluensulfónico

La reacción es reversible, pero como todos los procesos de equilibrio, la posición del mismo se puede variar modificando las condiciones de la reacción.

A) Mecanismo de formación de los acetales

Podemos distinguir dos procesos:

- En primer lugar, adición de una molécula de alcohol para dar el *hemiacetal.*
- En segundo lugar, sustitución sobre el hemiacetal de una segunda molécula de alcohol, obteniéndose el *acetal.*

1. *Reacción de adición: formación del hemiacetal.* En presencia de ácido, el grupo carbonilo es protonado, lo que aumenta su electrofilia. El carbonilo protonado es atacado por una molécula de alcohol para formar un intermedio tetraédrico, que es desprotonado, probablemente por una molécula de alcohol presente en la solución.

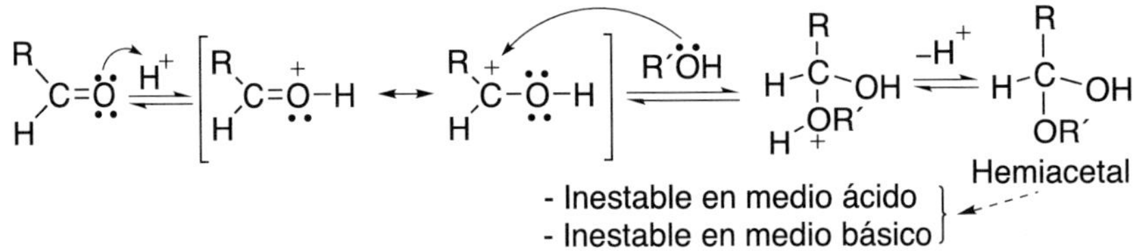

FIGURA 7.15. Mecanismo de la formación del hemiacetal.

2. *Reacción de sustitución: formación del acetal.* Se produce la pérdida de agua para formar un intermedio estabilizado por resonancia que luego es atacado por el nucleófilo (otra molécula de alcohol).

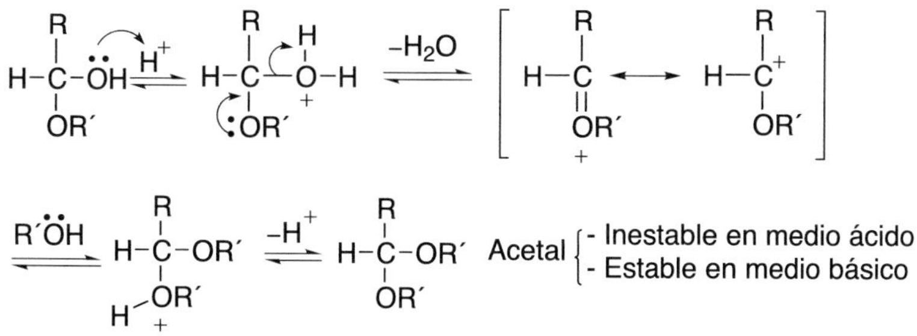

FIGURA 7.16. Mecanismo de la formación del acetal.

B) Grupos protectores

Los acetales son buenos grupos protectores, debido a que son estables frente a las bases y se hidrolizan fácilmente en medio ácido (*desprotección*).

La formación del acetal requiere dos equivalentes de alcohol. Como alternativa, se pueden utilizar 1,2-dioles, como el *etilenglicol*, formándose acetales cíclicos, muy utilizados para la protección del carbonilo de los aldehídos y cetonas.

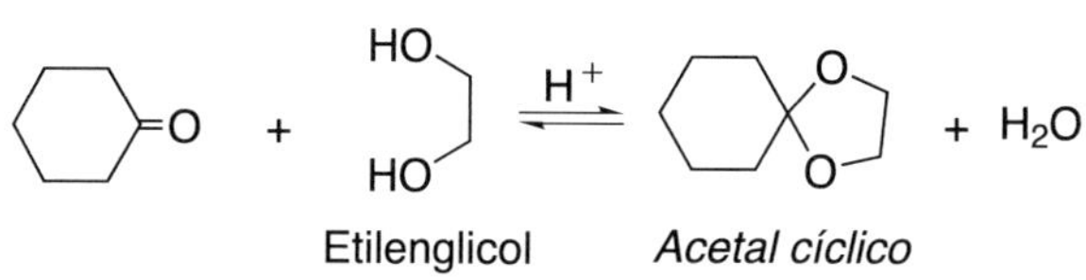

FIGURA 7.17. Grupos protectores. Formación de acetal cíclico.

Ejercicio resuelto

Escribe los productos esperados de cada una de las siguientes reacciones.

a) 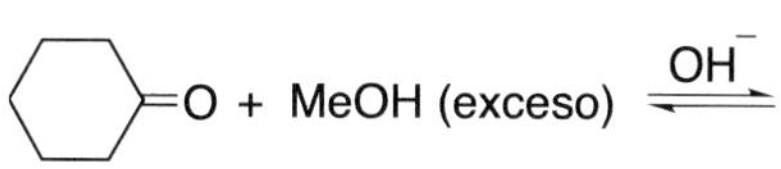

b) 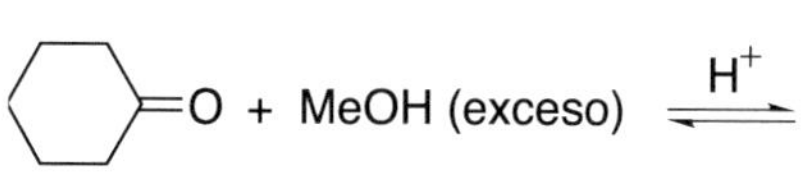

c) 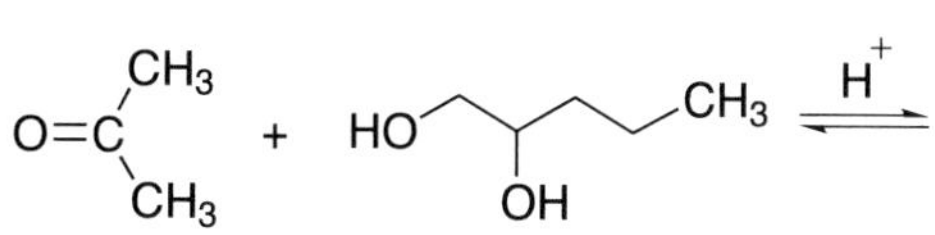

Solución

a) Para que atacase una segunda molécula de alcohol, obteniéndose el acetal, sería necesario catálisis ácida.

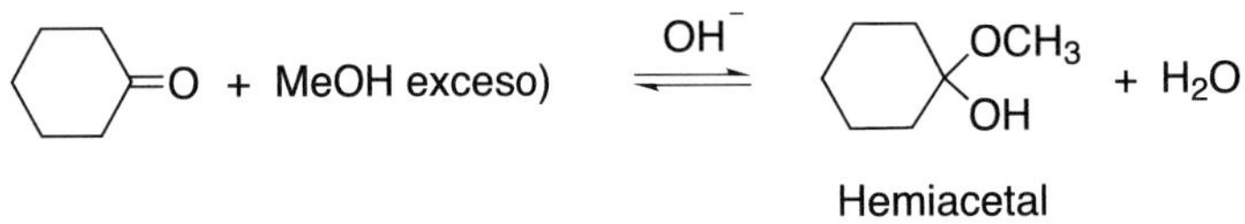

b)

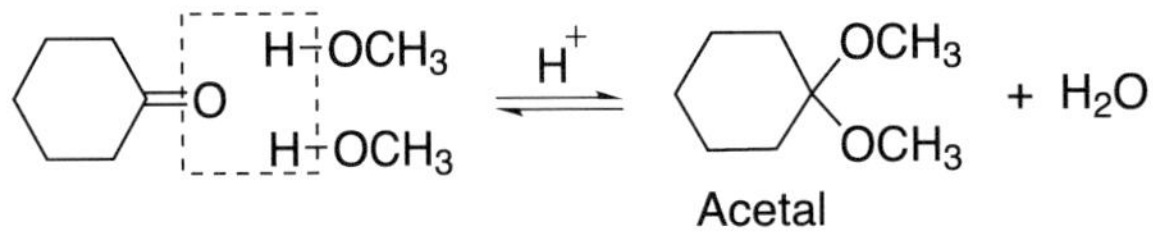

c)

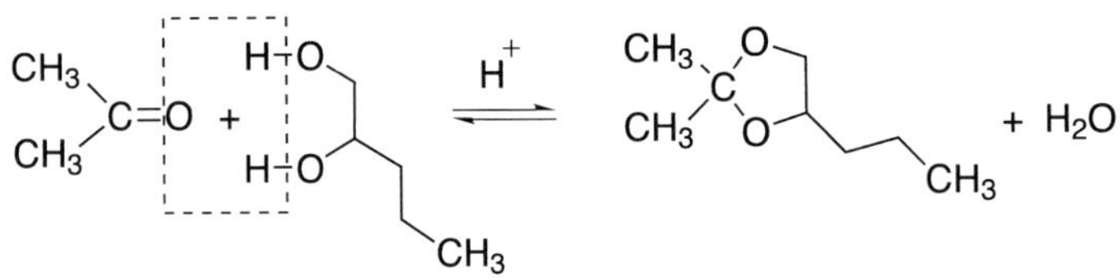

Ejercicio resuelto

Propón un mecanismo para la siguiente transformación.

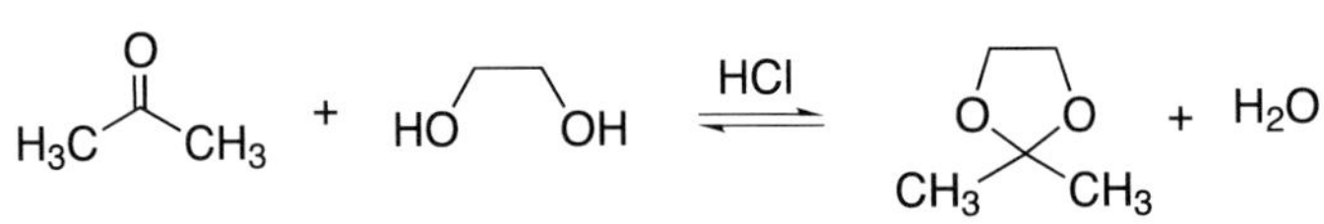

Solución

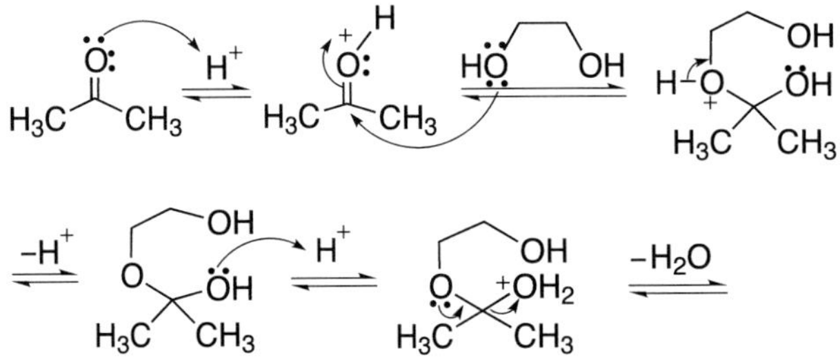

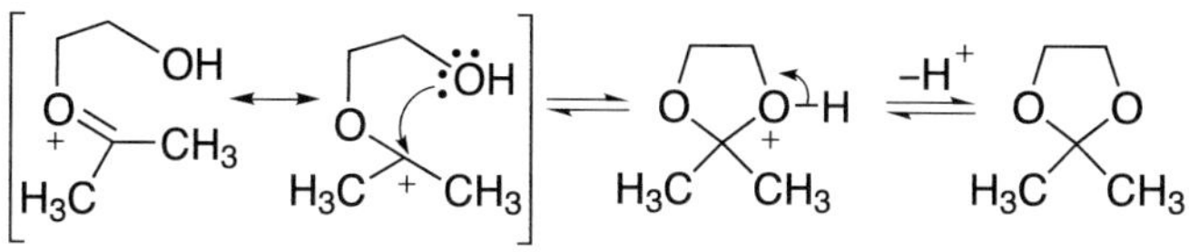

7.7. Completa las reacciones, indicando la estructura de los productos.

a)

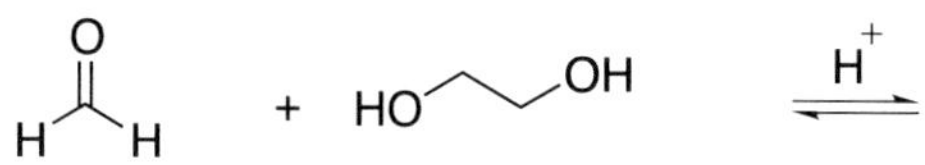

b)

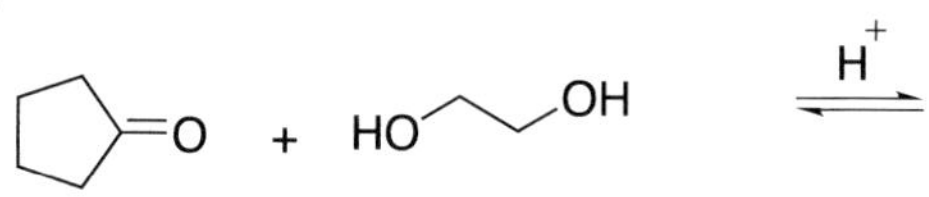

c)

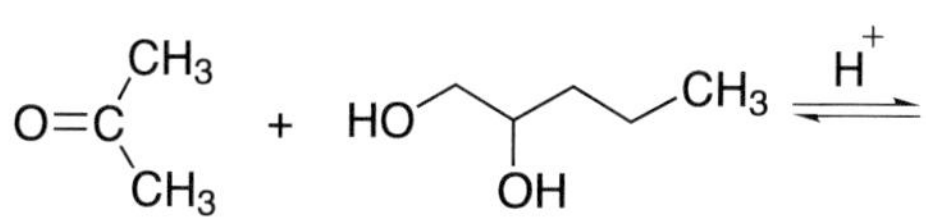

7.8. Predice los resultados de las siguientes reacciones.

a)

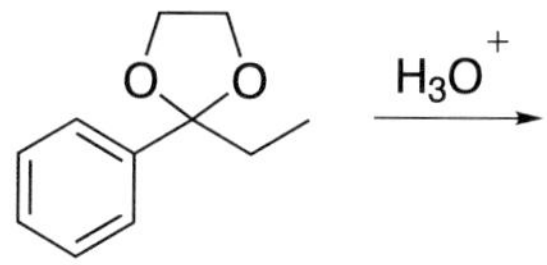

b)

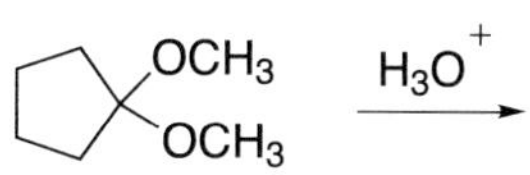

c)

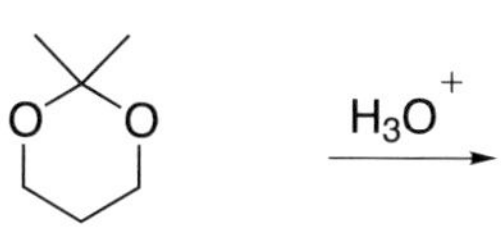

7.9. Propón un mecanismo para la siguiente transformación.

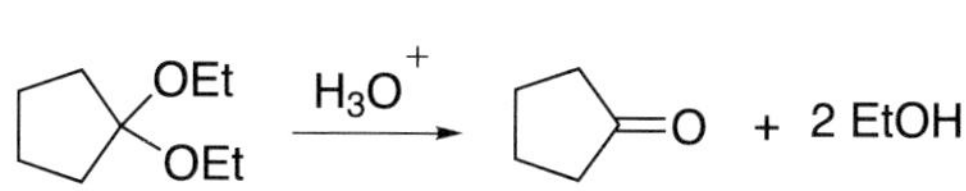

7.10. ¿Para qué se protegen los grupos funcionales? ¿Qué condiciones químicas debe reunir un buen grupo protector?

Enuncia cómo se protegen los carbonilos y pon algún ejemplo ilustrativo de protección y desprotección.

7.11. El ejercicio que se muestra a continuación es un ejemplo del uso de los grupos protectores en química orgánica. Completa la siguiente secuencia sintética.

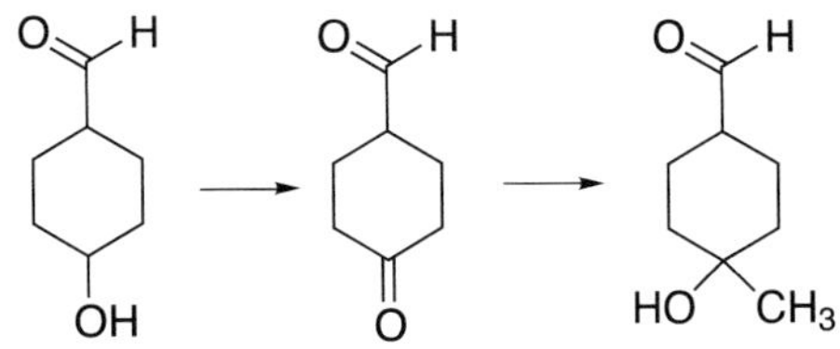

7.12.

a) Demuestra cómo se podría usar un cetal cíclico para efectuar la transformación de A en B.

b) ¿Por qué la adición directa de bromuro de metilmagnesio al compuesto A no producirá B?

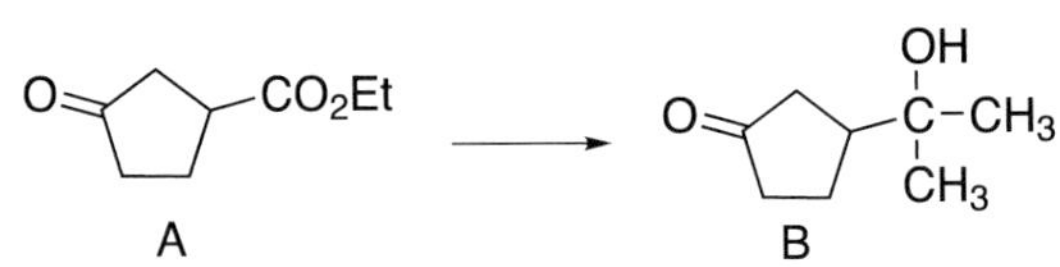

7.5.3. Adición de compuestos nitrogenados

Las aminas y compuestos relacionados con el amoniaco, tales como la hidroxilamina, hidracinas o semicarbazida, constituyen una clase importante de reactivos que se comportan como nucleófilos frente al grupo carbonilo.

Los grupos funcionales nitrogenados son más nucleófilos y más básicos que los correspondientes oxigenados (por ejemplo, $NH_3 > H_2O$). Por lo tanto, las condiciones de las reacciones serán menos drásticas.

- Las *aminas primarias* se adicionan al grupo carbonilo en medio ácido originando *iminas* o *bases de Schiff.*
- La *hidroxilamina* forma *oximas*.
- Con *hidrazina* y *fenilhidrazina* se obtienen *hidrazonas* y *fenilhidrazonas*.
- La *semicarbazida* conduce a *semicarbazonas.*

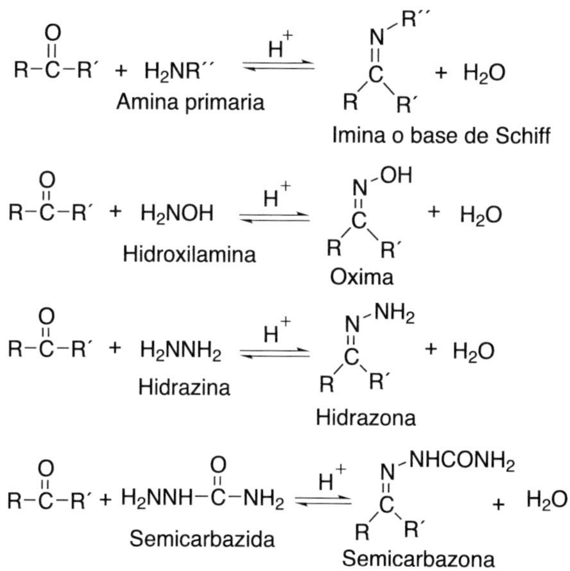

FIGURA 7.18. Formación de iminas, oximas, hidrazonas y semicarbazonas.

En general, se unen dos moléculas con pérdida de agua (condensación).

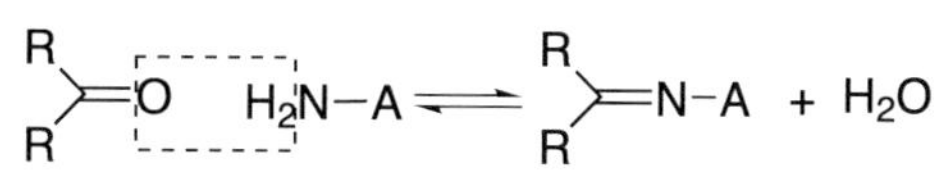

$A = R; NH_2; NHPh; OH; NHCONH_2$

FIGURA 7.19. Esquema de la condensación con compuestos nitrogenados.

- *Mecanismo*

Conceptualmente se pueden distinguir dos procesos:

1. Adición para formar un *hemiaminal.* Se inicia con el ataque nucleofílico del nitrógeno sobre el carbono carbonílico para dar el hemiaminal, análogo de un hemiacetal.
2. Eliminación de agua: obtención de la *imina* correspondiente.

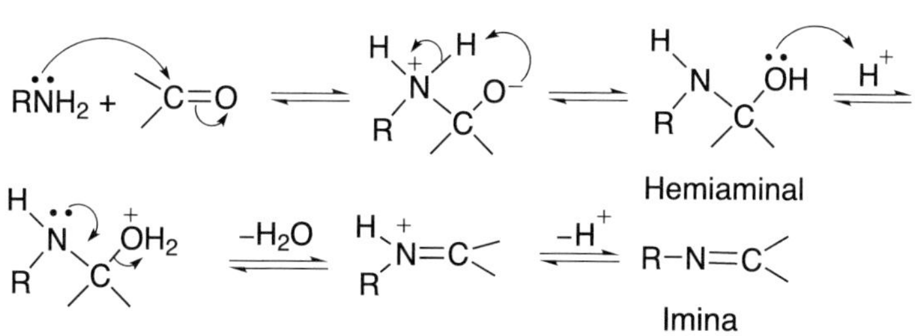

FIGURA 7.20. Mecanismo de la formación de iminas.

El *mecanismo de reacción* implicado en la formación de oximas, hidrazonas y semicarbazonas es similar al utilizado para las iminas.

- Las *aminas secundarias* reaccionan con aldehídos y cetonas, que poseen hidrógenos en el carbono en alfa, para dar *enaminas*.

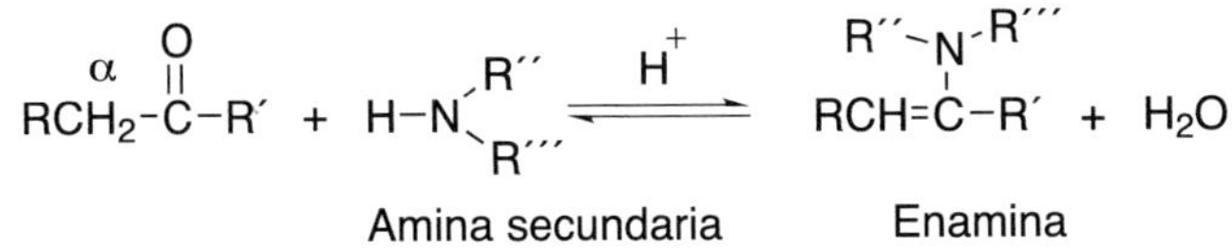

FIGURA 7.21. Formación de enaminas.

El grupo funcional *enamina* contiene el doble enlace (C=C) de un alqueno (función *eno*) y el grupo funcional *amino* de una amina

Ejercicio resuelto

Dibuja un mecanismo posible para la siguiente transformación.

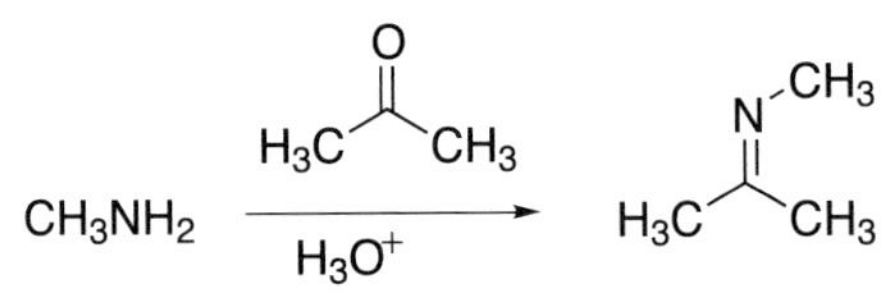

Solución

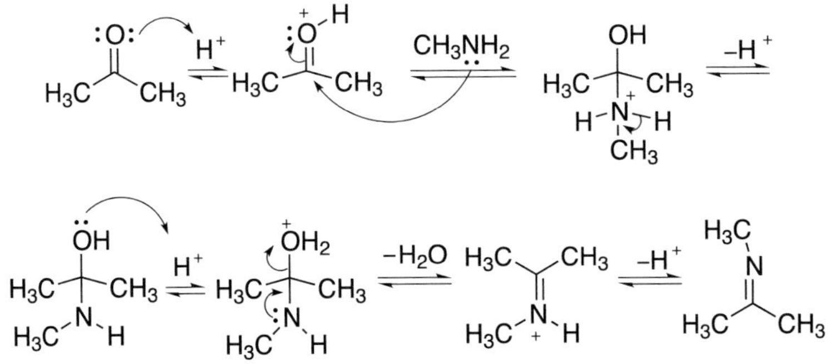

Ejercicio resuelto

Propón un mecanismo para la obtención de la enamina formada a partir de pirrolidina y ciclohexanona.

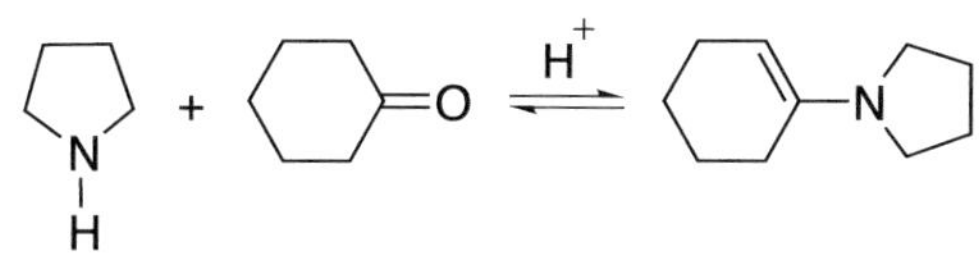

Solución

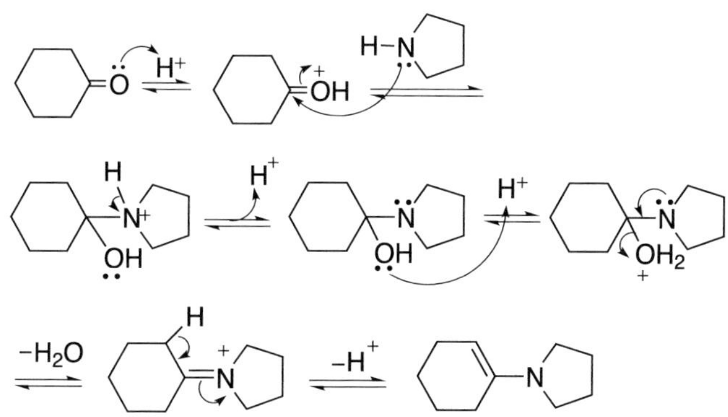

7.13. Completa las siguientes reacciones.

a) 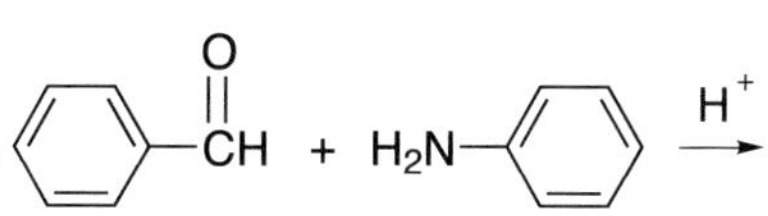

e) 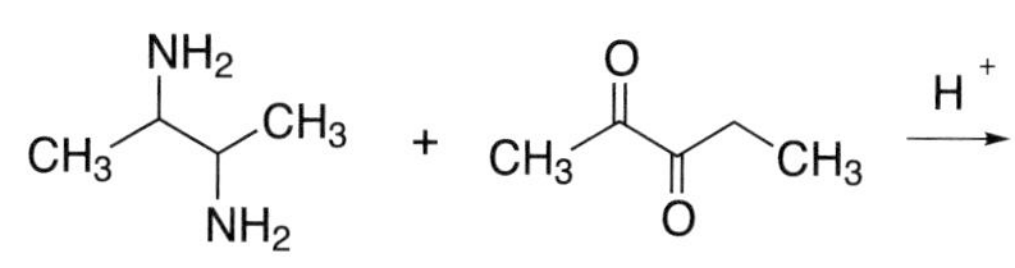

b) 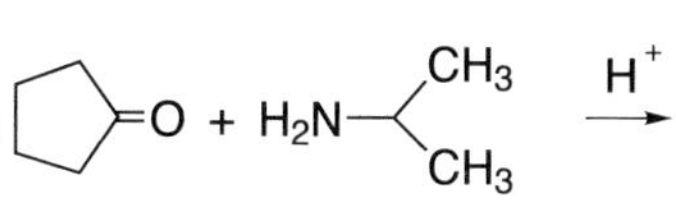

f) 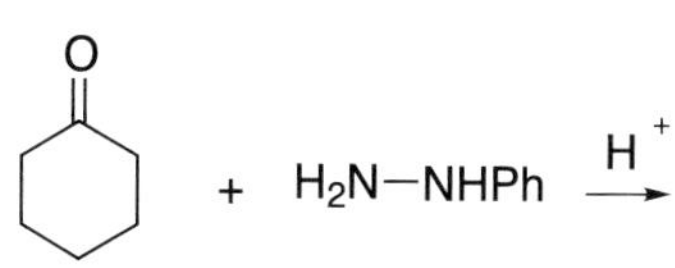

c) 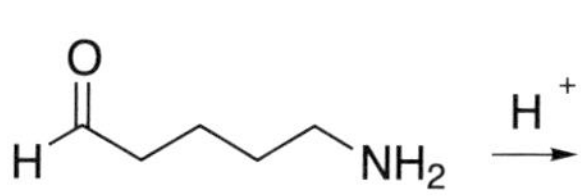

d) 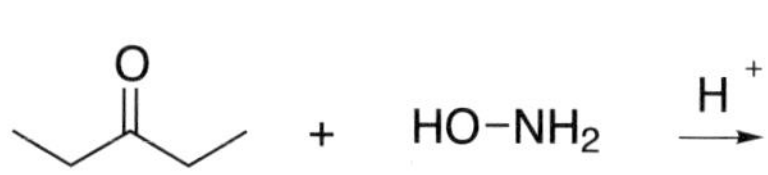

7.14. Completa las siguientes reacciones.

a) 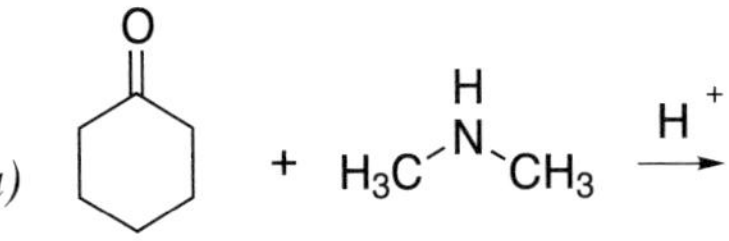

c) 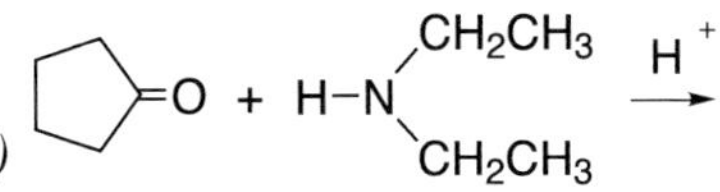

b) 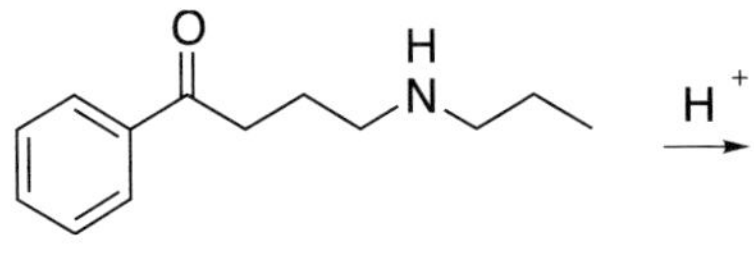

d) 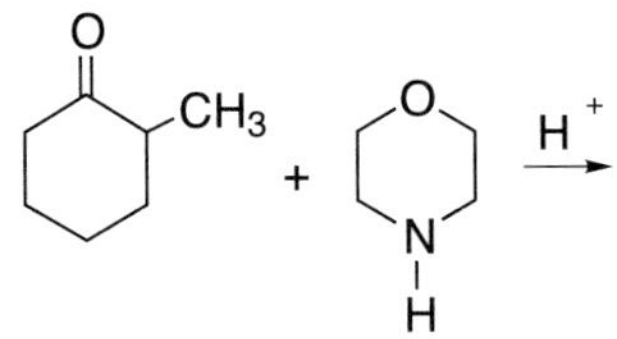

7.15. Identifica los reactivos necesarios para llevar a cabo las siguientes transformaciones.

a) 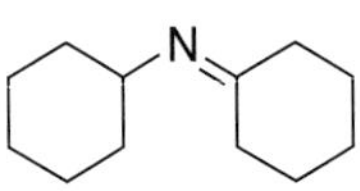

b) 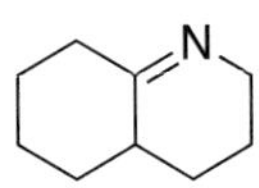

c) 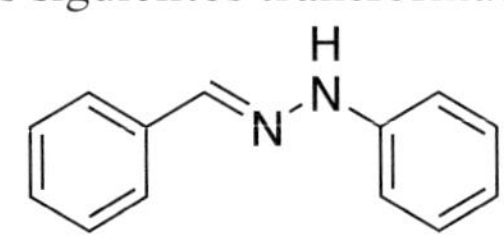

d) 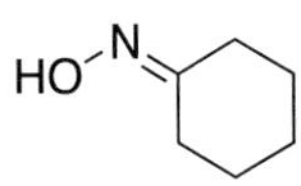

e) 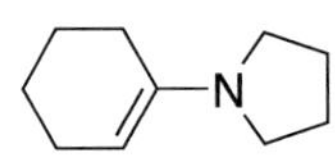

7.16. La fluoxetina (también conocida como Prozac®) es un inhibidor selectivo de la recaptación de la serotonina (ISRS), utilizado para el tratamiento de la depresión y el trastorno obsesivo compulsivo. Completa las reacciones que conducen a su obtención.

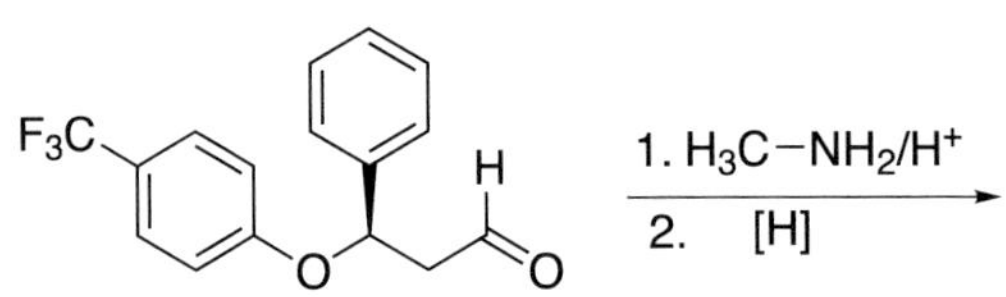

7.17. Completa el siguiente mecanismo.

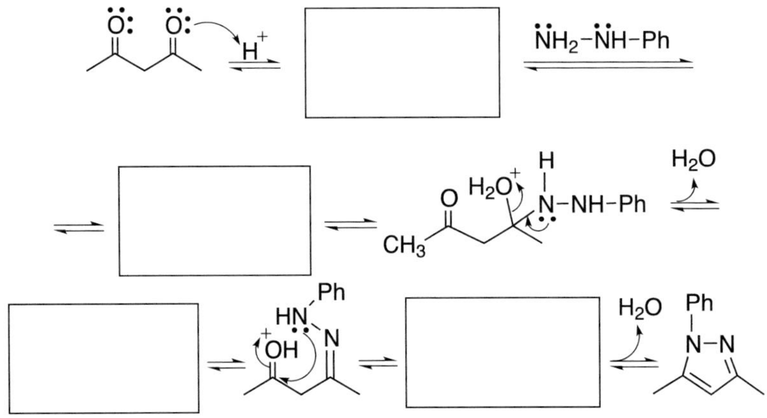

7.5.4. Adición de carbonos nucleófilos

A) Adición de ion cianuro

Cuando los aldehídos y las cetonas se tratan con cianuro de hidrógeno (HCN) se convierten en *gem-cianhidrinas*, las cuales se caracterizan por la presencia de un grupo ciano y un grupo oxhidrilo, unidos a un mismo átomo de carbono.

Para evitar los peligros asociados al cianuro de hidrógeno (tóxico y volátil), las cianhidrinas pueden prepararse mediante el tratamiento de la cetona o el aldehído con cianuro potásico y una fuente de protones, como un ácido mineral. La adición se inicia con el ataque del ion cianuro sobre el átomo de carbono carbonílico. La hidrólisis posterior conduce a las *gem*-cianhidrinas.

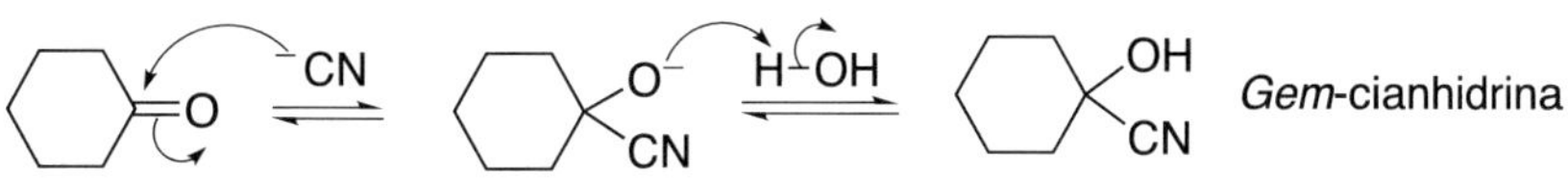

FIGURA 7.22. Formación de *gem*-cianhidrinas.

7.18. Completa las reacciones, indicando la estructura de los productos.

a)

$CH_3COCH_3 \xrightarrow{KCN/\ HCl}$

b)

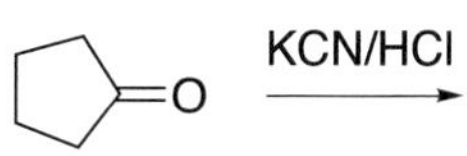

B) Adición de iluros de fósforo: reacción de Wittig

La reacción de Wittig permite la síntesis de olefinas mono-, di- o trisustituidas, a partir de compuestos carbonílicos e iluros de fósforo (o fosforanos), mediante la formación de enlaces carbono-carbono.

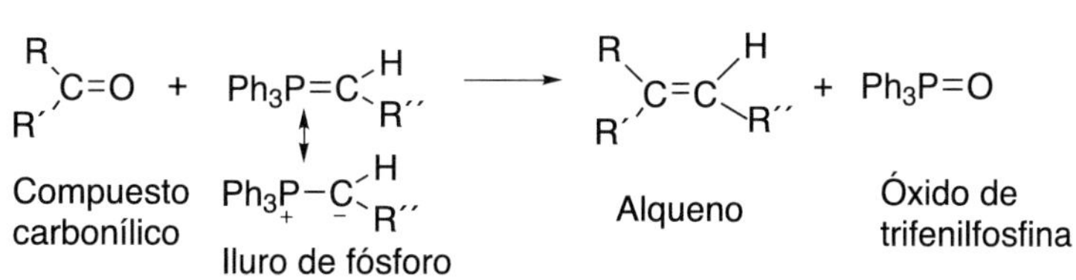

FIGURA 7.23. Reacción de Wittig.

En la preparación del *reactivo de Wittig* (un iluro de fósforo), primero, se hace reaccionar un haluro de alquilo con *trifenilfenilfosfina* (PPh_3) para dar un *haluro de fosfonio*. La sal de fosfonio se convierte en el *iluro*, al tratar el haluro con una base fuerte como butillitio.

El mecanismo de la formación del reactivo de Wittig implica una reacción S_N2 seguida de la desprotonación con una base fuerte. Dado que el primer paso es una reacción S_N2, los haluros primarios reaccionan con mayor facilidad que los secundarios y no pueden utilizarse terciarios.

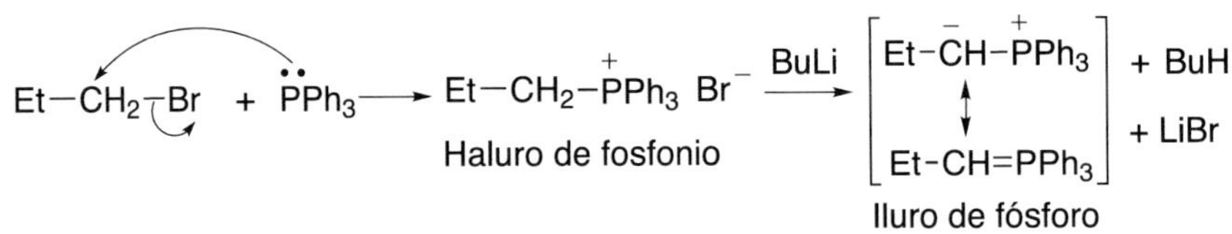

FIGURA 7.24. Preparación del iluro de fósforo.

El iluro se adiciona al compuesto carbonílico para dar alqueno y óxido de trifenilfosfina.

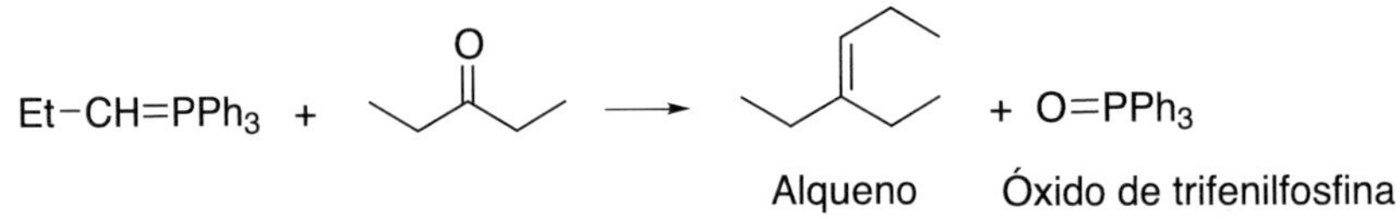

FIGURA 7.25. Adición del iluro al carbonilo.

El *mecanismo* propuesto para la adición del iluro es el que se muestra en la figura 7.26.

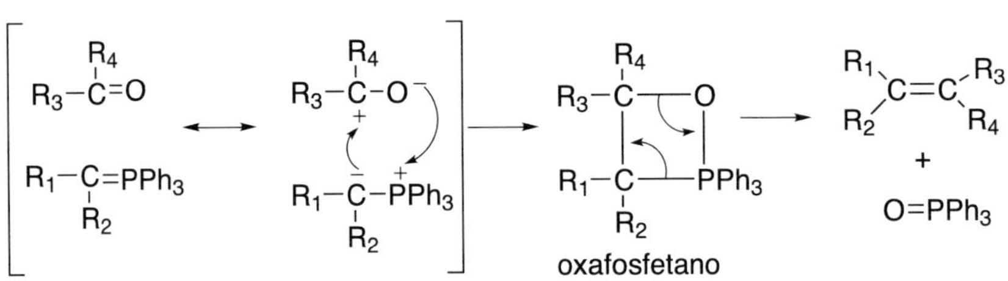

FIGURA 7.26. Mecanismo propuesto para la adición del iluro al carbonilo.

La originalidad de la reacción de Wittig consiste en que conduce a la unión de dos fragmentos moleculares directamente a través de un doble enlace. Este método de obtención de alquenos permite nuevas posibilidades para la síntesis de compuestos biológicamente activos. Por ejemplo, los laboratorios Hoffmann-La Roche utilizan esta estrategia para preparar, a partir del retinal, β-caroteno, fuente de vitamina A.

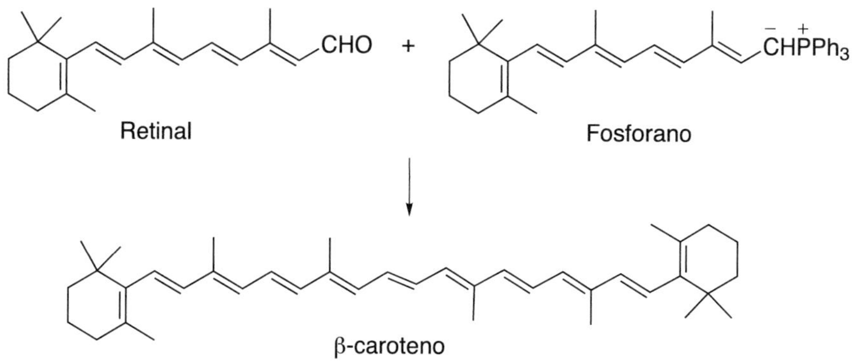

FIGURA 7.27. Síntesis de β-caroteno.

Ejercicio resuelto

Completa las siguientes reacciones.

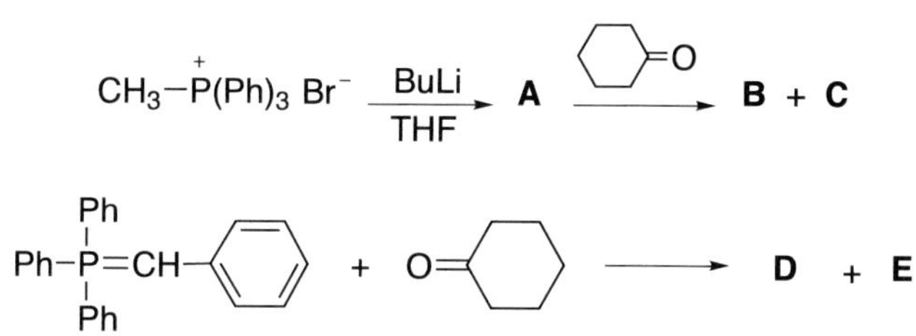

Solución

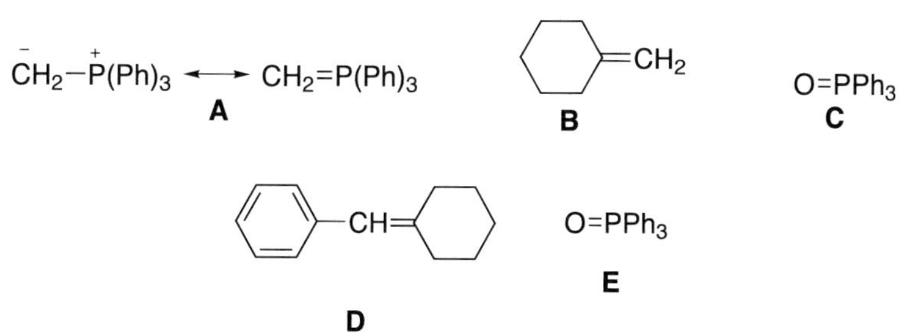

Ejercicio resuelto

Identifica los reactivos necesarios para preparar el compuesto que figura a continuación.

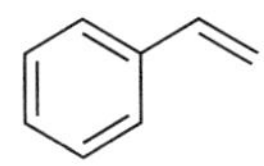

Solución

Primero, hay que centrarse en los dos átomos de carbono del doble enlace. Un átomo de carbono debe proceder de un grupo carbonilo y, el otro, de un reactivo de Wittig. De acuerdo con el análisis retrosintético, hay dos estrategias posibles:

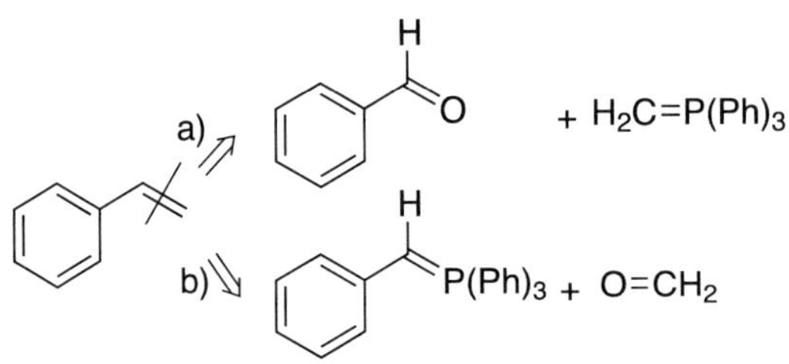

Posteriormente, se considera la preparación de los reactivos de Wittig. Hay que recordar que la sal de fosfonio se prepara por una reacción S_N2.

Para la estrategia *a)*

$$H_3C{-}Br + P(Ph)_3 \xrightarrow{S_N2} H_3C{-}\overset{+}{P}(Ph)_3 \xrightarrow{HNa} H_2\overset{-}{C}{-}\overset{+}{P}(Ph)_3 \longleftrightarrow H_2C{=}P(Ph)_3$$

Para la estrategia *b)*

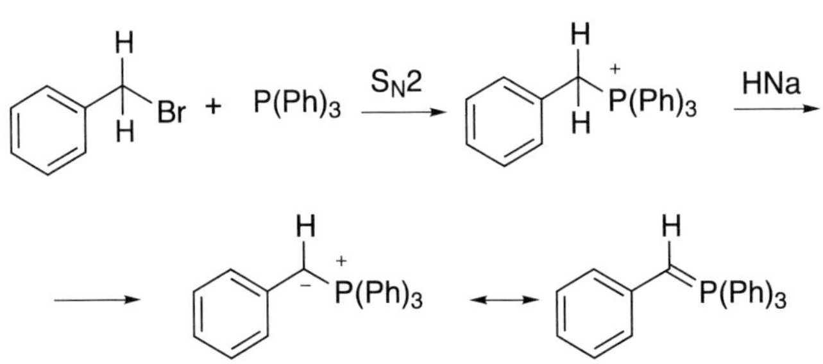

Ambas estrategias son posibles.

7.19. Completa las siguientes reacciones.

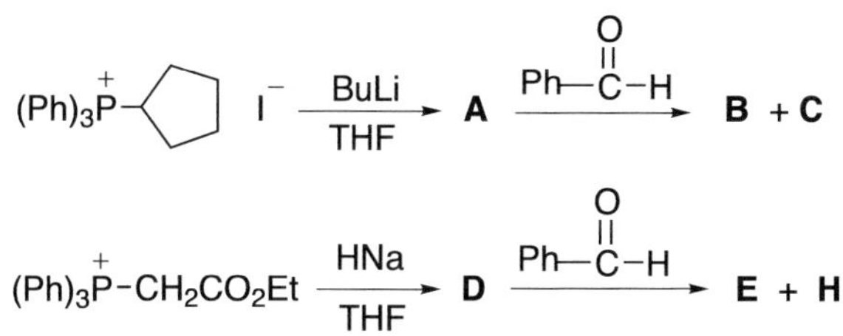

7.20. Identifica los reactivos necesarios para preparar los siguientes compuestos, utilizando como estrategia sintética una reacción de Wittig.

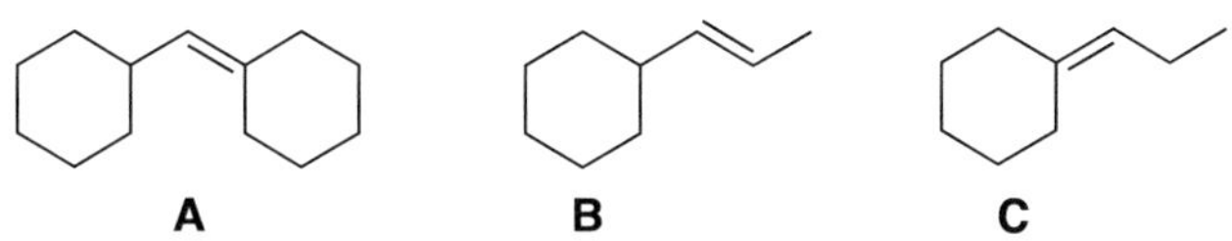

7.21. Existen dos estrategias posibles para la obtención de metilenciclohexano a partir de ciclohexanona. Una estrategia consiste en la reacción de Wittig (A) y la otra en la utilización de organometálicos (B). Muestra los procedimientos sintéticos y justifica cuál utilizarías.

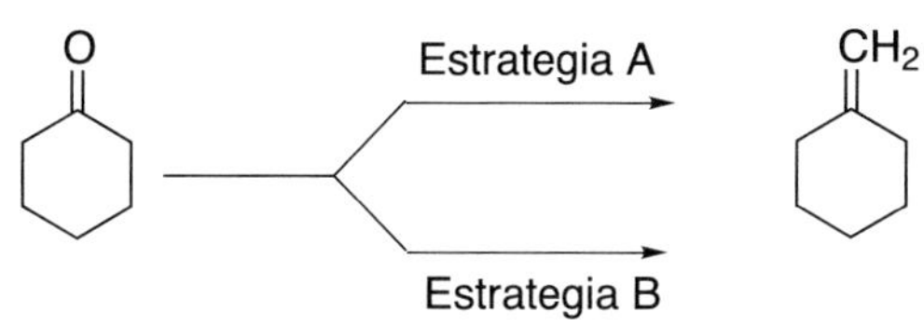

7.22. Propón una síntesis de vinilbenceno a partir de alcohol bencílico, utilizando una reacción de Wittig.

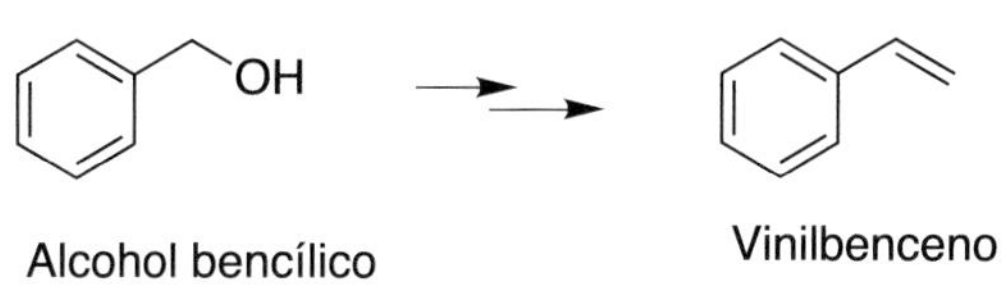

7.6. Reacciones de oxidación de aldehídos y cetonas

7.6.1. Aldehídos

Se oxidan fácilmente a ácidos carboxílicos del mismo número de átomos de carbono. Además de oxidarse con dicromato o permanganato, lo hacen también con oxidantes suaves, como iones plata (I) o cobre (II), en medio básico.

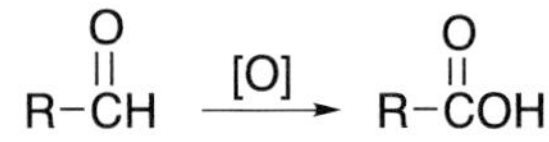

$[O] = CrO_3$, $KMnO_4$, oxidantes suaves (Ag^+, Cu^{+2})

FIGURA 7.28. Oxidación de aldehídos.

La oxidación de aldehídos mediante nitrato de plata amoniacal va acompañada de la reducción del ion plata a plata metálica, que se deposita en forma de un espejo de plata. Esta es la *reacción de Tollens*, y se utiliza como método de identificación de aldehídos.

$$R\text{-}CHO + 2\ Ag(NH_3)_2OH \longrightarrow 2\ Ag\ (s) + RCOO^-\ NH_4^+ + H_2O + 3\ NH_3(g)$$

FIGURA 7.29. Reacción de Tollens.

Otro ensayo químico que permite identificar aldehídos es la *reacción de Fehling*. El reactivo de Fehling consta de dos disoluciones que se mezclan en el momento de la reacción. La primera es una disolución acuosa de sulfato de cobre (II). La otra disolución acuosa contiene tartrato de sodio y potasio e hidróxido de sodio. El ion cobre (II) se reduce con los aldehídos a óxido de cobre (I), que precipita como un polvo rojo.

$$R\text{-}CH_2\text{-}CHO + [Cu(tartrato)_2]^{2+} + OH^- \longrightarrow R\text{-}CH_2\text{-}COOH + Cu_2O(s)$$

FIGURA 7.30. Reacción de Fehling.

7.6.2. Cetonas

No se oxidan con facilidad; no sufren oxidación por oxidantes suaves. Empleando condiciones extremas, los oxidantes fuertes pueden degradar la molécula, rompiendo enlaces y oxidando los fragmentos hasta ácidos.

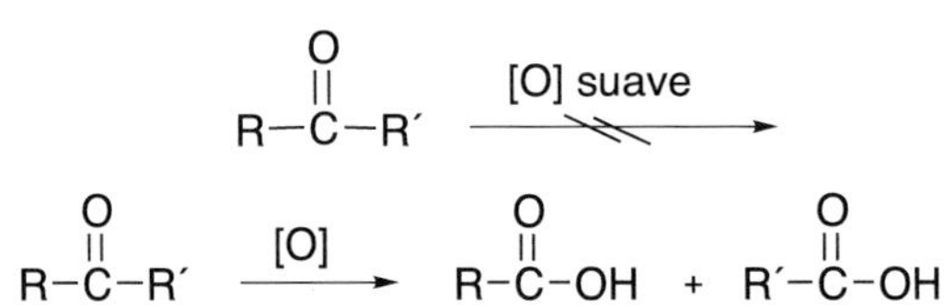

FIGURA 7.31. Oxidación de cetonas.

El tratamiento de una cetona con *perácidos orgánicos* se conoce como *oxidación de Baeyer-Villiger*. Conduce a la formación de ésteres por medio de la inserción de un átomo de oxígeno. En esta reacción se transforma el grupo carbonilo de las cetonas en un carboxilo de *éster*.

Los perácidos más utilizados son $Cl_3CCOOOH$ y el ácido *m*-cloroperbenzoico (MCPBA).

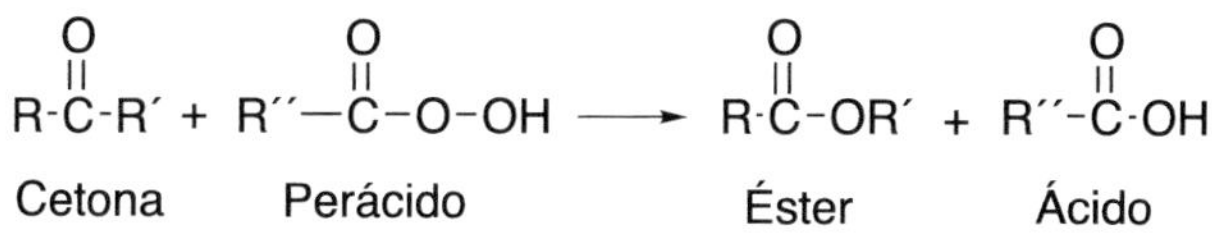

FIGURA 7.32. Oxidación *Baeyer-Villiger* con perácidos.

• *Mecanismo*

La reacción se inicia con la adición del perácido al grupo carbonilo. En el producto obtenido, tras el ataque a la cetona, se produce una transposición: un grupo alquilo migra para dar lugar a un éster.

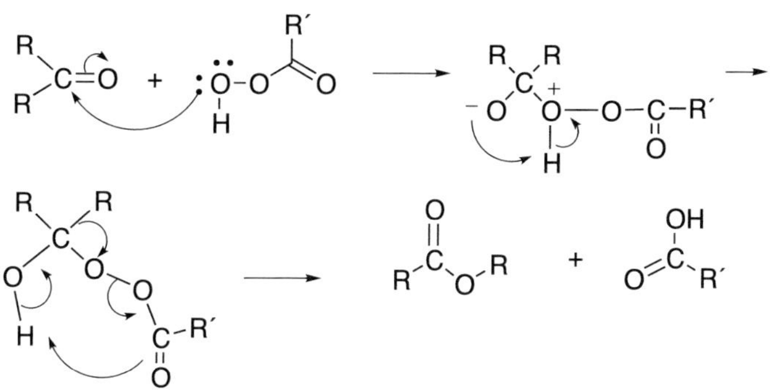

FIGURA 7.33. Mecanismo de la oxidación de *Baeyer-Villiger.*

Las aptitudes migratorias de los principales grupos son:

H > terciario > ciclohexilo > secundario ≥ fenilo > primario > metilo

Ejemplo:

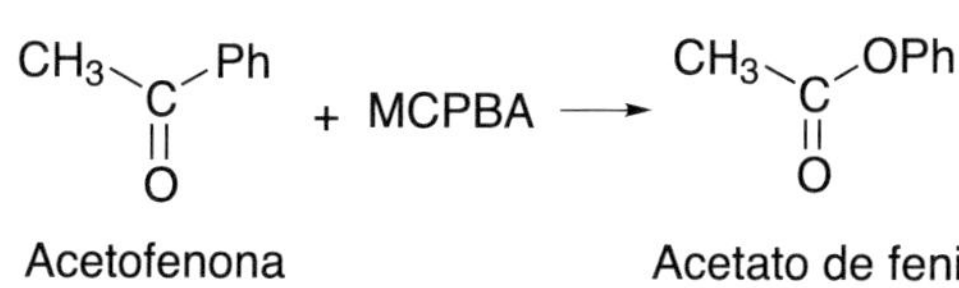

En la oxidación, las cetonas cíclicas se convierten en *lactonas*.

FIGURA 7.34. Preparación de lactonas.

7.23. Completa las reacciones, indicando la estructura de los productos.

a)

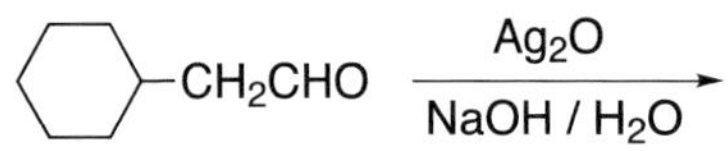

b)

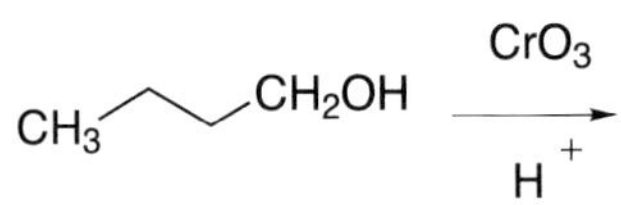

c)

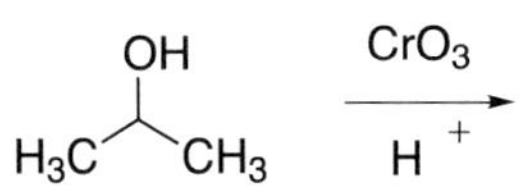

7.24. Predice el resultado de las siguientes oxidaciones con MCPBA.

a) CH_3COCH_3 *b)*

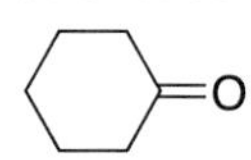

7.7. Reacciones de reducción de aldehídos y cetonas

Los aldehídos y las cetonas pueden reducirse a *alcoholes* o a *hidrocarburos*, dependiendo de los reactivos que se utilicen en la reducción.

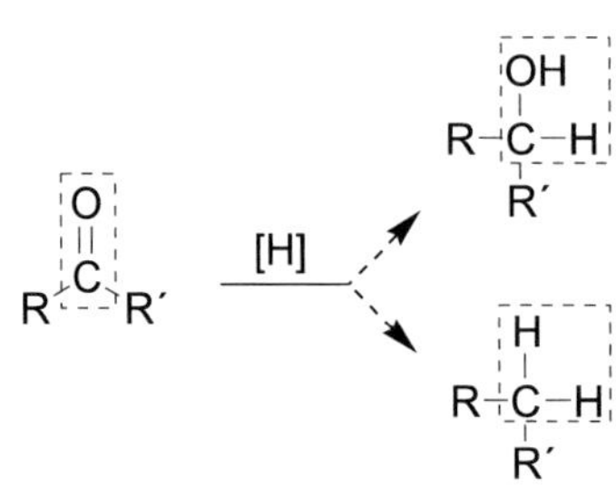

FIGURA 7.35. Reducción del grupo carbonilo.

7.7.1. Reducción a alcoholes

El grupo carbonilo de un aldehído o de una cetona puede reducirse a alcohol por hidrogenación catalítica. También mediante el uso de hidruros, como el de boro y sodio ($NaBH_4$), o el de aluminio y litio ($LiAlH_4$), que funcionan como agentes que proporcionan aniones hidruro.

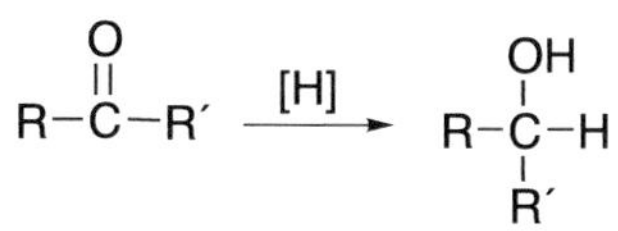

FIGURA 7.36. Reducción del grupo carbonilo a alcohol.

- El *hidrógeno* es un reductor general y puede reducir otros grupos funcionales.
- El *hidruro de aluminio y litio* es un agente reductor fuerte, que reduce rápida y eficazmente al *grupo carbonilo*.
- El *hidruro de boro y sodio* es un reductor más suave. Se emplea disuelto en etanol. Es activo frente a *aldehídos y cetonas*, pero suele ser inactivo frente a los restantes compuestos carbonílicos.

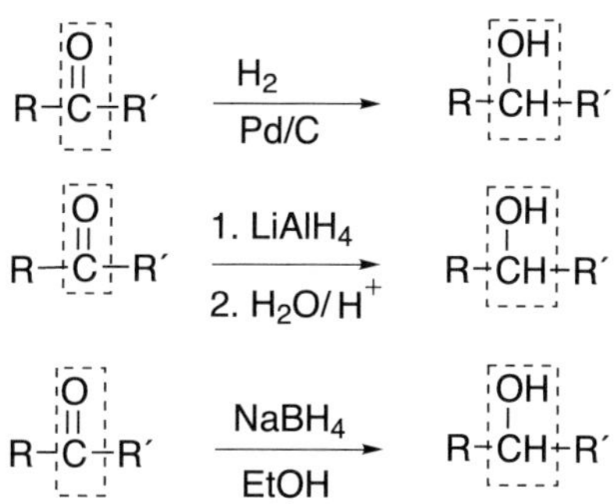

FIGURA 7.37. Reacciones de reducción con hidrógeno e hidruros metálicos.

- *Mecanismo*

En el primer paso del mecanismo, el agente reductor proporciona un anión hidruro, que ataca al carbono del carbonilo y produce un intermedio tetraédrico (alcóxido metálico). Posteriormente, el intermedio es tratado con una fuente de protones, para dar el alcohol correspondiente. Este es un mecanismo simplificado, que no tiene en cuenta los contraiones. Ya se comentó en el capítulo 2 (alcoholes), en donde se estudió que tanto el $LiAlH_4$ como el $NaBH_4$ funcionan como agentes que proveen aniones hidruro, rindiendo alcoholes a partir de aldehídos y cetonas.

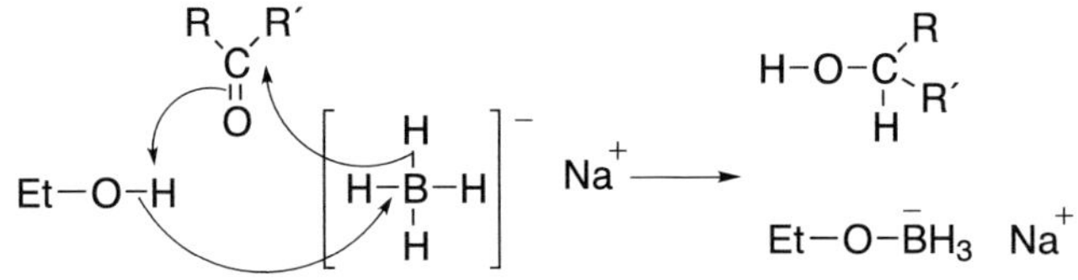

FIGURA 7.38. Mecanismo de la reacción de reducción con borohidruro.

Ejercicio resuelto

¿Cómo llevarías a cabo las siguientes reducciones?

a) 

b) 

Solución

a) [H] = H_2/Pt o 1) $LiAlH_4$/ 2) H_3O^+ o $NaBH_4$/EtOH

b) [H] = 1) $LiAlH_4$/ 2) H_3O^+ o $NaBH_4$/EtOH

7.25. Completa las reacciones, indicando la estructura de los productos.

a) 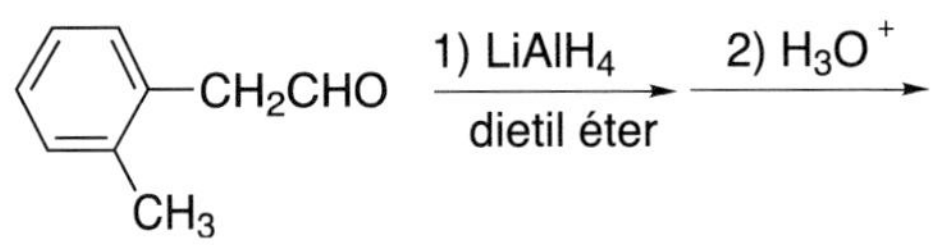

b) 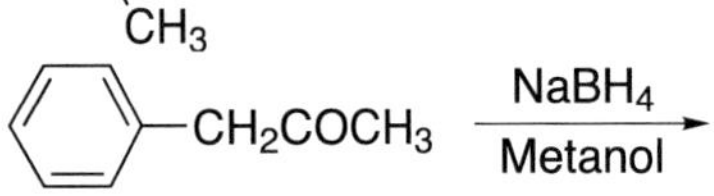

c) PhCOPh $\xrightarrow[Pd/C]{H_2}$

d) 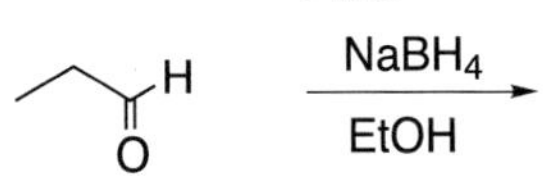

7.26. Indica qué reactivos se pueden utilizar para cada una de las siguientes reducciones. En algún caso se puede utilizar más de un reactivo.

a) $CH_3CH{=}CHCH_2CHO \longrightarrow CH_3CH_2CH_2CH_2CHO$

b) $CH_3CH{=}CHCH_2CHO \longrightarrow CH_3CH_2CH_2CH_2CH_2OH$

c) $CH_3CH{=}CHCH_2CHO \longrightarrow CH_3CH{=}CHCH_2CH_2OH$

d) $HOCCH_2CH_2CH_2COOEt \longrightarrow HOCH_2CH_2CH_2CH_2COOEt$
e) $HOCCH_2CH_2CH_2COOEt \longrightarrow HOCH_2CH_2CH_2CH_2CH_2OH$

7.7.2. Reducción a hidrocarburos

Los aldehídos y las cetonas pueden reducirse a alcanos. Es la reducción total del grupo carbonilo. Según las condiciones sean básicas o ácidas:

1. *Reducción de Clemmensen (condiciones ácidas).* Se emplea como reactivo *amalgama de zinc y ácido clorhídrico concentrado*. Este reactivo transforma el carbonilo de las cetonas en un metileno y el de los aldehídos en un metilo.

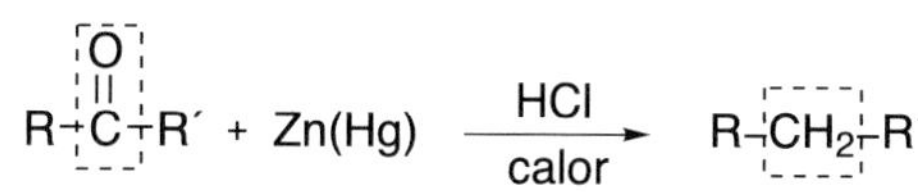

FIGURA 7.39. Reducción de Clemmensen.

2. *Reducción de Wolff-Kishner (condiciones básicas).* Las condiciones de la reducción de Clemmensen son muy ácidas y pueden dar lugar a reacciones indeseables. Sin embargo, la reducción de Wolff-Kishner tiene lugar en medio básico y las interferencias con otros grupos se reducen. El agente reductor es *hidracina* en *medio básico*. El disolvente *dietilenglicol*.

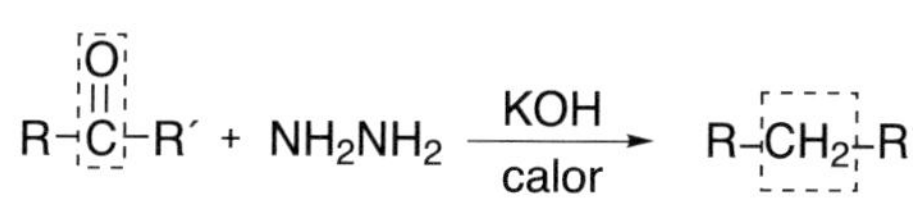

FIGURA 7.40. Redución de Wolff-Kishner.

- *Mecanismo:* parte de la formación de una *hidrazona*.

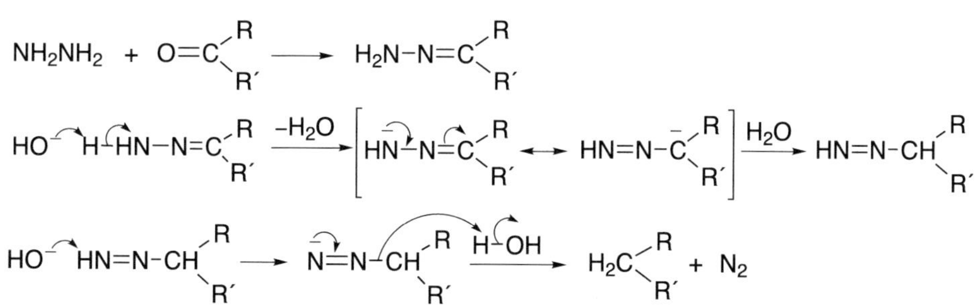

FIGURA 7.41. Mecanismo de la reducción de Wolff-Kishner.

La especificidad de la reducción de Wolff-Kishner se basa en que solo aldehídos y cetonas son capaces de dar una hidrazona al reaccionar con la hidrazina.

7.27. Predice el producto de la siguiente reacción.

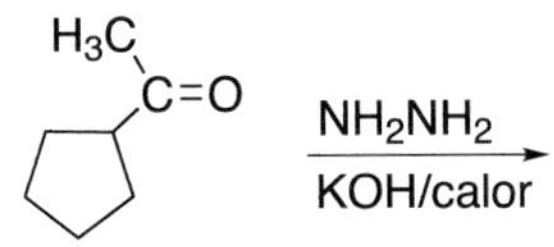

7.8. Síntesis de aldehídos y cetonas

Recogemos de forma esquemática algunos de los procesos sintéticos más habituales para obtener aldehídos y cetonas. Las reacciones ya se han estudiado en los capítulos correspondientes.

Básicamente son:

- A partir de alcoholes.
- A partir de alquenos.
- A partir de alquinos.

7.8.1. A partir de alcoholes

Los aldehídos y cetonas se suelen preparar por oxidación de alcoholes.

- Los *alcoholes primarios* deben oxidarse cuidadosamente con clorocromato de piridinio (PCC) o el complejo CrO_3(piridina)$_2$ si deseamos obtener un *aldehído.* La sobreoxidación con oxidantes fuertes conduce a *ácidos carboxílicos*.

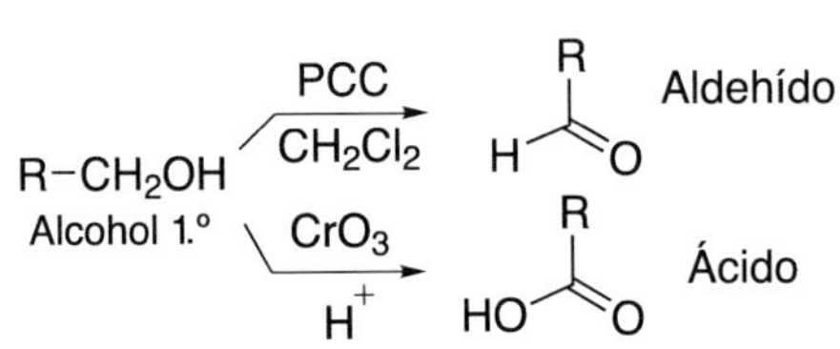

FIGURA 7.42. Oxidación de alcoholes primarios.

- Los *alcoholes secundarios* se oxidan a *cetonas*.

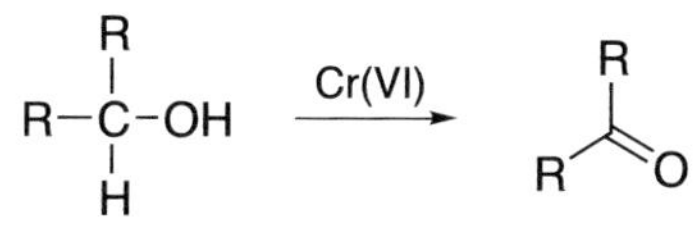

Alcohol 2.°

FIGURA 7.43. Oxidación de alcoholes secundarios.

Los *alcoholes* con el grupo hidroxilo en posición *alílica o bencílica* se oxidan de forma específica con dióxido de manganeso, MnO_2 (oxidante suave).

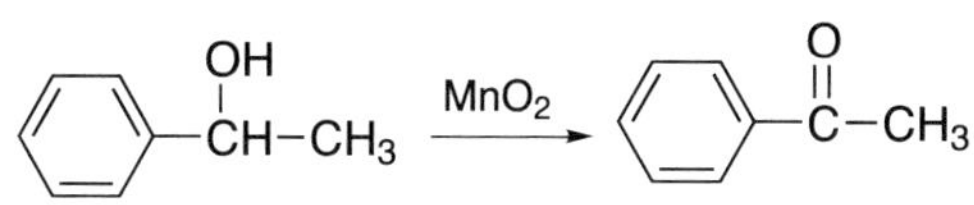

FIGURA 7.44. Oxidación bencílica.

Ejercicio resuelto

Indica qué reactivos utilizarías para cada una de las siguientes reacciones.

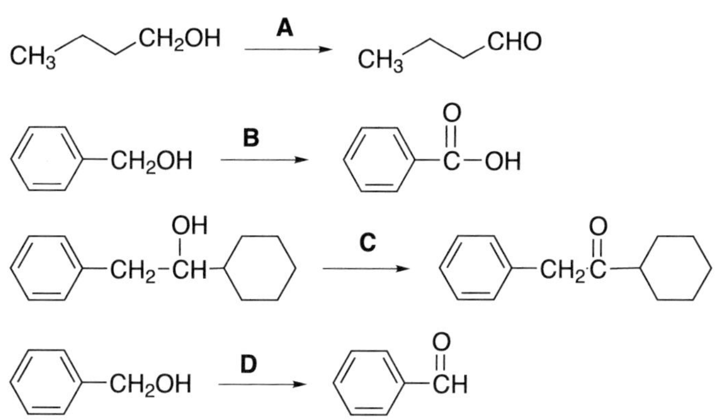

Solución

A = PCC; **B** y **C** = $Na_2Cr_2O_7/H_2SO_4/H_2O$, o $CrO_3/H_2SO_4/H_2O$; **D** = MnO_2

7.28. Escribe las reacciones de obtención del benzaldehído y de la bencil fenil cetona partiendo de los alcoholes correspondientes.

7.29. Justifica por qué el PCC es adecuado para la oxidación parcial de los alcoholes primarios hasta aldehídos.

7.8.2. A partir de alquenos

La ozonólisis reductora de *alquenos* permite obtener aldehídos y cetonas. El zinc actúa como reductor del ozónido formado inicialmente.

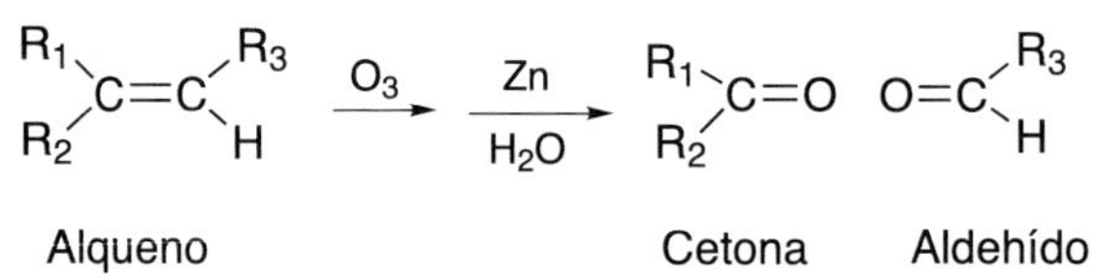

FIGURA 7.45. Ozonólisis de alquenos.

Ejercicio resuelto

Dibuja el alqueno que por ozonólisis da la siguiente molécula.

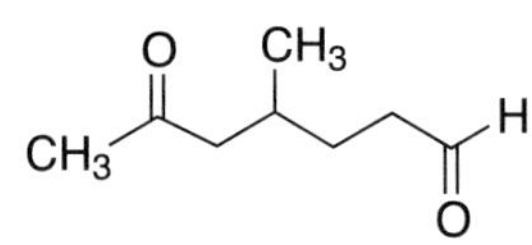

Solución

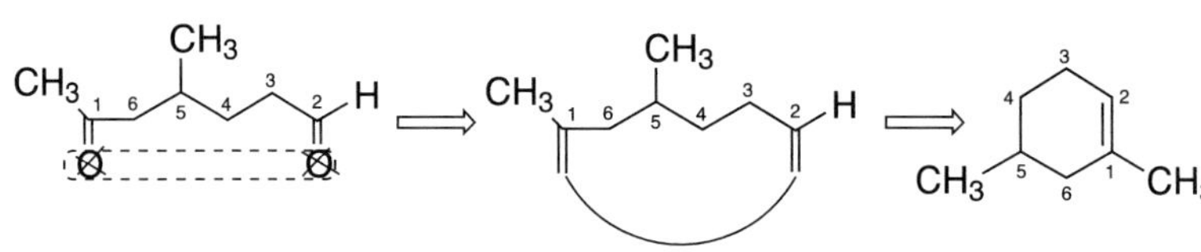

Ejercicio resuelto

Escribe los productos de las siguientes oxidaciones.

a) 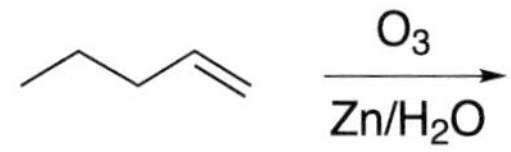

b) 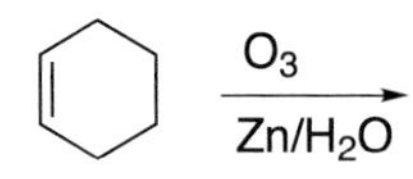

Solución

a)

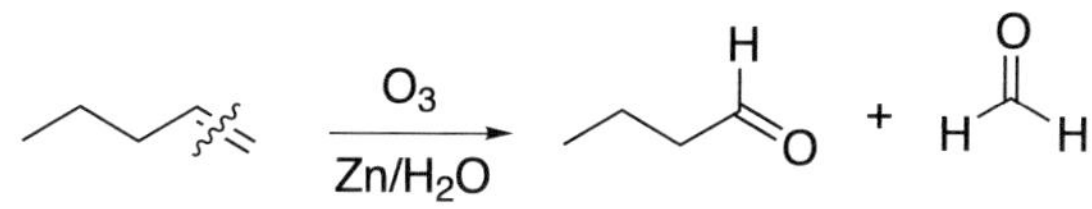

b)

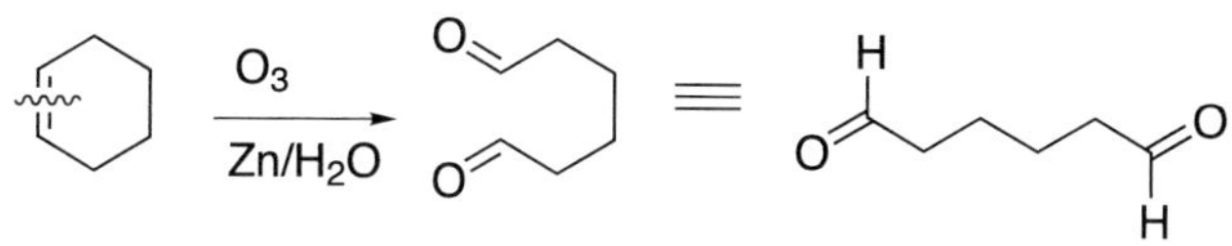

7.30. Escribe los productos de una ozonólisis, seguida de reducción con Zn, de cada una de las siguientes moléculas.

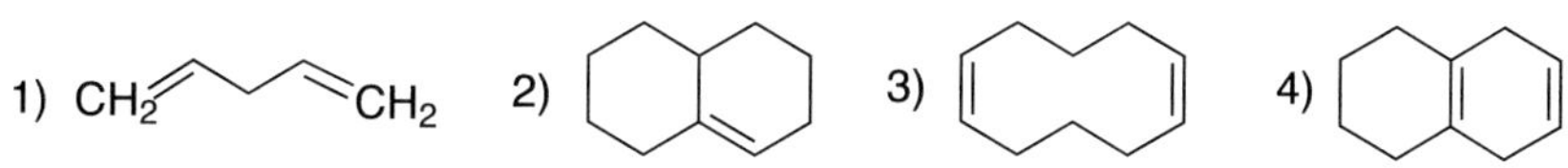

7.8.3. A partir de alquinos

A) Hidratación catalizada por ácido

Los *alquinos* adicionan agua empleando medio ácido acuoso y Hg (II) como catalizador, para dar *enoles Markonikov*, en tautomería con las cetonas correspondientes.

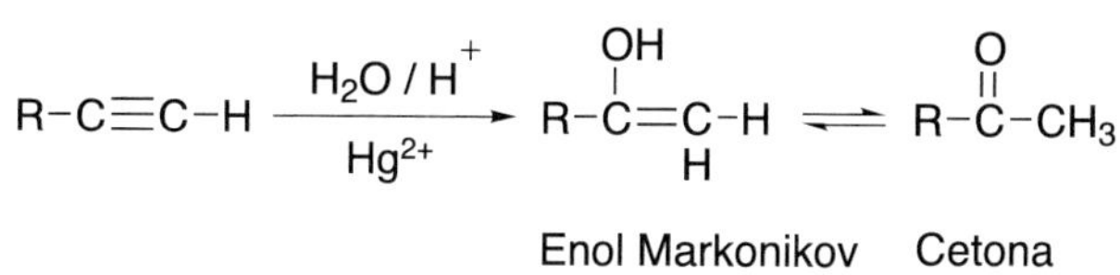

FIGURA 7.46. Hidratación de alquinos.

B) Hidroboración-oxidación

Se trata de otra reacción que parte de *alquinos*, pero es *regioselectiva anti-Markovnikov*. La síntesis consta de dos fases. En la primera, al tratar el alquino con borano, se forma trialquenilborano. Posteriormente, con la oxidación, se transforma el alquenilborano en el compuesto carbonílico.

- Con un *alquino terminal* se obtiene un *aldehído.*
- Con un *alquino interno* se obtiene una *cetona.*

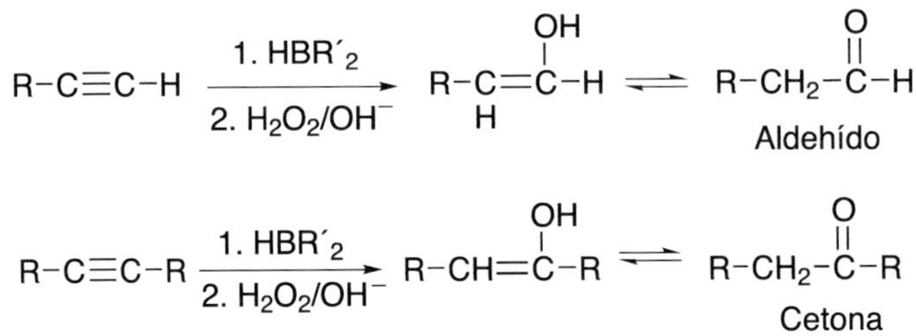

FIGURA 7.47. Síntesis de aldehídos y cetonas por hidroboración-oxidación de alquinos.

Ejercicio resuelto

Partiendo de alquinos terminales pueden obtenerse, según el tratamiento reactivo, aldehídos y cetonas. Escribe dos reacciones de un mismo alquino terminal, que conduzcan en un caso a una cetona y en el otro a un aldehído.

Solución

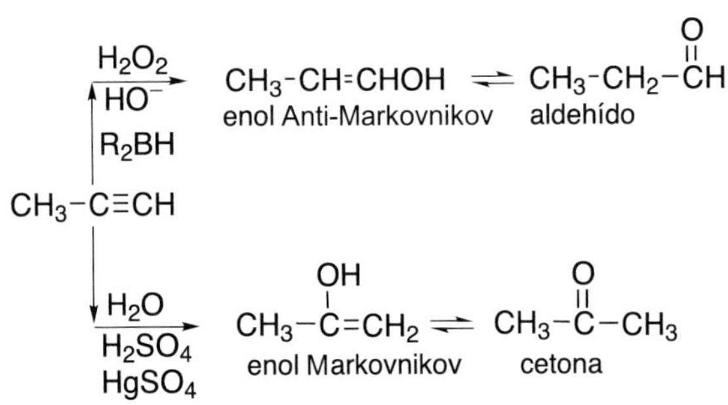

7.31. Indica qué reactivos se deben utilizar para cada una de las siguientes reacciones.

a) 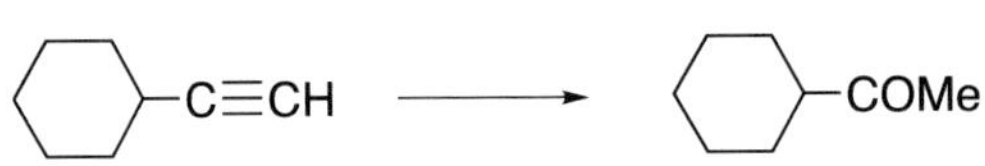

b) $(CH_3)_2CH{-}C{\equiv}C{-}CH(CH_3)_2 \longrightarrow (CH_3)_2CH{-}C(=O){-}CH_2{-}CH(CH_3)_2$

c) 

d) 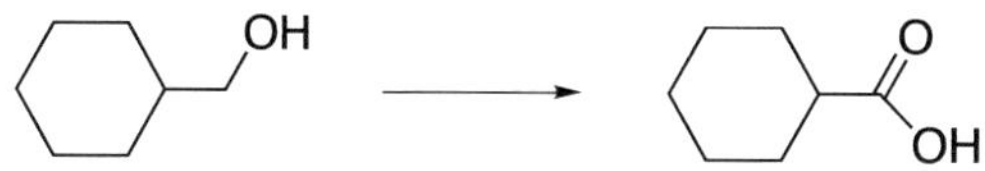

e) 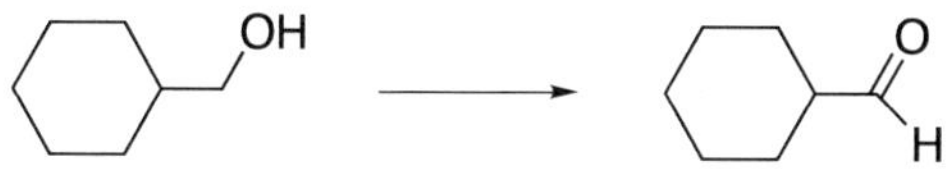

f) 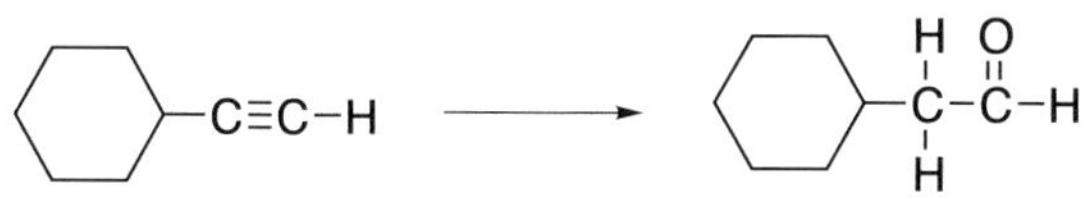

g) 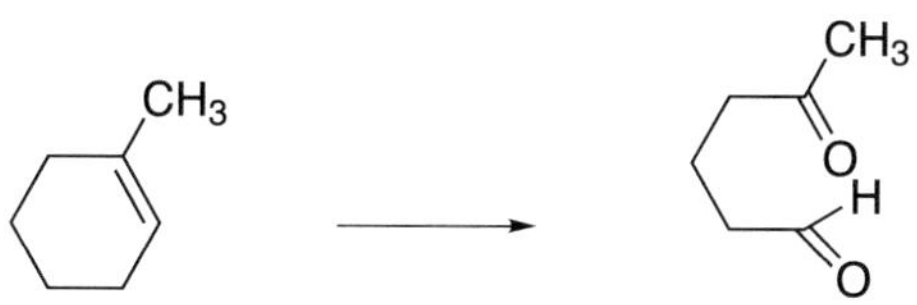

7.32. Escribe los productos esperados para las siguientes reacciones.

a) 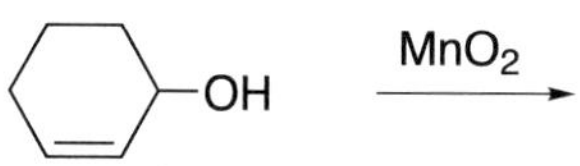

b) 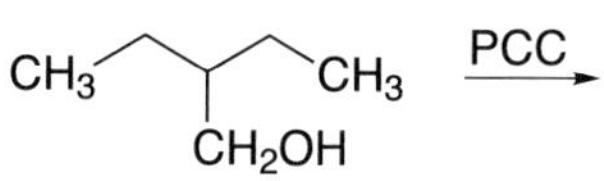

c) 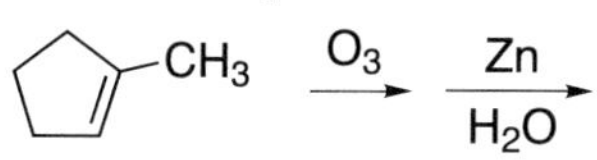

Ejercicios de revisión de conceptos

Ejercicio resuelto

Escribe las fórmulas estructurales de los productos que se forman cuando el propanal reacciona con los siguientes reactivos.

a) $NaBH_4$ / H_2O
b) C_6H_5MgBr /H_2O
c) $LiAlH_4$/ H_2O
d) $NaCN/H_2SO_4$ (ac)
e) H_2/Pt
f) $HOCH_2CH_2OH/H^+$
g) Hidroxilamina /H^+
h) $Ag(NH_3)_2^+$
i) Fenilhidrazina
j) $KMnO_4/H_2O$

Solución

a) 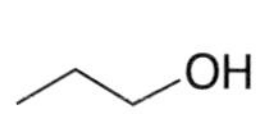 *b)* 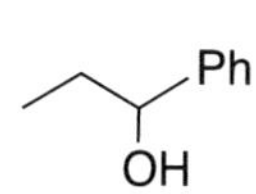 *c)* 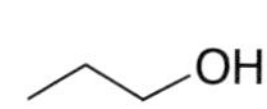 *d)* 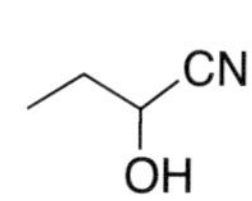

e) 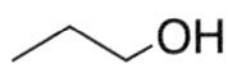 *f)* 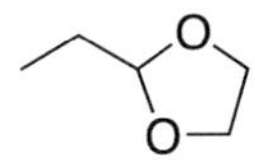 *g)* 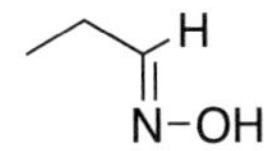 *h)* 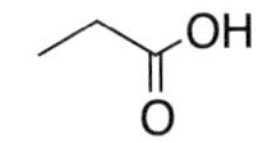

i) 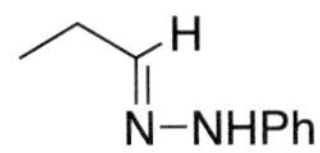 *j)* 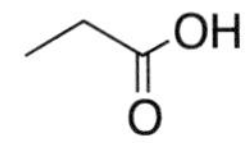

7.33. Escribe el o los productos de reacción de la ciclohexanona con los reactivos del ejercicio resuelto de la página anterior.

7.34. Indica los reactivos para efectuar las siguientes transformaciones

a) 

b) 

c) 

d) 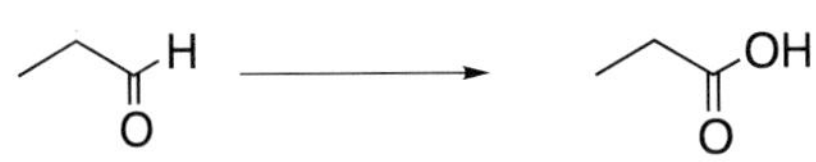

e) 

f) 

g) 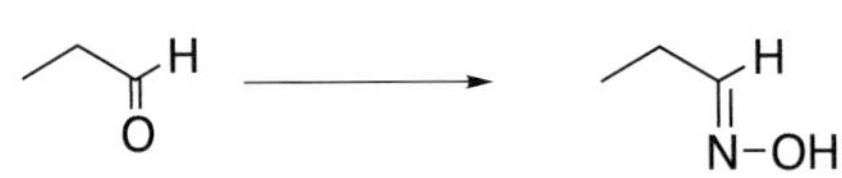

h) 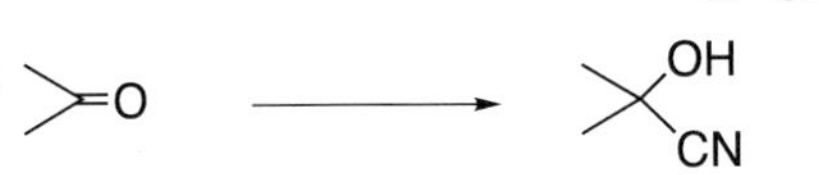

7.35. Señala la respuesta correcta.

1. El 1-heptanol se oxida con derivados de cromo (VI) en medio de piridina, ácido clorhídrico y diclorometano para dar preferentemente:

   a) 2-heptanona.
   b) Heptanal.
   c) Ácido hexanoico y anhídrido carbónico.
   d) 1-hepteno.
   e) 3-heptanona.

2. ¿Qué moléculas intervienen en la formación de un acetal?

   a) Una molécula de aldehído, una de alcohol y una de agua.
   b) Una molécula de aldehído y dos de alcohol.
   c) Una molécula de aldehído y otra de alcohol.
   d) Dos moléculas de aldehído y una de alcohol.
   e) Una molécula de aldehído y tres de alcohol.

3. Las cetonas y los aldehídos, por la presencia de su grupo carbonilo, dan preferentemente:

   a) Reacciones de sustitución nucleofílica.
   b) Reacciones de oxidación hasta alcoholes.
   c) Reacciones de adición nucleofílica.
   d) Reacciones de reducción hasta ácidos carboxílicos.
   e) No son reactivos frente a nucleófilos.

4. La reducción de un aldehído con hidruro de litio y aluminio permite obtener:

   a) Un alcohol primario.
   b) Un alcohol terciario.
   c) No se da la reducción al ser un enlace no polarizado.
   d) Un alqueno.
   e) Un alquino.

Ejemplo de aplicación en ciencias de la salud. Profármacos de corticosteroides

El diseño de fármacos no debe plantear como único objetivo el logro de una buena actividad farmacológica. Hay una gran variedad de aspectos que pueden limitar la aplicación terapéutica (problemas relacionados con la farmacocinética, la formulación y administración o la toxicidad). Una de las estrategias que se suele utilizar para superarlos consiste en diseñar un compuesto análogo que se transforme en el organismo, por un proceso químico o enzimático, en el fármaco original, en cuyo caso se dice que el nuevo derivado es un *profármaco*. Es decir, se trata de fármacos inactivos en sí mismos que dan lugar a un metabolito responsable de la actividad farmacológica. Dentro de las estrategias para la obtención de profármacos, se encuentra la preparación de derivados cíclicos del grupo carbonilo, como *acetales cíclicos* (Z = X = O) o *tiazolidinas* (Z = S, X = NH).

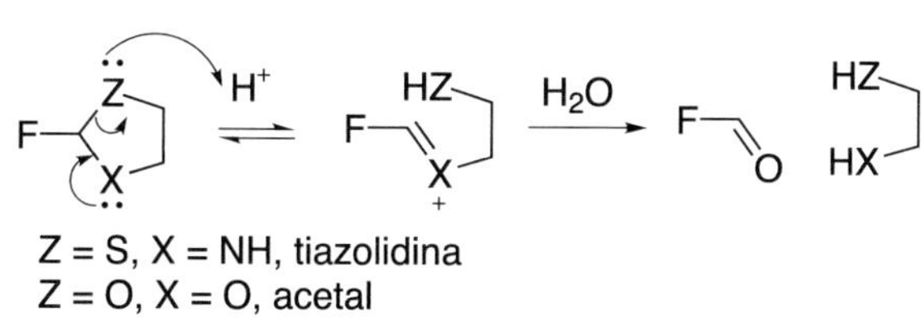

FIGURA 7.48. Derivados cíclicos como profármacos del grupo carbonilo.

La *triamcinolona* y la *fluocinolona* son corticosteroides empleados fundamentalmente en dermatología para reducir la inflamación de la piel y el prurito o picor. Los *acetónidos de triamcinolona* o *fluocinolona*, profármacos que contienen el grupo *acetal*, son útiles para la administración tópica, en formas de depósito de administración parenteral o como pomadas. El profármaco acetal, derivado más liposoluble al carecer de los grupos OH, es capaz de penetrar en la piel más profundamente. Una vez alcanza su destino, el acetal se hidroliza lentamente, liberando el fármaco activo.

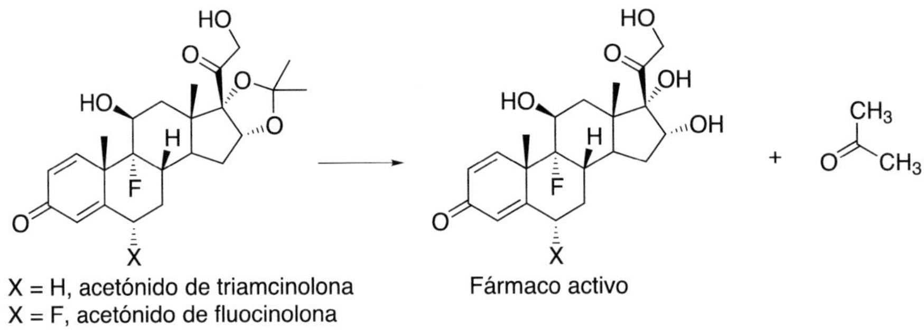

FIGURA 7.49. Hidrólisis del acetal liberando el fármaco.

Un ejemplo de profármaco de tipo *tiazolidina* se puede encontrar en la farmacomodulación del antiinflamatorio *hidrocortisona*. La hidrocortisona es un fármaco que administrado por vía tópica difunde muy lentamente y requiere dosis repetidas. Una manera de paliar este inconveniente consiste en administrar un profármaco de tipo tiazolidina capaz de formar un enlace disulfuro con los restos de cisteína de las proteínas de la piel. Esta forma de depósito libera lentamente la hidrocortisona por hidrólisis, lo que permite alcanzar niveles plasmáticos más adecuados.

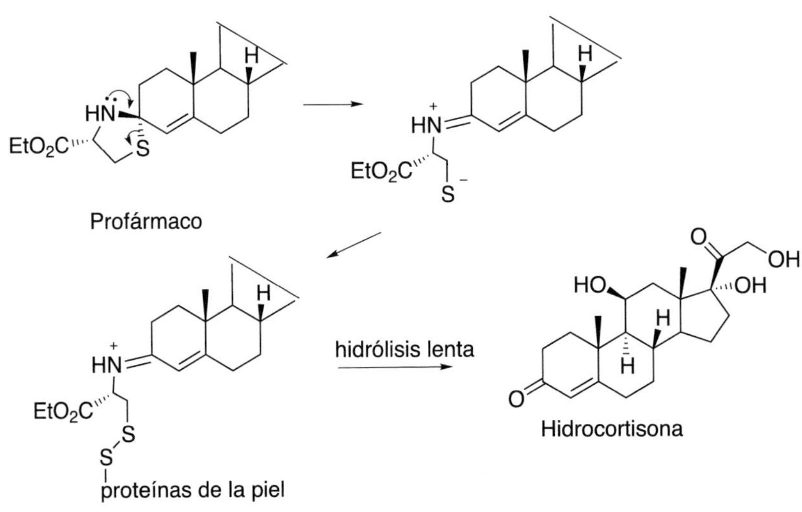

FIGURA 7.50. Transformación del profármaco en hidrocortisona.

Esto son solo dos ejemplos de cómo se puede modificar favorablemente la aplicación terapéutica mediante el empleo de profármacos y la utilidad de los grupos protectores en el diseño y desarrollo de fármacos.

RESUMEN

1. *Aldehídos y cetonas: estructura molecular y enlace.*

   Compuestos orgánicos que poseen el *grupo carbonilo* (C=O).

   Grupo carbonilo (C=O).

   - Un enlace σ y un enlace π entre el átomo de C y el de O.
   - Enlace polarizado.
   - Hibridación: carbono y oxígeno sp^2.
   - Geometría triangular plana.

2. *Propiedades físicas y químicas.* Determinadas por la presencia del grupo carbonilo.

   - PROPIEDADES FÍSICAS

     Solubilidad en agua de aldehídos y cetonas de pequeño tamaño.
     Puntos de ebullición: más altos que hidrocarburos de igual n.º de átomos de C.

   - PROPIEDADES QUÍMICAS

     a) Basicidad frente a ácidos.

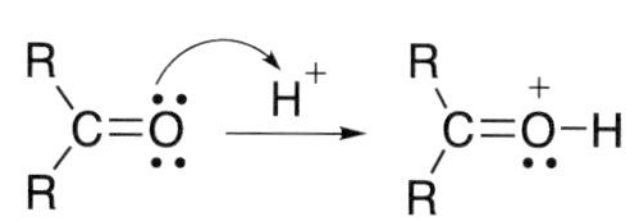

     b) Hidrógenos ácidos en los C en α.

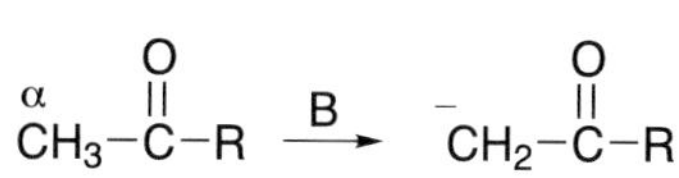

c) Pueden comportarse como *nucleófilos* o como *electrófilos.*

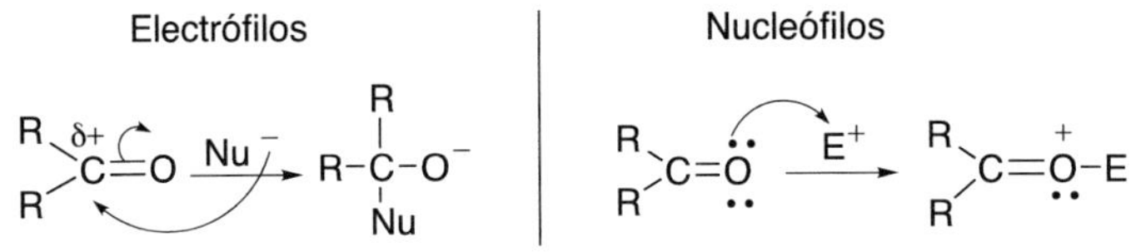

3. *Reactividad del grupo carbonilo. Adición nucleofílica.*

   El grupo carbonilo, debido a su naturaleza –un enlace múltiple y polarizado– puede dar *reacciones de adición. Los nucleófilos* atacan al carbono deficitario de electrones y los *reactivos de naturaleza electrofílica* pueden ser atacados por el átomo de oxígeno.

   La capacidad de un grupo carbonilo para actuar como electrófilo proviene de los efectos de resonancia así como de los efectos inductivos.

- *Orden de reactividad de los compuestos carbonílicos frente a nucleófilos.*

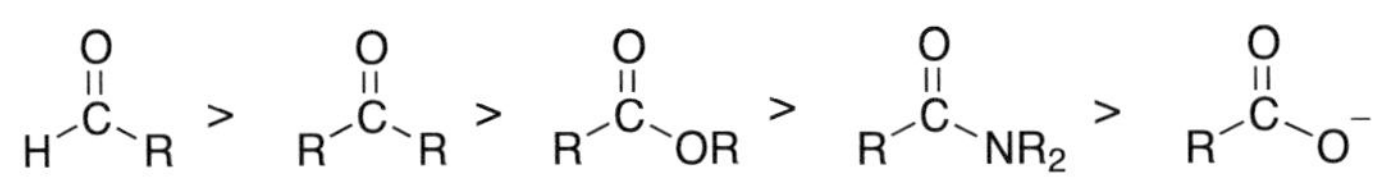

Aldehído Cetona Éster Amida Anión carboxilato

Las reacciones más características de los aldehídos y las cetonas son la de adición nucleófila. Los aldehídos son más reactivos que las cetonas debido a efectos electrónicos y estéricos.

4. *Reacciones.*

   A) Adición al carbonilo.
   B) Oxidación.
   C) Reducción.

A) ADICIÓN AL CARBONILO

– Mecanismos posibles.

a) Adición nucleófila + protonación.

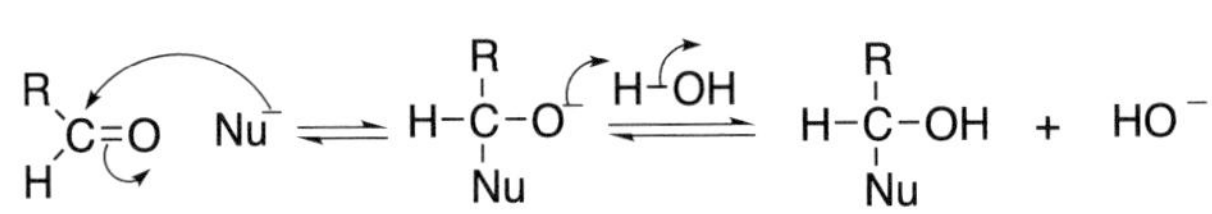

b) Protonación + adición. Predomina en medio ácido.

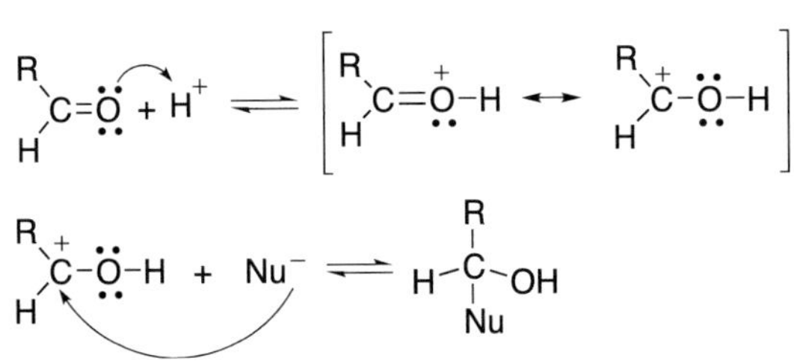

– Reacciones.

- *Adición de oxígeno nucleófilo.*

  - Adición de agua.

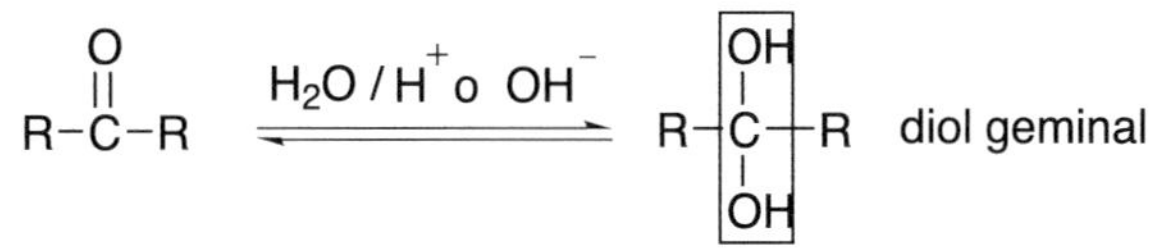

  - Adición de alcoholes.

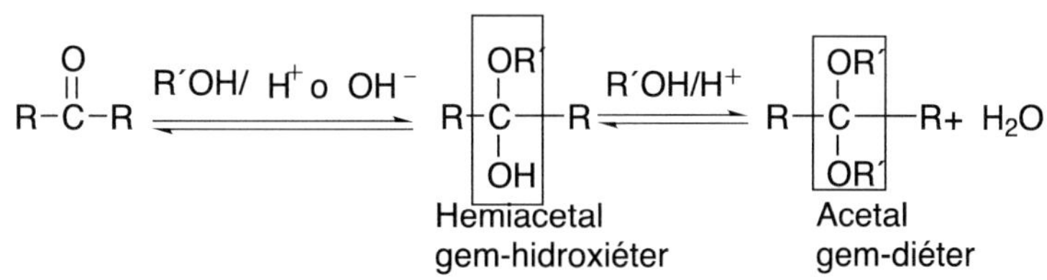

  - *Grupos protectores del grupo carbonilo:* acetales.

    Estables frente a las bases.
    Se hidrolizan fácilmente en medio ácido (*desprotección*).

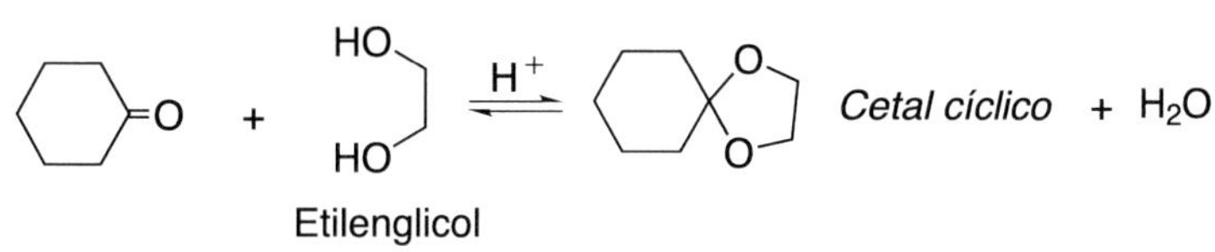

- *Adición de nitrógeno nucleófilo.*

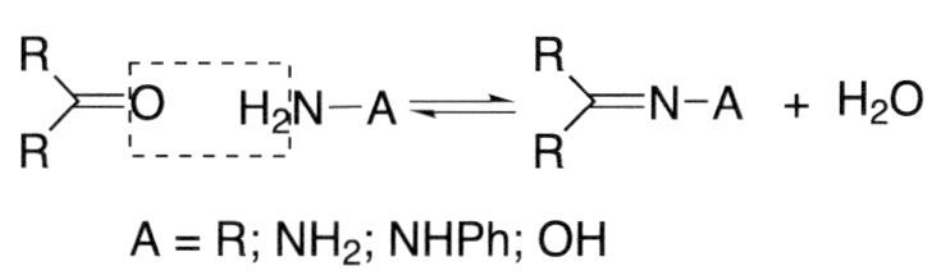

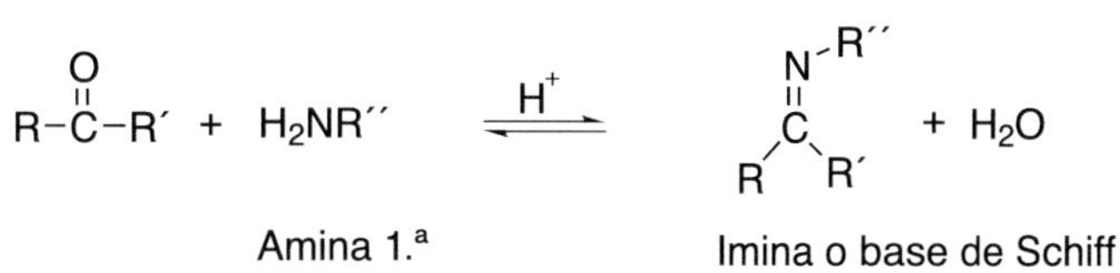

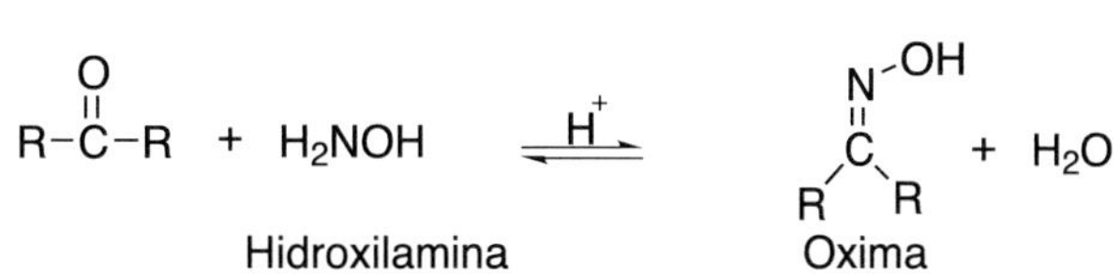

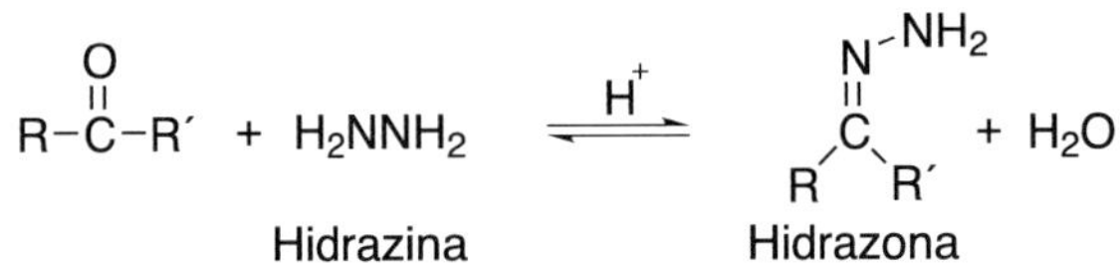

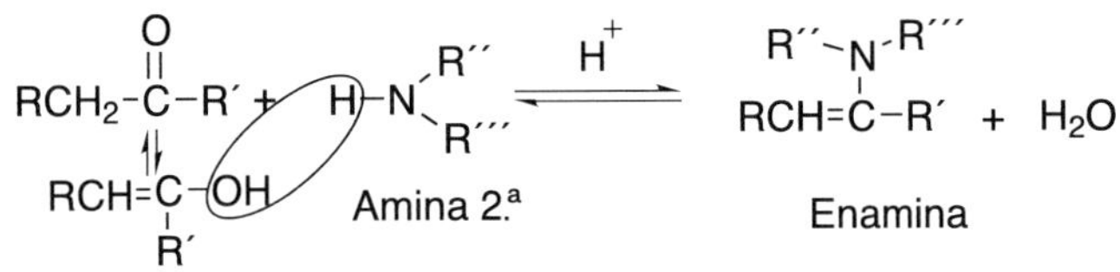

- *Adición de carbono nucleófilo.*

  - Adición de cianuro.

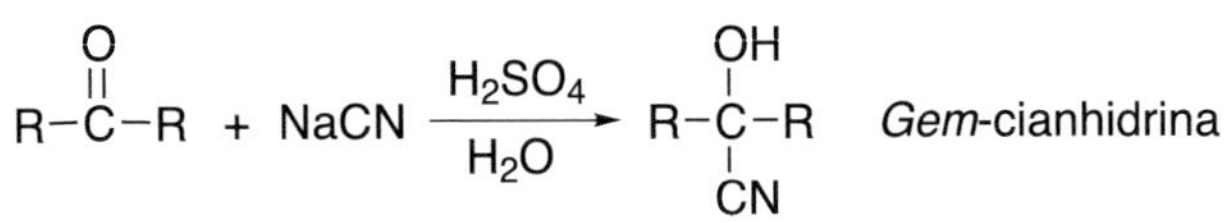

  - Adición de iluros de fósforo: reacción de Wittig.

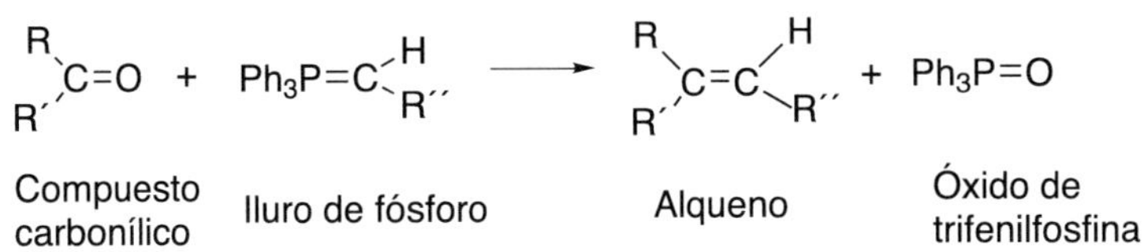

Formación del iluro de fósforo.

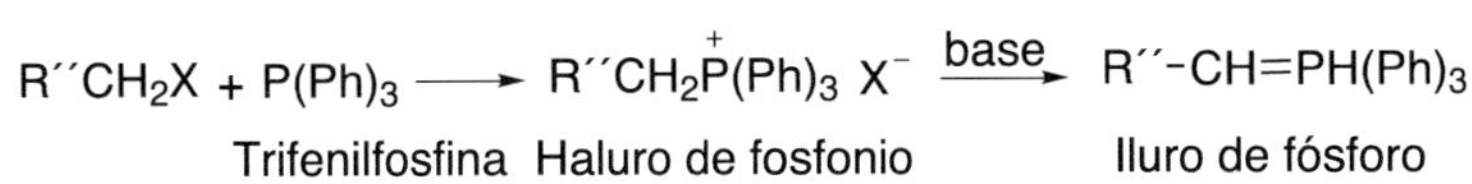

B) OXIDACIÓN

– *Aldehídos* → ácidos carboxílicos de = n.º de átomos de C.

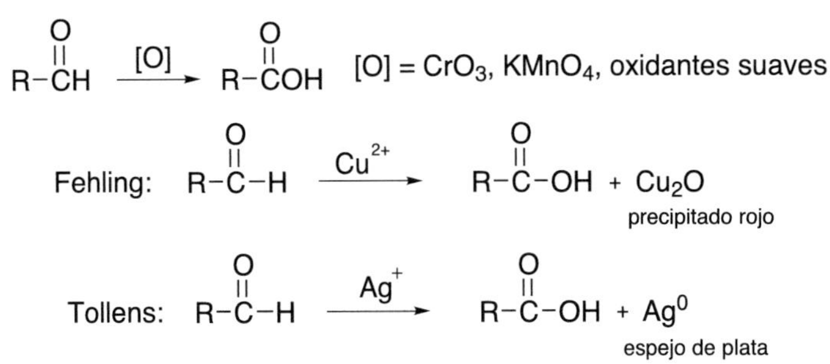

– *Cetonas*

- Oxidantes suaves: no sufren oxidación.
- Oxidantes fuertes: pueden degradar la molécula.
- *Oxidación de Baeyer-Villiger.*

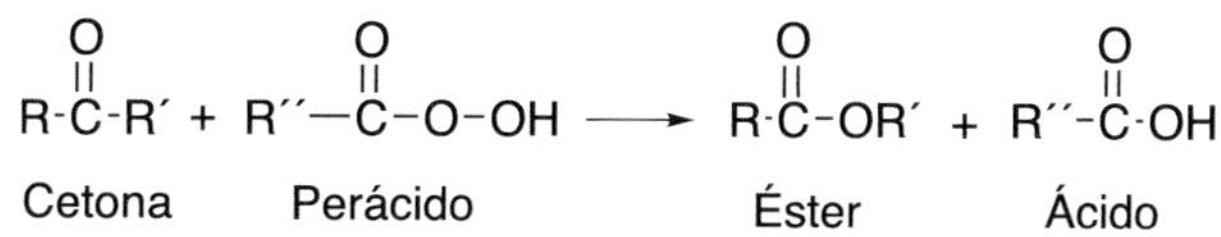

Perácidos más utilizados: *m*-cloroperbenzoico (MCPBA) y $Cl_3CCOOOH$

C) REDUCCIÓN

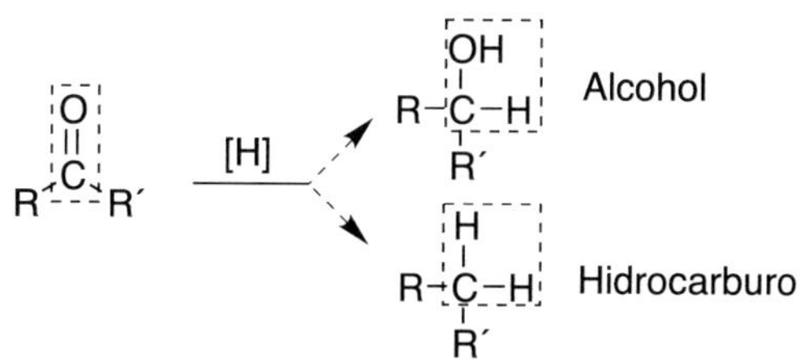

– Reducción a alcoholes.

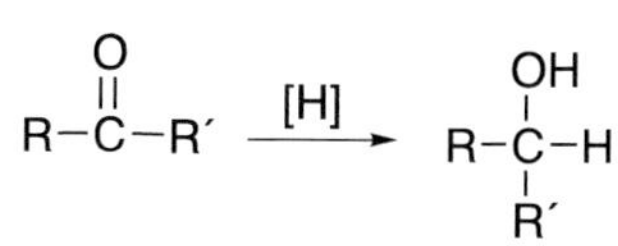

$[H] = H_2/cat$, 1) $LiAlH_4$/2) H_3O^+, $NaBH_4/MeOH$

- *Hidrógeno*: reductor general.
- *Hidruro de aluminio y litio → grupo carbonilo.*
- *Hidruro de boro y sodio → aldehídos y cetonas.*

– Reducción a hidrocarburos.

- *Reducción de Clemmensen (condiciones ácidas).*

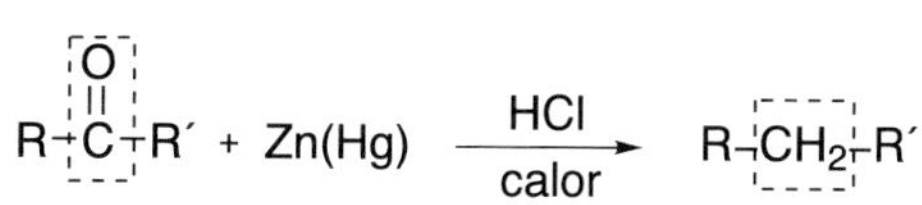

- *Reducción de Wolff-Kishner (condiciones básicas).*

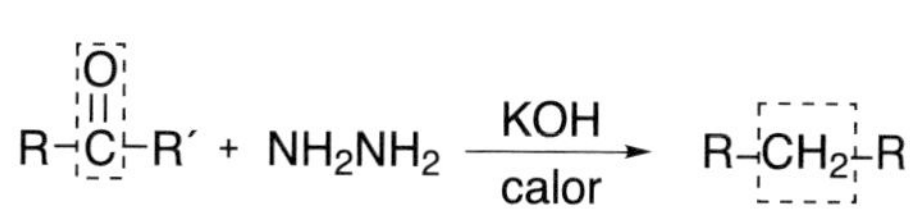

5. *Síntesis.*

– A partir de alcoholes.

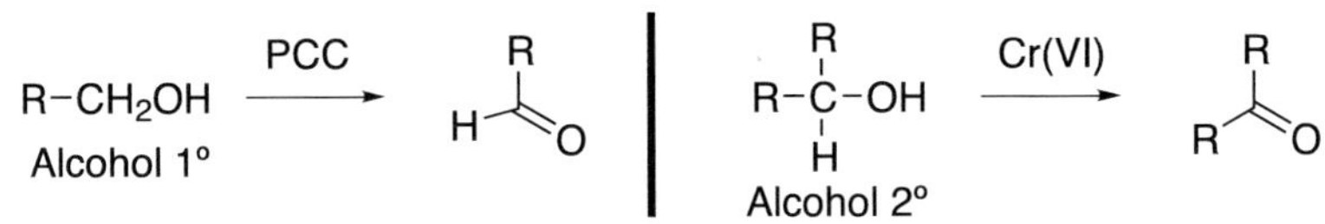

– A partir de alquenos.

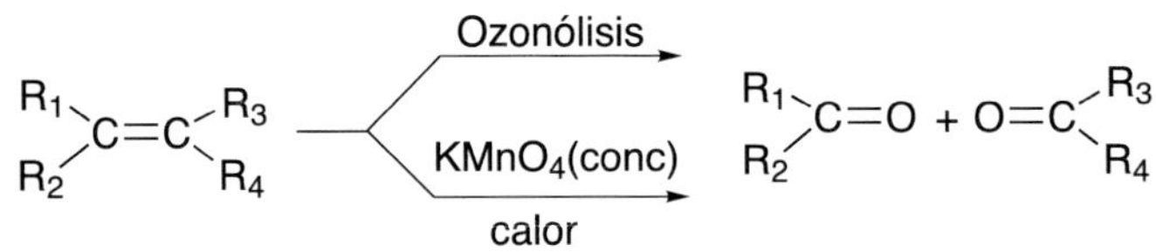

– A partir de alquinos.

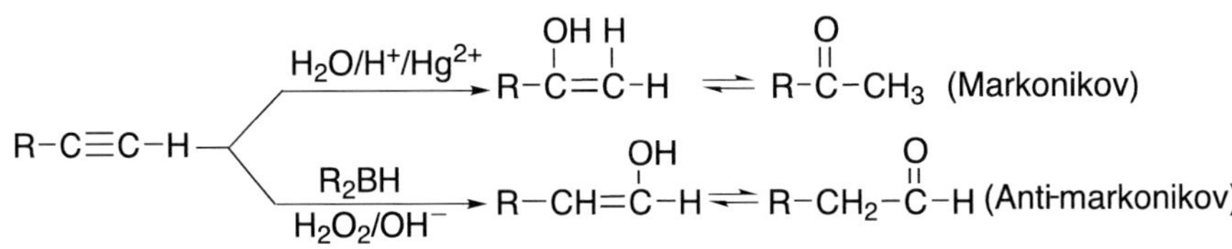

8

ÁCIDOS CARBOXÍLICOS

INTRODUCCIÓN

En este capítulo se presenta la química de los ácidos carboxílicos. Esta clase de compuestos orgánicos se encuentra ampliamente distribuida en la naturaleza y son responsables de algunos olores que nos son familiares. Por ejemplo, el ácido acético (CH_3COOH) es el causante del olor fuerte del vinagre, el ácido butírico ($CH_3CH_2CH_2COOH$) del olor rancio de la mantequilla o el ácido hexanoico ($CH_3CH_2CH_2CH_2CH_2COOH$) del olor de los calcetines sucios. También se encuentran en numerosos fármacos, como la aspirina o el ácido *p*-aminosalicílico. Tienen importancia no solo por sí mismos, sino también como sustratos de partida para la obtención de derivados de ácido.

Debido a la interacción entre el grupo carbonilo y el grupo hidroxilo, el grupo carboxilo tiene una química particular. En primer lugar, se examinan *propiedades físicas* como la solubilidad o puntos de ebullición. A continuación se estudia su *reactividad*. Se presentan diferentes tratamientos para transformar el hidroxilo del grupo carboxilo y obtener los distintos derivados de ácido, compuestos que se describirán con detalle en el capítulo siguiente. También se estudian reacciones de reducción, así como reacciones de descarboxilación. Por último, se describen diversos procedimientos para la *preparación* de ácidos carboxílicos.

Objetivos para el aprendizaje

- ✓ Relacionar la estructura del grupo carboxilo con las propiedades que presentan los ácidos carboxílicos.
- ✓ Predecir la acidez de los ácidos carboxílicos.
- ✓ Dibujar el mecanismo de adición-eliminación en los ácidos carboxílicos.
- ✓ Transformar los ácidos carboxílicos en sus derivados más habituales, como haluros de ácido, anhídridos, ésteres y amidas.
- ✓ Elegir el método más eficiente para preparar un ácido carboxílico.

Glosario

Ácido carboxílico: compuesto orgánico que contiene el *grupo funcional carboxilo* (–COOH).

Anión carboxilato: ion que resulta de la desprotonación de un ácido carboxílico.

Descarboxilación: pérdida del átomo de carbono carboxílico en forma de dióxido de carbono (CO_2).

Esterificación de Fischer: proceso mediante el cual un ácido es convertido en un éster al ser tratado con alcohol en presencia de un catalizador ácido.

Diazometano: compuesto orgánico de estructura CH_2N_2.

Grupo carboxilo (–COOH): grupo funcional de los ácidos carboxílicos, formado cuando un *grupo hidroxilo* se une directamente al átomo de carbono de un *carbonilo.*

Nitrilo: compuesto orgánico que contiene el grupo ciano (–C≡N).

pK_a: logaritmo cambiado de signo de la constante de acidez K_a.

Puente de hidrógeno: tipo particular de las interacciones dipolares. Interacción de tipo electrostático entre un átomo de hidrógeno pobre en electrones (δ+) y los pares de electrones de un átomo electronegativo.

Reacción de Hell-Volhard-Zelinsky: obtención de ácidos α-bromocarboxílicos por reacción de los ácidos carboxílicos con bromo y tribromuro de fósforo.

8.1. Definición y propiedades físicas de los ácidos carboxílicos

Los *ácidos carboxílicos* son compuestos orgánicos que se caracterizan por poseer el *grupo funcional carboxilo* (–COOH). Este grupo funcional se forma cuando un *grupo hidroxilo* se une directamente al átomo de carbono de un *carbonilo*.

El grupo carboxilo presenta una estructura plana con ángulos de enlace próximos a 120°.

Sus propiedades físicas son resultado de *un grupo carbonilo polarizable* y *una función hidroxilo* que pueden formar puentes de hidrógeno.

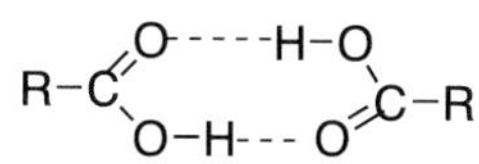

FIGURA 8.1. Puentes de hidrógeno en ácidos carboxílicos.

Los puntos de fusión y ebullición anormalmente altos y la *solubilidad en agua* de los ácidos, de hasta cuatro átomos de carbono, son debidos a su capacidad de formar puentes de hidrógeno.

8.1. Predice qué compuestos tendrán mayor solubilidad en agua

a) CH_3CH_2COOH *b)* $CH_3CH_2CH_2OH$ *c)* $CH_3CH_2COOCH_3$

8.2. Ordena los siguientes compuestos según punto de ebullición creciente.

a) CH_3CH_2COOH *b)* CH_3OH *c)* $CH_3CH_2COOCH_3$

8.2. Acidez y basicidad de los ácidos carboxílicos

Los ácidos carboxílicos se pueden comportar como ácidos y como bases.

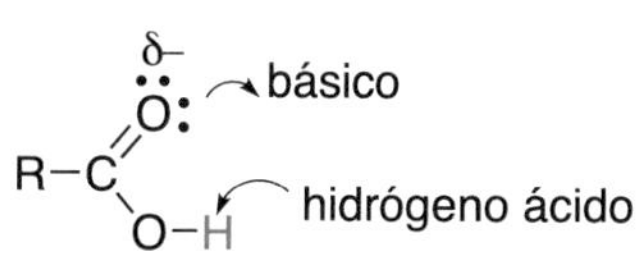

FIGURA 8.2. Acidez y basicidad de ácidos carboxílicos.

8.2.1. Ácidos

Tienen protones moderadamente ácidos. Cuando se disuelven en agua se establece un equilibrio en el que se disocian para formar H_3O^+ y anión carboxilato.

Son más débiles que los ácidos inorgánicos fuertes, como el cloruro de hidrógeno o el ácido sulfúrico. Sin embargo, son relativamente fuertes en el conjunto de los compuestos orgánicos. Por ejemplo, el pK_a del ácido acético es 4,76 y el del etanol 16. Esta mayor acidez es debida, principalmente, a la estabilidad de la base conjugada (anión carboxilato) por resonancia, que no se produce en los alcoholes.

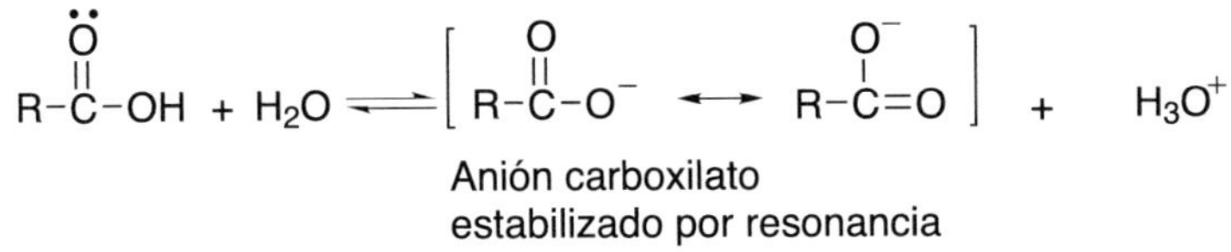

FIGURA 8.3. Acidez de los ácidos carboxílicos.

Como consecuencia de esta acidez, las sales carboxilato se pueden preparar fácilmente por tratamiento con una base.

$$RCOOH + NaOH \longrightarrow RCOONa + H_2O$$

$$RCOOH + NaHCO_3 \longrightarrow RCOONa + H_2O + CO_2$$

FIGURA 8.4. Formación de sales.

La *fuerza de un ácido carboxílico* depende de los sustituyentes de la parte hidrocarbonada de la cadena.

Cualquier factor que estabilice el anión carboxilato desplazará el equilibrio hacia este, aumentando la acidez.

- Los sustituyentes con efecto inductivo –I aumentan la acidez.
- La presencia de varios sustituyentes –I puede aumentar mucho la acidez.
- El efecto inductivo –I disminuye con la distancia.

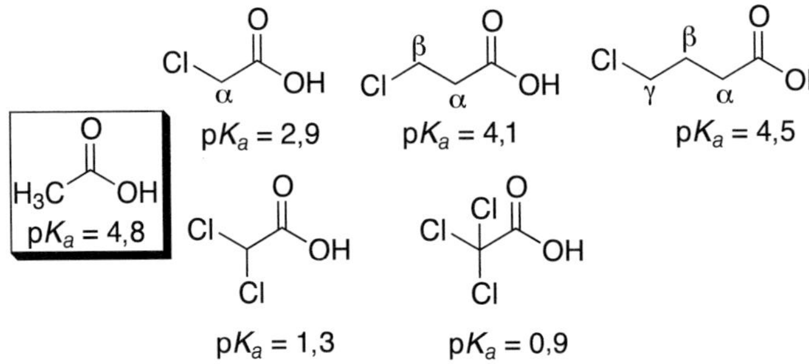

FIGURA 8.5. Influencia del efecto inductivo en la acidez.

El *efecto de la resonancia*, cuando es posible, es más importante que el efecto inductivo. Así, el ácido benzoico es más ácido que el ácido acético, dado que presenta un mayor número de formas resonantes.

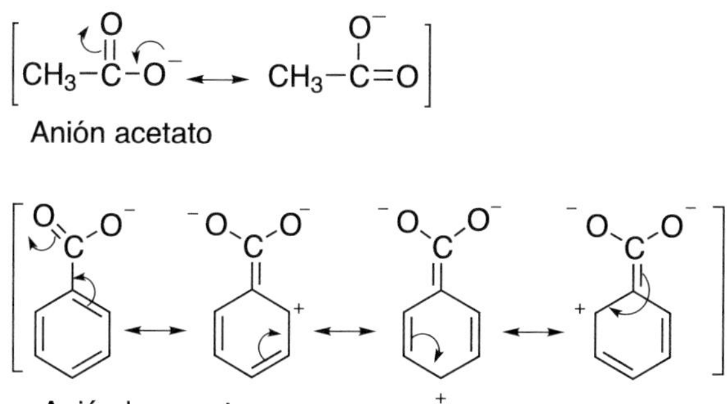

FIGURA 8.6. Efecto de la resonancia en la acidez de los ácidos carboxílicos.

La presencia de sustituyentes en el anillo aromático tiene gran influencia en la acidez. Grupos donantes de electrones disminuyen la acidez, mientras que grupos atrayentes de electrones la aumentan. Por ejemplo, la presencia en el ácido benzoico de un grupo nitro (–I, –M), fuerte atrayente de electrones, genera un pK_a más bajo (pK_a 3,4) que cuando el sustituyente es un grupo hidroxilo (–I, +M), pK_a 4,5.

8.2.2. Bases

La protonación es difícil. Tiene lugar sobre el oxígeno carbonílico.

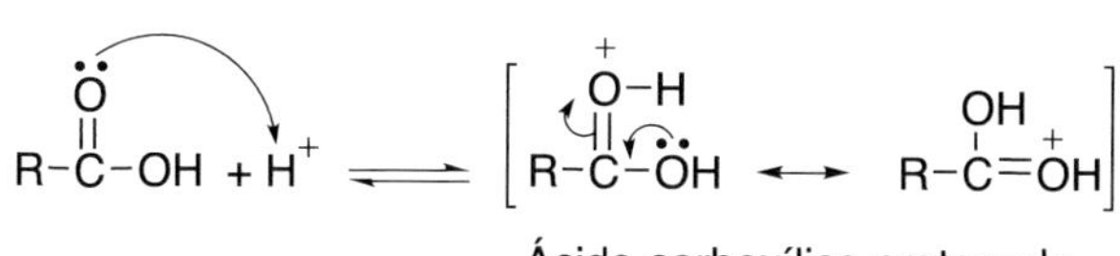

FIGURA 8.7. Protonación del grupo carboxilo.

8.3. De cada uno de los siguientes pares de ácidos, ¿cuál se espera que sea más fuerte? Justifícalo.

a) $ClCH_2CH_2COOH$ y $CH_3CHClCO_2H$.
b) CF_3COOH y CCl_3COOH.
c) $BrCH_2COOH$ y $Br_2CHCOOH$.

8.4. Ordena los siguientes derivados del ácido benzoico por orden decreciente de acidez.

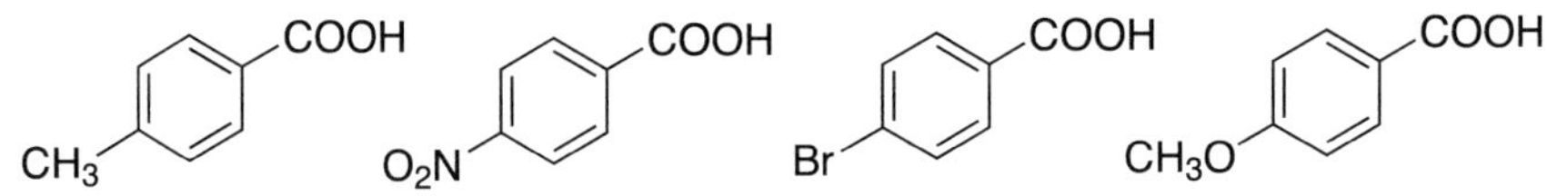

8.5.

a) Dibuja las fórmulas estructurales de los ácidos etanoico, propanoico y butanoico.

b) Escribe la ecuación de la reacción del ácido etanoico con ácido sulfúrico concentrado. Repite el proceso para los restantes ácidos.

8.3. Reactividad del grupo carboxilo. Mecanismo de adición-eliminación

El grupo carboxilo de los ácidos está relacionado estructuralmente con el grupo carbonilo de los aldehídos y las cetonas y con el grupo hidroxilo de los alcoholes. Por lo tanto, existen analogías en su comportamiento químico.

Como los alcoholes, los ácidos carboxílicos pueden desprotonarse para formar aniones. El carbono carbonílico, al igual que el de los aldehídos y cetonas, es electrófilo y es susceptible de ser atacado por nucleófilos. En la reacción de adición nucleófila, el grupo hidroxilo, además, puede actuar como grupo saliente.

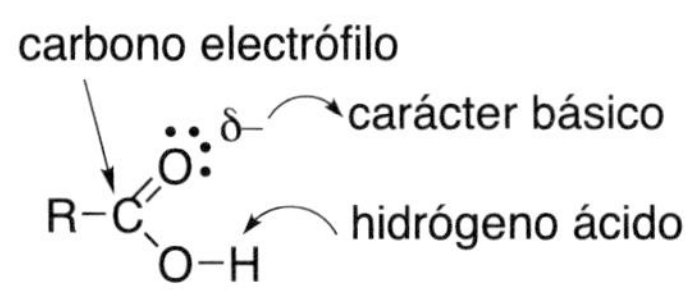

FIGURA 8.8. Comportamiento químico de los ácidos carboxílicos.

El mecanismo por el cual el nucleófilo reemplaza el OH del grupo carboxilo es un mecanismo de *adición-eliminación*. A diferencia de los productos de adición de aldehídos y cetonas, el intermedio tetraédrico es inestable y puede descomponerse por eliminación del grupo hidroxilo para dar un *derivado del ácido*.

- Mecanismo de adición-eliminación
  - Sin catálisis ácida

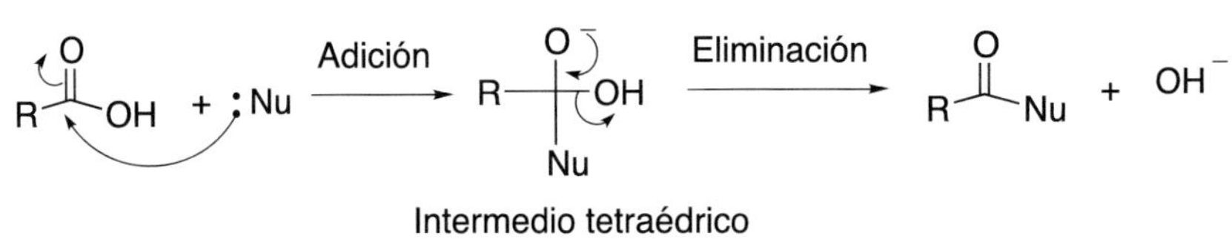

FIGURA 8.9. Mecanismo de adición-eliminación sin catálisis ácida.

- Con catálisis ácida

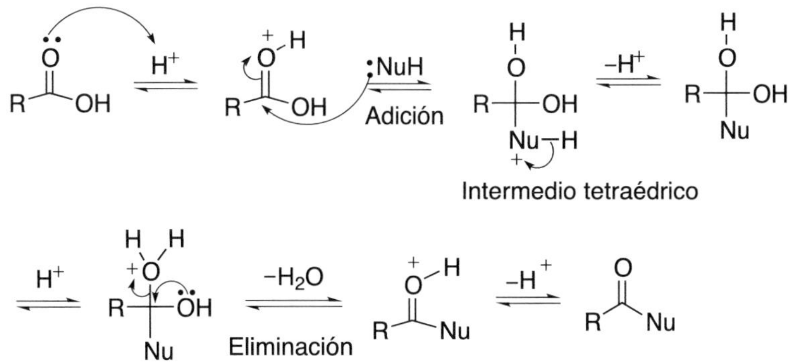

FIGURA 8.10. Mecanismo de adición-eliminación con catálisis ácida.

Las transformaciones más importantes son:

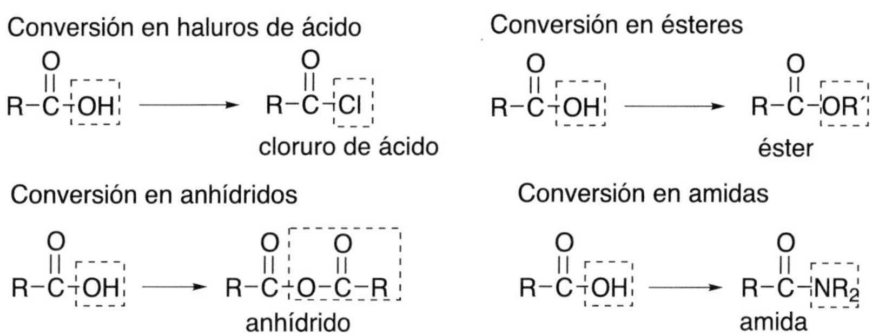

FIGURA 8.11. Transformaciones más habituales de los ácidos carboxílicos.

8.4. Conversión de ácidos carboxílicos en haluros de ácido y anhídridos

Los ácidos carboxílicos se transforman en *haluros de ácido* por reacción con haluros de fósforo o cloruro de tionilo, los mismos reactivos que convierten alcoholes en haluros de alquilo.

$$RCOOH + SOCl_2 \text{ (cloruro de tionilo)} \longrightarrow RCOCl$$
$$RCOOH + PCl_3 \text{ o } PCl_5 \longrightarrow RCOCl$$

FIGURA 8.12. Transformación en cloruros de ácido.

- *Mecanismo utilizando cloruro de tionilo como reactivo*

Puede dividirse en dos partes. Primero, conversión del grupo hidroxilo en un buen grupo saliente. La segunda parte es una adición-eliminación: ataque nucleófilo seguido del desplazamiento del grupo saliente.

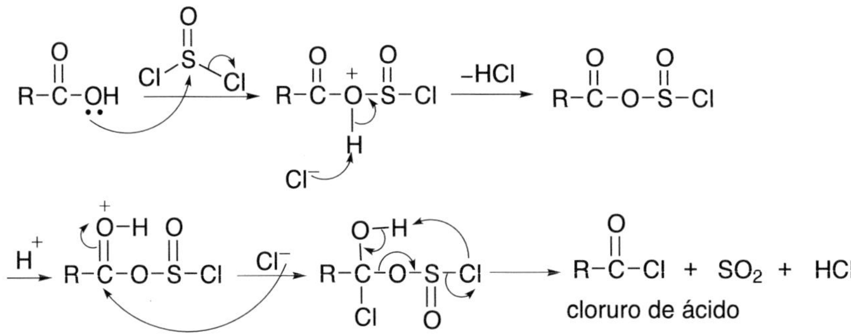

FIGURA 8.13. Mecanismo de la transformación con cloruro de tionilo.

Un *anhídrido* se puede preparar mediante una reacción de sustitución nucleófila sobre el grupo carbonilo de un cloruro de ácido, con la sal de un ácido carboxílico como nucleófilo.

El mecanismo involucra dos pasos: 1) ataque nucleofílico del ion carboxilato y 2) pérdida del grupo saliente.

Este método puede usarse para preparar anhídridos simétricos o asimétricos.

$$RCOONa + R'COCl \longrightarrow RCOOCOR'$$

FIGURA 8.14. Formación de anhídrido.

8.6. Completa las siguientes reacciones, indicando la estructura de los compuestos A, B y C

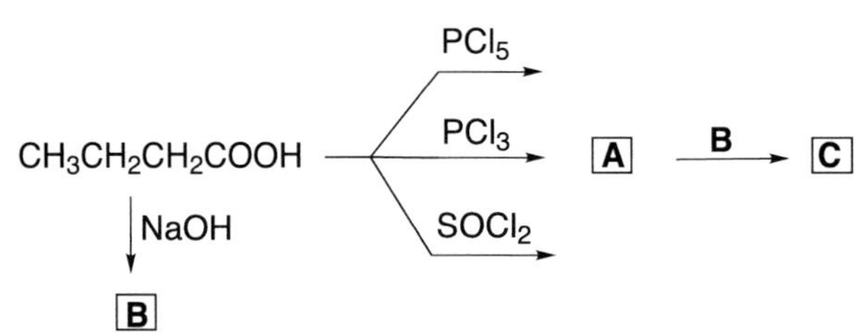

8.5. Conversión de ácidos carboxílicos en ésteres

Existen diversos métodos para la transformación de los ácidos carboxílicos en ésteres.

1. *Esterificación de Fischer.* Los ácidos carboxílicos reaccionan *con alcoholes* en presencia de un ácido, como el ácido clorhídrico, el ácido sulfúrico o el ácido *p*-toluensulfónico, formando *ésteres*. Es un proceso reversible. El equilibrio se puede desplazar hacia la formación del éster utilizando un exceso de los productos de partida o eliminando el agua.

$$R-\overset{O}{\overset{\|}{C}}-OH + R'-OH \overset{H^+}{\rightleftharpoons} R-\overset{O}{\overset{\|}{C}}-OR' + H_2O$$

FIGURA 8.15. Esterificación de Fischer.

- *Mecanismo*

Se trata de una adición-eliminación con catálisis ácida.

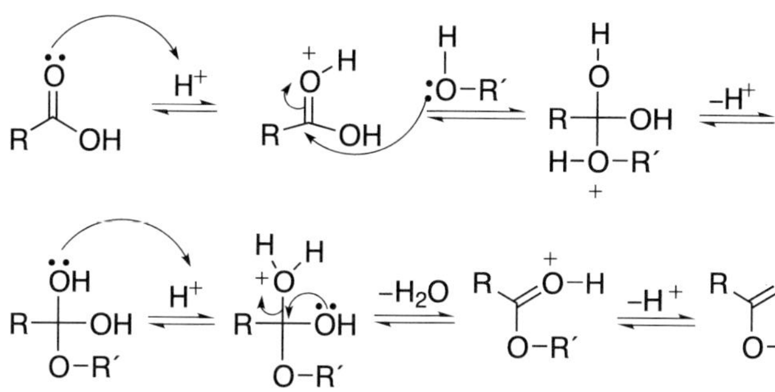

FIGURA 8.16. Mecanismo de la esterificación de Fischer.

2. *Mediante reacciones S_N2, por ataque nucleofílico de iones carboxilato sobre haluros de alquilo.* Primero se desprotona el ácido carboxílico para generar el ion carboxilato, que luego actúa como nucleófilo y ataca al haluro de alquilo.

   Hay que tener en cuenta las limitaciones de las reacciones S_N2.

$$RCOOH + NaOH \longrightarrow RCOONa + H_2O$$
$$RCOO^- + R'X \longrightarrow RCOOR' \ (S_N2)$$

FIGURA 8.17. Formación de ésteres mediante reacciones S_N2.

3. Los ésteres también pueden preparase por tratamiento de un *cloruro de ácido* con un alcohol. Esta reacción se estudiará con más detalle en el capítulo siguiente.

$$RCOCl + R'OH \longrightarrow RCOOR'$$

FIGURA 8.18. Preparación de ésteres con haluros de ácido.

La reacción de los ácidos carboxílicos con diazometano (CH_2N_2) da *ésteres metílicos.*

$$RCOOH + CH_2N_2 \text{ (diazometano)} \longrightarrow RCOOCH_3$$

FIGURA 8.19. Formación de ésteres metílicos con diazometano.

- *Mecanismo*

Hay que considerar que el diazometano (CH_2N_2) se representa como un híbrido de resonancia de dos formas de Lewis.

$$CH_2{=}\overset{+}{N}{=}\overset{-}{\underset{\cdot\cdot}{N}}{:} \longleftrightarrow {:}\overset{-}{C}H_2{-}\overset{+}{N}{\equiv}N{:}$$

En el mecanismo se pueden distinguir dos partes:

1. Reacción ácido-base entre el ácido carboxílico y el diazometano, que actúa como base.
2. Reacción S_N2, en la que el ion carboxilato actúa como nucleófilo.

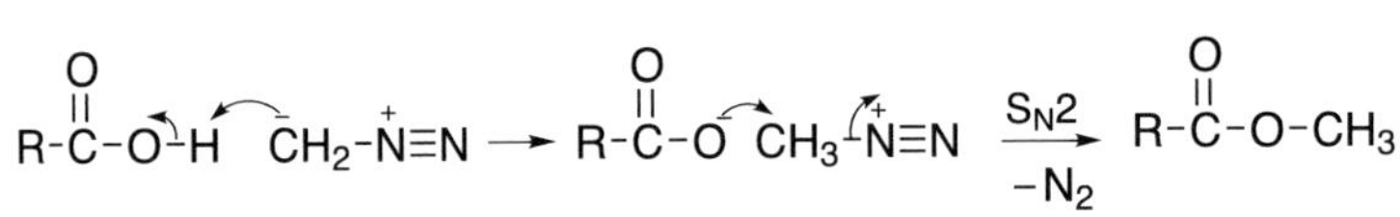

FIGURA 8.20. Mecanismo de la reacción con diazometano.

Ejercicio resuelto

Identifica el ácido carboxílico y el alcohol, que conducen a los compuestos que se indican a continuación, obtenidos mediante una esterificación de Fischer.

a) 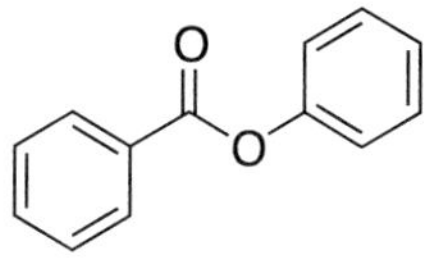 b) 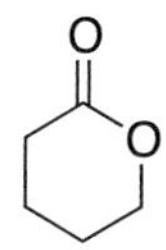

c) 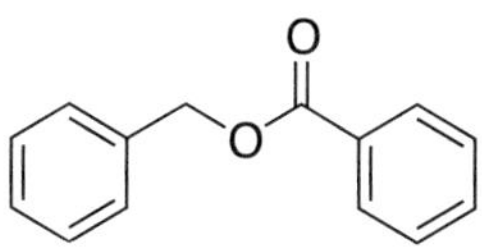 d) 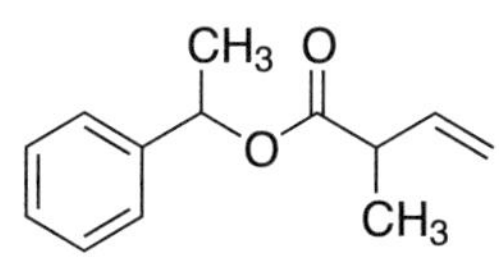

Solución

a) 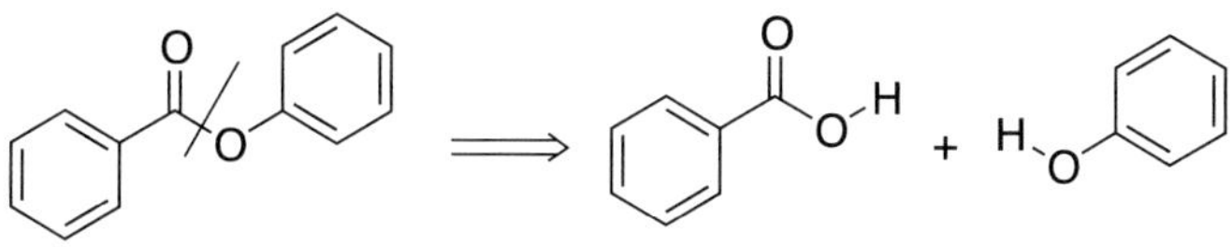

b) 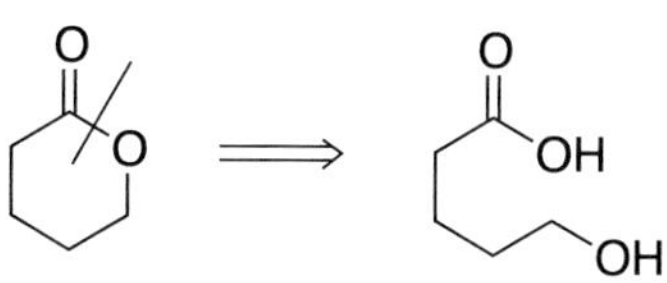

c) 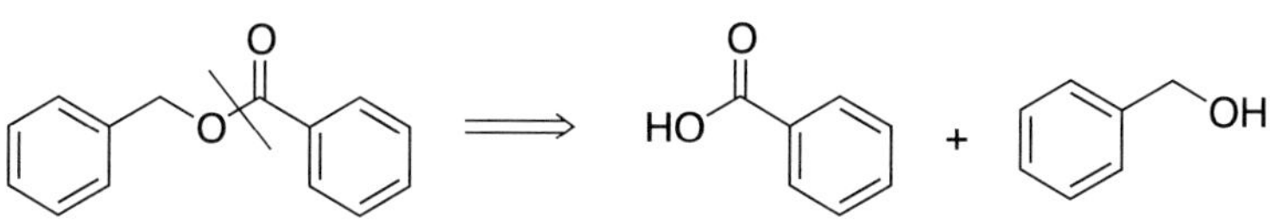

d) 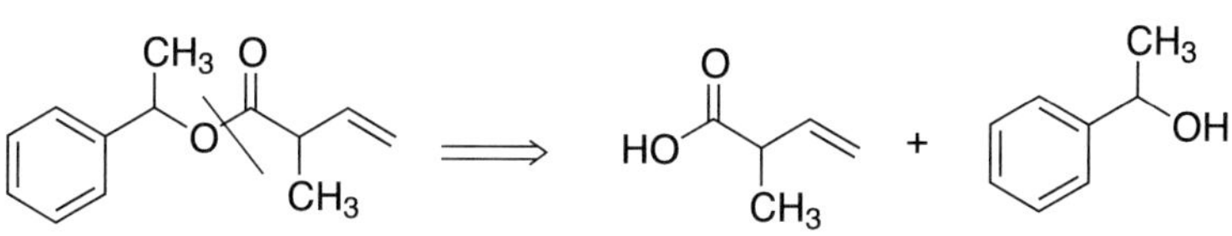

8.7. En este apartado se han descrito diversos procedimientos para obtener ésteres a partir de ácidos carboxílicos. Identifica los reactivos necesarios para llevar a cabo cada una de las transformaciones que se muestran a continuación.

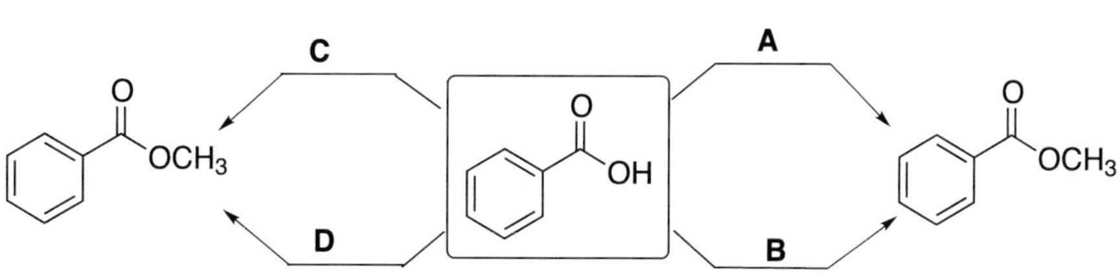

8.8. Muchos ésteres tienen olores agradables y son responsables de las fragancias de frutas y flores, como el acetato de pentilo (plátanos) o el acetato de octilo (naranjas). Propón un mecanismo para la obtención del acetato de octilo a partir de ácido acético y octanol. Emplea el modelo explicado para la adición-eliminación con catálisis ácida, utilizando el octanol como nucleófilo.

$$CH_3\text{-}\overset{\overset{\displaystyle O}{\|}}{C}\text{-}OH + CH_3(CH_2)_6CH_2OH \underset{}{\overset{H^+}{\rightleftharpoons}} CH_3\text{-}\overset{\overset{\displaystyle O}{\|}}{C}\text{-}OCH_2(CH_2)_6CH_3 + H_2O$$

8.9. Propón un mecanismo para la siguiente transformación:

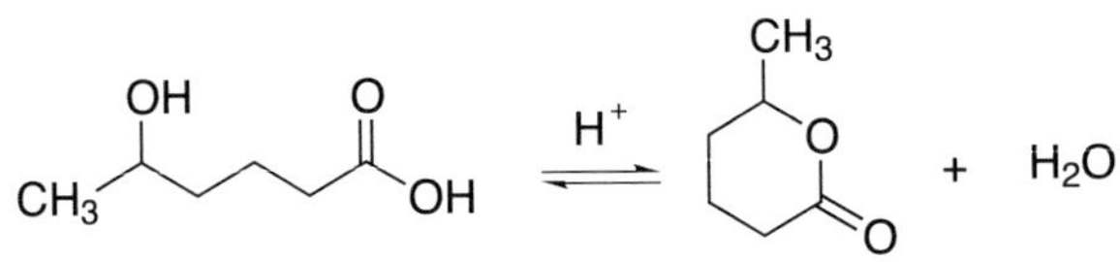

8.10. Señala la respuesta correcta.

1. Los ácidos carboxílicos reaccionan con los alcoholes, en presencia de catálisis ácida, para dar:

   a) Éteres.
   b) Ésteres.
   c) Anhídridos.
   d) Acetales.
   e) Hemiacetales.

2. En la esterificación de Fischer:

   a) Se debe utilizar agua como disolvente o codisolvente.
   b) Utilizar OH^- como catalizador.
   c) Utilizar H^+ como catalizador.
   d) La reacción es irreversible.
   e) El papel del H^+ es mejorar el grupo saliente.

3. Los hidroxiácidos son compuestos que contienen a la vez una función hidroxilo y un ácido carboxílico, y pueden sufrir una reacción de ciclación intramolecular que permite obtener:

   a) Derivados dicarboxílicos.
   b) Derivados dioles.
   c) Cetonas cíclicas.
   d) Lactonas.
   e) Hemiacetales.

8.6. Conversión de ácidos carboxílicos en amidas

Los ácidos carboxílicos reaccionan con el amoniaco o las aminas para dar *amidas.*

$$RCOOH + NH_3/\text{calor} \longrightarrow RCONH_2 + H_2O$$

FIGURA 8.21. Obtención de amidas por reacción de ácido carboxílico con amoniaco o aminas.

- *Mecanismo*

A temperatura ambiente, el ácido reacciona con la amina o el amoniaco (una base), para dar una sal de amonio.

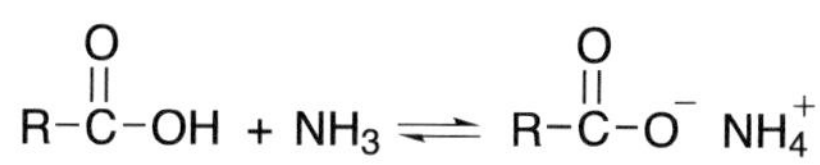

FIGURA 8.22. Preparación de la sal de amonio.

La sal de amonio es estable a temperatura ambiente. Sin embargo, por calentamiento se produce la eliminación de agua con formación de amida.

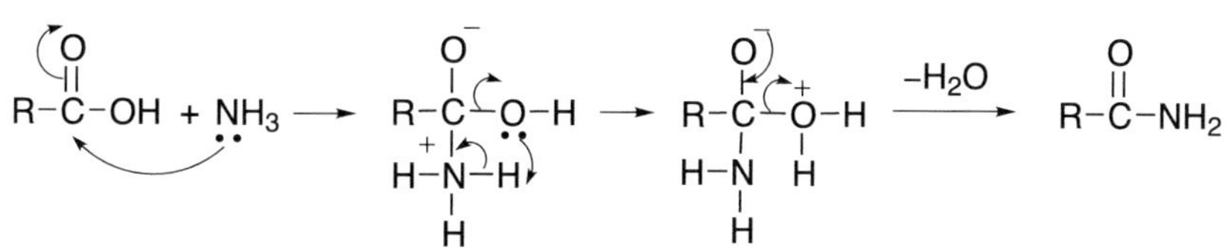

FIGURA 8.23. Deshidratación de la sal de amonio para dar la amida.

Las amidas se sintetizan con mayor eficiencia a partir de los cloruros de ácido.

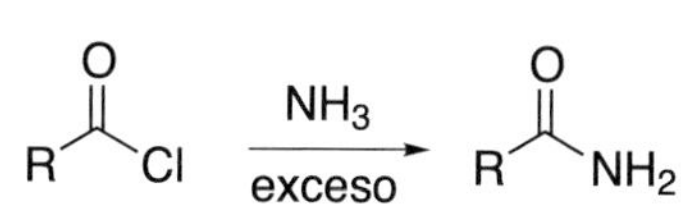

FIGURA 8.24. Obtención de amidas a partir de cloruros de ácido.

8.11. Completa las reacciones indicando la estructura de los productos

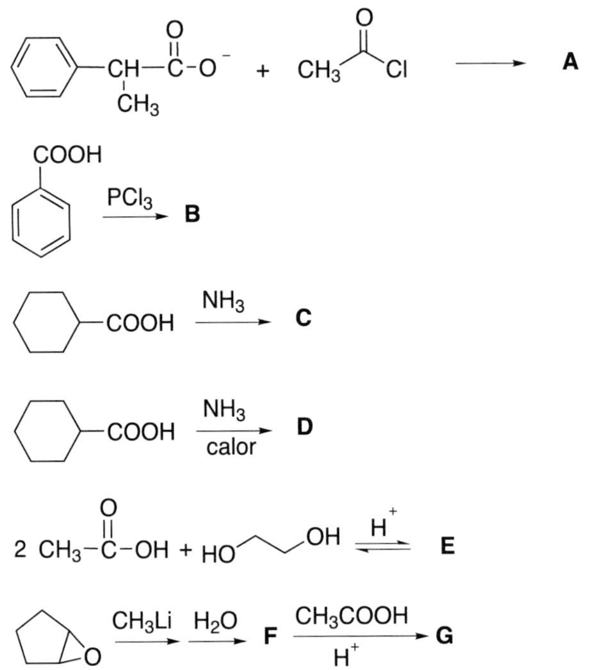

8.12. Indica los reactivos para efectuar las siguientes transformaciones

a)

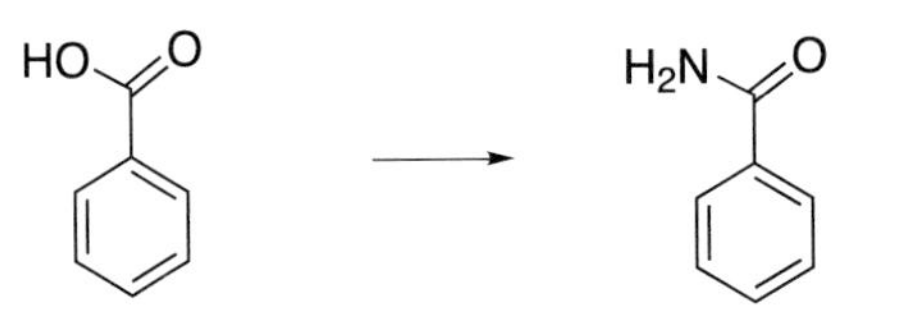

b)

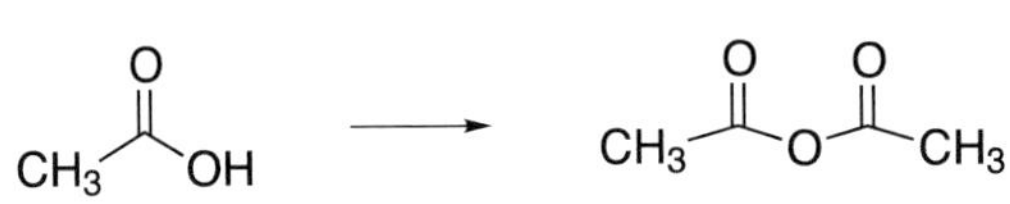

c)

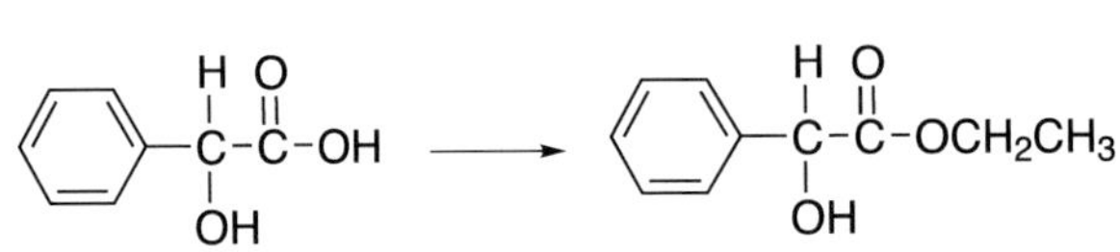

d)

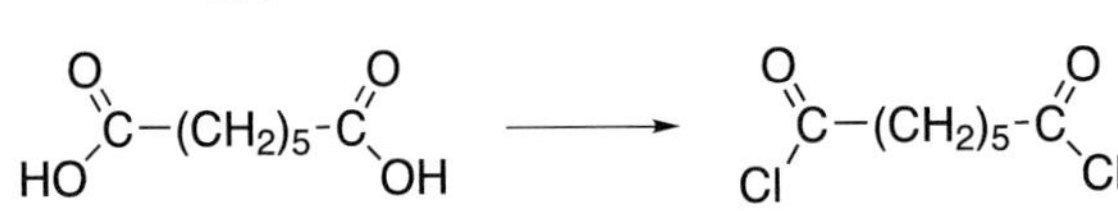

8.7. Reducción de los ácidos carboxílicos

El *hidruro de aluminio y litio* ($LiAlH_4$), es un reactivo eficaz en la reducción de ácidos carboxílicos a alcoholes primarios.

$$RCOOH + 1)\ LiAlH_4/THF;\ 2)\ H_3O^+ \longrightarrow RCH_2OH$$

FIGURA 8.25. Obtención de alcoholes por reducción de ácidos carboxílicos.

El *borohidruro de sodio* ($NaBH_4$) reduce aldehídos y cetonas. Sin embargo, no es lo suficientemente fuerte para llevar a cabo la reducción de ácidos carboxílicos. Por lo tanto, es posible reducir de forma selectiva aldehídos y cetonas en presencia de un ácido.

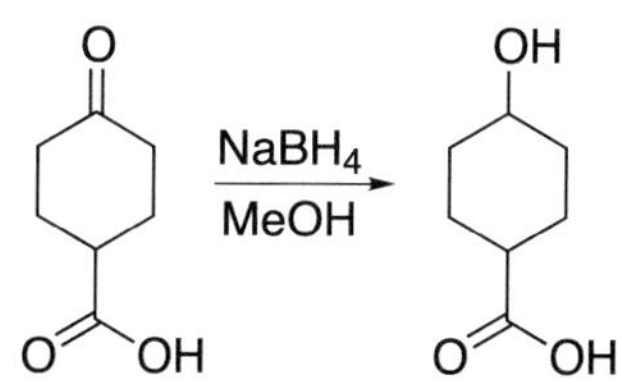

FIGURA 8.26. Reducción selectiva con borohidruro sódico.

8.13. Dibuja la estructura de los compuestos indicados con letras.

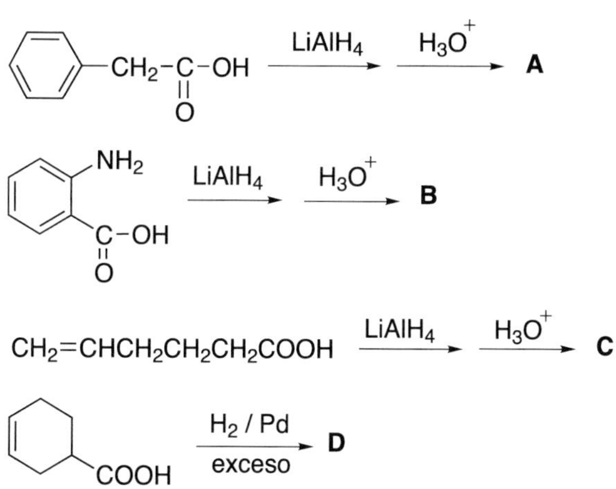

8.8. α-Halogenación: reacción de Hell-Volhard-Zelinsky

La reacción de los ácidos carboxílicos con bromo y tribromuro de fósforo permite obtener ácidos α-bromocarboxílicos. La reacción es selectiva: solo se sustituye el hidrógeno del carbono 2. No es aplicable para iodo o flúor.

$$\text{R-CH}_2\text{COOH} + \text{1) Br}_2\text{ / PBr}_3\text{ 2) H}_2\text{O} \longrightarrow \text{RCH(Br)COOH}$$

FIGURA 8.27. Halogenación en alfa por reacción de Hell-Volhard-Zelinsky.

8.14. Predice el producto de las siguientes transformaciones.

a) 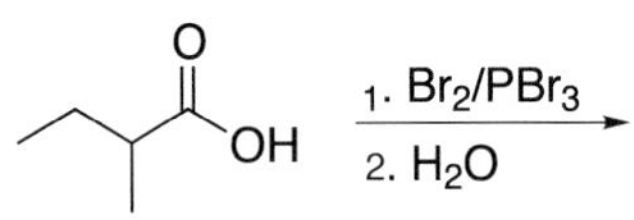

b) 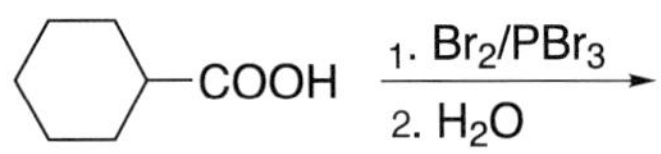

8.9. Descarboxilación

Una reacción de descarboxilación consiste en la pérdida del átomo de carbono carboxílico en forma de dióxido de carbón (CO_2). Como consecuencia, la cadena se acorta en un átomo de carbono. Para que tenga lugar requiere determinadas condiciones estructurales.

– *Ácidos monocarboxílicos*. La reacción está favorecida cuando el carbono en α lleva grupos electrón-atrayentes (C=O, NO_2, CN). Así, los β-cetoácidos descarboxilan térmicamente, en condiciones suaves.

$$\text{RCOCH}_2\text{COOH} + \text{Calor} \longrightarrow \text{RCOCH}_3$$

FIGURA 8.28. Descarboxilación térmica de ácidos monocarboxílicos.

– *Ácidos dicarboxílicos*

Experimentan diversas reacciones térmicas. En el caso de los ácidos oxálico (n = 0) y malónico (n = 1), estos pierden con facilidad CO_2, para dar ácido fórmico y acético, respectivamente. Sin embargo, cuando n es 2 o 3, se pierde agua, para dar un anhídrido cíclico.

$$HOOC(CH_2)_nCOOH + Calor \xrightarrow{n = 0, 1} HOOC(CH_2)_nH\ (-CO_2)$$
$$HOOC(CH_2)_nCOOH + Calor \xrightarrow{n = 2, 3} Anhídrido\ cíclico\ (-H_2O)$$

FIGURA 8.29. Descarboxilación de ácidos dicarboxílicos.

8.10. Preparación de los ácidos carboxílicos

Existen numerosos procedimientos para obtener ácidos carboxílicos. Algunos ya se han presentado al estudiar otros grupos funcionales: *reacciones de oxidación* de *alcoholes primarios*, de *aldehídos* y de *alquenos*, o reacciones de *carboxilación de compuestos organometálicos*. Otros son nuevos, como la *oxidación de alquilbencenos*, la *oxidación de cetonas* (reacción del haloformo) o la *hidrólisis* de derivados de ácido y nitrilos.

8.10.1. Por reacciones de oxidación

En el cuadro 8.1 se muestran reacciones de oxidación, que ya se han estudiado en capítulos anteriores.

CUADRO 8.1
Revisión de reacciones de oxidación para la obtención de ácidos carboxílicos

Reacción	*Comentarios*	*Capítulo*
Oxidación de alcoholes primarios RCH_2OH + oxidante ⟶ RCOOH Ox fuertes: CrO_3/H^+, $KMnO_4/OH^-$, HNO_3	Se obtienen ácidos carboxílicos del mismo número de átomos de carbono	2
Oxidación de aldehídos RCHO + oxidante ⟶ RCOOH Ox fuertes: CrO_3/H^+, $KMnO_4/OH^-$, HNO_3 ox suaves: Ag^+, Cu^{+2}, H_2O_2	Se obtienen ácidos carboxílicos del mismo número de átomos de carbono	7
Ruptura oxidativa de alquenos $RCH{=}CH_2 + KMnO_4 \longrightarrow RCOOH + CO_2$ $RCH{=}CH_2 + O_3 \longrightarrow RCOOH + HCOOH$	Producen ácidos que tienen menos átomos de carbono que los alquenos iniciales, excepto alquenos cíclicos	4

Además de las mencionadas, otras estrategias incluyen la oxidación de alquilbencenos y la reacción del haloformo.

- *Oxidación de alquilbencenos.* Un grupo alquilo de un anillo aromático se oxida completamente para producir un ácido benzoico; siempre que la posición bencílica tenga, al menos, un átomo de hidrógeno.

$$\text{Ph-CHR}_2 + \text{KMnO}_4/\text{H}^+ \text{ o } \text{CrO}_3/\text{H}^+ \longrightarrow \text{Ph-COOH}$$

FIGURA 8.30. Oxidación de alquilbencenos.

- *Oxidación de cetonas.* Las metilcetonas reaccionan con halógenos (Br_2, I_2) en medio básico, para dar un ácido carboxílico de un carbono menos. El mecanismo de esta reacción se verá con detalle en el capítulo 10.

$$\text{RCOCH}_3 + \text{X}_2/\text{OH}^- \longrightarrow \text{RCOO}^- + \text{HCX}_3$$

FIGURA 8.31. Oxidación de metilcetonas (reacción del haloformo).

Ejercicio resuelto

Completa la siguiente reacción:

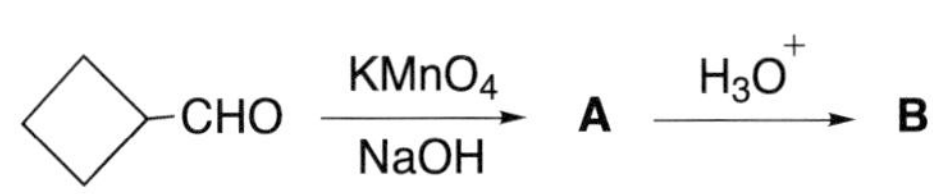

Solución

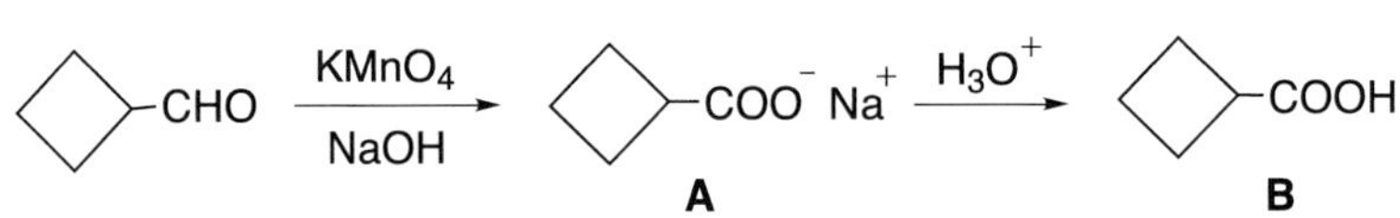

8.15. Dibuja la estructura de los compuestos esperados en las siguientes reacciones.

a) $\text{CH}_3\text{CH}_2\text{CH(CH}_3\text{)CH}_2\text{OH} \xrightarrow[\text{NaOH /H}_2\text{O}]{\text{KMnO}_4}$ *b)* $\text{CH}_3(\text{CH}_2)_4\text{CHO} \xrightarrow[\text{H}_2\text{SO}_4\text{ / H}_2\text{O}]{\text{CrO}_3}$

c) 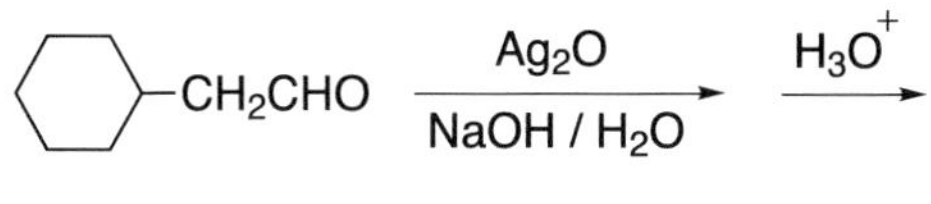

d) $CH_3(CH_2)_4CH{=}CH_2 \xrightarrow[\text{cloroformo}]{O_3} \xrightarrow[OH^-]{H_2O_2} \xrightarrow{H_3O^+}$

8.10.2. Por carboxilación de compuestos organometálicos

Los compuestos organometálicos (OM) reaccionan con dióxido de carbono (CO_2) dando sales de ácidos carboxílicos. La hidrólisis posterior conduce al ácido carboxílico correspondiente. Esta reacción ya se introdujo en el capítulo 1.

$$RMgX + CO_2 \longrightarrow RCOOMgX \xrightarrow{H_2O} RCOOH$$

$$RLi + CO_2 \longrightarrow RCOOLi \xrightarrow{H_2O} RCOOH$$

FIGURA 8.32. Síntesis de ácidos carboxílicos por carboxilación de compuestos organometálicos.

El *mecanismo* del proceso se muestra a continuación:

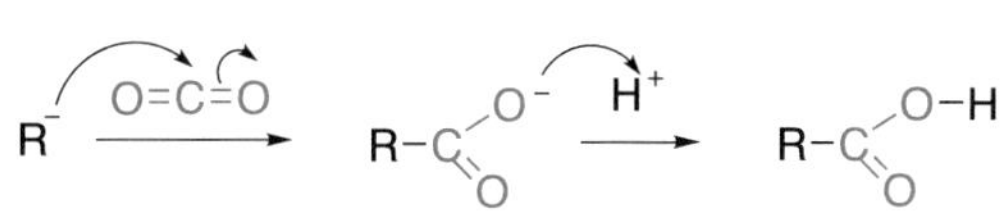

FIGURA 8.33. Mecanismo de la carboxilación.

El OM ataca el carbono del dióxido de carbono, que tiene carácter electrofílico, de forma análoga a como lo hacen los compuestos carbonílicos, generándose el ion carboxilato. Al tratar el ion con una fuente de protones se obtiene el ácido carboxílico.

8.16. Completa la siguiente secuencia sintética.

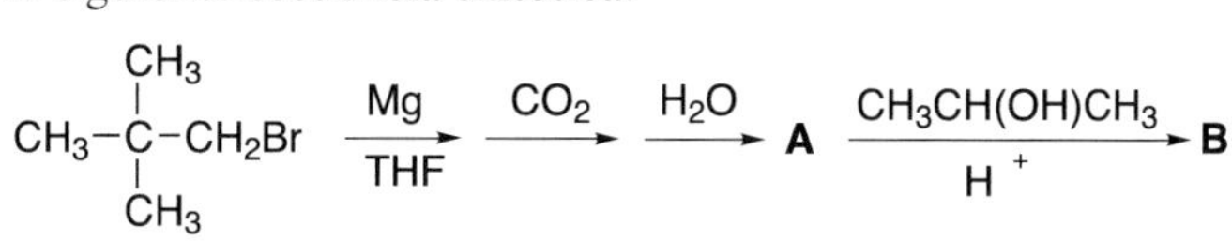

8.10.3. Por hidrólisis de derivados de ácido y nitrilos

La hidrólisis de haluros de ácido, anhídridos, ésteres, amidas y nitrilos conduce a ácidos carboxílicos.

Los cloruros de ácido y los anhídridos reaccionan rápidamente con el agua. Para hidrolizar un éster, una amida o un nitrilo es necesario un catalizador ácido o básico. Estas reacciones se estudiarán con detalle en el capítulo siguiente.

$$RCOCl + H_2O \longrightarrow RCOOH + HCl$$

$$RCOOCOR + H_2O \longrightarrow 2\ RCOOH$$

$$\left\{\begin{array}{l} RCOOR' + H_2O \xrightleftharpoons{H^+} RCOOH + R'OH \\ RCOOR' + H_2O \xrightarrow{OH^-} RCOO^- + R'OH \end{array}\right.$$

$$\left\{\begin{array}{l} RCONH_2 + H_2O \xrightleftharpoons{H^+} RCOOH + NH_4^+ \\ RCONH_2 + H_2O \xrightarrow{OH^-} RCOO^- + NH_3 \end{array}\right.$$

$$\left\{\begin{array}{l} RCN + H_2O \xrightleftharpoons{H^+} RCOOH \\ RCN + H_2O \xrightarrow{OH^-} RCOO^- \end{array}\right.$$

FIGURA 8.34. Síntesis de ácidos carboxílicos por reacciones de hidrólisis de derivados de ácido.

Todos los derivados de ácido reaccionan con agua dando ácidos carboxílicos.

Ejercicio resuelto

Propón un mecanismo para la reacción del cloruro de acetilo con agua.

Solución

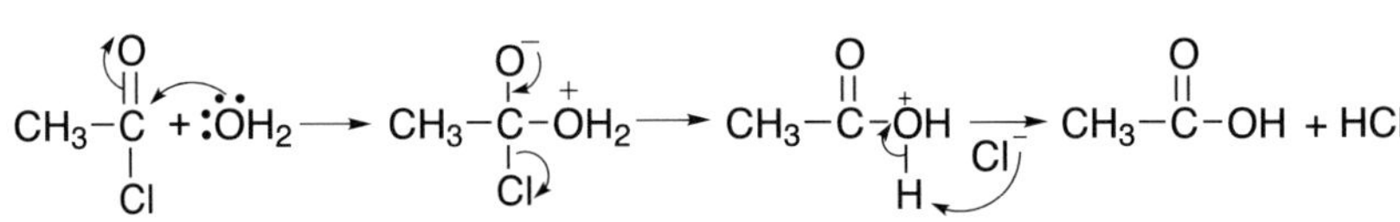

Ejercicio resuelto

Muestra cómo llevarías a cabo la siguiente transformación.

$$CH_3CH_2Br \longrightarrow CH_3CH_2COOH$$

Solución

El producto es un ácido carboxílico con un carbono más que el compuesto de partida. Una estrategia consistiría en una carboxilación de un compuesto organometálico.

$$CH_3CH_2Br \xrightarrow[THF]{Mg} CH_3CH_2MgBr \xrightarrow{CO_2} CH_3CH_2COO^- \xrightarrow{H_2O} CH_3CH_2COOH$$

Otra posible ruta sintética sería la hidrólisis de un nitrilo.

$$CH_3CH_2Br \xrightarrow{CN^-} CH_3CH_2CN \xrightarrow[H^+]{H_2O} CH_3CH_2COOH$$

8.17. Indica reactivos adecuados para llevar a cabo las transformaciones siguientes:

a) 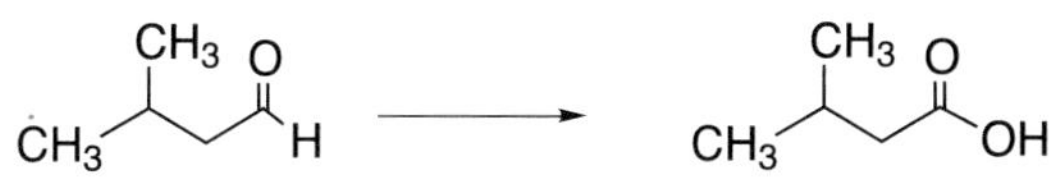

b) 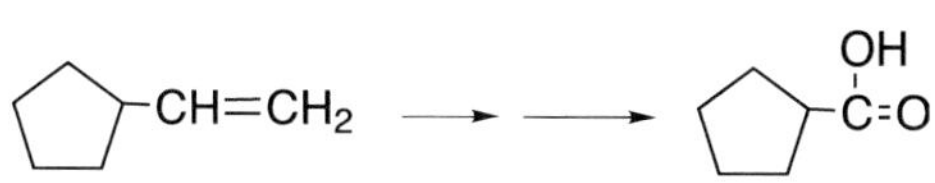

c) 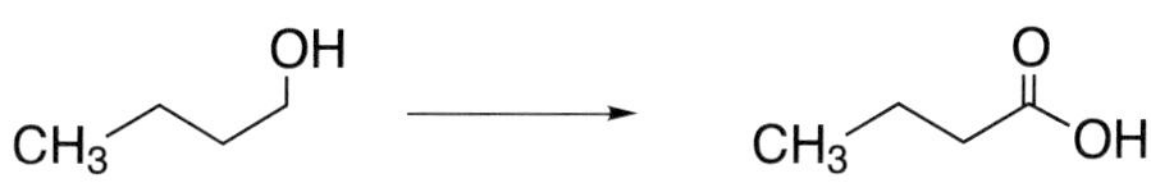

d) 

e) 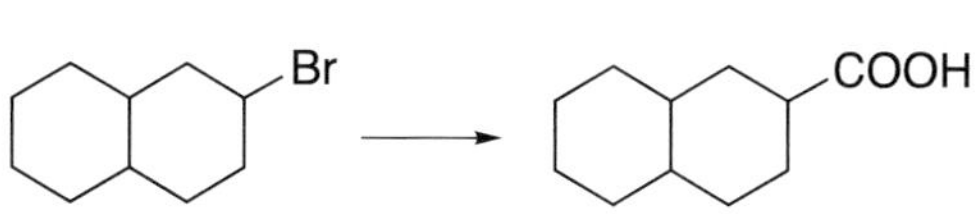

f) $CH_3CH(OH)CH_2CH_2Cl \longrightarrow CH_3CH(OH)CH_2CH_2COOH$

g) 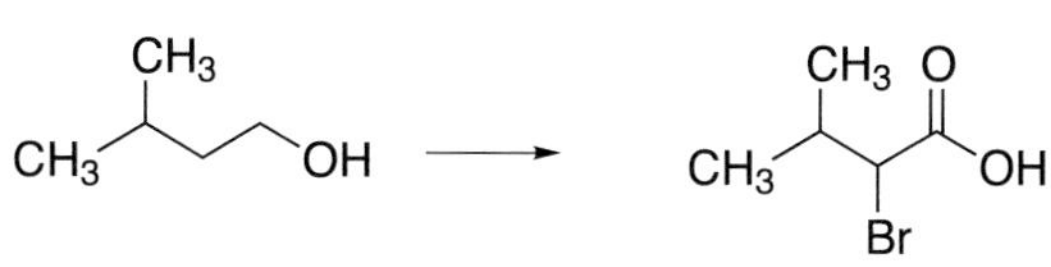

8.18. Propón estrategias de síntesis.

a) 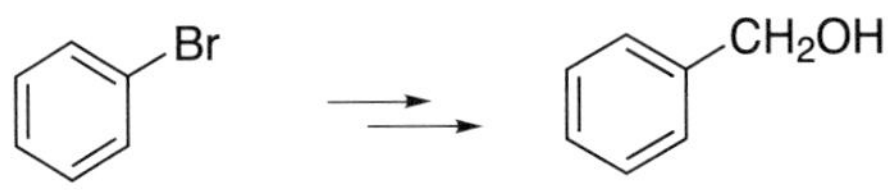

b) 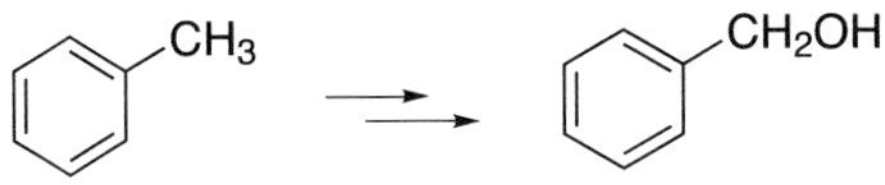

c) 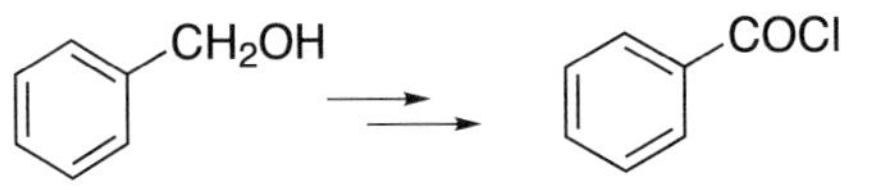

8.19. ¿Cómo llevarías a cabo la transformación del propanol en ácido butanoico, responsable del olor rancio de la mantequilla?

Propón dos vías sintéticas para la formación de los enlaces carbono-carbono. En una utiliza cianuro potásico y en la otra compuestos organometálicos.

$$CH_3CH_2CH_2OH \longrightarrow CH_3CH_2CH_2COOH$$

8.20. Completa la siguiente secuencia sintética.

$$ClCH_2COOH \xrightarrow[H_2O]{Na_2CO_3} \mathbf{A} \xrightarrow{NaCN} \mathbf{B} \xrightarrow[H_2O,\ \text{calor}]{NaOH} \mathbf{C} \xrightarrow[\text{(en frío)}]{H_3O^+} \mathbf{D}$$

Ejercicios de revisión de conceptos

8.21. Predice los productos que se obtienen cuando el ácido propanoico reacciona con cada uno de los siguientes reactivos:

a) $SOCl_2$ *c)* CH_2N_2 *e)* 1. PCl_5, 2. NH_3 en exceso *g)* NH_3
b) $EtOH/H^+$ *d)* NaOH *f)* 1. KOH, 2. CH_3COCl *h)* 1. $LiAlH_4$, 2. H_3O^+

8.22. ¿Cómo llevarías a cabo la siguiente transformación?

Ácido butírico ⟶ 1-pentanol

8.23. Asigna la estructura a los compuestos indicados con letras.

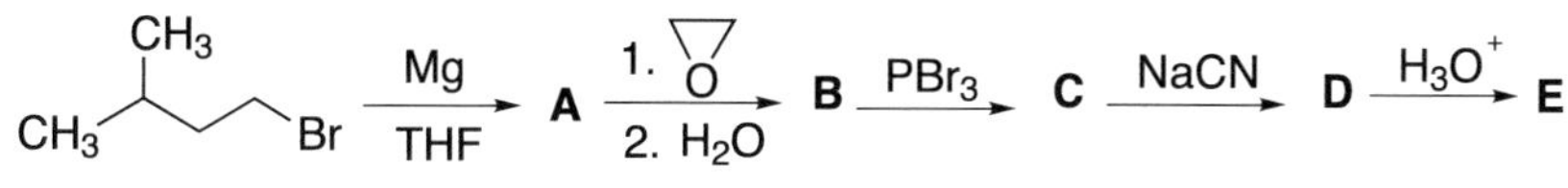

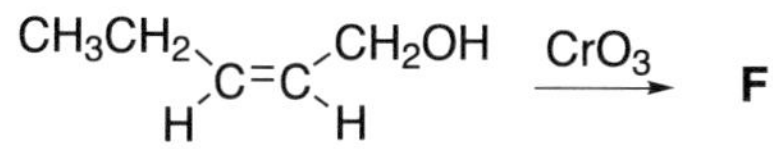

Ejemplo de aplicación en ciencias de la salud. Ésteres como profármacos. Pivampicilina

Un problema que se observa en numerosos fármacos es una mala absorción por vía oral, debida a una lipofilia insuficiente, para que se produzca la difusión pasiva a través de las membranas de las células de la pared intestinal. Con frecuencia, para mejorar la absorción basta con enmascarar algún grupo hidrófilo. La amplia distribución de esterasas en el organismo hace que los *ésteres* sean los profármacos más comunes para fármacos con estructura de ácido carboxílico. La principal limitación de este método puede ser la excesiva estabilidad *in vivo* de algunos ésteres. Este problema se ha resuelto mediante la preparación de *ésteres de aciloximetilo,* en los que el grupo éster es más accesible. La hidrólisis de estos últimos conduce a ésteres de hidroximetilo, los cuales pierden fácilmente formaldehído para regenerar el fármaco.

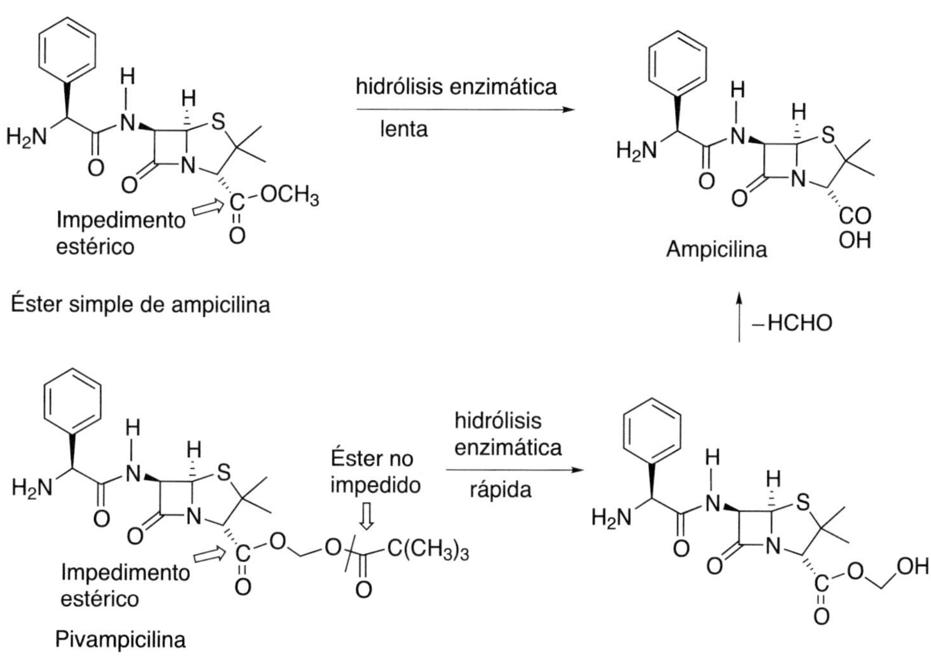

FIGURA 8.35. Hidrólisis enzimática de ésteres de ampicilina.

Un ejemplo de la aplicación de esta estrategia lo podemos encontrar en el antibiótico β-lactámico *ampicilina* y su profármaco *pivampicilina,* un éster del tipo aciloximetilo, el cual tras su absorción por la mucosa gastrointestinal se hidroliza enzimáticamente para originar el antibiótico activo.

La ampicilina es una de las penicilinas más utilizadas, debido a su mayor resistencia frente a los ácidos, así como a su amplio espectro de acción. Sin embargo, su administración por vía oral plantea problemas como consecuencia de su escasa absorción intestinal. Presenta una absorción oral máxima de alrededor de un 40%. Ello es debido a que al poseer un grupo amino y un grupo ácido en la misma molécula, un porcentaje elevado de las moléculas se encuentran en forma de ion dipolar, poco lipófilo. El enmascaramiento del grupo carboxilo empleando un éster de aciloximetilo, como en el caso de la pivampicilina, introduce un grupo lipófilo, haciendo el compuesto más fácilmente absorbible, el cual revierte a la forma activa tras la absorción intestinal.

RESUMEN

1. *Definición y propiedades físicas.*

Los ácidos carboxílicos son compuestos orgánicos que se caracterizan por poseer el *grupo funcional carboxilo* (–COOH).

Las propiedades físicas vienen determinadas por la capacidad de formar puentes de hidrógeno del grupo carbonilo y la función hidroxilo.

2. *Acidez y basicidad.*

Los ácidos carboxílicos se pueden comportar como ácidos y como bases

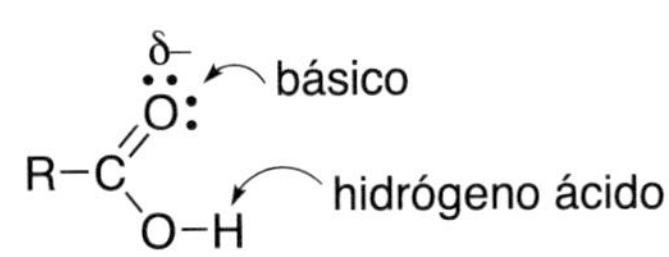

– ÁCIDOS

$$RCOOH + NaOH \longrightarrow RCOONa + H_2O$$
$$RCOOH + NaHCO_3 \longrightarrow RCOONa + H_2O + CO_2$$

Relativamente fuertes en el conjunto de los ácidos orgánicos. La fuerza está relacionada con el efecto inductivo y la resonancia y depende de la estabilidad de la base conjugada del ácido carboxílico.

– BASES

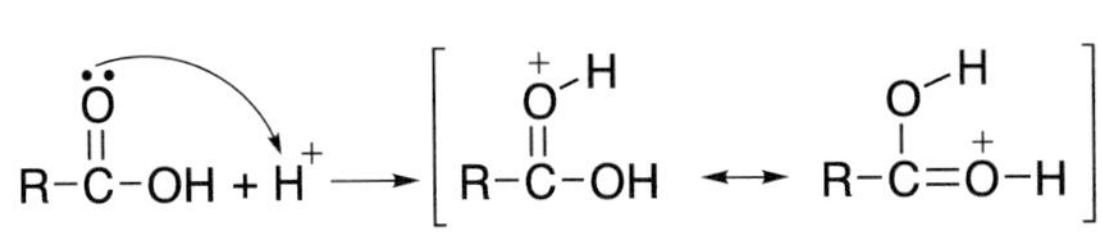

3. *Reactividad del grupo carboxilo: mecanismo de adición-eliminación.*

El carbono carbonílico tiene carácter electrófilo y es susceptible de ser atacado por nucleófilos. La reacción transcurre por un *mecanismo de adición-eliminación*, a través de intermedio tetraédrico inestable que por eliminación del grupo hidroxilo da lugar a los derivados de ácido. Puede ser con catálisis ácida o sin catálisis ácida.

Transformaciones más importantes:

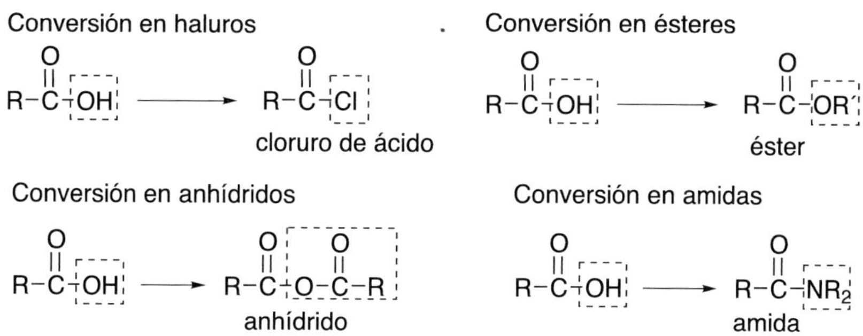

- *Conversión en haluros de ácido y anhídridos.*

$RCOOH + SOCl_2$ (cloruro de tionilo) ⟶ $RCOCl$
$RCOOH + PCl_3$ o PCl_5 ⟶ $RCOCl$
$RCOONa + R\ COCl$ ⟶ $RCOOCOR$

- *Conversión en ésteres.*

$$R{-}\overset{\overset{\large O}{||}}{C}{-}OH + R'{-}OH \overset{H^+}{\rightleftharpoons} R{-}\overset{\overset{\large O}{||}}{C}{-}OR' + H_2O$$

$RCOO + R\ X$ ⟶ $RCOOR$ (S_N2)
$RCOOH + CH_2N_2$ (diazometano) ⟶ $RCOOCH_3$

- *Conversión en amidas.*

$RCOOH + NH_3$/calor ⟶ $RCONH_2 + H_2O$

4. *Reducción.*

$RCOOH$ + 1) $LiAlH_4$ / 2) H_3O^+ ⟶ RCH_2OH (alcoholes primarios de = n.º de C)

5. *Halogenación: reacción de Hell-Volhard-Zelinsky.*

$R\text{-}CH_2COOH$ + 1) Br_2 / PBr_3 2) H_2O ⟶ $RCH(Br)COOH$

6. *Descarboxilación.*

- Ácidos monocarboxílicos: grupos electrón-atrayentes en el carbono en α.

$RCOCH_2COOH$ + Calor ⟶ $RCOCH_3$

– Ácidos dicarboxílicos.

$$HOOC(CH_2)_nCOOH + \text{Calor} \xrightarrow{n = 0,\ 1} HOOC(CH_2)_nH\ (-CO_2)$$
$$HOOC(CH_2)_nCOOH + \text{Calor} \xrightarrow{n = 2,\ 3} \text{Anhídrido cíclico}\ (-H_2O)$$

7. *Preparación de ácidos carboxílicos.*

a) Por reacciones de oxidación.

– Oxidación de alcoholes 1.os y aldehídos ⟶ ácidos carboxílicos = n.º de C.

$$RCH_2OH + \text{oxidante} \longrightarrow RCOOH\ \text{Ox: } CrO_3/H^+,\ KMnO_4/OH^-,\ HNO_3$$
$$RCHO + \text{oxidante} \longrightarrow RCOOH\ \text{Ox: } CrO_3/H^+,\ KMnO_4/OH^-,\ HNO_3,\ Ag^+,\ H_2O_2$$

– Oxidación de cetonas.

$$RCOCH_3 + X_2/OH^- \longrightarrow RCOO^- + HCX_3$$

– Ruptura oxidativa de alquenos.

$$RCH{=}CH_2 + KMnO_4 \longrightarrow RCOOH + CO_2$$
$$RCH{=}CH_2 + O_3 \longrightarrow RCOOH + HCOOH$$

– Oxidación de alquilbencenos.

$$Ph\text{-}CHR_2 + KMnO_4 \longrightarrow Ph\text{-}COOH$$

b) Carboxilación de reactivos organometálicos.

$$RMgX + CO_2 \longrightarrow RCOOMgX \longrightarrow RCOOH$$
$$RLi + CO_2 \longrightarrow RCOOLi \longrightarrow RCOOH$$

c) Hidrólisis de derivados de ácido y nitrilos.

9

DERIVADOS DE LOS ÁCIDOS CARBOXÍLICOS

INTRODUCCIÓN

Este capítulo presenta la química de los derivados de ácido más importantes: *haluros de ácido, anhídridos, ésteres* y *amidas*. A diferencia de los ésteres y de las amidas, que se encuentran ampliamente distribuidos en la naturaleza, los anhídridos son poco corrientes y los haluros de ácido se obtienen exclusivamente en el laboratorio. En primer lugar se comparan algunas *propiedades estructurales*. A continuación se estudia la *reactividad*. Los derivados de ácido experimentan reacciones de sustitución nucleofílica a través de la secuencia *adición-eliminación*. Así, reaccionan con agua, obteniéndose ácidos carboxílicos; con los alcoholes, dan ésteres, y con el amoniaco y las aminas, amidas. También se estudian reacciones con otros nucleófilos, como reductores tipo hidruro y los compuestos organometálicos. Finalmente, se describen los *alcanonitrilos,* considerados una clase especial de derivados de ácido, ya que presentan una reactividad similar.

Objetivos para el aprendizaje

- ✓ Explicar las diferencias y analogías entre los derivados de ácidos carboxílicos.
- ✓ Predecir la reactividad de los derivados de ácidos carboxílicos frente a las reacciones de adición-eliminación.
- ✓ Dibujar el mecanismo de una reacción de adición-eliminación en un derivado de ácido carboxílico.
- ✓ Aplicar las reacciones de hidrólisis, alcohólisis, aminolisis y reducción, en los derivados de ácido, para su interconversión y transformación en otros grupos funcionales.
- ✓ Seleccionar la estrategia sintética más adecuada para preparar nitrilos.
- ✓ Convertir nitrilos en ácidos carboxílicos, amidas y aminas.
- ✓ Formar enlaces carbono-carbono que involucran la utilización de compuestos organometálicos y derivados de ácidos.
- ✓ Sintetizar alcoholes con dos o tres radicales idénticos, mediante la reacción de ésteres con compuestos organometálicos.
- ✓ Utilizar nitrilos para incrementar la longitud de una cadena alifática en un átomo de carbono.

Glosario

Amida: derivado de ácido en el que el grupo hidroxilo es reemplazado por el amoniaco o un grupo amino.

Anhídrido de ácido: derivado de ácido en el que el grupo hidroxilo es reemplazado por un carboxilato.

Derivado de ácido carboxílico: compuesto que resulta de la sustitución del hidroxilo del ácido por otro átomo o agrupación de átomos.

Éster: derivado de ácido en el que el grupo hidroxilo es reemplazado por un grupo alcóxido.

Haluro de ácido: derivado de ácido en el que el grupo hidroxilo es reemplazado por un átomo de halógeno.

Lactama: amida cíclica.

Lactona: éster cíclico.

Nitrilo: compuesto orgánico que contiene el grupo ciano.

Saponificación: hidrólisis básica de un éster para dar una sal de carboxilato y un alcohol.

Transesterificación: transformación de un éster en otro éster por calentamiento del éster inicial con exceso de alcohol en presencia de catalizador ácido o básico.

9.1. Introducción a los derivados de los ácidos carboxílicos

La sustitución del hidroxilo del grupo carboxilo de un ácido por otro átomo o agrupación de átomos conduce a *derivados de ácidos carboxílicos*. Comparten la propiedad común de formar ácidos carboxílicos por hidrólisis y, por esta razón, se les llama *derivados de ácidos carboxílicos*.

En la figura 9.1 se muestran los derivados más importantes:

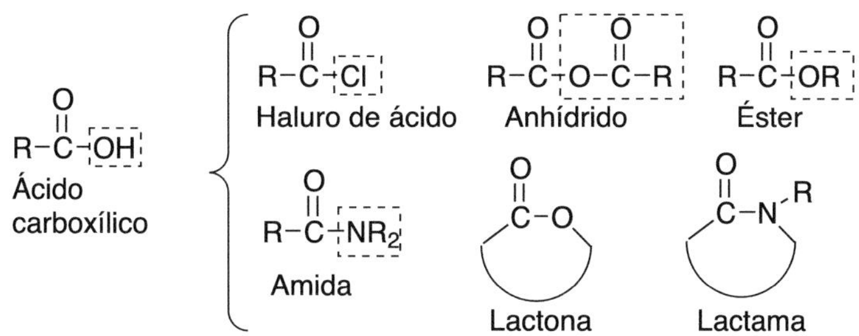

FIGURA 9.1. Derivados de ácidos carboxílicos.

- *Haluro de ácido*: el grupo hidroxilo es reemplazado por un átomo de halógeno.
- *Anhídrido de ácido*: el anión de un ácido carboxílico ha sustituido el hidroxilo original.
- *Éster:* un grupo alcóxido reemplaza al grupo hidroxilo.
- *Amida*: el sustituto es el amoniaco o un grupo amino.
- *Lactona*: éster cíclico.
- *Lactama*: amida cíclica.

La mayoría de las lactonas son anillos de cinco o seis miembros, como por ejemplo la *cumarina*, responsable del olor del heno recién cortado, que contiene una lactona de seis miembros.

La *penicilina*, uno de los antibióticos de mayor aplicación terapéutica, contiene un anillo de β-lactama, esencial para su actividad antibacteriana.

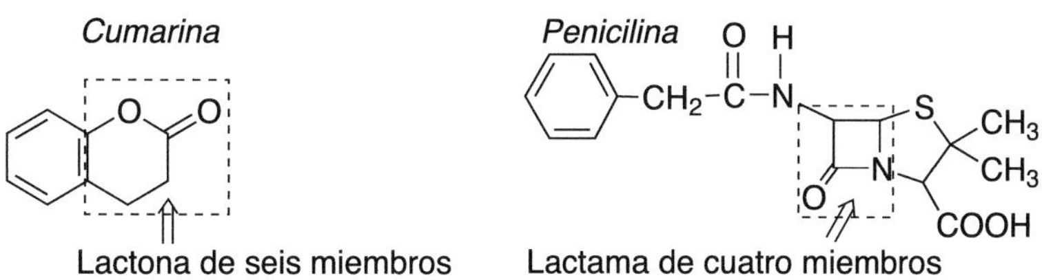

FIGURA 9.2. Ejemplos de lactonas y lactamas.

9.1. Clasifica los derivados de ácido que se muestran a continuación y señala los grupos funcionales.

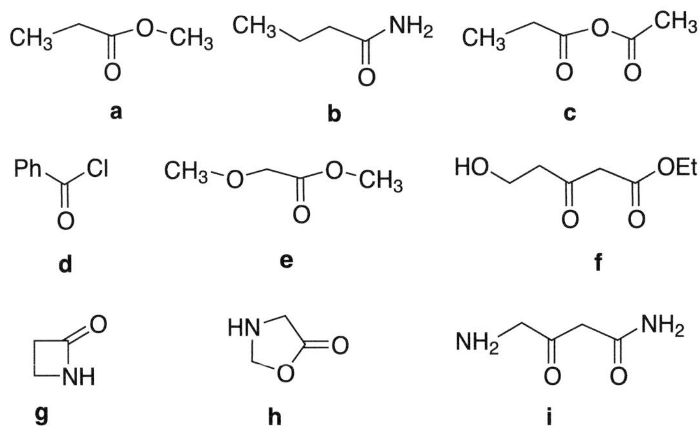

9.2. Reactividad de los derivados de los ácidos carboxílicos

En capítulos anteriores se ha visto como el átomo de carbono del grupo carbonilo tiene carácter electrofílico, resultado de efectos electrónicos, como el efecto inductivo y la resonancia. Lo mismo se cumple para los derivados de ácido y son capaces de experimentar reacciones con nucleófilos (alcoholes, aminas, agua, compuestos organometálicos, reductores tipo hidruro, etc.). Estas reacciones tienen lugar a través de la secuencia *adición-eliminación*. El resultado global es una sustitución nucleófila sobre el grupo carbonilo.

FIGURA 9.3. Sustitución nucleófila sobre el grupo carbonilo de los derivados de ácido.

- *Mecanismo de adición-eliminación*

  1.º *Reacción de adición.* Ataque del nucleófilo sobre el átomo de carbono del grupo carbonilo, con formación de un intermedio tetraédrico.
  2.º *Eliminación del grupo saliente*, con regeneración del grupo carbonilo.

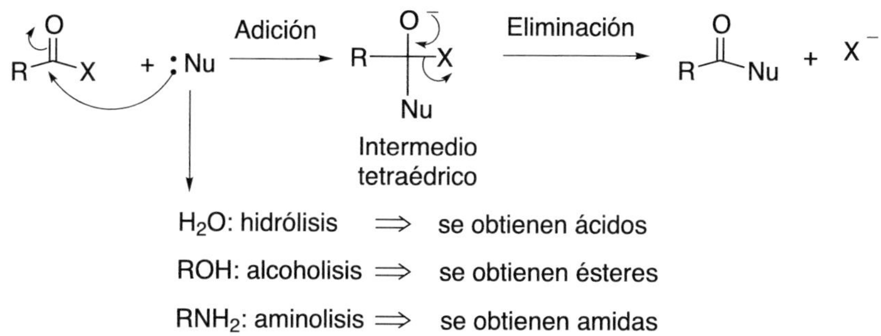

FIGURA 9.4. Mecanismo de adición-eliminación en derivados de ácido.

- *Orden de reactividad frente a la adición-eliminación*

No todos los derivados de ácido (RCO-**L**) tienen la misma reactividad frente a los nucleófilos. El orden es el siguiente:

RCO-**Cl** > RCO-**OCOR** > RCO-OR′ ≥ RCO-OH > $RCO\text{-}NR_2$

Este *orden* depende del efecto inductivo y mesómero del sustituyente **L**. La reactividad decrece a medida que aumenta la estabilización por resonancia, siendo las amidas los derivados menos reactivos, debido a que el nitrógeno cede más fácilmente el par de electrones. De hecho, la contribución del átomo de nitrógeno es tan importante que el enlace carbono-nitrógeno se comporta como un doble enlace, estando impedida la rotación C-N. En consecuencia, la función amida se encuentra en un plano.

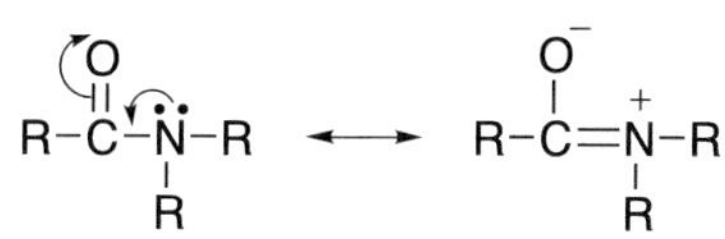

FIGURA 9.5. Mesomería de las amidas.

Ejercicio resuelto

a) Ordena los derivados carboxílicos: anhídrido, haluro de acilo, éster, amida, etc., según su fuerza reactiva frente a los nucleófilos.
b) Haciendo uso de la clasificación anterior, señala de qué derivados carboxílicos se puede partir para obtener espontáneamente un éster.

Solución

a) RCO-**Cl** > RCO-**OCOR** > RCO-**OR** ≥ RCO-**OH** > RCO-$\mathbf{NR_2}$.
b) Para obtener espontáneamente un éster podemos partir de haluro de ácido y anhídrido, que son los más reactivos.

9.2. Clasifica los siguientes compuestos por orden de reactividad decreciente en una reacción de adición-eliminación frente a un nucleófilo como el agua.

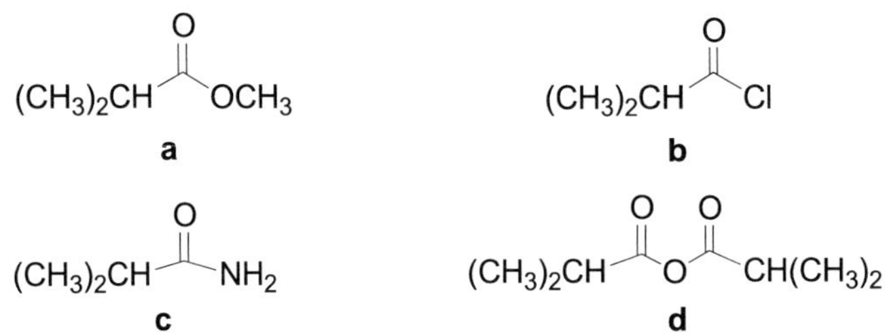

Los derivados de ácido también pueden dar *reacciones ácido-base*.

- Los H en α al carbonilo son ácidos y el efecto electrónico del grupo saliente (**L**) determina la acidez. El orden de acidez es el siguiente:

$$\mathbf{CH_3}\text{CO-Cl} > \mathbf{CH_3}\text{CO-CH}_3 > \mathbf{CH_3}\text{CO-OEt} > \mathbf{CH_3}\text{CO-NR}_2$$

- *Amidas* que poseen hidrógenos sobre los átomos de nitrógeno pueden ser desprotonadas para dar *aniones amidato*, estabilizados por resonancia.

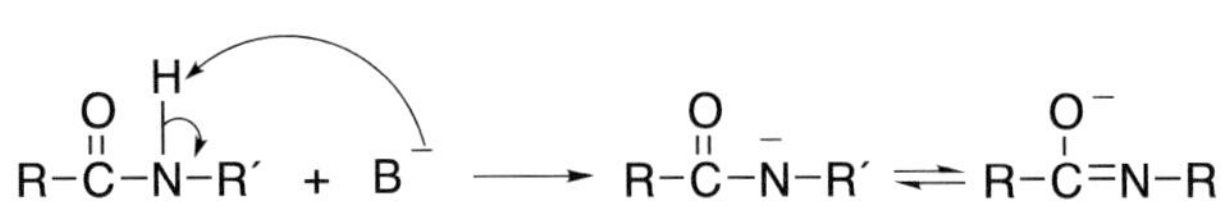

FIGURA 9.6. Desprotonación de amidas y estabilidad del anión amidato.

9.3. Identifica los hidrógenos más ácidos de los siguientes compuestos. Indica a qué clase de derivados de ácido pertenecen.

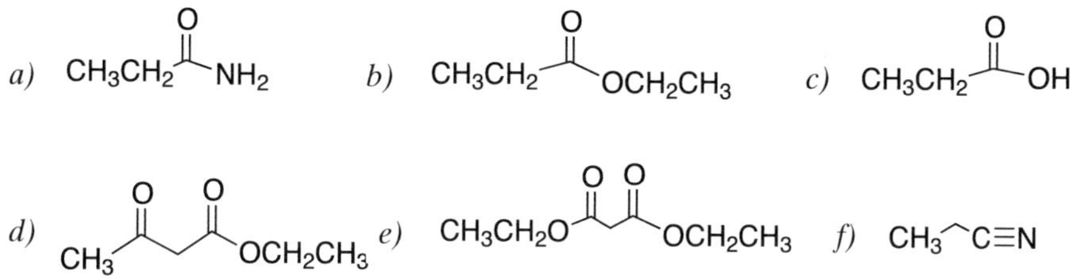

Las reacciones más importantes de los derivados de ácido son:

Hidrólisis ⇒ se obtienen ácidos.
Reducción ⇒ se obtienen alcoholes, excepto las amidas que dan aminas.

9.3. Reacciones de derivados de ácido con el agua como nucleófilo: reacciones de hidrólisis

Todos los derivados de ácido reaccionan con el agua (*reacción de hidrólisis*) para dar ácidos carboxílicos.

– *Haluros de ácido y anhídridos*. Reaccionan rápidamente con el agua.

Haluros de ácido: $RCOCl + H_2O \longrightarrow RCOOH + HCl$

Anhídridos: $RCOOCOR + H_2O \longrightarrow 2\ RCOOH$

FIGURA 9.7. Hidrólisis de haluros de ácido y anhídridos.

- *Mecanismo de la reacción de hidrólisis de los haluros de ácido*

El proceso comienza con la adición del agua al grupo carboxilo y posteriormente se elimina el grupo saliente (reacción de adición-eliminación).

La reacción genera HCl, por lo que se suele utilizar una base (por ejemplo, piridina) para neutralizarlo y evitar reacciones secundarias.

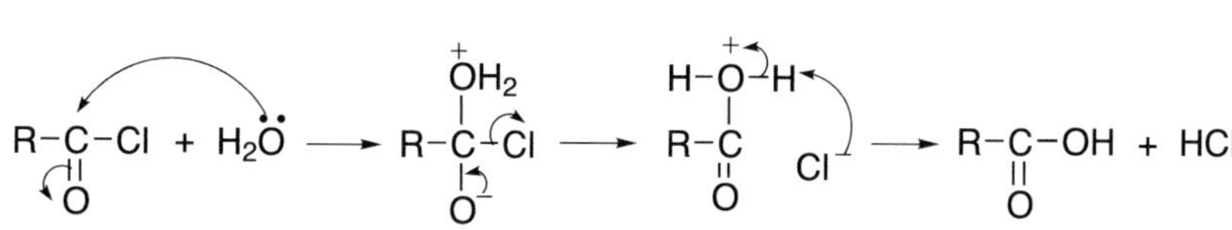

FIGURA 9.8. Mecanismo de la hidrólisis de un haluro de ácido.

– *Ésteres*. Son menos reactivos que los haluros de ácido y anhídridos. Para hidrolizarlos es necesario un *catalizador ácido* o *básico*.

Si la *hidrólisis* se lleva a cabo en medio básico se denomina *reacción de saponificación* y da lugar a la sal del ácido. Tras la acidificación de la mezcla de reacción, se obtiene el ácido correspondiente.

En condiciones ácidas, el proceso es la reacción inversa de la esterificación de Fischer.

$$RCOOR' + H_2O \xrightleftharpoons{H^+} RCOOH + R'OH$$

$$RCOOR' + H_2O \xrightarrow{OH^-} RCOO^- + R'OH$$

FIGURA 9.9. Hidrólisis de ésteres con catálisis ácida y con catálisis básica.

- *Mecanismo de la hidrólisis promovida por los ácidos.*

En medio ácido, la hidrólisis es reversible. Tras la protonación del grupo carboxilo, la molécula de agua ataca nucleofílicamente al átomo de carbono del carboxilo.

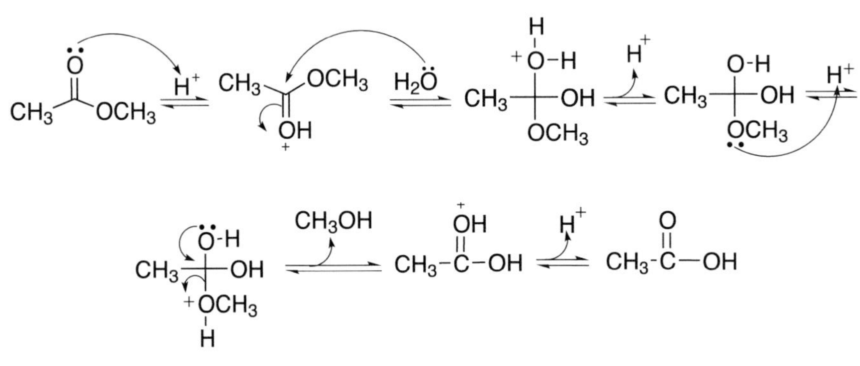

FIGURA 9.10. Mecanismo de la hidrólisis de ésteres con catálisis ácida.

- *Mecanismo de la hidrólisis promovida por bases*

En medio básico, la hidrólisis es irreversible y se inicia con el ataque nucleofílico del hidroxilo sobre el átomo de carbono del carboxilo del éster.

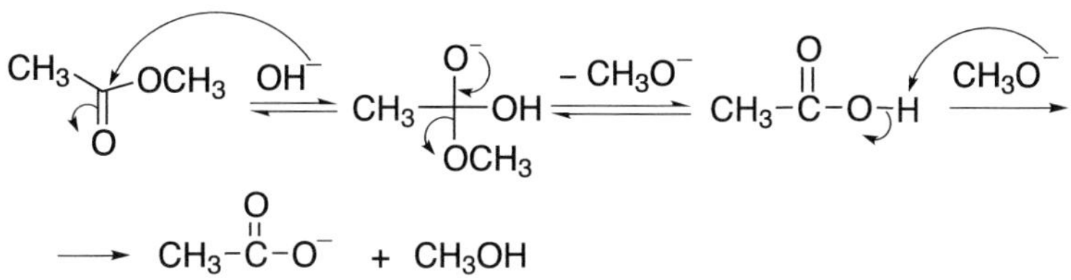

FIGURA 9.11. Mecanismo de la saponificación de ésteres.

– *Amidas*. La hidrólisis da ácidos carboxílicos y aminas. Tiene lugar únicamente por calefacción con disoluciones acuosas ácidas o básicas. El mecanismo de la transformación es análogo a la hidrólisis de ésteres.

$$RCONH_2 + H_2O \xrightleftharpoons{H^+} RCOOH + NH_4^+$$

$$RCONH_2 + H_2O \xrightarrow{OH^-} RCOO^- + NH_3$$

FIGURA 9.12. Hidrólisis ácida y básica de amidas.

Ejercicio resuelto

Propón un mecanismo para la reacción del anhídrido acético con agua.

Solución

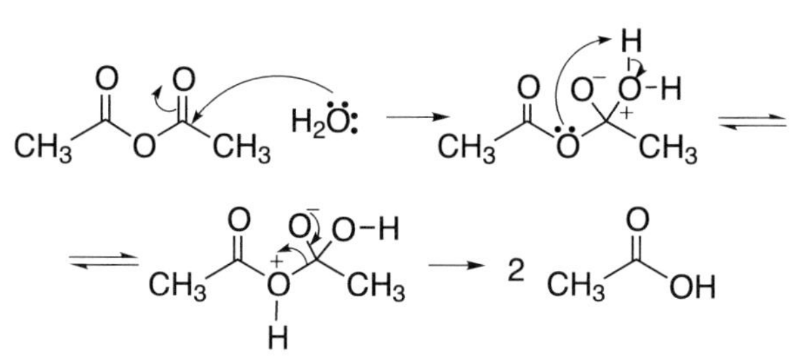

9.4. Propón un mecanismo para las siguientes transformaciones.

a) 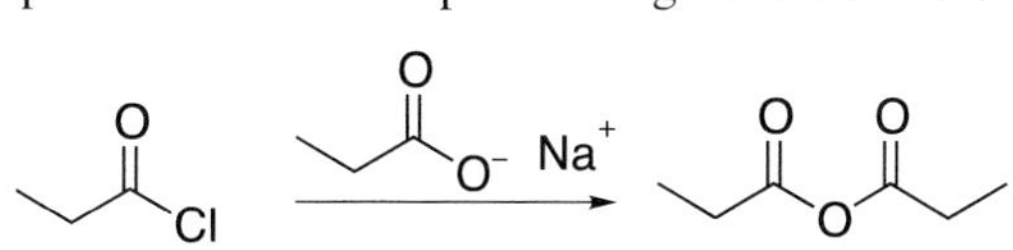

b) 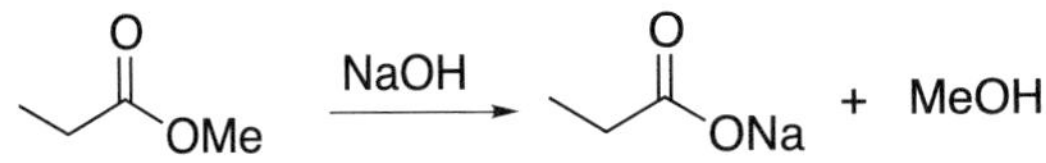

9.5. La hidrólisis de un éster puede seguirse marcando el oxígeno del agua con el isótopo ^{18}O. El marcaje permite formular el mecanismo de la hidrólisis. Cuando el acetato de metilo se hace reaccionar con $H_2{}^{18}O$, el ^{18}O se encuentra presente en los dos átomos de oxígeno del ácido acético, y el alcohol recuperado de la mezcla de reacción no contiene ^{18}O. ¿Por qué?

9.6. Escribe el producto de las siguientes reacciones.

a) 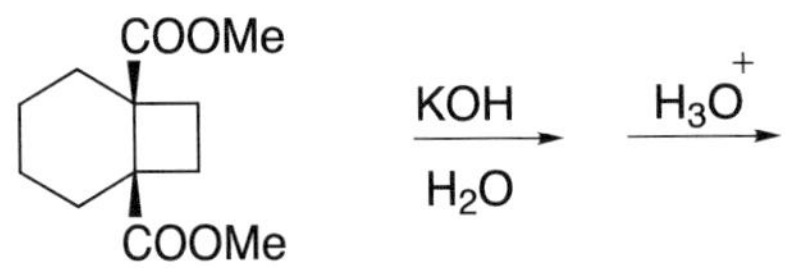

b) 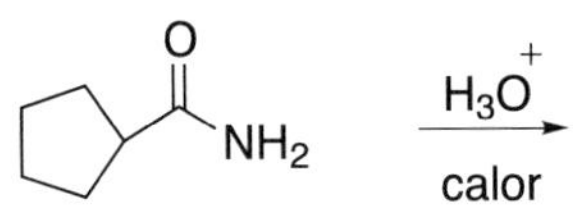

c) 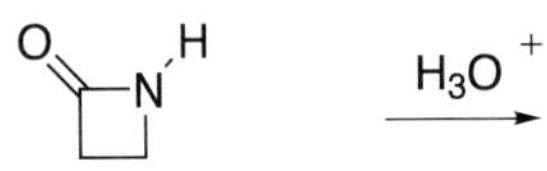

d) 

9.4. Reacciones de derivados de ácido con los alcoholes como nucleófilos: preparación de ésteres

– *Haluros de ácido y anhídridos*. La sustitución nucleofílica con alcoholes sobre el carbonilo permite obtener *ésteres*.

Haluros de ácido: RCOCl + R′OH ⟶ RCOOR′ + HCl

Anhídridos: RCOOCOR + R′OH ⟶ RCOOR′ + RCOOH

FIGURA 9.13. Alcohólisis de haluros de ácido y anhídridos.

El mecanismo de estas transformaciones es análogo a la hidrólisis de los haluros de ácido y de los anhídridos.

- *Ésteres*. Una *transesterificación* es la transformación de un éster en otro éster. La reacción se lleva a cabo por calentamiento del éster inicial con exceso de alcohol en presencia de catalizador.

$$RCOOR'' + R'OH / H^+ \text{ o } OH^- \rightleftharpoons RCOOR' + R''OH$$

FIGURA 9.14. Reacción de transesterificación.

Ejercicio resuelto

Propón un mecanismo para la siguiente reacción de transesterificación. Señala el nucleófilo y el grupo saliente.

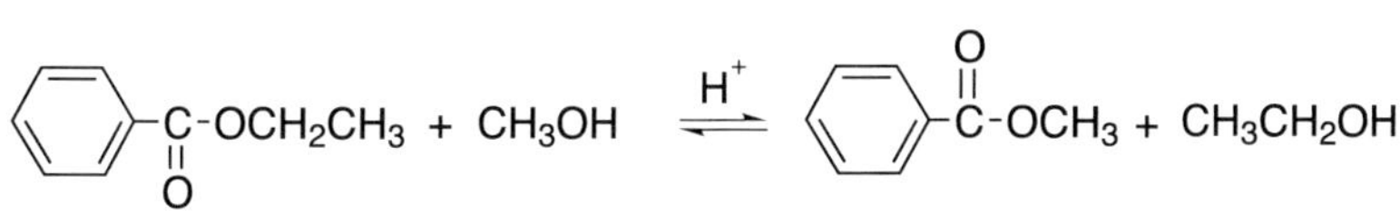

Solución

En esta reacción, un grupo etoxi es reemplazado por un grupo metoxi.

El mecanismo comienza con la protonación del oxígeno del carbonilo, lo que aumenta la electrofilia del carbono carbonílico.

El siguiente paso es el ataque nucleofílico del metanol para formar un intermedio tetraédrico. A continuación hay una transferencia de protón al grupo etoxi. Seguidamente se produce la salida del etanol, para volver a formar el carbonilo. Finalmente, se produce una transferencia de protón para retirar la carga positiva y formar el producto.

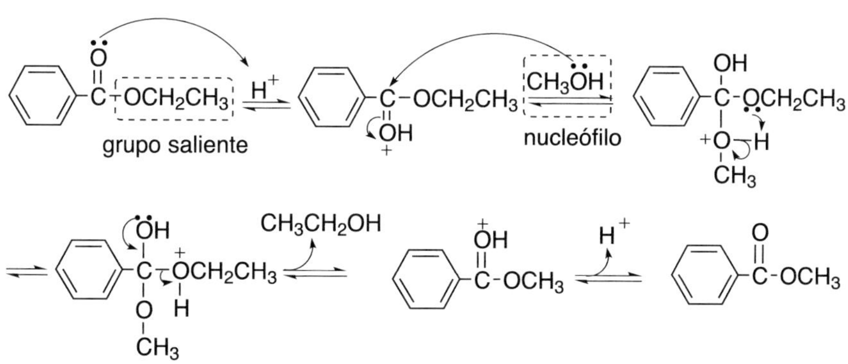

9.7. Completa las siguientes reacciones:

a) $CH_3COCl + MeOH \xrightarrow{\text{piridina}}$

b) $Ph\text{-}COOMe + EtOH/H^+ \longrightarrow$

c)

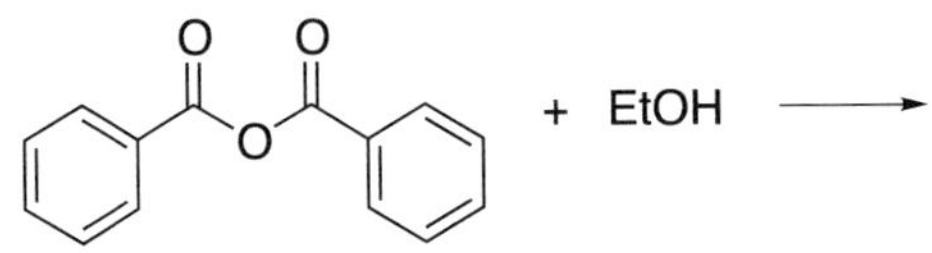

d)

e)

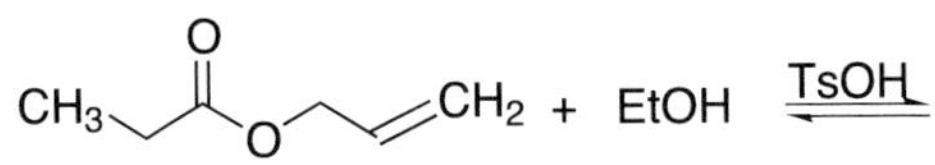

9.8. El ácido acetilsalicílico (aspirina) es utilizado terapéuticamente como analgésico y antipirético. Para su obtención se utiliza la reacción del anhídrido acético con ácido salicílico, produciéndose una acetilación del hidroxilo fenólico del ácido salicílico. Propón un mecanismo para la transformación.

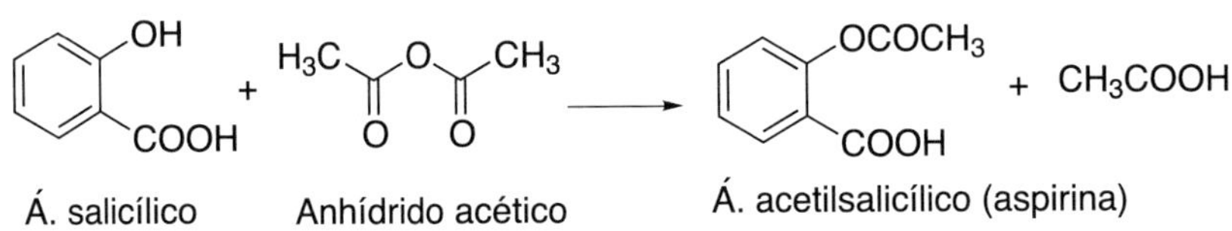

9.5. Reacciones de derivados de ácido con el amoniaco y las aminas como nucleófilos

– *Haluros de ácido y anhídridos.* Transfieren grupos acilo al amoniaco y a las aminas dando *amidas*.

Son necesarios dos equivalentes de amoniaco o amina, uno para el ataque nucleofílico y otro para neutralizar el ácido que se produce.

Haluros de ácido: $RCOCl + 2\,NH_3 \longrightarrow RCONH_2 + NH_4Cl$

Anhídridos: $RCOOCOR + 2\,NH_3 \longrightarrow RCONH_2 + RCOO^- NH_4^+$

FIGURA 9.15. Síntesis de amidas por reacción con haluros de ácido y anhídridos.

El mecanismo de cada una de estas reacciones de aminólisis es análogo a la hidrólisis: 1) ataque nucleófilo, 2) pérdida del grupo saliente y 3) transferencia de protón para eliminar la carga positiva.

El anhídrido acético se usa a menudo para acetilar aminas

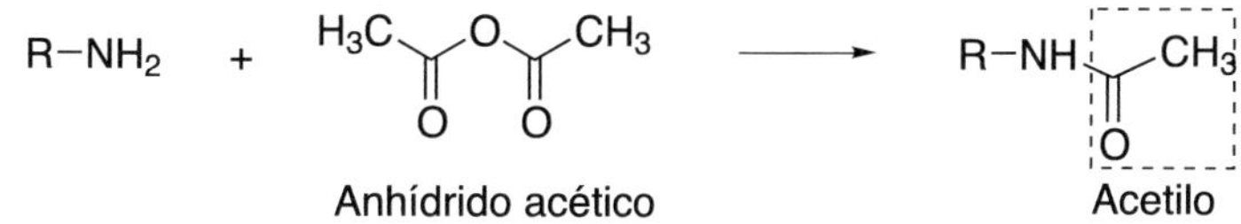

FIGURA 9.16. *N*-Acetilación de amidas por reacción con anhídrido acético.

– *Ésteres*. Reaccionan formando *amidas* y *alcoholes*.

$$RCOOR' + NH_3 \longrightarrow RCONH_2 + R'OH$$

FIGURA 9.17. Aminolisis de ésteres.

Ejercicio resuelto

Escribe el producto de la siguiente reacción:

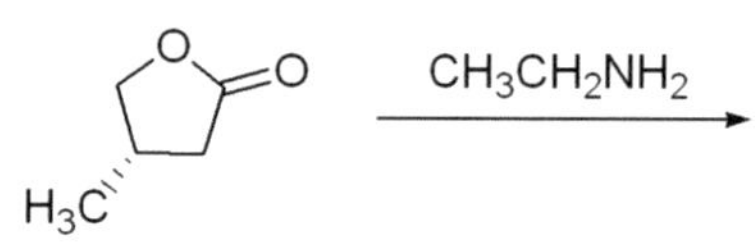

Solución

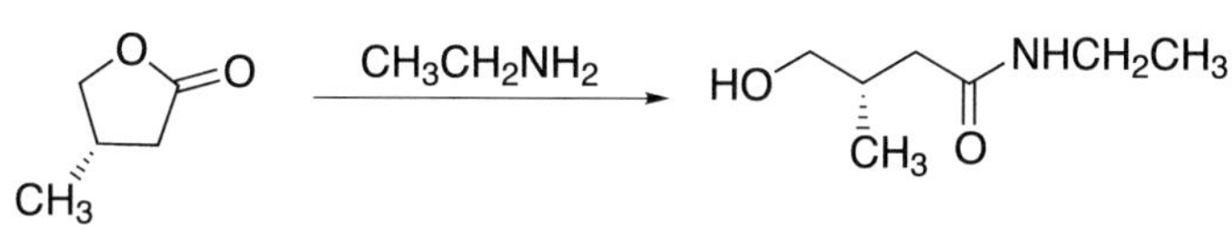

9.9. Indica las estructuras de los compuestos designados por letras.

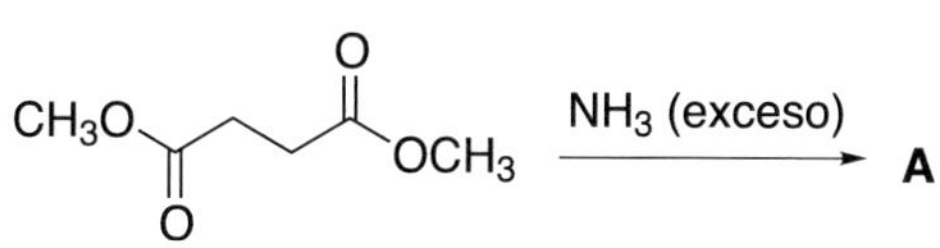

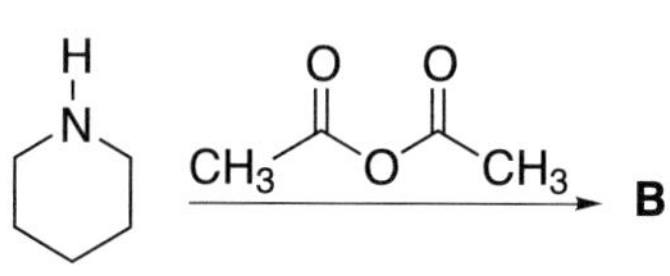

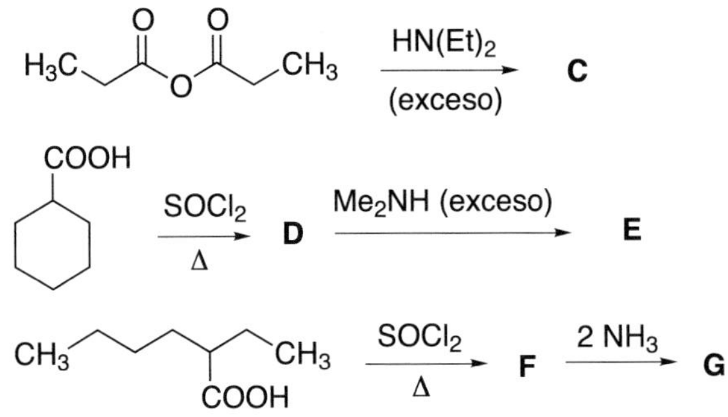

9.6. Reacciones de reducción de los derivados de ácido

Al igual que los ácidos, los derivados de ácidos carboxílicos se reducen con hidruros metálicos, como el hidruro de aluminio y litio ($LiAlH_4$).

– *Reducción de ésteres* ⇒ Alcoholes primarios

En general, en la reducción de un éster se obtienen dos alcoholes. Un alcohol proviene del ácido carboxílico del que deriva el éster. El otro alcohol procede del grupo alcóxido del éster.

$$RCOOR' + 1.\ LiAlH_4/\ 2.\ H^+ \longrightarrow RCH_2OH + R'OH$$

FIGURA 9.18. Reducción de ésteres.

- *Mecanismo simplificado de la reducción con hidruro de aluminio y litio*

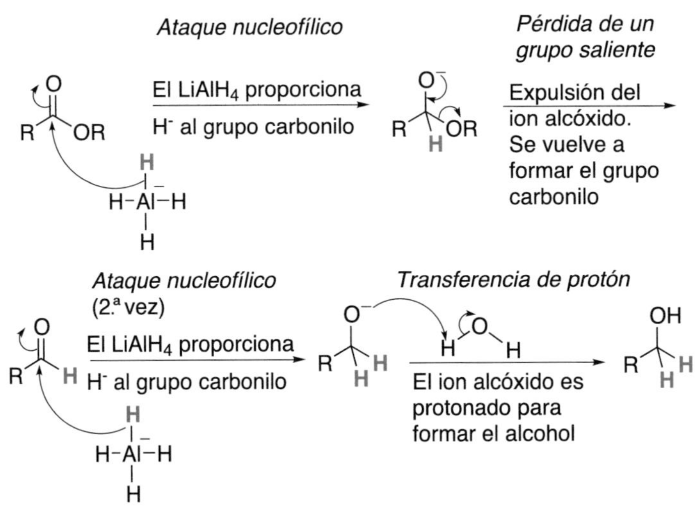

FIGURA 9.19. Mecanismo simplificado de la reducción de ésteres con $LiAlH_4$.

– *Reducción de amidas* ⇒ Aminas

El grupo carbonilo de la amida se convierte en un grupo metileno y se obtiene una amina de igual número de átomos de carbono. En este caso el grupo carbonilo desaparece por completo, a diferencia de los demás derivados de ácido.

$$\mathrm{R\mathbf{CO}NH_2 + 1.\ LiAlH_4/\ 2.\ H^+ \longrightarrow R\mathbf{CH_2}NH_2}$$

FIGURA 9.20. Reducción de amidas.

Los derivados de ácido también pueden ser reducidos por *hidrogenación catalítica*. El *borohidruro sódico* ($NaBH_4$) es poco reactivo frente a ácidos y derivados de ácido. Por tanto, es posible reducir selectivamente aldehídos o cetonas en presencia de un éster o de un ácido, utilizando borohidruro sódico.

9.10. Completa las siguientes reacciones

1. $CH_3CH{=}CHCH_2COOCH_3$ + 1. $LiAlH_4$/ 2. H^+ ⟶
2. $CH_3COO\text{-}CH_2\text{-}COOCH_3$ + 1. $LiAlH_4$/ 2. H^+ ⟶
3. $CH_3CONHCH_3$ + 1. $LiAlH_4$/ 2. H^+ ⟶
4. $CH_3COCH_2CONHCH_3$ + 1. $LiAlH_4$/ 2. H^+ ⟶
5. $CH_3COCH_2COOCH_3$ + 1. $LiAlH_4$/ 2. H^+ ⟶
6. $CH_3COCH_2CONHCH_3$ + $NaBH_4$/ CH_3OH ⟶
7. $CH_3COCH_2COOCH_3$ + $NaBH_4$/ CH_3OH ⟶

9.11. ¿Cómo puede realizarse la siguiente transformación?

9.7. Reacciones de los derivados de ácido con compuestos organometálicos

La reacción de compuestos organometálicos con *ésteres* conduce a *alcoholes terciarios*, en los que hay, al menos, dos grupos idénticos unidos al carbono terciario.

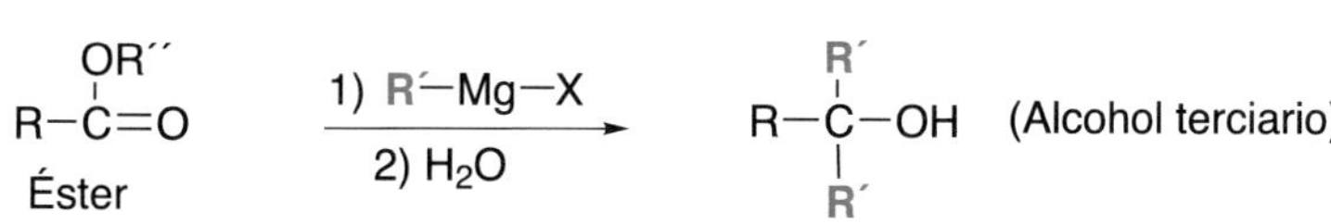

FIGURA 9.21. Obtención de alcoholes por reacción de ésteres con organometálicos.

– *Mecanismo simplificado*

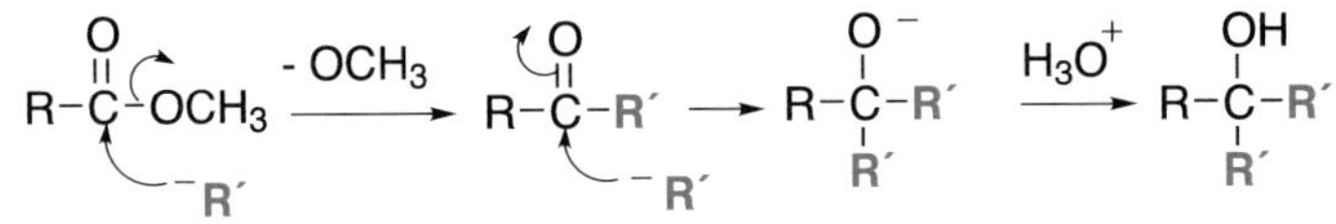

FIGURA 9.22. Mecanismo de la obtención de alcoholes a partir de ésteres.

Ejercicio resuelto

Escribe los productos de las reacciones siguientes:

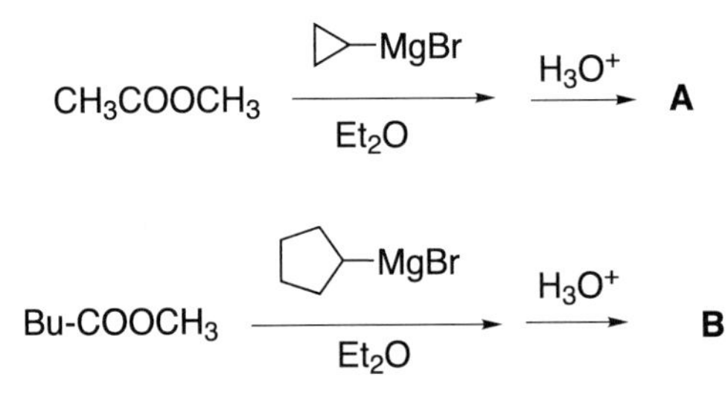

Solución

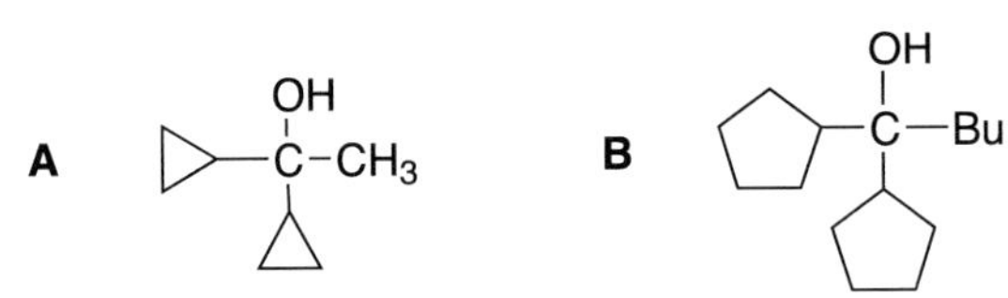

9.12. Predice los productos de las siguientes reacciones:

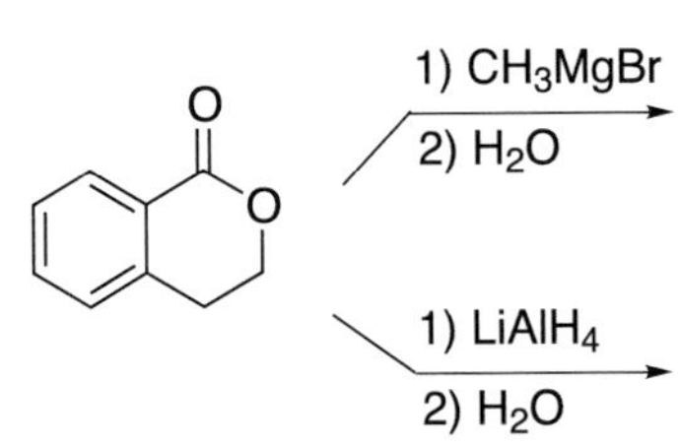

9.13. El trifenilmetanol se puede sintetizar a partir de bromobenceno mediante reacciones de Grignard. Sugiere dos posibles vías sintéticas, empleando, en un caso, una cetona y, en el otro, un éster.

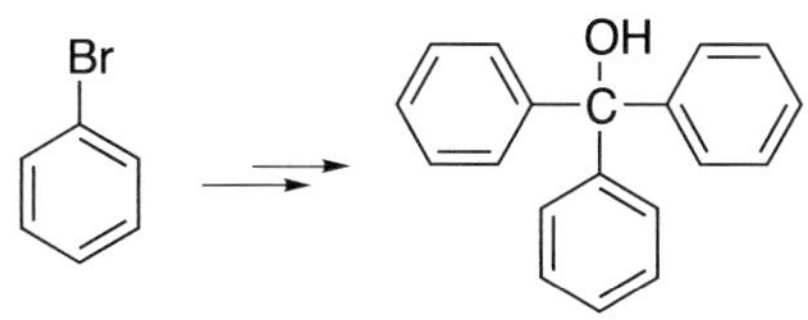

9.8. Preparación y reacciones de los nitrilos

Los *nitrilos* son compuestos orgánicos que poseen un triple enlace carbono-nitrógeno. Se suelen incluir entre los derivados de ácido, ya que su hidrólisis proporciona ácidos carboxílicos.

$$\underset{\text{Nitrilo}}{R-C\equiv N} \xrightarrow{H_3O^+} \underset{\text{Ácido carboxílico}}{R-\overset{\overset{O}{\|}}{C}-OH}$$

FIGURA 9.23. Hidrólisis de nitrilos.

A) Síntesis

Los métodos más habituales para obtener nitrilos son:

- Sustitución nucleofílica S_N2 con ion cianuro.
- Deshidratación de amidas primarias. Hay muchos reactivos que pueden utilizarse para esta transformación. Uno de ellos es el pentóxido de fósforo. Este proceso es útil para preparar derivados terciarios, que no pueden sintetizarse mediante una reacción S_N2 con ion cianuro.

$$R - X + CN^- \xrightarrow{S_N2} R - CN + X^-$$

X = I, Br, Cl, sulfonatos (mesilato, tosilato)

$$RCONH_2 + P_2O_5 \xrightarrow{-\,H_2O} R\text{-}CN$$

FIGURA 9.24. Síntesis de nitrilos.

La síntesis de nitrilos proporciona una de las técnicas para alargar en un átomo de carbono una cadena alifática.

B) Reacciones

1. *Hidrólisis total* ⇒ obtención de *ácidos*

Los nitrilos se convierten en ácidos por calentamiento con agua en presencia de un ácido mineral o una base (reacción de hidrólisis catalizada por ácidos o por bases). La hidrólisis en medio ácido proporciona el ácido libre. En medio básico se obtiene el anión carboxilato.

$$RCN + H_2O/H^+ \rightleftharpoons RCOOH + NH_4^+$$

$$RCN + H_2O/OH^- \longrightarrow RCOO^- + NH_3$$

FIGURA 9.25. Hidrólisis total de nitrilos.

2. *Hidrólisis parcial* ⇒ obtención de *amidas*

La hidrólisis de los nitrilos transcurre a través de amidas, que pueden aislarse cuando se emplean condiciones suaves.

$$RCN + H_2O / H^+ \text{ o } OH^- \longrightarrow RCONH_2$$

FIGURA 9.26. Obtención de amidas por hidrólisis parcial de nitrilos.

- *Mecanismo para la hidrólisis catalizada por ácidos*

La hidrólisis se inicia con la protonación en el nitrógeno, lo que hace al carbono más electrófilo. Posteriormente, el agua ataca al nitrilo protonado. Tras una serie de transferencia de protones, se obtiene una *amida*.

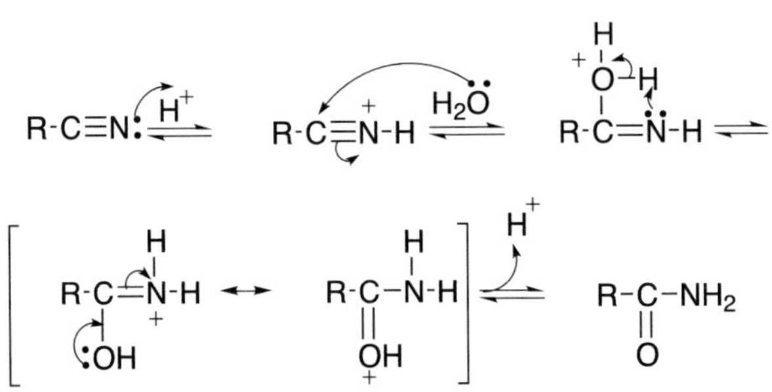

FIGURA 9.27. Mecanismo de la hidrólisis a amida.

Según las condiciones de la reacción, la amida obtenida se hidroliza hasta el *ácido carboxílico*.

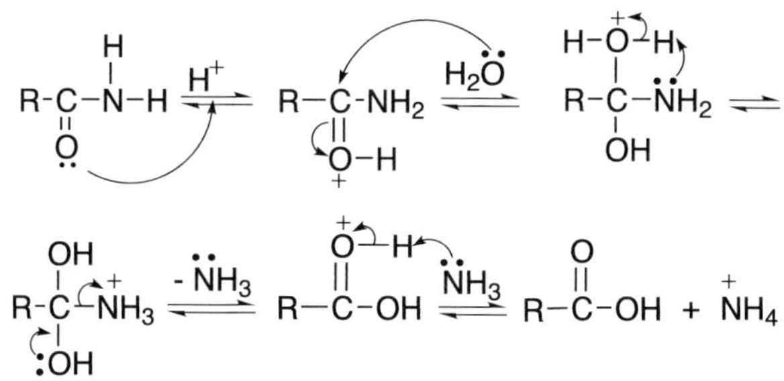

FIGURA 9.28. Mecanismo de la hidrólisis hasta ácido carboxílico.

3. *Reducción* ⇒ obtención de *aminas primarias*

La reducción con hidruro de aluminio y litio proporciona aminas de igual número de átomos de carbono. También se pueden reducir por hidrogenación catalítica.

$$RCN + 1.\ LiAlH_4/\ 2.\ H^+ \longrightarrow RCH_2NH_2\ \text{(amina primaria)}$$

FIGURA 9.29. Reducción de nitrilos.

9.14. Completa las siguientes reacciones:

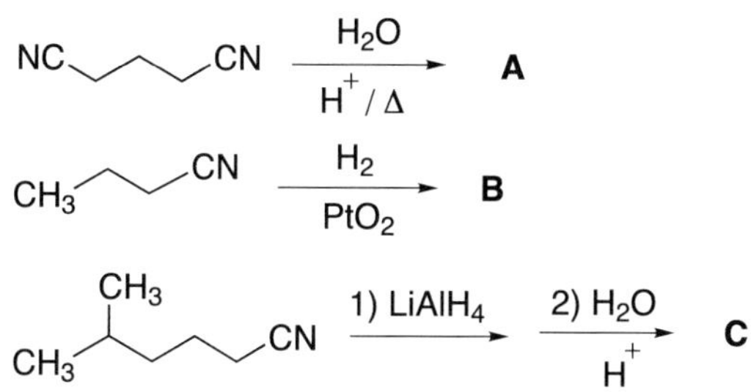

9.15. ¿Cómo llevarías a cabo las siguientes transformaciones?

a) 

b) 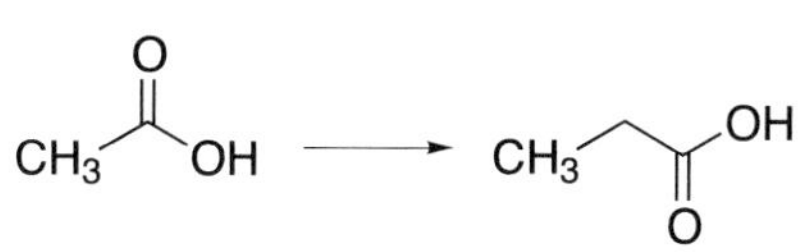

c) 

9.16. Indica cómo prepararías los siguientes compuestos a partir de 1-bromopropano.

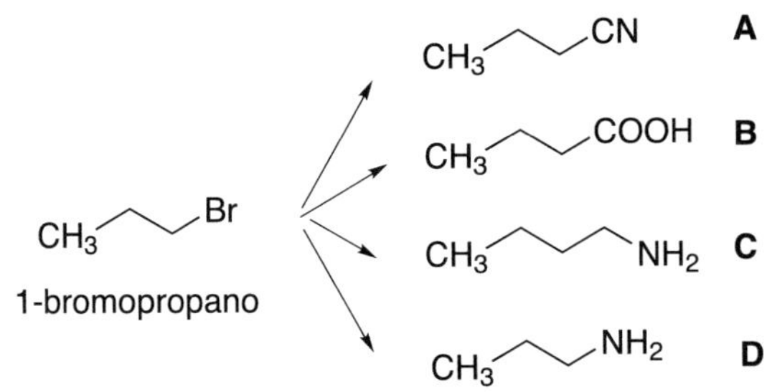

9.17. Propón un mecanismo para la hidrólisis del acetonitrilo con catálisis básica

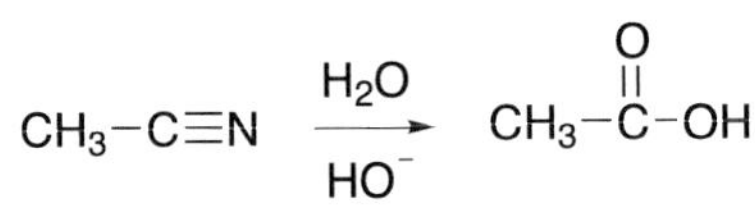

Revisión de conceptos

9.18. Predice los productos que se forman

1. Cuando se trata el cloruro de acetilo con los siguientes reactivos:

   a) CH_3NH_2.
   b) NH_3.
   c) H_2O.
   d) CH_3OH.

2. Cuando se trata anhídrido acético con los siguientes reactivos:

   a) CH_3NH_2 (en exceso).
   b) NH_3 (en exceso).
   c) H_2O.
   d) CH_3OH.

3. Cuando se trata acetato de etilo con los siguientes reactivos:

   a) CH_3NH_2.
   b) NH_3.
   c) H_2O/H^+.
   d) CH_3OH/H^+.

e) $LiAlH_4$, seguido de hidrólisis.
f) CH_3MgBr, seguido de hidrólisis.

4. Cuando se trata acetamida con los siguientes reactivos:

a) $LiAlH_4$, seguido de hidrólisis.
b) H_2O/H^+/calor.

9.19. Identifica los reactivos necesarios para lograr cada una de las siguientes transformaciones:

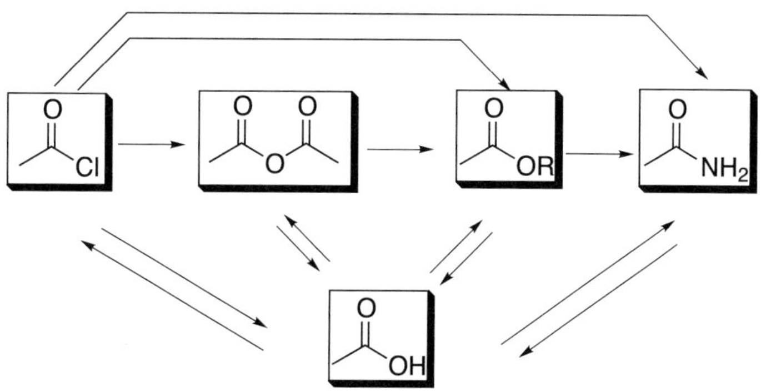

Ejemplo de aplicación en ciencias de la salud. Desarrollo de los antibióticos ß-lactámicos, de la penicilina a las monobactamas

En 1928, Fleming observó que las esporas del hongo *Penicillium notatum* impedían el crecimiento de una colonia de bacterias estafilocócicas y supuso que el hongo producía una sustancia con propiedades antibióticas que llamó *penicilina.*

La obtención de diversas penicilinas de origen natural, como la *penicilina G* y la *penicilina V*, se hizo posible con el descubrimiento de que la composición del medio de fermentación determina la naturaleza de la cadena lateral. El siguiente paso fue la preparación de penicilinas por semisíntesis. La elaboración de las diversas penicilinas semisintéticas se consigue por acilación del ácido 6-aminopenicilánico (6-APA), obtenido por hidrólisis de la cadena lateral de la penicilina G. Esto condujo al descubrimiento de compuestos más potentes con una mejor biodisponibilidad, como la *ampicilina* o la *amoxicilina*.

La característica estructural clave, esencial para la actividad antibacteriana, común a todos los derivados de penicilina, es una amida cíclica de cuatro miembros, una β-lactama. El ácido 6-aminopenicilánico (6-APA), núcleo de la penicilina, resulta de fusión del anillo de β-lactama con un anillo de tiazolidina (figura 9.30).

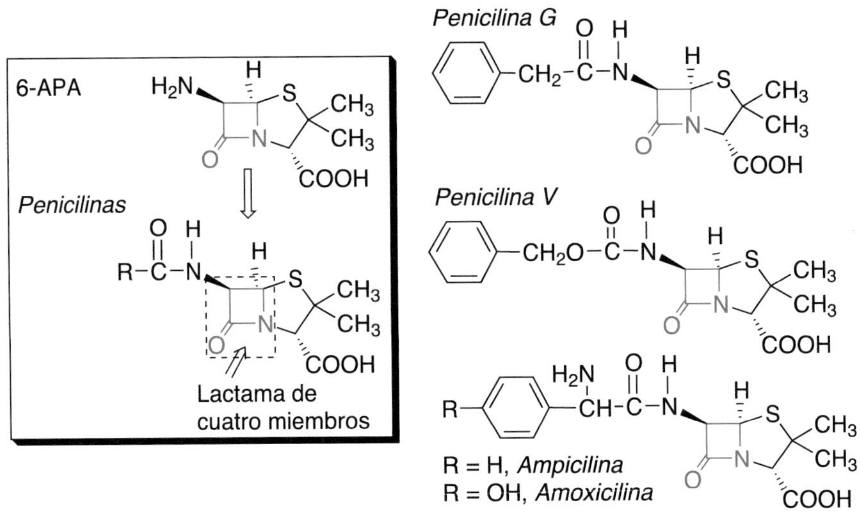

FIGURA 9.30. Desarrollo de las penicilinas.

Las *cefalosporinas*, el segundo mayor grupo de antibióticos β-lactámicos, también poseen un anillo de β-lactama, en este caso fusionado a un anillo de seis miembros (figura 9.31).

La búsqueda de nuevos antibióticos de origen microbiano condujo al descubrimiento del *ácido clavulánico*, un compuesto de origen natural con estructura de β-lactama. A pesar de poseer escasa actividad antibacteriana, resultó ser un inhibidor irreversible de β-lactamasas, enzimas que hidrolizan el anillo de β-lactama, responsables de la aparición de cepas resistentes. Poco después, Glaxo lanzó al mercado la combinación de la amoxicilina con el ácido clavulánico (Augmentine®), resultando un antibiótico de elección, dada su efectividad contra las cepas de bacterias resistentes capaces de producir β-lactamasas. Pfizer también realizó el descubrimiento de otro inhibidor de β-lactamasas, la *sulbactama*, compuesto de síntesis, que introdujo en el mercado con una formulación de sulbactama y ampicilina (Unasyna®).

Las *carbapenemas* son consecuencia de la búsqueda de derivados de penicilina que no contengan el átomo de azufre en el anillo de tiazolidina. Son antibióticos de amplio espectro y resistentes a las β-lactamasas. La asociación de *imipenema*, la carbapenema más utilizada, con *cilastatina*, un inhibidor de dipeptidasas que evita la desactivación de la imipenema en el riñón, ha sido desarrollada por los laboratorios Merck.

El *aztreonam*, especialmente útil en pacientes que son alérgicos a la penicilina, es el compuesto mejor conocido de las *monobactamas*, antibióticos β-lactámicos monocíclicos.

En la actualidad el número de investigaciones sobre antibióticos β-lactámicos continúa en aumento. Probablemente, en las próximas décadas conoceremos nuevos antibióticos.

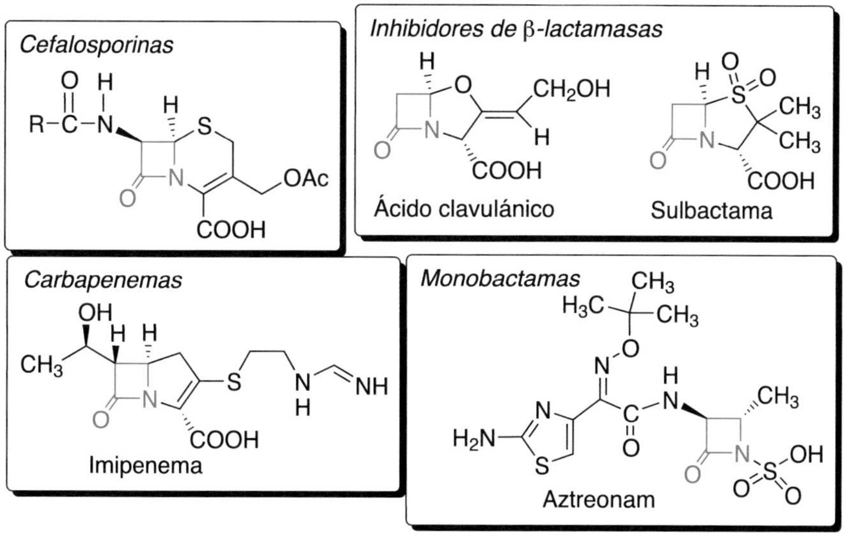

FIGURA 9.31. Búsqueda de nuevos antibióticos ß-lactámicos.

RESUMEN

1. *Derivados de ácido:* compuestos orgánicos que resultan de la sustitución del OH de un RCOOH por un átomo o agrupación de átomos.

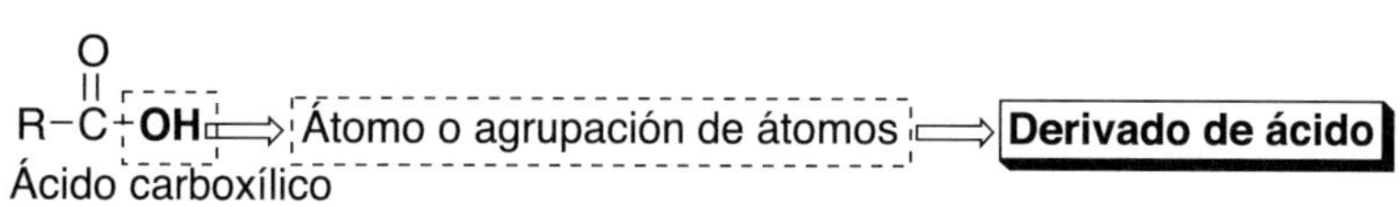

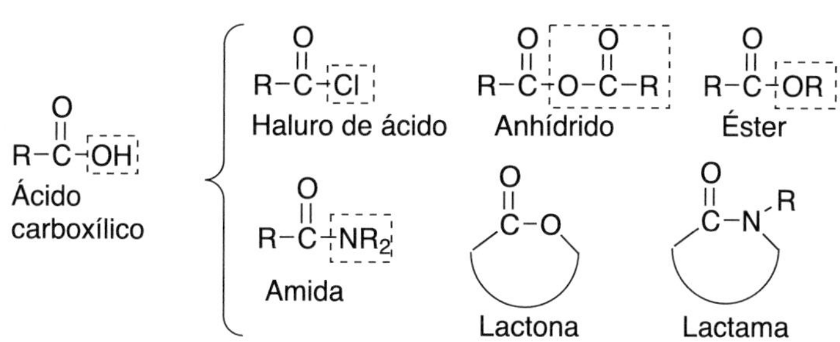

2. Reactividad.

Reacciones de sustitución del grupo saliente **X** con nucleófilos (alcoholes, aminas, agua, compuestos organometálicos, reductores tipo hidruro, etc).

– *Mecanismo: adición-eliminación.*

1.º) *Reacción de adición.* Ataque del nucleófilo sobre el C del grupo carbonilo.
2.º) *Eliminación del grupo saliente.*

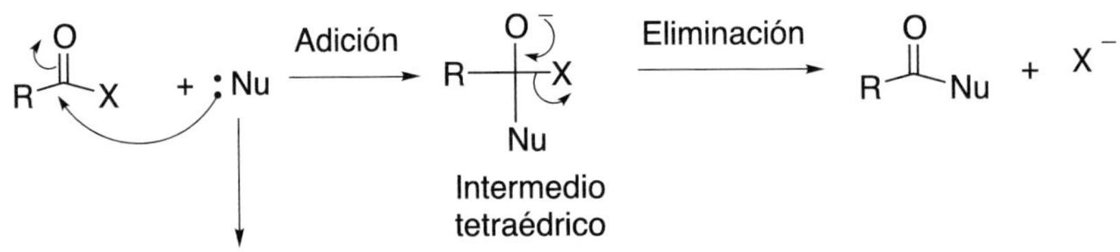

H_2O: hidrólisis ⇒ se obtienen ácidos
ROH: alcoholisis ⇒ se obtienen ésteres
RNH_2: aminolisis ⇒ se obtienen amidas

– *Orden de reactividad frente a la adición-eliminación.*

RCO-**Cl** > RCO-**OCOR** > RCO-**OR´** ≥ RCO-**OH** > RCO-$\mathbf{NR_2}$

Reacciones más importantes de los derivados de ácido:

Hidrólisis ⇒ ácidos
Reducción ⇒ alcoholes, excepto las amidas que dan aminas

3. Reacciones de hidrólisis ⇒ ácidos carboxílicos.

– Haluros de ácido y anhídridos.

- Haluros de ácido: $RCOCl + H_2O \longrightarrow RCOOH + HCl$
- Anhídridos: $RCOOCOR + H_2O \longrightarrow RCOOH$

– Ésteres.

$$RCOOR' + H_2O \overset{H^+}{\rightleftharpoons} RCOOH + R'OH$$

$$RCOOR' + H_2O \xrightarrow{OH^-} RCOO^- + R'OH$$

– Amidas.

$$RCONH_2 + H_2O \overset{H^+}{\rightleftharpoons} RCOOH + NH_4^+$$

$$RCONH_2 + H_2O \xrightarrow{OH^-} RCOO^- + NH_3$$

4. Reacciones de alcohólisis: ⇒ ésteres.

– Haluros de ácido y anhídridos.

- Haluros de ácido: $RCOCl + R'OH \longrightarrow RCOOR' + HCl$
- Anhídridos: $RCOOCOR + R'OH \longrightarrow RCOOR' + RCOOH$

– Ésteres (*transesterificación*)

$$RCOOR'' + R'OH \,/\, H^+ \text{ o } OH^- \rightleftharpoons RCOOR' + R''OH$$

5. Reacciones de aminolisis: ⇒ *amidas.*

– Haluros de ácido y anhídridos.

- Haluros de ácido: $RCOCl + 2\,NH_3 \longrightarrow RCONH_2 + NH_4Cl$
- Anhídridos: $RCOOCOR + 2\,NH_3 \longrightarrow RCONH_2 + RCOONH_2$

– Ésteres.

$$RCOOR' + NH_3 \longrightarrow RCONH_2 + R'OH$$

6. Reacciones de reducción.

– Ésteres ⇒ Alcoholes primarios.

$$RCOOR' + 1.\ LiAlH_4 / 2.\ H^+ \longrightarrow RCH_2OH + R'OH$$

– Amidas ⇒ Aminas.

$$RCONH_2 + 1.\ LiAlH_4 / 2.\ H^+ \longrightarrow RCH_2NH_2$$

7. Reacciones con compuestos organometálicos:

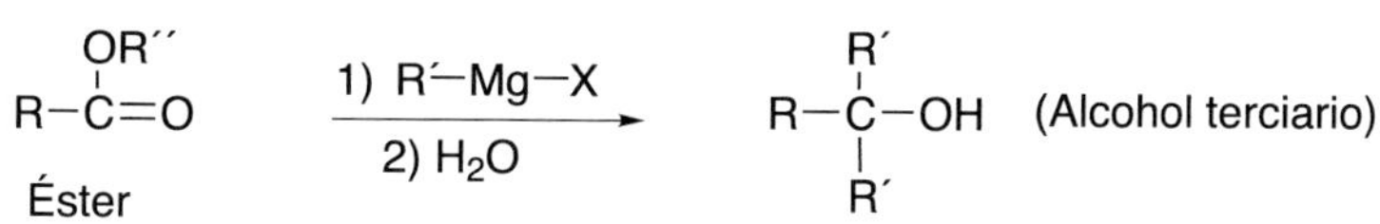

8. Nitrilos.

Compuestos orgánicos que poseen un triple enlace carbono-nitrógeno.

– Síntesis

- Sustitución nucleofílica S_N2 con ión cianuro.

$$R - X + CN^- \longrightarrow R - CN + X^-$$

- Deshidratación de amidas primarias con pentóxido de fósforo.

$$RCONH_2 + P_2O_5 \longrightarrow R\text{-}CN$$

– Reacciones.

- *Hidrólisis ⇒ ácidos.*

$$RCN + H_2O/H^+ \rightleftharpoons RCOOH + NH_4^+$$

$$RCN + H_2O/OH^- \longrightarrow RCOO^- + NH_3$$

- *Hidrólisis parcial* (condiciones suaves) ⇒ *amidas.*

$$RCN + H_2O / H^+ \text{ o } OH^- \longrightarrow RCONH_2$$

- *Reducción ⇒ aminas primarias de igual número de átomos de carbono.*

$$RCN + 1.\ LiAlH_4/\ 2.\ H_2O \longrightarrow RCH_2NH_2$$

También se pueden reducir por hidrogenación catalítica.

$$RCN + H_2/\ Pd\text{-}C \longrightarrow RCH_2NH_2$$

10

ENOLES E IONES ENOLATO DE ALDEHÍDOS Y CETONAS

INTRODUCCIÓN

En el capítulo 7 se presentaron dos centros de reactividad de los aldehídos y cetonas: el oxígeno carbonílico y el carbono carbonílico. En este capítulo se estudia un tercer centro reactivo: el carbono adyacente al grupo carbonilo (carbono α). La acidez de los hidrógenos en el carbono α permite acceder a *iones enolato* y a *enoles*. Ambas especies son nucleófilos. Además, se examinan sus reacciones con electrófilos, como haluros de alquilo *(alquilación en α),* carbonos carbonílicos *(condensación aldólica)* y halógenos *(halogenación en α)*. Las reacciones con carbonos electrófilos son de gran importancia porque dan lugar a la formación de enlaces carbono-carbono. Así, la condensación aldólica permite obtener *aldehídos y cetonas α,β-insaturados*. La última sección está dedicada a la especial reactividad de los compuestos carbonílicos α,β-insaturados: *adiciones* 1,2 *y adiciones* 1,4.

Objetivos para el aprendizaje

- ✓ Definir la tautomería cetoenólica.
- ✓ Dibujar el mecanismo de la tautomería cetoenólica, tanto con catálisis ácida como básica.
- ✓ Determinar el comportamiento químico de los aldehídos y cetonas frente a las bases.
- ✓ Predecir y dibujar los productos de una reacción de condensación aldólica.
- ✓ Utilizando el análisis retrosintético, identificar los reactivos necesarios para una reacción aldólica.
- ✓ Reconocer la utilidad de las reacciones de condensación para la formación de enlaces C-C.
- ✓ Dibujar el mecanismo de la halogenación en alfa de cetonas, catalizada por ácido o promovida por base. Explicar por qué la halogenación múltiple se produce con la catálisis básica y dar el mecanismo de la reacción del haloformo.
- ✓ Aplicar estrategias sintéticas para la obtención de aldehídos y cetonas α,β-insaturados.
- ✓ Deducir el mecanismo por el que transcurren las reacciones de adición nucleofílica en aldehídos y cetonas α,β-insaturados.
- ✓ Predecir los productos de las adiciones de Michael y mostrar cómo usar estas reacciones en síntesis.

Glosario

Adición conjugada o adición 1,4: reacción de adición de dos grupos a través de los extremos de un sistema π conjugado, posiciones 1,4, en la que el nucleófilo queda unido al carbono β de un derivado α,β-insaturado (posición C1) y un protón se añade a la posición C4.

Adición de Michael: adición conjugada 1,4 de aniones enolato a un doble enlace conjugado con un grupo electrón-atrayente.

Alquilación en α: instalación del grupo alquilo en posición α.

Átomo de carbono α: átomo de carbono contiguo a un grupo carbonilo.

Condensación: reacción en la que se unen dos o más moléculas. Generalmente se acompaña de la pérdida de una molécula de agua o alcohol.

Condensación aldólica: reacción catalizada por ácidos o bases en la que enoles y aniones enolatos de un aldehído o una cetona atacan al carbono carbonílico de otra molécula de aldehído o de una cetona para dar compuestos β-hidroxi-carbonílicos. La eliminación subsiguiente de agua conduce a aldehídos y cetonas α,β-insaturados.

Enamina: compuestos orgánicos que contiene un átomo de nitrógeno directamente unido a carbono olefínico. Se forma por reacción de aminas secundarias y compuestos carbonílicos en medio ácido.

Ion enolato: anión estabilizado por resonancia que se forma por pérdida de un hidrógeno en el carbono α contiguo a un carbonilo.

Reacción del haloformo: pérdida del átomo de carbono metílico de una metilcetona en forma de haloformo (CHX_3) y transformación de la misma en la sal del ácido carboxílico de un átomo de carbono menos, por reacción de halógeno en medio básico.

Tautomería: isomería estructural en la que un protón migra de posición, con el desplazamiento correspondiente del doble enlace. Un ejemplo es la tautomería cetoenólica.

10.1. Acidez de los H en α de aldehídos y cetonas: enoles y aniones enolato

Los hidrógenos de los carbonos contiguos al grupo carbonilo (carbono α), de aldehídos y cetonas, son hidrógenos ácidos. La acidez es debida a efectos electrónicos como:

- El *efecto inductivo* (–I) del grupo carbonilo. Produce un déficit de electrones sobre los carbonos en posición α con el grupo carbonilo.
- La otra razón es la *resonancia*. Los aniones formados por desprotonación, *aniones enolato*, se hallan estabilizados por resonancia.

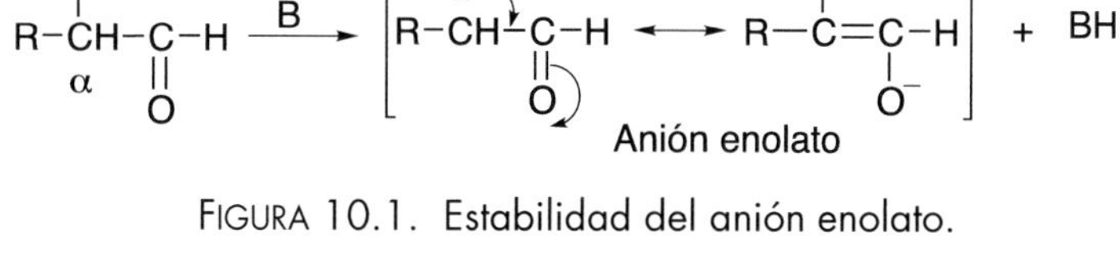

FIGURA 10.1. Estabilidad del anión enolato.

Ejercicio resuelto

Escribe los productos que se obtendrían al tratar los siguientes compuestos con una base como el etóxido sódico (NaOEt).

Dibuja las formas resonantes que permiten explicar la estabilidad de los iones formados.

a) CH_3CH_2CHO *b)* CH_3COCH_3

Solución

1. Se identifican las posiciones α y se elimina un hidrógeno.
2. Se dibuja la otra estructura resonante.

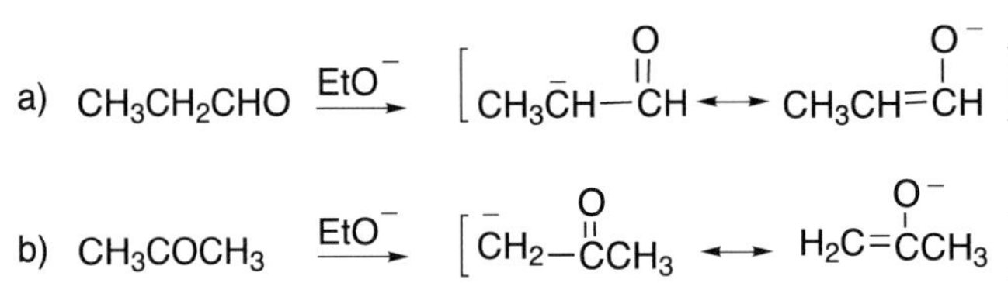

10.2. Tautomería cetoenólica

Los aldehídos y cetonas con hidrógenos en el carbono en α se presentan en dos formas moleculares diferentes (forma *ceto* y forma *enol*), que están en equilibrio. Este fenómeno recibe el nombre de *tautomería cetoenólica* y el equilibrio entre ambas formas se llama *equilibrio tautómero.*

La tautomería cetoenólica *se cataliza por ácidos y bases.*

- *Catálisis básica*

El compuesto carbonílico actúa como un ácido protónico débil cediendo a la base uno de los hidrógenos en α. El ion enolato vuelve a protonarse originando un compuesto neutro. La protonación en el oxígeno conduce al *tautómero enol.* Cuando la protonación tiene lugar en el carbono se obtiene el *tautómero ceto.*

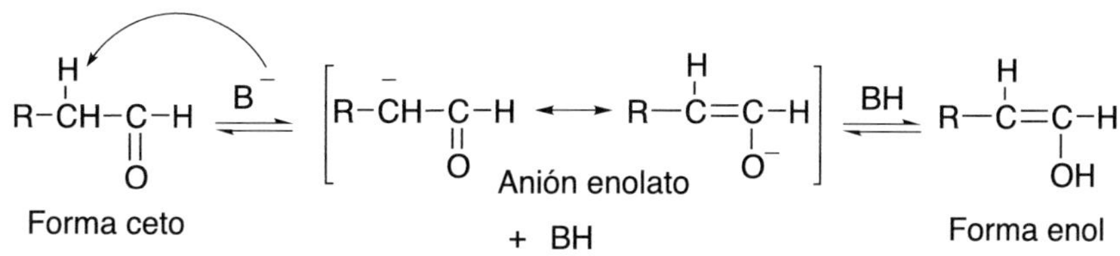

FIGURA 10.2. Tautomería cetoenólica en medio básico.

- *Catálisis ácida*

En el proceso catalizado por ácidos, la protonación tiene lugar en el oxígeno, originando un catión que por pérdida de un protón en α conduce al enol.

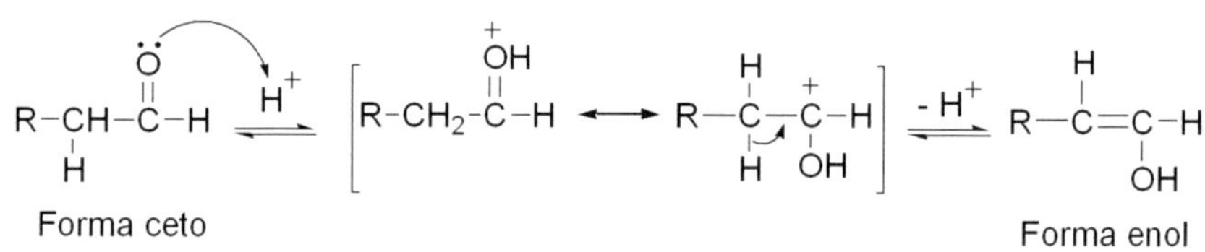

FIGURA 10.3. Tautomería cetoenólica en medio ácido.

Ejercicio resuelto

¿Cuántas formas enólicas hay en la etilmetilcetona? ¿Qué forma es la más estable y por qué?

Solución

Hay dos formas enólicas.

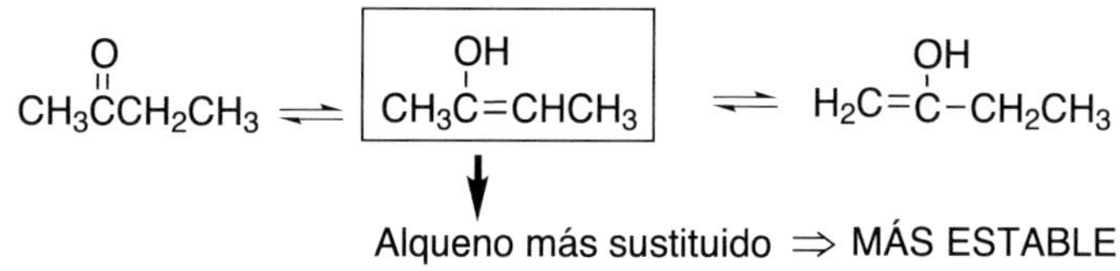

10.1. En la tautomería cetoenólica, el equilibrio suele estar desplazado hacia la forma ceto. Sin embargo, algunos compuestos carbonílicos, como la 2,4-pentanodiona, existen predominantemente en forma enólica. Sugiere una posible explicación.

10.3. Síntesis de aniones enolato

Los enolatos se preparan por reacción de aldehídos y cetonas con bases fuertes, como HNa, diisopropilamiduro de litio (LDA), o *terc*-butóxido de potasio, capaces de desprotonar al compuesto carbonílico y formar el anión enolato.

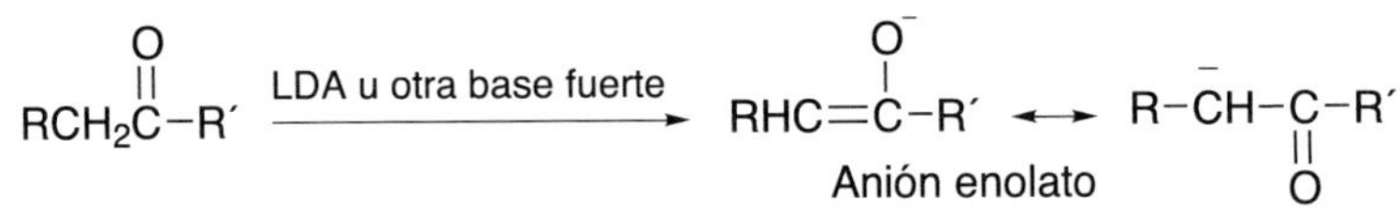

FIGURA 10.4. Obtención de aniones enolato protratamiento con base fuerte.

Cuando se usa anión hidróxido como base, se establece un equilibrio en el cual están presentes tanto el ion hidróxido como el ion enolato. Por el contrario, bases más fuertes, como el NaH, o LDA, pueden convertir de manera irreversible y por completo el aldehído o la cetona en el anión enolato.

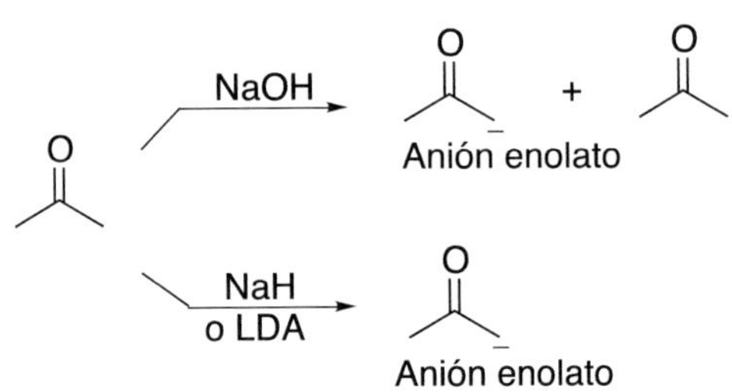

FIGURA 10.5. Formación irreversible de enolato.

10.2. Dibuja los enolatos que se obtendrían al tratar la 2-metilciclopentanona con una base fuerte como NaH.

10.4. Reacciones de enoles y aniones enolato de aldehídos y cetonas

Electrófilos, como aldehídos y cetonas o halógenos y agentes alquilantes, pueden ser atacados por enoles y aniones enolato de aldehídos y cetonas, que actúan como nucleófilos.

10.4.1. Alquilación en α de cetonas

Los aniones enolato pueden dar reacciones de alquilación con agentes alquilantes, como haluros de alquilo o tosilatos.

En este proceso, el ion enolato funciona como un nucleófilo y ataca al haluro de alquilo o sulfonato, mediante una reacción S_N2.

La elección de la base es importante. Los iones hidróxido o alcóxido no pueden usarse, ya que en esas condiciones el compuesto carbonílico y el ion enolato están presentes en el equilibrio.

La polialquilación se produce simultáneamente y es casi imposible aislar los derivados monoalquilados. Las reacciones de alquilación solo serán útiles en síntesis cuando se desea la alquilación de todas las posiciones posibles.

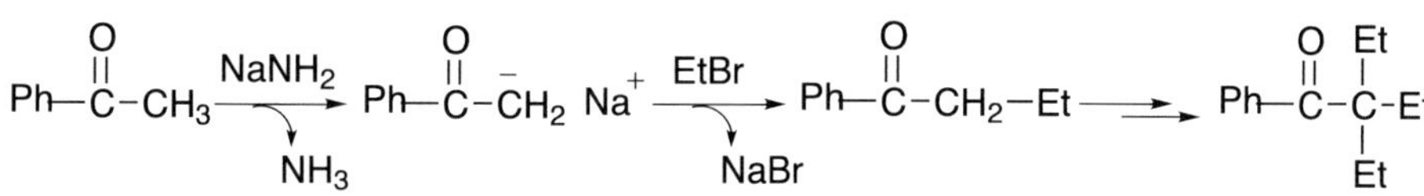

FIGURA 10.6. Reacción de polialquilación.

Las *enaminas*, que se forman por reacción de aminas secundarias y compuestos carbonílicos en medio ácido, proporcionan un camino alternativo para la alquilación en el carbono α de aldehídos y cetonas.

Ejercicio resuelto

Escribe los productos que cabría esperar por la reacción de la ciclohexanona con un equivalente de LDA, seguida de la adición de un equivalente de los compuestos siguientes:

a) CH_3CH_2-Br *b)* $(CH_3)_2CH$-Br *c)* $(CH_3)_2CHCH_2$-OTs *d)* $(CH_3)_3C$-Br

Solución

En el caso de carbonos secundarios y terciarios, la reacción E2 está favorecida.

a) 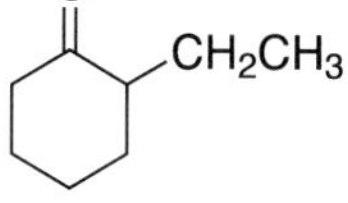

c) 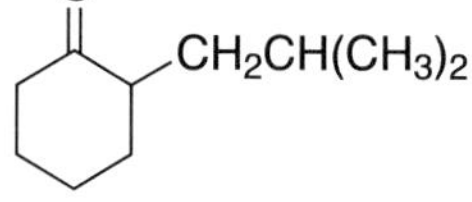

b) 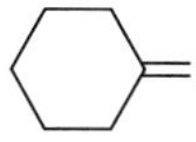 $=O + CH_2=CHCH_3$ (E2)

d) 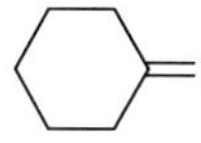 $=O + CH_2=C(CH_3)_2$ (E2)

Ejercicio resuelto

Las cetonas sufren polialquilación con iodometano en medio básico. Escribe un mecanismo detallado que explique cómo tiene lugar la dialquilación, incluso cuando solo se emplea un equivalente de ioduro y de base.

¿Cabría esperar que el procedimiento de alquilación mediante el empleo de enaminas solucionase este problema?

Solución

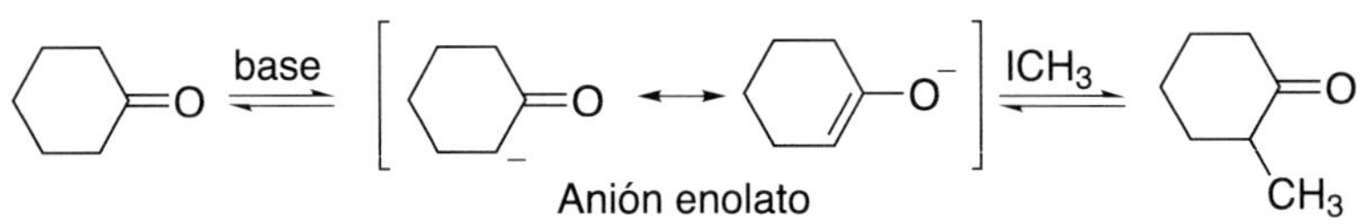

La mezcla de reacción contiene: ICH_3,

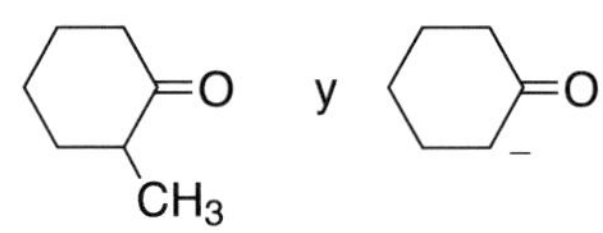

Reacción ácido-base entre la 2-metilciclohexanona y el anión enolato:

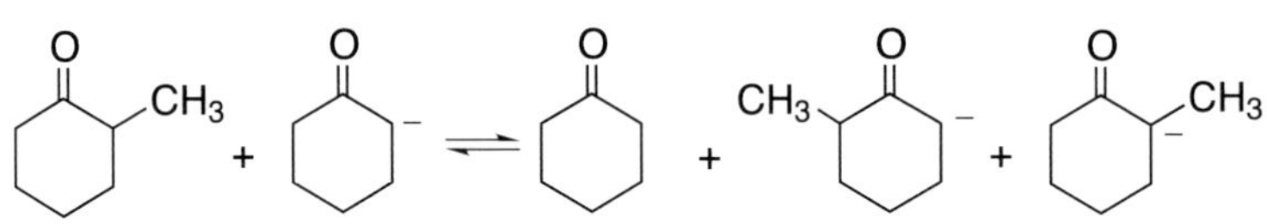

La reacción de los nuevos enolatos con ioduro de metilo da lugar a productos de doble alquilación:

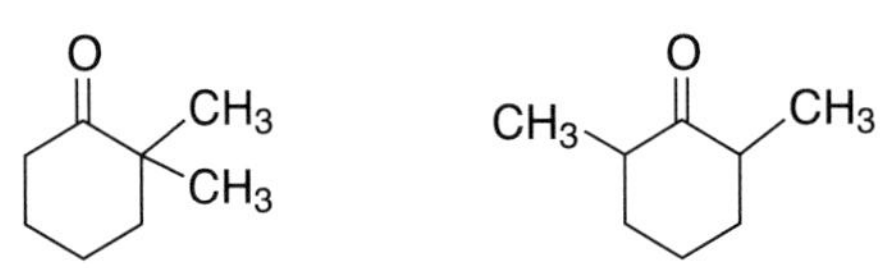

El uso de enaminas podría solucionar este problema, ya que la enamina no es suficientemente básica para quitar un protón al producto de alquilación.

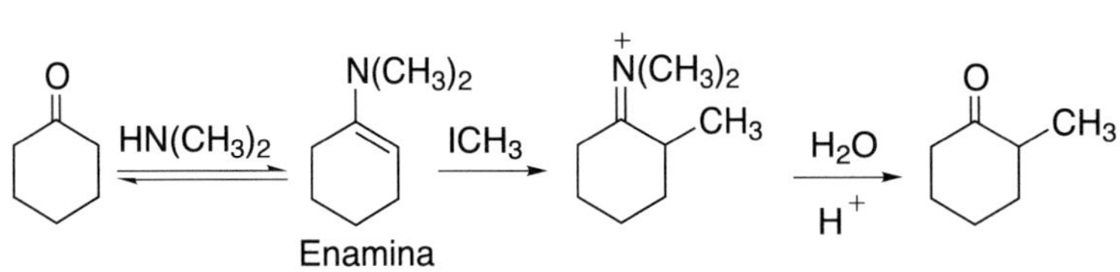

10.3. Escribe los productos de las siguientes secuencias de reacción.

a) 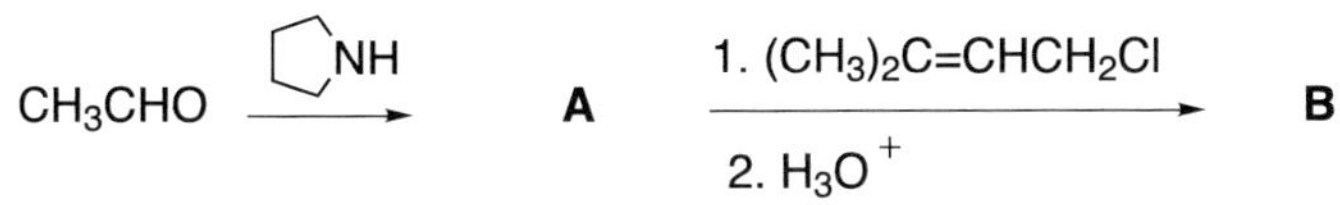

b) 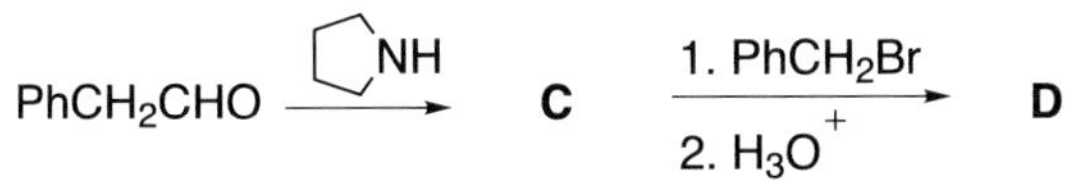

10.4.2. Reacciones de condensación aldólica. Autocondensación

Los enoles y enolatos pueden atacar al carbono carbonílico de un aldehído o de una cetona para dar compuestos *β-hidroxicarbonílicos*, en una reacción llamada *condensación aldólica.* La eliminación subsiguiente de agua conduce a *aldehídos y cetonas α,β-insaturados*.

La condensación tiene lugar por catálisis básica o ácida.

- *Mecanismo*

  – *Medio básico*

Cuando se emplean condiciones básicas existe un equilibrio entre el compuesto carbonílico y su anión enolato. El enolato formado ataca a una molécula de compuesto carbonílico sin enolizar, obteniéndose el derivado *β-hidroxicarbonílico*.

1. Formación del anión enolato:

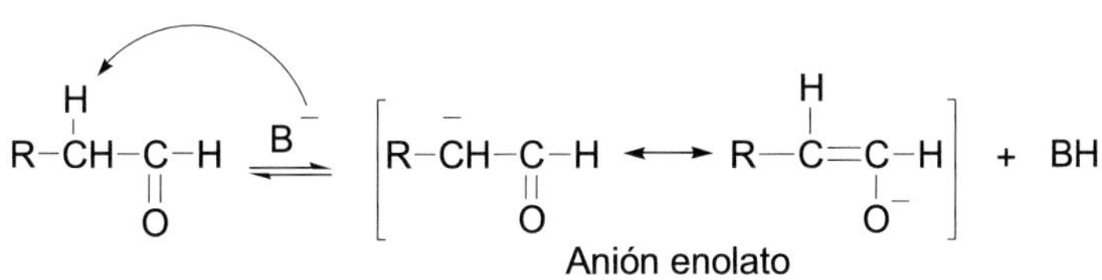

2. Ataque nucleofílico y protonación:

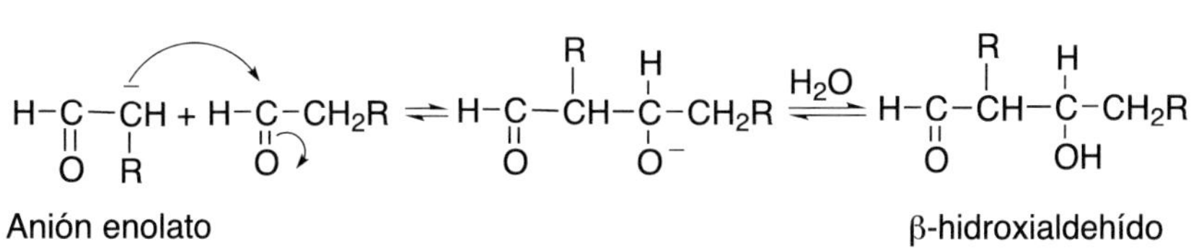

FIGURA 10.7. Mecanismo de la condensación aldólica en medio básico.

– *Medio ácido*

Se obtiene el compuesto de condensación *a través del enol.*

Primero tiene lugar la enolización del aldehído o la cetona. Después, se produce el ataque del enol al carbonilo de otra molécula, estableciéndose un nuevo enlace entre los átomos de carbono para dar finalmente el derivado *β-hidroxicarbonílico*.

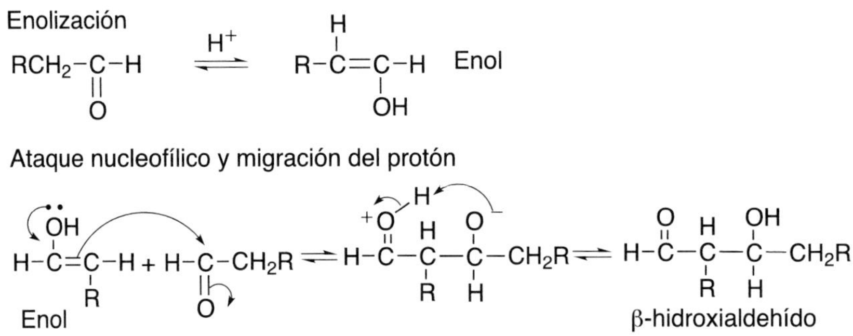

FIGURA 10.8. Mecanismo de la condensación aldólica en medio ácido.

El producto de la reacción aldólica, cuando se calienta en condiciones ácidas o básicas, sufrirá eliminación para producir insaturación entre la posición α y β.

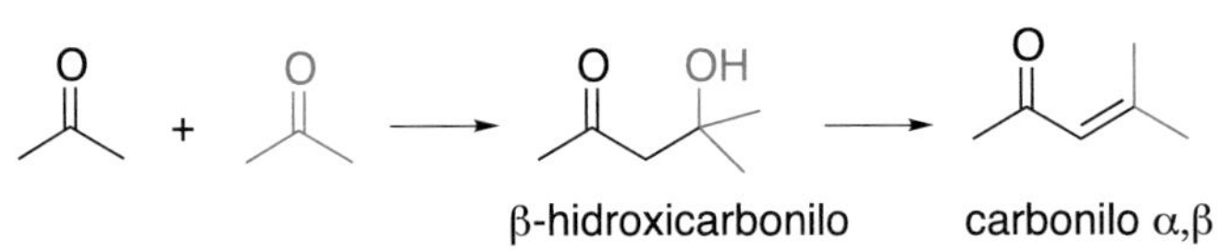

FIGURA 10.9. Deshidratación del aldol.

- *Condensación aldólica*

  – La dan los aldehídos y las cetonas que tienen hidrógenos en el carbono α.
  – Tiene lugar la formación de enlaces carbono-carbono, proporcionando una gran utilidad sintética.
  – Permite la obtención de β-hidroxialdehídos o β-hidroxicetonas, los cuales por deshidratación conducen a aldehídos o cetonas α,β insaturados.

Ejercicio resuelto

Completa el esquema que corresponde al mecanismo de autocondensación del acetaldehído bajo catálisis ácida y bajo catálisis básica.

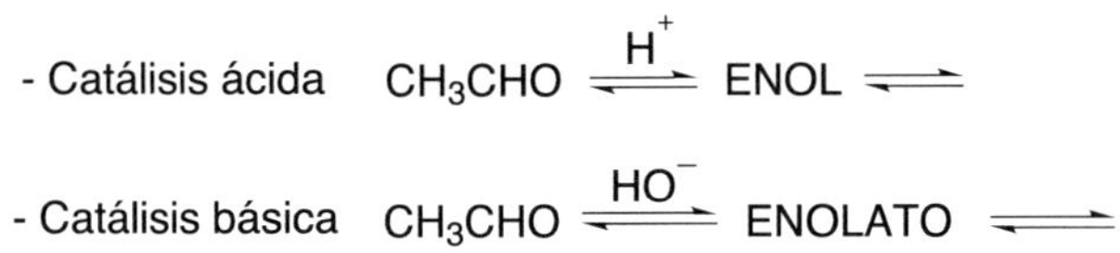

Solución

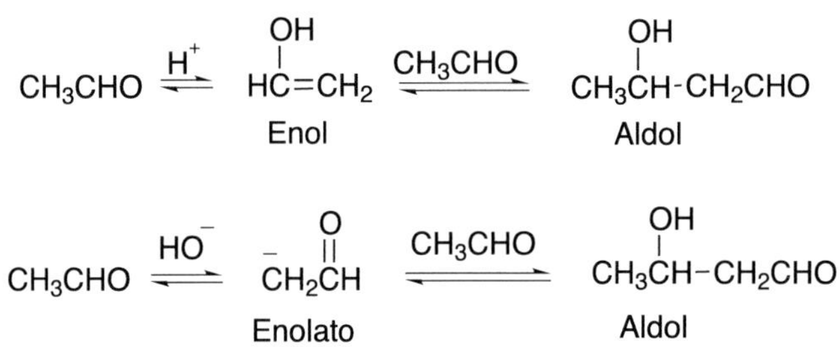

Ejercicio resuelto

Escribe la estructura del compuesto de condensación aldólica que se obtiene al tratar propanal con hidróxido de sodio acuoso.

Solución

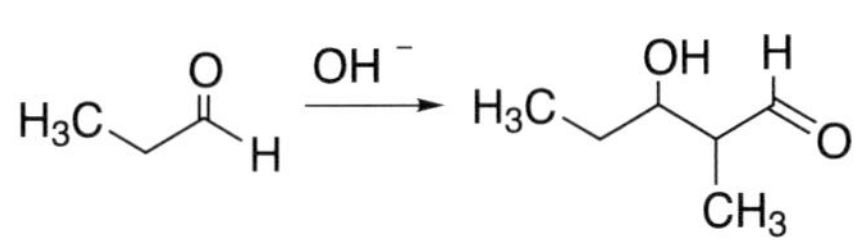

Una forma de dibujar el producto de una reacción de condensación aldólica es considerar el mecanismo.

En un primer paso se desprotona un hidrógeno en posición α para formar un enolato.

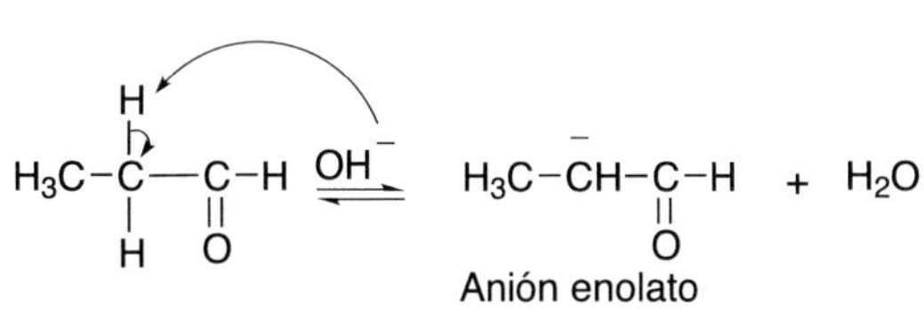

En un segundo paso, el anión enolato ataca al carbono carbonílico de la otra molécula y forma un ion alcóxido.

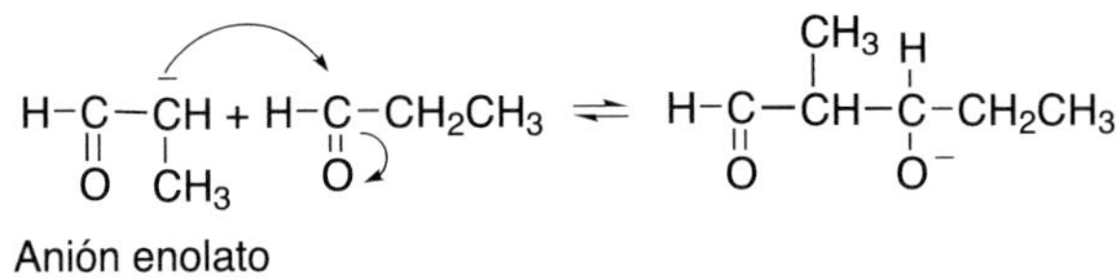

Por último, el alcóxido se protona, para dar el β-hidroxialdehído.

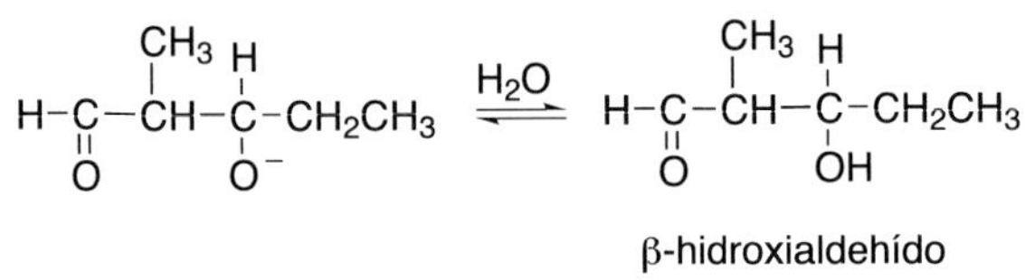

Existe un método más rápido sin necesidad de realizar el mecanismo completo.

Se dibujan las dos moléculas, orientadas de manera que el protón en α de una molécula (*molécula atacante*) esté enfrentado al carbono carbonílico de la otra (*molécula atacada*).

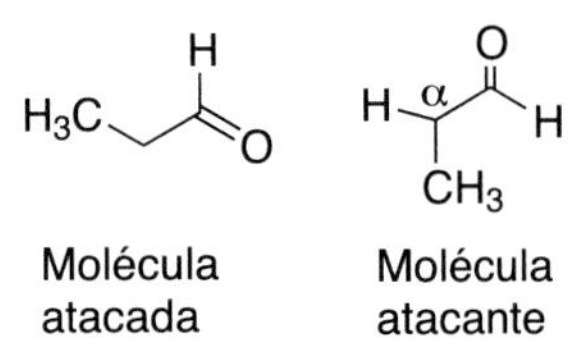

Una vez así orientadas, se forma un enlace entre el carbono α de la molécula atacante y el carbono carbonílico de la molécula atacada. El oxígeno del carbonilo de la molécula atacada se transforma en un hidroxilo.

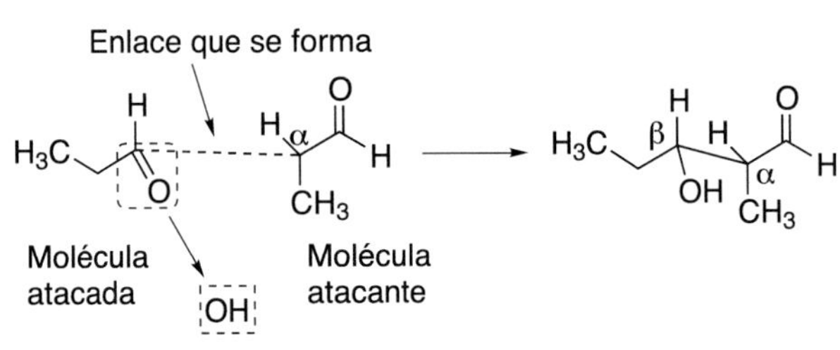

10.4. Predice el producto obtenido cuando se tratan los siguientes compuestos con hidróxido de sodio acuoso.

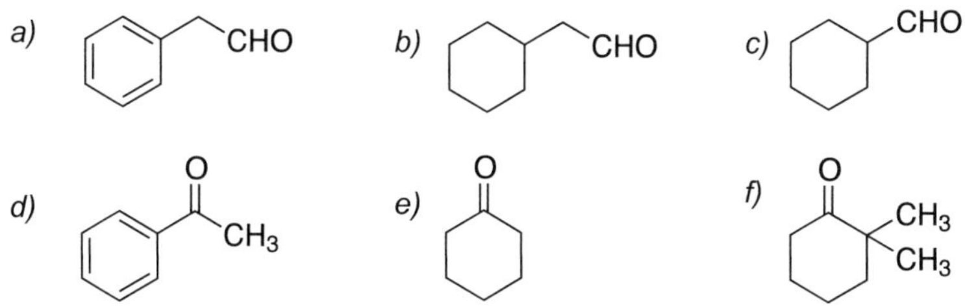

Ejercicio resuelto

¿Cómo se prepararía 3-hidroxi-2-isopropil-5-metilhexanal por una reacción aldólica?

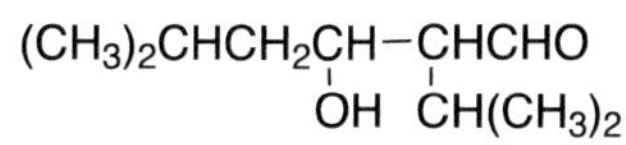

Solución

Utilizaremos el análisis retrosintético para averiguar los reactivos.

En primer lugar se identifica el enlace formado entre la molécula atacante, el carbanión nucleofílico, y la molécula atacada, portadora del grupo hidroxilo que resulta del ataque nucleofílico de la molécula atacante sobre el carbono carbonílico.

Una vez dibujados los dos fragmentos, el grupo hidroxilo se transforma en carbonilo en la molécula atacada y se añade el H ácido que había sido eliminado en la especie atacante para obtener su estructura completa.

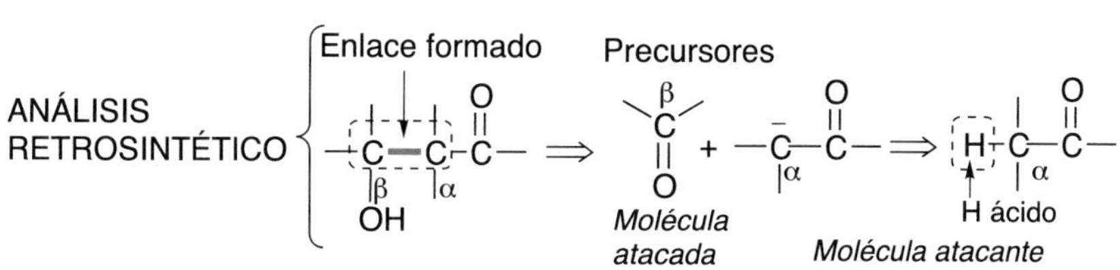

Para el caso del 3-hidroxi-2-isopropil-5-metilhexanal sería:

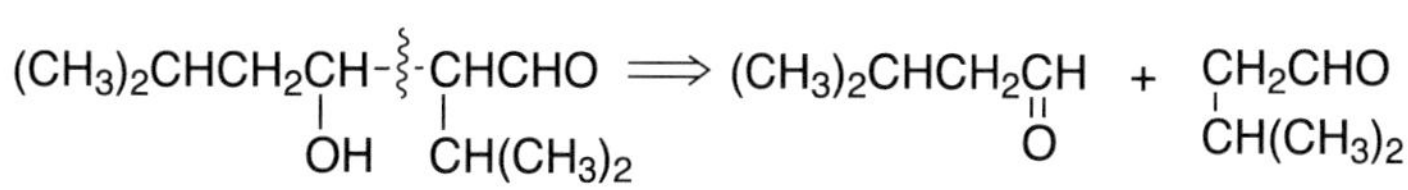

Por lo tanto, la síntesis sería

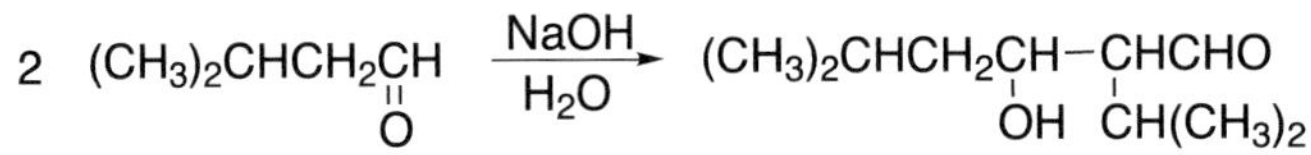

Ejercicio resuelto

Predice el producto de condensación aldólica cuando el siguiente aldehído es calentado en presencia de hidróxido acuoso.

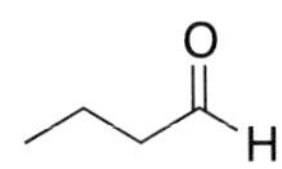

Solución

Se dibujan dos moléculas de aldehído orientadas de tal manera que los dos protones α de una molécula estén enfrentados directamente al grupo carbonilo de otra. Se eliminan los dos protones α y el oxígeno y se reemplazan con un doble enlace. El producto es un aldehído α,β insaturado.

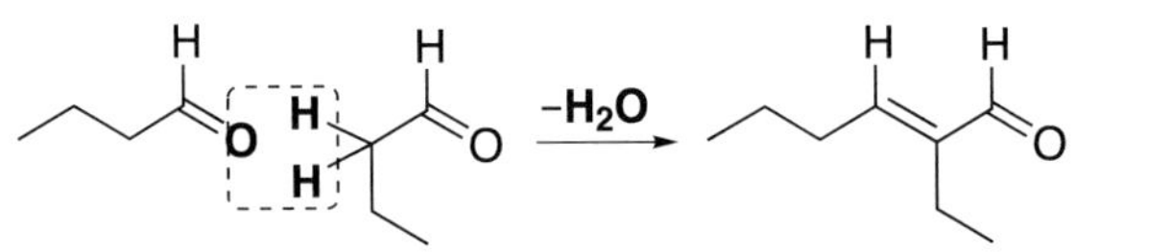

Aldehído α,β–insaturado

10.5. ¿Cómo se prepararía 2,2,4-trietil-3-hidroxihexanal por una condensación aldólica?

10.6. Propón una estrategia sintética para la obtención de 1,3-butanodiol, usando acetaldehído como compuesto de partida.

10.7. El butanal es utilizado como compuesto de partida para la preparación del 2-etilhexano-1,3-diol, utilizado como repelente de mosquitos.

a) Diseña una síntesis para el 2-etilhexano-1,3-diol a partir del butanal, utilizando la condensación aldólica como estrategia sintética.
b) El butanal también se puede obtener por una condensación aldólica. Sintetízalo a partir del acetaldehído.

Ejercicio resuelto

Dibuja los precursores del siguiente compuesto carbonílico α,β-insaturado:

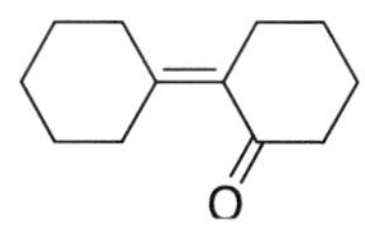

Solución

Se rompe el doble enlace entre el carbono α y el carbono β. En el carbono α se insertan dos hidrógenos. En el carbono β, el oxígeno carbonílico.

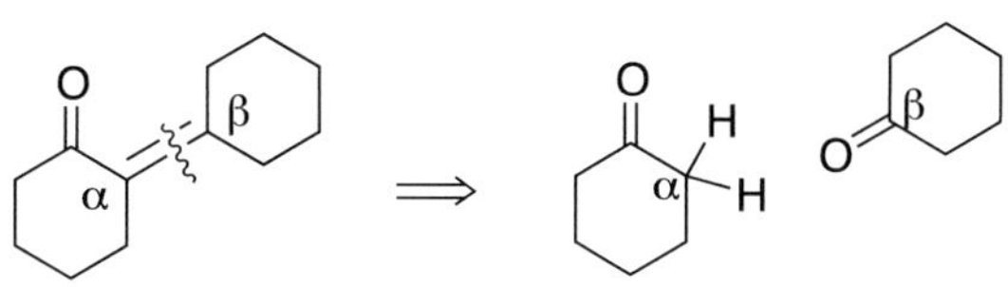

10.8. Dibuja los precursores del siguiente compuesto carbonílico α,β-insaturado:

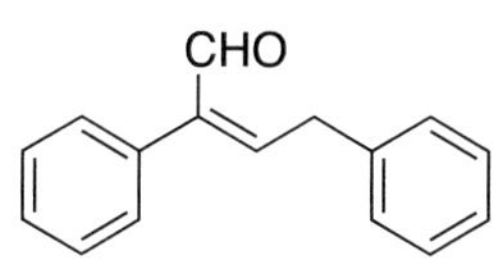

10.4.3. Condensación aldólica mixta

Cuando la reacción de condensación se realiza con dos compuestos carbonílicos diferentes (dos aldehídos distintos, dos cetonas distintas o un aldehído y una cetona) se trata de una *condensación aldólica mixta o cruzada.*

Ejemplo

La reacción entre el acetaldehído (1) y la acetona (2) en medio básico es una condensación aldólica mixta. Se obtienen cuatro productos diferentes:

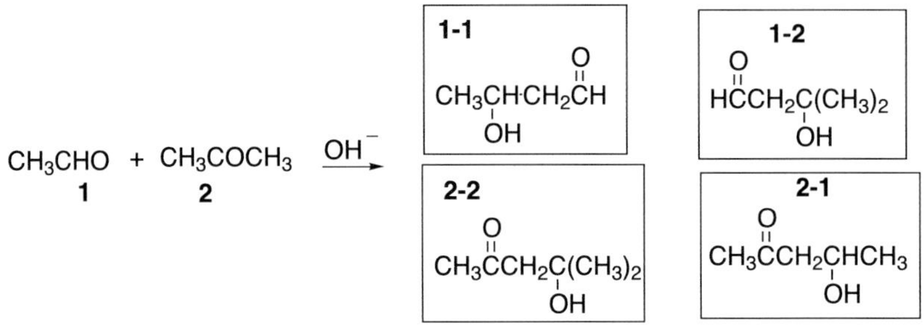

FIGURA 10.10. Condensación aldólica mixta o cruzada.

El inconveniente que presenta la condensación mixta es la obtención de una mezcla de productos, cuya separación es difícil. Únicamente tendrá interés si uno de los carbonilos no puede enolizarse (no tiene hidrógenos en α), pero es susceptible de sufrir adición (*condensación aldólica mixta reducida*).

Considérese, como ejemplo, cuando se trata acetofenona con benzaldehído, en presencia de una base. En este caso, además, al tratarse de un aldehído y una cetona aromáticos, el paso de la deshidratación es espontáneo, debido a la gran estabilidad del producto por conjugación.

$$\text{PhCOCH}_3\ \text{(acetofenona)} + \text{PhCHO (benzaldehído)} \xrightarrow{-H_2O} \text{Ph-CO-CH=CH-Ph}$$

FIGURA 10.11. Condensación aldólica mixta reducida.

Las condensaciones aldólicas pueden ocurrir en todas las posiciones enolizables. Se debe a que es más fácilmente enolizable el producto de la primera adición que el compuesto de partida.

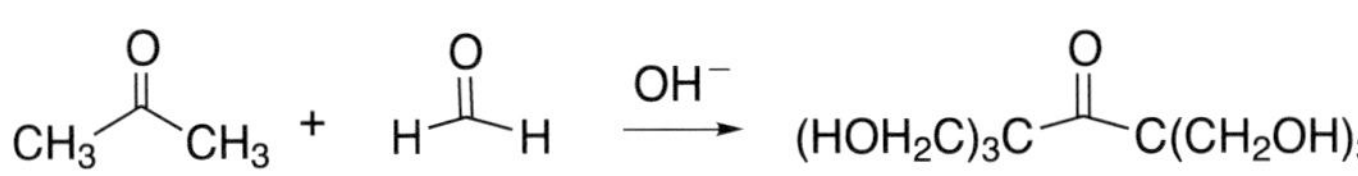

FIGURA 10.12. Condensación aldólica exhaustiva.

10.9. Completa las reacciones que se muestran a continuación. ¿Cuántos productos se obtienen en cada caso? ¿Es un procedimiento sintético útil?

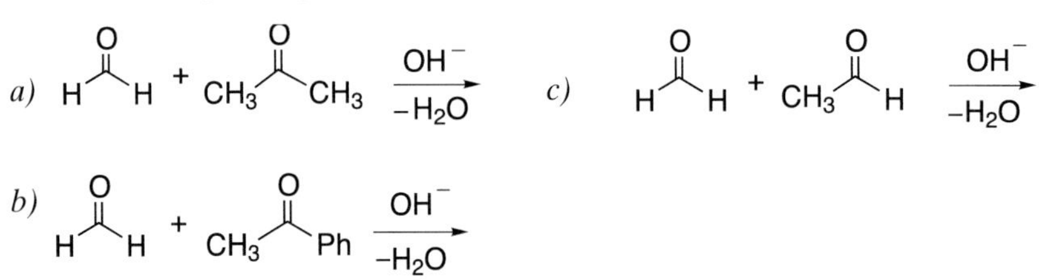

Ejercicio resuelto

Describe cómo prepararías 2-butil-3-hidroxi-4,4-dimetilpentanal por condensación aldólica.

Solución

Se aplica el análisis retrosintético.

Primero se identifican las posiciones α y β.

El enlace entre las posiciones α y β es el formado durante la reacción aldólica.

Para dibujar los materiales de partida se separa el enlace entre las posiciones α y β y se dibuja un grupo carbonilo en lugar del grupo OH y se añade un hidrógeno en el carbono α.

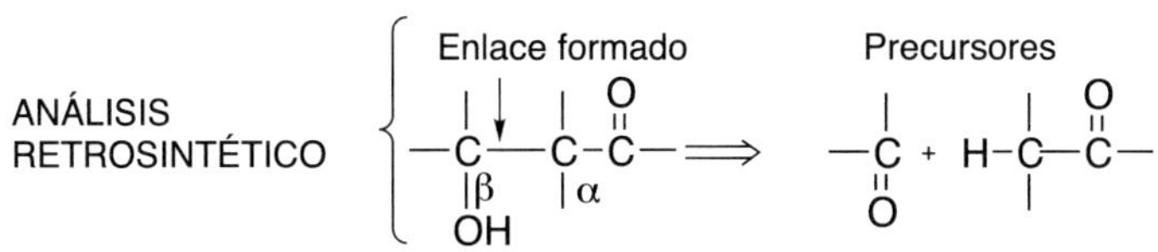

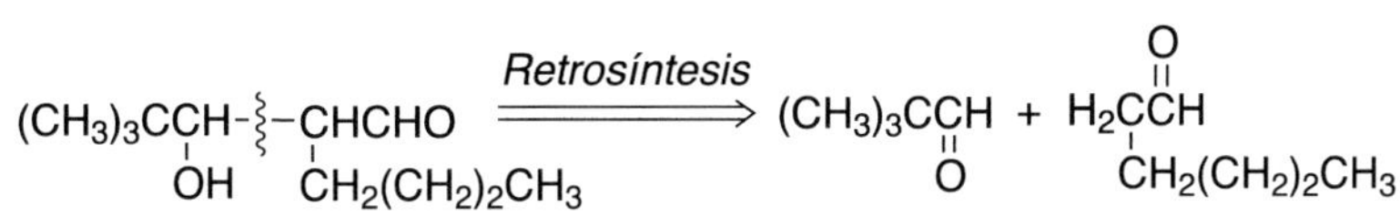

2-Butil-3-hidroxi-4,4-dimetilpentanal

Estrategia sintética:

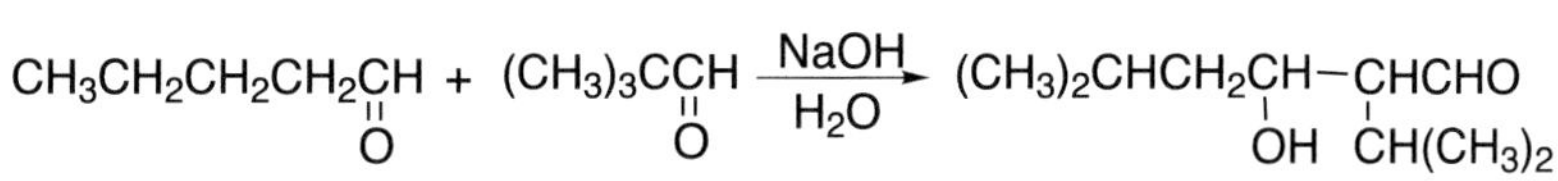

Ejercicio resuelto

Diseña una síntesis para el cinamaldehído, aldehído α,β-insaturado presente en la canela y responsable de su aroma.

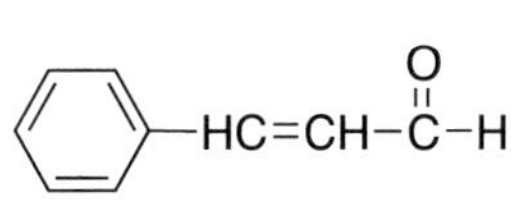

Solución

Para deducir los precursores se utiliza el análisis retrosintético: se rompe el enlace entre el carbono α y el carbono β. Al carbono β se le añade un átomo de oxígeno y al carbono α dos átomos de hidrógeno.

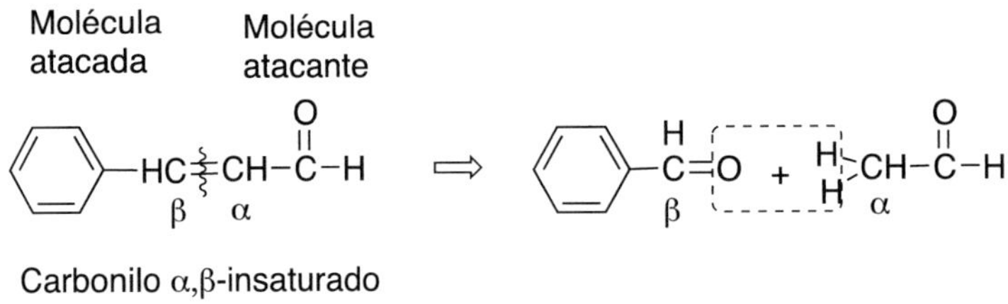

La estrategia sintética sería:

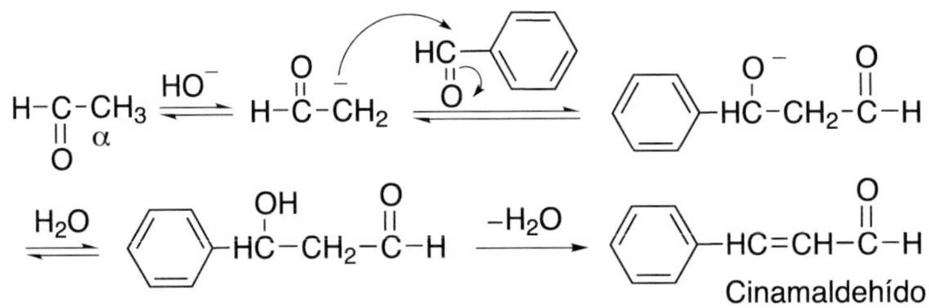

10.10. Describe cómo prepararías los siguientes compuestos por condensación aldólica.

a) PhCH=CHCOPh *b)* $PhCH=CHCOCH_3$ *c)* $CH_3CH=CHCOCH_3$

10.11. Dibuja los reactivos adecuados para obtener los siguientes compuestos.

10.12. El aldehído que se muestra es utilizado en perfumería. Su síntesis puede realizarse mediante una reacción de condensación aldólica mixta. Dibuja las estructuras de los aldehídos que conducen a su obtención.

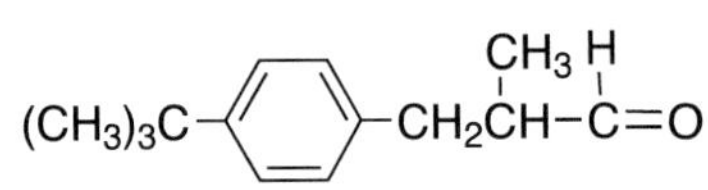

10.4.4. *Condensación aldólica intramolecular*

Si un anión enolato forma parte de la misma molécula que el carbonilo que es atacado nucleofílicamente, tiene lugar una condensación aldólica *intramolecular*.

La condensación aldólica intramolecular puede dar varios compuestos con diferentes tamaños de ciclo. Sin embargo, se forman con preferencia los ciclos menos tensionados. Por ejemplo, la 2,5-hexanodiona da como único producto la 3-metil-2-ciclopentenona.

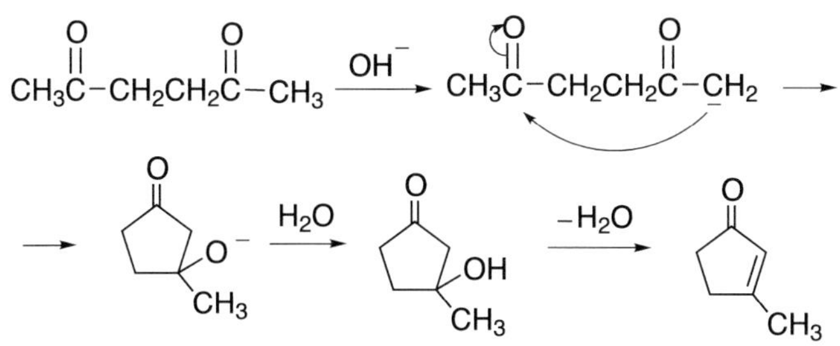

FIGURA 10.13. Condensación aldólica intramolecular.

El mecanismo es análogo al de las condensaciones intermoleculares. La única diferencia es que tanto el nucleófilo como el electrófilo se encuentran en la misma molécula.

La condensación aldólica intramolecular de cetonas es una fuente conveniente de enonas cíclicas y bicíclicas

---

10.13. Dibuja la estructura del compuesto que se obtiene cuando se calienta 2,6-heptanodiona en presencia de hidróxido de sodio acuoso.

10.14. Dibuja los precursores de los siguientes compuestos carbonílicos α,β-insaturados obtenidos mediante reacciones de condensación aldólica.

10.4.5. Reacción de Cannizzaro

Cuando *un aldehído no enolizable*, es decir sin átomos de hidrógeno en el carbono en α, se trata *con bases fuertes*, una molécula de aldehído se reduce a *alcohol*, mientras que otra molécula de aldehído se oxida a *ácido carboxílico*.

Esta reacción de *dismutación* (autooxidación-reducción), conocida como *reacción de Cannizzaro*, es el resultado de una adición nucleofílica de un ion hidróxido al carbonilo, para dar un intermedio tetraédrico, que evoluciona transponiendo un ion hidruro al carbono carbonílico de otra molécula de aldehído.

La reacción de Cannizzaro da como productos dos moléculas de igual número de átomos de carbono que el aldehído inicial: *la sal alcalina del ácido carboxílico y el alcohol primario.*

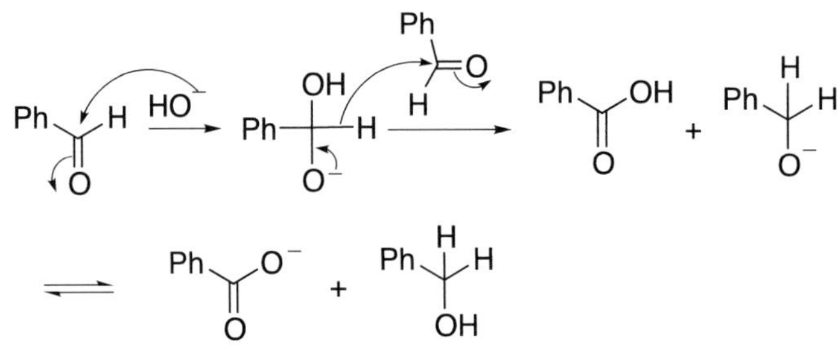

FIGURA 10.14. Reacción de Cannizzaro.

Ejercicio resuelto

Cuando se trata 2,2-dimetilpropanal con hidróxido de potasio al 30% no se produce una reacción aldólica.

a) Explica esta afirmación.
b) Dibuja los productos que cabría esperar.
c) Escribe el mecanismo de la reacción.
d) ¿Se produce una dismutación? ¿Por qué?

Solución

a) Al no tener hidrógenos en el carbono en α, el 2,2-dimetilpropanal no puede dar una reacción aldólica. El grupo hidroxilo del hidróxido de potasio solo se puede comportar como nucleófilo.

b)

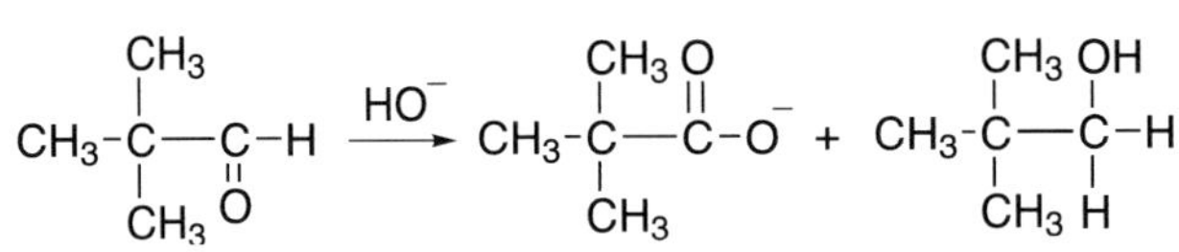

c)

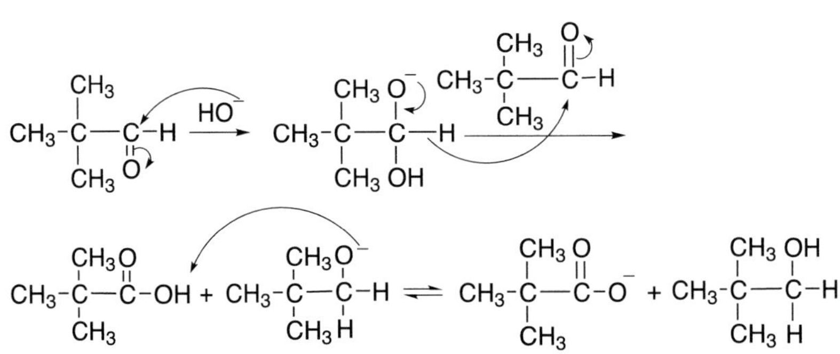

d) Esta transformación se considera una dismutación porque es un proceso de autooxidación-reducción, en el que una molécula de aldehído se oxida a ácido carboxílico, mientras que otra molécula de aldehído se reduce a alcohol.

10.15. ¿Qué productos es de esperar que se formen en las reacciones de aldolización de los siguientes compuestos?

a) Propionaldehído *b)* Trimetilacetaldehído *c)* Una mezcla de los dos anteriores

---

10.4.6. Halogenación en α. Prueba del haloformo

Los aldehídos y las cetonas reaccionan con los halógenos. La reacción de halogenación se produce en el carbono α y la extensión depende de si la catálisis es ácida o básica.

- *Catálisis ácida:* se sustituye un hidrógeno del carbono α que menos hidrógenos tiene por halógeno.

  - *Mecanismo*

    1. *Enolización.* Etapa determinante de la velocidad de la reacción.

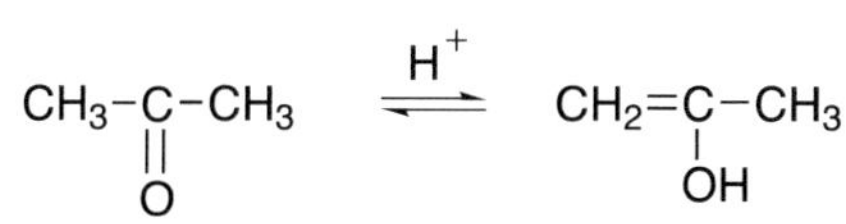

FIGURA 10.15. Enolización de la cetona.

2. *Ataque nucleófilo.* El halógeno es atacado nucleofílicamente por el doble enlace del enol para dar un carbocatión intermedio.
3. *Desprotonación.* Se produce al final.

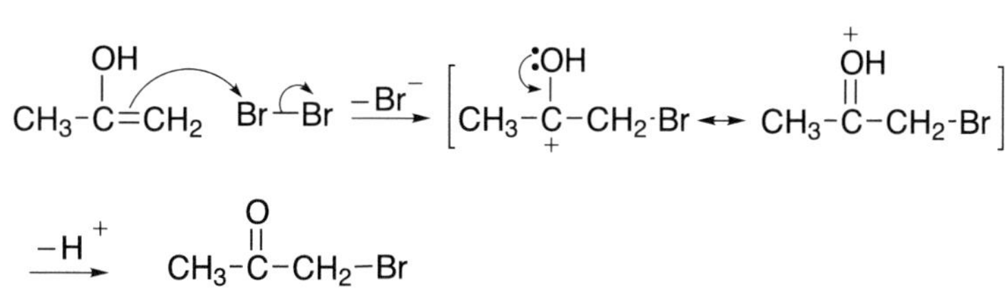

FIGURA 10.16. Ataque nucleofílico del enol y halogenación en el carbono en alfa.

– *Catálisis básica:* la halogenación catalizada por bases es diferente. Lo difícil es detener la reacción. Se sustituyen todos los hidrógenos del carbono en α que más hidrógenos tiene, por halógeno.

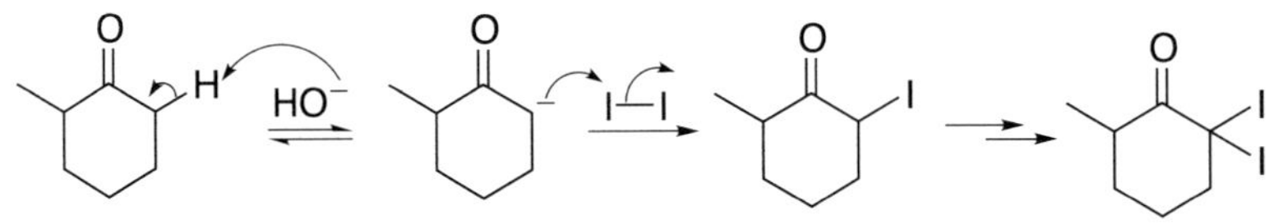

FIGURA 10.17. Halogenación catalizada por bases.

Normalmente, esta reacción no es de mucha utilidad, solo en el caso de *metil-cetonas*, que dan de forma específica la *reacción del haloformo*. La metilcetona pierde el átomo de carbono metílico en forma de haloformo (CHX_3) y se transforma en la sal del ácido carboxílico de un átomo de carbono menos.

- *Mecanismo*

En la primera etapa se forma una cetona halogenada en el metilo. Este derivado halogenado es aún más reactivo que la metilcetona inicial. La reacción se repite dos veces más, con los restantes hidrógenos del grupo metilo. Por último, la trihalogenocetona sufre el ataque nucleofílico del hidroxilo, que rompe la molécula y forma iodoformo.

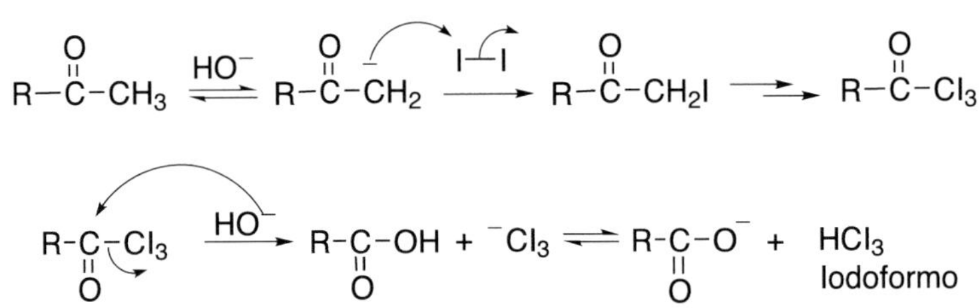

FIGURA 10.18. Reacción del iodoformo.

La reacción es sintéticamente útil para la conversión de las metilcetonas en ácidos carboxílicos. Es más eficiente cuando el otro lado de la cetona no tiene hidrógenos en α.

10.16. Predice los productos que se obtienen cuando los siguientes compuestos se tratan con bromo e hidróxido de sodio, seguido de hidrólisis ácida.

a)

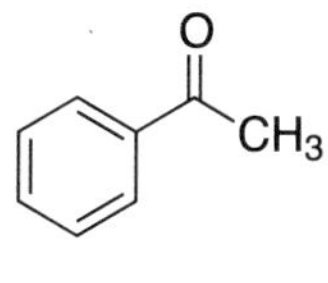

b)

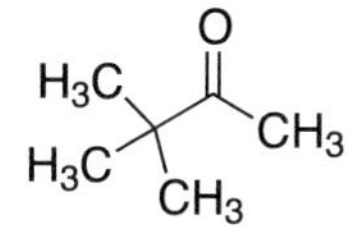

En el agua que se distribuye en los hogares, después del tratamiento para su purificación, se encuentran presentes pequeñas cantidades de α-halocetonas. ¿Cómo llegan estos compuestos al agua? La desinfección con cloro es una de las etapas del proceso de purificación. La acetona es un disolvente orgánico, soluble en agua, muy utilizado. También, es el producto final en el metabolismo de seres humanos y animales. La halogenación de cetonas a través de los enoles explica la presencia de estos derivados halogenados en el agua.

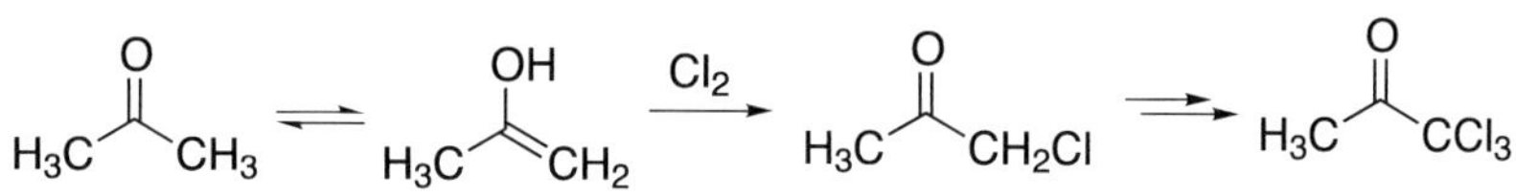

10.5. Preparación y química de aldehídos y cetonas α,β-insaturados

Los aldehídos y las cetonas α,β-insaturados son compuestos difuncionales que contienen un doble enlace conjugado con un grupo carbonilo. Aunque las reacciones a que dan lugar son las características de ambos grupos funcionales, también experimentan reacciones en las que interviene todo el sistema conjugado.

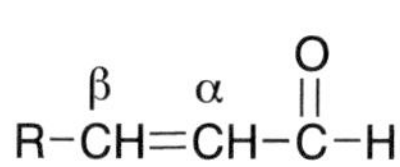

Aldehído α,β-insaturado

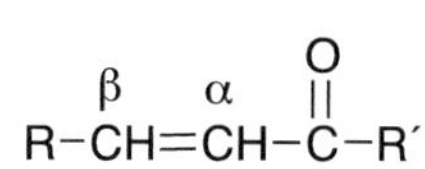

Cetona α,β-insaturada

FIGURA 10.19. Aldehído y cetona α,β-insaturados.

10.5.1. Síntesis de aldehídos y cetonas α,β-insaturados

Los métodos habituales de obtención son:

- Condensación aldólica.
- Halogenación-deshidrohalogenación de aldehídos y cetonas.
- Reacción de Wittig con iluros estabilizados.
- Oxidación de alcoholes alílicos.

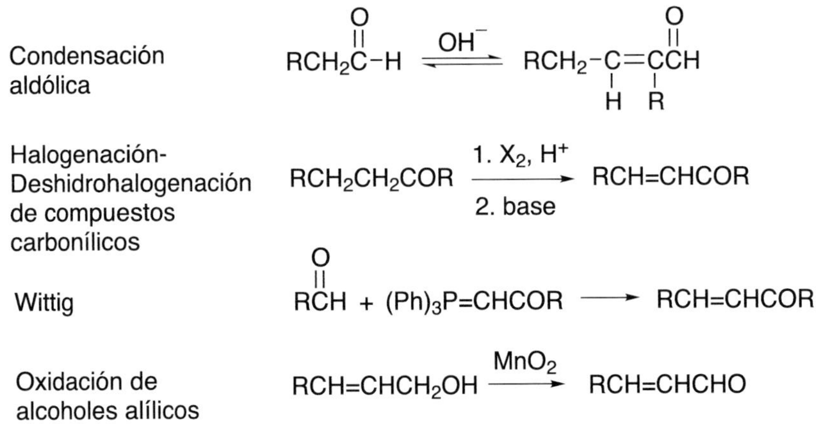

FIGURA 10.20. Obtención de aldehídos y cetonas alfa-beta insaturados.

10.17. Propón una síntesis para los siguientes compuestos. Utiliza la condensación aldólica.

A B

10.18. Identifica los reactivos necesarios para llevar a cabo las siguientes transformaciones.

a)
b)

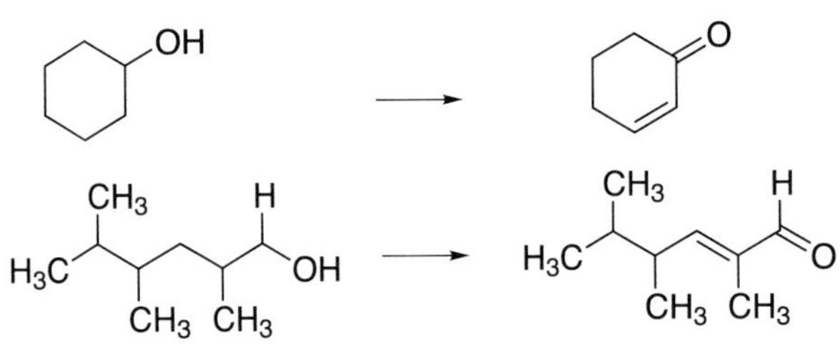

10.5.2. *Reacciones de aldehídos y cetonas α,β-insaturados*

Los aldehídos y cetonas α,β-insaturados presentan las reacciones típicas de los dobles enlaces carbono-carbono y carbono-oxígeno. Estas reacciones se pueden clasificar como *adiciones 1,2* a alguno de los enlaces π del sistema.

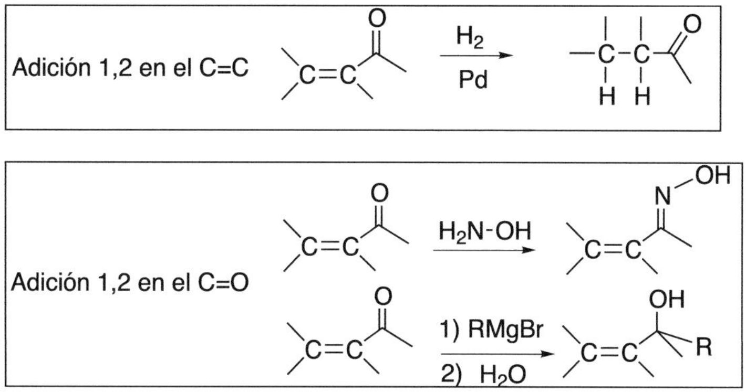

FIGURA 10.21. Adiciones 1,2 en aldehídos y cetonas α,β-insaturados.

Además, al tener dos posiciones electrófilas, el carbono del carbonilo y el carbono β, pueden dar *adiciones 1,4*, ya que exhiben una reactividad única en la posición β.

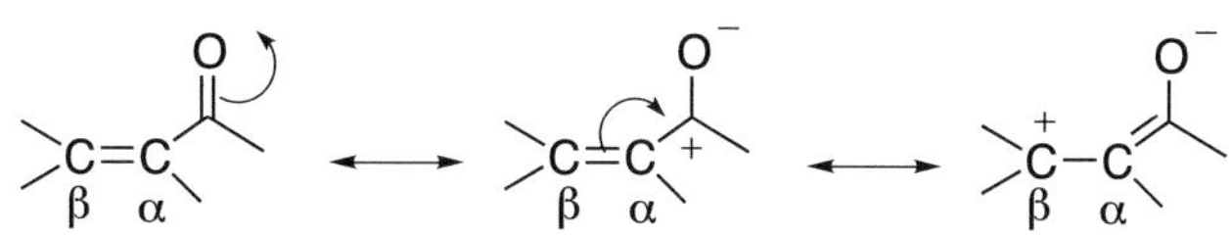

FIGURA 10.22. Posiciones electrófilas de aldehídos y cetonas α,β-insaturados.

En esta transformación, el nucleófilo queda unido al carbono β del derivado α,β-insaturado, dando un producto en el que se regenera el carbonilo a partir de un enolato intermedio.

Se denomina *adición conjugada*, o *adición 1,4*, debido a que el nucleófilo y el protón se añaden a través de los extremos de un sistema π conjugado, posiciones 1,4.

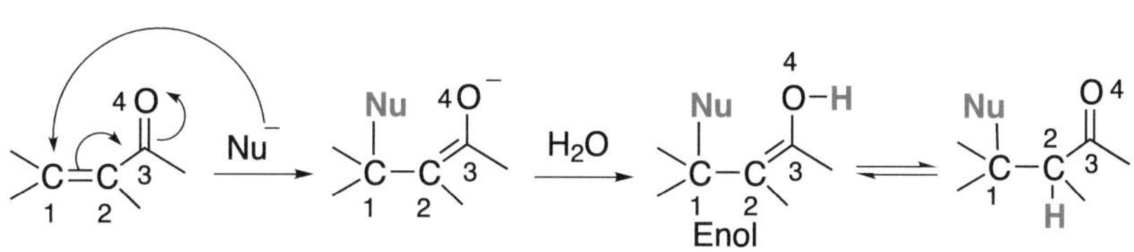

FIGURA 10.23. Adición 1,4.

– *Adición de agua, alcoholes y aminas*. Nucleófilos como el agua, los alcoholes y las aminas se adicionan al doble enlace de un alqueno electrófilo, mediante una adición conjugada, de forma 1,4.

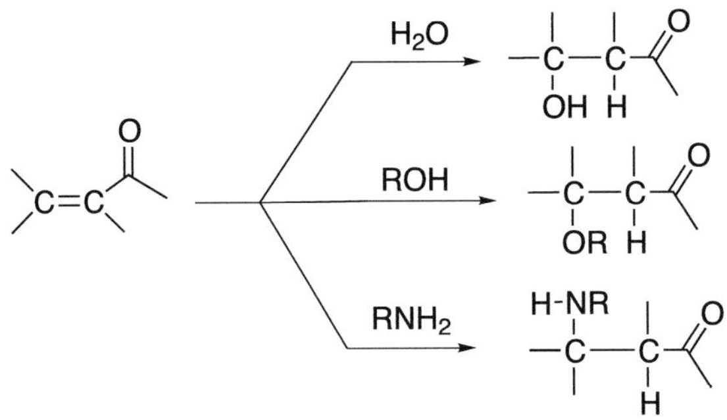

FIGURA 10.24. Reacciones de adición 1,4 de agua, alcohol y amina.

- *Reacción de Michael:* adición conjugada 1,4 de aniones enolato. Proporciona compuestos 1,5 dicarbonílicos.

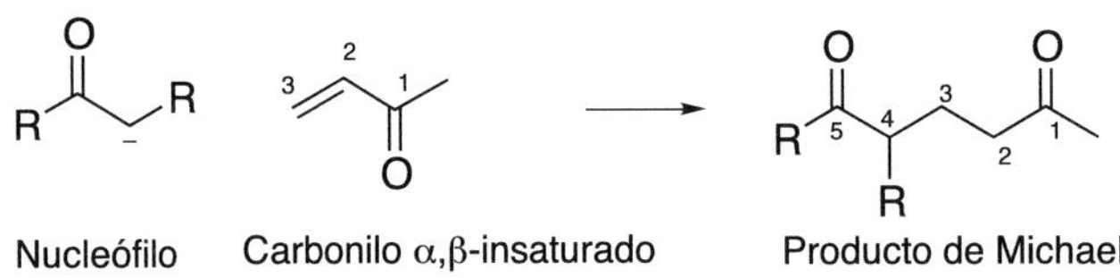

FIGURA 10.25. Reacción de adición de Michael.

Dicha transformación funciona mejor con aniones enolato doblemente estabilizados, como derivados de compuestos β dicarbonílicos, malonatos, cianoacetatos, acetilacetatos o nitrocompuestos; aunque también tiene lugar con sistemas más sencillos.

CUADRO 10.1
Dadores y aceptores de Michael más frecuentes

Dadores de Michael		*Aceptores de Michael*	
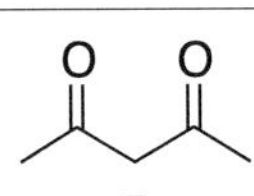	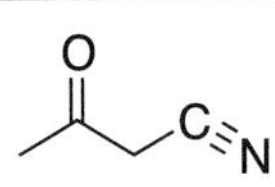	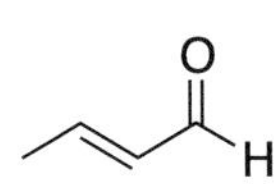	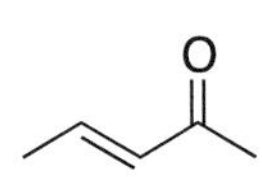
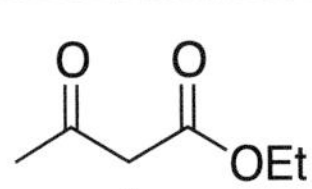	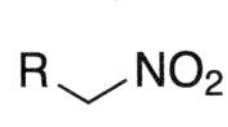	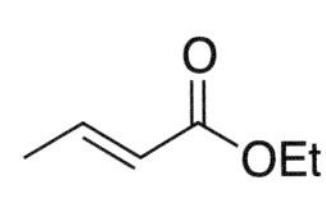	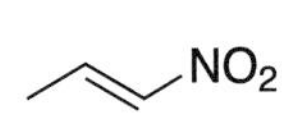
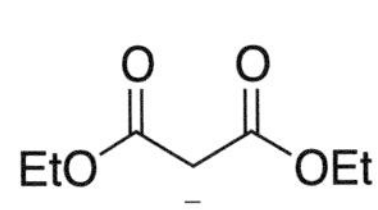		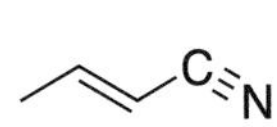	

Ejercicio resuelto

Sintetiza el siguiente compuesto mediante una adición conjugada 1,4.

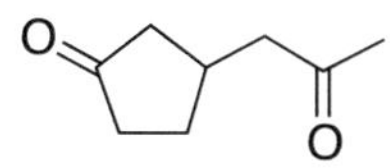

Solución

Se ha de sintetizar un compuesto 1,5-dicarbonílico. Por lo tanto, la estrategia sintética será una adición de Michael.

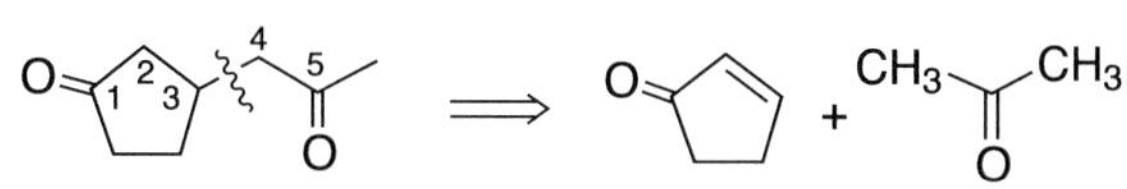

1. Obtención del anión enolato.

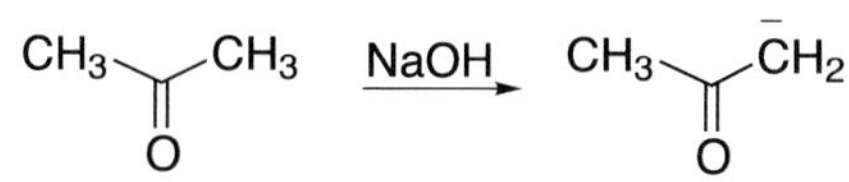

2. Ataque nucleofílico del anión enolato al doble enlace.

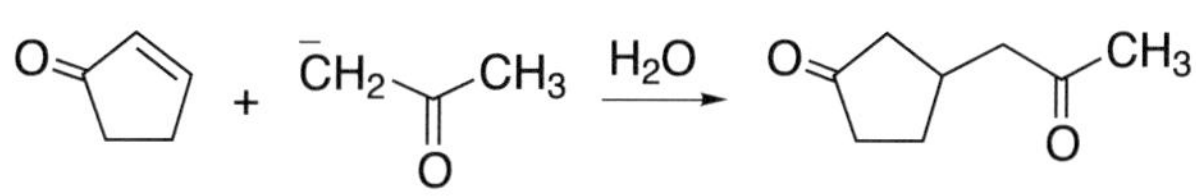

10.19. Escribe los productos de cada una de las siguientes reacciones después del tratamiento acuoso.

a) Ph-CO-CH_3 + CH_2=CH–CO–Ph + LDA

b) $CH_3COCH_2COCH_3$ + CH_3CH=CH–CHO + NaOH

c)

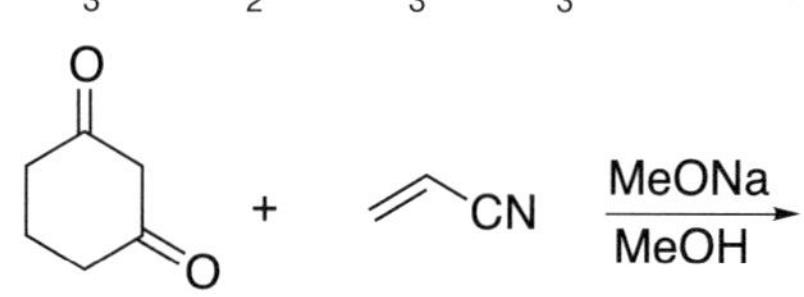

10.20. Propón un mecanismo detallado que justifique la siguiente reacción de condensación sobre un sustrato conjugado.

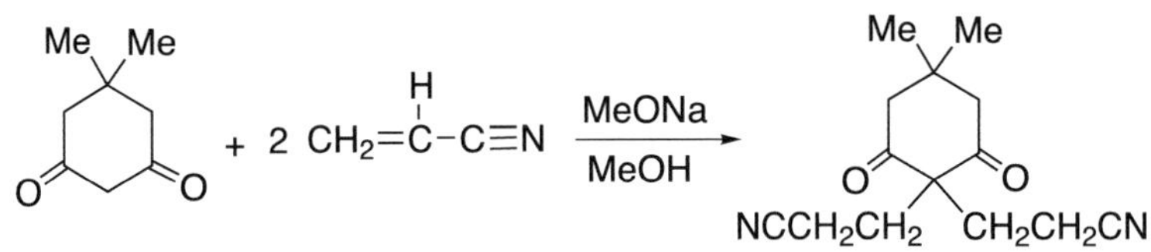

Ejemplo de aplicación en ciencias de la salud. Reacciones de adición conjugada 1,4 en el metabolismo de fármacos: el paracetamol

El metabolismo de fármacos constituye un proceso por el que cualquier fármaco experimenta diversas transformaciones químicas con el objeto de incrementar su solubilidad en agua, para poder ser eliminado.

Según el tipo de proceso metabólico, se pueden distinguir dos fases:

- *Fase I:* funcionalización o transformación del fármaco mediante reacciones enzimáticas de oxidación, reducción o hidrólisis, que alteran los grupos funcionales de la molécula.
- *Fase II:* procesos de combinación (conjugación) con moléculas endógenas de elevada polaridad, tales como el ácido glucurónico, el sulfato, el glutatión (GSH) o ciertos aminoácidos. La finalidad es proporcionar compuestos más polares, menos lipofílicos y, en consecuencia, más fácilmente excretables.

La *conjugación con glutatión*, un tripéptido Glu-Cys-Gly, constituye un proceso metabólico en fase II de considerable importancia, dada su elevada concentración intracelular y su papel protector frente a la toxicidad de diversos metabolitos. En la reacción de conjugación, el grupo tiol del glutatión actúa como nucleófilo frente a centros electrófilos de haluros, epóxidos, o dobles enlaces activados, a través de una amplia variedad de mecanismos como S_N2, S_Nar, sustitución nucleofílica acílica y adición de Michael. El resultado es la detoxificación de los electrófilos, evitando su reacción con los centros nucleofílicos de macromoléculas, como los ácidos nucleicos o las proteínas.

Un ejemplo ilustrativo de una reacción de conjugación con glutatión, vía adición de tipo Michael, lo podemos encontrar en el *paracetamol*, un analgésico que a dosis elevadas puede producir necrosis hepática.

A dosis normales, la quinonimina intermedia, que resulta de un proceso de oxidación de Fase I del paracetamol, reacciona con el glutatión, mediante una reacción de adición conjugada 1,4, tipo Michael, en la que el azufre del grupo tiol ataca la posición β de la quinonimina, para dar un metabolito aromático que se elimina posteriormente (figura 10.26).

Sin embargo, dosis elevadas del paracetamol pueden agotar las reservas de glutatión y la quinonimina intermedia puede dar lugar a procesos tóxicos, como por ejemplo la alquilación irreversible de las proteínas hepáticas, la generación de especies radicalarias, responsables de daños tisulares irreversibles o la transformación de la quinonimina en un sistema quinónico, capaz de oxidar el Fe^{2+} de la hemoglobina a Fe^{3+}, produciendo una metahemoglobinemia (figura 10.27).

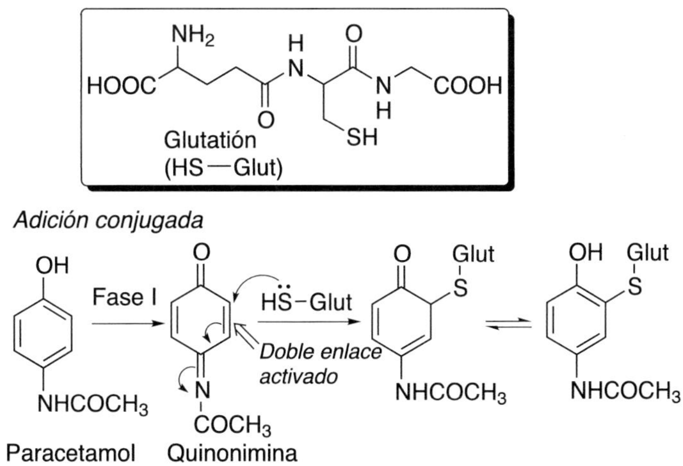

FIGURA 10.26. Metabolismo del paracetamol.

Sin tratamiento, una sobredosis de paracetamol puede conducir a una insuficiencia hepática y a la muerte en pocos días. La intervención para evitar este daño hepático consiste en el tratamiento con *N*-acetilcisteína, que actúa como antídoto al proporcionar al hígado una alta concentración de cisteína. Al suministrar cisteína, se produce rápidamente la síntesis de glutatión restaurándose sus niveles.

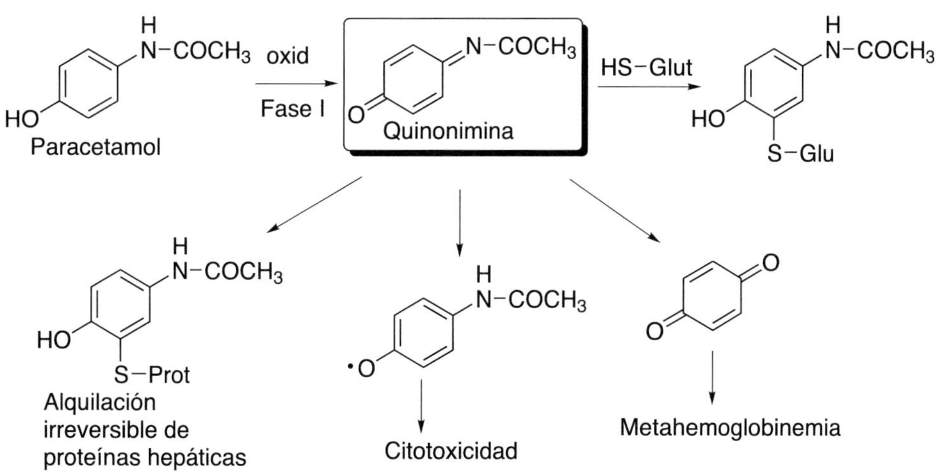

FIGURA 10.27. Producción de metabolitos tóxicos del paracetamol.

RESUMEN

1. *Definición de anión enolato y enol.*

   - ANIÓN ENOLATO: anión resultante de la pérdida de un hidrógeno del carbono en α al carbonilo.
   - ENOL: ácido conjugado del anión enolato.

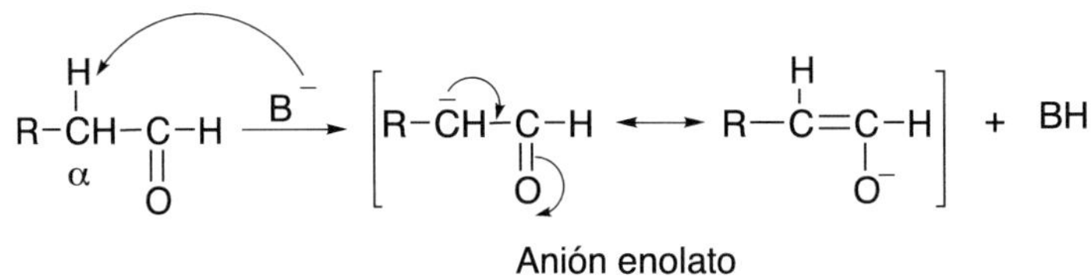

2. *Tautomería cetoenólica.*

   - La dan aldehídos y cetonas con hidrógenos en el carbono en α.
   - *Catálisis* ácida o básica.

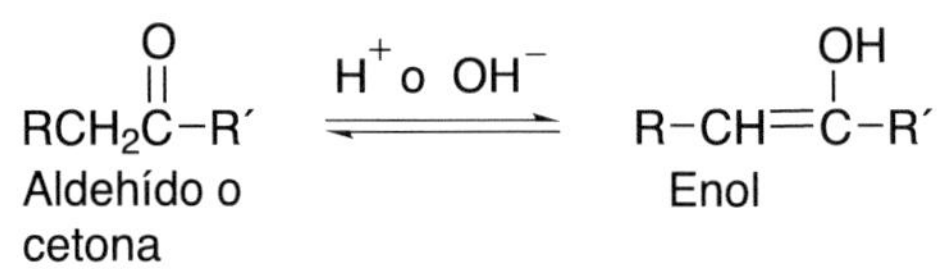

3. *Síntesis de aniones enolato.*

   Reacción con bases fuertes (LDA, *terc*-butóxido de potasio, etc.).

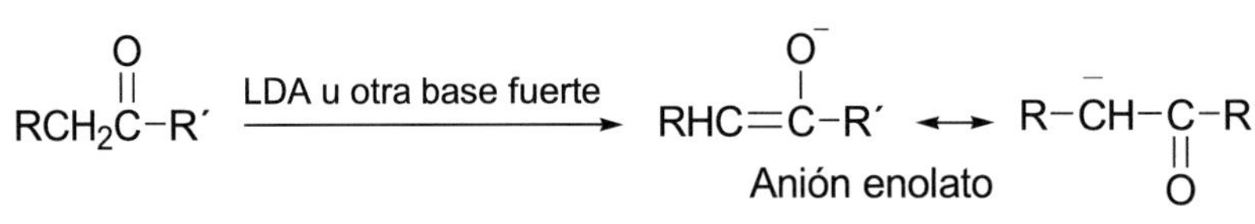

4. *Reacciones de enoles y aniones enolato de aldehídos y cetonas.*

   4.1. *Alquilación en α de cetonas.*

   Agentes alquilantes: haluros de alquilo o tosilatos.

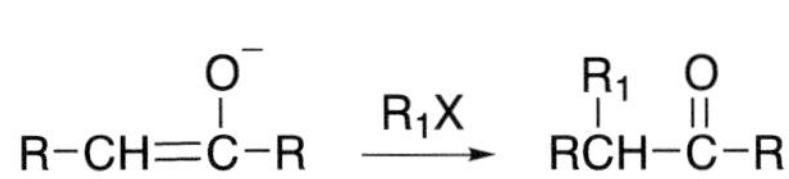

A través de enaminas:

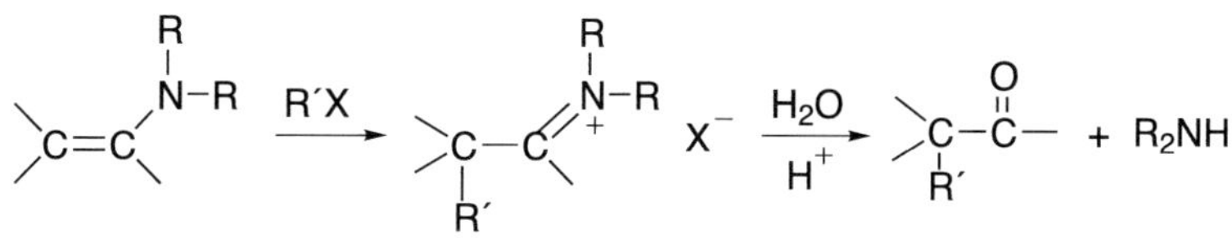

4.2. *Condensación aldólica.*

- Aldehídos y cetonas que tienen hidrógenos en el carbono α.
- Formación de enlaces carbono-carbono.
- Permite la obtención de β-hidroxialdehídos o β-hidroxicetonas. Eliminación subsiguiente de agua → *aldehídos y cetonas α,β-insaturados.*
- Catálisis básica o ácida.
- Tipos:

  • *Autocondensación*: condensación de un aldehído o una cetona, que tienen hidrógenos en el carbono α, consigo mismos.

  - *Aldehídos*

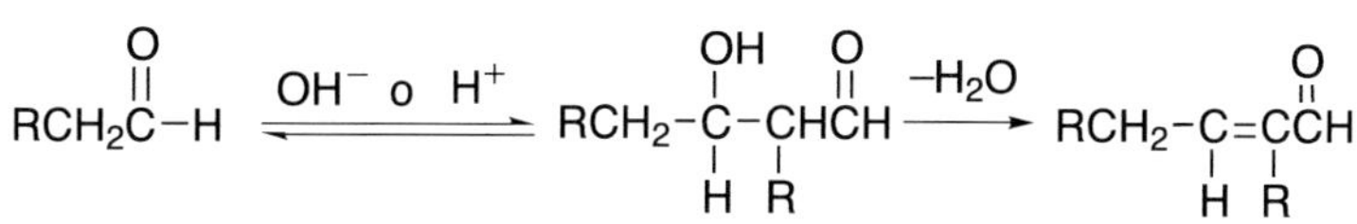

β-hidroxialdehído   aldehído α,β-insaturado

  - *Cetonas*

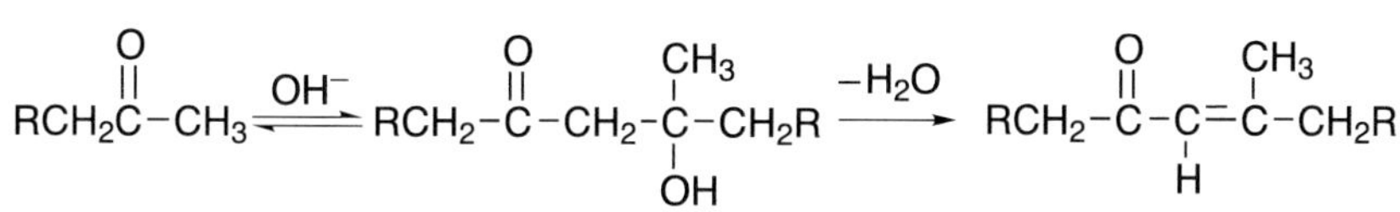

β-hidroxicetona   cetona α,β-insaturada

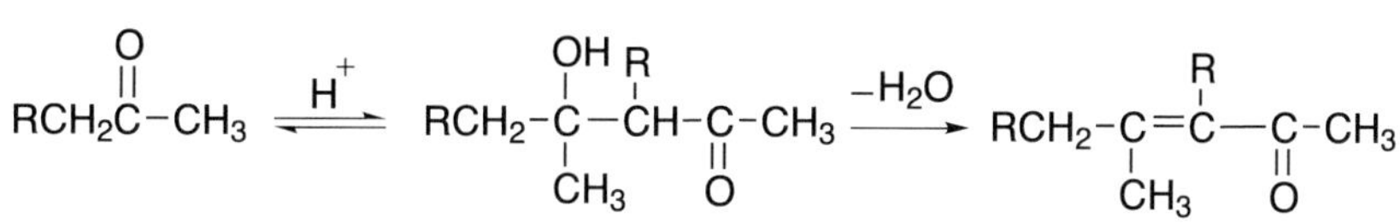

β-hidroxicetona   cetona α,β-insaturada

  • *Condensación aldólica mixta o cruzada*

  - Reacción de condensación con dos compuestos carbonílicos diferentes.
  - Inconveniente: mezcla de productos.
    Reacción entre el acetaldehído (1) y la acetona (2) en medio básico: 4 productos.

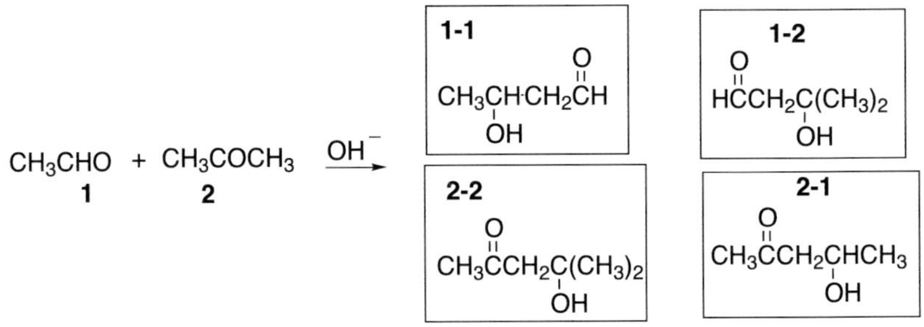

- Interés: uno de los carbonilos no puede enolizarse (no tiene H en α), *condensación aldólica mixta reducida.*

$PhCOCH_3$ (acetofenona) + PhCHO (benzaldehído) $\xrightarrow{-H_2O}$ Ph–CO–CH=CH–Ph

- *Condensación aldólica intramolecular*

  Anión enolato forma parte de la misma molécula que el C=O atacado.
  Se forman con preferencia los ciclos menos tensionados.

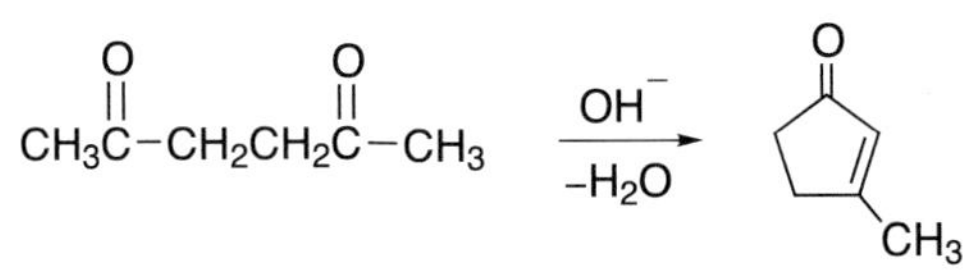

- *Análisis retrosintético de la condensación aldólica*

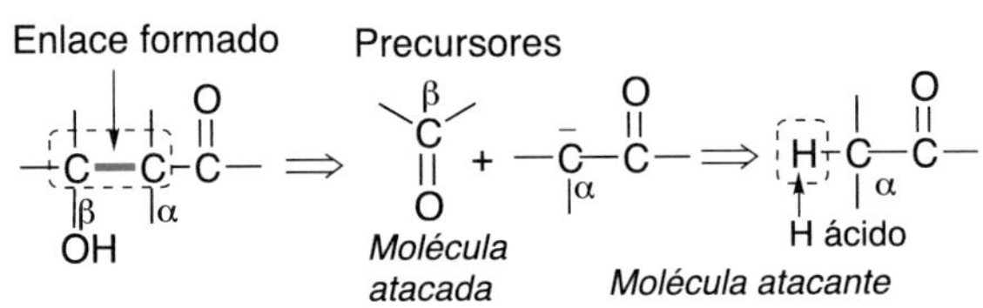

4.3. *Reacción de Cannizzaro* (redox).

- *Aldehído no enolizable, con bases fuertes.*
- Reacción de *dismutación* (autooxidación-reducción).
- Productos: dos moléculas de igual número de átomos de carbono que el aldehído inicial: *la sal alcalina del ácido carboxílico y el alcohol primario.*

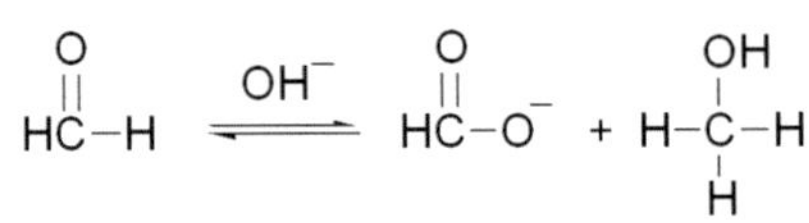

4.4. *Halogenación en α de aldehídos y cetonas. Prueba del haloformo.*

- *Catálisis ácida:* se sustituye un H del Cα que menos H tiene por halógeno.
- *Catálisis básica:* sustitución de todos los H del Cα que más H tiene, por halógeno.

Metilcetonas: reacción del haloformo

Medio ácido:

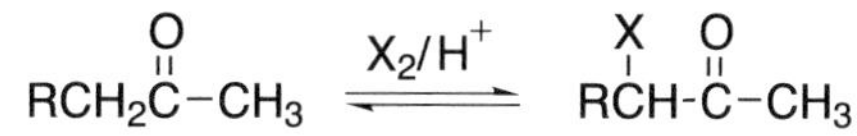

Medio básico:
prueba del haloformo

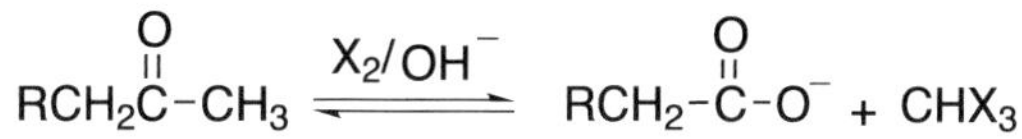

5. *Preparación y química de aldehídos y cetonas α,β-insaturados.*

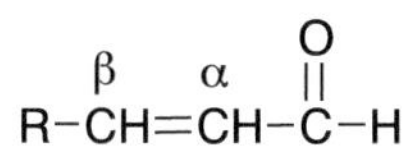

Aldehído α,β-insaturado

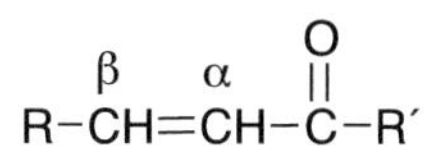

Cetona α,β-insaturada

5.1. *Síntesis. Métodos habituales.*

Condensación aldólica

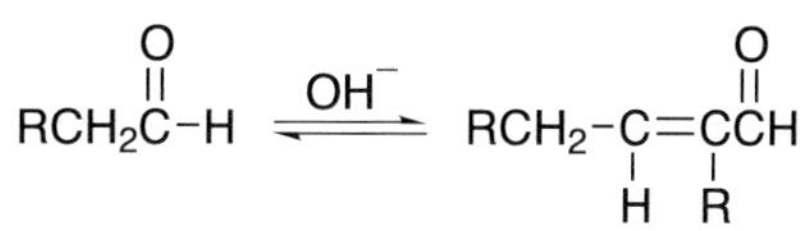

Halogenación-Deshidrohalogenación de compuestos carbonílicos

$$RCH_2CH_2COR \xrightarrow[2.\ base]{1.\ X_2,\ H^+} RCH{=}CHCOR$$

Wittig

Oxidación de alcoholes alílicos

$$RCH{=}CHCH_2OH \xrightarrow{MnO_2} RCH{=}CHCHO$$

5.2. *Reacciones.*

– Adición 1,2

Adición 1,2 en el C=C

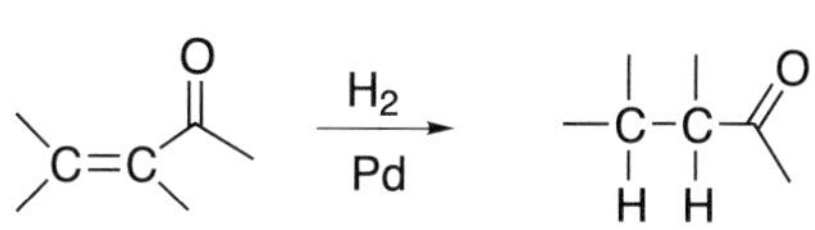

Adición 1,2 en el C=O

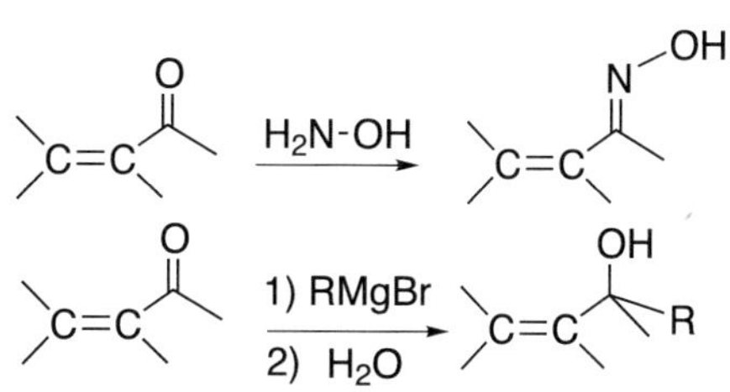

– Adición conjugada 1,4

- Adición de agua, alcoholes y aminas.

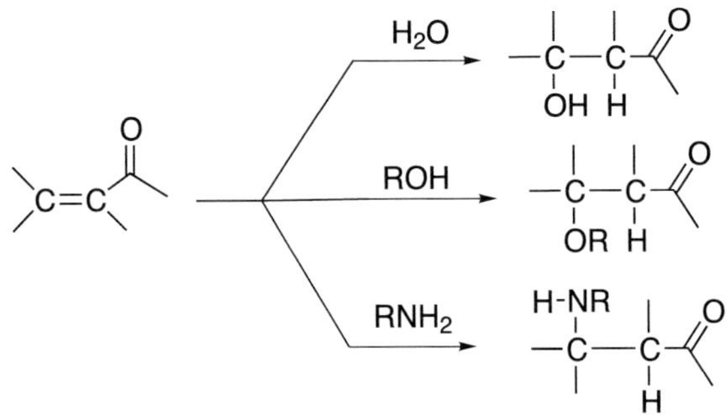

- Reacción de Michael: caso especial de adición conjugada 1,4. El nucleófilo es un carbanión.

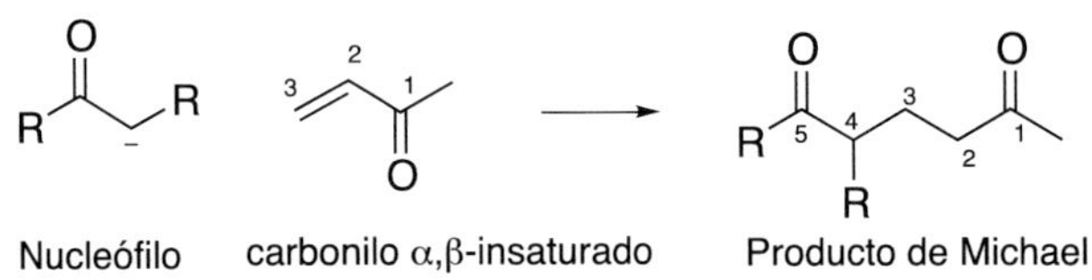

11

ENOLATOS DE ÉSTER

INTRODUCCIÓN

En este capítulo se muestra la química de compuestos β-dicarbonílicos. En primer lugar, se describe la preparación de *β-cetoésteres* mediante la *condensación de Claisen.* En esta transformación, el anión enolato de un éster participa en una reacción de adición-eliminación para dar un compuesto β-dicarbonílico. Los β-cetoésteres son intermedios sintéticos valiosos y pueden ser convertidos en nuevos derivados. La naturaleza utiliza procesos similares a la condensación de Claisen, catalizados por enzimas, para la construcción de los ácidos carboxílicos de cadena larga componentes de grasas y aceites.

En el capítulo también se examina la utilidad sintética de compuestos β-dicarbonílicos. La *síntesis malónica* y la *síntesis acetilacética* son ejemplos de estrategias sintéticas en las que se combinan alquilación, hidrólisis y descarboxilación de compuestos β-dicarbonílicos. Se obtienen ácidos monocarboxílicos *(síntesis malónica)* y metilcetonas *(síntesis acetilacética).* Los aniones dicarbonílicos también pueden dar adiciones conjugadas 1,4 sobre compuestos carbonílicos α,β-insaturados *(adición de Michael).*

Objetivos para el aprendizaje

- ✓ Dibujar aniones enolato de éster.
- ✓ Comprender las reacciones y sus mecanismos para poder generalizar y predecir las reacciones a través de los aniones enolato de éster.
- ✓ Predecir los productos de las condensaciones de Claisen, Claisen cruzada y Dieckmann y proponer mecanismos.
- ✓ Identificar los reactivos necesarios para una condensación de Claisen.
- ✓ Determinar a qué es debida la reactividad característica de los compuestos β-dicarbonílicos.
- ✓ Saber aplicar la síntesis malónica y acetilacética para preparar ácidos monocarboxílicos mono- o disustituidos en posición 2 y metilcetonas mono- o disustituidas en posición 3, respectivamente.
- ✓ Proponer mecanismos para la síntesis malónica y síntesis acetilacética.
- ✓ Identificar los reactivos necesarios para realizar una síntesis malónica y una síntesis acetilacética.
- ✓ Predecir los productos de una adición de Michael y saber aplicar esta reacción en síntesis.

Glosario

Adición de Michael: reacción de adición de un anión enolato a la posición beta de un doble enlace conjugado.

Condensación de Claisen: reacción en la que un anión enolato de éster actúa como nucleófilo, atacando al carbonilo de otra molécula de éster generando un β-cetoéster.

Condensación de Claisen mixta o cruzada: reacción de condensación de Claisen entre dos ésteres distintos o un éster y una cetona.

Condensación de Claisen reducida: reacción de condensación de Claisen mixta en la que uno de los dos compuestos carece de hidrógeno enolizable.

Condensación de Dieckmann: reacción de condensación de Claisen intramolecular para dar un anillo.

Desprotonación: pérdida de un protón.

Hidrógeno enolizable (hidrógeno α): átomo de hidrógeno en el carbono α.

Radical acetilo: radical con la estructura $-COCH_3$.

Síntesis acetoacética: combinación de alquilación, seguida de hidrólisis ácida y descarboxilación de acetilacetato de etilo, para dar derivados de metilcetona sustituidos.

Síntesis malónica: obtención de ácidos alquil y dialquilacéticos por un proceso en tres pasos, alquilación, hidrólisis y descarboxilación, a partir de un éster malónico (malonato de dialquilo).

11.1. Condensación de Claisen. Obtención de compuestos β-dicarbonílicos

En el capítulo 10 estudiamos la *condensación aldólica*, método que permite transformar aldehídos y cetonas en compuestos β-hidroxicarbonílicos. La *condensación de Claisen* es similar a la condensación aldólica, pero con ésteres como materiales de partida, obteniéndose β-cetoésteres.

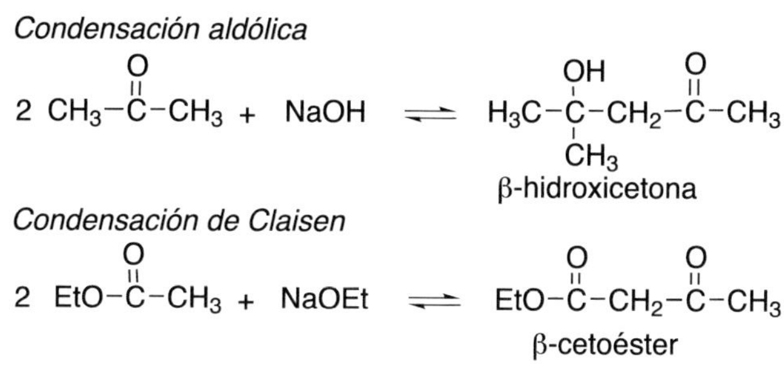

FIGURA 11.1. Comparación de las condensaciones aldólica y de Claisen.

En la *condensación de Claisen*, un *anión enolato* de éster actúa como nucleófilo, atacando al carbonilo de otra molécula de éster y generando un nuevo enlace carbono-carbono.

En esta reacción, los enolatos de éster sufren reacciones de adición-eliminación, conduciendo a la formación de *β-cetoésteres*.

- *Mecanismo*

Utilizaremos como ejemplo, la reacción del acetato de etilo con etóxido de sodio para dar aceto (o acetil) acetato de etilo.

1. *Formación del enolato de éster.* La acidez de los hidrógenos en posición α de los ésteres es suficiente para que, con un alcóxido, se forme el anión *enolato.*

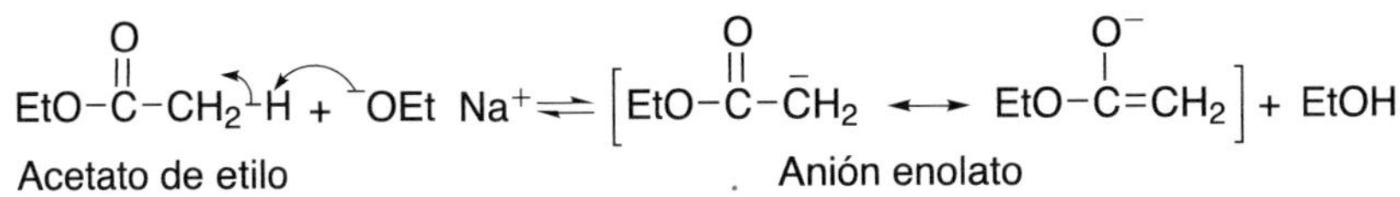

FIGURA 11.2. Formación del anión enolato.

2. *Adición nucleofílica.* El anión enolato se comporta como un nucleófilo y ataca a otra molécula de éster, formándose un nuevo enlace carbono-carbono.

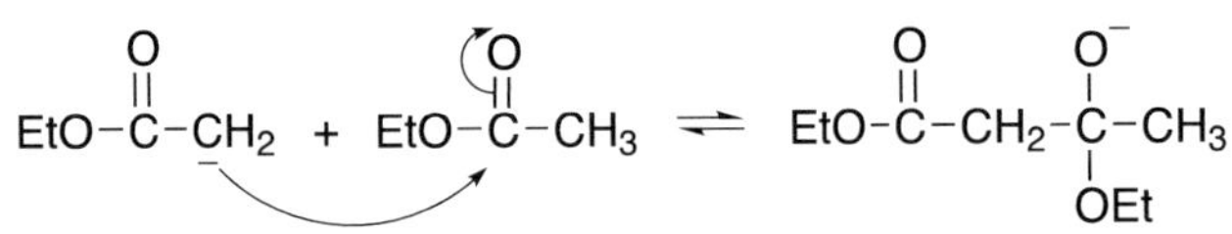

FIGURA 11.3. Adición nucleofílica del anión enolato a otra molécula de éster.

3. *Eliminación del anión alcóxido* y formación del β-cetoéster.

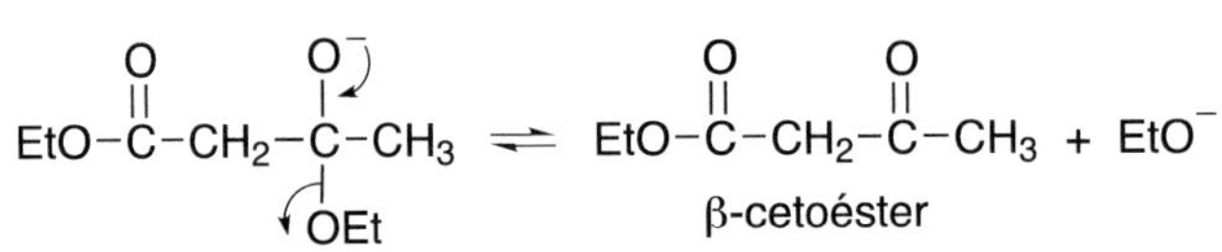

FIGURA 11.4. Eliminación de alcóxido y formación del β-cetoéster.

4. *Desprotonación.* En medio básico, uno de los protones ácidos del metileno activo que contiene el β-cetoéster, es captado por la base, para dar un anión enolato doblemente estabilizado. Este paso de la desprotonación no puede evitarse, debido a que la reacción de condensación se produce en condiciones básicas.

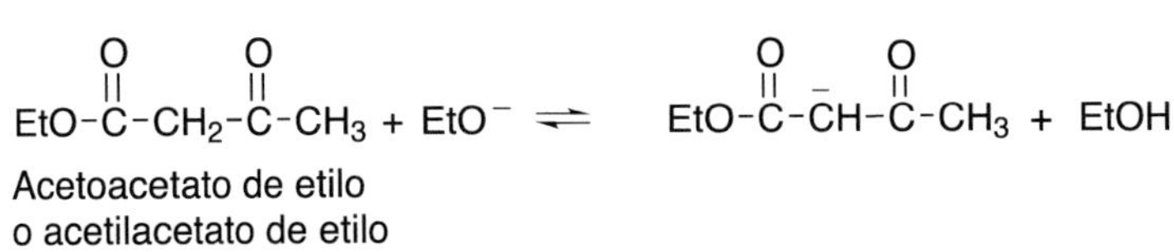

FIGURA 11.5. Desprotonación del acetoacetato de etilo.

5. *Protonación.* Por último, el anión enolato dobletemente estabilizado, se protona con un ácido suave para dar el β-cetoéster.

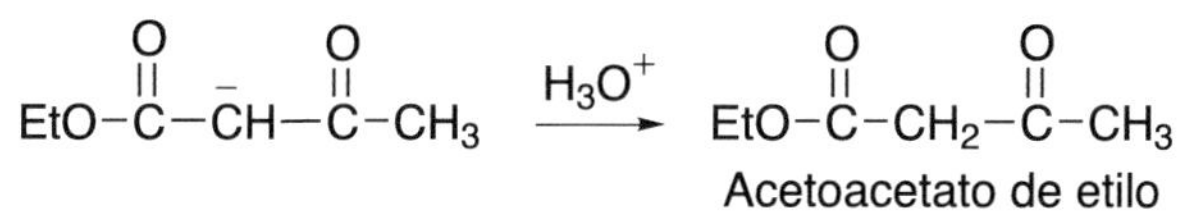

FIGURA 11.6. Protonación del anión enolato.

Ejercicio resuelto

Establece similitudes y diferencias entre la condensación de Claisen y la aldólica.

Solución

- La condensación de Claisen es análoga a la condensación aldólica, pero con un *éster* en lugar de un aldehído o cetona, como compuesto de partida.
- La condensación aldólica supone la reacción de un anión enolato de un aldehído o una cetona con un grupo carbonilo de aldehído o cetona para dar β-hidroxialdehídos o β-hidroxicetonas.
- En la condensación de Claisen, los enolatos de los ésteres reaccionan de una manera similar, con un grupo carbonilo de otro éster para formar, en este caso, *β-cetoésteres*.
- El pK_a de los ésteres es más alto que el de los aldehídos y las cetonas, por lo tanto, necesitan una *base más fuerte* como el etóxido o el metóxido sódico.
- En ambas condensaciones se necesitan carbonilos enolizables y en los dos casos se produce un ataque nucleofílico sobre otro carbono carbonílico. Sin embargo, en la condensación aldólica la reacción que tiene lugar es de adición y en la condensación de Claisen es de adición-eliminación.

Ejercicio resuelto

Dibuja el mecanismo de la condensación de Claisen que parte de propanoato de metilo y de metóxido sódico en metanol.

Solución

1. El éster se desprotona por acción de la base para formar el anión enolato.

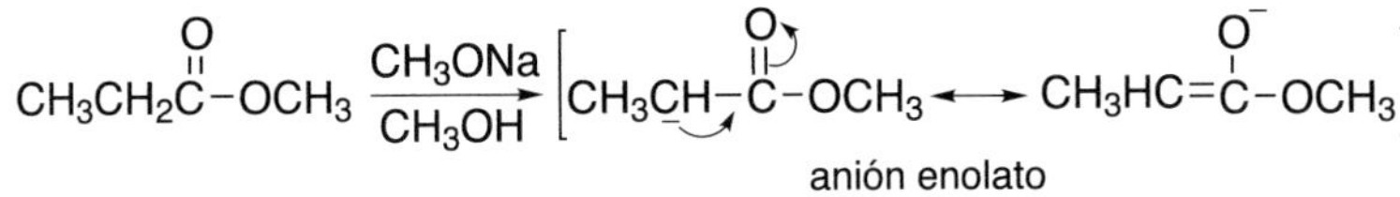

2. Adición nucleofílica del anión enolato a otra molécula de éster y eliminación de alcóxido para formar el β-cetoéster.

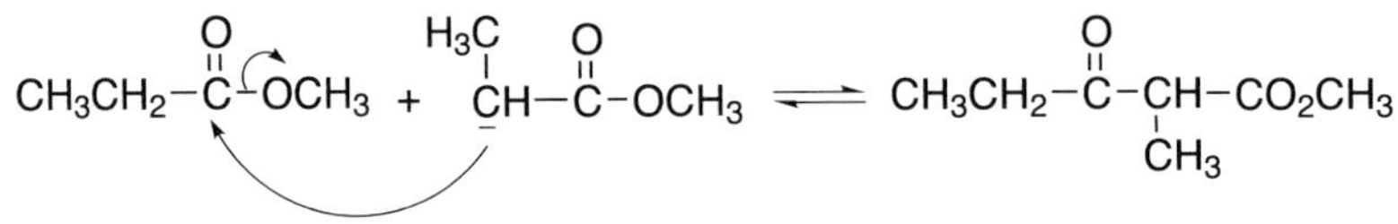

3. Desprotonación del *β-cetoéster* y protonación posterior.

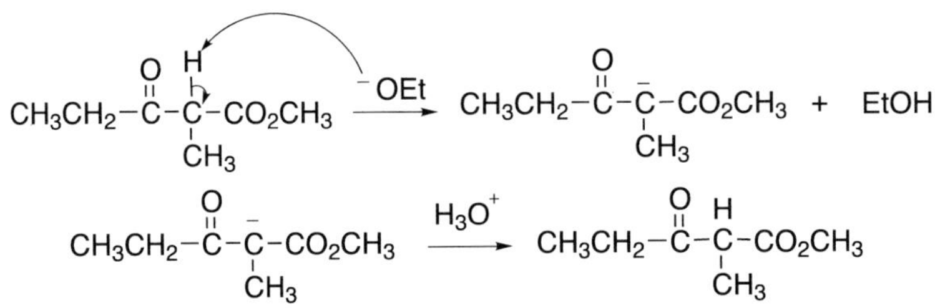

11.1.

a) Escribe una reacción que muestre la formación del anión enolato del butanoato de metilo con metóxido de sodio.
b) Justifica la estabilidad del anión enolato del apartado anterior.

11.2. Frankland describió por primera vez el equilibrio de la tautomería cetoenólica para el éster acetoacético.

a) Escribe este equilibrio.
b) Dibuja los puentes de hidrógeno que estabilizan la forma enólica.

11.3. Predice el producto principal que se obtiene cuando cada uno de los siguientes compuestos se somete a una condensación de Claisen.

a) 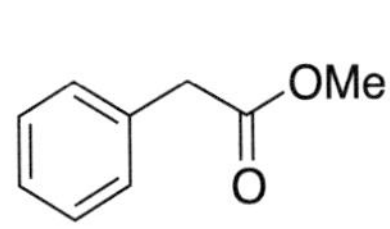 *b)* 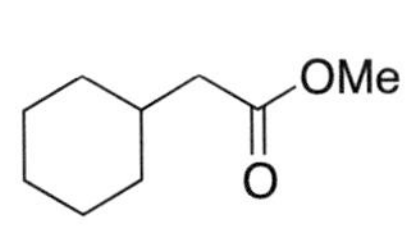 *c)* 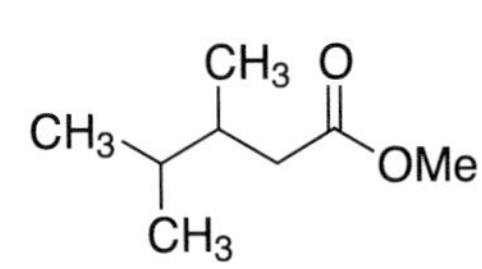

Ejercicio resuelto

Propón síntesis para el siguiente compuesto mediante una condensación de Claisen.

$$PhCH_2COCH(Ph)COOMe$$

Solución

Análisis retrosintético: el enlace formado en el β-cetoéster tiene lugar entre el carbono α de un éster y el carbono carbonílico de otra molécula de éster. Se rompe el enlace entre el carbono α y el carbono β. Al carbono β se le añade un alcóxido para formar el éster (molécula atacada). Al carbono α se le añade un hidrógeno (molécula atacante).

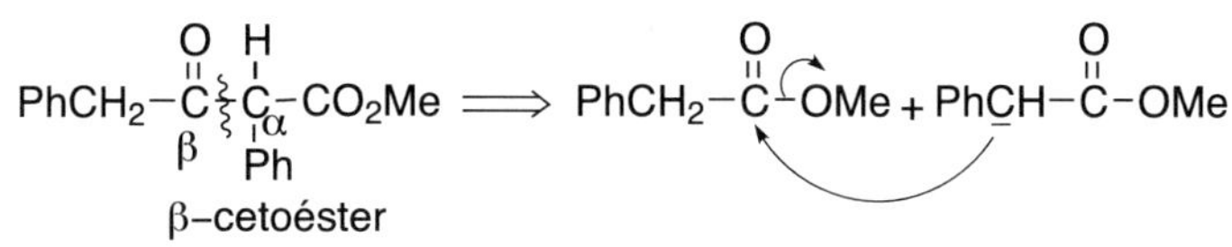

La reacción sería:

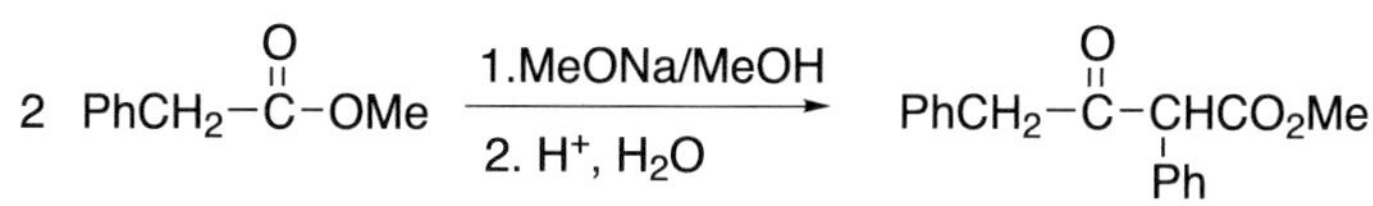

11.4. Indica cómo pueden prepararse cada una de las moléculas siguientes mediante una condensación de Claisen.

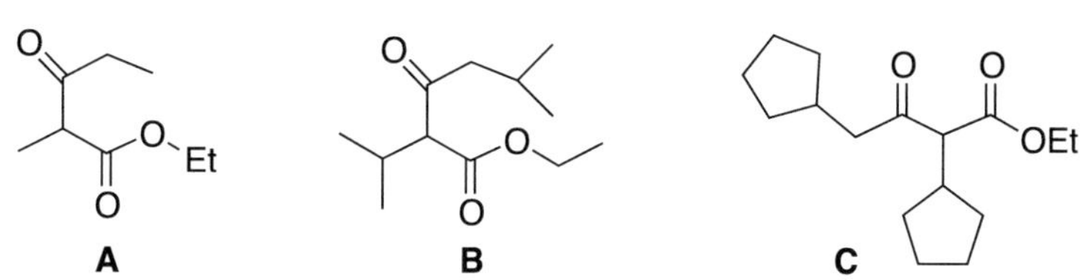

Condiciones para que se produzca la condensación de Claisen:

- Un *metileno activo* con dos hidrógenos ácidos que permiten la formación de un anión en medio básico.
    - Uno de estos dos átomos de hidrógeno desaparece en la primera etapa de la condensación.

- El otro átomo de hidrógeno permanece sobre la molécula hasta que se pierde y se forma el anión del β-cetoéster. La eliminación de este segundo protón permite desplazar el equilibrio hacia la formación del enolato.

Cuando partimos de ésteres que solo poseen un átomo de hidrógeno sobre el carbono en α, la condensación de Claisen tiene lugar con un rendimiento bajo, precisamente porque el equilibrio no está desplazado hacia la derecha, al no poder formarse el anión enolato.

– El alcohol y el alcóxido deben ser idénticos al radical alquilo del éster, para evitar que se produzca la *transesterificación* del cetoéster obtenido.

Por ejemplo, si se trata un éster de étilo con anión metóxido, la transesterificación puede convertir el éster de etilo en un éster de metilo.

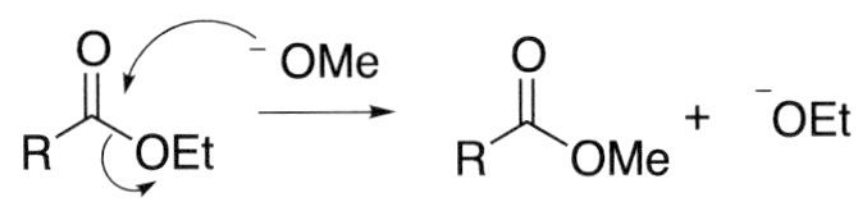

FIGURA 11.7. Transesterificación.

11.5. Explica el papel que juega en la reacción de Claisen la fuerza de la base utilizada y el número de hidrógenos en posición α, para la formación con buen rendimiento de los β-cetoésteres.

11.2. Condensación de Claisen mixta

Parte de dos ésteres diferentes.

Al igual que en la condensación aldólica mixta, es inapropiada desde un punto de vista sintético, porque conduce a mezclas de productos. Sin embargo, puede tener interés si uno de los ésteres no puede ser enolizado, por carecer de átomos de hidrógeno sobre el carbono en posición α.

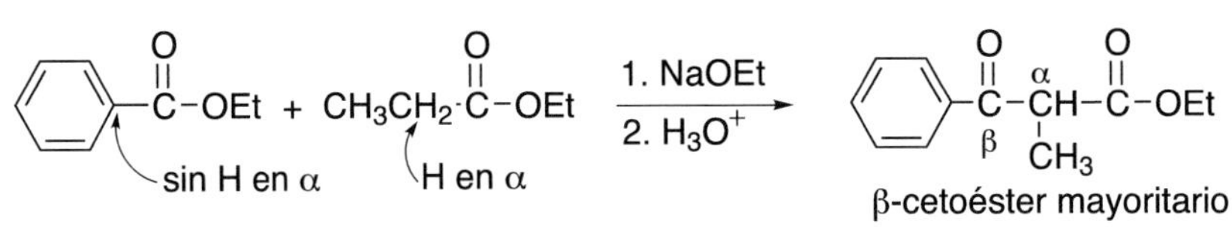

FIGURA 11.8. Condensación de Claisen mixta.

Ejercicio resuelto

Escribe la condensación entre acetato de etilo y propionato de etilo con etóxido de sodio en etanol señalando las estructuras de todos los posibles productos.

Esta reacción, ¿puede tener algún interés sintético? ¿Por qué?

Solución

La reacción no tiene interés desde el punto de vista sintético, porque se obtiene una mezcla de los cuatro productos que se muestran a continuación.

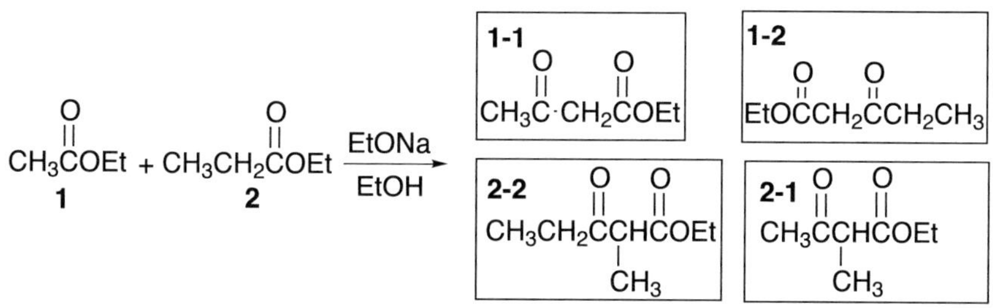

11.6. Repite el ejercicio resuelto anterior, pero con acetato de etilo y formiato de etilo.

Ejercicio resuelto

Indica cómo se prepararía el siguiente β-cetoéster, empleando una condensación de Claisen mixta.

$$PhCOCH_2COOEt$$

Solución

Análisis retrosintético:

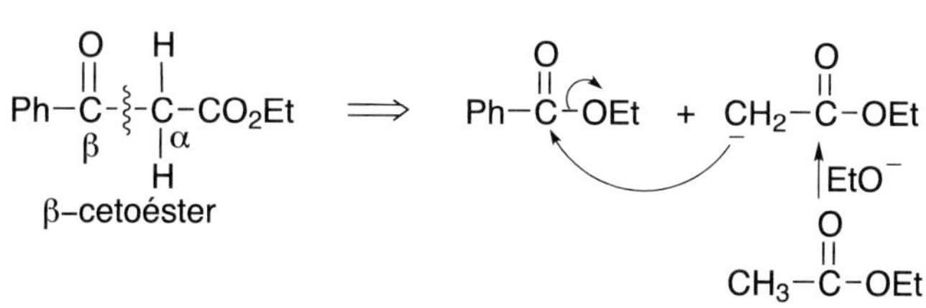

La reacción de condensación sería entre el benzoato de etilo y el acetato de etilo.

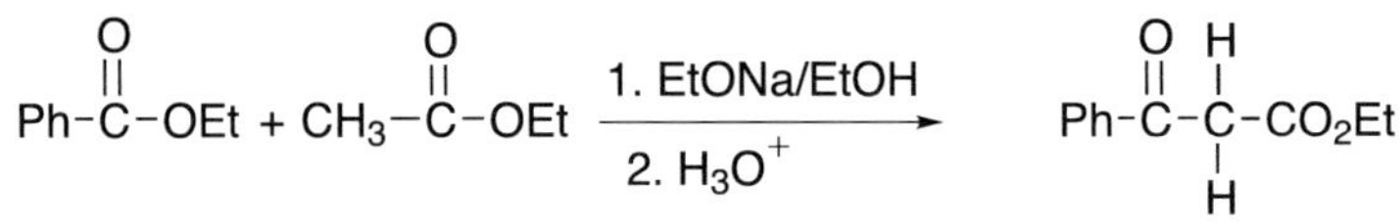

11.7. Identifica los reactivos necesarios para obtener cada uno de los siguientes β-cetoésteres, empleando condensaciones de Claisen.

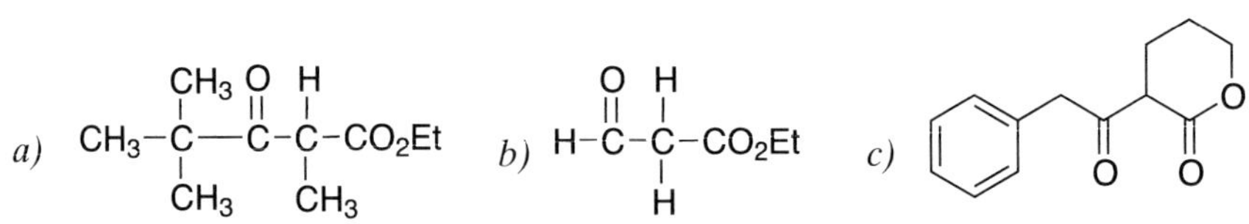

11.3. Condensación de Claisen intramolecular (Dieckmann)

Cuando en una misma molécula existen dos grupos éster y la cadena tiene suficiente longitud, es posible que el anión enolato que se forma en un extremo de la cadena realice una condensación con el grupo carbonilo del otro extremo.

A esta condensación tipo Claisen, pero *intramolecular*, se la conoce como *condensación de Dieckmann*.

El resultado de la condensación de Dieckmann es un β-cetoéster cíclico. Los β-cetoésteres cíclicos de cinco y seis miembros son los que se obtienen mejor.

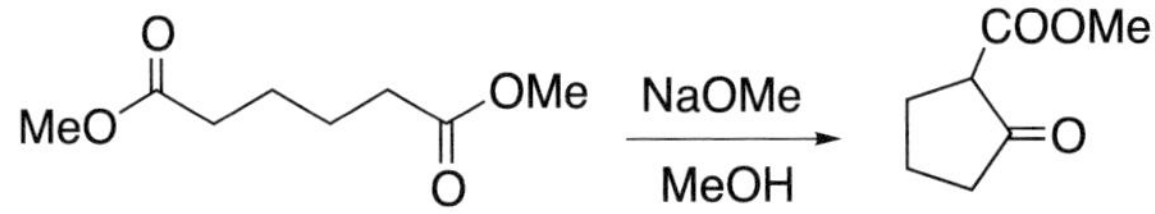

FIGURA 11.9. Condensación de Dieckmann.

Ejercicio resuelto

Escribe la reacción del 2-metilheptanodioato de dietilo con etóxido de sodio en etanol.

Señala y justifica cuál de los dos isómeros posibles es el mayoritario.

Solución

La condensación proporciona dos β-cetoésteres isómeros, A y B.

La obtención del producto mayoritario A se podría justificar por el mecanismo de la reacción: está más favorecida la formación del carbanión que conduce al compuesto A, ya que es más estable que el carbanión que da lugar a la obtención del compuesto B.

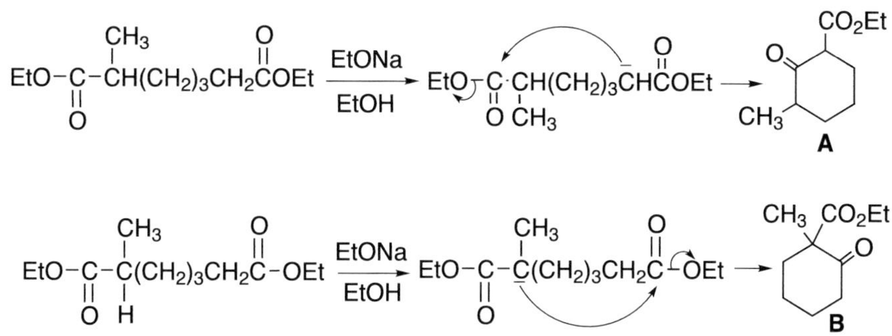

11.8. Predice el producto obtenido cuando se trata cada uno de los siguientes compuestos con etóxido de sodio en etanol.

a)

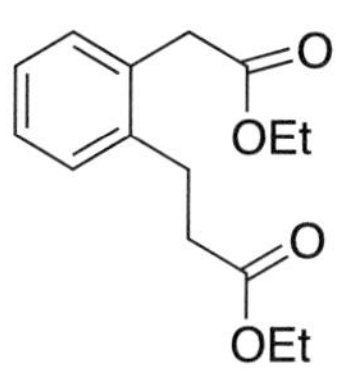

b)

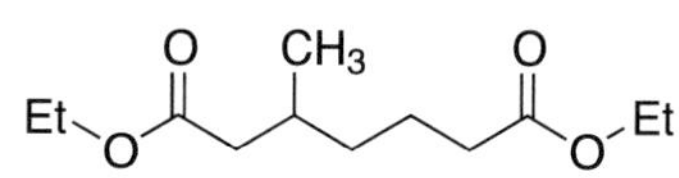

11.9. Indica cómo se pueden preparar los compuestos (i) e (ii) mediante una reacción Dieckmann, variante intramolecular de la condensación de Claisen.

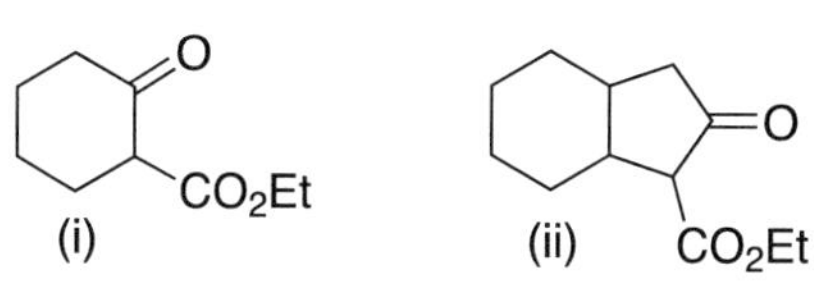

(i) (ii)

11.4. Otras condensaciones tipo Claisen de interés en síntesis

Las cetonas también pueden participar en reacciones de tipo Claisen.

Una condensación de Claisen cruzada entre una cetona y un éster conduce a β-dicetonas y α-cetoaldehídos.

Ejemplo: la reacción de acetato de etilo con acetona en medio básico permite obtener un producto de condensación 1,3-dicarbonílico.

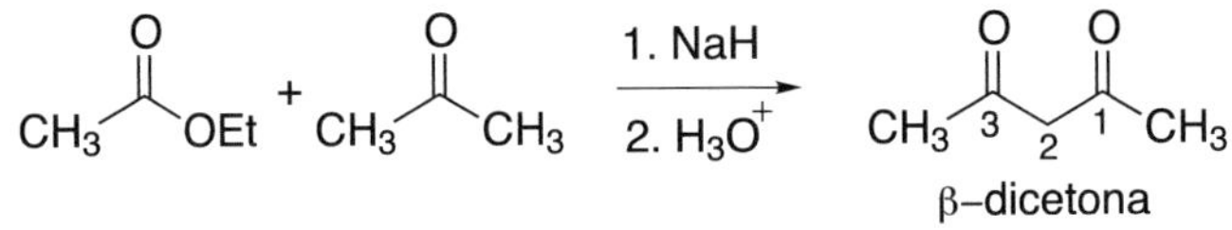

FIGURA 11.10. Formación de dicetonas por condensación de Claisen cruzada entre una cetona y un éster.

11.10. Propón una síntesis de 1,3-ciclopentanodiona mediante una condensación intramolecular.

11.5. Los compuestos β-dicarbonílicos como intermedios sintéticos

Los compuestos β-dicarbonílicos, tales como las β-dicetonas, o los β-cetoésteres que presentan dos grupos carbonilo en posiciones 1,3, son intermedios sintéticos valiosos, útiles para la preparación de nuevas moléculas funcionalizadas.

La acidez del metileno activo de los compuestos β-dicarbonílicos permite reacciones de alquilación, así como estrategias muy valiosas para la obtención de compuestos funcionalizados que veremos posteriormente, la *síntesis malónica*, la *síntesis acetilacética* y la adición conjugada 1,4 (*Adición de Michael*).

- *Reacción de alquilación*

Los hidrógenos en el átomo de carbono que se encuentra entre los dos grupos carbonilo son ácidos. Por la acción de bases, como hidróxido o alcóxido de sodio, se transforman en aniones enolato.

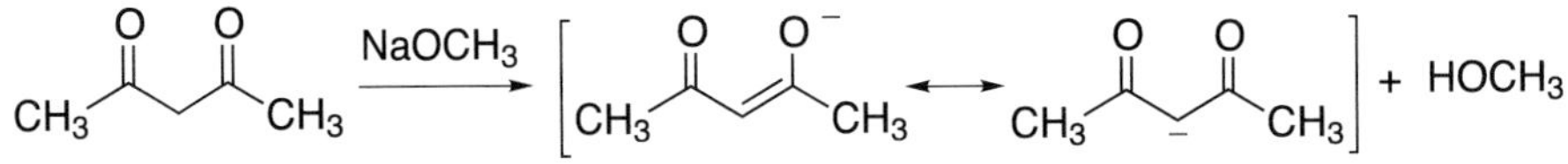

FIGURA 11.11. Formación del anión enolato en un compuesto dicarbonílico.

Según la naturaleza de la base empleada se pueden introducir uno o dos grupos alquilo. Empleando bases más fuertes que el etóxido de sodio, se puede, incluso, eliminar el segundo átomo de hidrógeno y obtener un compuesto dialquilado.

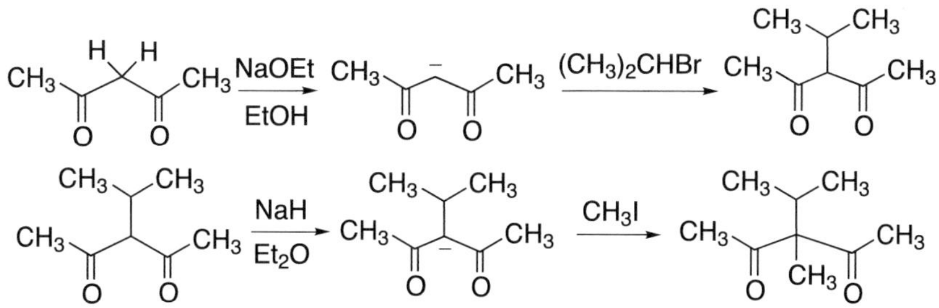

FIGURA 11.12. Alquilación de un compuesto dicarbonílico.

11.11. Completa las siguientes reacciones:

a) 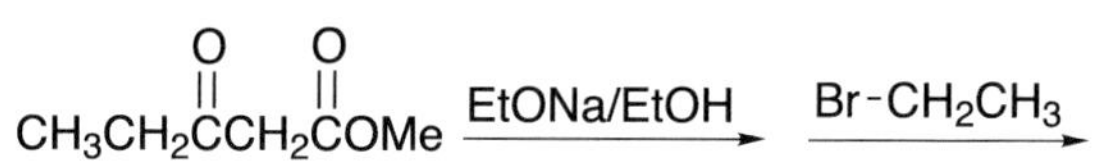

b) 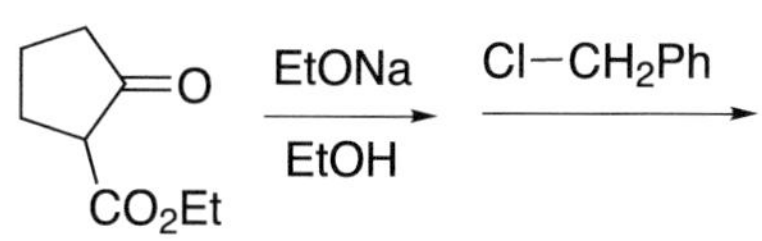

Los compuestos dicarbonílicos como los β-cetoácidos o β-diácidos, además de otros ácidos carboxílicos con un grupo de efecto electrón-atrayente sobre el carbono en posición α, experimentan *reacciones de descarboxilación* en condiciones suaves.

Así, si partimos de un β-cetoéster y los sometemos a hidrólisis ácida, el β-cetoácido resultante experimentará descarboxilación en condiciones suaves, obteniéndose la cetona correspondiente.

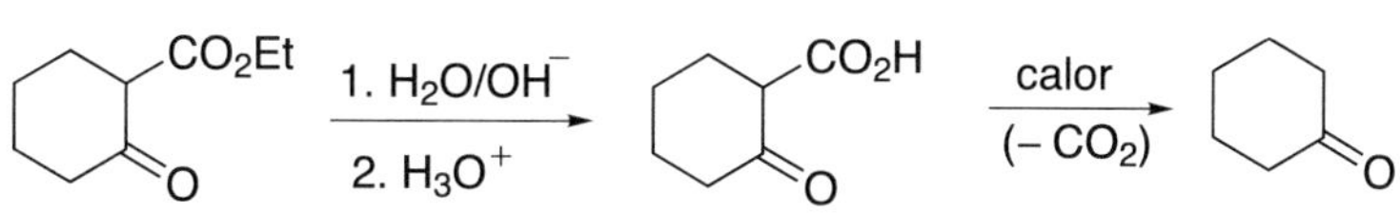

FIGURA 11.13. Descarboxilación de un β-cetoéster.

Diésteres como el isopropilmalonato de dietilo sufren descarboxilación al hacer una hidrólisis en caliente, obteniéndose un ácido monocarboxílico.

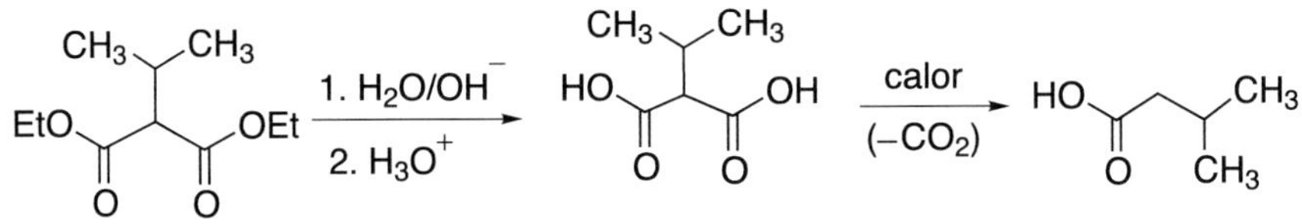

FIGURA 11.14. Hidrólisis de un diéster con descarboxilación.

Ejercicio resuelto

Escribe los compuestos que originarán cada uno de los siguientes ésteres cuando se sometan a hidrólisis en caliente.

a) acetoacetato de etilo *b)* malonato de dietilo

Solución

a) $CH_3\overset{O}{\overset{\|}{C}}CH_2\overset{O}{\overset{\|}{C}}OEt \xrightarrow[(-EtOH)]{H_3O^+} CH_3\overset{O}{\overset{\|}{C}}CH_2\overset{O}{\overset{\|}{C}}OH \xrightarrow[(-CO_2)]{calor} CH_3\overset{O}{\overset{\|}{C}}CH_2\text{-}H$

b) $EtO\overset{O}{\overset{\|}{C}}CH_2\overset{O}{\overset{\|}{C}}OEt \xrightarrow[(-EtOH)]{H_3O^+} HO\overset{O}{\overset{\|}{C}}CH_2\overset{O}{\overset{\|}{C}}OH \xrightarrow[(-CO_2)]{calor} CH_3\overset{O}{\overset{\|}{C}}OH$

11.12. Escribe el compuesto que se obtiene cuando el 2-oxociclopentanocarboxilato de metilo se somete a una hidrólisis en caliente.

11.13. Completa la reacción, indicando la estructura del producto obtenido.

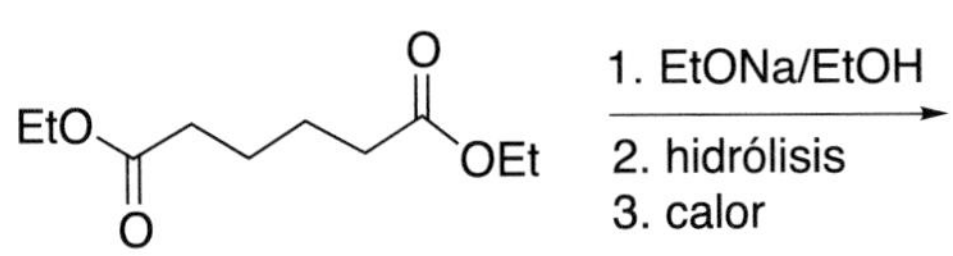

11.5.1. Síntesis acetoacética

La combinación de alquilación, seguida de hidrólisis ácida y descarboxilación de β-cetoésteres como el acetoacetato de etilo, permite obtener *metilcetonas*. Esta estrategia sintética recibe el nombre de *síntesis acetoacética o síntesis acetilacética*.

El *acetoacetato de etilo* tiene un *metileno activo* contiguo a los dos grupos carbonilo. Los átomos de hidrógeno ácidos del metileno activo pueden sustituirse por grupos alquilo y la cadena se alarga en varios átomos de carbono con una disposición preestablecida.

- *Mecanismo*

El primer paso es la pérdida de un protón para formar un anión enolato doblemente estabilizado. Luego se trata el anión con un haluro de alquilo (alquilación). La hidrólisis con ácido acuoso conduce al β-cetoácido correspondiente, que descarboxila fácilmente para dar una *metilcetona*.

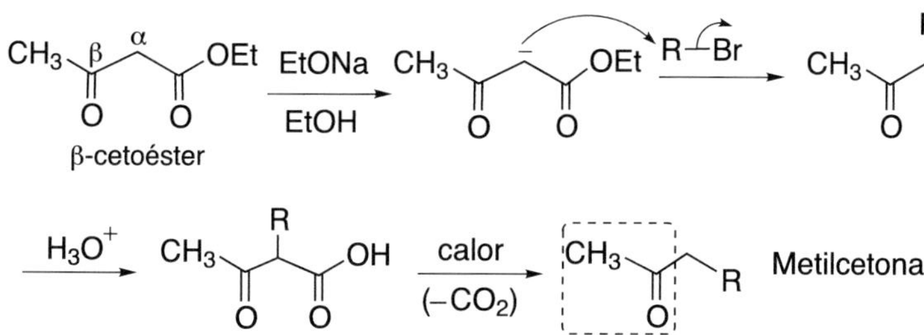

FIGURA 11.15. Preparación de metilcetonas monosustituidas por síntesis acetilacética.

El acetilacetato de etilo también puede ser dialquilado, con el mismo radical, o cada vez con un grupo diferente.

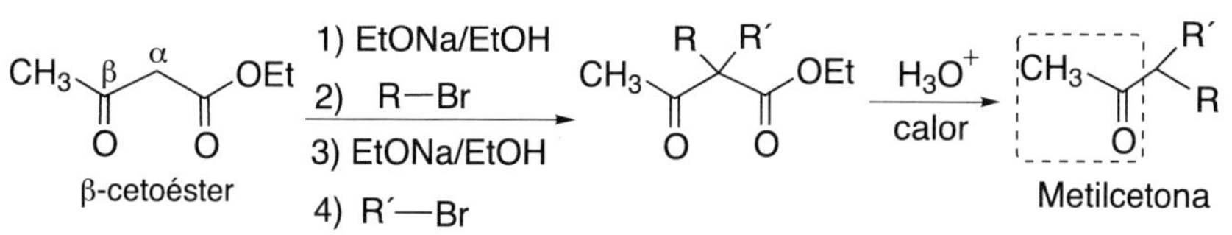

FIGURA 11.16. Preparación de metilcetonas disustituidas por síntesis acetilacética.

La secuencia de formación del anión enolato, alquilación, hidrólisis y desarboxilación es aplicable a todos los β-cetoésteres con hidrógenos en α y no solo al éster acetilacético.

Es posible, además, hacer reaccionar la sal del éster acetilacético con derivados de ácido o con aceptores de Michael.

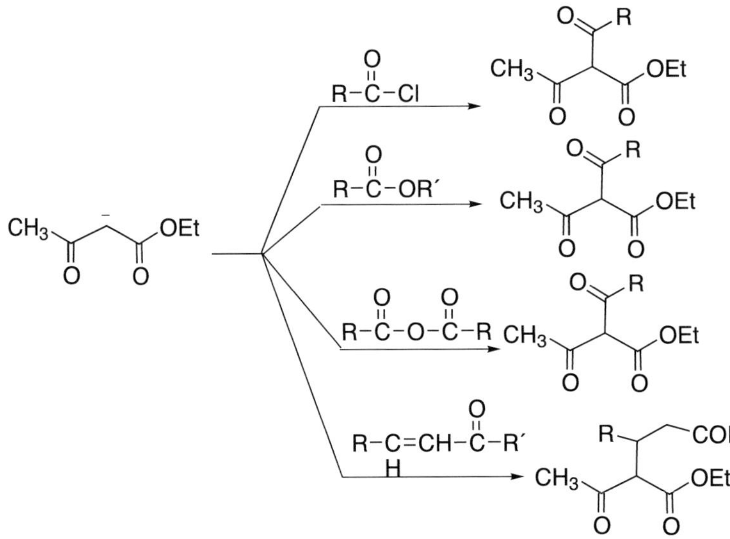

FIGURA 11.17. Reacciones del anión acetilacetato con derivados de ácido o con aceptores de Michael.

Ejercicio resuelto

Propón una síntesis para los siguientes compuestos a partir de acetilacetato de etilo

a) 3-etil-2-pentanona *b)* 2-pentanol

Solución

a) La 3-etil-2-pentanona es una metilcetona 3,3-disustituida. La estrategia sintética sería una síntesis acetilacética.

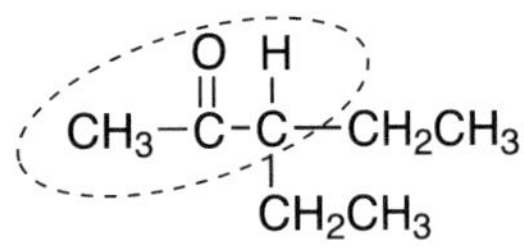

Hay que buscar la posición α e identificar los grupos alquilo conectados.

En este caso son dos grupos etilo. Se podría utilizar ioduro de etilo. Al ser haluro primario, da fácilmente una reacción S_N2 y pueden usarse sin problemas en la síntesis.

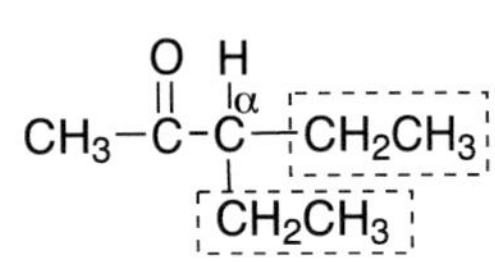

La estrategia sintética sería:

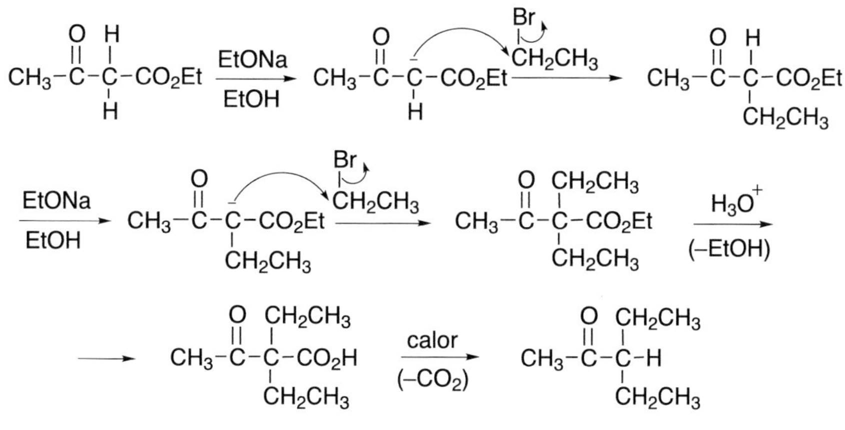

b) El 2-pentanol se puede obtener por reducción de la 2-pentanona, una metilcetona 3-monosustituida, que a su vez se obtendría por síntesis acetilacética. La estrategia sintética sería una síntesis acetilacética seguida de una reducción.

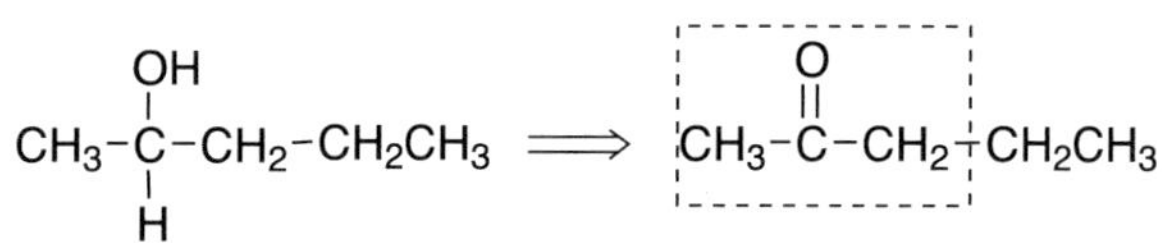

2-pentanol 2-pentanona

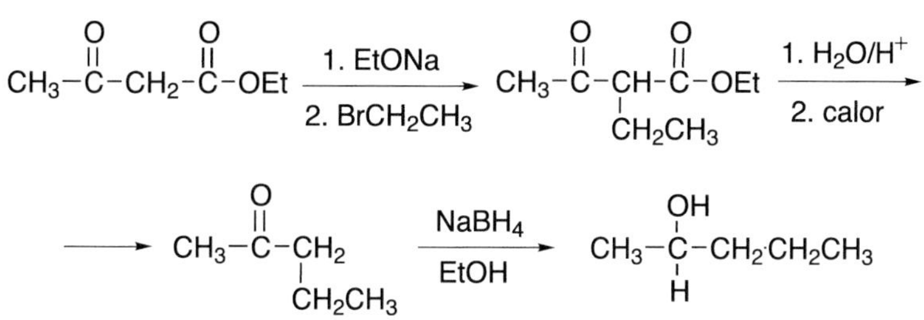

11.14. Empleando acetoacetato de etilo como material de partida, diseña una síntesis para:

a) 4-fenil-2-butanona.
b) 2,4-pentanodiona.
c) 2-metil-4-fenilbuteno.

11.15. Predice el producto de una reacción entre el acetilacetato de etilo, 1,4-dibromobutano y exceso de base, en un proceso intramolecular.

11.5.2. Síntesis malónica

El *malonato de dietilo* posee un metileno activo entre los dos grupos carbonilo. La combinación de alquilación, hidrólisis del producto alquilado y descarboxilación del diácido resultante permite obtener ácidos alquil y dialquilacéticos.

Este proceso es muy similar a la síntesis acetilacética, excepto en que el reactivo clave en este caso es el malonato de dietilo.

En un primer paso, el malonato de dietilo pierde un hidrógeno del metileno activo y forma un anión enolato doblemente estabilizado. Posteriormente, el enolato se trata con un haluro de alquilo (alquilación). La hidrólisis conduce al ácido 1,3-dicarboxílico, que por calentamiento descarboxila ($-CO_2$), para producir el ácido monocarboxílico.

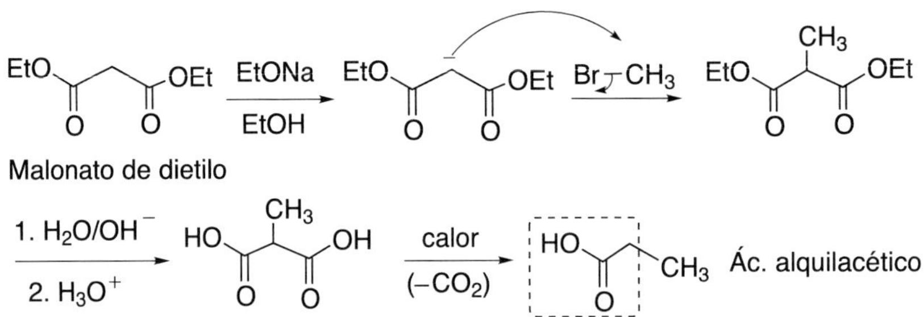

FIGURA 11.18. Obtención de ácidos monocarboxílicos por síntesis malónica.

11.16. Completa la siguiente cadena de reacciones en cada serie:

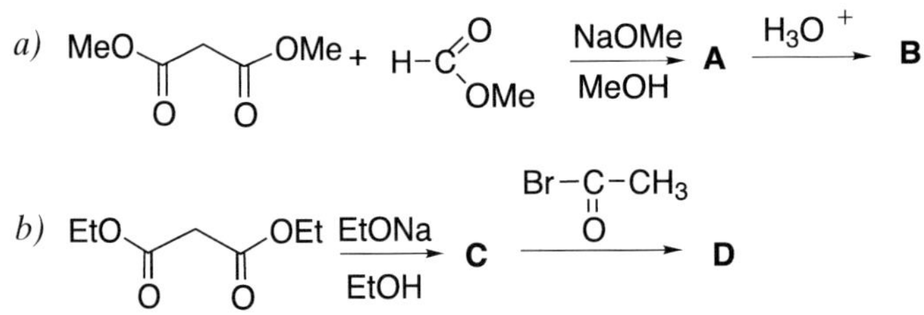

Ejercicio resuelto

Diseña una estrategia de síntesis para el ácido ciclopentanocarboxílico a partir de malonato de dietilo.

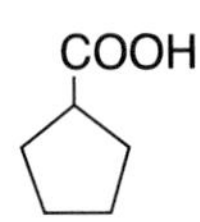

Solución

El ácido ciclopentanocarboxílico es un ácido monocarboxílico; por lo tanto, la estrategia sintética sería una síntesis malónica.

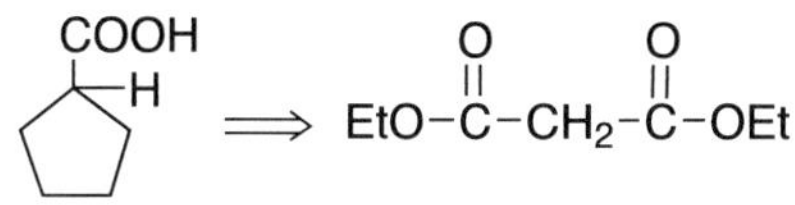

Síntesis:

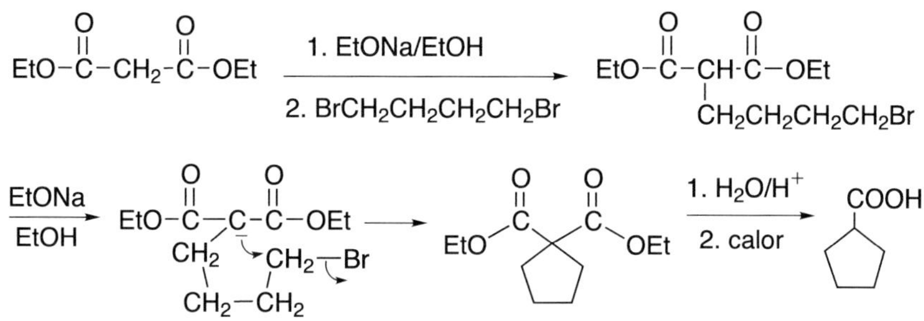

11.17. Muestra cómo usarías una síntesis malónica para preparar el siguiente compuesto:

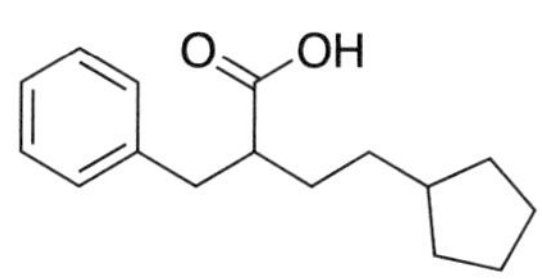

11.18. Indica cómo llevarías a cabo las siguientes transformaciones:

a)
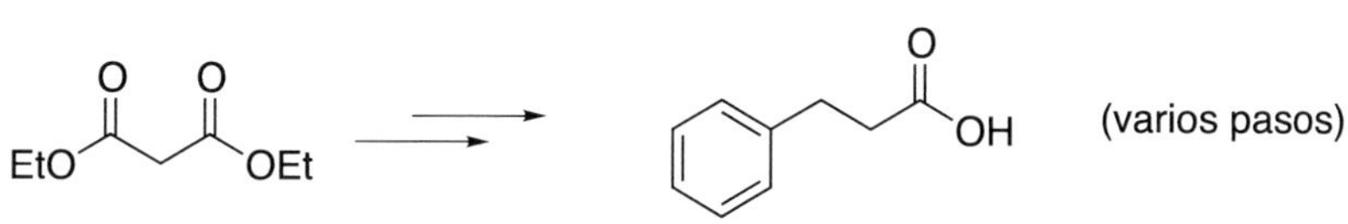

b)
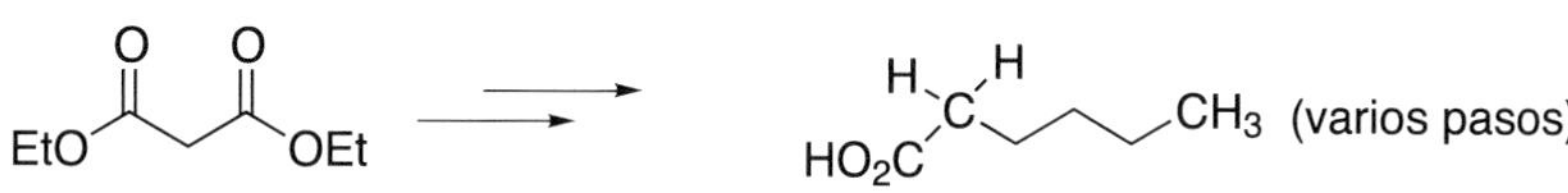

11.5.3. Adición de un anión dicarbonílico a sistemas conjugados: adición de Michael

En el capítulo anterior estudiamos cómo aniones enolato (*dadores de Michael*) reaccionan con compuestos carbonílicos α,β-insaturados, para dar una adición conjugada 1,4 (*adición de Michael*). La reacción va bien con cetonas, aldehídos, nitrilos o derivados de ácidos carboxílicos, α,β-insaturados (*aceptores de Michael*).

Los aniones enolato β-dicarbonílicos también producen una adición conjugada 1,4 sobre un sistema carbonílico α,β-insaturado.

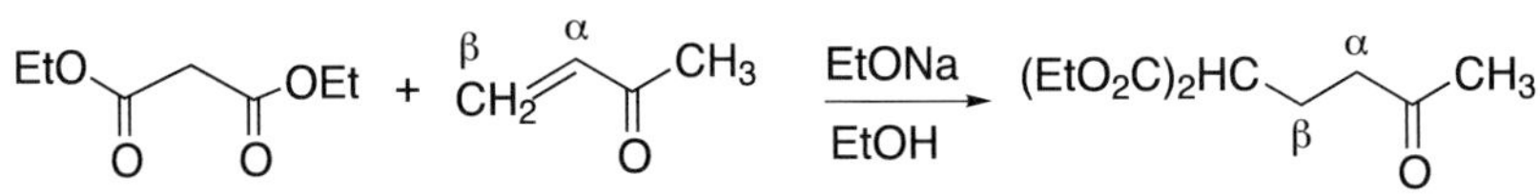

FIGURA 11.19. Adición de Michael.

- *Mecanismo*

1. En medio básico se forma el anión enolato.

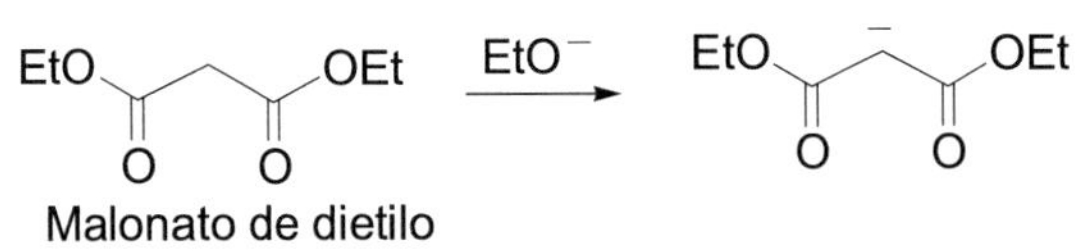

FIGURA 11.20. Formación del anión enolato.

2. El anión ataca nucleofílicamente al carbono β del doble enlace conjugado.

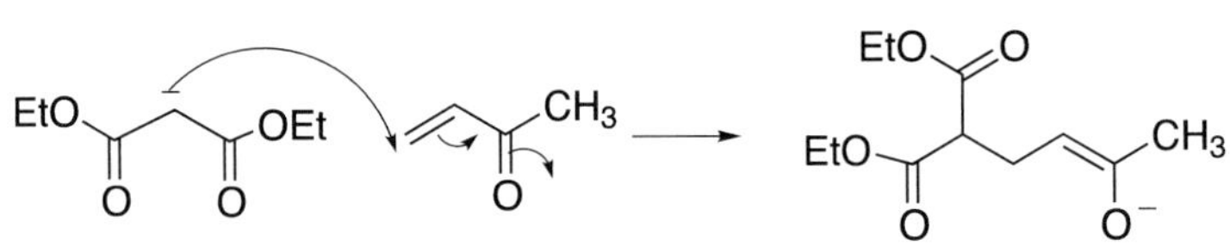

FIGURA 11.21. Ataque nucleofílico.

3. El anión se transforma en el *enol,* que tautomeriza a la forma *ceto*.

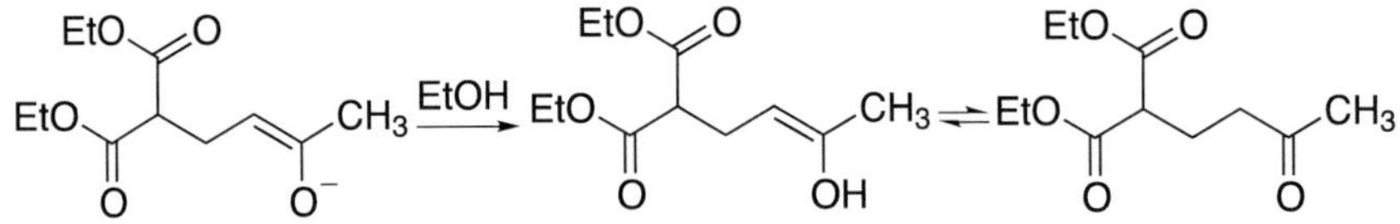

FIGURA 11.22. Formación del enol y tautomería.

Existe una clave estructural que identifica al producto de una reacción de Michael, se trata de un derivado 1,5-dicarbonílico.

El carbanión puede no derivar necesariamente de un compuesto carbonílico. Los grupos nitro, ciano, etc., también estabilizan carbaniones.

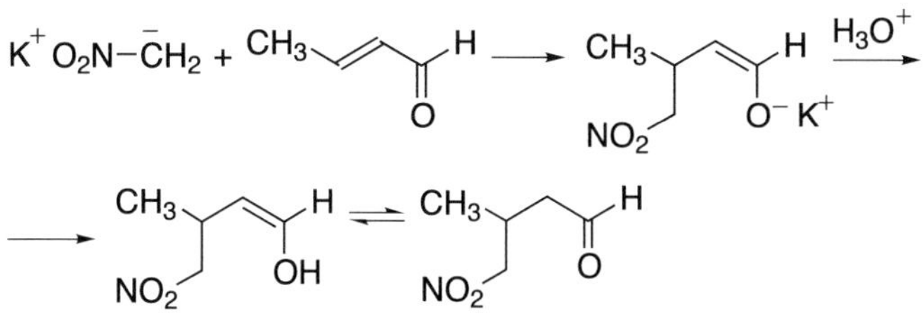

FIGURA 11.23. Adición de Michael por ataque de un carbanión no carbonílico.

Ejercicio resuelto

Escribe una síntesis de 3-fenil-2-metoxicarbonil-4-nitrobutanoato de metilo, partiendo de 2-fenil-1-nitroeteno y malonato de dimetilo.

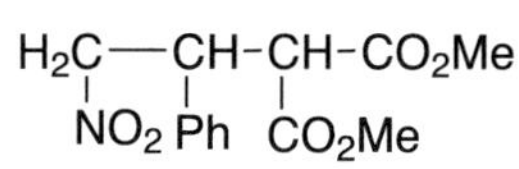

Solución

Es una adición conjugada 1,4 de un anión malonato sobre un sistema α,β insaturado.

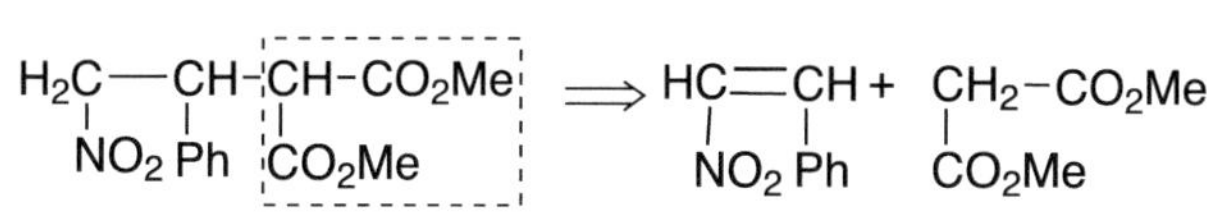

La estrategia de síntesis es:

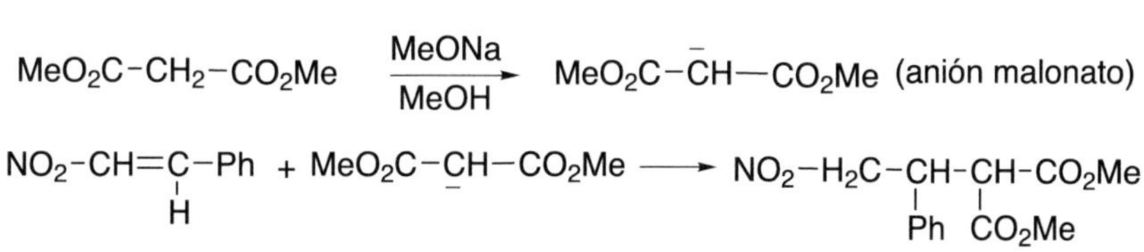

Ejercicio resuelto

Sintetiza el siguiente compuesto mediante una adición conjugada 1,4.

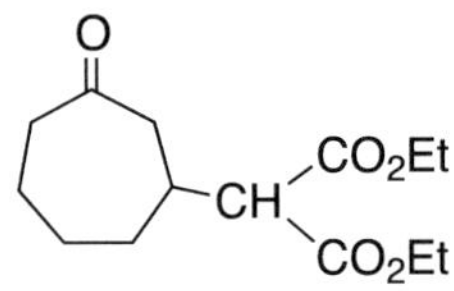

Solución

Se ha de sintetizar un compuesto 1,5-dicarbonílico: la estrategia será una adición de Michael.

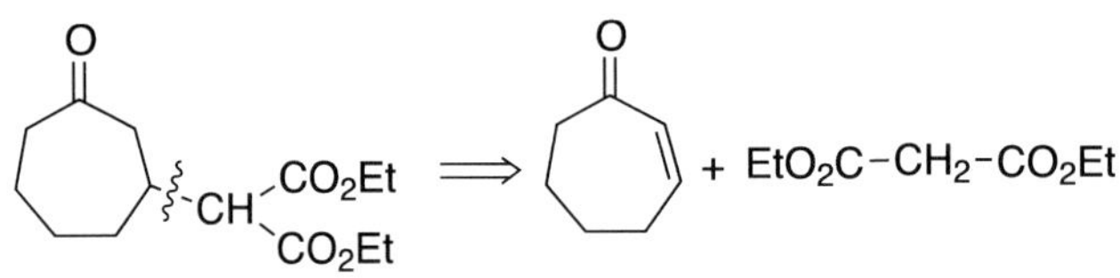

1. Obtención del anión enolato.

$$EtO_2C\text{-}CH_2\text{-}CO_2Et \xrightarrow{EtO^-} EtO_2C\text{-}\overset{-}{C}H\text{-}CO_2Et$$

2. Ataque nucleofílico del anión enolato al doble enlace (adición 1,4).

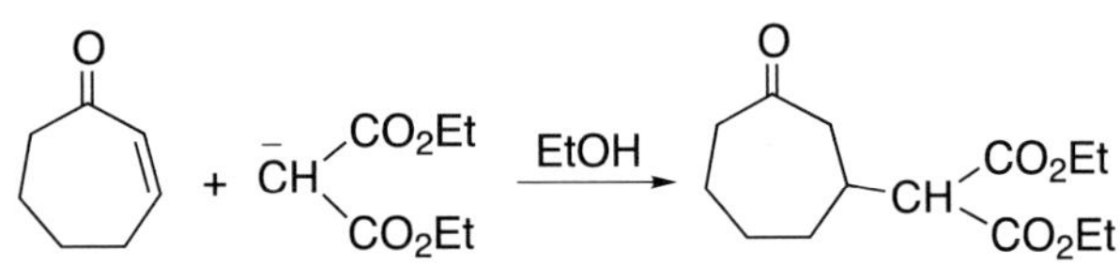

11.19. Escribe los productos de las siguientes adiciones de Michael.

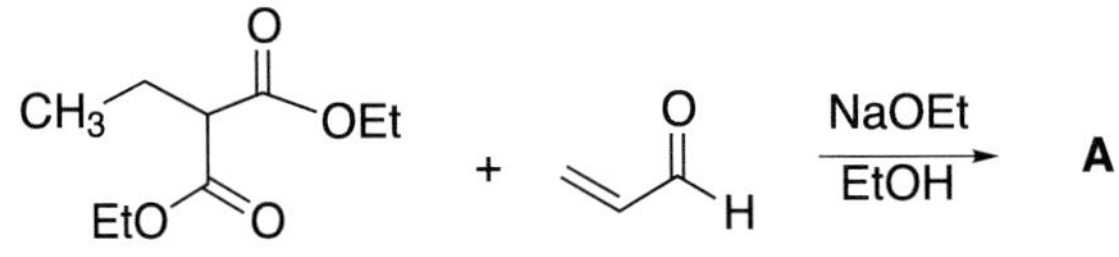

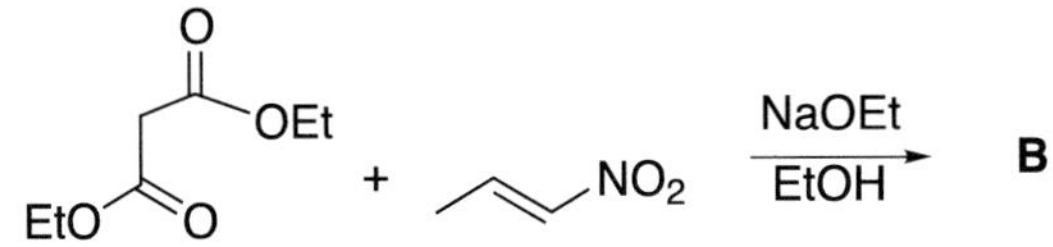

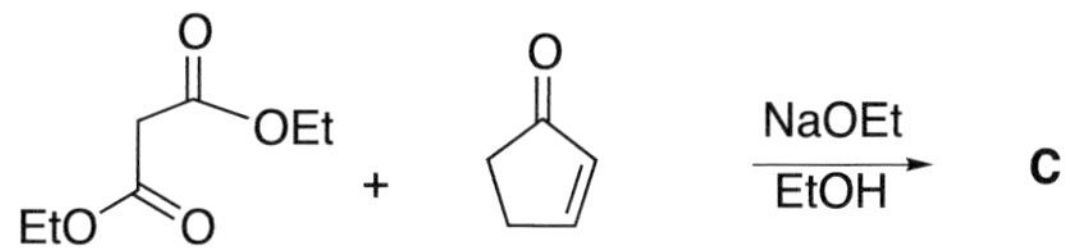

Ejemplo de aplicación en ciencias de la salud. Síntesis de fármacos derivados del ácido barbitúrico

Los *barbitúricos* o *barbituratos* son fármacos moduladores del ácido γ-áminobutírico (GABA), neurotransmisor, cuyos niveles están asociados a patologías como la ansiedad, la epilepsia, la enfermedad de Parkinson, la esquizofrenia o la corea de Huntington.

Los barbitúricos de interés terapéutico, que actúan como sedantes del sistema nervioso central, son derivados 5,5-disustituidos del ácido barbitúrico. La naturaleza de los sustituyentes en posición 5 y la sustitución del grupo carbonilo de la posición 2 por un grupo tiocarbonilo van a determinar la actividad farmacológica, desde una sedación suave hasta la anestesia total.

Tras el descubrimiento de su actividad hipnótica, a principios del siglo pasado, fueron objeto de estudios de relación estructura-actividad dando origen a fármacos anticonvulsivos como el *fenobarbital*.

En la figura 11.24 se muestran algunos barbituratos de utilidad terapéutica.

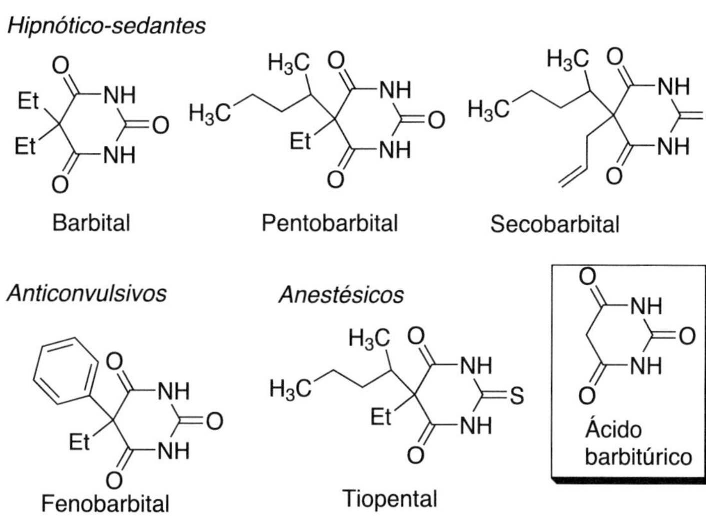

FIGURA 11.24. Barbituratos de uso terapéutico.

Estructuralmente, pueden considerarse derivados cíclicos de un ácido malónico α,α-disustituido y la urea. Desde el punto de vista sintético, la obtención puede plantearse a partir de la condensación de un malonato adecuadamente disustituido en posición 2 (o equivalentes sintéticos como un cianoacetato o un malononitrilo) y un derivado de la urea, o la tiourea, en el caso de los tiobarbituratos.

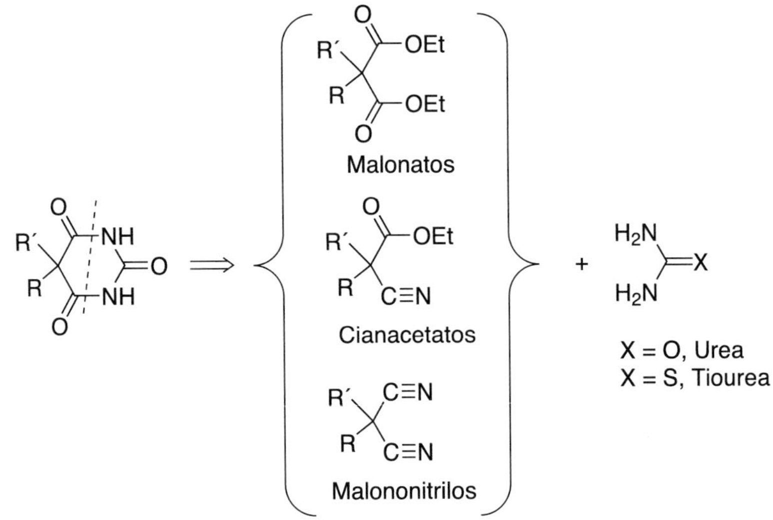

FIGURA 11.25. Análisis retrosintético de barbituratos.

La síntesis implica la alquilación de un éster malónico. Primero con un agente alquilante adecuado, para introducir uno de los sustituyentes alquilo. Después se adiciona el otro de forma análoga. Finalmente, se condensa el éster malónico α,α-disustituido con urea. Como ejemplo se muestra la síntesis del *amobarbital*.

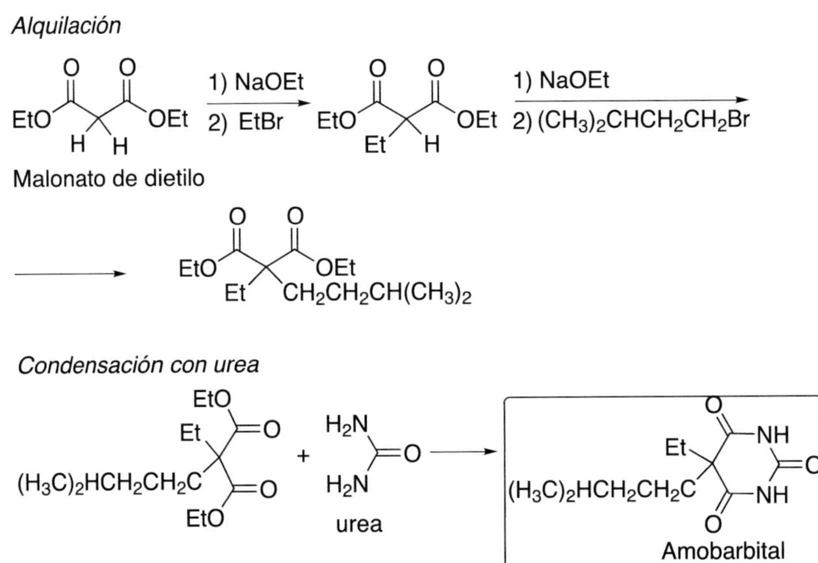

FIGURA 11.26. Síntesis del amobarbital.

La síntesis anterior suele aplicarse con éxito en el caso de barbituratos disustituidos con cadenas alifáticas lineales. Cuando se requiere la introducción de cadenas ramificadas o sistemas aromáticos, es necesario utilizar estrategias alternativas. En el caso de barbituratos sustituidos con sistemas aromáticos se parte del fenilacetonitrilo, que actúa como equivalente sintético del malonato. La obtención del *fenobarbital* constituye un ejemplo ilustrativo de esta estrategia.

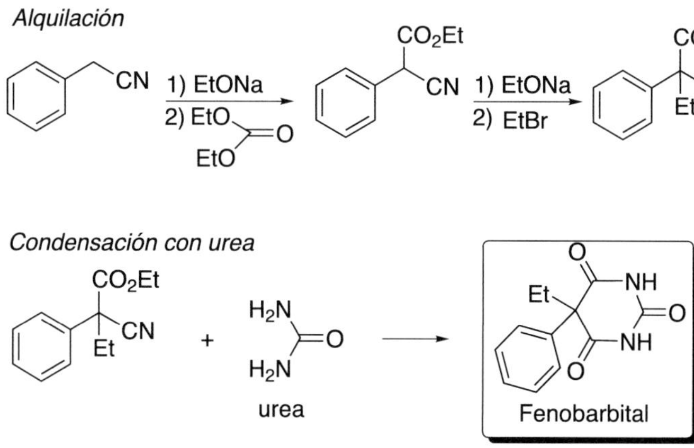

FIGURA 11.27. Síntesis del fenobarbital.

Hoy en día, los barbitúricos han sido reemplazados por las benzodiacepinas como hipnóticos y sedantes, debido a su toxicidad y dependencia, limitándose su uso al tratamiento antiepiléptico (*fenobarbital*) y a la anestesia quirúrgica (*tiopental*).

RESUMEN

1. Definición y síntesis de anión enolato de éster.

   La acidez de los hidrógenos en posición α de los ésteres es suficiente para que, con un alcóxido, se forme un anión, el anión *enolato de éster*.

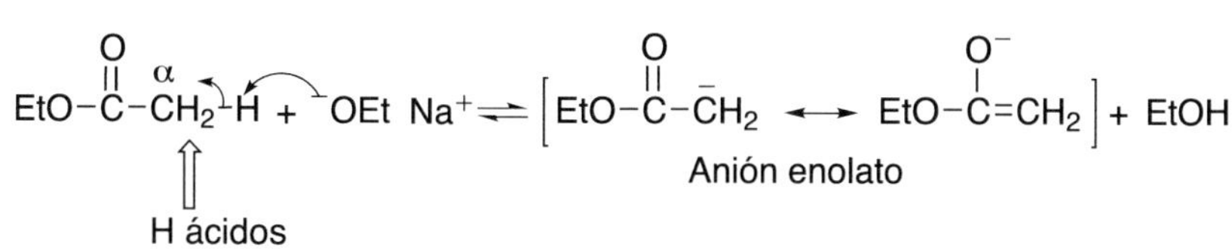

2. Reacciones de los aniones enolato de éster.

   – *Condensación de Claisen.*

     • Similar a la condensación aldólica.

- Un *anión enolato* de éster se comporta como un nucleófilo y ataca al carbonilo de otra molécula de éster.
- El producto de la condensación es un *β-cetoéster.*

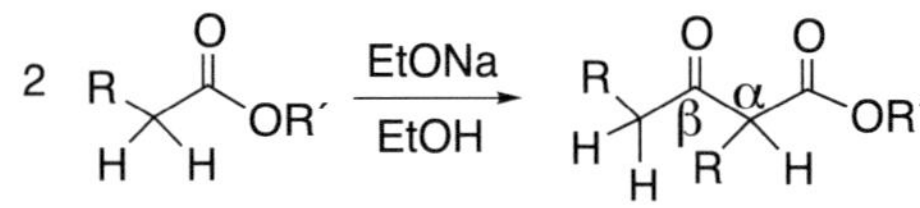

– *Análisis retrosintético para identificar reactivos.*

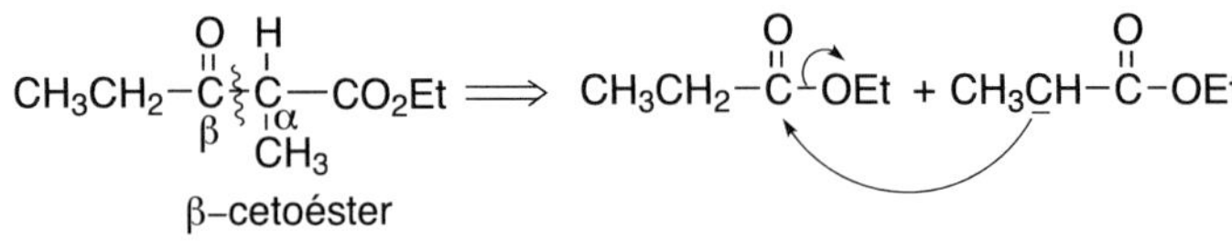

– *Condensación de Claisen mixta o cruzada*: parte de dos ésteres diferentes. Se obtiene una mezcla de productos.

Interés, cuando uno de los dos ésteres no tiene hidrógenos en α.

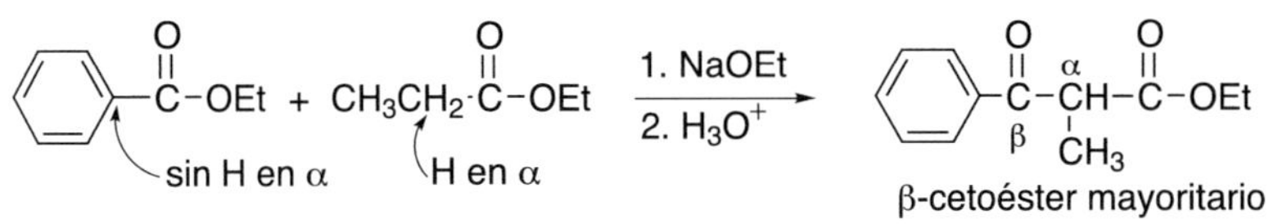

– *Condensación de Claisen intramolecular (Dieckmann):* dos grupos éster en una misma molécula y cadena de suficiente longitud. Produce un β-cetoéster cíclico.

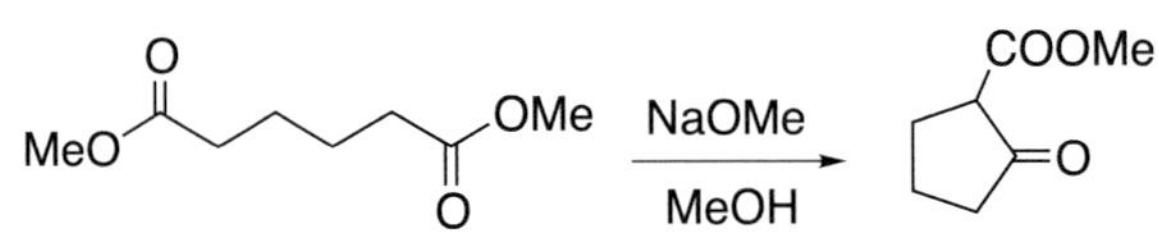

– *Otras condensaciones tipo Claisen* de interés en síntesis.

Condensación de Claisen cruzada entre una cetona y un éster.

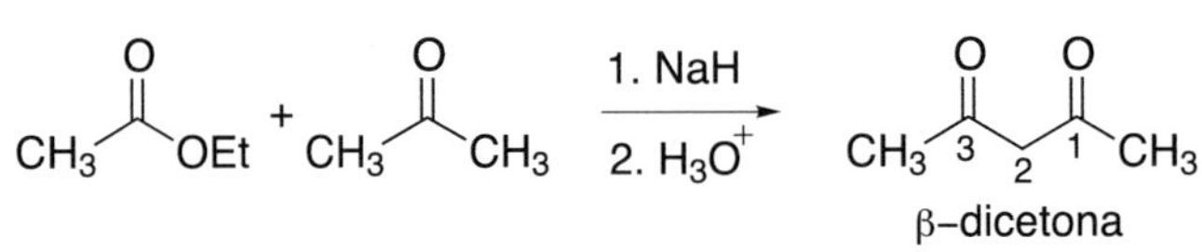

3. Los compuestos β-dicarbonílicos como intermedios sintéticos.

– *Alquilación.*

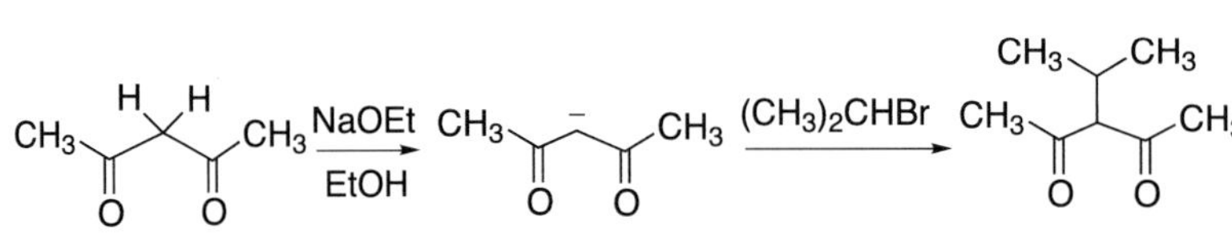

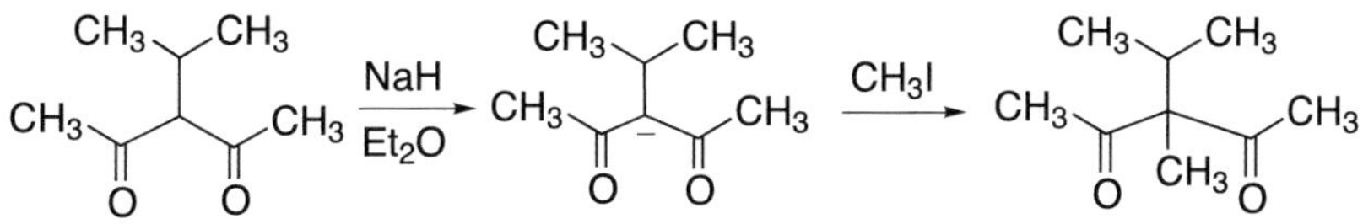

- *Síntesis acetoacética o acetilacética* → metilcetonas.

  - Parte del acetilacetato de etilo.

    1. Alquilación en el metileno activo.
    2. Hidrólisis ácida.
    3. Descarboxilación.

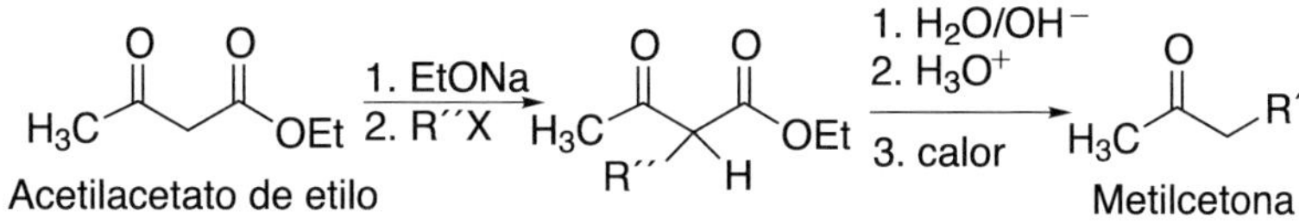

- *Síntesis malónica* → ácidos alquil y dialquilacéticos.

  - Se parte del *malonato de dietilo*.

    1. Alquilación en el metileno activo.
    2. Hidrólisis ácida.
    3. Descarboxilación.

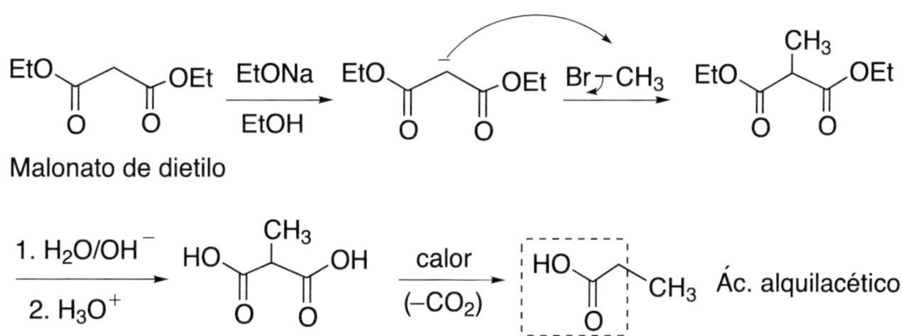

- *Adición de Michael:* adición conjugada 1,4 de un anión dicarbonílico (*dador de Michael*) a sistemas conjugados (*aceptores de Michael:* aldehídos, cetonas, nitrilos o derivados de ácidos carboxílicos, α,β-insaturados).

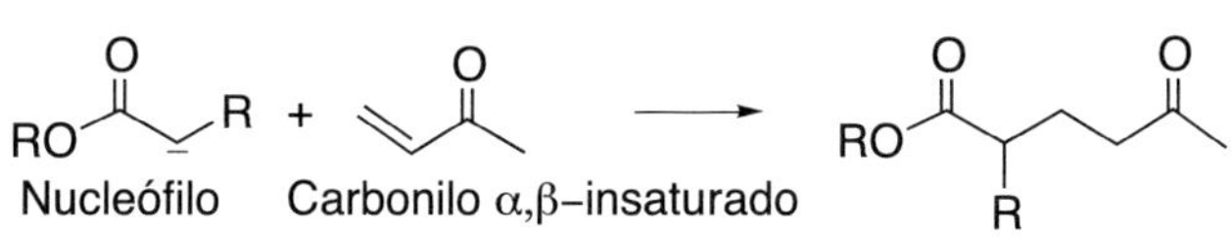

12

AMINAS Y DERIVADOS

INTRODUCCIÓN

Las *aminas* son compuestos nitrogenados que pueden considerarse derivados del amoniaco por sustitución de uno, dos o tres de los tres átomos de hidrógeno por radicales hidrocarbonados. Poseen elevada importancia biológica, tanto las que se encuentran en la naturaleza, como las sintéticas. Como ejemplos, podemos citar el analgésico *morfina,* alcaloide mayoritario del opio o la *putrescina,* diamina responsable del olor desagradable de la carne en putrefacción. Otra diamina, la 1,6-diamina es utilizada para la obtención del *nailon.*

En este capítulo se describen, en primer lugar, las propiedades físicas de las aminas. A continuación, su reactividad como bases y nucleófilos y las transformaciones basadas en su carácter nucleofílico. Posteriormente, se presentan los métodos más habituales para su obtención. En último lugar, se examinan unos derivados de las aminas, las *sales de amonio cuaternario,* y se estudia una de las reacciones más conocidas: la *eliminación de Hofmann.* Las sales de amonio cuaternario están presentes en la vida cotidiana, por ejemplo, en los detergentes. Otra sal de amonio, la *acetilcolina,* juega un papel esencial en la transmisión de los impulsos nerviosos. En síntesis orgánica, se utilizan como catalizadores de muchas reacciones y se los conoce como *catalizadores de transferencia de fase.*

Objetivos para el aprendizaje

- ✓ Clasificar las aminas como alifáticas, aromáticas, primarias, secundarias, y terciarias.
- ✓ Relacionar la capacidad de las aminas para formar enlaces de hidrógeno con sus propiedades físicas.
- ✓ Explicar la acidez, basicidad y nucleofilia de las aminas.
- ✓ Predecir los productos y proponer mecanismos de las reacciones de las aminas con los siguientes compuestos: haluros y sulfonatos de alquilo, cloruros de ácido y anhídridos, cloruros de sulfonilo y ácido nitroso.
- ✓ Preparar aminas por reacciones de reducción, a partir de nitrilos, amidas o nitrocompuestos.
- ✓ Aplicar la aminación reductiva como método de obtención de aminas a partir de aldehídos y cetonas.
- ✓ Mostrar cómo sintetizar aminas a partir del amoniaco u otras aminas por reacción con haluros de alquilo.
- ✓ Obtener aminas primarias por una síntesis de Gabriel o una transposición de Hofmann.
- ✓ Explicar el uso de la eliminación de Hofmann, dibujar el mecanismo y predecir los productos principales.

Glosario

Acilación: adición del grupo acilo (–COR). La acilación de una amina produce una amida.

Alquilación exhaustiva o polialquilación: tratamiento de una amina con un reactivo alquilante que conduce a una sal de amonio cuaternario.

Amina: compuesto derivado del amoniaco que contiene uno, dos o tres grupos alquilo o arilo enlazados al átomo de nitrógeno.

Degradación de Hofmann: tratamiento de una amida primaria para dar una amina primaria.

Eliminación de Hofmann: transformación en la que se obtienen alquenos a partir de haluros de amonio. La metilación exhaustiva de la amina conduce a un haluro de amonio que, por tratamiento con óxido de plata húmedo, se transforma en hidróxido. La calefacción del hidróxido da lugar a la eliminación E2, con producción de alquenos.

N-nitrosamina: compuesto que posee un grupo nitroso (N=O) unido a un átomo de nitrógeno.

Sal de amonio cuaternario: derivado de amina con un átomo de nitrógeno de carga positiva unido a cuatro grupos alquilo o arilo.

Sal de diazonio: compuesto que se forma al tratar una amina primaria con ácido clorhídrico y nitrito sódico.

Síntesis de Gabriel: método de obtención de aminas primarias por reacción de alquilación de la ftalimida potásica y posterior tratamiento con hidracina.

Sulfonamida: amida del ácido sulfónico (R_2NSO_2R').

12.1. Definición y clasificación de las aminas. Estructura molecular

Son compuestos nitrogenados que se pueden considerar derivados del amoniaco. Resultan de la sustitución de uno, dos o los tres átomos de hidrógeno del amoniaco, por radicales hidrocarbonados.

En función del número de grupos unidos al nitrógeno, se clasifican en:

- *Aminas primarias:* resultan de la sustitución de un átomo de hidrógeno del amoniaco por un grupo alquilo o arilo.
- *Aminas secundarias:* los átomos de hidrógeno sustituidos son dos.
- *Aminas terciarias:* sustitución de los tres átomos de hidrógeno.

En función de la naturaleza de los radicales, alifática o aromática, se distinguen dos grandes grupos: *aminas alifáticas* y *aminas aromáticas*.

También existen compuestos con cuatro grupos unidos al átomo de nitrógeno, denominados *sales de amonio cuaternarias*. En este caso, el nitrógeno lleva una carga positiva.

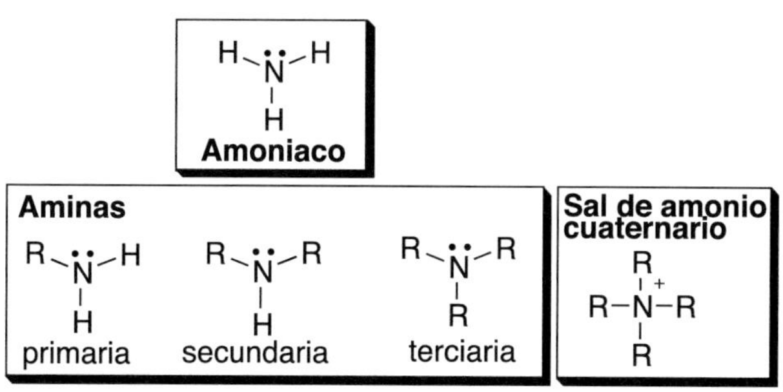

FIGURA 12.1. Estructura de las aminas y sales de amonio.

- *Estructura molecular*

Presentan *hibridación* sp^3 sobre el átomo de nitrógeno, con uno de los orbitales ocupado por el par de electrones no enlazante.

La *geometría* es de una pirámide de base triangular, semejante al amoniaco.

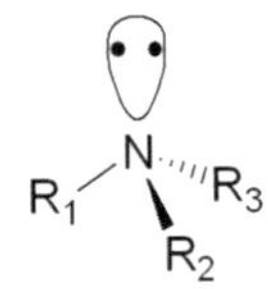

FIGURA 12.2. Geometría molecular de las aminas.

- *Propiedades físicas*

Las aminas primarias y secundarias pueden formar enlaces por *puente de hidrógeno* intermoleculares. Las aminas terciarias, al carecer de átomos de hidrógeno sobre el nitrógeno, no pueden establecer enlaces por puente de hidrógeno entre sus moléculas, si bien pueden formar estos enlaces con disolventes próticos, agua, alcoholes, etc.

Los enlaces de hidrógeno tienen consecuencia sobre las *propiedades físicas*.

Los puntos de ebullición son menores que los de los alcoholes y mayores que los de los alcanos de peso molecular comparable. El punto de ebullición de las aminas se incrementa en función de su capacidad para formar puentes de hidrógeno. Así, el propano hierve a –42 °C, la *n*-propilamina a 49 °C, la etilmetilamina a 35 °C, mientras que la trimetilamina lo hace a 2,9 °C.

Las aminas de bajo peso molecular (con menos de cinco átomos de carbono) son, en general, solubles en agua.

12.1. Ordena según temperaturas de ebullición crecientes las siguientes aminas isómeras:

a) Propilamina *b)* Etilmetilamina *c)* Trimetilamina

Justifica la ordenación que propones.
¿Cuál de ellas es más soluble en agua? ¿Por qué?

12.2. Reactividad de las aminas. Propiedades ácido-base. Comportamiento nucleofílico

El par de electrones no enlazante del átomo de nitrógeno confiere a la molécula carácter básico y nucleófilo. La química de las aminas, en principio, es análoga a la de los alcoholes y éteres; no obstante, hay que tener en cuenta que la mayor nucleofilia del nitrógeno respecto del oxígeno va a influir en su reactividad.

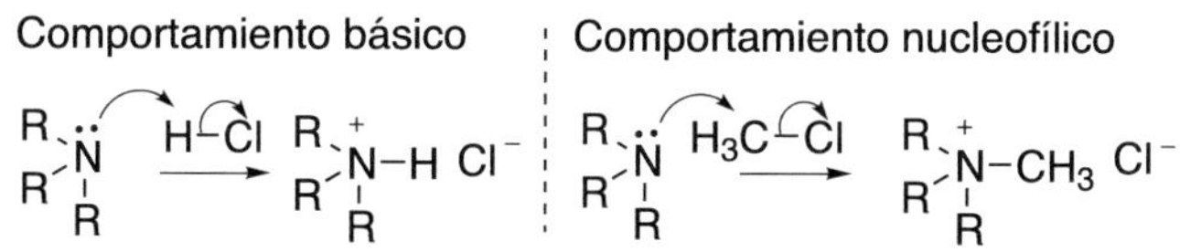

FIGURA 12.3. Comportamiento químico de las aminas.

A) Propiedades ácido-base

1. *Comportamiento básico.* Las aminas reaccionan con los ácidos para formar *sales de amonio*. En general, son bases más fuertes que los alcoholes o éteres y más débiles que los iones hidróxido y los iones alcóxido. Pueden ser protonadas, incluso, con ácidos débiles. Por ejemplo, la trimetilamina es protonada por el ácido acético.

$$RNH_2 + HCl \longrightarrow RNH_3^+\ Cl^- \text{ (cloruro de amonio cuaternario)}$$

FIGURA 12.4. Comportamiento básico de las aminas.

- *Aminas alifáticas*: son más básicas que el amoniaco por el efecto electrónico dador de los grupos alquilo unidos al nitrógeno.

  El orden de basicidad determinado experimentalmente en fase gaseosa es:

  Aminas terciarias > aminas secundarias > aminas primarias

  Sin embargo, en disolución acuosa las aminas terciarias son menos básicas que las secundarias, debido al efecto de solvatación y al mayor impedimento estérico en las aminas terciarias.
- *Aminas aromáticas:* menos básicas que el amoniaco. La deslocalización del par de electrones del nitrógeno con el sistema electrónico π del anillo aromático hace disminuir la basicidad.

  Dependiendo de la naturaleza del sustituyente en el anillo aromático, las arilaminas sustituidas pueden ser más o menos básicas que la anilina. Como regla general, los sustituyentes con efectos +I, +M ($–CH_3$, $–NH_2$, $–OCH_3$, etc.) aumentan la basicidad. Los sustituyentes con efectos –I, –M (–halógenos, $–NO_2$, –CN, etc.), disminuyen la basicidad.

El pK_a del ion amonio correspondiente a una amina, permite cuantificar la basicidad. Un valor elevado del pK_a del ion amonio indica que la amina es muy básica.

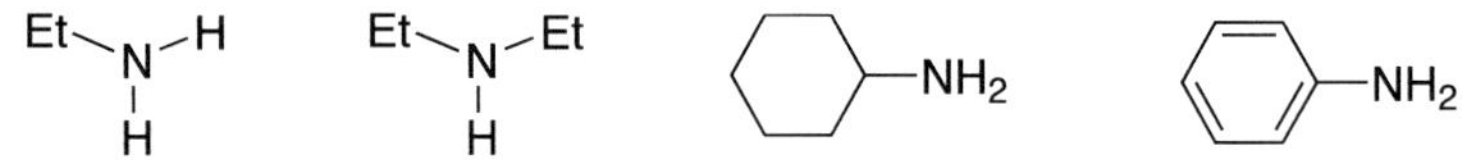

Amina	Etilamina	Dietilamina	Ciclohexilamina	Anilina
pK_a del ion amonio	10,6	11,0	10,7	4,62

FIGURA 12.5. Basicidad de aminas.

Ejercicio resuelto

Ordena los siguientes compuestos según basicidad creciente:

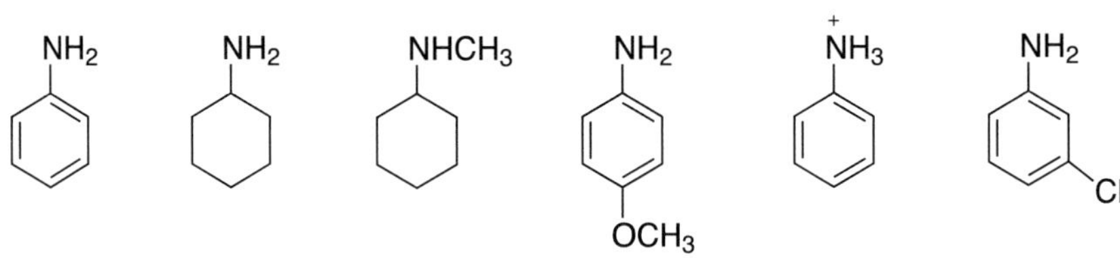

I II III IV V VI

Solución

V < VI < I < IV < II < III

El compuesto menos básico es el ion amonio **V**. Después vienen las aminas aromáticas **VI**, **I**, **IV**. La amina **VI** es menos básica que la anilina **I** debido al efecto electrón-atrayente del cloro y la amina **IV** es más básica que la anilina **I** debido al efecto dador de electrones del grupo metóxido. De las aminas alifáticas, la amina **III** es más básica que la amina **II** debido al efecto dador del grupo metilo.

12.2. Las aminas secundarias son más básicas que las aminas terciarias en disolución acuosa. Un razonamiento basado solo en los efectos electrónicos conduce a una conclusión opuesta.

¿Cuál es la verdadera causa de que las aminas alifáticas secundarias presenten basicidad más elevada que las aminas terciarias en disolución acuosa?

12.3. Completa la siguiente reacción:

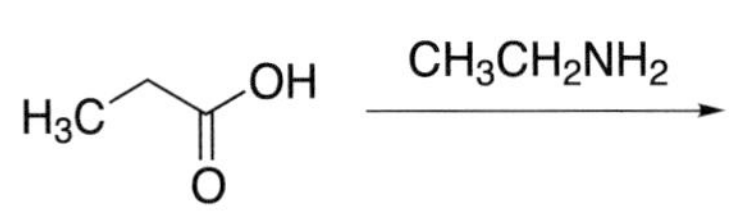

2. *Comportamiento ácido*. Las aminas primarias y secundarias también se pueden comportar como ácidos, cediendo protones cuando se tratan con bases más fuertes que ellas, como el butil-litio.

$$R_2NH + BuLi \longrightarrow R_2N^- Li^+ \text{ (Dialquilamiduro de litio)}$$

FIGURA 12.6. Comportamiento ácido de las aminas.

B) Comportamiento nucleofílico

Las aminas son nucleófilos nitrogenados. Reaccionan con haluros de alquilo y sulfonatos para dar reacciones de *N*-alquilación. También son capaces de reaccionar con el grupo carbonilo de los derivados de ácidos mediante reacciones de *N*-acilación y con el grupo sulfonilo de los cloruros de sulfonilo dando reacciones de *N*-sulfonilación.

12.4. Señala la afirmación correcta.

Una amina, debido al par de electrones no enlazantes que posee el nitrógeno:

a) Puede ser considerada como un electrófilo.
b) Puede ser considerada como un ácido de Lewis.
c) Puede actuar como un centro de ataque de reactivos de carácter nucleofílico.
d) Puede ser considerada como un nucleófilo.
e) Es un ejemplo de producto apolar.

12.3. Reacciones de las aminas

En esta sección se describen las reacciones de aminas más habituales, consecuencia de su carácter nucleofílico: *N*-alquilación, *N*-acilación, *N*-sulfonilación y nitrosación.

12.3.1. N-alquilación

Las aminas reaccionan con agentes alquilantes: haluros de alquilo, tosilatos, etc., mediante una reacción S_N2 para dar *sales de alquilamonio*. La amina libre puede ser obtenida a partir de la sal por tratamiento con una base.

Cuando se alquilan aminas primarias y secundarias no es fácil limitar el número de grupos alquilo que se unen al nitrógeno. Esta reacción, *alquilación exhaustiva*, conduce a una mezcla de sales de alquilamonio y alcanaminas, ya que la amina resultante sufre alquilaciones adicionales (*polialquilación*).

La *N*-alquilación tiene poco interés desde el punto de vista sintético, ya que la monoalquilación es difícil de lograr porque cada reacción hace el átomo de nitrógeno más nucleofílico. Algunas veces se pueden obtener mayores rendimientos del producto monoalquilado utilizando la amina inicial en exceso.

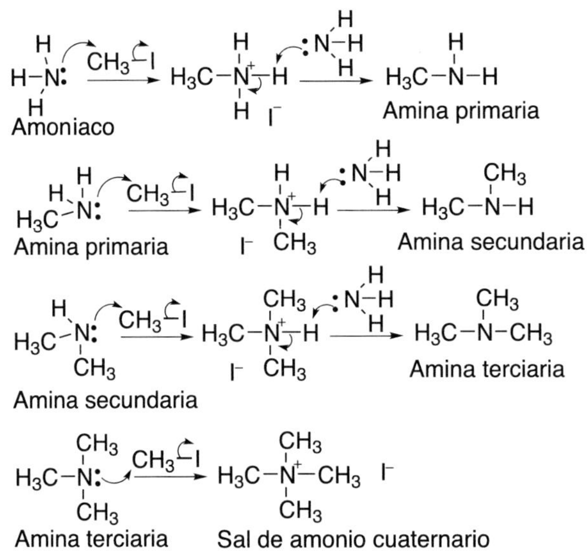

FIGURA 12.7. *N*-alquilación de aminas.

En las reacciones de *N*-alquilación, junto con los productos de sustitución suelen obtenerse *productos de eliminación*, debido a que las aminas, además de buenos nucleófilos, son buenas bases.

$$Ph\text{-}CH_2CH_2Br + Me_3N \longrightarrow PhCH_2CH_2NMe_3^+\ Br^- + Ph\text{-}CH=CH_2$$

FIGURA 12.8. Obtención de productos de eliminación secundarios en reacciones de alquilación de aminas.

Ejercicio resuelto

Completa las siguientes reacciones que permiten la obtención de aminas.

a) 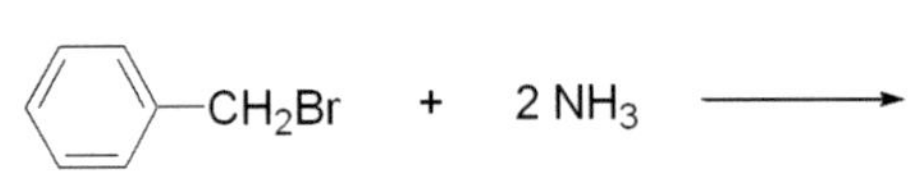

b) 

Solución

a) En el primer caso se pone un exceso de amoniaco para obtener mayoritariamente la amina primaria y evitar la poliaquilación.

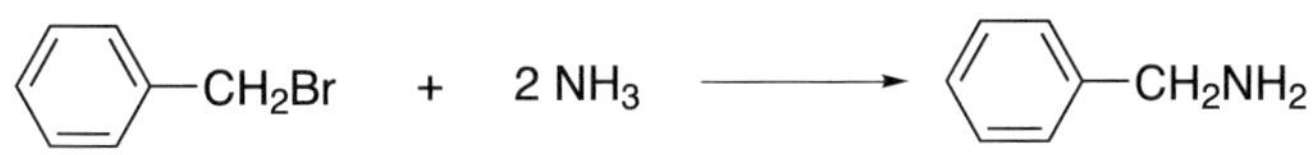

b) Es una amina aromática, se puede lograr una alquilación selectiva.

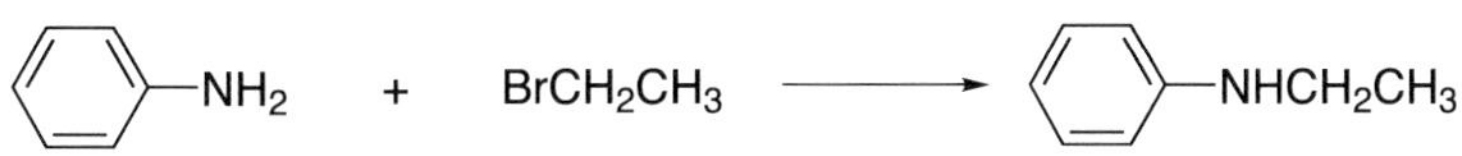

12.5. Escribe la reacción con ioduro de metilo de los siguientes compuestos

a) Amoniaco *b)* Etilamina *c)* Dietilamina *d)* Trimetilamina

---

12.3.2. N-Acilación

Como se indicó en el capítulo 9, las aminas primarias y secundarias reaccionan con *haluros de ácido* y *anhídridos* generando *amidas*.

La acilación se produce mediante una reacción de adición-eliminación obteniéndose ácido como subproducto.

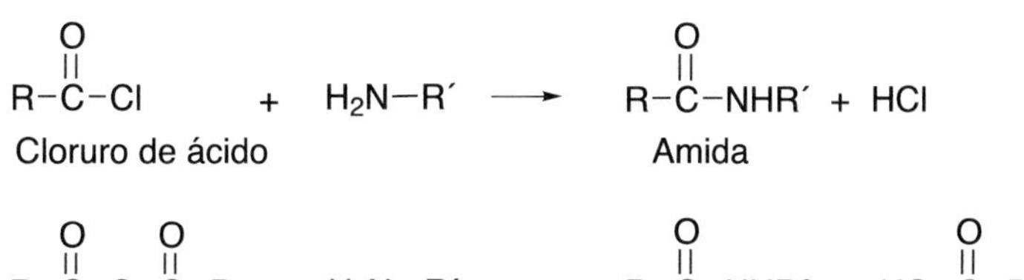

FIGURA 12.9. Preparación de amidas por reacción de acilación de aminas.

• *Mecanismo*

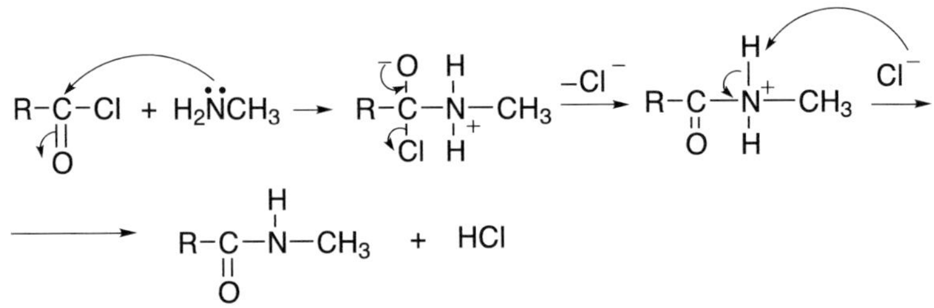

FIGURA 12.10. Mecanismo de la síntesis de amidas por reacción de acilación de aminas.

Si la amina no es cara, se usan dos equivalentes de amina: uno para formar la amida y el otro para neutralizar el ácido que se desprende. Otra alternativa es añadir hidróxido sódico, aminas terciarias o piridina.

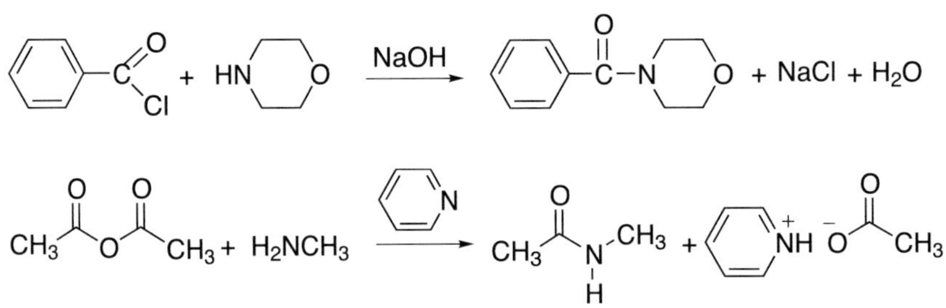

FIGURA 12.11. Síntesis de amidas. Neutralización con NaOH o piridina.

Ejercicio resuelto

La alquilación exhaustiva de una amina conduce siempre a la sal de amonio. Para transformar la etilamina en dietilamina y evitar la polialquilación, se acila primero con anhídrido acético y posteriormente se reduce el compuesto que se forma.

Escribe todas las reacciones químicas de la transformación descrita.

Solución

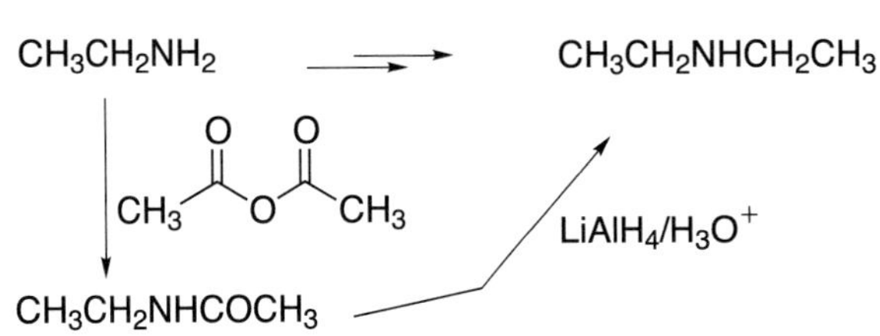

12.6. Aplicando el principio establecido en el ejercicio anterior efectúa las siguientes transformaciones:

a) Pr-NH_2 ⟶ Pr-NH-Et *b)* Me-NH-Me ⟶ Me_2NCH_2Ph

12.7. Señala la respuesta correcta.

El acetato de metilo reacciona con amoniaco para dar:

a) Una reacción de amonólisis que permite obtener la acetamida.
b) La formación de acetato amónico.
c) Una reacción de hidrólisis que permite obtener la acetamida.
d) La ruptura del éster y su posterior decarboxilación para dar metano.
e) Una condensación aldólica.

La acilación de aminas se utiliza para la obtención de compuestos de aplicación terapéutica. Por ejemplo, para la síntesis del paracetamol, analgésico y antipirético.

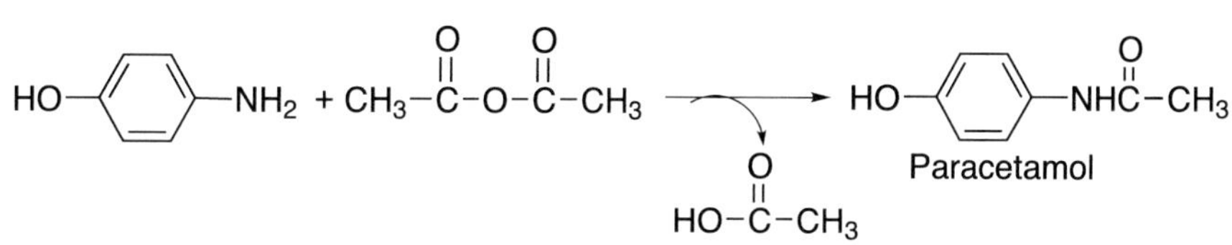

12.3.3. N-Sulfonilación

Los cloruros de los ácidos sulfónicos reaccionan con aminas primarias y secundarias para dar sulfonamidas. Esta reacción, análoga a la acilación, es la base del *ensayo de Hinsberg*, que permite distinguir aminas primarias, secundarias y terciarias.

- *Ensayo de Hinsberg*

  - La reacción de una *amina primaria* con cloruro de bencenosulfonilo conduce a una sulfonamida que, al poseer un hidrógeno ácido, es soluble en disolución acuosa básica.

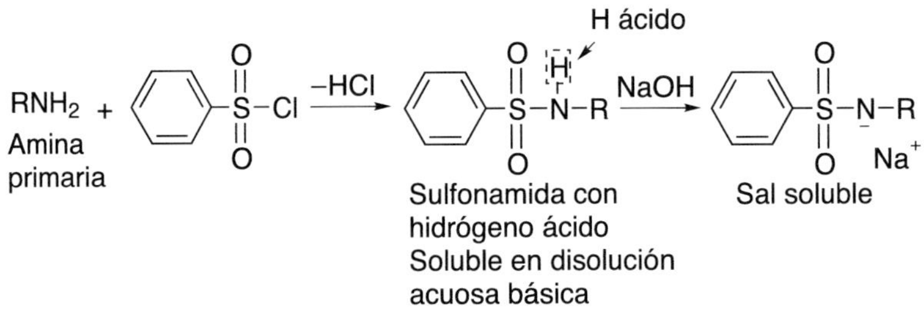

FIGURA 12.12. Ensayo de Hinsberg de amina primaria.

- Una *amina secundaria* con cloruro de bencenosulfonilo rinde una sulfonamida *N,N*-disustituida, que precipita en una disolución acuosa básica.

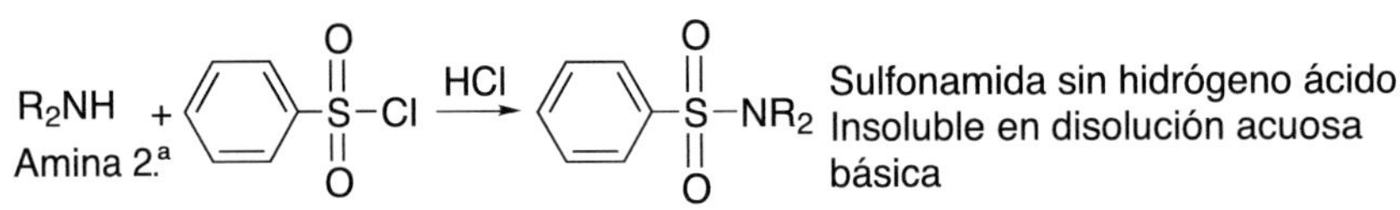

FIGURA 12.13. Ensayo de Hinsberg de amina secundaria.

- Los compuestos que se obtienen en la reacción de cloruros de benceno sulfonilo con *aminas terciarias* no son estables, regenerándose la amina de partida.

Ejercicio resuelto

Tres frascos sin etiqueta corresponden a anilina, *N*-metilanilina y *N,N*-dimetilanilina. ¿Qué reacciones químicas permitirán colocar las etiquetas adecuadas en los frascos?

Solución

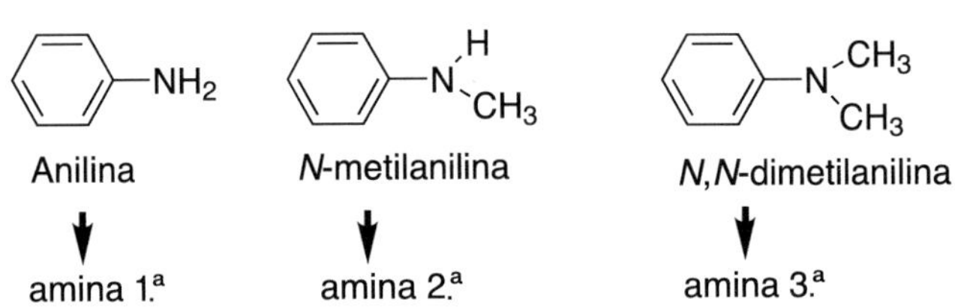

Para distinguir la anilina (amina 1.ª), la *N*-metilanilina (amina 2.ª) y la *N,N*-dimetilanilina (amina 3.ª), podríamos utilizar el ensayo de Hinsberg. Mediante este, reacción de aminas con cloruro de bencenosulfonilo, la anilina (una amina primaria) formaría una sulfonamida soluble en disolución acuosa básica. La *N*-metilanilina (amina secundaria) también daría una sulfonamida, pero insoluble en una disolución básica. Con la *N*,*N*-dimetilanilina, el compuesto que se obtiene es inestable y se descompone dando la amina de partida.

12.8. ¿Cómo pueden distinguirse los compuestos de un mismo par?

a) $(CH_3)_2N\text{-}CH_2CH(CH_3)_2$ y $(CH_3)_2CH\text{-}NH\text{-}CH(CH_3)_2$
b) $CH_3CH_2CH_2NHCH_2CH_2CH_3$ y $CH_3CH_2CH(NH_2)CH_2CH_2CH_3$

12.3.4. Nitrosación

Las reacciones de las aminas con el ácido nitroso (HNO_2) reciben el nombre de *reacciones de nitrosación*.

El ácido nitroso se genera *in situ*, por tratamiento de nitrito sódico con un ácido mineral fuerte, como el ácido clorhídrico, a 0-5 °C. En estas condiciones, el ácido nitroso se protona, pierde agua y forma el ion nitrosonio. El verdadero agente nitrosante es el *catión nitrosonio*, un electrófilo muy fuerte, el cual es atacado nucleofílicamente por la amina.

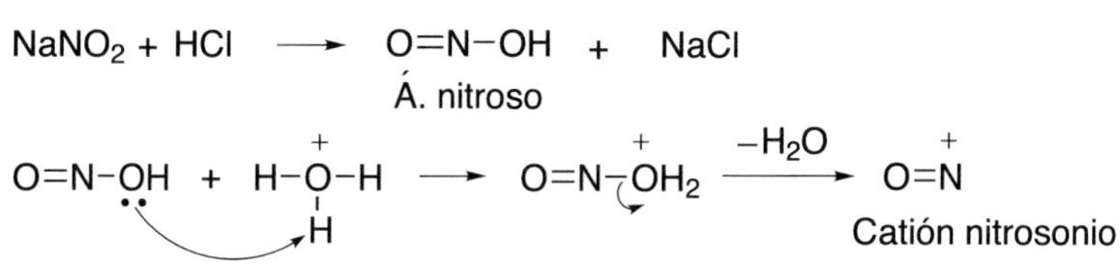

FIGURA 12.14. Generación del ion nitrosonio.

El resultado de la reacción depende de la naturaleza de la amina, alifática o aromática, y si es primaria o secundaria.

- Las *aminas primarias* se transforman en *sales de diazonio* (azo indica un átomo de nitrógeno, diazo, dos átomos de nitrógeno, diazonio, carga positiva). El proceso se llama *diazotación*.

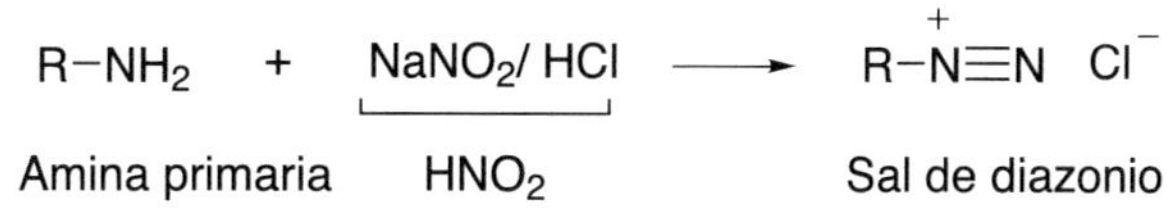

FIGURA 12.15. Formación de la sal de diazonio.

La reacción con *aminas primarias alifáticas* suele carecer de interés preparativo, ya que los iones diazonio son inestables, pierden nitrógeno y forman un carbocatión, que reacciona de diversas maneras, obteniéndose generalmente una mezcla de alcoholes, olefinas y haluros de alquilo.

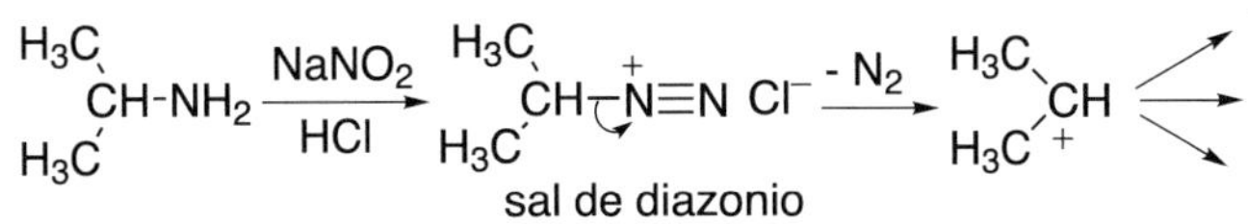

FIGURA 12.16. Diazotación de una amina primaria alifática.

Sin embargo, los iones diazonio de *aminas aromáticas primarias* suelen ser más estables, lo que los convierte en intermedios sintéticos muy útiles, para la preparación de un gran número de compuestos, ya que el grupo diazonio puede sustituirse por otros grupos.

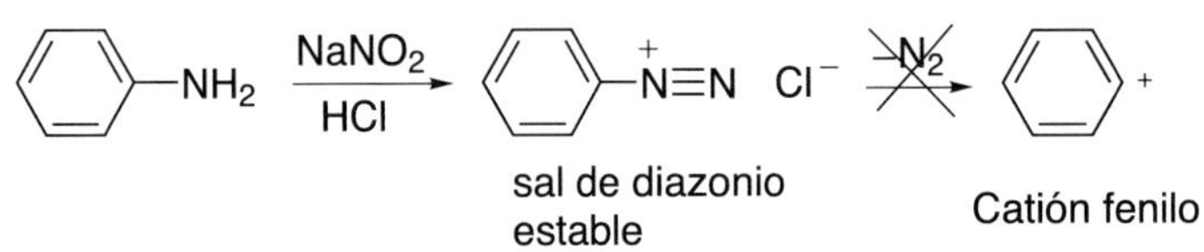

FIGURA 12.17. Diazotación de aminas aromáticas.

– Las *aminas secundarias*, tanto las alifáticas como las aromáticas, reaccionan con ácido nitroso generando *N-nitrosoaminas*, compuestos de color amarillo, de interés biológico por su efecto carcinogénico.

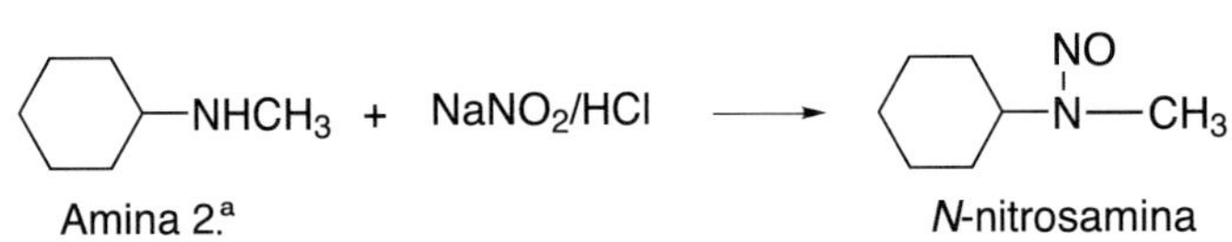

FIGURA 12.18. Formación de *N*-nitrosamina por reacción de una amina secundaria con ácido nitroso.

Desde el descubrimiento del efecto carcinogénico de las nitrosaminas, se ha llevado a cabo una intensa labor de investigación sobre la presencia de nitritos y aminas secundarias en los sistemas biológicos.

Por ejemplo, se ha estudiado la presencia de nitritos en los alimentos, ya que con el ácido clorhídrico del jugo gástrico se genera ácido nitroso. Desgraciadamente, podemos hallar con frecuencia aminas secundarias y nitritos. La dimetilamina se encuentra en la carne. El nitrito sódico se emplea como conservante de muchos alimentos. Todo esto ha conducido a la búsqueda de nuevos métodos para la conservación de los alimentos.

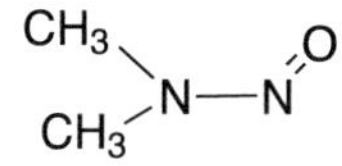

N-nitrosodimetilamina
Presente en carne curada, pescado y cerveza

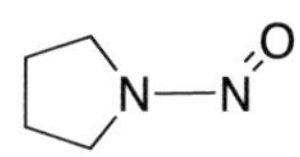

N-nitrosopirrolidina
Presente en el tocino frito

12.9. Escribe las reacciones de las aminas siguientes con el ácido nitroso:

a) Anilina *b)* *N*-metil-*p*-toluidina *c)* *o*-Bromoanilina *d)* Pirrolidina

12.10. Indica los reactivos para efectuar la siguiente transformación:

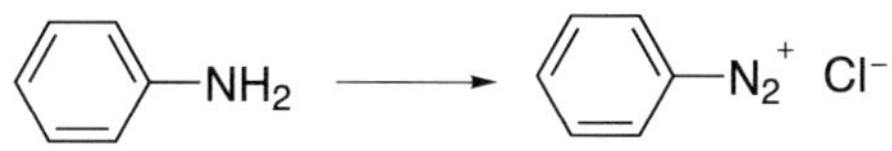

12.11. Cuando se trata aminometilciclopentano con nitrito de sodio y un ácido en medio acuoso se obtiene la siguiente mezcla de alcoholes:

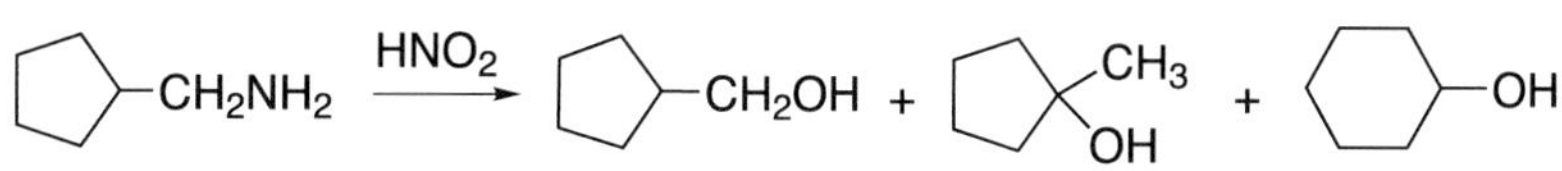

5% 19% 76%

Propón un mecanismo que explique la formación de todos los productos.

12.12. Justifica la estabilidad del producto formado en la reacción entre anilina y ácido nitroso.

12.4. Síntesis de aminas

Existen diversos métodos generales para la preparación de aminas, como *reacciones de reducción*, que en algunos casos conducen exclusivamente a aminas primarias, o *reacciones de alquilación*, que presentan problemas de polialquilación.

Hay procedimientos específicos para la obtención de aminas primarias, como la *síntesis de Gabriel* o la *transposición de Hofmann*.

12.4.1. Reacciones de reducción

Algunas reducciones para obtener aminas se han estudiado anteriormente, por ejemplo, las de nitrilos y amidas (capítulo 9). Otras, como la reducción de nitrocompuestos y la aminación reductiva, se presentan por primera vez.

- *Reducción de nitrilos y amidas*

Los *nitrilos* pueden reducirse a aminas primarias con un hidruro como el hidruro de aluminio y litio. La reducción también es posible con hidrógeno y catalizador.

Los mismos reductores pueden ser utilizados para la reducción de *amidas* a aminas.

$$RCN + 1)\ LiAlH_4/\ 2)\ H_2O \ \text{ o } \ H_2/Pt \longrightarrow RCH_2NH_2$$

$$RCONHR' + 1)\ LiAlH_4/\ 2)\ H_2O \ \text{ o } \ H_2/Pt \longrightarrow RCH_2NHR'$$

FIGURA 12.19. Síntesis de aminas por reducción de nitrilos y amidas.

Este procedimiento permite obtener aminas a partir de haluros de alquilo y a partir de ácidos carboxílicos.

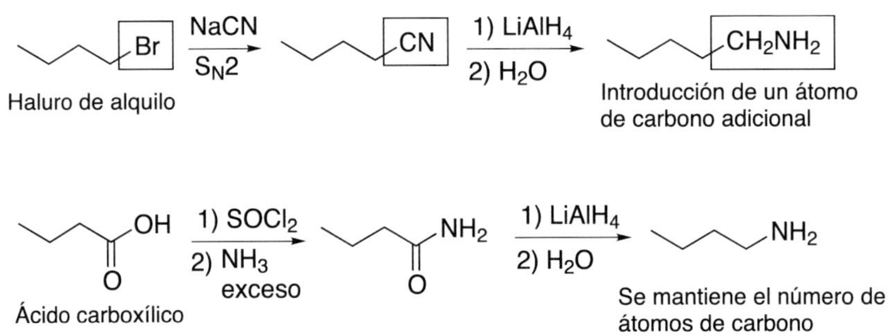

FIGURA 12.20. Síntesis de aminas primarias a partir de haluros de alquilo o ácidos carboxílicos.

- *Reducción de nitrocompuestos*

La reducción de un grupo nitro constituye una vía de acceso a *aminas primarias*. Puede llevarse a cabo con estaño, hierro o zinc en medio ácido. También puede utilizarse hidrógeno en presencia de un catalizador.

$$RNO_2 + Zn, Sn \text{ o } Fe / H^+ \longrightarrow RNH_2$$

FIGURA 12.21. Síntesis de aminas primarias por reducción de nitrocompuestos.

- *Aminación reductiva*

Las *iminas* se obtienen por reacción de aminas con aldehídos y cetonas. Estos compuestos pueden reducirse con hidruros metálicos o con hidrógeno hasta aminas. Esta transformación recibe el nombre de *aminación reductiva*.

La amina se puede obtener en *un solo paso*, por tratamiento del aldehído o cetona con amina, en presencia de un reductor, como H_2/cat o $NaBH_3CN$ (cianoborohidruro de sodio), reductor análogo al $NaBH_4$. Este proceso no puede lograrse con $NaBH_4$, que reduciría el aldehído o la cetona antes de formarse la imina.

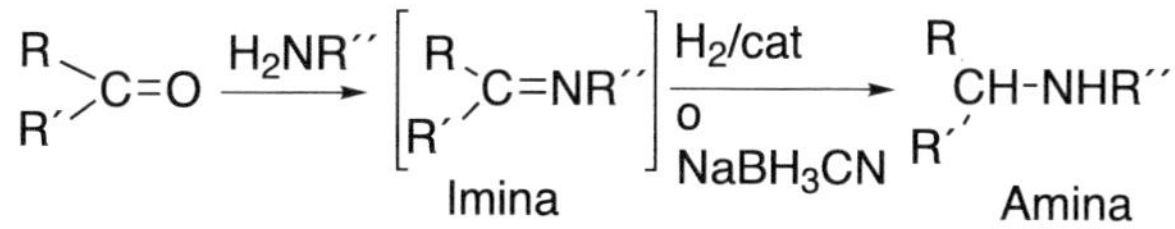

FIGURA 12.22. Aminación reductiva.

12.13. Completa la reacción indicando la estructura de los compuestos A y B.

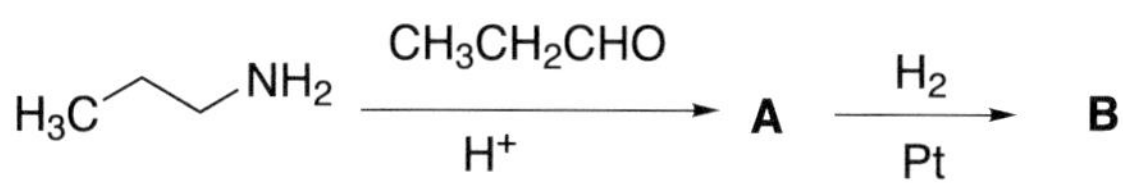

12.4.2. Reacción con haluros de alquilo

Un procedimiento sencillo para obtener aminas es mediante reacciones de sustitución nucleofílica S_N2 del amoniaco o aminas con haluros de alquilo, ya que el amoniaco y las aminas son buenos nucleófilos y dan bien las reacciones S_N2. Sin embargo, es un método de poca aplicación. El inconveniente que presenta es que se obtienen mezclas, porque generalmente la reacción no se detiene en la primera alquilación y se producen alquilaciones múltiples.

La reacción transcurre a través de un proceso S_N2, seguido de una desprotonación.

$$\underset{\text{Amoniaco}}{NH_3} + R{-}X \longrightarrow RNH_3^+\ X^- \xrightarrow{\text{NaOH}} \underset{\text{Amina 1.ª}}{RNH_2}$$

$$\underset{\text{Amina 1.ª}}{RNH_2} + R{-}X \longrightarrow R_2NH_2^+\ X^- \xrightarrow{\text{NaOH}} \underset{\text{Amina 2.ª}}{R_2NH}$$

FIGURA 12.23. Reacciones de alquilación.

12.4.3. Síntesis de Gabriel

Una amina primaria puede prepararse mediante reacción de la ftalimida de potasio con haluro de alquilo, seguida de la hidrólisis de la *imida* resultante. Este método se conoce como *síntesis de Gabriel*. Con esta estrategia sintética se evitan las mezclas de aminas que se producen en las reacciones de sustitución nucleófila de los haluros de alquilo con amoniaco y aminas.

La *ftalimida de potasio* se prepara por reacción de la ftalimida con hidróxido o carbonato de potasio. El anión de la ftalimida actúa como un nucleófilo y se alquila mediante una reacción de sustitución S_N2. Posteriormente, se lleva a cabo una hidrólisis para liberar la amina.

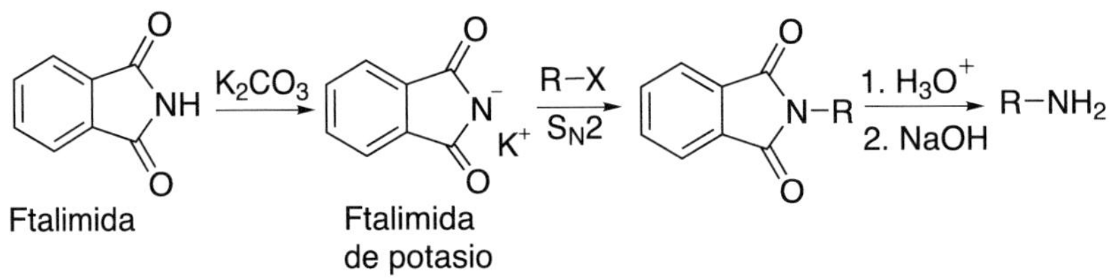

FIGURA 12.24. Síntesis de Gabriel.

Se han desarrollado procedimientos alternativos a la hidrólisis, como por ejemplo la utilización de *hidracina*.

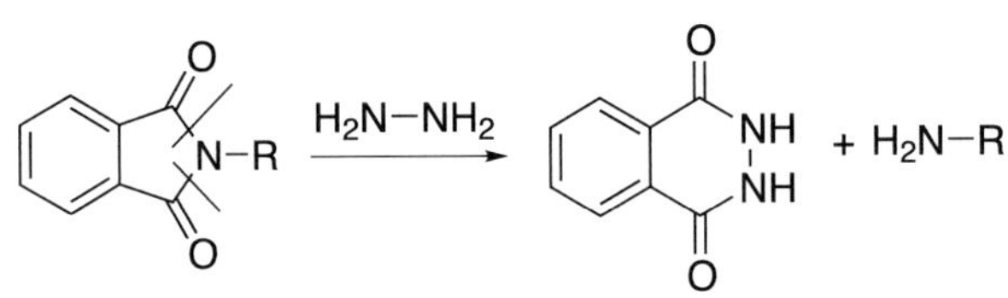

FIGURA 12.25. Reacción con hidracina.

Al tener lugar a través de una reacción S_N2, la preparación de aminas por medio de la síntesis de Gabriel está restringida al uso de haluros primarios y secundarios. Los haluros terciarios conducen exclusivamente a reacciones de eliminación.

Ejercicio resuelto

Usando la síntesis de Gabriel, propón un método para preparar la bencilamina.

Solución

Para identificar el haluro que va a reaccionar con la ftalimida, se reemplaza el grupo amino por un halógeno. El átomo de nitrógeno proviene de la ftalimida de potasio.

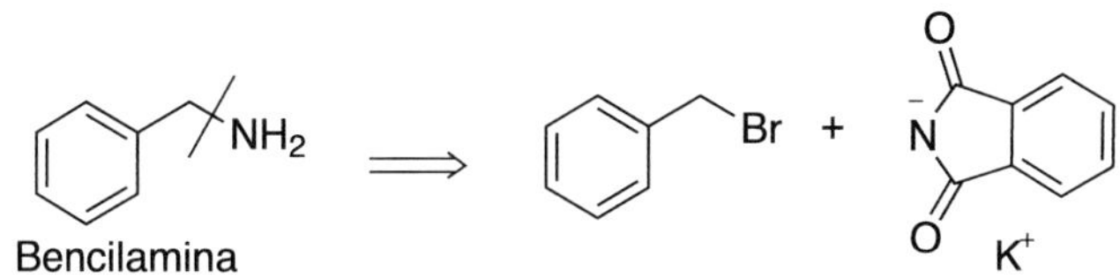

El procedimiento sería el siguiente:

1. Desprotonación de la ftalimida para formar el anión ftalimida.
2. Ataque nucleofílico del anión ftalimida al haluro de bencilo.
3. Hidrólisis.

1.

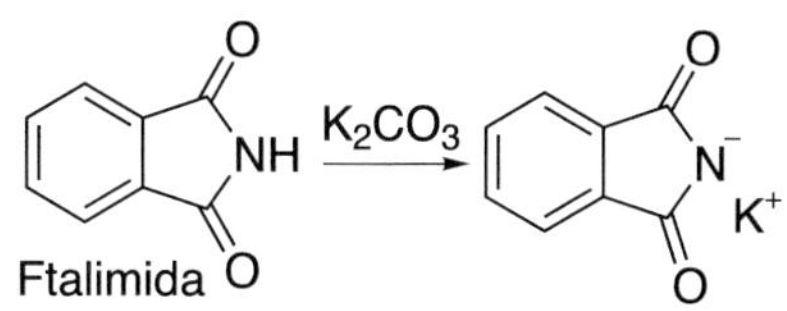

2.

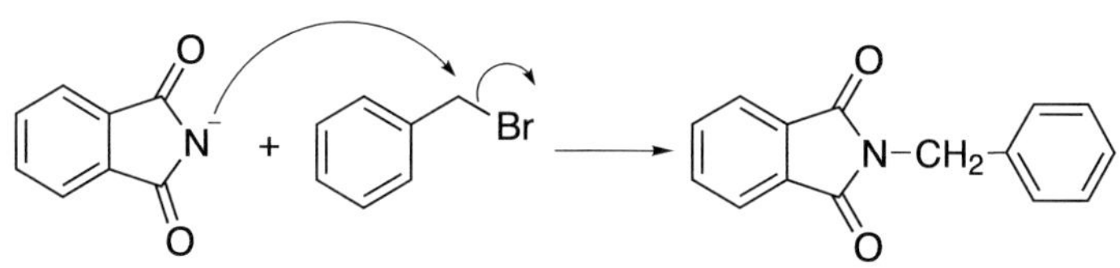

3.

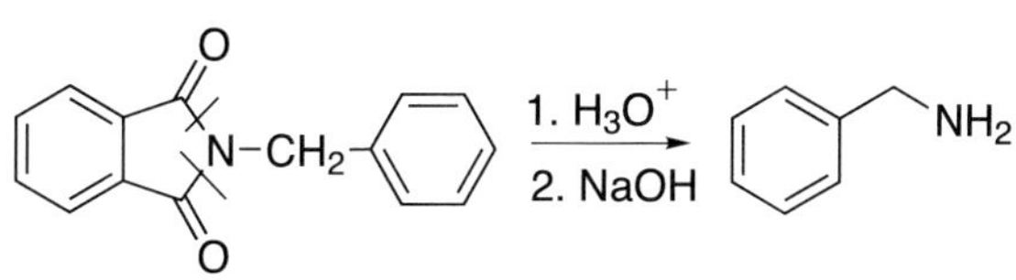

12.14. Completa las reacciones indicando la estructura de los compuestos A, B y C.

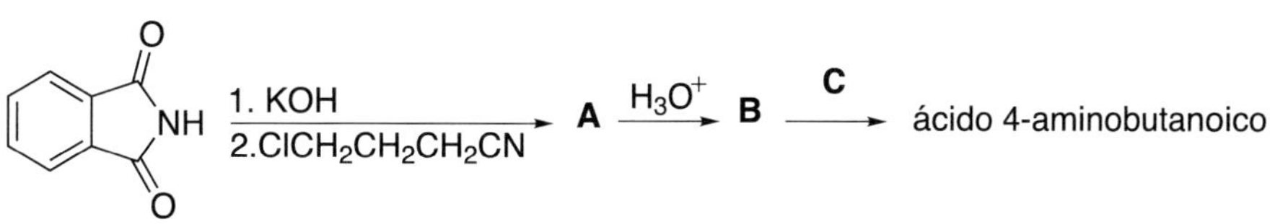

12.15. Propón un método para preparar anfetamina, un estimulante que incrementa las reacciones de alerta y disminuye el apetito, utilizando la síntesis de Gabriel.

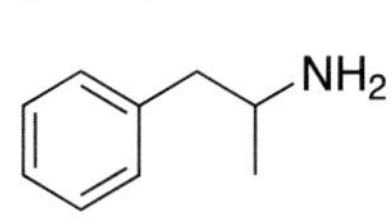

Anfetamina

12.4.4. Transposición de Hofmann

Mediante esta reacción se efectúa la conversión de una amida primaria en una amina primaria de un carbono menos, con pérdida del carbono carboxílico.

$$RCONH_2 + Br_2/OH^- \longrightarrow RNH_2$$

FIGURA 12.26. Transposición de Hofmann.

Ejercicio resuelto

Diseña síntesis para los siguientes compuestos empleando ácido 3-metilbutanoico como material de partida.

a) $(CH_3)_3CH\text{-}CH_2\text{-}NH_2$
b) $(CH_3)_3CH\text{-}CH_2\text{-}CH_2\text{-}NH_2$
c) $(CH_3)_3CH\text{-}CH_2CH_2CH_2NH_2$

Solución

a)

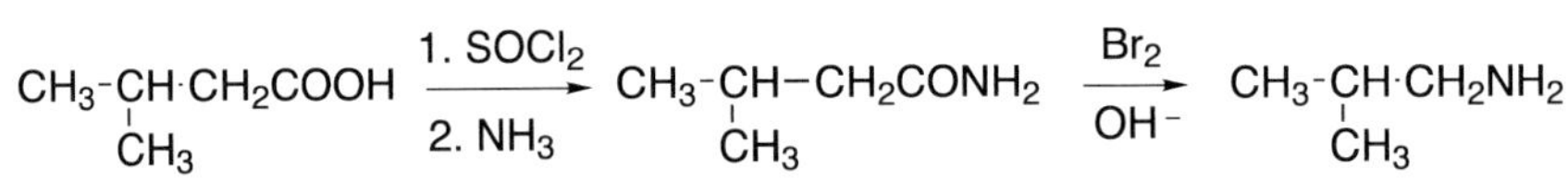

b)

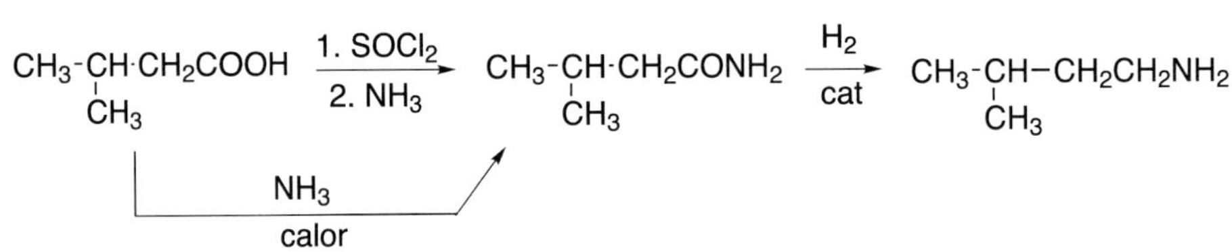

c)

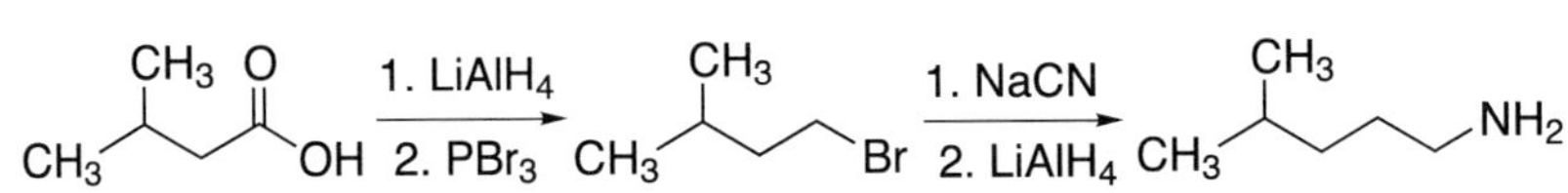

12.16. *a)* ¿Cómo prepararías *N*-metilhexanamina a partir de la hexanamina?
b) La *N*-metilhexanamina también se puede obtener utilizando *N*-hexilmetanamida como compuesto de partida. Muestra cómo llevarías a cabo la transformación.

12.17. Muestra cómo pueden sintetizarse los siguientes compuestos:

a) Ciclohexiletilamina a partir de acetonitrilo y ciclohexanona.
b) Ph-$CH_2NHCOCH_2CH_2COOH$ a partir de bencilamina.
c) Butilpropilamina a partir de butilamina y anhídrido propiónico.
d) 3-Metilbutamina a partir de anhídrido ftálico y 1-bromo-3-metilbutano.

12.18. Indica los reactivos para efectuar las siguientes transformaciones:

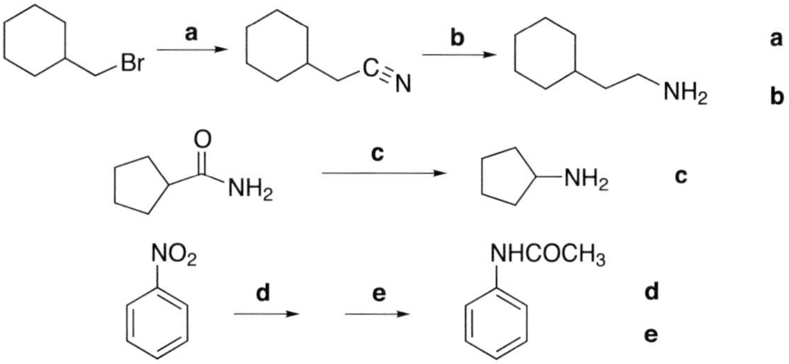

12.5. Sales de amonio cuaternario. Eliminación de Hofmann

Las aminas sufren alquilación exhaustiva con haluros de alquilo mediante un mecanismo S_N2, para dar *sales de amonio cuaternario*, en las que los cuatro hidrógenos del ion amonio se encuentran sustituidos por grupos alquilo.

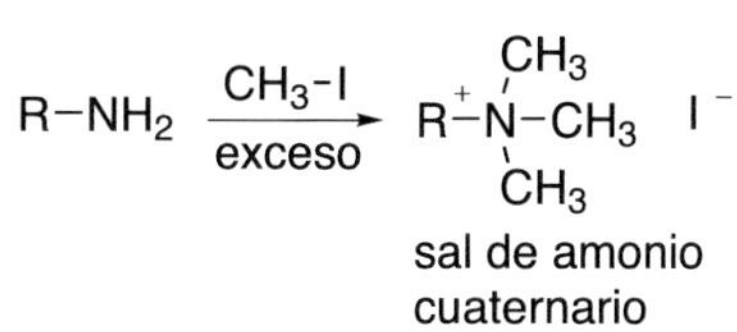

FIGURA 12.27. Metilación exhaustiva de una amina.

Las sales de amonio cuaternario son importantes en los procesos biológicos. Una de las sales de amonio más abundantes en la naturaleza es la colina, presente en los fosfolípidos, que interviene en varios procesos metabólicos y es precursora de la acetilcolina. La muscarina, que se encuentra en el hongo Amanita muscaria, es una neurotoxina relacionada estructuralmente con la acetilcolina.

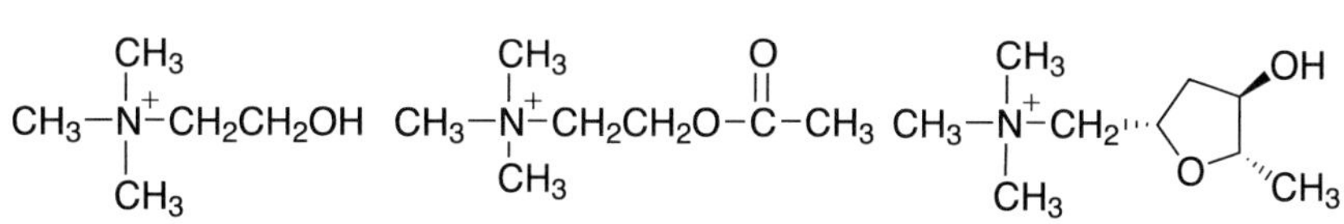

Colina Acetilcolina Muscarina

12.19. El bromuro de decametonio es utilizado en cirugía como relajante muscular. Actúa inhibiendo la enzima acetilcolinesterasa, de esta manera evita la destrucción de la acetilcolina, interfiriendo en la transmisión del impulso nervioso.

Muestra cómo sintetizarías el bromuro de decametonio a partir de una diamina y un haluro de alquilo.

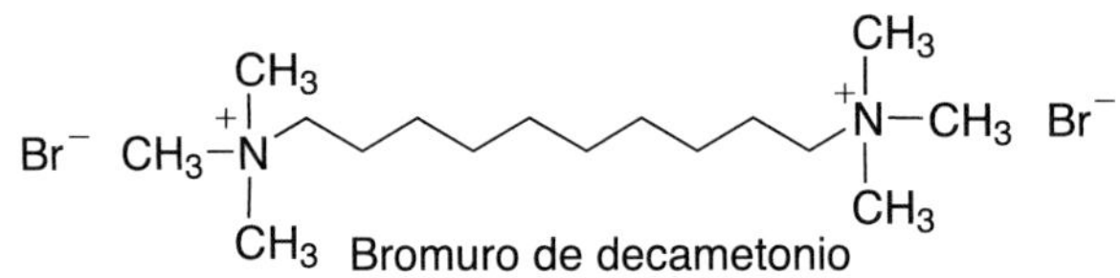

La conversión del grupo amino en un grupo amonio permite reemplazar un mal grupo saliente en un buen grupo saliente y dar reacciones de sustitución y eliminación.

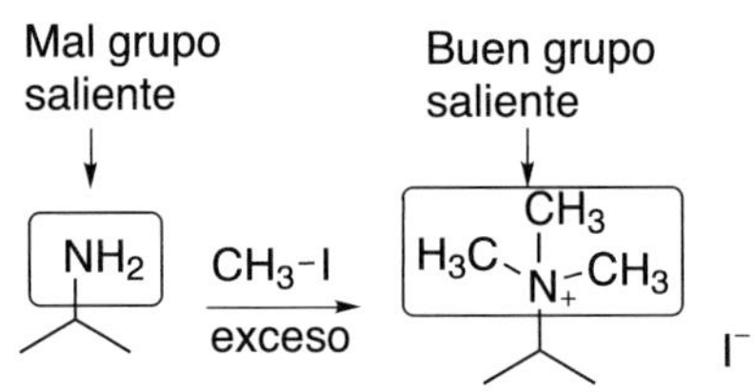

FIGURA 12.28. Conversión del grupo amonio, mal grupo saliente, en catión amonio, buen grupo saliente.

- *Eliminación de Hofmann*

En esta transformación se obtienen alquenos a partir de haluros de amonio.
Para llevar a cabo la eliminación se siguen los siguientes pasos:

1. Se realiza una metilación exhaustiva de la amina hasta la sal de amonio.
2. Al tratar el haluro de amonio con óxido de plata húmedo, se transforma el haluro en hidróxido. La función del óxido de plata es intercambiar el ion haluro por ion hidróxido.
3. La calefacción del hidróxido da lugar a la eliminación E2, con producción de alquenos.

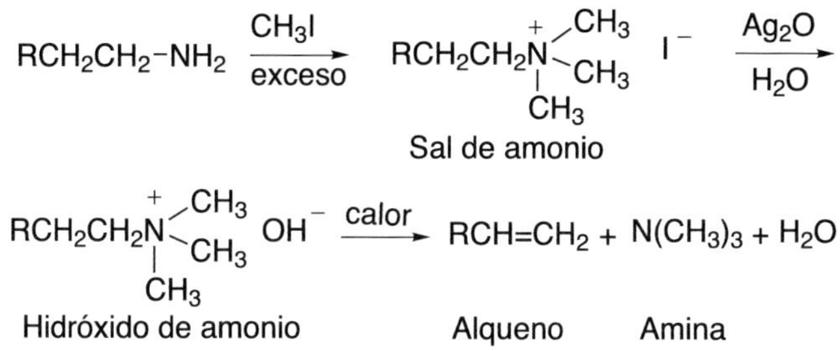

FIGURA 12.29. Eliminación de Hofmann.

- *Mecanismo*

El ion hidróxido actúa como base arrancando un protón del carbono β y el nitrógeno positivo actúa como grupo saliente.

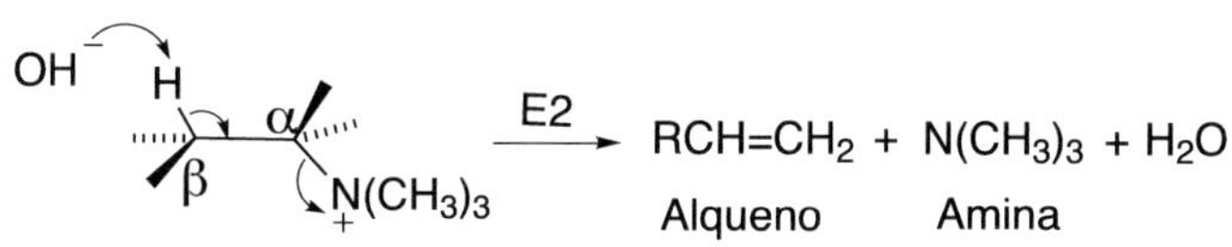

FIGURA 12.30. Mecanismo de la eliminación.

Cuando hay posibilidad de formación de más de un alqueno, se obtiene mayoritariamente el *alqueno menos sustituido*, perdiéndose el hidrógeno del carbono en posición β que más hidrógenos tiene.

La regioselectividad es opuesta a la *eliminación de Sayztev* de los haluros de alquilo, en la que se obtiene el alqueno más sustituido.

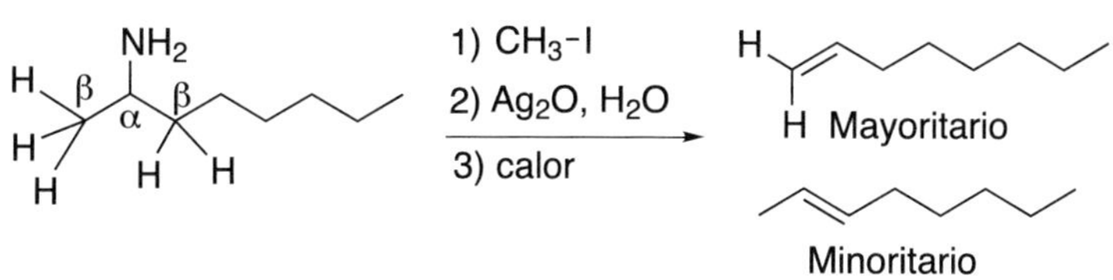

FIGURA 12.31. Regioselectividad en la eliminación de Hofmann.

Ejercicio resuelto

El bromuro de butiltrimetilamonio se trata con Ag_2O y agua para formar hidróxido de butiltrimetilamonio. El calentamiento posterior conduce a 1-buteno.

a) Escribe la reacción.
b) ¿Por qué la eliminación solo se produce con hidróxido de amonio y no con el haluro de amonio inicial?

Solución

a)

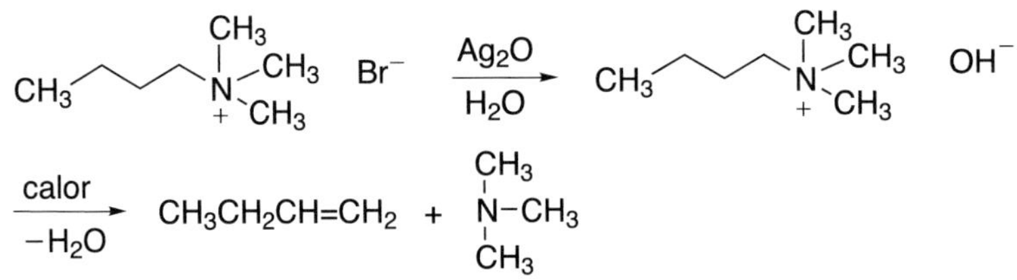

b) La eliminación solo se produce por calentamiento del hidróxido de amonio, ya que el bromuro no es lo suficientemente básico para arrancar el hidrógeno del carbono en β y el hidróxido sí.

Ejercicio resuelto

Escribe el alqueno mayoritario que obtendrías en una eliminación de Hofmann a partir de la *N*-etilpropanamina

Solución

Para dibujar el producto principal consideramos las posiciones α y β. Eliminamos un hidrógeno del carbono β que más hidrógenos tiene, para dar el alqueno menos sustituido.

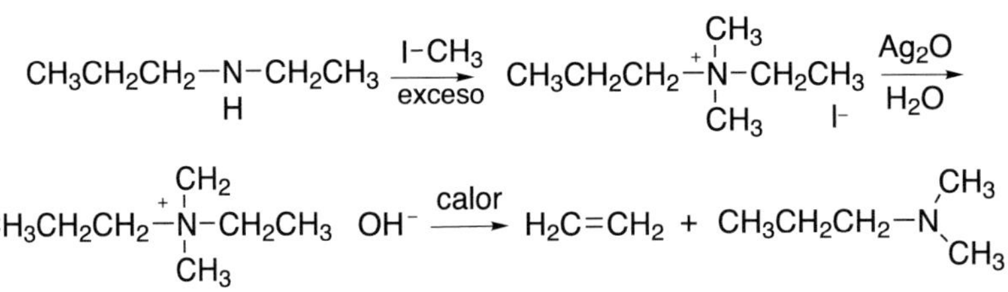

12.20. Completa el proceso que se muestra a continuación y justifícalo mediante un mecanismo de reacción.

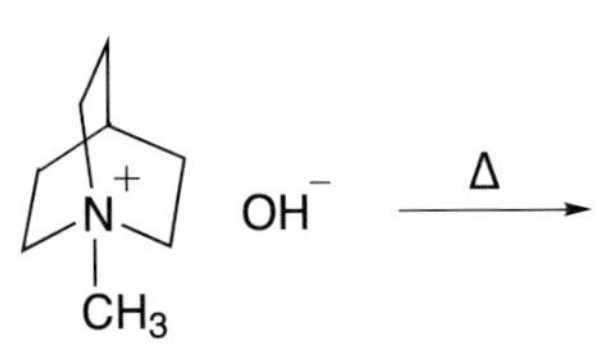

12.21. Indica la estructura del alqueno que se puede formar en la eliminación de Hofmann de la 2-butanamina.

12.22. Escribe los compuestos que se aíslan cuando se calienta el producto que se obtiene al tratar ioduro de *N,N*-dimetilpiperidinio con óxido de plata húmedo.

Ejemplo de aplicación en ciencias de la salud. Sales de amonio, estrategia para la modulación de la localización de fármacos a nivel del sistema nervioso central

La distribución de un fármaco en los diferentes líquidos del organismo está influenciada por las barreras de su entorno y por la presencia de moléculas que puedan modificar la concentración del fármaco libre. Los fármacos de naturaleza iónica (por ejemplo, sales de amonio cuaternario), atravesarán difícilmente las membranas lipídicas. Esta propiedad puede aprovecharse para limitar su distribución, por ejemplo a nivel del SNC.

La barrera hematoencefálica (BHE) es una barrera particularmente difícil para los compuestos que no posean la suficiente lipofilia. De esta manera, al cuaternizar el átomo de nitrógeno de ciertas aminas, pueden desaparecer efectos adversos que producen a nivel del SNC, como consecuencia de su paso a través de la barrera hematoencefálica. En este contexto, cabe citar las modificaciones estructurales llevadas a cabo sobre los alcaloides anticolinérgicos *atropina* y *atroscina*, el alcaloide *fisostigmina*, un agonista colinérgico y *antihistamínicos* H_1.

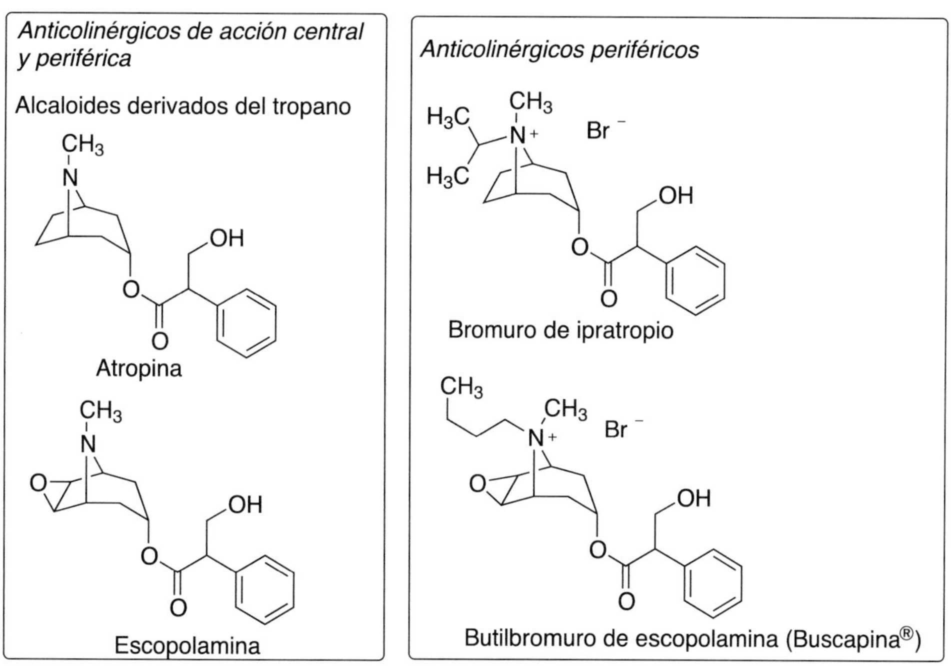

FIGURA 12.32. Anticolinérgicos de acción central y periférica.

Los alcaloides *atropina* y *atroscina*, al atravesar la barrera hematoencefálica, producen efectos indeseables, como taquicardia y visión borrosa. Con el objeto de eliminar las acciones centrales y reforzar la acción antiespasmódica periférica, se han diseñado análogos estructurales en forma de sales de amonio cuaternario, que permiten limitar la distribución y concentrar la acción del fármaco a nivel periférico. Entre ellos se encuentran el *bromuro de ipratropio*, análogo del alcaloide atropina, en el que se ha introducido un grupo isopropilo en el átomo de nitrógeno, y el *n-butilbromuro de escopolamina*, análogo del alcaloide *atroscina* (forma racémica de la escopolamina), en el que se ha introducido un radical butilo. Presentan una absorción sistémica escasa y se usan en el tratamiento de úlceras gastrointestinales (asociados a antiácidos para prolongar su acción), así como en todos aquellos trastornos que requieren una reducción de las secreciones y la contracción de la fibra lisa en general (figura 12.32).

La *fisostigmina* es un alcaloide agonista colinérgico indirecto, por inhibición reversible de la enzima acetilcolinesterasa. Posee efectos secundarios importantes, consecuencia de su paso a través de la BHE. Con la finalidad de reducirlos, se han diseñado análogos, como el *bromuro de neostigmina* y el *bromuro de piridostigmina*, fármacos empleados en el tratamiento de la *miastenia gravis*. Desde el punto de vista estructural, se caracterizan por la presencia de una sal de amonio cuaternario, que impide que atraviesen la barrera hematoencefálica y su acceso al SNC, con la consiguiente eliminación de efectos secundarios de tipo central (figura 12.33).

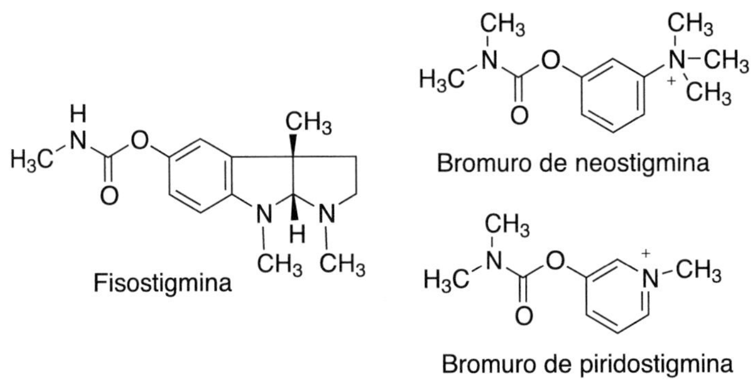

FIGURA 12.33. Impedimento del acceso al SNC mediante formación de sales de amonio cuaternario.

La *histamina* es la amina biógena más difundida. Ejerce sus efectos fisiológicos por interacción con, al menos, tres tipos de receptores específicos denominados H_1, H_2 y H_3. Los antihistamínicos H_1 producen el bloqueo de los receptores H_1, cuya estimulación es responsable del desencadenamiento de los fenómenos de tipo alérgico. Los efectos secundarios de somnolencia o sedación que producen se atribuyen a su capacidad para atravesar la barrera hematoencefálica, dando lugar a un bloqueo de los receptores H_3, que se localizan fundamentalmente en el sistema nervioso central. Actualmente, la investigación de antagonistas H_1 va dirigida a la búsqueda de antialérgicos carentes de efectos sedantes. Una de las estrategias consiste en la limitación de su acceso al SNC, reduciendo la capacidad para atravesar la BHE. Ejemplos ilustrativos de antihistamínicos desprovistos de actividad sedante, por atravesar escasamente la BHE, son el *astemizol*, en el que la porción de guanidina le confiere una gran basicidad y la mayor parte de sus moléculas se encuentran protonadas a pH fisiológico y la *terfenadina*, que posee tres grupos polares (dos grupos hidroxilo y un nitrógeno piperidínico protonado). La reducción de la capacidad de los compuestos para atravesar la BHE también puede llevarse a cabo mediante la formación de *zwitteriones* (sales internas). Un ejemplo representativo lo podemos encontrar en la *acrivastatina*, con una función carboxílica que lo convierte en un zwitterion (figura 12.34).

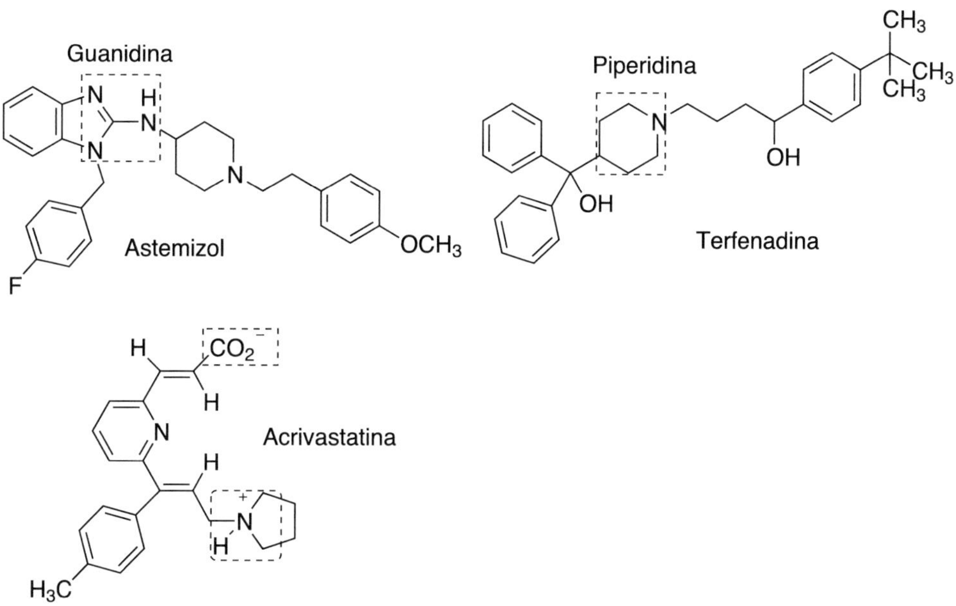

FIGURA 12.34. Farmacomodulación de antihistamínicos H_1.

RESUMEN

1. *Definición. Estructura molecular y propiedades.*
   Las aminas son compuestos nitrogenados derivados del amoniaco por sustitución de uno, dos o tres de los tres átomos de hidrógeno por radicales hidrocarbonados.

   Hibridación sp^3 sobre el átomo de N.
   Geometría: pirámide de base triangular.
   Propiedades físicas (punto de ebullición, solubilidad): relacionadas con su capacidad de formar puentes de hidrógeno.
2. *Reactividad.*

Nitrógeno → Carácter básico y nucleófilo.

2.1. Comportamiento ácido-base.

A) BASICIDAD
Con ácidos forman sales de amonio.

$RNH_2 + HCl \longrightarrow RNH_3^+ Cl^-$ (cloruro de amonio cuaternario)

- *Aminas alifáticas:* más básicas que el amoniaco.
- *Aminas aromáticas:* menos básicas que el amoniaco.

B) ACIDEZ
Aminas primarias y secundarias se comportan como ácidos frente a bases más fuertes que ellas.

$R_2NH + BuLi \longrightarrow R_2N^-Li^+$ (Dialquilamiduro de litio)

2.2. Comportamiento nucleofílico.

2.2.1. N-alquilación.

Con agentes alquilantes → sales de alquilamonio (S_N2)

$RNH_2 + R-X \longrightarrow RR\,NH_2^+ X^-$ (sal de alquil amonio)
$RR\,NH_2\ X^- + NaOH \longrightarrow RR\,NH$ (amina)

Alquilación exhaustiva: alquilaciones adicionales (*polialquilación*) → mezcla de sales de alquilamonio y alcanaminas

2.2.2. N-acilación

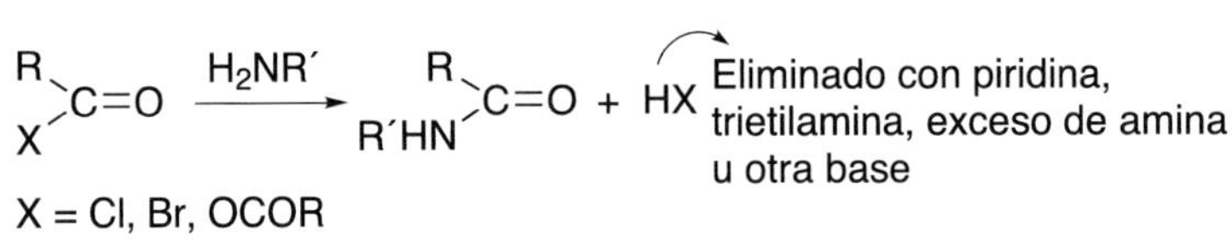

2.2.3. N-sulfonilación (Ensayo de Hinsberg)

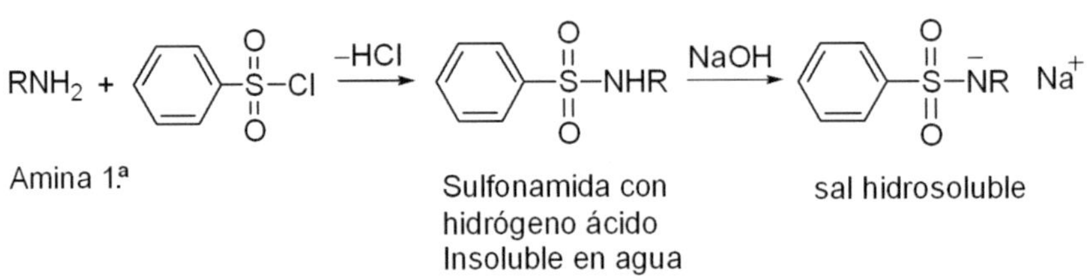

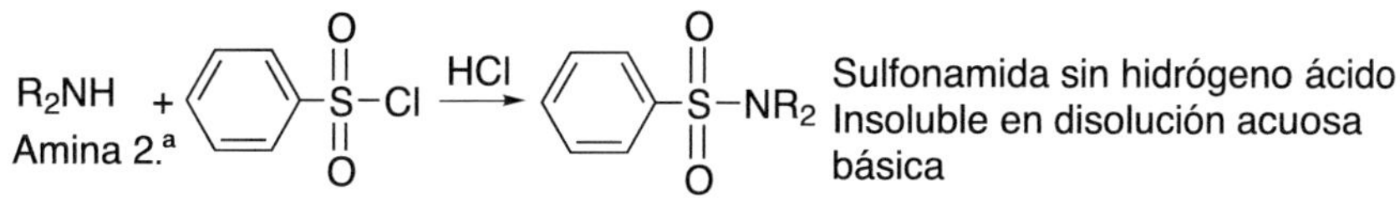

Aminas terciarias: los compuestos que se obtienen no son estables.

2.2.4. Nitrosación de aminas.

Reacciones de las aminas con el ácido nitroso (HNO_2) generado *in situ.*
Agente nitrosante: *ión nitrosonio.*

- *Aminas primarias* (diazotación).

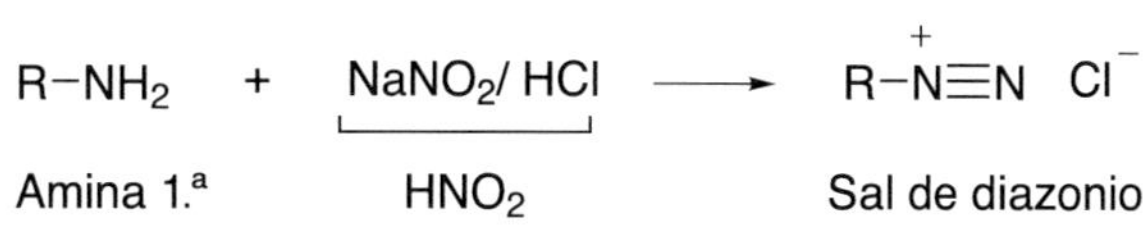

Aminas alifáticas: iones diazonio inestables, pierden nitrógeno.
Aminas aromáticas: iones diazonio más estables.

- *Aminas secundarias.*

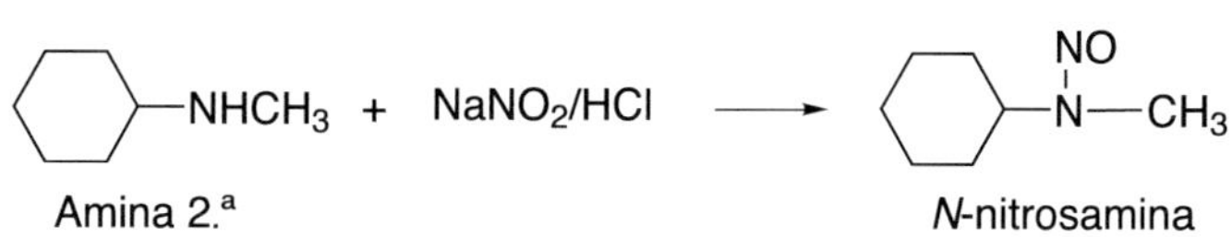

3. *Síntesis de aminas.*

3.1. Reacciones de reducción.

- Reducción de nitrilos y amidas.

RCN + $LiAlH_4$ o H_2/cat ⟶ RCH_2NH_2 (amina primaria)
$RCONH_2$ + $LiAlH_4$ o H_2/cat ⟶ RCH_2NH_2

- Reducción de nitrocompuestos → Aminas primarias.

RNO_2 + Zn,Sn o Fe / H^+ ⟶ RNH_2

- Aminación reductiva.

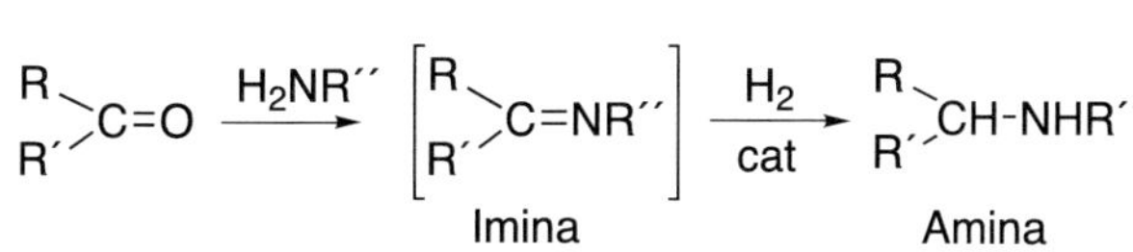

3.2. Reacción con haluros de alquilo (S_N2).

Inconveniente: polialquilación.

$$\underset{\text{Amoniaco}}{NH_3} + R{-}X \longrightarrow RNH_3^+\ X^- \xrightarrow{NaOH} \underset{\text{Amina 1.ª}}{RNH_2}$$

$$\underset{\text{Amina 1.ª}}{RNH_2} + R{-}X \longrightarrow R_2NH_2^+\ X^- \xrightarrow{NaOH} \underset{\text{Amina 2.ª}}{R_2NH}$$

3.3. Transposición de Hofmann → Amina primaria de un C menos.

$$RCONH_2 + Br_2/OH^- \longrightarrow RNH_2$$

3.4. Síntesis de Gabriel → Amina primaria.

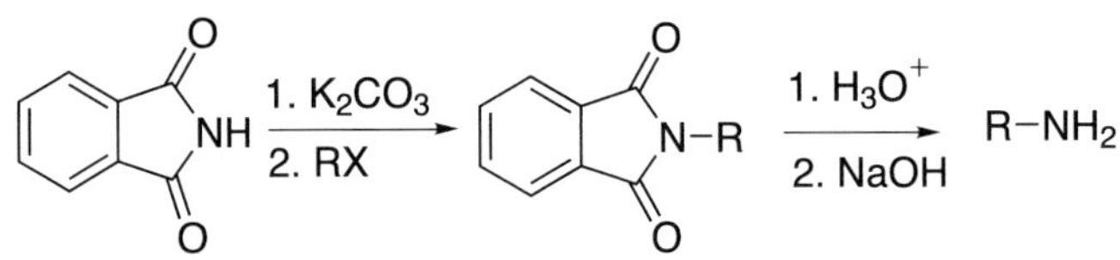

4. *Sales de amonio cuaternario. Eliminación de Hofmann.*

Eliminación de Hofmann: alqueno menos sustituido (mayoritario).

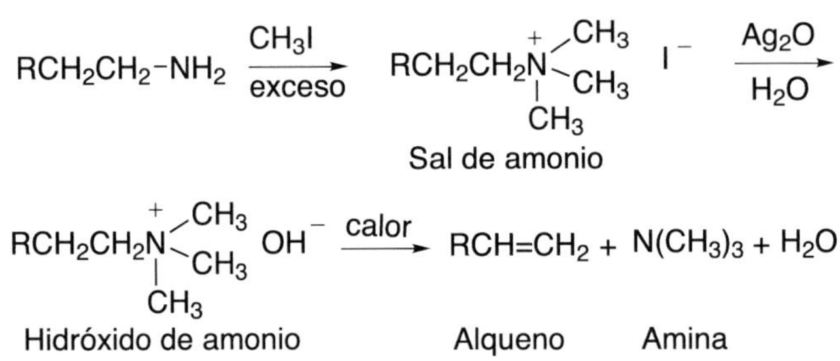

13

QUÍMICA DEL BENCENO

INTRODUCCIÓN

El benceno (C_6H_6) es un hidrocarburo, cabeza de una clase de sustancias conocidas como *compuestos aromáticos.* Muchos compuestos aromáticos presentes en la naturaleza poseen estructuras sencillas en las que se encuentra el anillo de benceno, como el *benzaldehído,* aislado de las almendras amargas; o el *alcohol bencílico* y el *ácido benzoico* componentes de la goma de la benzoína, bálsamo aromático que se obtiene del benjuí *(Stirax benzoin).*

El capítulo comienza con una revisión de las propiedades electrónicas y estructurales de la molécula de benceno y se analiza el origen de su estabilidad inusual, la *aromaticidad.* Se examinará un importante tipo de reacciones que permite funcionalizar el anillo bencénico: la *sustitución electrofílica aromática* (S_EAr). En primer lugar se estudia su mecanismo. A continuación, se presentan las sustituciones electrofílicas más habituales en el benceno. Seguidamente, se estudia el efecto de los sustituyentes presentes en el anillo sobre la reactividad y la regioselectividad en la reacción. También, se abordan otras reacciones del benceno, como la *sustitución nucleofílica aromática,* la *reducción* y *la oxidación.* Por último, se describe la química de las *sales de arenodiazonio* y su utilidad como intermedios sintéticos.

Objetivos para el aprendizaje

- ✓ Explicar las distintas teorías sobre la estructura del benceno.
- ✓ Definir el fenómeno de la aromaticidad y determinar si una molécula es aromática.
- ✓ Dibujar el mecanismo de una sustitución electrofílica aromática (S_EAr).
- ✓ Aplicar las reacciones de S_EAr comunes, halogenación, nitración y sulfonación, para transformar el anillo bencénico y proponer sus mecanismos.
- ✓ Reconocer un nuevo tipo de reacciones para la formación de enlaces C-C en los compuestos aromáticos: las reacciones de S_EAr de Friedel-Crafts.
- ✓ Definir el carácter activante o desactivante y orientador *orto-para* o *meta* para la S_EAr, de sustituyentes presentes en anillos bencénicos.
- ✓ Determinar el resultado regioquímico en bencenos monosustituidos, disustituidos y polisustituidos, frente a una reacción de S_EAr.
- ✓ Planificar síntesis para anillos de benceno disustituidos o polisustituidos teniendo en cuenta el orden en que se deben introducir los sustituyentes.
- ✓ Definir una reacción de sustitución nucleofílica aromática (S_NAr) y proponer un mecanismo.
- ✓ Saber aplicar criterios para determinar cuándo se produce una sustitución nucleofílica aromática (S_NAr).
- ✓ Predecir productos que resultan de la oxidación y reducción de la cadena lateral del benceno.
- ✓ Predecir los productos de reducción del benceno.
- ✓ Emplear las sales de diazonio para obtener halobencenos, benzonitrilos y fenoles.
- ✓ Obtener azocompuestos por reacciones de acoplamiento.
- ✓ Utilizar grupos de bloqueo para controlar la regioquímica de la S_EAr.

Glosario

Acilación de Friedel-Crafts: acilación del anillo bencénico por ataque electrofílico de un catión acilio.

Alquilación de Friedel-Crafts: introducción de cadenas alquílicas en el benceno por reacción con carbocationes.

Compuesto aromático: compuesto que contiene un anillo planar de orbitales superpuestos con $4n+2$ electrones π.

Compuesto aromático heterocíclico: presenta anillos aromáticos con heteroátomos (elementos distintos del carbono).

Diazotación de una amina: reacción de una amina primaria con ácido nitroso para formar una sal de diazonio.

Grupo activante: sustituyente que aumenta la reactividad del anillo aromático. Por lo general frente a la sustitución electrofílica aromática.

Grupo desactivante: sustituyente que disminuye la reactividad del benceno.

Ion halonio: ion con carga positiva (o carga positiva parcial) en un átomo de halógeno.

Reacción de Sandmeyer: sustitución del grupo diazonio por un halógeno o un grupo ciano, utilizando sales de cobre.

Sustitución electrofílica aromática: sustitución de los hidrógenos de un anillo aromático por una especie electrófila, conservando la aromaticidad.

Sustitución nucleofílica aromática: reemplazamiento de un grupo saliente de un anillo aromático por un nucleófilo.

13.1. Estructura del benceno: aromaticidad

La fórmula molecular del benceno C_6H_6 sugiere una estructura de ciclohexatrieno; sin embargo, su comportamiento no es el típico de un trieno. Hay una serie de hechos experimentales que lo indican:

- Si el benceno fuera un 1,3,5-ciclohexatrieno, la *longitud de los enlaces* mostraría la alternancia entre los dobles enlaces y los enlaces sencillos. Experimentalmente, se ha observado que la longitud del enlace C-C es un valor intermedio entre un enlace sencillo y uno doble.
- El benceno no es especialmente reactivo, en particular no presenta las reacciones de adición típicas de los alquenos.
- Midiendo los calores de hidrogenación resulta evidente que el benceno es mucho más estable que un trieno cíclico con alternancia de enlaces dobles y sencillos. El calor de hidrogenación del benceno es de –49,8 kcal/mol, unas 36 kcal/mol inferior al que se podría esperar para el 1,3,5-ciclohexatrieno. El benceno es, pues, 36 kcal/mol más estable. Este valor recibe el nombre de energía de resonancia del benceno y es un reflejo de la estabilización del sistema aromático asociada a la aromaticidad.

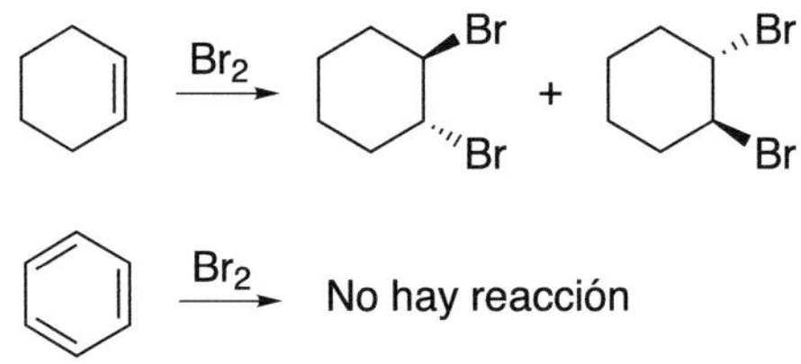

FIGURA 13.1. Comportamiento químico del benceno.

- *Teoría de la resonancia*

La estructura del benceno podría explicarse por la contribución idéntica de dos formas de resonancia. La estructura híbrida se representa con un círculo dentro del hexágono. Esta forma es la que se suele utilizar para evitar dibujar estructuras de resonancia. Sin embargo, cuando se trata de interpretar la reactividad, se utiliza la estructura que muestra la insaturación y conjugación.

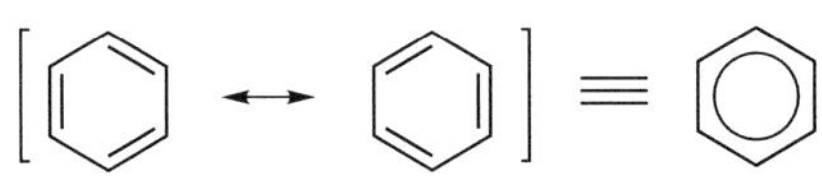

FIGURA 13.2. Representación de la mesomería del benceno.

- *Teoría de los orbitales moleculares*

Permite racionalizar completamente la estructura del benceno.

En el benceno todos los carbonos tienen hibridación sp^2 y cada orbital p se solapa de igual manera con sus dos vecinos. Los electrones deslocalizados forman una nube de electrones π por encima y por debajo del anillo. De acuerdo con este modelo, la molécula del benceno es un hexágono completamente simétrico con longitudes de enlace C-C iguales.

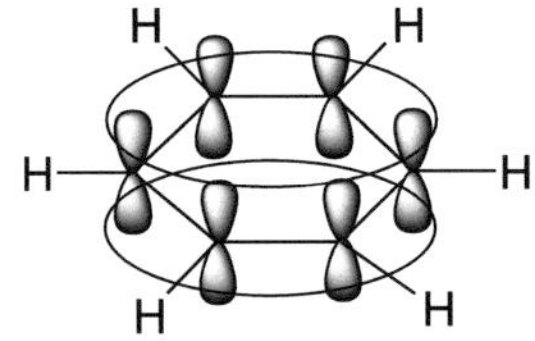

FIGURA 13.3. Orbitales moleculares en la molécula de benceno.

- *Criterios de aromaticidad*

Para que un compuesto se considere aromático debe obedecer los siguientes criterios:

1. Moléculas cíclicas, planas y conjugadas.
2. *Regla de Hückel.* Un anillo completamente conjugado de electrones π no es el único requisito que debe cumplir un compuesto para ser aromático. La regla de Hückel establece que para que un compuesto sea aromático el número del electrones del anillo debe ser igual a $4n+2$, donde n es un número entero (0, 1, 2, etc.).

En la figura 13.4 se muestran tres ejemplos de compuestos que no cumplen los criterios anteriormente expuestos y que, por lo tanto, no son aromáticos.

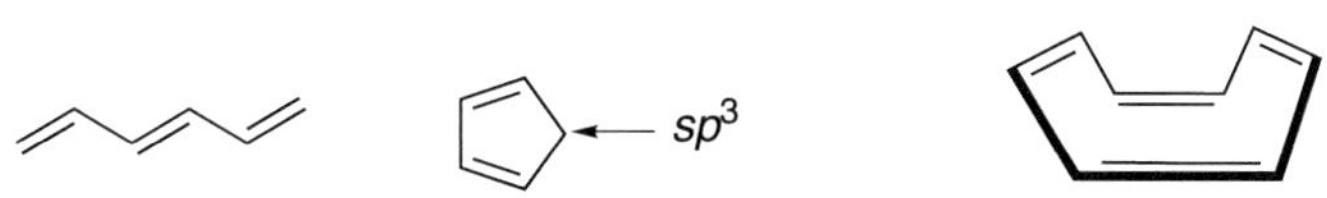

No es un anillo

No es un sistema continuo de orbitales *p*
No Hückel

La molécula no es plana, los orbitales *p* no se superponen
No Hückel

FIGURA 13.4. Ejemplos de compuestos que no cumplen criterios de aromaticidad.

Además del benceno, el concepto de *aromaticidad* puede extenderse a:

– *Compuesto aromático bencenoide*: contiene anillos de benceno fusionados o no.

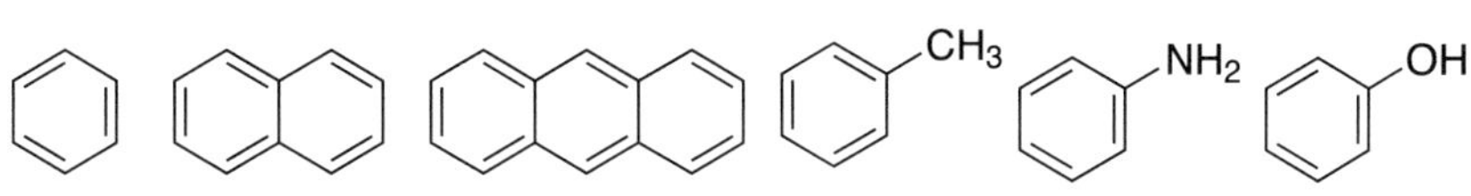

Benceno Naftaleno Antraceno Tolueno Anilina Fenol

FIGURA 13.5. Compuestos aromáticos bencenoides.

– *Compuesto aromático heterocíclico:* presenta anillos aromáticos con heteroátomos (elementos distintos del carbono).

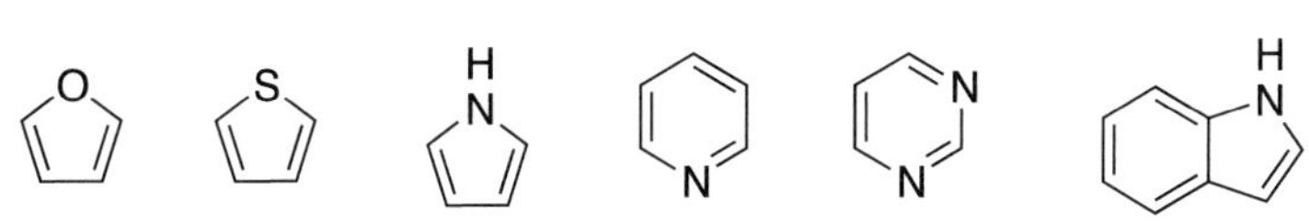

Furano Tiofeno Pirrol Piridina Pirimidina Indol

FIGURA 13.6. Compuestos aromáticos heterocíclicos.

Ejercicio resuelto

Entre los compuestos siguientes, ¿cuáles no presentan carácter aromático?

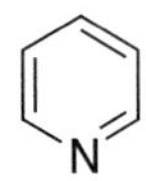
Piridina

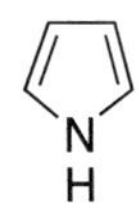
Pirrol

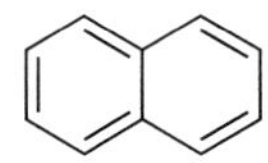
Naftaleno

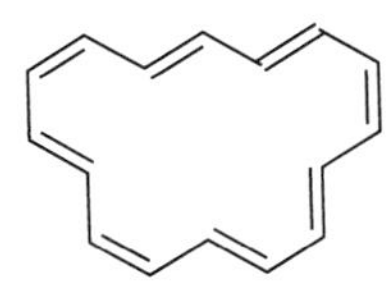
{16}-anuleno

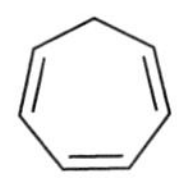
1,3,5-cicloheptatrieno

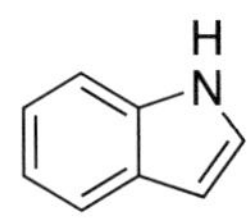
Indol

Anión ciclopentadienilo

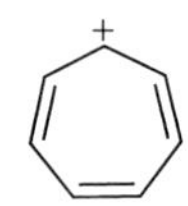
Catión tropilio

Solución

- La piridina cumple los criterios de aromaticidad. Presenta un sistema continuo de orbitales *p* y cumple la regla de Hückel (seis electrones π, n = 1). El par de electrones solitario del nitrógeno no forma parte del sistema conjugado y puede actuar como una base.
- El pirrol también es aromático. Para que el anillo logre el sistema de orbitales *p* superpuestos, el par solitario ocupa un orbital *p* y el átomo de nitrógeno tiene hibridación sp^2.
- El naftaleno está formado por la fusión de dos anillos de benceno. Tiene un sistema π conjugado y cíclico, con un solapamiento de los orbitales *p* de los átomos de carbono. El número de electrones π (10 electrones) cumple la regla de Hückel (n = 2).
- El indol contiene un nitrógeno parecido al pirrol que contribuye con dos electrones π.
- El anión ciclopentadienilo es un compuesto cíclico, plano y tiene un sistema continuo de orbitales *p* superpuestos, ya que el par de electrones solitario ocupa un orbital *p*. Posee seis electrones π. Por lo tanto, cumple los criterios de aromaticidad.
- Análogamente, el catión tropilio posee un sistema continuo de orbitales *p* y seis electrones π y cumple ambos criterios para la aromaticidad.

No presentan carácter aromático los compuestos siguientes:

- {16}-anuleno: número de electrones π = 16. No cumple la regla de Hückel para que un compuesto sea aromático (número de electrones π = $4n + 2$, siendo n = número entero). En este caso, n = 3,5, que no es un número entero.
- 1,3,5-cicloheptatrieno: hidrocarburo cíclico con seis electrones π, pero no es aromático porque uno de los carbonos del anillo tiene hibridación sp^3, haciendo imposible la deslocalización electrónica a lo largo de todo el sistema.

13.1. ¿Cuál de los dos compuestos siguientes es más ácido? ¿Por qué?

13.2. Comprueba que se cumple la regla de Hückel en los anillos heterocíclicos furano y tiofeno.

13.2. Reacciones de sustitución electrofílica aromática (S_EAr)

La reacción más importante del benceno es la sustitución electrofílica aromática (S_EAr).

El benceno es un compuesto rico en electrones; por lo tanto, puede reaccionar con electrófilos. A diferencia de los alquenos y alquinos, se produce la sustitución de los hidrógenos del anillo por la especie electrófila, sustitución electrofílica aromática (S_EAr), y no una adición electrófila. Esta última solo tendría lugar a costa de destruir el sexteto cíclico de electrones, que es, precisamente, la causa de la estabilidad del benceno.

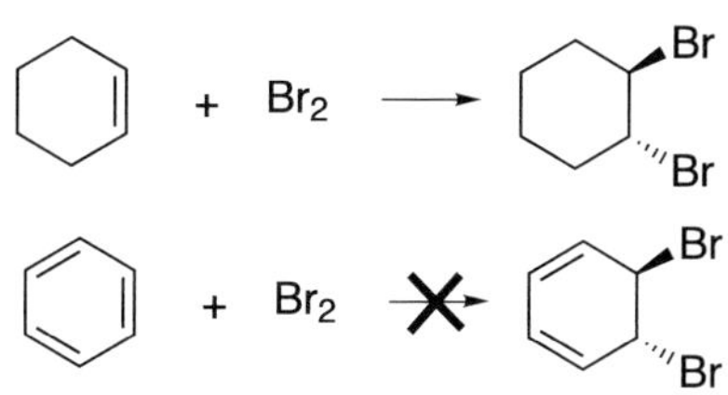

FIGURA 13.7. El benceno no da reacciones de adición electrofílica a diferencia de los alquenos.

Una S_EAr se representa en general de la siguiente manera:

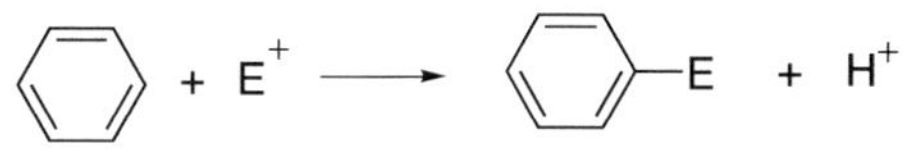

$E^+ = Br^+, NO_2^+, SO_3, R^+, RCO^+$

FIGURA 13.8. Sustitución electrofílica aromática.

La reacción de sustitución electrofílica aromática puede proporcionar halo- y nitrobencenos, ácidos bencenosulfónicos y derivados alquilados y alcanoilados.

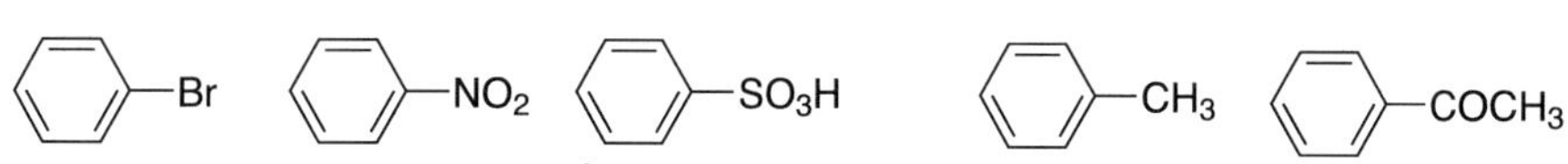

Bromobenceno Nitrobenceno Á. bencenosulfónico Tolueno Acetofenona

FIGURA 13.9. Productos de sustitución electrofílica sobre el benceno.

Los halógenos (normalmente en presencia de un ácido de Lewis), el ion nitronio (NO_2^+), generado en una mezcla de ácido nítrico y sulfúrico, el trióxido de azufre (SO_3), los carbocationes derivados de la protonación de alquenos y alcoholes (R^+) o los cationes acilio (RCO^+), que se obtienen en la reacción de un cloruro de ácido o un anhídrido con un ácido de Lewis, son ejemplos de *electrófilos* que reaccionan con sistemas aromáticos.

Cuando es necesario, se añaden *ácidos de Lewis* (cloración, bromación, reacciones de Friedel-Crafts), o *ácidos minerales* (nitración, sulfonación). Estos catalizadores aumentan el carácter electrófilo de los reactivos.

13.3. Todas las especies electrófilas del apartado anterior son cationes, excepto el trióxido de azufre, que es una molécula neutra. Justifica su carácter electrofílico.

13.2.1. Mecanismo de la sustitución electrofílica aromática

La reacción transcurre en dos etapas: un ataque electrofílico seguido de la pérdida del protón.

- 1.ª etapa. Los electrones π del benceno funcionan como un nucleófilo y atacan al electrófilo, formándose un enlace covalente entre este y un átomo de carbono del benceno. En esta etapa se obtiene un intermedio carbocatiónico, estabilizado por resonancia (*intermedio de Wheland o complejo sigma*).
- 2.ª etapa. El intermedio pierde un protón para regenerar el sistema aromático.

En el compuesto final, un átomo de hidrógeno es reemplazado por el electrófilo.

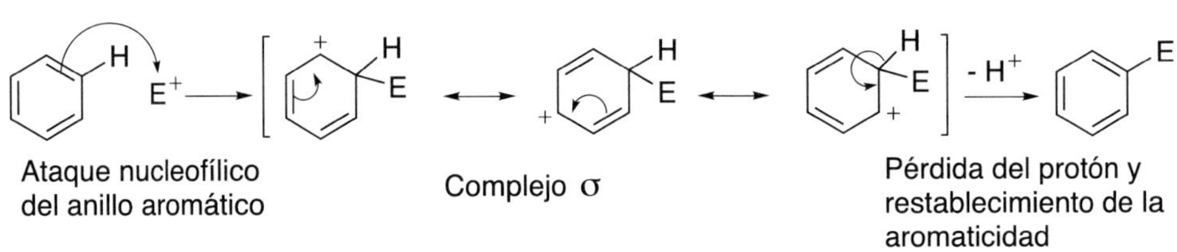

FIGURA 13.10. Mecanismo de la sustitución electrofílica aromática.

13.2.2. Reacciones de halogenación

Una sustitución electrofílica aromática típica es la sustitución de hidrógeno por halógeno.

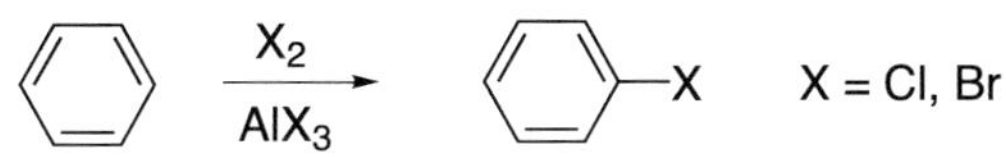

FIGURA 13.11. Halogenación del benceno.

Los halógenos no son suficientemente electrófilos. Si el anillo no está fuertemente activado, es necesario utilizar un *ácido de Lewis* (FeX_3, AlX_3, etc.), que se coordina con los electrones no enlazantes del halógeno y polariza el enlace, volviéndose uno de los átomos de halógeno más electrófilo y el otro mejor saliente. El complejo reacciona como si fuera un agente electrófilo X^+.

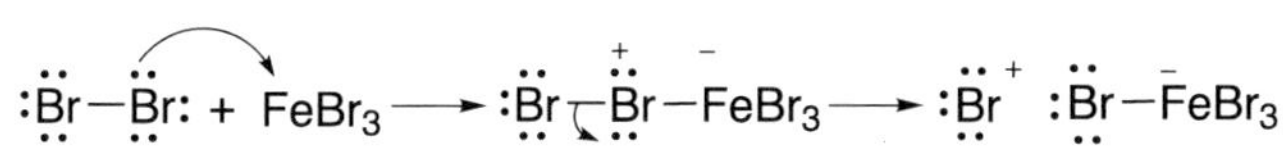

FIGURA 13.12. Utilización de un ácido de Lewis como catalizador para la preparación del electrófilo.

- *Mecanismo*

  - En una primera etapa, los electrones del benceno atacan al átomo de halógeno sobre el que se está desarrollando la carga positiva, formándose un enlace covalente entre el halógeno y un átomo de carbono del benceno, para generar el carbocatión intermedio. El segundo átomo de halógeno queda unido al ácido de Lewis.
  - En el siguiente paso, el complejo sigma es desprotonado, reestableciéndose la aromaticidad y regenerando el ácido de Lewis.

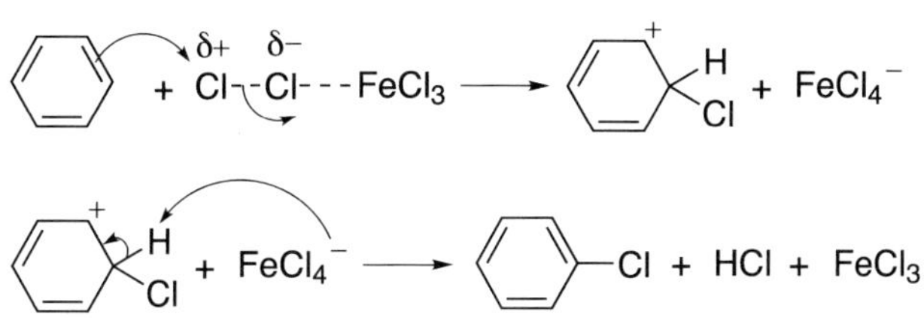

FIGURA 13.13. Mecanismo de la halogenación del benceno.

13.4. Escribe un mecanismo para la reacción del benceno con bromo y trifluoruro de boro en la que se obtiene bromobenceno, sabiendo que el agente electrófilo es el catión Br^+.

13.2.3. Reacciones de nitración

Al tratar el benceno con una mezcla de ácido nítrico y sulfúrico concentrados, se produce la sustitución de un hidrógeno del anillo de benceno por un grupo nitro.

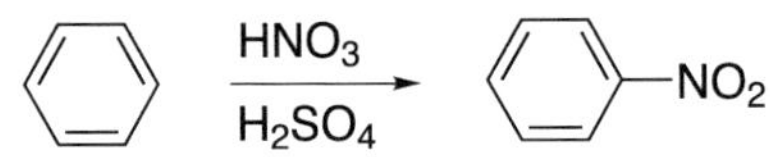

FIGURA 13.14. Esquema de la nitración del benceno.

El electrófilo de la reacción es el *ion nitronio,* NO_2^+.

La reacción del ion nitronio con el benceno transcurre por el mecanismo general de la S_EAr.

El catión nitronio se genera en el medio de reacción, mediante la protonación del ácido nítrico, seguida de la pérdida de agua.

$$HO\text{-}NO_2 + H\text{-}O\text{-}SO_3H \longrightarrow H_2O^+\text{-}NO_2 + HSO_4^-$$
$$H_2O^+\text{-}NO_2 \longrightarrow NO_2^+ \text{ (ion nitronio)} + H_2O$$

FIGURA 13.15. Formación del catión nitronio.

La nitración del benceno permite obtener de una manera sencilla anilina, ya que una vez introducido el grupo nitro, este puede reducirse para dar el grupo amino.

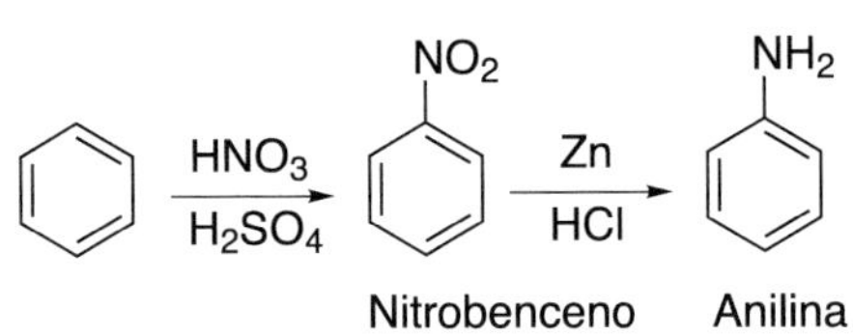

FIGURA 13.16. Síntesis de aminas aromáticas a partir del benceno.

13.2.4. Reacciones de sulfonación

Cuando se trata el benceno con sulfúrico fumante (mezcla de trióxido de azufre y ácido sulfúrico concentrado) se produce una reacción de sulfonación, obteniéndose ácido bencenosulfónico.

En este caso, el trióxido de azufre es suficientemente electrófilo para dar la S_EAr.

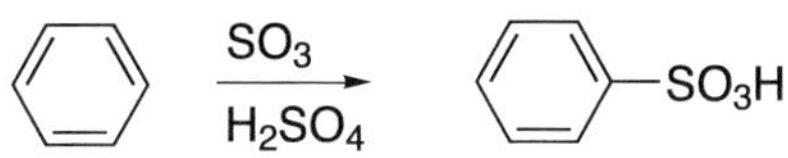

FIGURA 13.17. Esquema de la sulfonación del benceno.

La reacción de sulfonación transcurre más fácilmente si se emplea ácido sulfúrico fumante, porque la concentración de trióxido de azufre es mayor.

$$2\,H_2SO_4 \longrightarrow SO_3 + H_3O^+ + HSO_4^-$$

FIGURA 13.18. Formación del electrófilo (trióxido de azufre).

Ejercicio resuelto

Propón un mecanismo para la sulfonación del benceno.

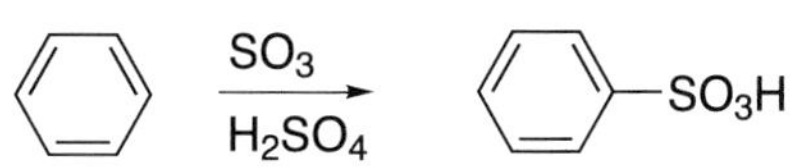

Solución

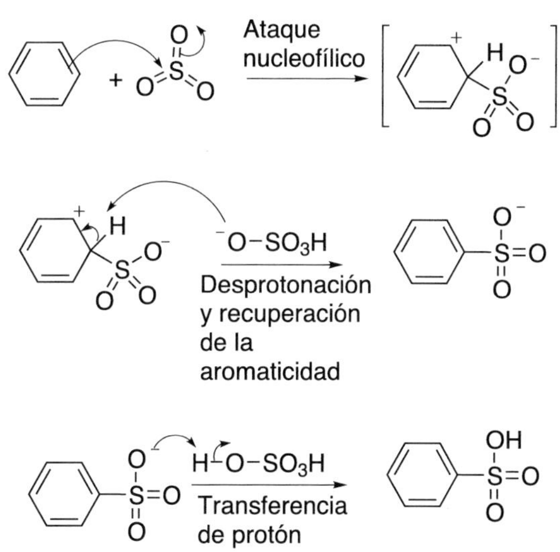

13.2.5. Reacciones de Friedel-Crafts

Son reacciones de *alquilación* y *acilación* de compuestos aromáticos. En la alquilación, el electrófilo es un carbocatión. En la acilación, un catión acilio.

A) Alquilación de Friedel-Crafts

Los electrófilos que pueden participar en sustituciones electrofílicas aromáticas no se reducen a halógenos, al catión nitronio o al trióxido de azufre. Los *carbocationes* (R^+) también constituyen una clase de electrófilos sumamente interesante. Su reacción conduce a la formación de un nuevo enlace C-C, introduciéndose cadenas alquílicas en el benceno.

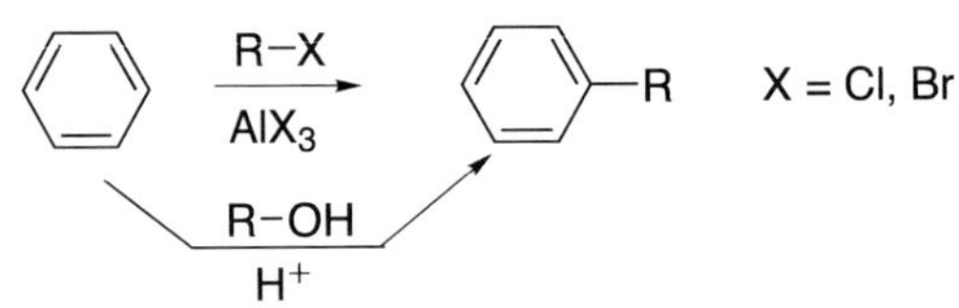

FIGURA 13.19. Reacción de alquilación de Friedel-Crafts.

Los métodos de generación de carbocationes pueden ser:

- Ionización de un haluro de alquilo.
- Protonación de un alcohol seguida de la pérdida de agua.
- Protonación de un alqueno.

Los principales inconvenientes de la reacción de alquilación son:

- *Polialquilación:* la alquilación activa el anillo aromático frente a posteriores sustituciones y se pueden obtener mezclas de productos.
- *Posibilidad de transposiciones:* el electrófilo es un carbocatión, susceptible de reordenamiento.

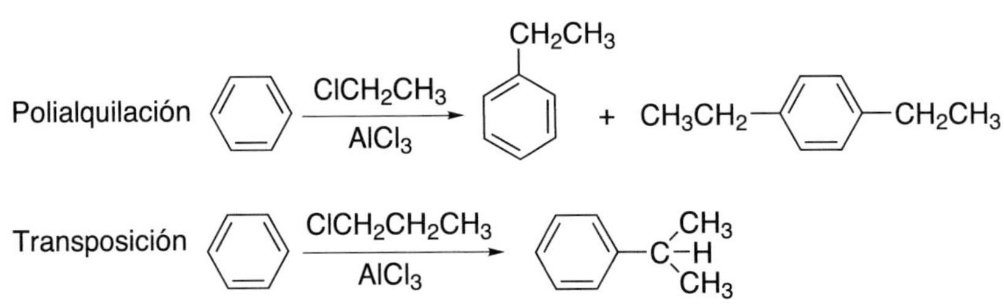

FIGURA 13.20. Problemas en la reacción de alquilación de Friedel-Crafts.

• *Mecanismo*

El haluro de alquilo no es lo suficientemente electrófilo. En presencia de un ácido de Lewis se convierte en un carbocatión, capaz de reaccionar con el benceno para dar una S_EAr.

El carbocatión es atacado por el anillo de benceno que funciona como un nucleófilo formándose el complejo sigma. La pérdida posterior del protón conduce al alquilbenceno.

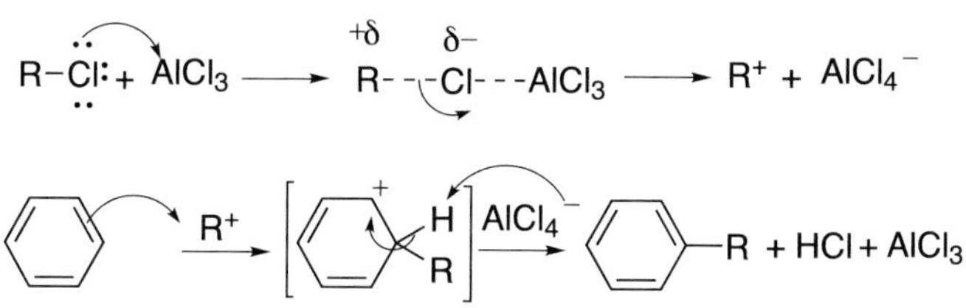

FIGURA 13.21. Mecanismo de la alquilación de Friedel-Crafts.

13.5. Dibuja un mecanismo para la siguiente transformación:

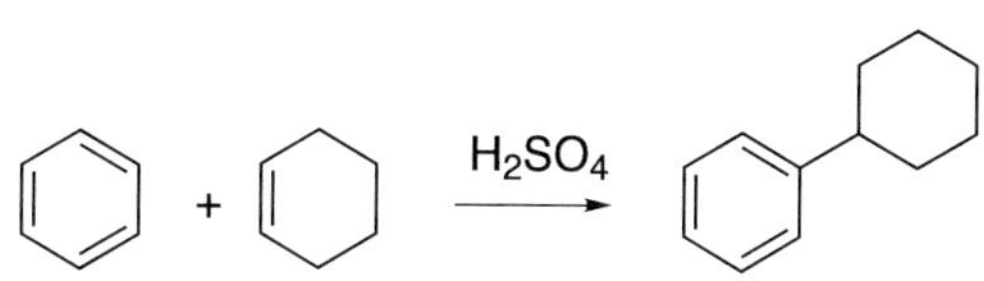

13.6. Señala la respuesta correcta.

La reacción del benceno con el cloruro de *terc*-butilo, en presencia de tricloruro de aluminio es un ejemplo de:

a) Reacción de sustitución aromática nucleofílica.
b) Sustitución aromática electrofílica.
c) Adición de halógenos.
d) Hidrólisis catalizada por ácidos.
e) Obtención de halogenuros de alquilo.

B) Acilación de Friedel-Crafts

Es análoga a la alquilación. Mediante esta reacción se produce la acilación del anillo bencénico, por ataque electrofílico de un catión acilio.

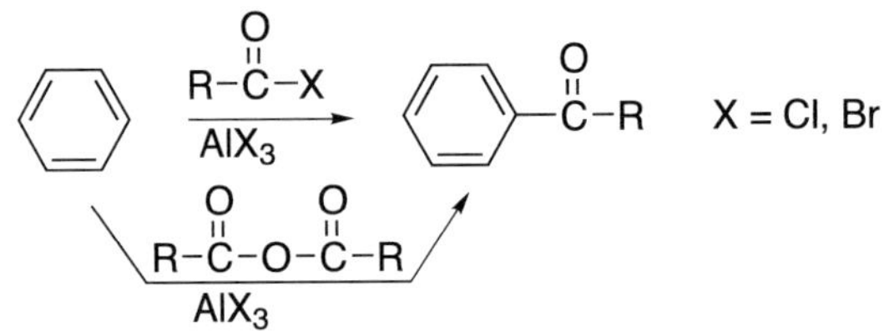

FIGURA 13.22. Esquema de la acilación de Friedel-Crafts.

Los haluros de ácido y los anhídridos constituyen una fuente de electrófilos. Ambos poseen un buen grupo saliente. Los complejos que forman con el haluro de aluminio facilitan la generación del *catión acilio* por pérdida del grupo saliente.

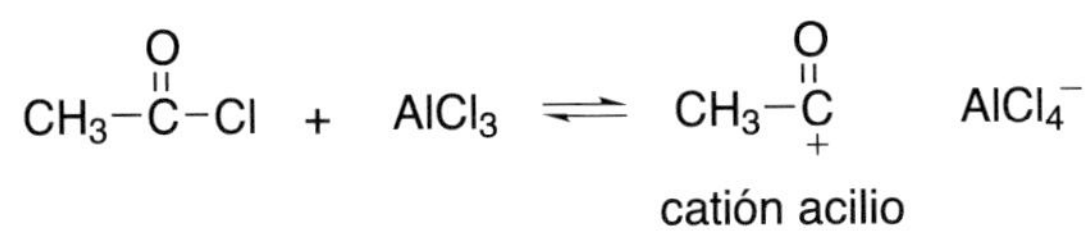

FIGURA 13.23. Formación del catión acilio.

La acilación de Friedel-Crafts presenta ventajas sobre la alquilación:

1. No hay poliacilación. El grupo acilo es atrayente de electrones, por lo que desactiva el anillo y evita una sustitución posterior.
2. Los iones acilio no sufren reacciones de transposición.

Cuando la acilación va seguida de una reducción de Clemmensen, el resultado es la introducción de un grupo alquilo en el anillo de benceno, evitando posibles problemas de polialquilación y transposición de la alquilación de Friedel-Crafts.

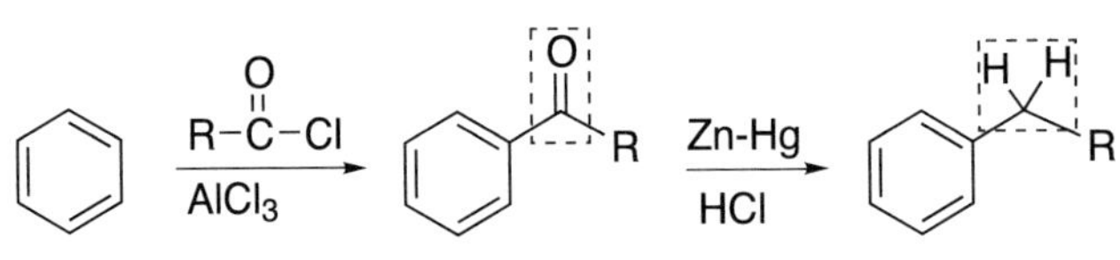

FIGURA 13.24. Síntesis de alquilbencenos por acilación de Friedel-Crafts seguida de reducción de Clemmensen.

Ejercicio resuelto

Sintetiza butilbenceno utilizando benceno como producto de partida.

Solución

Para evitar reacciones de transposición y posibles alquilaciones realizamos:

1. Acilación de Friedel-Crafts.
2. Reducción de Wolff-Kishner.

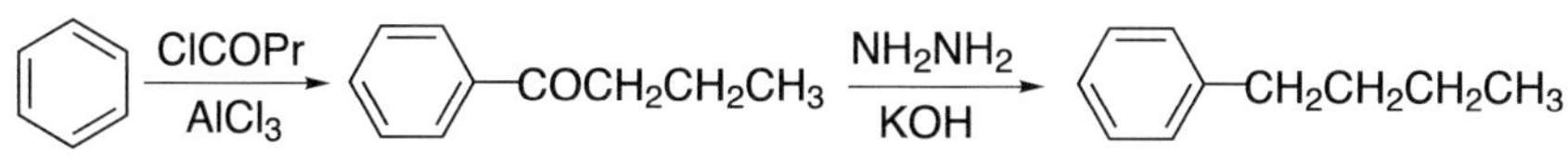

13.7. Propón una síntesis para los siguientes compuestos, a partir de benceno.

a) 1,1-Dietil-propilbenceno

b) 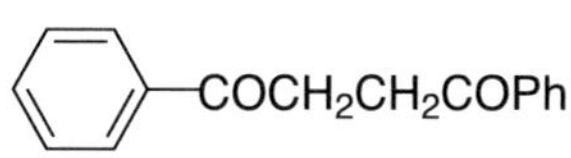

13.8. ¿Estás de acuerdo con el producto obtenido en la siguiente reacción?

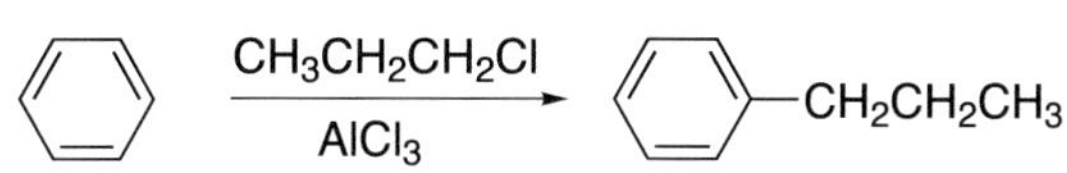

13.9. Escribe un mecanismo razonable para la ciclación ilustrada a continuación:

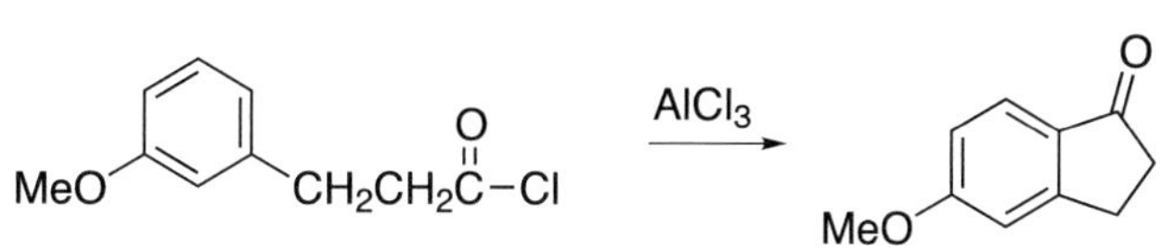

¿Es posible que se forme además algún otro compuesto? Explícalo.

13.3. Efecto de los sustituyentes en la sustitución electrofílica aromática

La presencia de sustituyentes en el anillo aromático plantea cuestiones relacionadas con la activación-desactivación del anillo y la regioselectividad en la sustitución electrofílica aromática.

Por ejemplo, nos podemos preguntar cuál sufre una reacción de halogenación más rápida, el tolueno, el nitrobenceno, o el propio benceno. Otra cuestión posible es dónde va a entrar el halógeno respecto al metilo en el tolueno; o respecto al grupo nitro, en el caso del nitrobenceno.

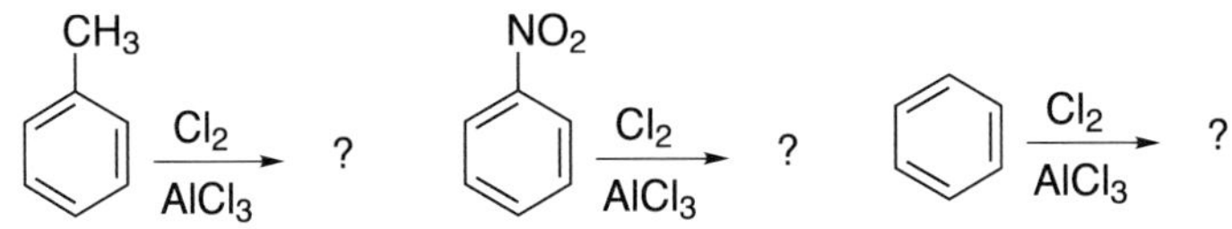

FIGURA 13.25. ¿Influirán los sustituyentes en la reactividad y regioselectividad del anillo bencénico frente a una S_EAr?

13.3.1. Activación y desactivación del anillo aromático

Los sustituyentes del anillo bencénico pueden ser de dos tipos, según influyan en la reactividad del anillo aromático:

- *Sustituyentes activantes:* aumentan la reactividad del anillo por cesión electrónica (+I, +M) y facilitan la introducción de un nuevo electrófilo. *Activan el anillo.*
- *Sustituyentes desactivantes:* disminuyen la reactividad del benceno atrayendo electrones (–I, –M) y hacen más difícil la introducción de un nuevo electrófilo. *Desactivan el anillo.*

Los mecanismos de cesión y atracción de electrones están basados en la *inducción* y la *resonancia.*

Los grupos activantes y desactivantes, a su vez, pueden clasificarse en fuertes, moderados y débiles.

Los *activantes fuertes* se caracterizan por la presencia de un par solitario inmediatamente adyacente al anillo de benceno (grupos con fuerte efecto +M, NH_2, NHR, NR_2, OH). Los *activantes moderados* poseen un par solitario que ya está deslocalizado fuera del anillo (NHCOR, OCOR). La excepción es el grupo alcóxido (OR), que podría esperarse que fuera un activante fuerte. Los grupos alquilo, con débil efecto +I, son *activantes débiles.*

Solo hay unos pocos sustituyentes *desactivantes fuertes*: NO_2, NR_3^+ y CX_3 (X = halógeno). El grupo nitro posee un efecto –M y –I fuertes. Un átomo de nitrógeno con una carga positiva es extremadamente electronegativo y el trihalometilo tiene tres átomos de halógeno fuertemente atractores de electrones. Los *desactivantes moderados* poseen un enlace π conjugado con el anillo de benceno (CN, SO_3H, COOH, COOR, $CONH_2$, CHO, COR). Los halógenos, en los que compite el efecto +M y –I, son *desactivantes débiles*, ya que predomina el efecto –I.

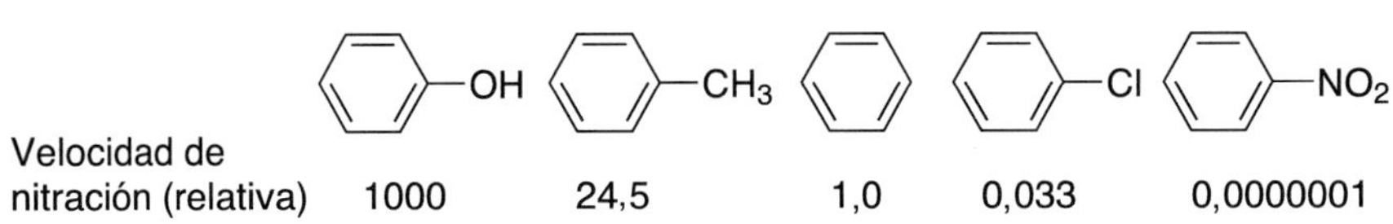

FIGURA 13.26. Efecto de los sustituyentes en la velocidad de nitración.

Ejercicio resuelto

Ordena los siguientes compuestos de acuerdo a su facilidad de nitración.

Solución

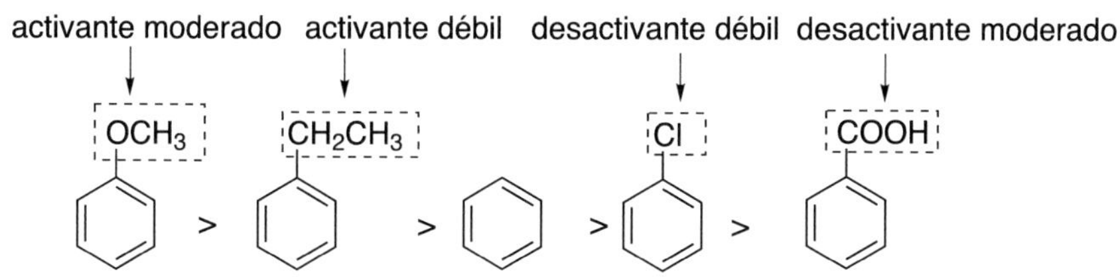

13.10. Clasifica los siguientes compuestos por orden creciente según su facilidad de bromación con $Br_2/AlBr_3$.

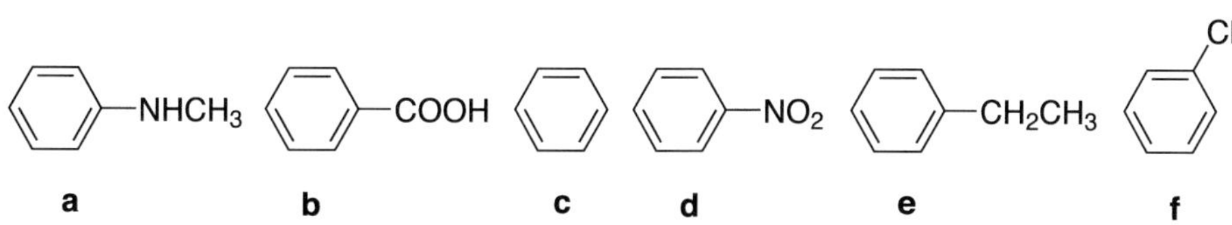

13.11. ¿Cuál de los dos anillos aromáticos dará más fácilmente una sustitución electrofílica aromática?

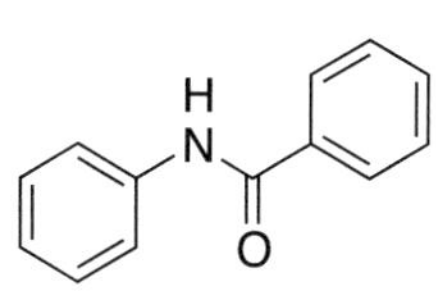

13.3.2. Efecto sobre la orientación en la sustitución electrofílica aromática

Los sustituyentes presentes en el anillo aromático determinan la posición en la que va a entrar un nuevo electrófilo (*regioselectividad*).

Los *grupos activantes* orientan los electrófilos a las posiciones *orto* y *para*; los *desactivantes* los dirigen a *meta*. La excepción son los *halógenos*, desactivantes que orientan *orto-para*.

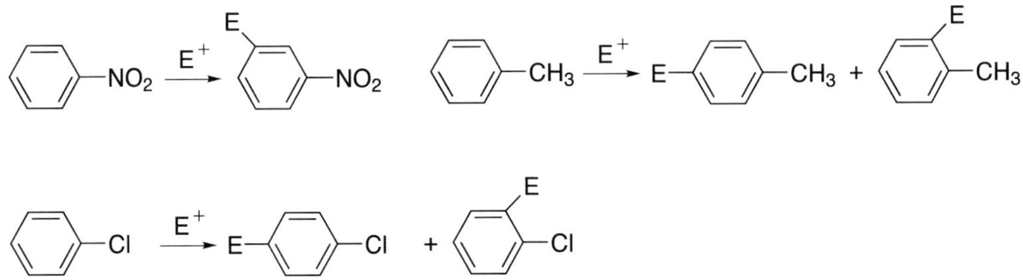

FIGURA 13.27. Efecto orientador de grupos activantes y desactivantes.

Cuando sobre el anillo hay un sustituyente *orto-para* dirigente, el producto *para* suele predominar sobre el *orto,* por motivos estéricos.

Para justificar la regioselectividad observada hay que acudir a la estabilidad de los intermedios de Wheland.

Por ejemplo, en la bromación de la anilina (benceno con un grupo activante, el grupo amino), predominan productos de sustitución *orto-para.*

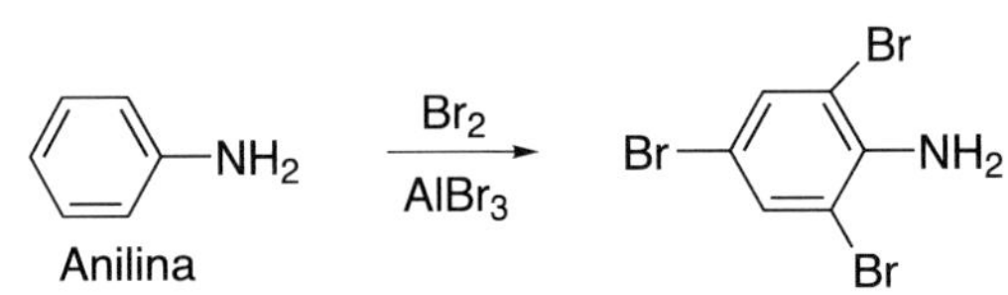

FIGURA 13.28. Polihalogenación de la anilina resultado del efecto fuertemente activante del grupo amino.

Cuando el ataque se produce en *orto* o *para*, el intermedio es más estable que cuando tiene lugar en *meta*, ya que existe una forma resonante más, resultado de la deslocalización del par de electrones no compartido del heteroátomo. Se puede generalizar la siguiente observación: *todos los grupos que posean un átomo con un par de electrones no compartido unido al anillo aromático serán* orto-para *dirigentes.*

En contraste con el ejemplo anterior, la presencia de un *grupo desactivante*, como el grupo nitro, en el anillo de benceno, hace que la sustitución tenga lugar solo en posición *meta*. Una de las estructuras de resonancia del intermedio formado por el ataque *orto-para* presenta una carga positiva adyacente al sustituyente electró-natrayente, por lo que el intermedio se encuentra desestabilizado. Sin embargo, esto no sucede cuando el ataque es *meta*.

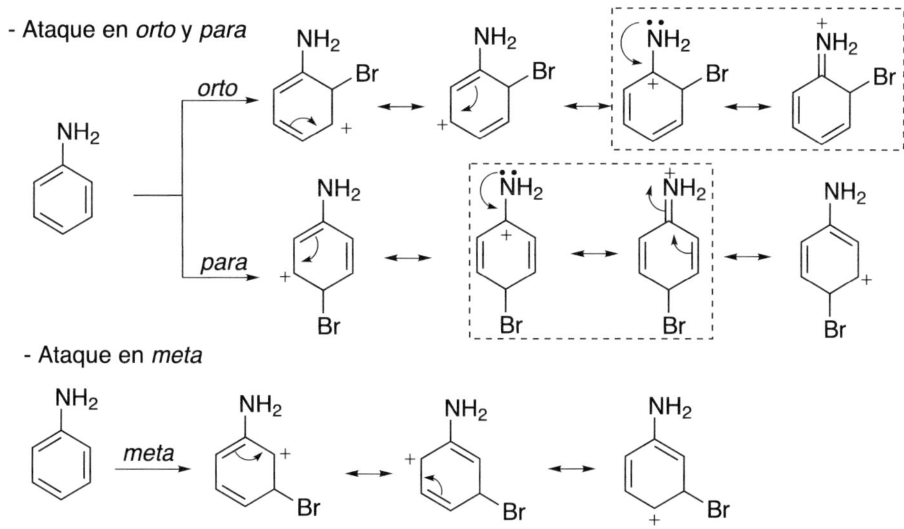

FIGURA 13.29. Justificación del efecto orientador *orto-para* dirigente del grupo amino (activante).

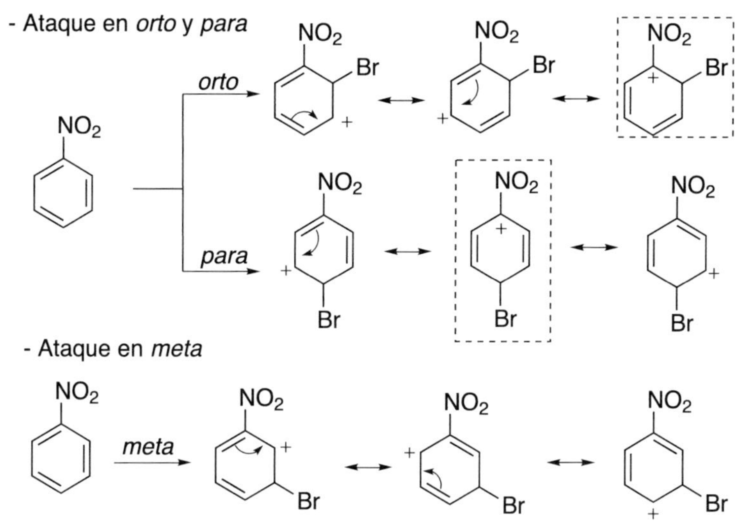

FIGURA 13.30. Justificación del efecto orientador *meta* dirigente del grupo nitro (desactivante).

Los *halógenos* como sustituyentes sobre el anillo bencénico son desactivantes; sin embargo, el efecto orientador es *orto* y *para*.

Para explicar esta excepción hay que tener en cuenta, una vez más, la estabilidad del complejo sigma. En el caso del ataque *orto* o *para*, el intermedio carbocatiónico presenta una forma resonante adicional, que lo estabiliza. Por lo tanto, en la orientación, el efecto resonante dador (+M) es más fuerte que el efecto atractor inductivo –I.

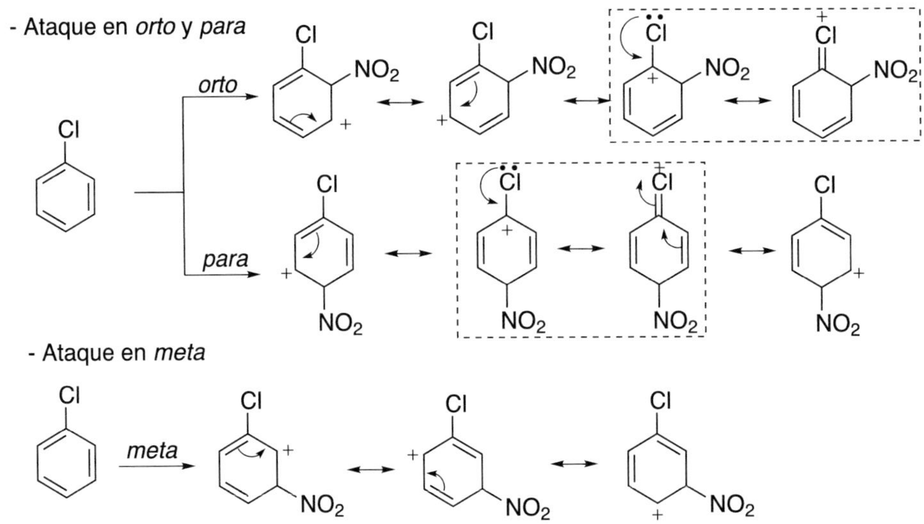

FIGURA 13.31. Justificación del efecto orientador de los halógenos.

En el cuadro 13.1 se encuentran recogidos los grupos funcionales más frecuentes, clasificados según su efecto orientador, así como su grado de activación frente a la entrada de un electrófilo.

CUADRO 13.1
Efecto orientador y grado de activación

Directores orto-para	*Directores meta*
Fuertemente activantes $-NH_2$, –NHR, $-NR_2$ –OH	*Fuertemente desactivantes* $-NO_2$ $-NR_3^+$ $-CF_3$, $-CCl_3$
Moderadamente activantes –NHCOR –OCOR –OR	*Moderadamente desactivantes* –CN $-SO_3H$ –COOH, –COOR, –CONHR –CHO, –COR
Débilmente activantes –R, –Ph	
Débilmente desactivantes –X (halógenos)	

Ejercicio resuelto

Predice la posición favorecida en una sustitución electrofílica aromática de los siguientes compuestos. Justifica la respuesta.

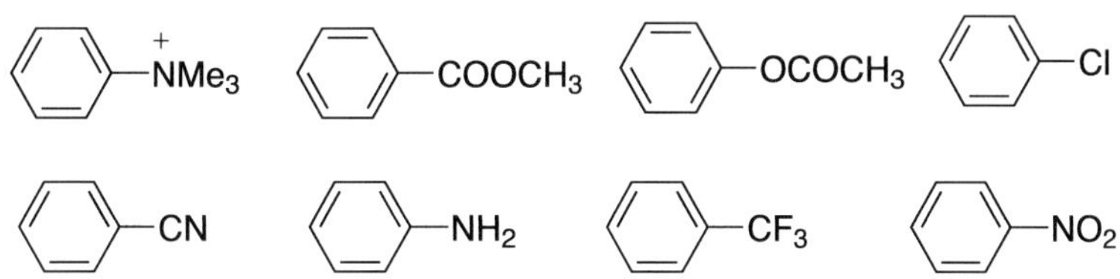

Solución

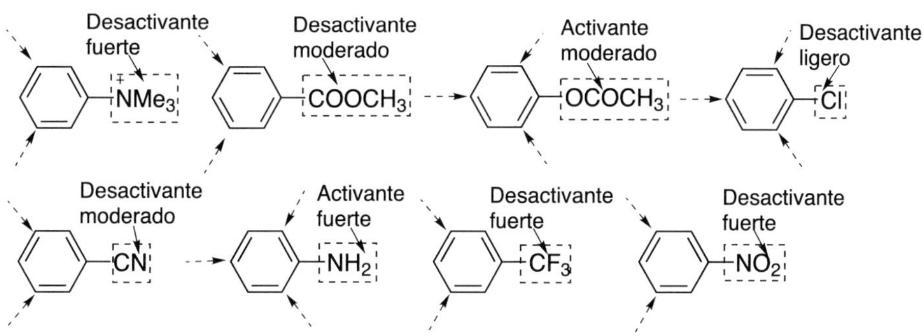

Ejercicio resuelto

Completa la siguiente estrategia sintética.

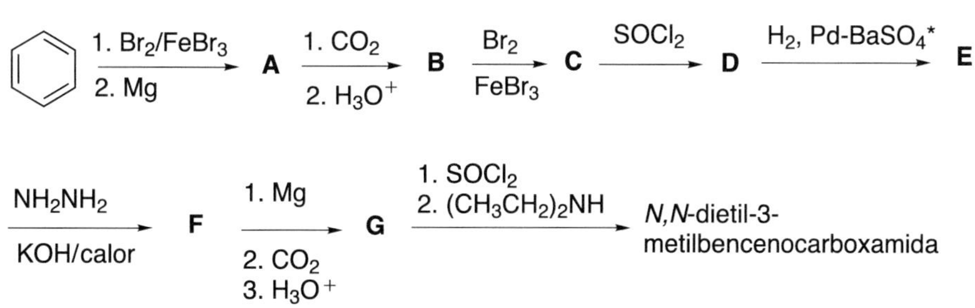

* Este reactivo reduce los haluros de ácido a aldehídos

Solución

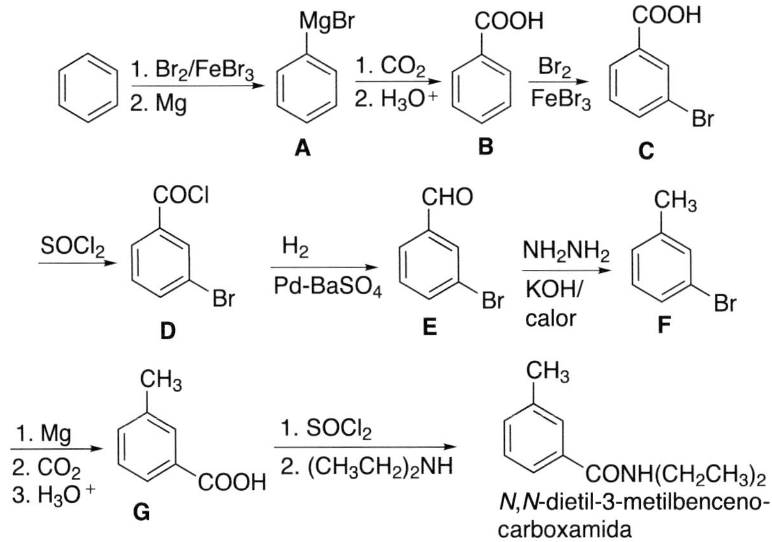

13.12. Justifica el hecho de que el catión trimetilamonio [$(CH_3)_3N^+$–], sea un grupo fuertemente desactivante que orienta a *meta*.

13.13. Señala la respuesta correcta.

1. La bromación del fenol, empleando bromo, se produce preferentemente en posición:

   a) *Meta*.
   b) *Orto* y *meta*.
   c) *Para* y *meta*.
   d) *Orto* y *para*.
   e) No hay reacción.

2. Cuando se burbujea cloro en tolueno, en ausencia de luz y con cloruro férrico como catalizador, se obtiene:

   a) Exclusivamente 3-clorotolueno.
   b) 2-clorotolueno y 4-clorotolueno.
   c) Exclusivamente cloruro de bencilo.
   d) Exclusivamente cloruro de 3-clorobencilo.
   e) Una mezcla de cloruro de bencilo y 4- clorotolueno.

3. La presencia de un grupo NH_2 sobre un anillo de benceno provoca:

   a) Una desactivación general del anillo para posteriores sustituciones electrofílicas aromáticas (S_EAr).

b) Una activación para S_EAr con efecto director *meta*.
c) Una activación general del anillo para posteriores sustituciones nucleofílicas aromáticas (S_NAr).
d) Una activación para S_EAr con efecto director exclusivamente *para*.
e) Una activación para S_EAr con efecto director *orto* y *para*.

4. La acilación del bromobenceno con cloruro de acetilo, empleando el tricloruro de aluminio como catalizador, es un ejemplo de reacción tipo:

a) Sustitución nucleofílica de orden 1 (S_N1).
b) Sustitución electrofílica aromática (S_EAr).
c) Adición.
d) Sustitución nucleofílica aromática (S_NAr).
e) Eliminación aromática.

Cuando hay *varios sustituyentes* en el anillo bencénico, la posición en la que entra el electrófilo está controlada por el carácter activante o desactivante de los sustituyentes. El *activante más fuerte* controla la regioselectividad del ataque. Si no hay sustituyentes activantes, el desactivante más débil determina la posición.

En el caso de anillos 1,3-disustituidos, es extremadamente improbable que se produzca la sustitución entre los dos sustituyentes, debido al impedimento estérico.

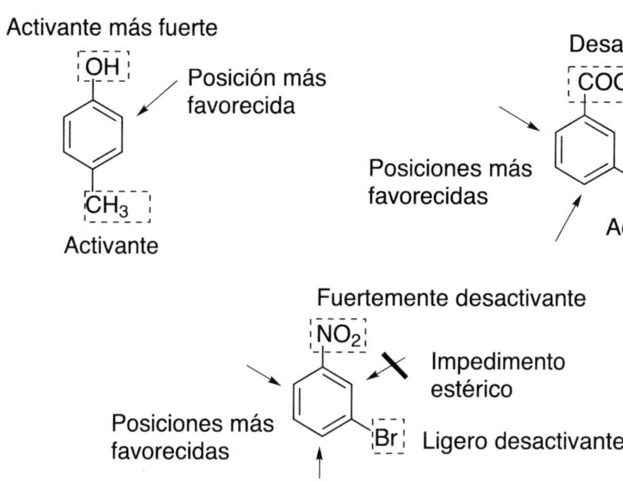

FIGURA 13.32. Regioselectividad en anillos bencénicos con más de un sustituyente.

Ejercicio resuelto

Predice las posiciones más favorecidas para la mononitración de los siguientes compuestos. Justifica la respuesta.

a) *m*-clorotolueno

b) *m*-dibromobenceno

c) *p*-dibromobenceno

d) *o*-dibromobenceno

e)

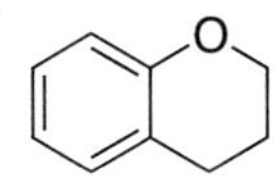

Solución

En el apartado *a)* el metilo controla la regioselectividad.
En el *b), c)* y *d)* el bromo orienta *orto-para*.
En el *e)* el oxígeno determina la posición en la que entrará el electrófilo.

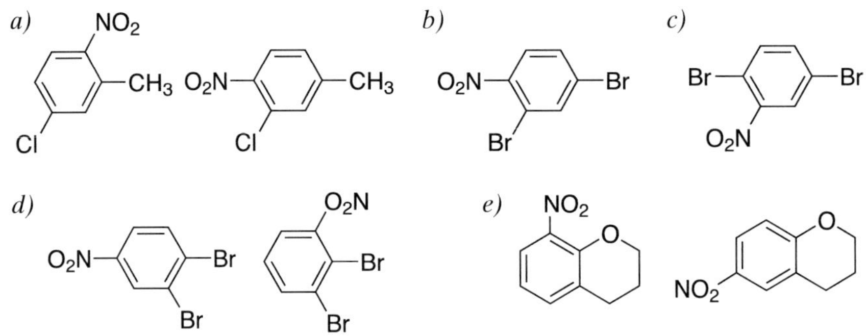

13.14. Escribe el o los productos de las siguientes reacciones.

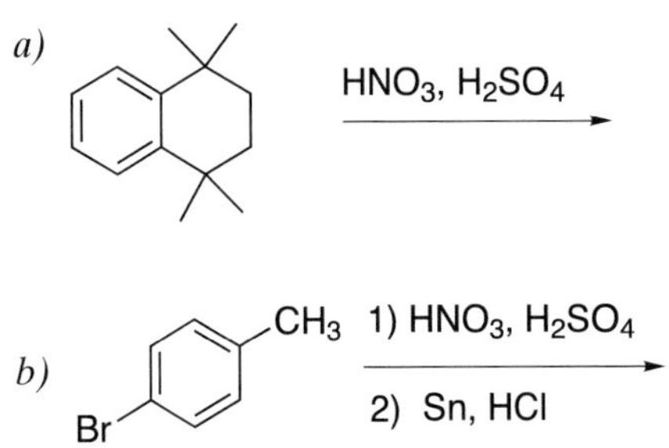

13.15. Ordena los siguientes compuestos en orden decreciente de reactividad frente a la nitración. Justifica la respuesta.

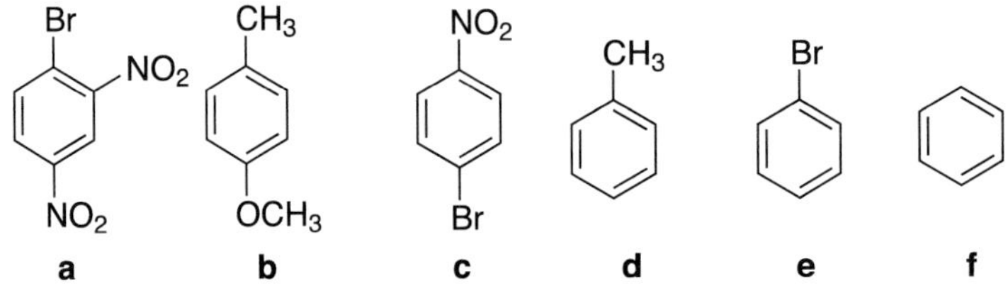

13.16. Ordena los siguientes compuestos de acuerdo a su facilidad para las reacciones de sustitución electrofílica aromática. Señala con una flecha la posición que tiene mayor probabilidad de ser el sitio de reacción. Justifica la respuesta.

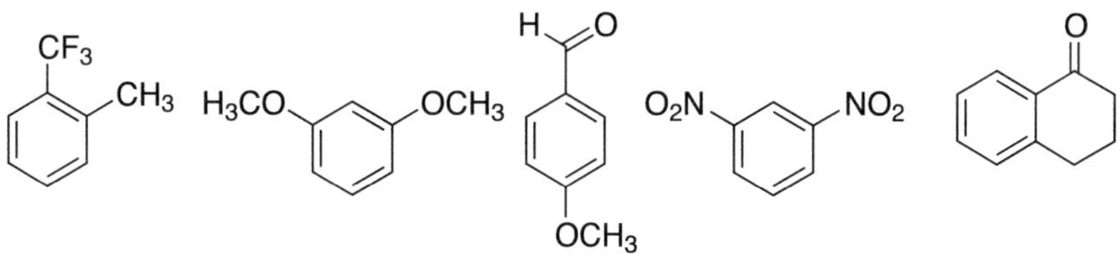

a **b** **c** **d** **e**

13.17. Escribe los productos mayoritarios de las reacciones siguientes.

a) *m*-nitrotolueno + Cl_2 + $FeCl_3$ ⟶
b) *o*-dimetoxibenceno + HNO_3 + H_2SO_4 ⟶
c) *p*-clorotolueno + SO_3 + H_2SO_4 ⟶
d) ácido *o*-etilbenzoico + HNO_3 + H_2SO_4 ⟶
e) *m*-diaminobenceno + Br_2 + H_2O ⟶
f) *p*-nitro-*N*-acetilanilina + Cl_2 + $FeCl_3$ ⟶

13.18. Ninguna de las secuencias de reacción que se muestran a continuación conducen a los compuestos que se señalan.

a) Escribe la estructura del compuesto que se obtiene en realidad.
b) Propón una secuencia de síntesis que conduzca realmente al producto que se desea obtener.

i) 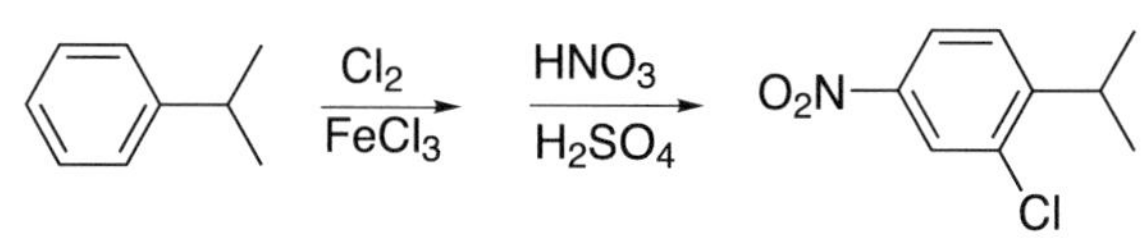

ii) 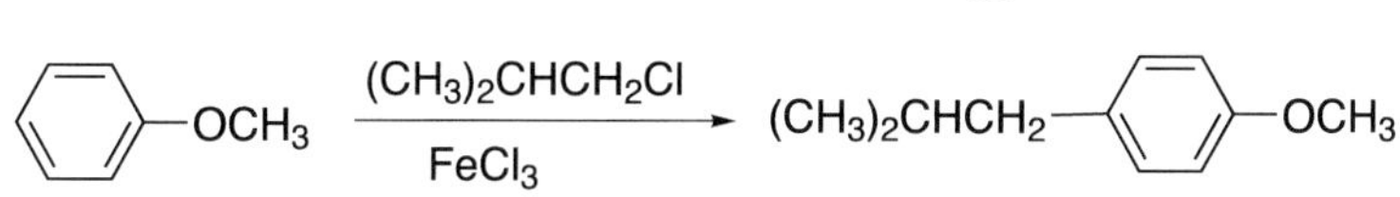

13.19. A partir del benceno, utilizando cualquier reactivo que consideres oportuno, diseña una estrategia sintética para la obtención de los siguientes compuestos.

a) 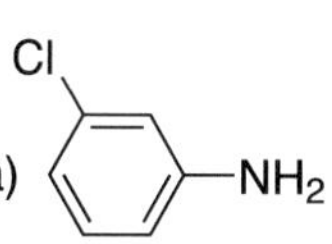

b) 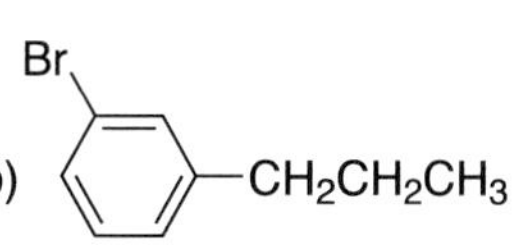

c) 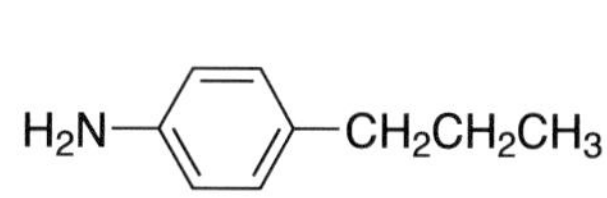

13.4. Sustitución nucleofílica aromática (S_NAr)

La reacción de S_EAr en la que el anillo aromático ataca a un electrófilo es la más importante y útil en sistemas aromáticos. Sin embargo, en determinados casos, el anillo aromático puede ser atacado por un nucleófilo. Estas reacciones se denominan *reacciones de sustitución nucleofílica aromática* (S_NAr).

Para que se produzca la reacción se tienen que cumplir tres requisitos:

1. El anillo debe contener un grupo fuertemente atrayente de electrones.
2. El anillo debe poseer un grupo saliente.
3. El grupo saliente debe estar en posición *orto-para* respecto del grupo atrayente de electrones.

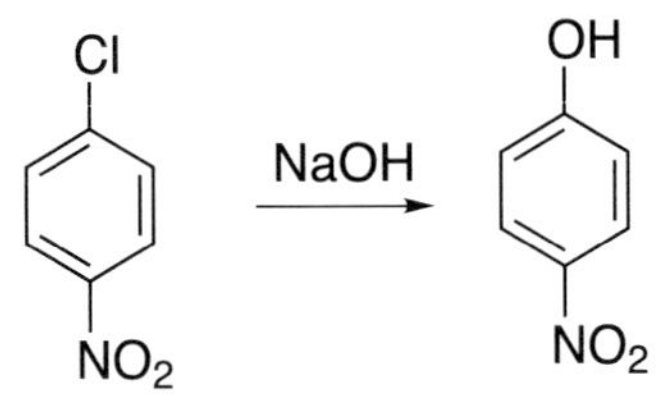

FIGURA 13.33. Sustitución nucleofílica aromática.

El mecanismo que explica la transformación es un *mecanismo de adición-eliminación*, que transcurre en dos pasos.

1. Ataque del nucleófilo al anillo aromático. Conduce a un intermedio aniónico estabilizado por resonancia.
2. Pérdida de grupo saliente y recuperación de la aromaticidad.

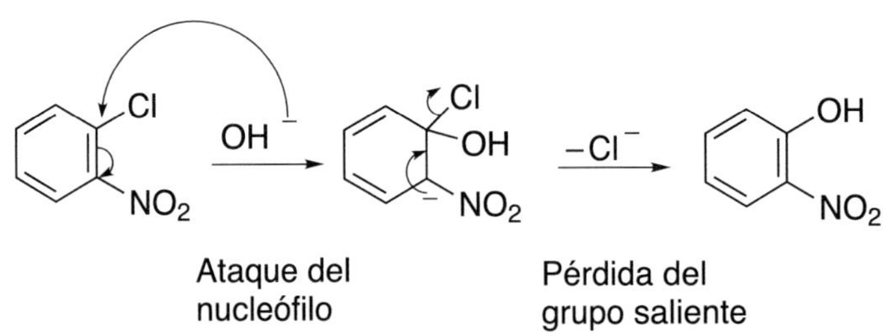

FIGURA 13.34. Mecanismo de la sustitución nucleofílica aromática.

Tanto la S_EAr como la S_NAr implican una sustitución en el anillo de benceno. No obstante, hay una serie de diferencias:

1. *El intermedio*. En la S_EAr es un carbocatión. En la S_NAr, un carbanión.

2. *El grupo saliente*. En la S_EAr es un protón. En la S_NAr, un grupo o átomo con carga negativa.
3. *Activación y desactivación del anillo por los sustituyentes*. En la S_EAr, los grupos atrayentes de electrones desactivan el anillo. Sin embargo, para que se produzca la S_NAr, es necesario que haya grupos electrón-atrayentes.

13.20. A partir del benceno, utilizando cualquier reactivo que consideres oportuno, diseña una estrategia sintética para la obtención del *p*-aminofenol.

13.21. Predice el producto de la siguiente reacción:

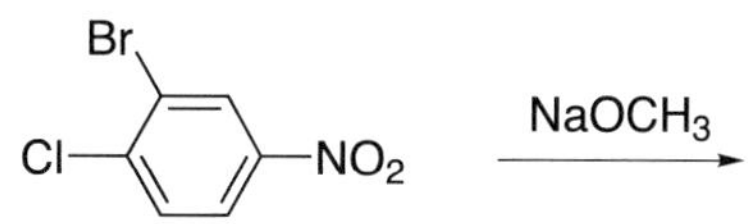

13.5. Reacciones de oxidación y reducción

Debido a su carácter aromático, que lo hace poco reactivo, la oxidación y la reducción del anillo de benceno son difíciles de conseguir.

13.5.1. Reacciones de reducción

El anillo bencénico no se reduce con la misma facilidad que los alquenos y alquinos. Requiere condiciones más drásticas, o reactivos más específicos.

- *Hidrogenación catalítica*

Es difícil. Cuando se produce, es en condiciones forzadas y se reducen simultáneamente las tres insaturaciones del benceno, obteniéndose ciclohexano.

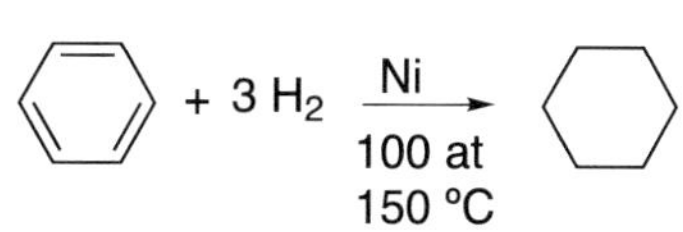

FIGURA 13.35. Hidrogenación exhaustiva.

- *Reducción de Birch*

Es parcial. Transforma el benceno en un compuesto cíclico insaturado (1,4-ciclohexadieno), por reacción con un metal alcalino en amoniaco líquido y metanol.

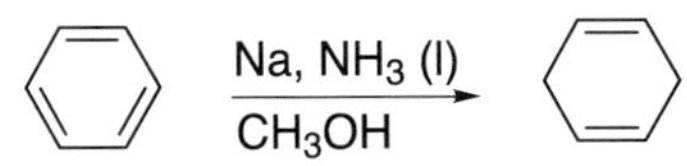

FIGURA 13.36. Hidrogenación parcial por reducción de Birch.

- *Hidrogenólisis bencílica*

La reducción catalítica también puede tener lugar sobre la cadena lateral. Se produce la ruptura del enlace entre el bencilo y un heteroátomo (oxígeno, nitrógeno), por adición de hidrógeno.

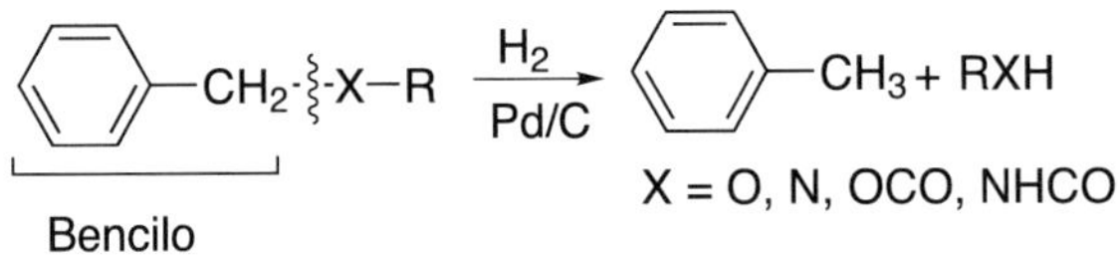

FIGURA 13.37. Hidrogenólisis bencílica.

13.5.2. Reacciones de oxidación de las cadenas laterales

Las cadenas laterales alquílicas se pueden oxidar a ácido carboxílico (COOH), con agentes oxidantes como ácido crómico, permanganato de potasio o ácido nítrico. El producto es ácido benzoico, independientemente de la identidad del radical. El único requisito es que el carbono en posición bencílica debe tener, al menos, un protón.

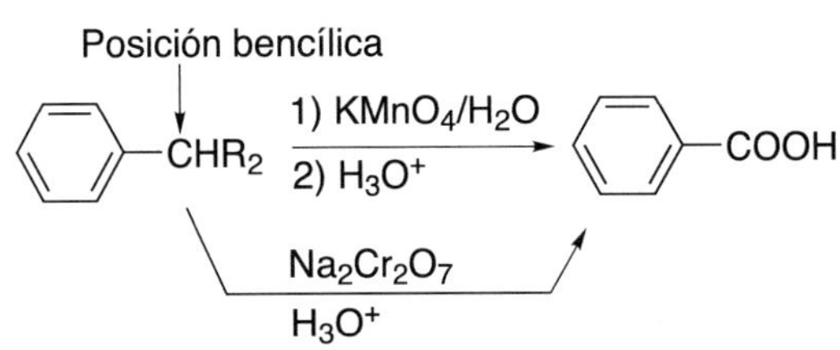

FIGURA 13.38. Esquema de la oxidación bencílica.

13.22. ¿Cómo prepararías ácido *p*-clorobenzoico a partir de tolueno?

13.23. Partiendo del benceno y cualquier otro reactivo, diseña una síntesis para el acetato de bencilo, un éster de aroma agradable que se encuentra en el aceite esencial de las flores de jazmín y que se usa en perfumería.

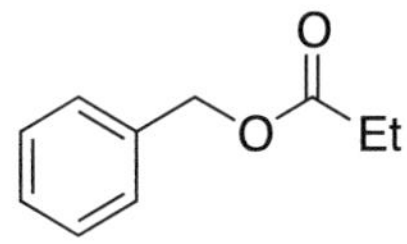

Acetato de benzoilo

13.24. Predice el producto principal de las siguientes reacciones.

a)

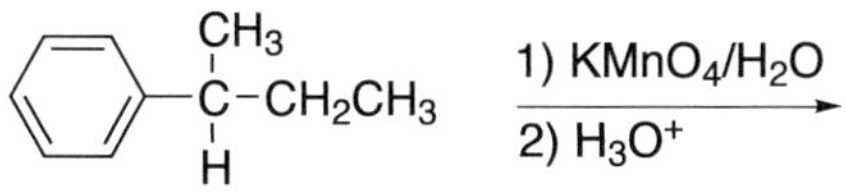

b)

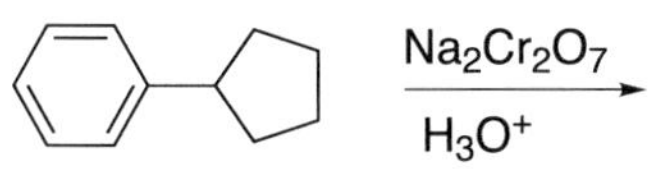

c)

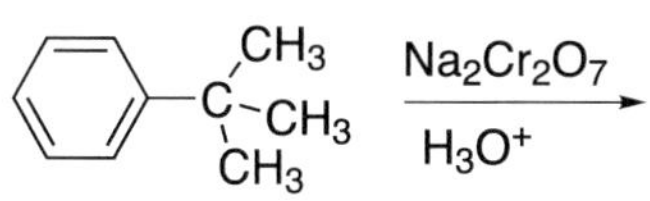

d)

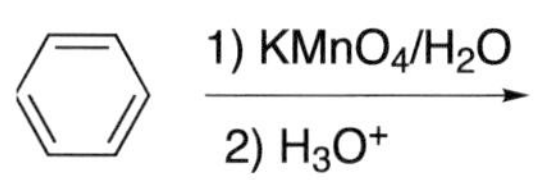

13.6. Sales de arenodiazonio como intermedios sintéticos

La reacción de aminas primarias aromáticas con ácido nitroso conduce a sales de diazonio aromáticas (*sales de arenodiazonio*), en un proceso llamado *diazotación*.

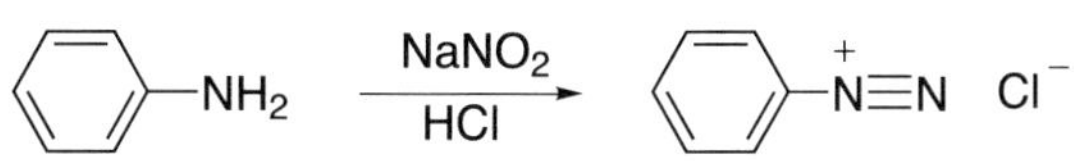

Sal de diazonio

FIGURA 13.39. Preparación de sales de diazonio.

A diferencia de las alifáticas, las sales de arenodiazonio son estables y se utilizan como intermedios en la síntesis de compuestos aromáticos.

El grupo diazonio puede reemplazarse por un *halógeno* o un grupo *ciano,* utilizando sales de cobre (I) *(reacciones de Sandmeyer).*

$$Ar\text{-}N_2^+ + CuCl \longrightarrow Ar\text{-}Cl$$
$$Ar\text{-}N_2^+ + CuBr \longrightarrow Ar\text{-}Br$$
$$Ar\text{-}N_2^+ + CuI \longrightarrow Ar\text{-}I$$
$$Ar\text{-}N_2^+ + CuCN \longrightarrow Ar\text{-}CN$$

FIGURA 13.40. Reacciones de Sandmeyer.

La inserción del grupo ciano permite introducir un grupo carboxílico en un anillo de benceno.

$$Ar\text{-}CN + H_2O/H^+ \longrightarrow Ar\text{-}COOH$$

FIGURA 13.41. Hidrólisis del bencenonitrilo.

El grupo diazonio también puede sustituirse por un grupo *hidroxilo* o un *átomo de hidrógeno* (desaminación por diazotación).

$$Ar\text{-}N_2^+ + H_2O \text{ / calor} \longrightarrow Ar\text{-}OH$$
$$Ar\text{-}N_2^+ + H_3PO_2 \longrightarrow Ar\text{-}H$$

FIGURA 13.42. Sustitución del grupo diazonio.

Las sales de diazonio a su vez son electrófilos y reaccionan con compuestos aromáticos con el anillo activado (fenoles y aminas aromáticas), para dar *compuestos azoicos*, en los que dos anillos aromáticos están conectados a través de un *grupo azo* (–N=N–). Este proceso recibe el nombre de *reacción de acoplamiento diazoico o copulación.*

$$Ar\text{-}N_2^+ + PhOH \longrightarrow Ar\text{-}N{=}N\text{-}Ph\text{-}OH \text{ (Azocompuesto)}$$

FIGURA 13.43. Reacción de copulación.

Los compuestos azo tienen una conjugación extendida y, por lo tanto, color. Mediante modificaciones estructurales se pueden obtener diversos productos que se emplean como colorantes o indicadores. Por ejemplo, el naranja de metilo es un azocompuesto utilizado como indicador en las valoraciones ácido-base (naranja por encima de pH 4,5 y rojo por debajo de pH 3).

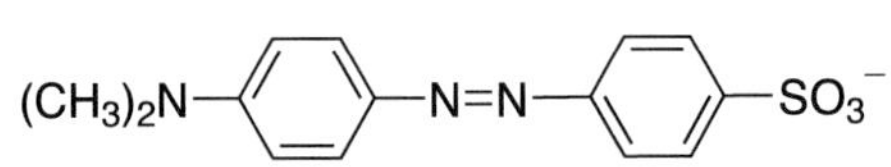

Naranja de metilo

FIGURA 13.44. Azocompuesto utilizado como indicador en las valoraciones ácido-base.

La formación de sales de diazonio y posterior transformación de las mismas, permite el bloqueo y activación de posiciones del anillo de benceno en una S_EAr.

Los ejercicios resueltos que se muestran a continuación son ejemplos de cómo podría usarse esa metodología.

Ejercicio resuelto

Sintetiza 1,3,5-tribromobenceno a partir de benceno.

Solución

La sustitución del grupo diazonio por un átomo de hidrógeno, al tratarse la sal de diazonio con ácido hipofosforoso, nos va a permitir manipular los efectos de dirección de un anillo aromático con sustituyentes.

Primero, insertaremos el grupo amino mediante una reacción de nitración seguida de una reducción. Posteriormente, se aprovecha que el grupo amino es un fuerte activante y permite la introducción de tres átomos de bromo en posiciones *orto-para*. Por último, se elimina el grupo amino a través de su transformación en una sal de diazonio.

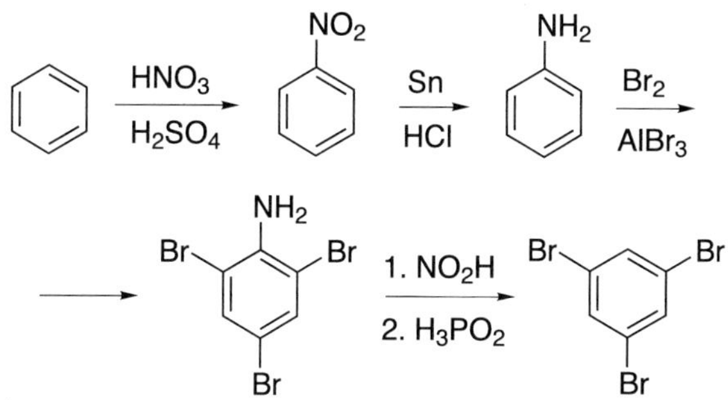

Ejercicio resuelto

¿Cómo sintetizarías *m*-dibromobenceno a partir de benceno?

Solución

La estrategia es similar a la del ejercicio resuelto anterior. En este caso se aprovecha la reacción de Sandmeyer, que permite sustituir el grupo diazonio por bromo.

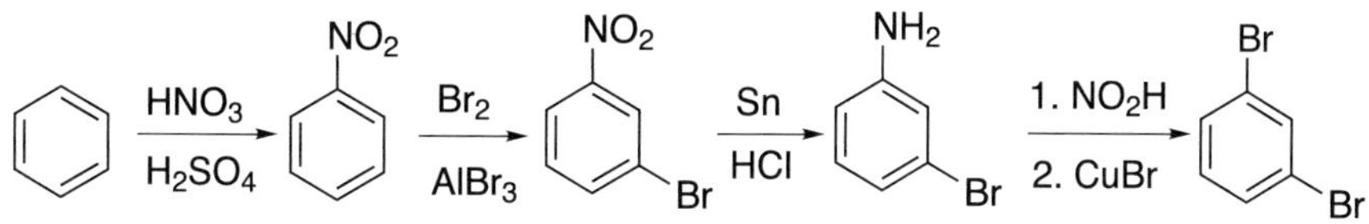

Ejercicio resuelto

¿Cómo se podría lograr la siguiente transformación?

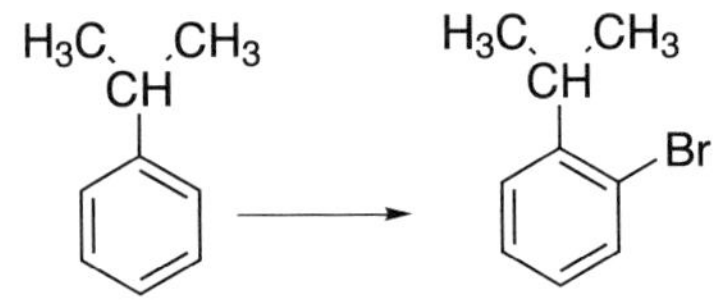

Solución

La bromación directa genera el compuesto *para* como producto principal. Para controlar el resultado regioquímico, una posible estrategia es la utilización de sales de diazonio. La sulfonación también proporciona una técnica de bloqueo que permite forzar la reacción en posición *orto*.

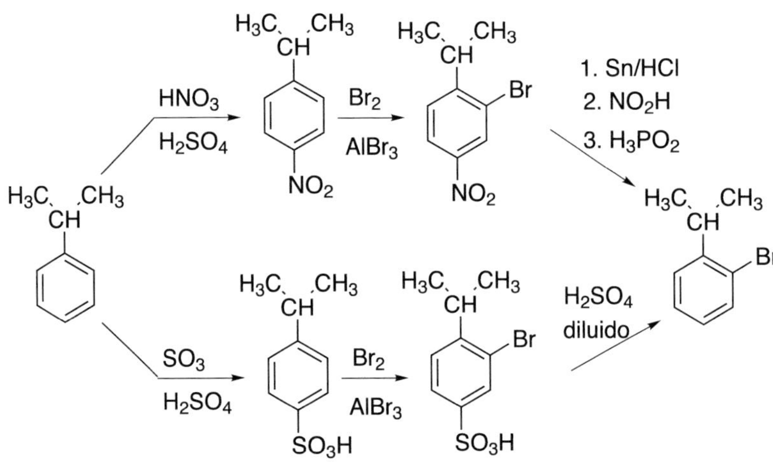

13.25. Indica qué reactivos utilizarías para llevar a cabo las siguientes transformaciones.

a)

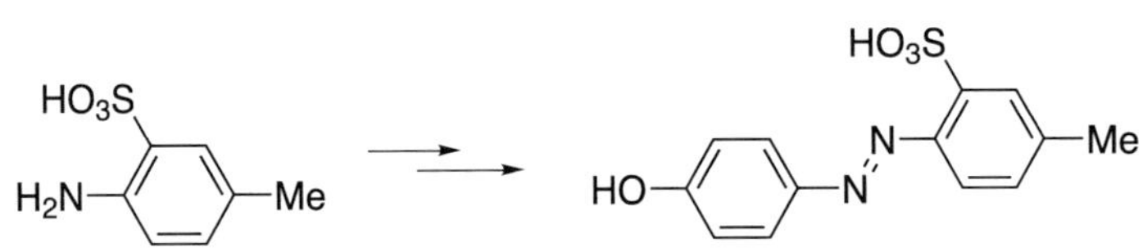

b)

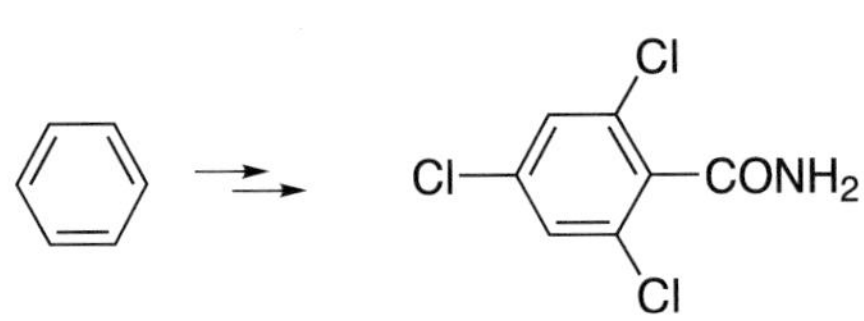

c)

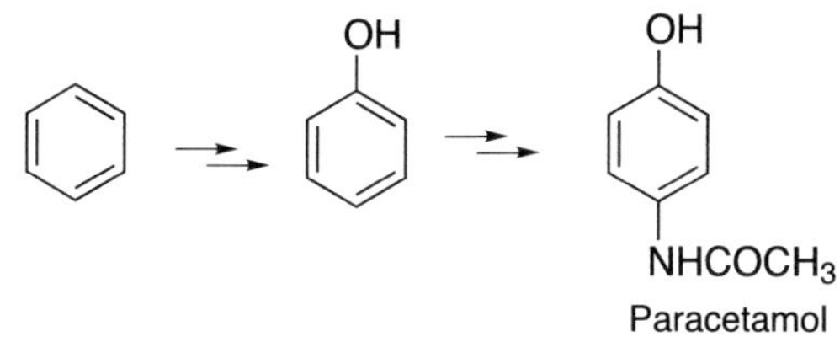

13.26. Los compuestos siguientes pueden obtenerse a partir de tolueno empleando sales de diazonio. Propón estrategias de síntesis.

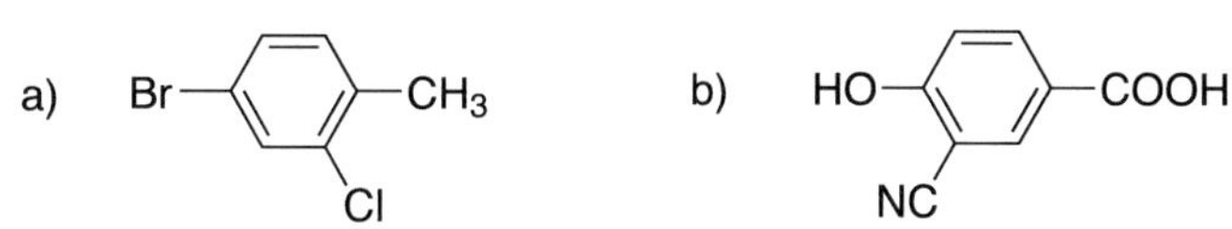

13.27. Señala la respuesta correcta.

1. El proceso total mediante el cual se convierte una amina aromática primaria en sal de arenodiazonio se denomina:

   a) Condensación.
   b) Diazotación.
   c) Sustitución electrofílica aromática.
   d) Sustitución nucleofílica aromática.
   e) Nitración.

2. Para obtener el cloruro de bencenodiazonio, es decir, la sal de diazonio derivada de la anilina, se emplean como reactivos:

   a) Anilina y nitrato sódico.
   b) Anilina, nitrito sódico y ácido clorhídrico.
   c) Anilina y ácido nítrico fumante.
   d) No es posible obtener esta sal.
   e) Acetanilida y nitrito sódico.

Ejemplo de aplicación en ciencias de la salud. Fármacos que actúan sobre el ADN: agentes intercalantes

La interacción con el ADN es la base del mecanismo de acción de diversas familias de fármacos con actividad antitumoral, antibacteriana o antiprotozoaria. Según su mecanismo de acción, los fármacos selectivos sobre el ADN se clasifican en cinco grupos: agentes intercalantes; agentes alquilantes; agentes cortadores de cadenas; agentes que modifican la estructura terciaria del ADN y agentes antiproliferativos.

Los *fármacos intercalantes* se interponen entre los pares de bases del ADN deformando la estructura tridimensional de la doble hélice. Esta distorsión impide la replicación y transcripción del ADN celular.

La mayor parte de los fármacos que actúan por este mecanismo presentan una estructura plana, de naturaleza aromática, capaz de intercalarse entre los pares de bases del ADN. La formación de complejos por intercalación es reversible y las fuerzas de enlace son una combinación de interacciones de tipo electrostático, como Van der Waals, hidrófobas o enlaces de hidrógeno.

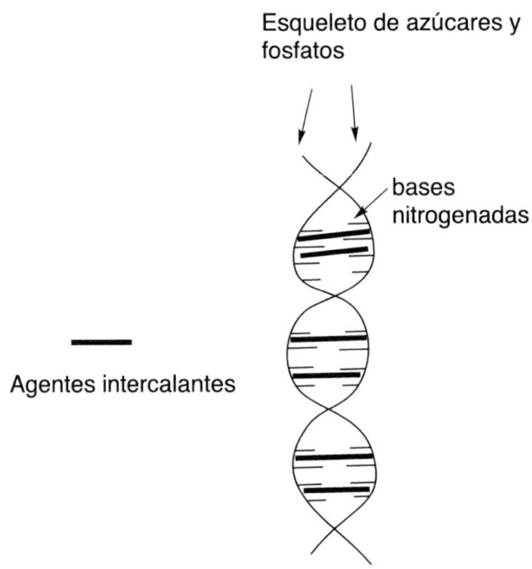

FIGURA 13.45. Intercalación sobre el ADN.

Ejemplos representativos de fármacos *antineoplásicos*, cuyo mecanismo de acción está basado en su propiedad de actuar como agentes intercalantes, los podemos encontrar en las *antraciclinas*, como la *doxorrubicina,* utilizada para el tratamiento de diversas clases de leucemia, linfomas, cáncer de mama, ovarios, vejiga, estómago y tiroides, o la *daunorrubicina*, empleada principalmente para tratar la leucemia mieloide aguda. También la *amsacrina,* una *aminoacridina*, indicada para el tratamiento de la leucemia aguda linfoblástica y mieloblástica y linfomas malignos, actúa como fármaco intercalante de ADN.

En ambas clases estructurales, la presencia de estructuras planas aromáticas es fundamental para la intercalación con los pares de bases de ADN, la antraquinona, en el caso de las antraciclinas y la acridina para las aminoacridinas. Se sabe que la amsacrina se intercala con el ADN, situándose el anillo de anilina casi perpendicular respecto a la estructura plana aromática de acridina. En el caso de las antraciclinas, el anillo de antraquinona es un cromóforo plano particularmente bien adaptado para su intercalación entre los pares de bases del ADN, mientras que el grupo amino protonado del azúcar forma un enlace iónico con la carga negativa de los grupos fosfato del esqueleto del ADN, que contribuye a la estabilización del sistema.

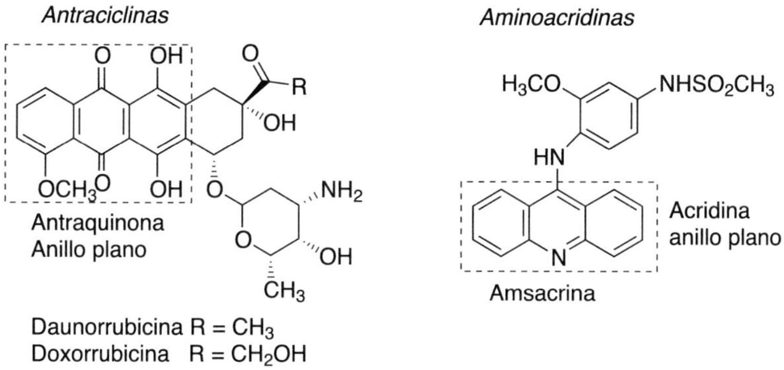

FIGURA 13.46. Fármacos intercalantes.

Ciertos agentes intercalantes presentan toxicidad selectiva frente a parásitos. Entre ellos se encuentran compuestos con actividad antimalárica, como los *alcaloides de la quina*, de los cuales la *quinina* es el alcaloide mayoritario.

El anillo de quinoleína, una estructura aromática plana, que poseen esta clase de compuestos, es esencial para la actividad antimalárica, ya que les permite intercalarse con los pares de bases del ADN del plasmodio. El diseño de antimaláricos sintéticos, como la *cloroquina*, o la *aminodiaquina*, resultan de la simplificación del anillo de quinuclidina de la quinina. En ellos, la intercalación con los pares de bases está reforzada por el establecimiento de puentes de hidrógeno con el grupo amino de la cadena lateral.

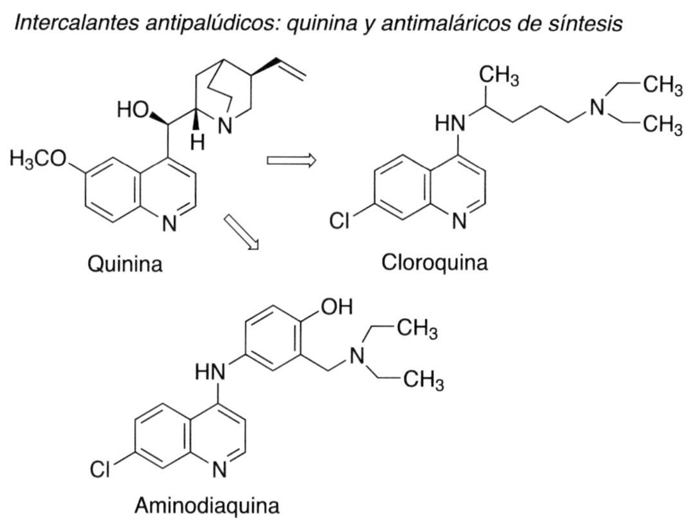

FIGURA 13.47. La quinina y los antimaláricos de síntesis.

Las antracilinas *doxorrubicina* y *daunorrubicina*, la *amsacrina* o las *quinolinas antipalúdicas* son solo unos pocos ejemplos de fármacos que actúan por intercalación en el ADN que se pueden encontrar en la literatura.

RESUMEN

1. *Compuestos aromáticos.*

   - Cíclicos, planos, conjugados.
   - Regla de Hückel.
   - Estables.
   - Reacciones de sustitución en lugar de reacciones de adición.

2. *Reacciones del benceno.*

   A) Sustitución electrofílica aromática (S_EAr).

   1. Halogenación.

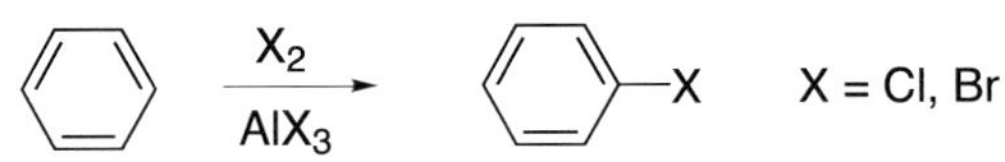

   2. Nitración.

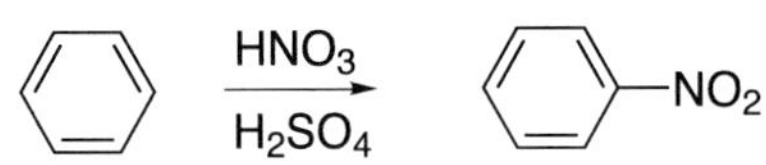

   3. Sulfonación.

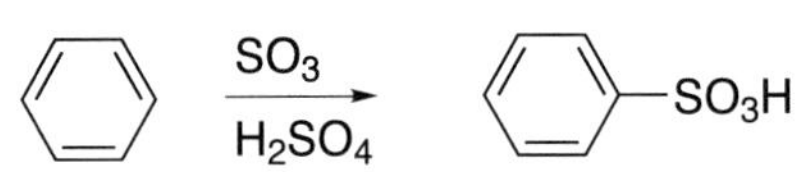

   4. Alquilación de Friedel-Crafts.

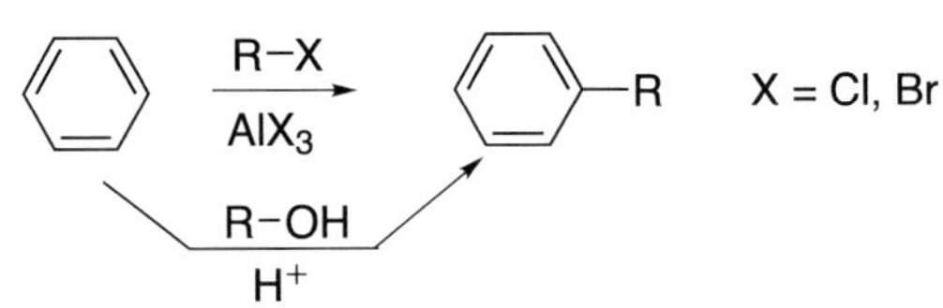

   5. Acilación de Friedel-Crafts.

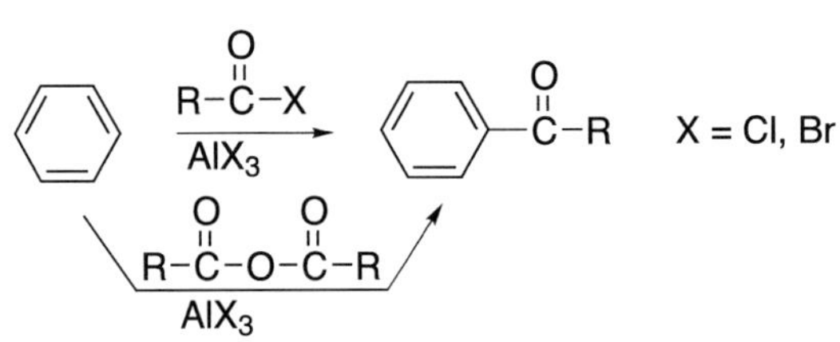

B) Sustitución nucleofílica aromática (S_NAr).

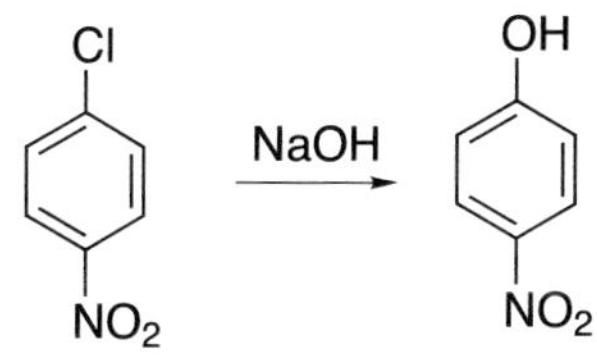

C) Reacciones de oxidación y reducción del benceno.

a) Reducción.

1. Hidrogenación del benceno.

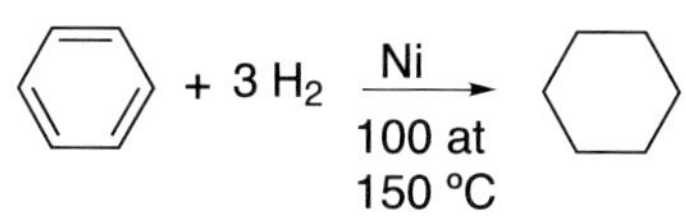

2. Hidrogenólisis bencílica.

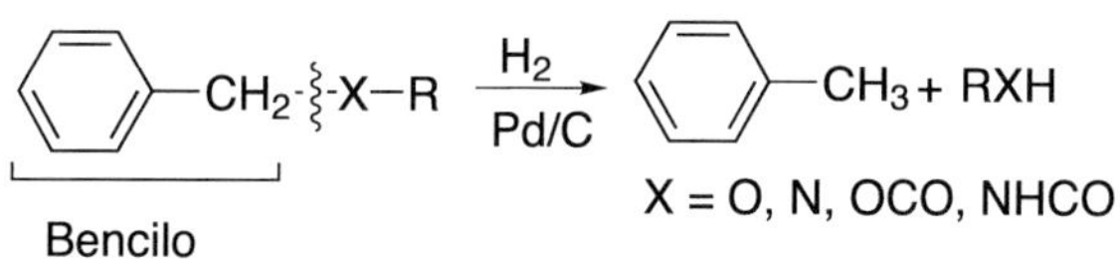

3. Reducción de Birch.

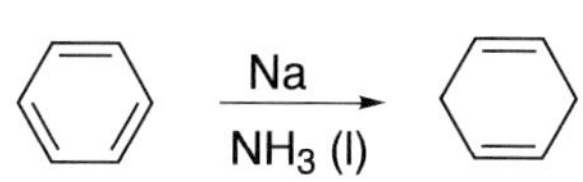

b) Reacciones de oxidación de las cadenas laterales.

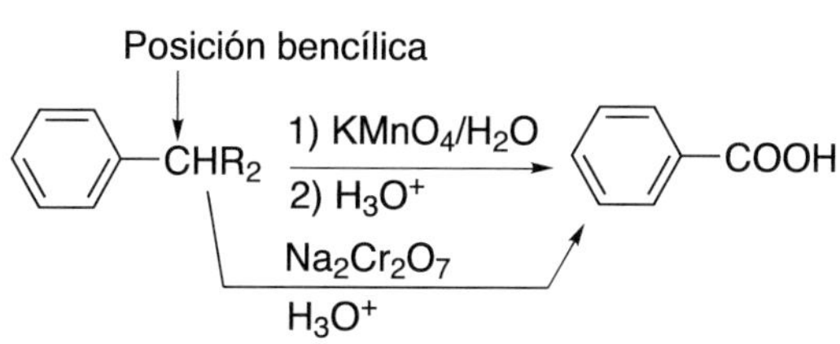

3. *Sales de arenodiazonio (sales de diazonio aromáticas).*

A) Síntesis (diazotación).

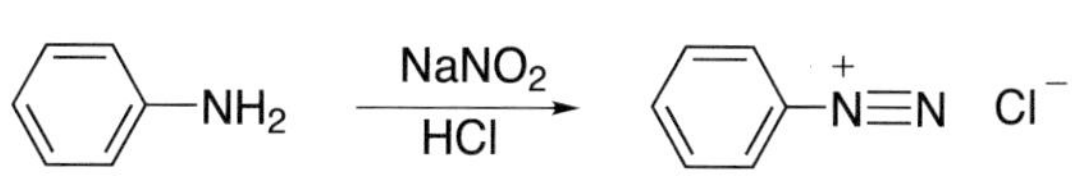

B) Reacciones.

- Sustitución del grupo diazonio por –Cl, –Br, –I o –CN.

$$Ar\text{-}N_2^+ + CuCl \longrightarrow Ar\text{-}Cl$$
$$Ar\text{-}N_2^+ + CuBr \longrightarrow Ar\text{-}Br$$
$$Ar\text{-}N_2^+ + CuI \longrightarrow Ar\text{-}I$$
$$Ar\text{-}N_2^+ + CuCN \longrightarrow Ar\text{-}CN$$

- Sustitución por –OH.

$$Ar\text{-}N_2^+ + H_2O \text{ / calor} \longrightarrow Ar\text{-}OH$$

- Sustitución por –H. Desaminación por diazotación.

$$Ar\text{-}N_2^+ + H_3PO_2 \text{ (á. hipofosforoso)} \longrightarrow Ar\text{-}H$$

- Reacciones de acoplamiento.

$$Ar\text{-}N_2^+ + PhOH \longrightarrow Ar\text{-}N\text{=}N\text{-}Ph\text{-}OH$$

SOLUCIONARIO

Capítulo 1

1.1.

1.2. Los éteres *b), d)* y *e)* ya que son disolventes muy inertes y además tienen la propiedad de solvatar el magnesio.

1.3.

1.4.

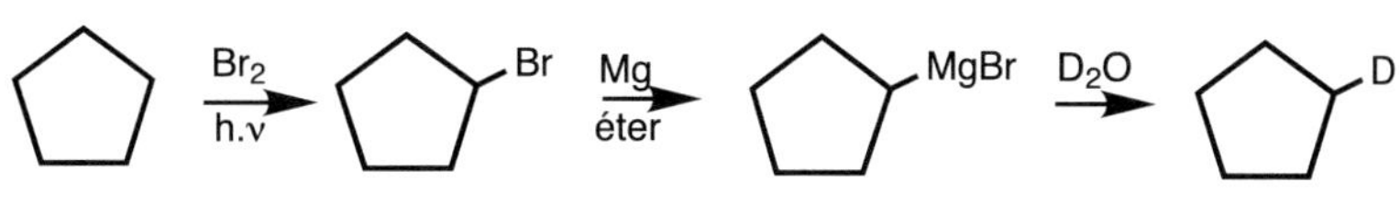

1.5. La afirmación es falsa. La reacción de un magnesiano con agua nunca genera el correspondiente alcohol, sino que da lugar al hidrocarburo resultado de una reacción ácido-base, según la ecuación:

$$CH_3CH_2CH_2MgBr + H_2O \longrightarrow CH_3CH_2CH_3 + HOMgBr$$

1.6.

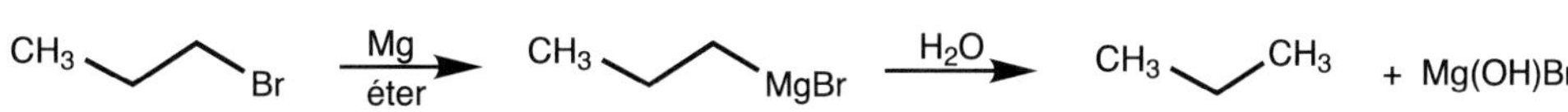

1.7.

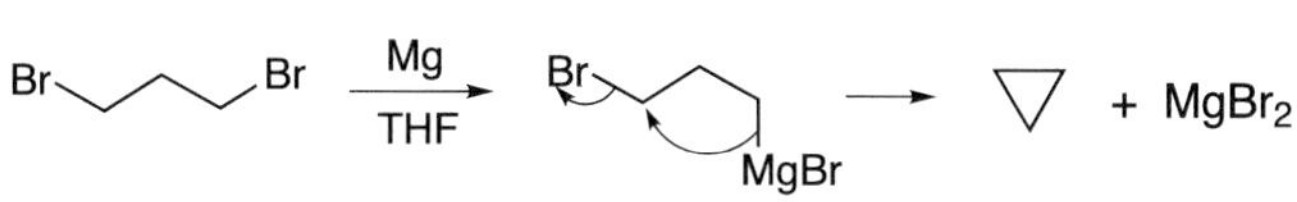

1.8.

a) $CH_3CH_2CH_2CH_2OH$

b) $PhCH_2CH(OH)CH_3$

c) $Me_2CHCH_2CH(OH)Ph$

d) 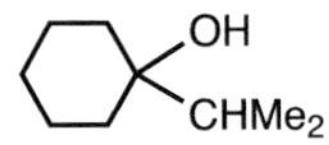

1.9.

a) 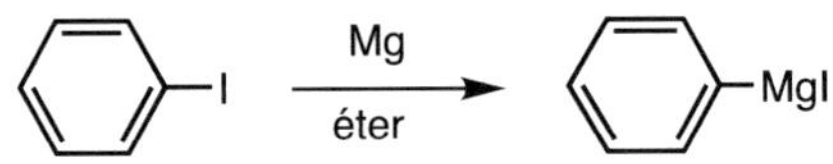

b) 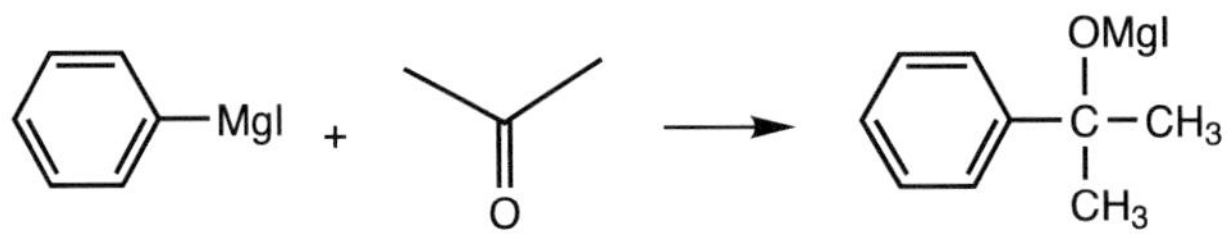

c) 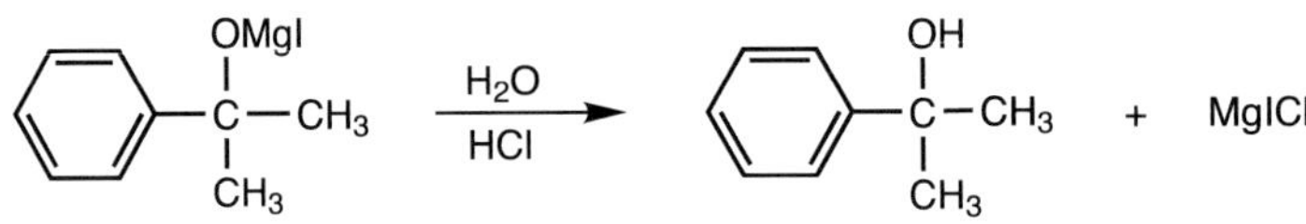

1.10.

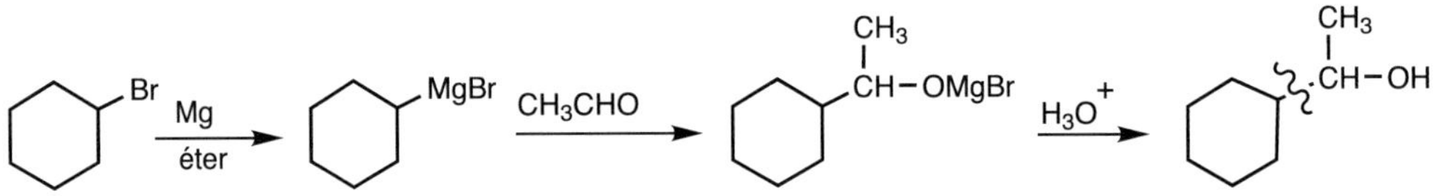

1.11. El reactivo de Grignard se comporta como una base fuerte y desprotona al alquino terminal, relativamente ácido, desprendiéndose etano (g). El anión alquinilo obtenido ataca al grupo carbonilo de otra molécula.

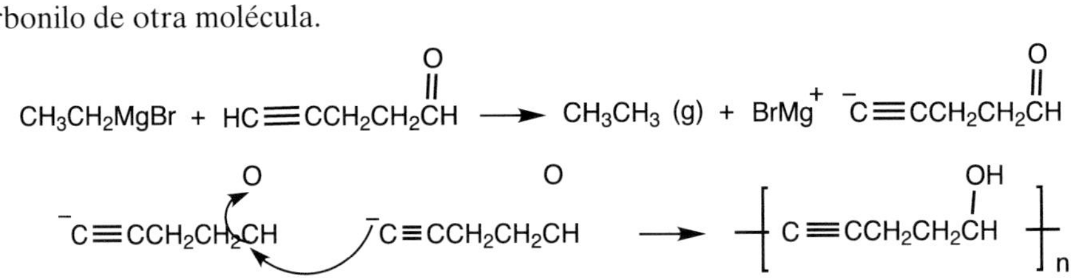

1.12.

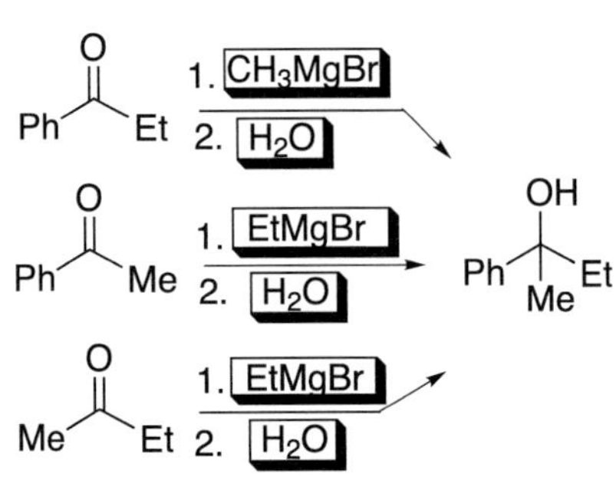

1.13.

a) $CH_3CH(OH)CH_3$

b) 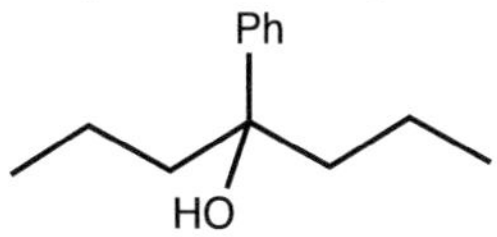

c) $Me_3CCH_2CH_2OH$

d) 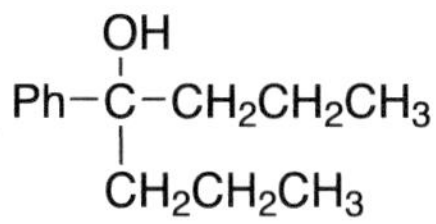

e) 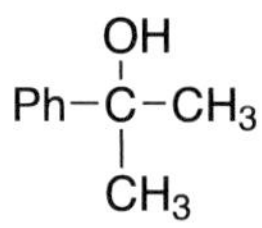

f) 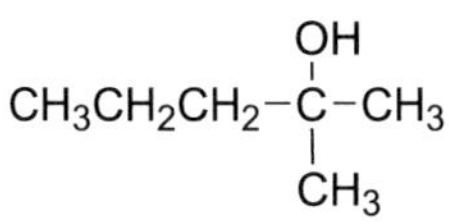

1.14.

a) $CH_3COOEt + PhCH_2MgBr$

b) $CH_3CH_2CH_2COOCH_3 + CH_3MgBr$

1.15.

a) $CH_3CHO + CH_3CH_2CH_2MgBr$ o bien $CH_3CH_2CH_2CHO + CH_3MgBr$

b) $CH_3COOCH_3 + 2\ CH_3MgBr$ o bien $CH_3\text{-}CO\text{-}CH_3 + CH_3MgBr$

c) 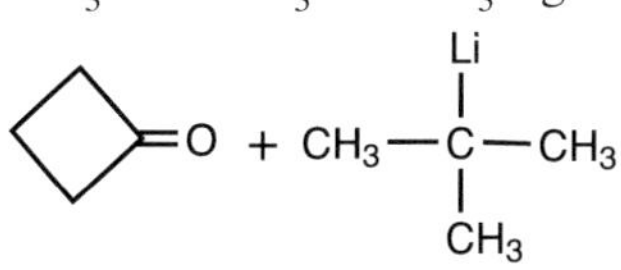

d) 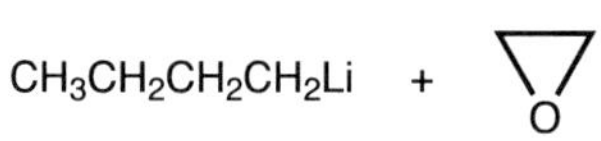

1.16. Aplicando el método retrosintético, escribimos los precursores detrás de cada doble flecha.

– Primera desconexión

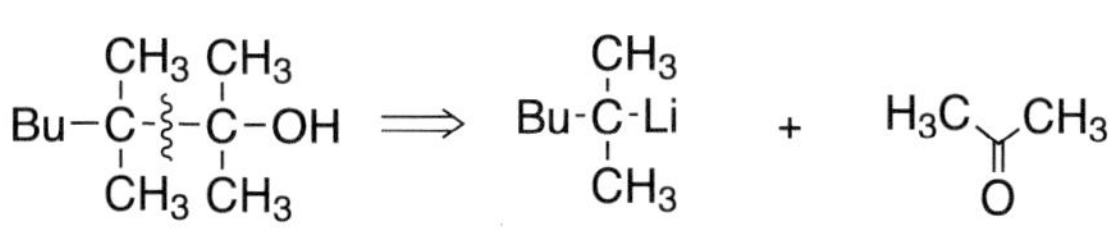

– Desconexión para la obtención del derivado litiado

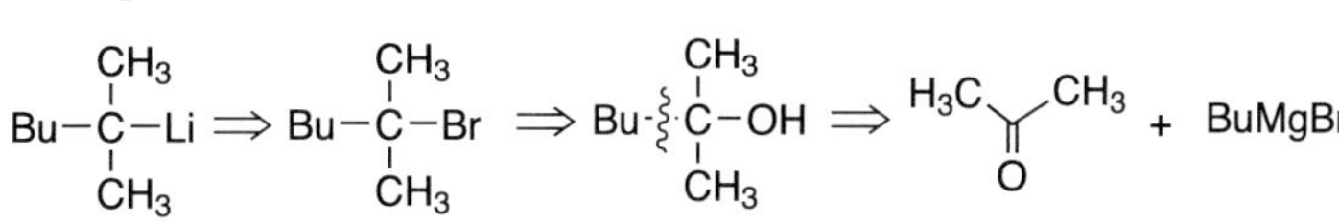

1.17. La respuesta correcta es la *b)*.

Capítulo 2

2.1.

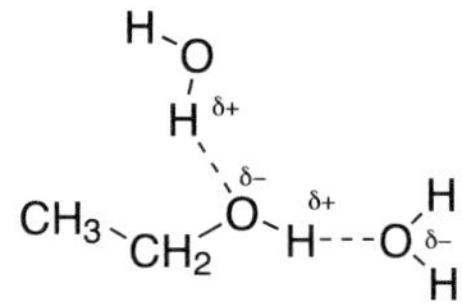

2.2.

Solubilidad en agua ⟶

pentano < CH_3OCH_3 < $CH_3CH_2CHOHCH_2CH_3$ < $CH_3CHOHCHOHCHOHCH_3$

2.3. El etanodiol en la conformación alternada sesgada o *gauche* puede establecer un enlace de hidrógeno intramolecular entre los dos grupos hidroxilo. Este hecho aumenta la estabilidad interna de la molécula y compensa la desventaja de adoptar la conformación alternada sesgada frente a la alternada anti, que es más estable.

El 1,2-dicloroetano se presenta mayoritariamente en la conformación alternada *anti*, que es la más estable.

Por último, el 2-cloroetanol prefiere mayoritariamente la conformación alternada sesgada parecida a la del 1,2-etanodiol. La atracción de las cargas dipolares es similar al efecto de un verdadero enlace de hidrógeno intramolecular.

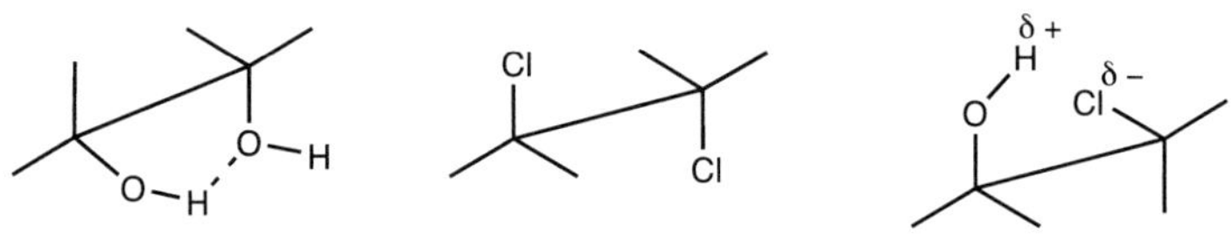

1,2-etanodiol 1,2-dicloroetano 2-cloroetanol

2.4. El fenol es más ácido que el ciclohexanol como demuestra la formación de sales de sodio (fenóxido de sodio) con bases fuertes, como el NaOH. El ciclohexanol necesitaría una base aún más fuerte, como el hidruro de sodio, NaH.

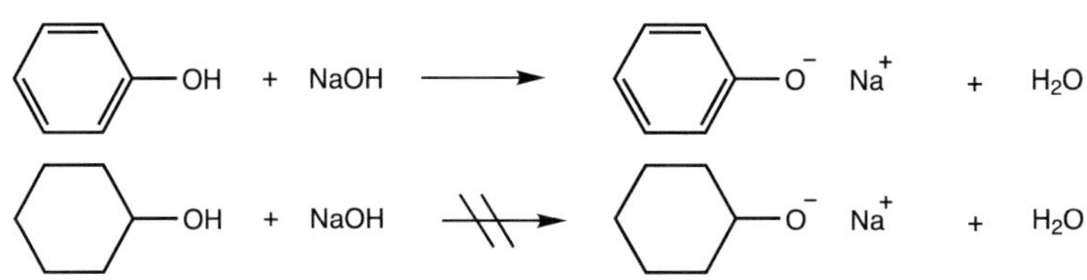

2.5. Se trata del alcohol 2-fenil-2-propanol (I).

El fenol (II) reacciona con el KOH para dar la sal correspondiente (fenóxido de potasio) soluble en una disolución acuosa.

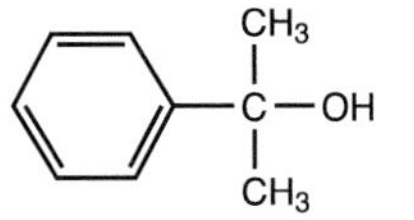

(I)

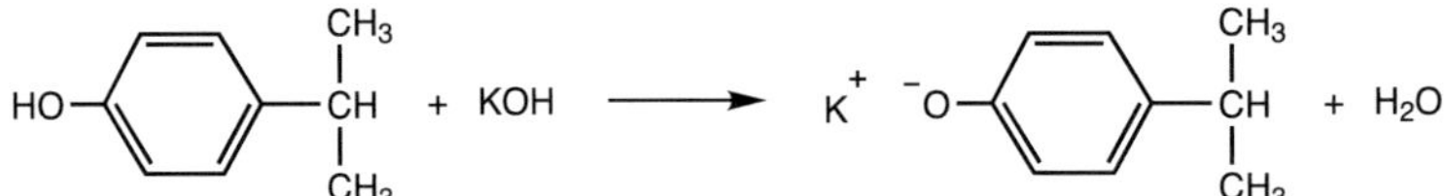

(II)

2.6.

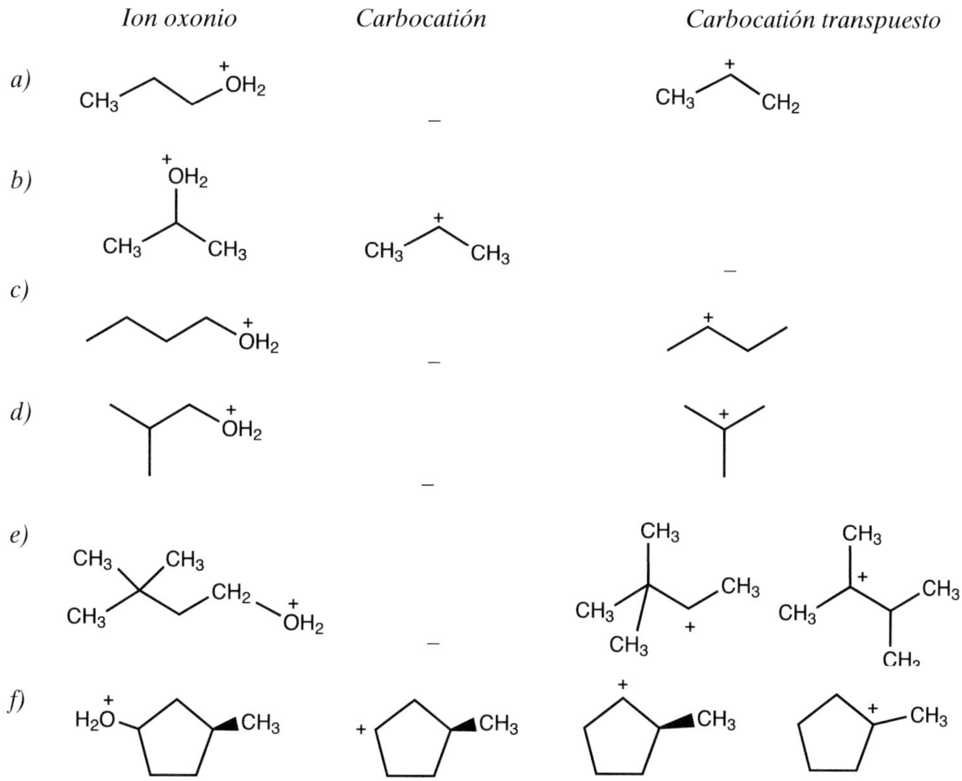

2.7. Se trata de una transposición pinacolínica en la que se produce una migración del hidrógeno (anión hidruro).

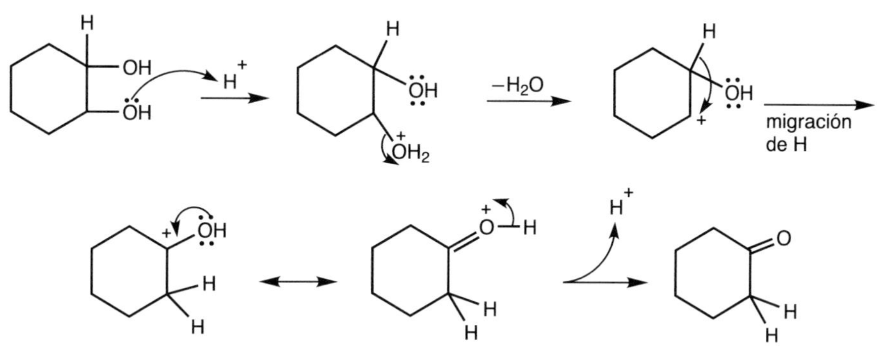

2.8. El proceso es una transposición pinacolínica. La reacción comienza con la protonación del grupo hidroxilo para formar un buen grupo saliente, seguida de una migración 1,2 del alquilo. Por último, se pierde un protón para dar la cetona.

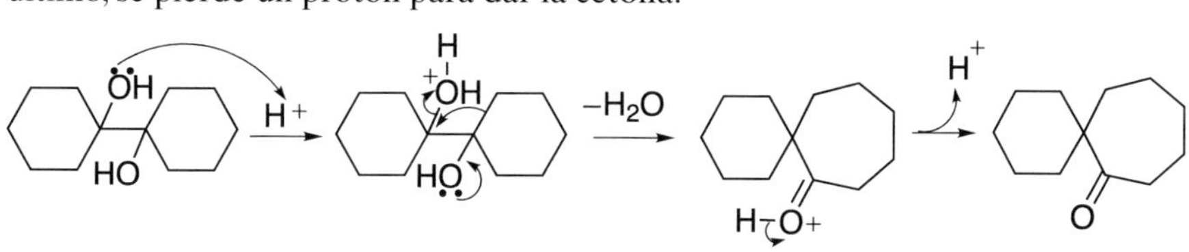

2.9.

a)

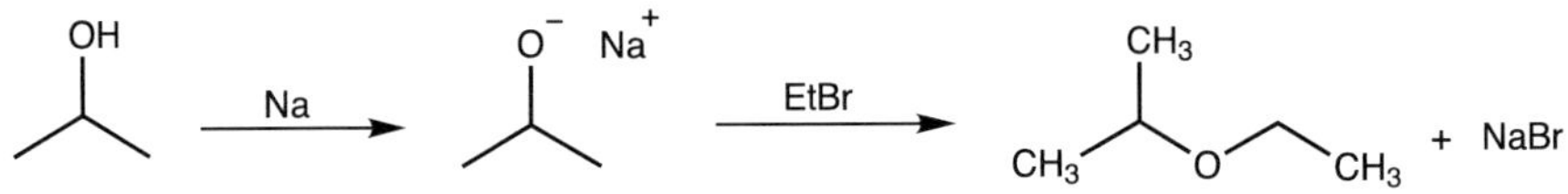

b)

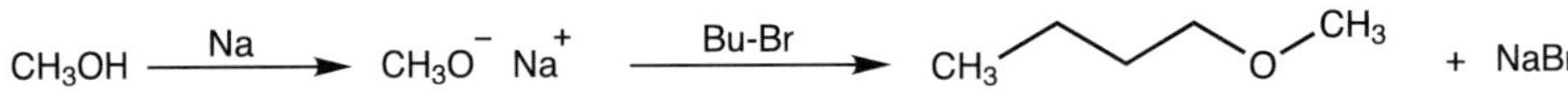

Otra alternativa es:

c)

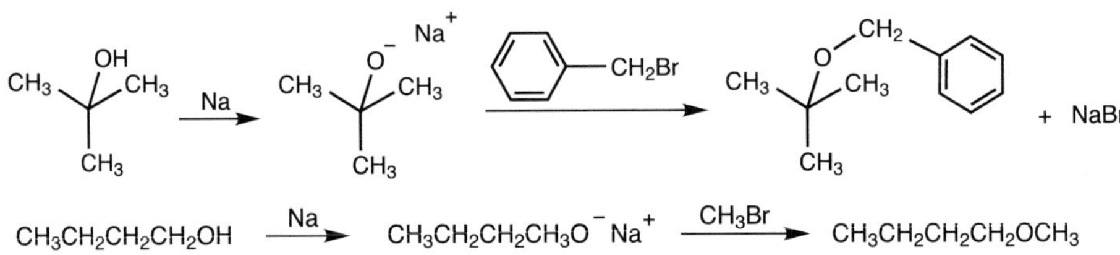

d)

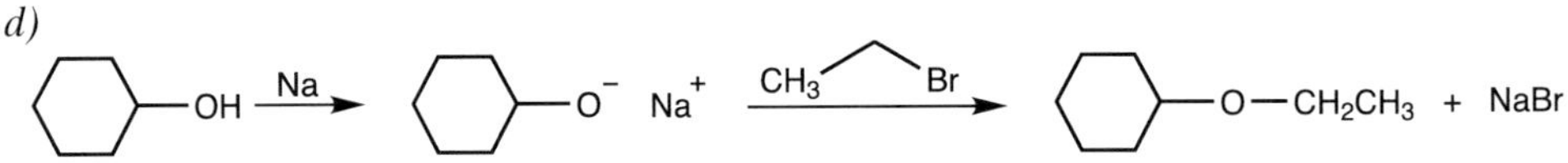

2.10. Las estrategias de síntesis que se proponen son reacciones S_N2. Por esta razón se debe utilizar el haluro menos sustituido posible.

a) El haluro de alquilo que cumple con los requisitos es el 2-cloropropano.

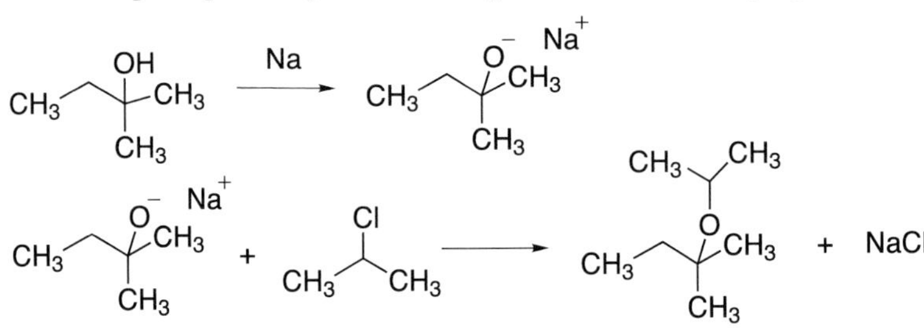

b) En esta síntesis, el haluro menos sustituido es el cloruro de metilo. Además habría que obtener el alcóxido a partir del alcohol correspondiente.

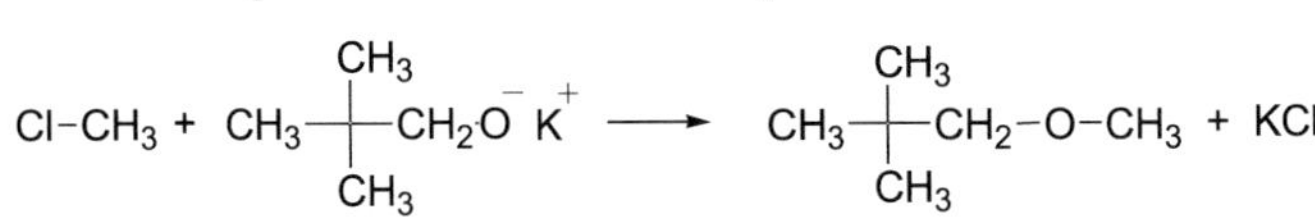

2.11.

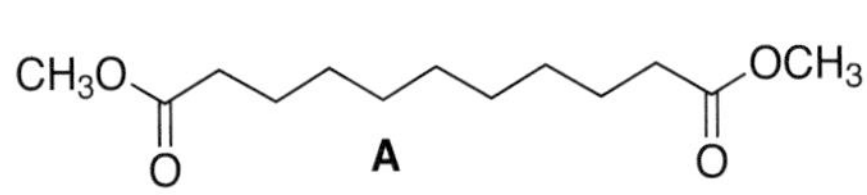

A

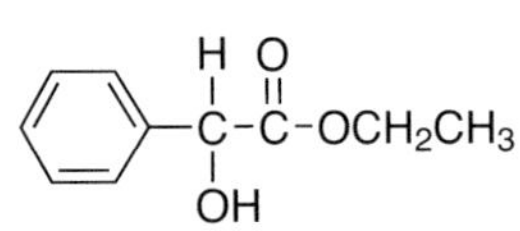

B

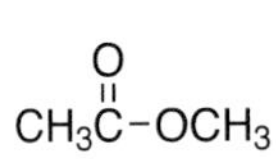

C

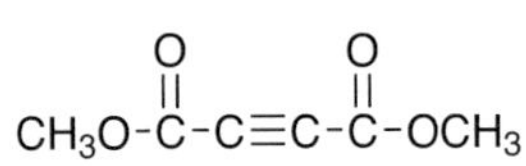

D

$BrCH_2COOCH_3$

E

2.12.

a) Primero añadiría una base, como el NaOH, para formar el carboxilato $RCOO^-$, y después adicionaría el haluro de alquilo correspondiente, $CH_3(CH_2)_{14}CH_2Br$.
b) El producto sería la sal sódica del ácido correspondiente $CH_3(CH_2)_{14}CO_2Na$.

2.13.

a)

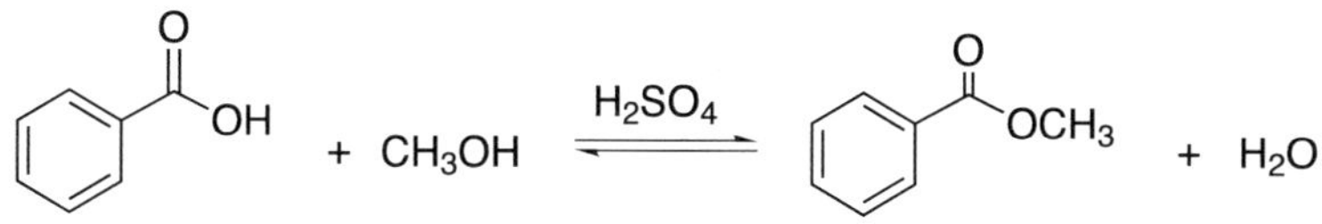

b) La mezcla de reacción contiene metanol en exceso, ácido benzoico que no ha reaccionado, ácido sulfúrico y los productos, agua y benzoato de metilo. Una vez concluida la calefacción a reflujo, se vierte sobre un vaso de precipitados que contenga agua y se extrae con un disolvente orgánico en un embudo de decantación. Con esta operación se logra que el ácido sulfúrico y el metanol sobrantes queden disueltos en agua, mientras que el benzoato de metilo y el ácido benzoico se disuelven en el disolvente orgánico. Terminada la extracción, la fase orgánica se lava con una disolución de bicarbonato sódico al 5% para neutralizar las trazas de H_2SO_4 y de ácido benzoico. La fase orgánica contendrá benzoato de metilo y algo de metanol, y la fase acuosa sulfato sódico, benzoato sódico y algo de metanol. La fase orgánica se lava con salmuera y se seca con cloruro de calcio anhidro. Por último, se purifica por destilación, obteniéndose el benzoato de metilo puro.

2.14. Es una reacción S_N1.

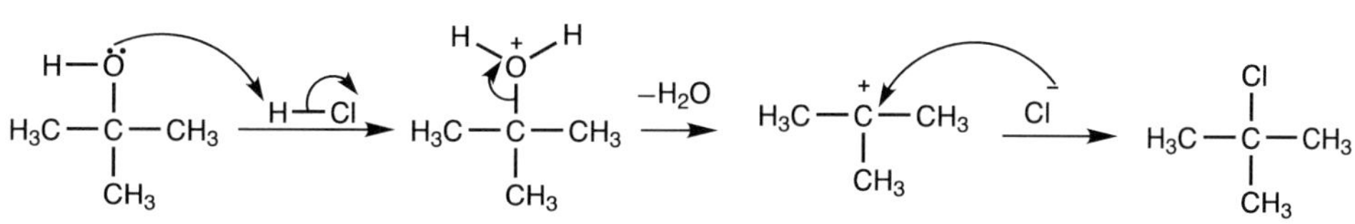

2.15. En estas condiciones las transposiciones son mucho menos importantes, el ácido es más débil (HBr en lugar de H_2SO_4) y existe un buen nucleófilo (Br^-).

Ninguno de los alcoholes primarios sufre transposición. Con los alcoholes secundarios y terciarios las transposiciones se pueden dar con mayor frecuencia. Los productos resultarán del ataque del anión bromuro sobre los distintos carbocationes presentes en cada caso.

a) $CH_3CH_2CH_2Br$
b) $CH_3CHBrCH_3$
c) $(CH_3)_2CHCH_2Br$ y $(CH_3)_3CBr$
d) $(CH_3)_3CCH_2CH_2Br$, $(CH_3)_3CCH(Br)CH_3$ y $(CH_3)_2CH(Br)(CH_3)_2$
e)

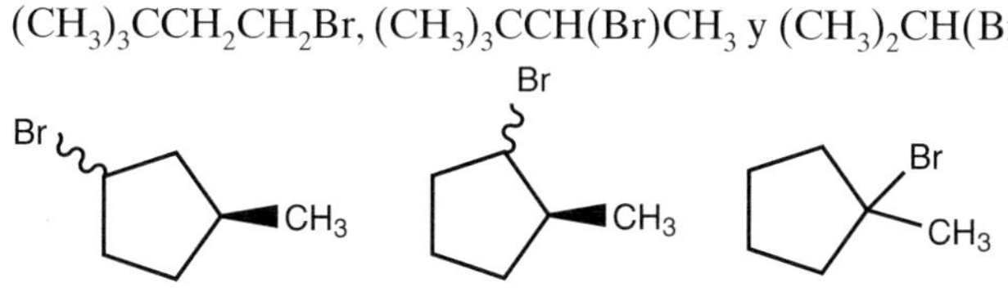

2.16.

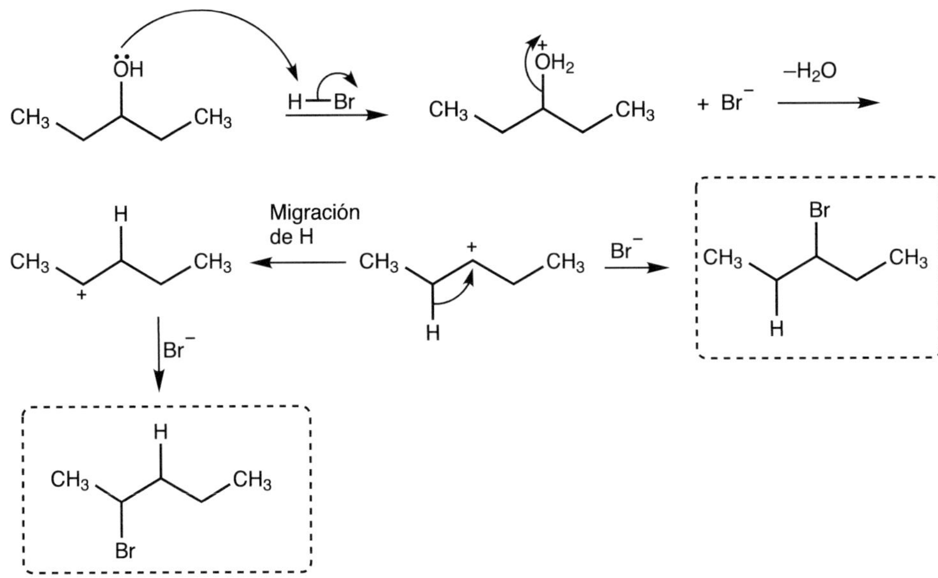

2.17.

a)

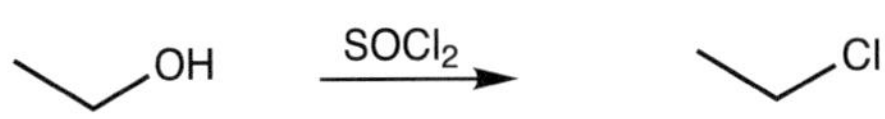

b)

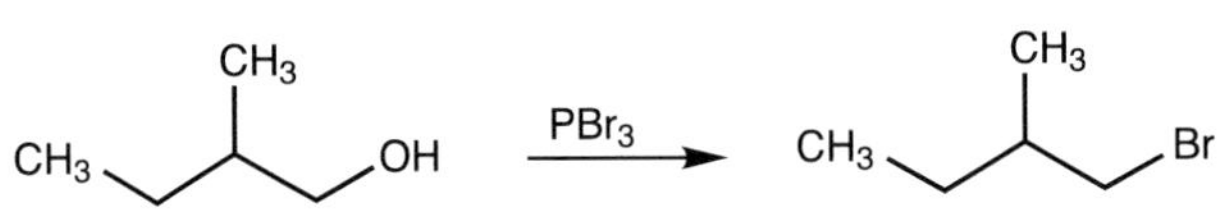

c)

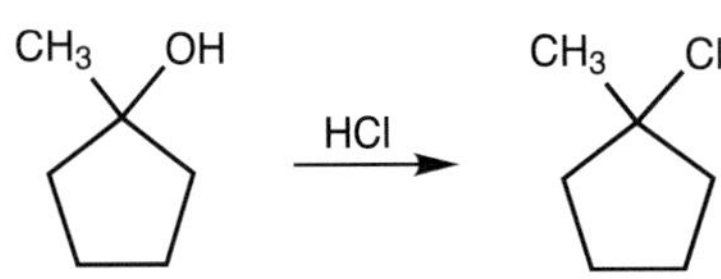

d)

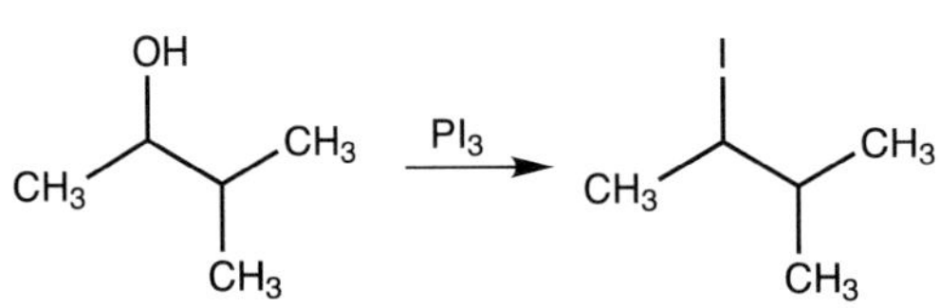

2.18.

a) CH_3CH_2OH

b) $(CH_3)_2CHCH_2OH$ o $(CH_3)_3COH$

c) $CH_3CHOHCH_3$ o $CH_3CH_2CH_2OH$

d) $CH_3CH_2CHOHCH_3$

2.19.

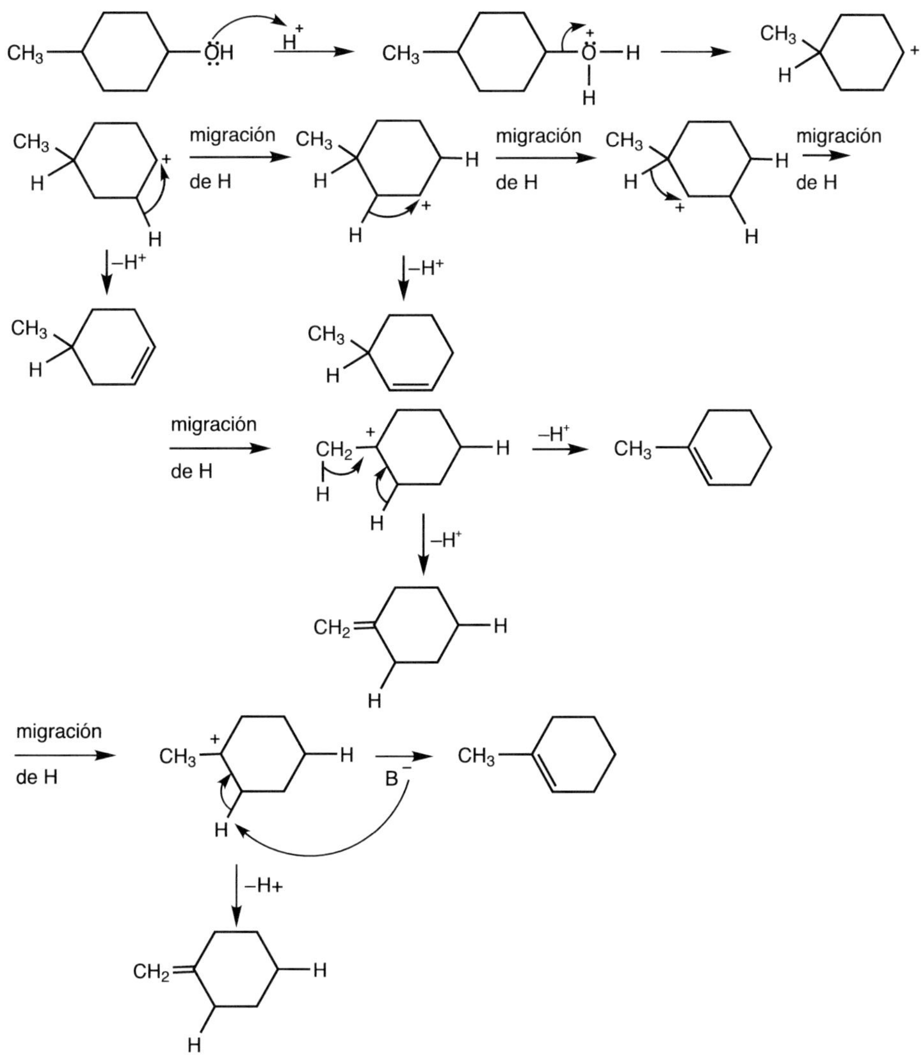

2.20. *a)* Es un alcohol secundario. Se obtiene la cetona correspondiente $CH_3COCH_2CH_3$.

b) No se produce reacción ya que se trata de un alcohol terciario.

c) Es un alcohol primario. Primero se obtendría el aldehído $PhCH_2CHO$. Si la oxidación continúa el ácido carboxílico $PhCH_2COOH$.

d) Es un alcohol secundario. Se obtendría la cetona correspondiente, $PhCOCH_2Ph$.

e) Es un alcohol secundario. Se obtiene la cetona correspondiente.

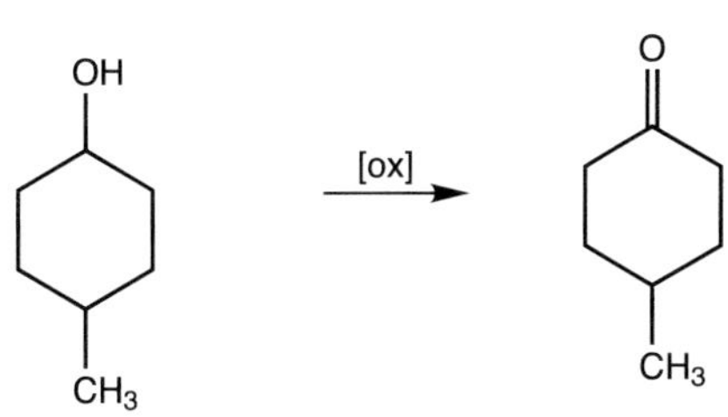

2.21.

a) $CH_3CH_2CH_2OH$

b)

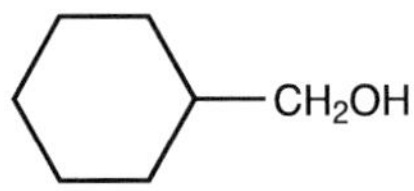

c) CH_3-CHOH-$CH_2CH_2CH_3$

d)

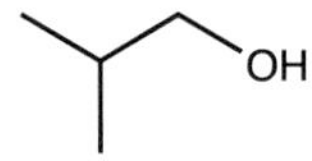

2.22. La sustancia que reacciona con el oxidante es el alcohol *n*-butílico, que es un alcohol primario, mientras que los alcoholes terciarios como el *terc*-butanol no reaccionan con los agentes oxidantes.

La reacción química que tiene lugar entre el 1-butanol y el agente oxidante es:

$$CH_3CH_2CH_2CH_2OH + \text{oxidante} \longrightarrow \begin{cases} CH_3CH_2CH_2CHO \\ CH_3CH_2CH_2COOH \end{cases}$$

2.23. La sustancia desconocida es el alcohol *sec*-butílico, que es la única que puede oxidarse, según la ecuación química siguiente.

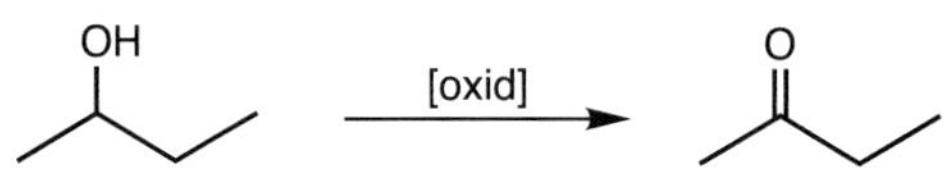

2.24.

a)

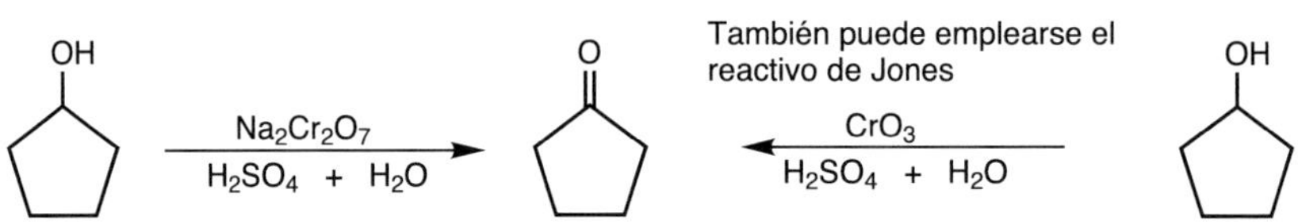

b)

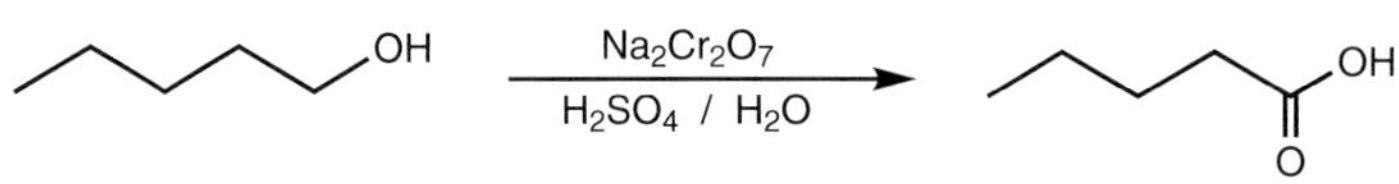

c)

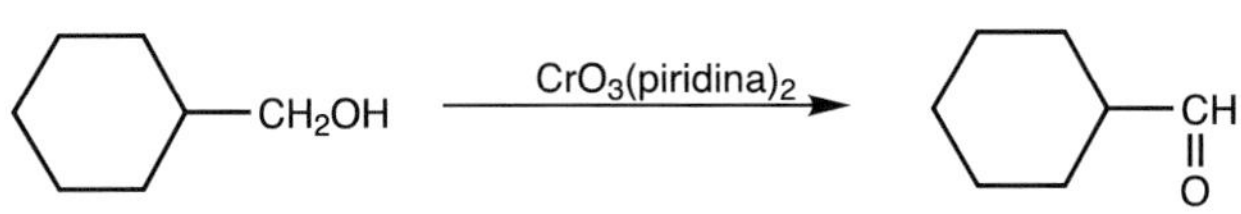

$CrO_3(\text{piridina})_2$ se emplea para evitar la sobreoxidación del formilciclohexano hasta el ácido ciclohexanocarboxílico. También puede emplearse el PCC, clorocromato de piridinio, para evitar la sobreoxidación.

d)

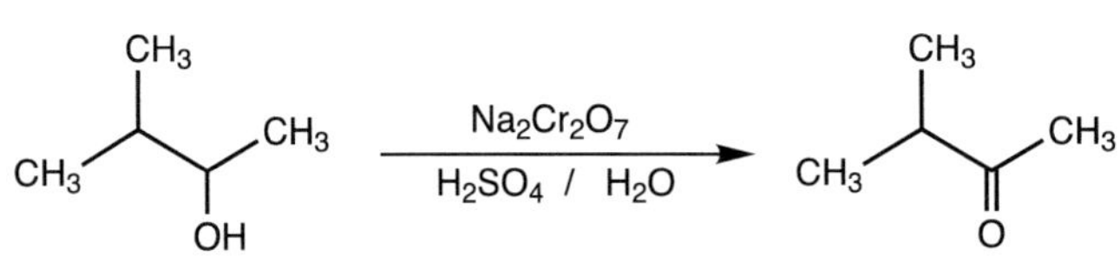

e)

$$CH_3CH_2OH \xrightarrow{CrO_3(piridina)_2} CH_3CHO$$

También puede emplearse el PCC, clorocromato de piridinio, para evitar la sobreoxidación.

2.25.

a) $CH_3CH_2CH_2Br$; *b)* $CH_3CH_2CH_2Br$; *c)* $CH_3CH_2CH_2Cl$; *d)* $CH_3CH_2CH_2ONa$;
e) $CH_3CH_2CH_2OH_2^+$; *f)* $CH_3CH{=}CH_2$; *g)* $CH_3CH_2CH_2OCH_2CH_2CH_3$;
h) CH_3CH_2COOH; *i)* CH_3CH_2CHO; *j)* $CH_3CH_2CH_2OSO_2Ph\textit{p}\text{-}(CH_3)$

2.26.

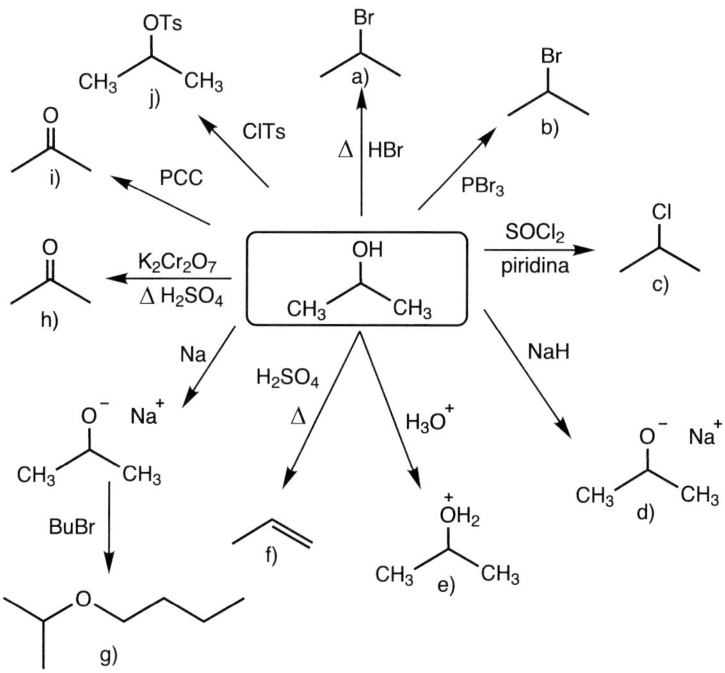

2.27.

a)

$$CH_3(CH_2)_4CH_2CHO \xrightarrow[\text{dietil éter}]{LiAlH_4} \xrightarrow{H_3O^+} CH_3(CH_2)_4CH_2CH_2OH$$

b)

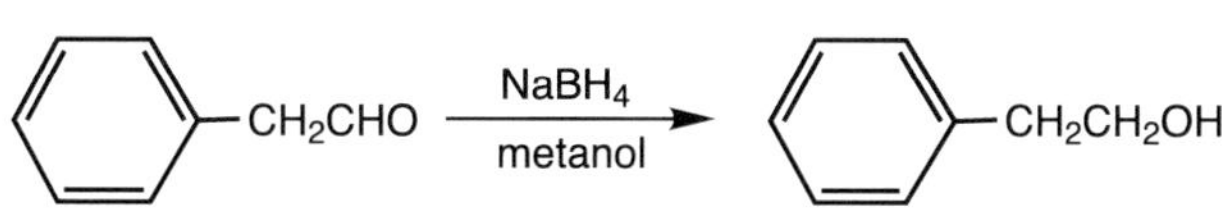

c)

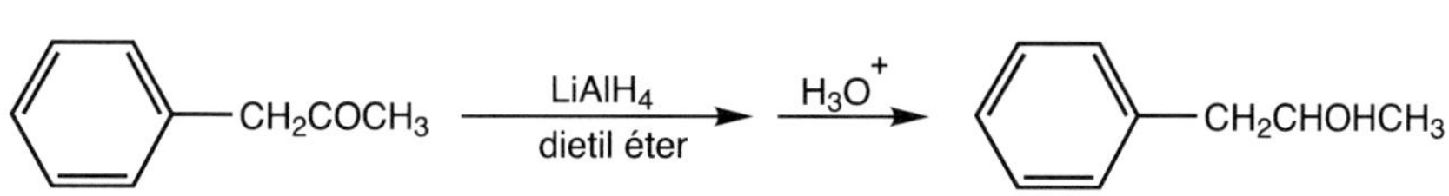

d)

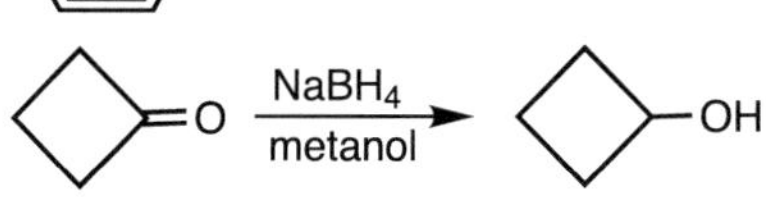

e)

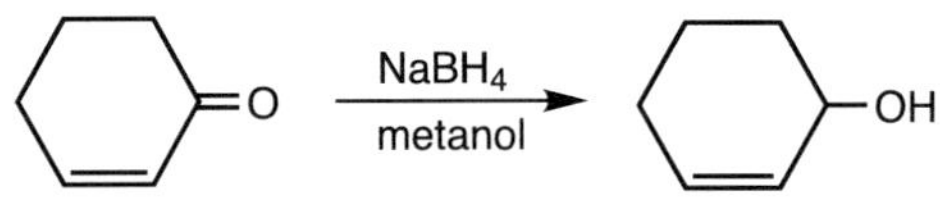

f)

$$CH_3CH = CHCHO \xrightarrow[\text{dietil éter}]{LiAlH_4} \xrightarrow{H_3O^+} CH_3CH = CHCH_2OH$$

2.28.

a)

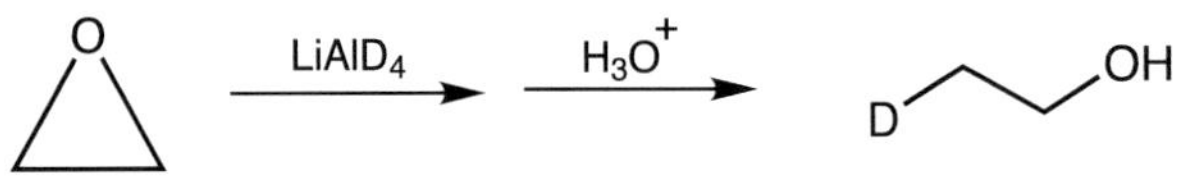

b)

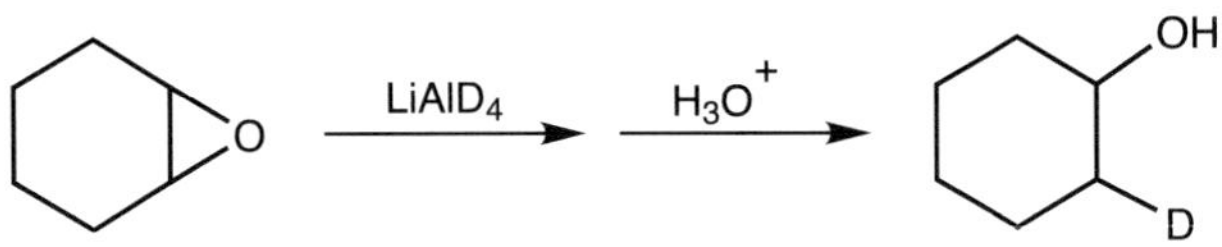

2.29.

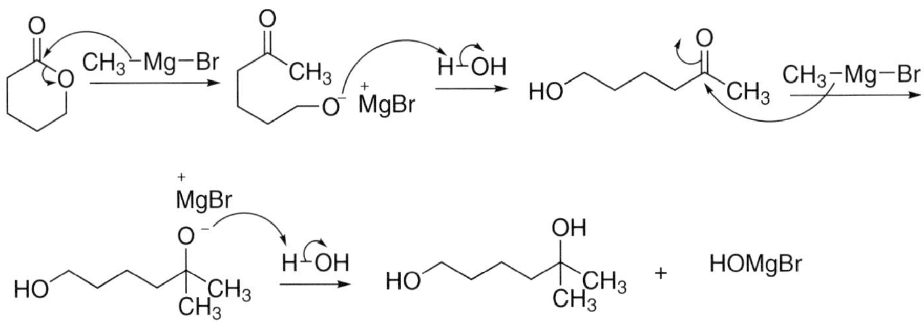

2.30.

Comenzando con alcanos, la única primera etapa posible es la halogenación, que es un mal camino para funcionalizar los carbonos primarios, incluso si se emplea la cloración. La monocloración es difícil en un sentido práctico.

a)

$$CH_3CH_3 \xrightarrow[h.\nu]{Cl_2} CH_3CH_2Cl \xrightarrow[H_2O]{OH^-} CH_3CH_2OH$$

b) Lo mismo que en (a) pero partiendo de propano (no es un buen método).

c)

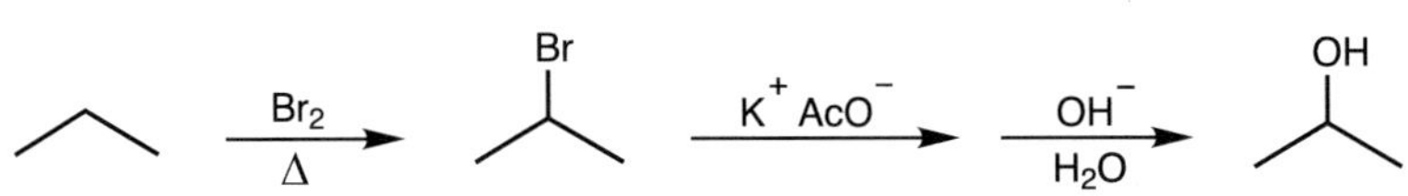

d) Lo mismo que en el apartado *a)* pero partiendo de butano (no es un método muy bueno).

e) Lo mismo que en el apartado *c)* pero partiendo de butano.

f)

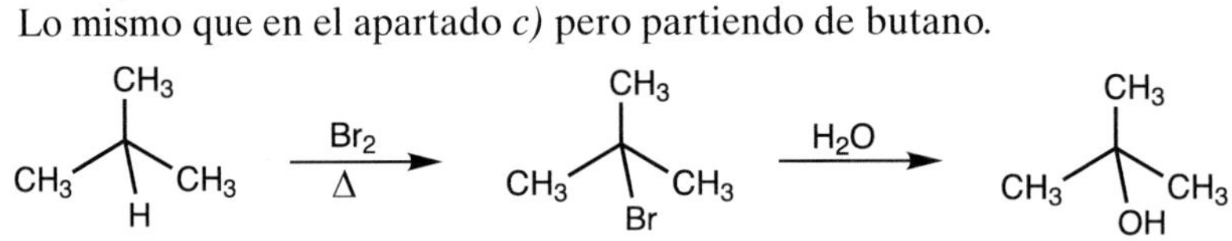

Partiendo de los aldehídos RCHO, pueden emplearse los reactivos: H_2 + Pd/C, o bien $NaBH_4$ o $LiAlH_4$, obteniéndose el alcohol primario de igual número de átomos de carbono, en los casos:

a) R = CH_3, *b)* R = CH_3CH_2 y *d)* R = $CH_3CH_2CH_2$

También partiendo de aldehídos pueden emplearse los reactivos organometálicos: R MgX o RLi.

A partir de metanal: *a)* R = CH_3, *b)* R = CH_3CH_2, *d)* R = $CH_3CH_2CH_2$.

Para el caso *e)* se parte de etanal y los organometálicos EtMgX o EtLi.

Partiendo de las cetonas, se puede emplear cualquiera de los reductores: H_2 + Pd/C, $NaBH_4$ o $LiAlH_4$ en los casos: *c)* R y R = CH_3 y *e)* R = CH_3 R = CH_3CH_2 y en *f)* CH_3COCH_3 con organometálicos CH_3MgX o CH_3Li.

Partiendo del oxaciclopropano (epóxido) se pueden obtener los compuestos *a), b)* y *d)* utilizando $LiAlH_4$, CH_3Li y EtLi, respectivamente.

Partiendo de oxaciclopropanos sustituidos:

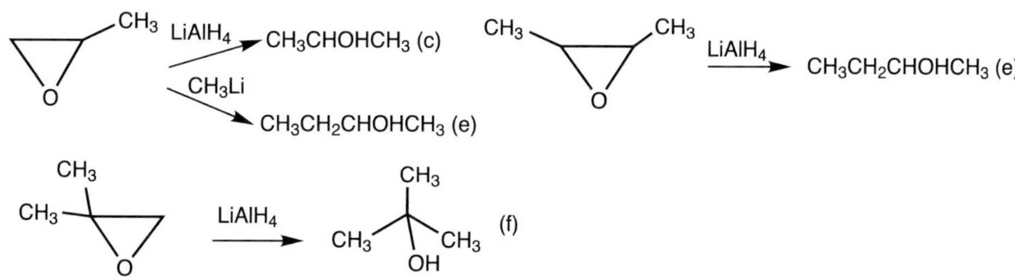

2.31.

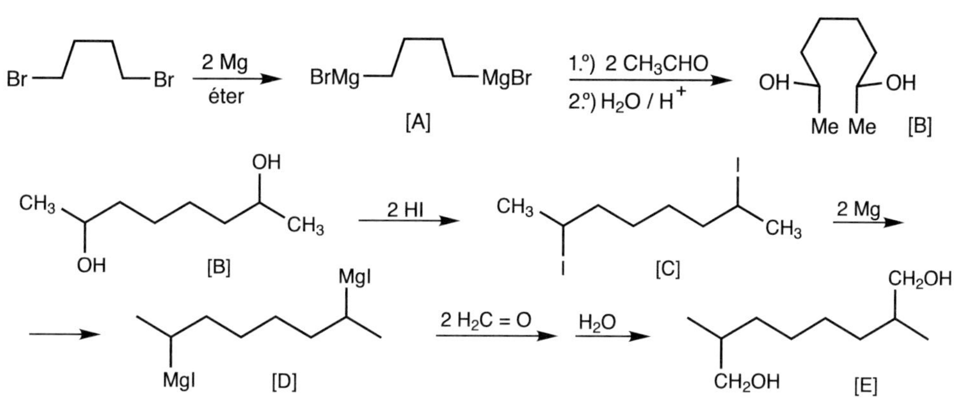

Con el formiato de metilo se produce una doble reacción con los dos magnesianos que están situados en el compuesto [D] y se origina el compuesto cíclico [F].

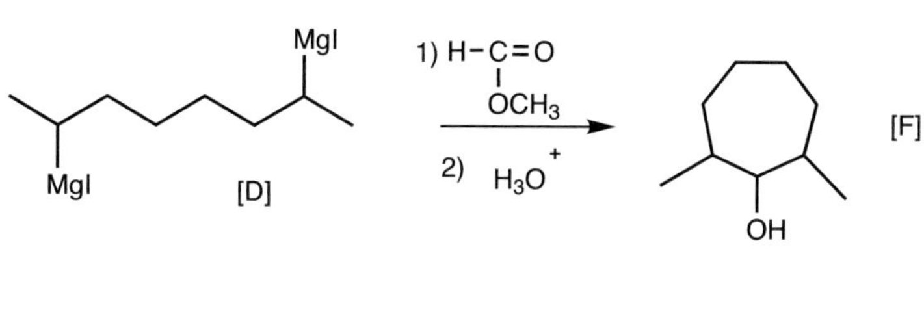

2.32. El procedimiento de síntesis lo obtendremos mediante análisis retrosintético, utilizando las desconexiones más adecuadas en cada caso.

a) Nos fijamos en los enlaces contiguos al grupo funcional y observamos dos desconexiones posibles:

– Primera desconexión: separa solo un átomo de carbono de la cadena. Esta desconexión implica las etapas que se indican a continuación:

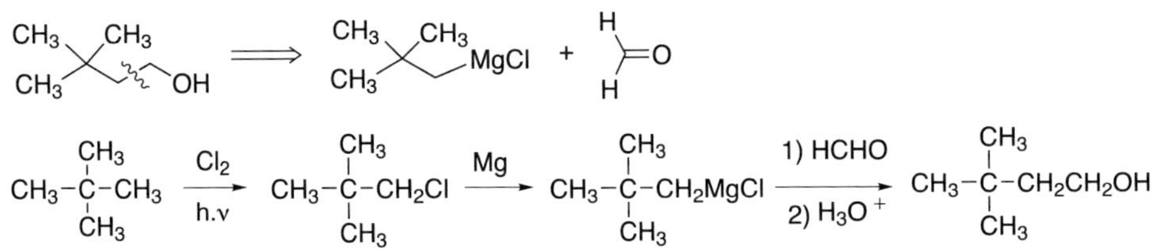

– Otra desconexión posible: una desconexión más simétrica, cuya síntesis para obtener el compuesto sería la que se indica a continuación:

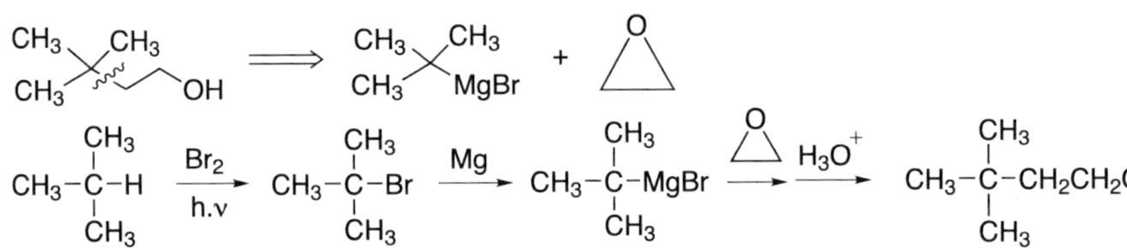

b) En esta síntesis el último paso sería el siguiente:

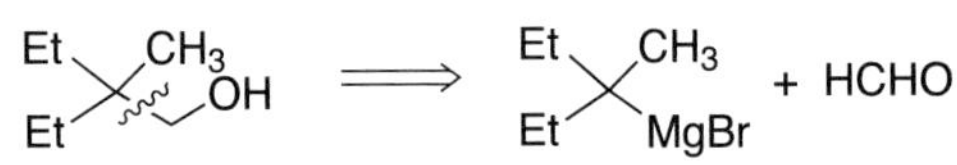

El reactivo de Grignard proviene de un bromuro, que se puede obtener por mediante reacción de 3-metil-3-pentanol con HBr.

Para preparar el 3-metil-3-pentanol, existen dos desconexiones posibles:

– Método 1

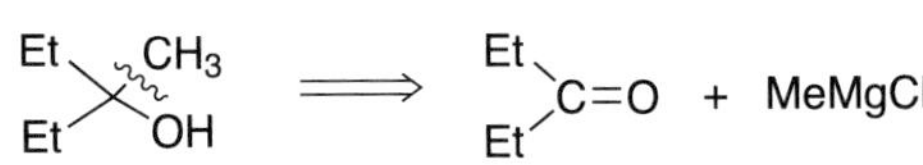

– Método 2

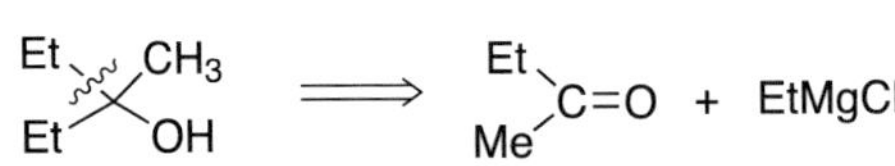

Ya que el alcohol deseado tiene dos grupos idénticos sobre el carbono que soporta el hidroxilo, existe otro método de desconexión aún mejor:

– Método 3

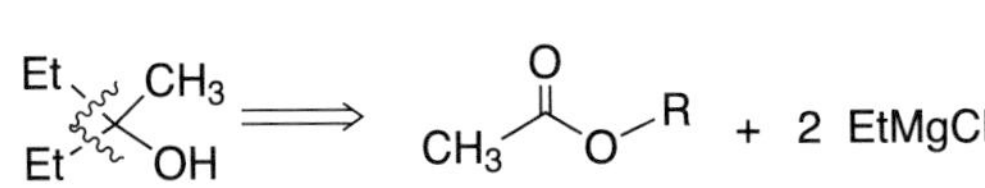

Esta última desconexión ofrece la mejor vía de síntesis:

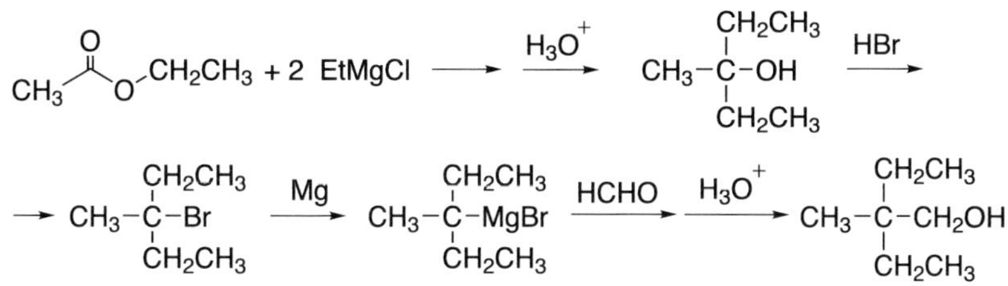

Capítulo 3

3.1.

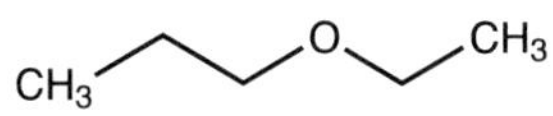

etilpropiléter

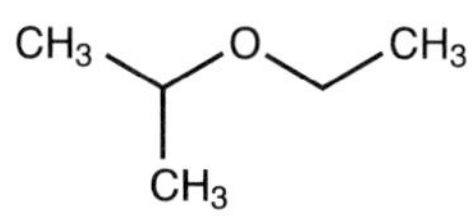

etilisopropiléter

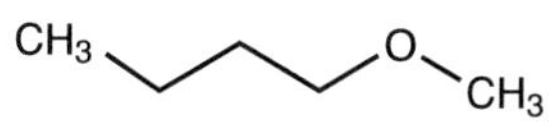

butilmetiléter

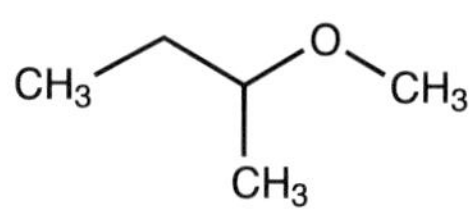

sec-butilmetiléter

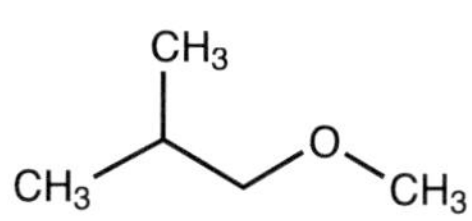

isobutilmetiléter

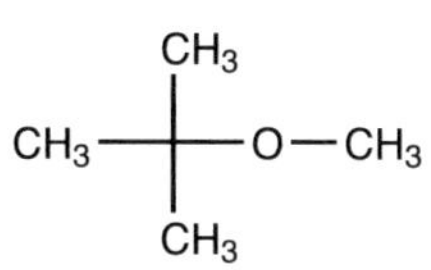

terc-butilmetiléter

3.2. Por tratarse de un sustrato primario, las reacciones son bimoleculares. Con el metóxido de sodio, buen nucleófilo de pequeño tamaño, predomina la reacción de sustitución S_N2 sobre la eliminación E2. Con el *terc*-butóxido de potasio, base más fuerte y de mayor tamaño que el metóxido de sodio, aumenta el producto de eliminación E2, con formación de un 20% de alqueno.

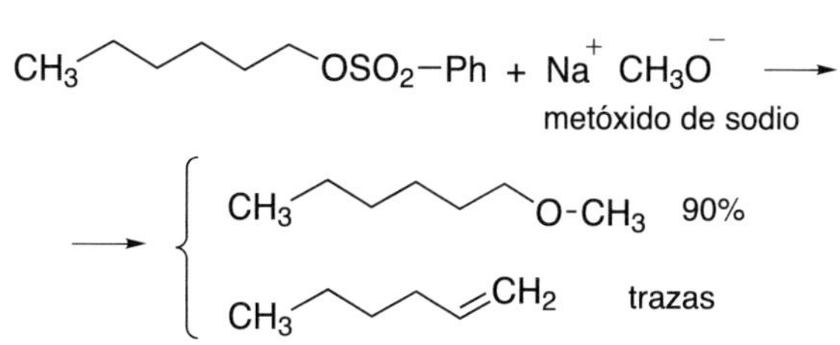

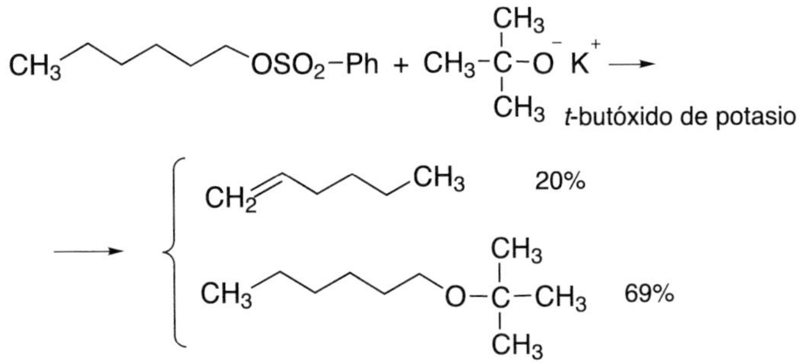

3.3.

a)

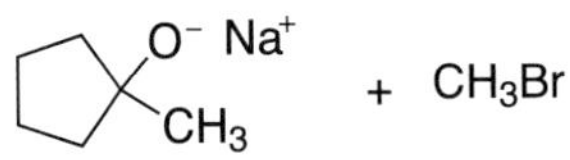

b)

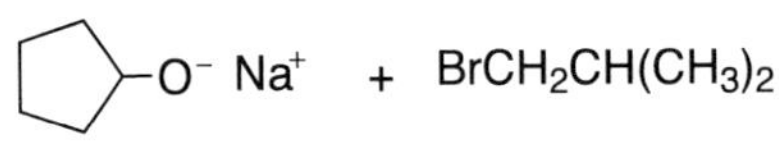

c)

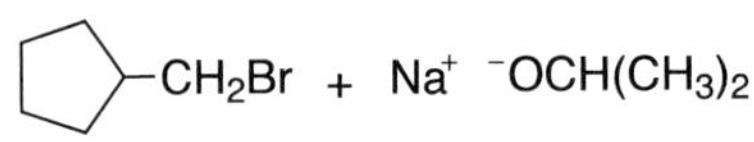

3.4.

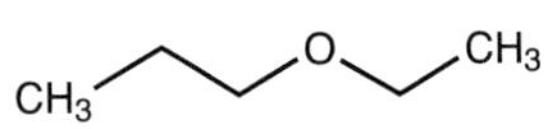

etilpropiléter

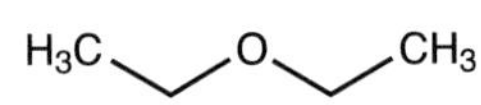

dietiléter

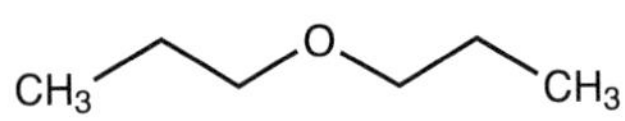

dipropiléter

3.5. Con un solo mol de diazometano reaccionará preferentemente el grupo carboxilo dando origen al 2,3-dihidroxi-6-nitrobenzoato de metilo.

Cuando reaccionan dos moles de diazometano se formará un metoxilo en uno de los dos hidroxilos. Obtendremos 2-hidroxi-3-metoxi-6-nitrobenzoato de metilo.

Por último, la reacción de tres moles de diazometano genera el 2,3-dimetoxi-6-nitrobenzoato de metilo.

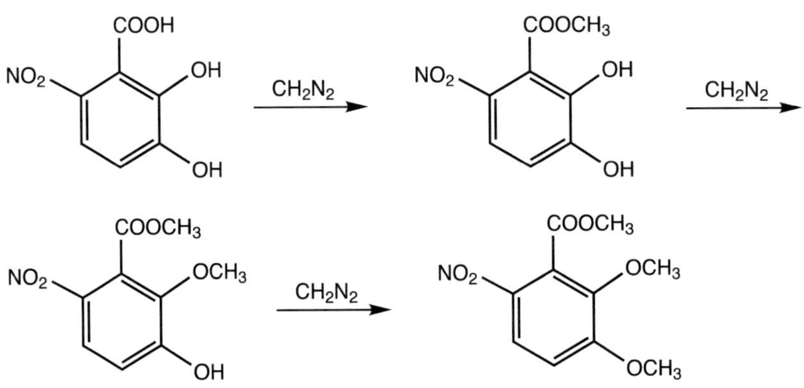

3.6.

a)

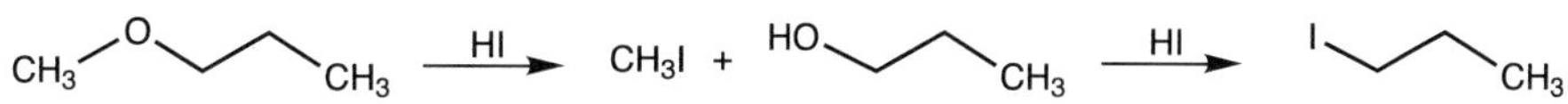

b)

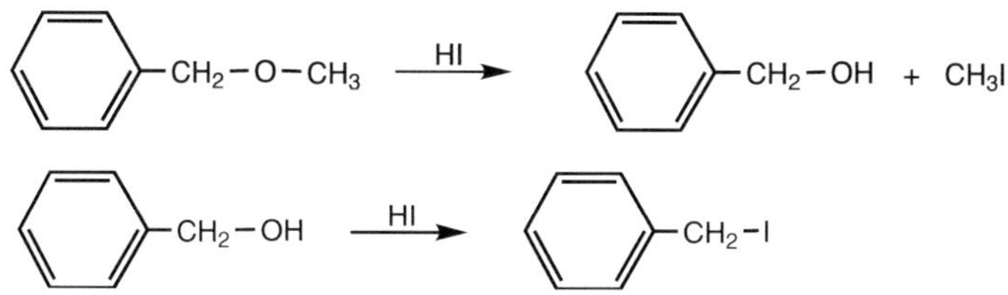

c)

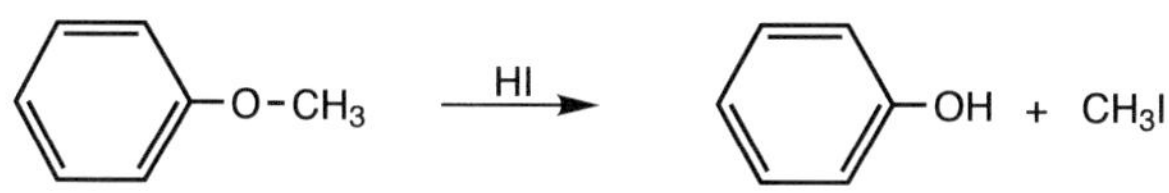

3.7.

3.8. El di-*terc*-butil éter se fragmenta fácilmente porque una vez protonado el éter se rompe dando lugar a un carbocatión terciario estable, y al alcohol *terc*-butílico. El carbocatión formará el yoduro de *terc*-butilo mediante una S_N1 con el anión yoduro.

3.9. En este caso, el carbono quiral del *sec*-butilo no interviene en la reacción. El anión bromuro ataca al carbono del metoxilo protonado.

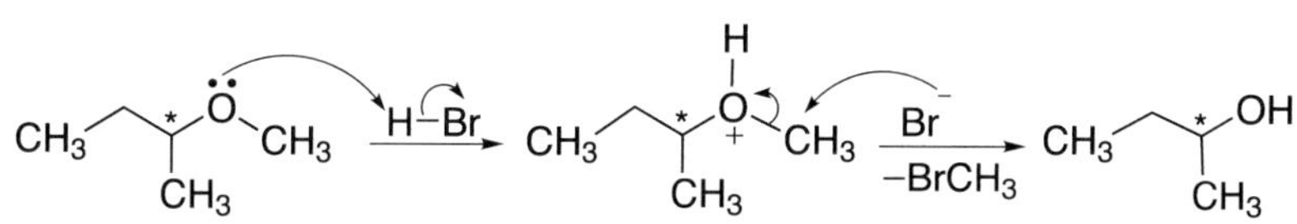

3.10.

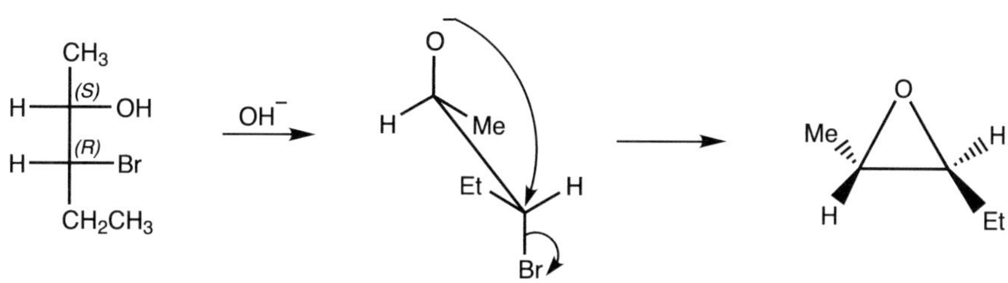

La reacción es estereoespecífica. El grupo hidroxilo y el bromo deben presentar una configuración en *anti* para que se cumpla la condición de ataque dorsal en la S_N2 intramolecular.

3.11.

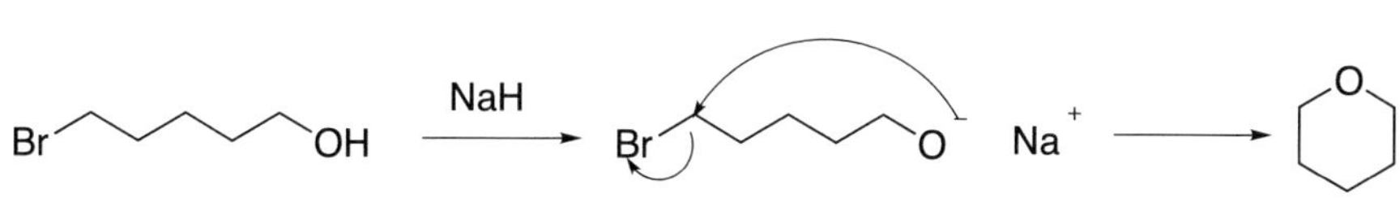

3.12.

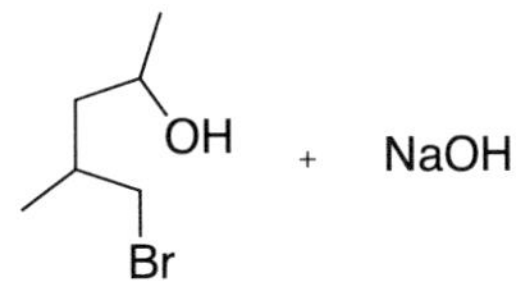

3.13.

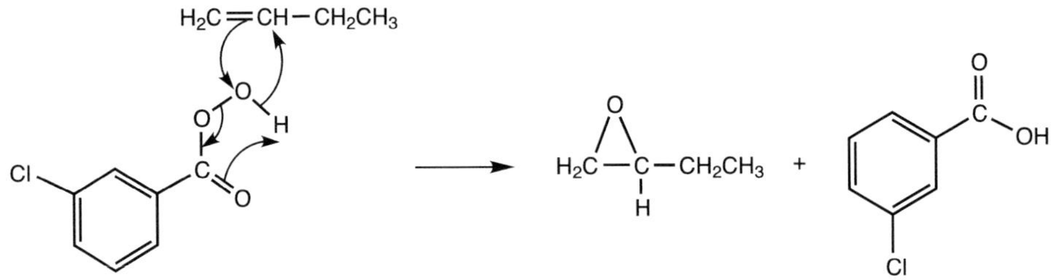

3.14.

a)

b)

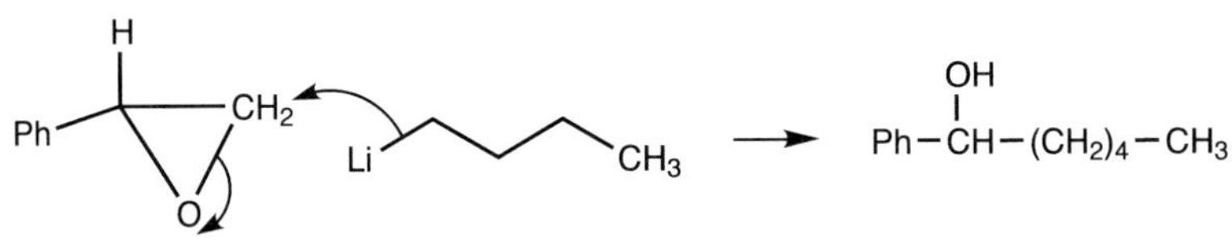

3.15.

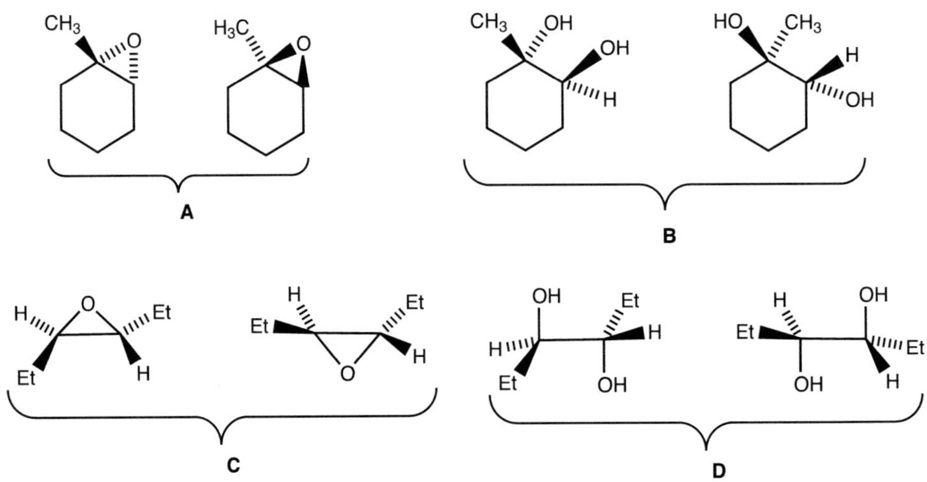

3.16.

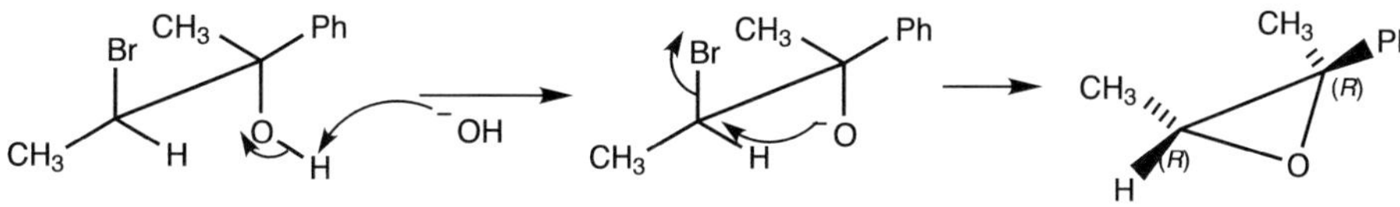

A

– Apertura del epóxido por acción de un nucleófilo: el ataque tiene lugar sobre el átomo de carbono menos sustituido.

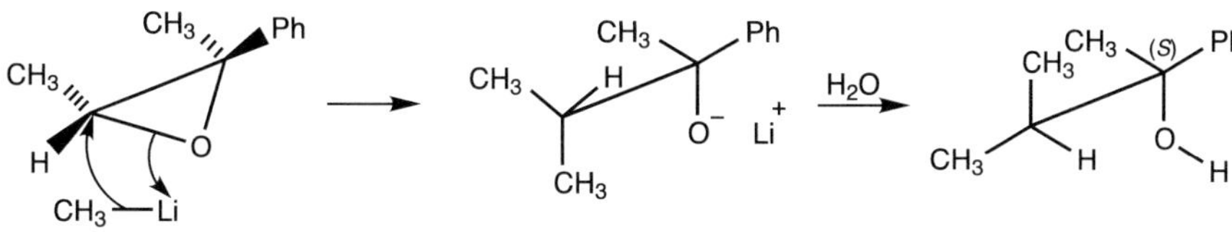

B

– Apertura del anillo del oxirano por catálisis ácida. El ataque del metanol tiene lugar sobre el átomo de carbono más sustituido.

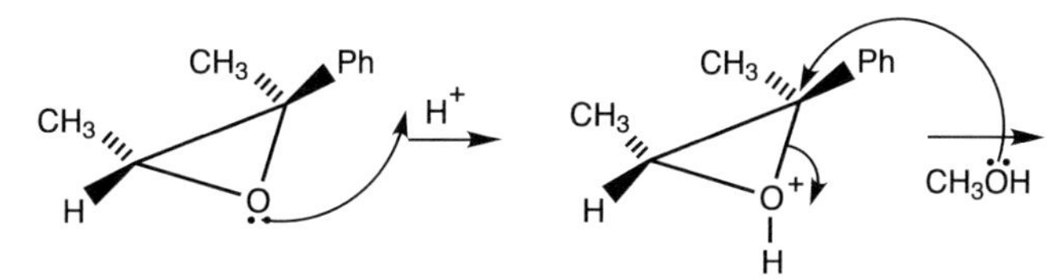

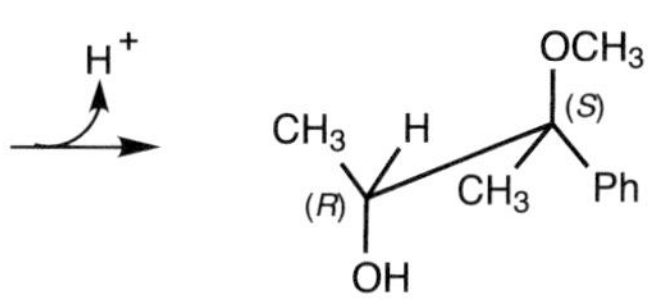

C

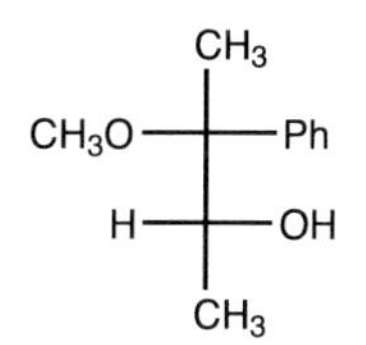

– Las reacciones del producto [A] con $LiAlD_4$ y con $(CH_3)_2NH$ son similares a la apertura del anillo mediante la acción de un nucleófilo que conduce a la formación del producto [B]. Los productos [D] y [E] que resultan de estas reacciones son:

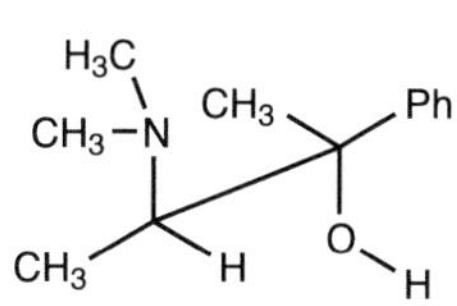

D

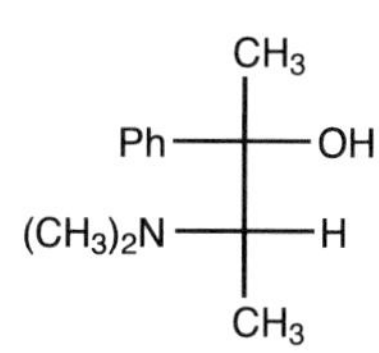

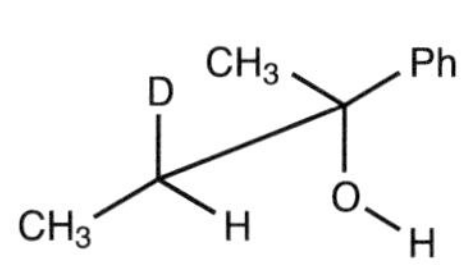

E

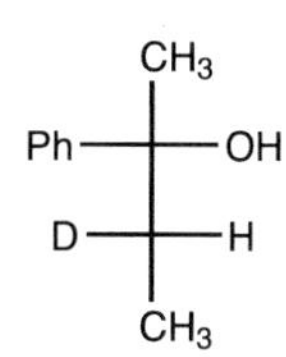

Capítulo 4

4.1.

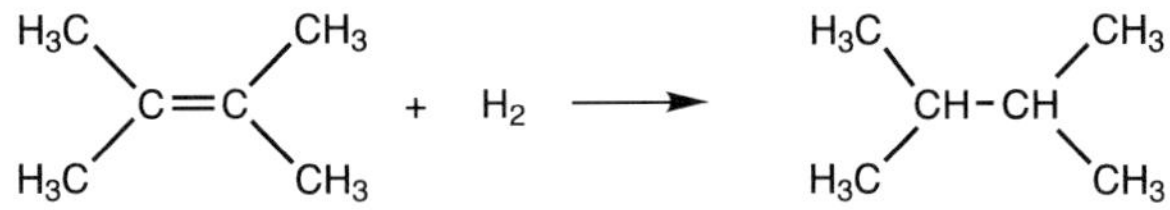

2,3-dimetil-2-buteno 2,3-dimetilbutano

$\Delta H° = -28{,}0$ kcal.mol^{-1}

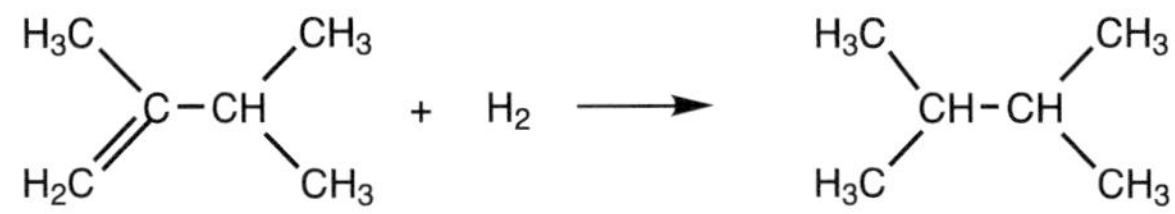

2,3-dimetil-1-buteno 2,3-dimetilbutano

$\Delta H° = -26{,}6$ kcal.mol^{-1}

El 2,3-dimetil-2-buteno es más estable que el 2,3-dimetil-1-buteno en un valor de –1,4 kcal/mol.

4.2. El *terc*-butóxido potásico en la base más impedida (voluminosa) y favorecerá la eliminación de los protones situados sobre los átomos de carbono menos sustituidos, aquellos del extremo de la cadena, por tanto el producto mayoritario obtenido es el alqueno menos estable. La eliminación con etóxido favorecerá la formación de los alquenos más estables.

Sustrato	*NaEtO + EtOH*	*K**t**-BuO +* ***t**-BuOH*
a) CH_3Cl clorometano	$CH_3OCH_2CH_3$ etilmetiléter	$CH_3OC(CH_3)_3$ metil*terc*butiléter
b) $CH_2BrCH_2CH_2CH_2CH_3$ 1 - bromopentano	$CH_3CH_2CH_2CH_2CH_2OCH_2CH_3$ etilpentiléter	$CH_2 = CHCH_2CH_2CH_3$ 1-penteno
c) $CH_3CHBrCH_2CH_2CH_3$ 2-bromopentano	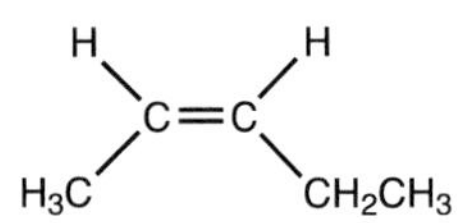 2*Z*-penteno 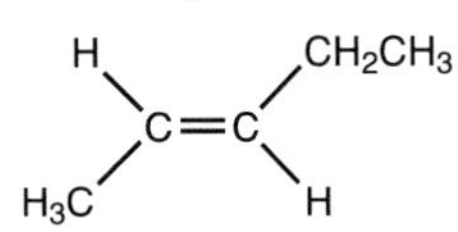 2*E*-penteno	$CH_2 = CHCH_2CH_2CH_3$ 1-penteno
d) 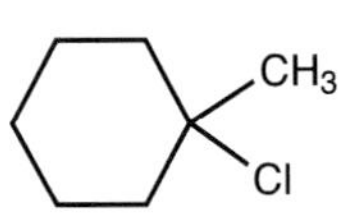 1-cloro-1-metilciclohexano	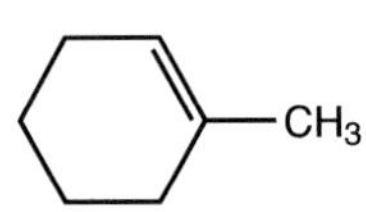 1-metilciclohexeno	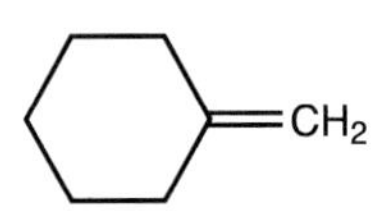 metilenciclohexano

e)

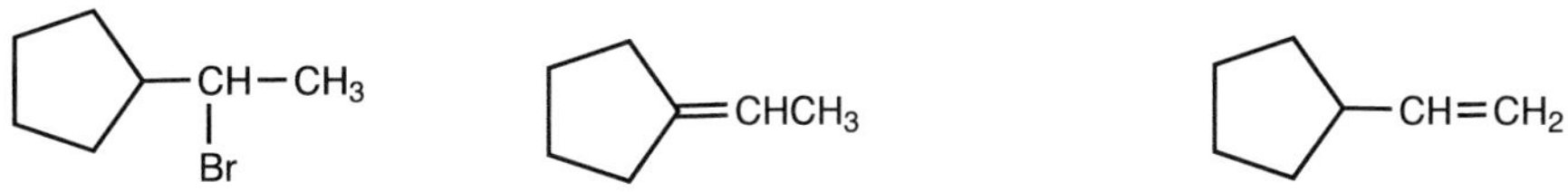

1-bromoetilciclopentano etilidenciclopentano vinilciclopentano

f)

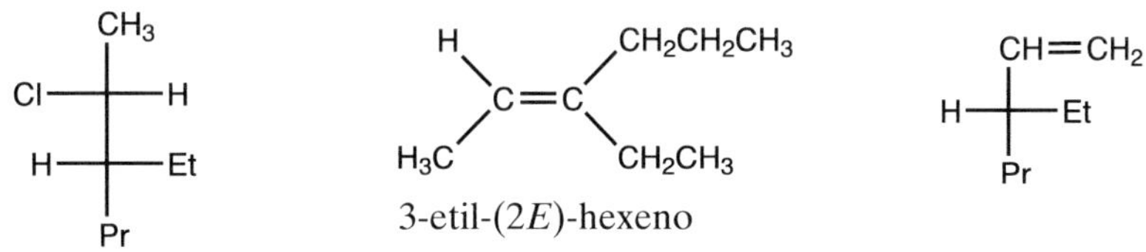

3-etil-(2*E*)-hexeno

g)

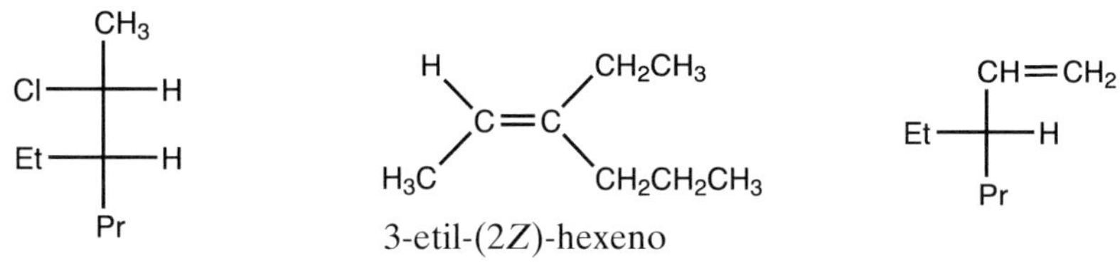

3-etil-(2*Z*)-hexeno

h)

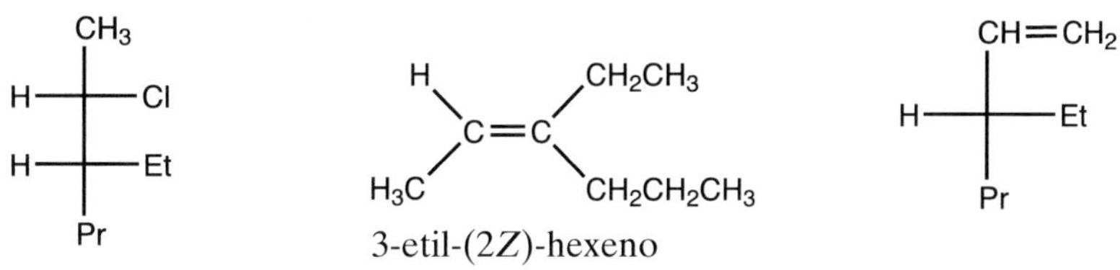

3-etil-(2*Z*)-hexeno

4.3.

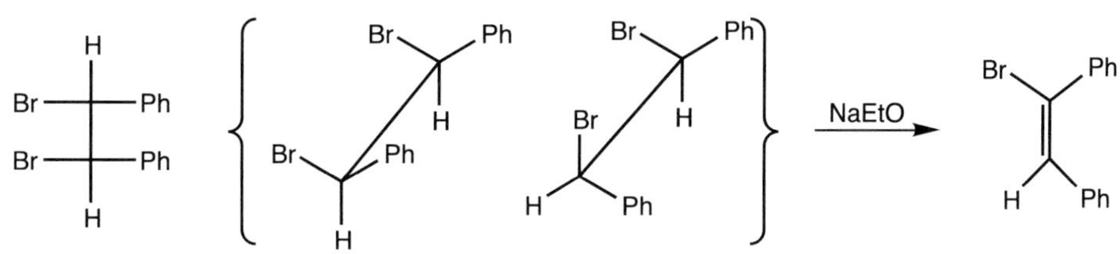

4.4. El que se forme 1-buteno o 2-buteno depende de factores como la estabilidad del alqueno, según el grado de sustitución, y la elección de la base.

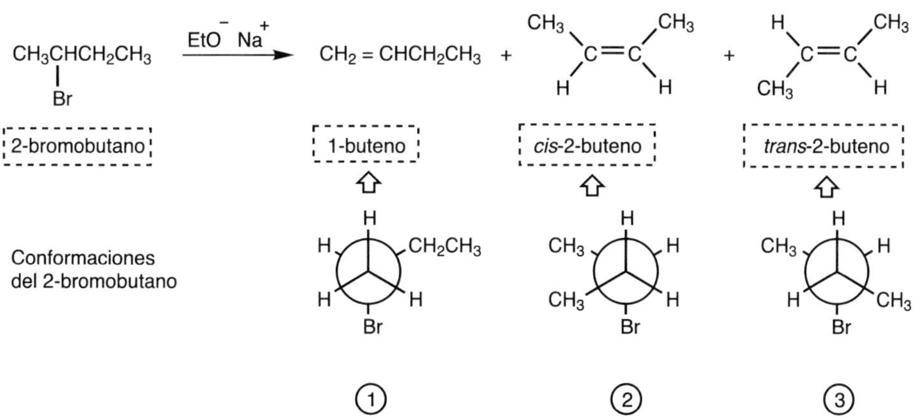

La conformación (2), con los metilos *gauche*, es menos estable que la conformación (3), con los metilos en *anti*, lo que está de acuerdo con la preferencia del isómero *trans* frente al *cis*-2-buteno.

4.5.

a) $(CH_3)_2C = CHCH_3$

b) $(CH_3)_2C = CHCH_3(CH_3)_2CCH = CH_2$

c) $(CH_3)_2C = C(CH_3)_2$

d) 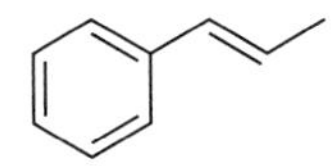

4.6. H_2SO_4/calor en ambos casos.

4.7.

a) 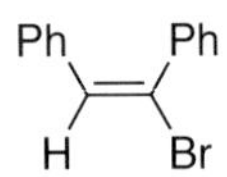

b) 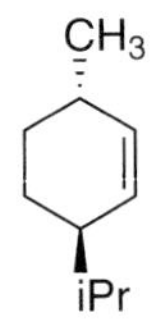

c) 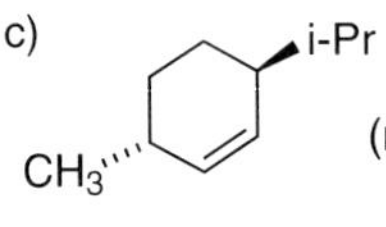

(mayoritario)

4.8.

La reacción es estereoespecífica *anti*. El isómero 2*R*,3S solo conduce al alqueno *cis*, mientras que el 2*R*,3*R* (su diastereómero) da lugar exclusivamente al alqueno *trans*.

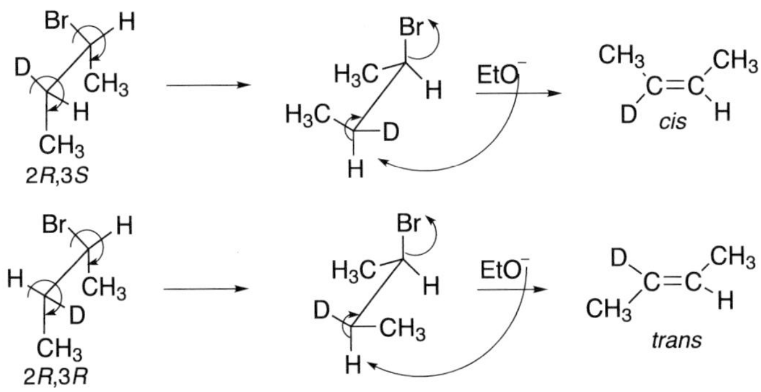

4.9.

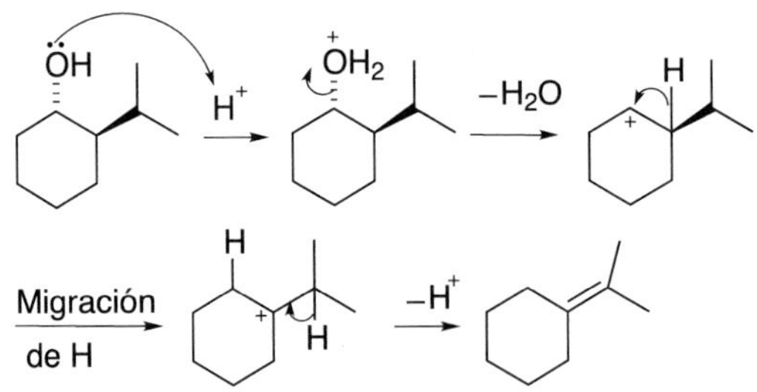

4.10.

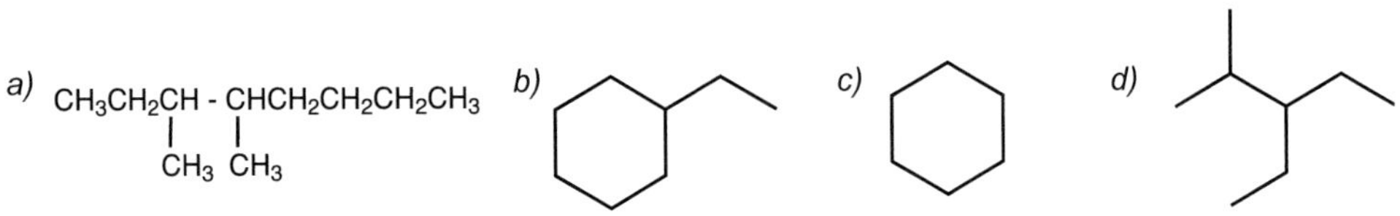

a) $CH_3CH_2CH - CHCH_2CH_2CH_2CH_3$ (con CH_3 en cada uno de los carbonos CH)

```
CH3CH2CH - CHCH2CH2CH2CH3
       |    |
      CH3  CH3
```

b) 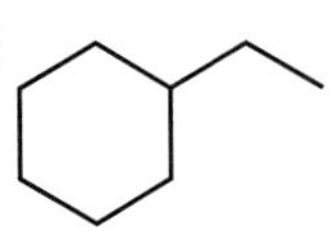

c) 

d) 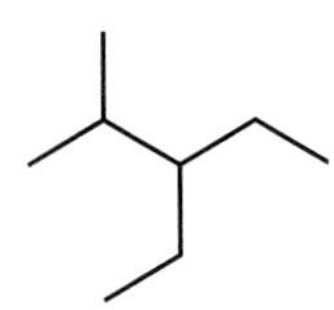

4.11. *a)*

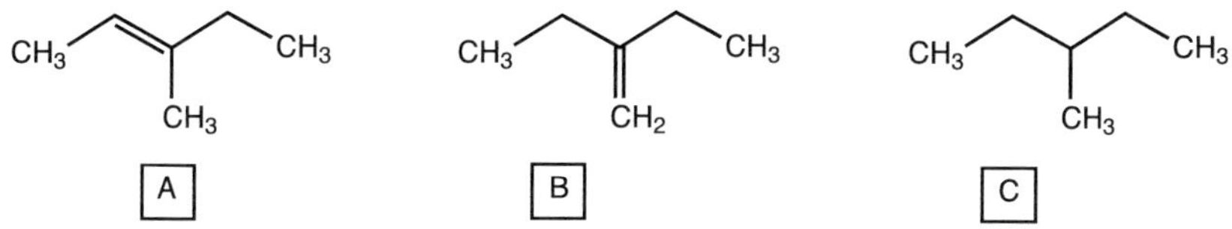

b)

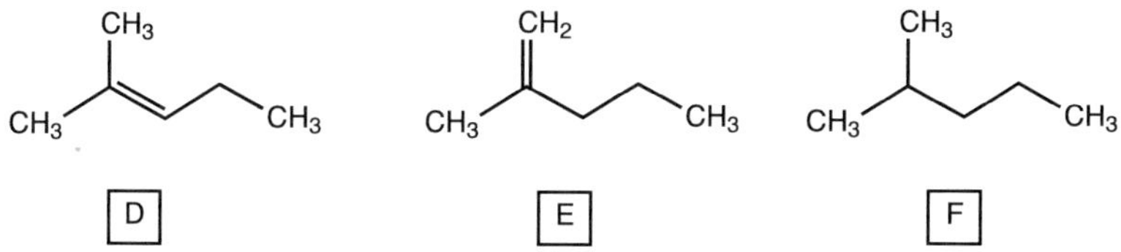

4.12.

a) La adición de HCl sigue la regla de Markovnikov.
b) El producto que se obtiene no es quiral, ya que el carbono no es asimétrico.

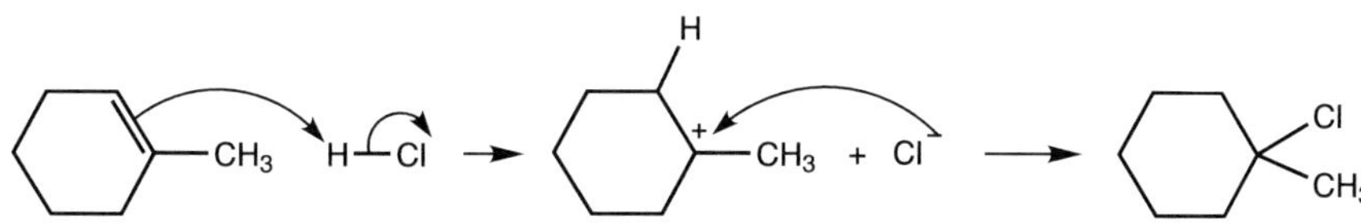

4.13.

a)	$CH_3CHICH_2CH_3$	2-iodobutano
b)	$(CH_3)_2CICH_2CH_3$	2-iodo-2-metilbutano
c)	$(CH_3)_2CICH_2CH_3$	2-iodo-2-metilbutano
d)	$CH_3CHICH(CH_3)_2$	2-iodo-3-metilbutano
e)	$(CH_3)_2CICH(CH_3)_2$	2-iodo-2,3-dimetilbutano
f)	$(CH_3)_2CICH_2C(CH_3)_3$	2-iodo-2,4,4-trimetilpentano

4.14.

4.15.

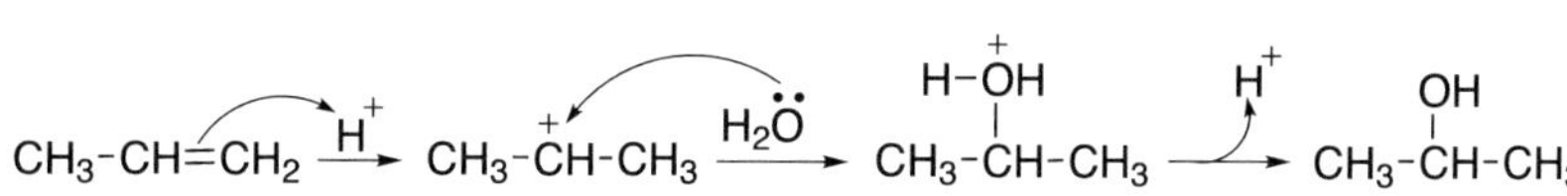

4.16. El 2-metil-2-buteno será más reactivo que el 3-metil-1-buteno, ya que el carbocatión que se forma en el primer caso es un carbocatión terciario, más estable que en el secundario que se formaría con el 3-metil-1-buteno.

4.17. *a)*

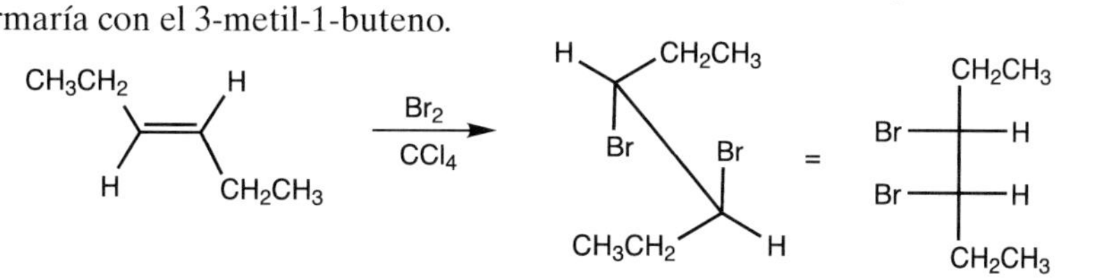

meso-3,4-dibromohexano

b)

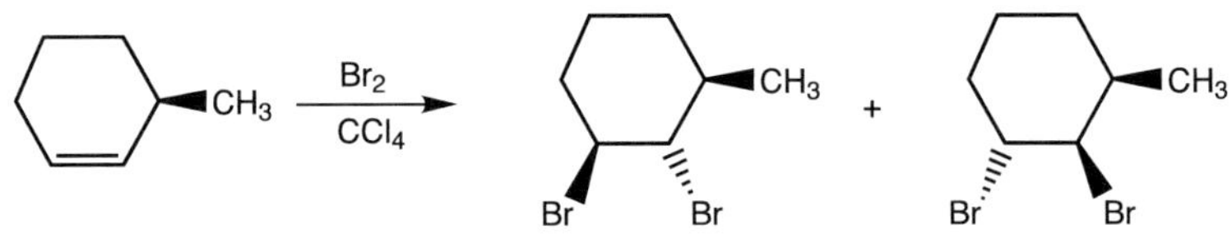

diastereoisómeros

c)

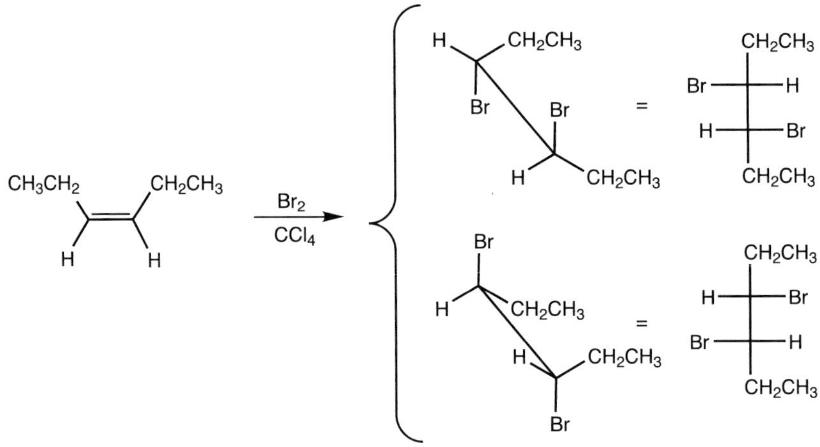

mezcla racémica

4.18.

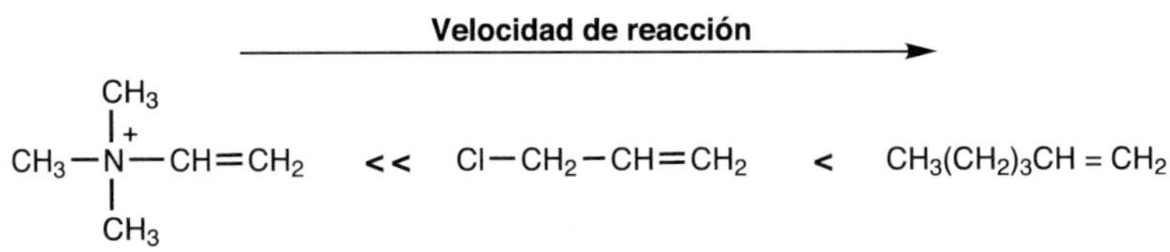

Los átomos con efecto electrón-aceptor inestabilizan el ion bromonio cíclico, intermedio en la bromación.

La velocidad de la reacción de bromación del 1-hexeno se toma como referencia por tratarse de un hidrocarburo no sustituido por heteroátomos.

La presencia de un átomo de cloro de efecto electrón-aceptor (–I) afecta a la velocidad de bromación del 3-cloropropeno que es mucho menor que la del alqueno no sustituido, 1-hexeno.

El efecto desestabilizante es mucho más acusado por el catión amonio cuaternario, ya que el catión trimetilvinilamonio no reacciona en absoluto con el bromo.

4.19.

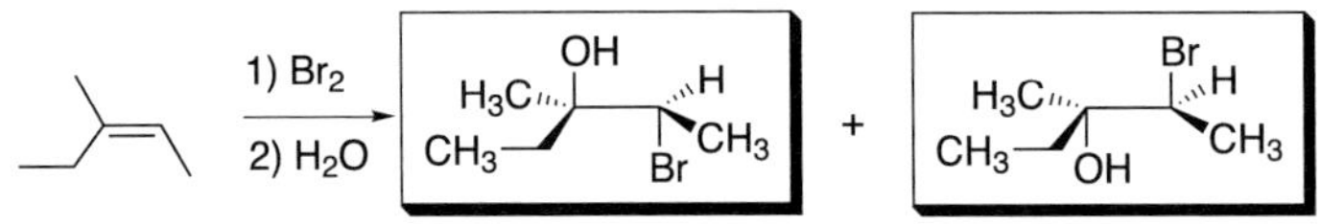

RELACIÓN = Enantiómeros

4.20. El tetracloruro de carbono y otros disolventes inertes son adecuados por la ausencia de grupos atómicos que puedan competir con el anión haluro en el momento del atacar al ion halonio cíclico, y por su gran capacidad de disolución de los halógenos (cloro y bromo).

Por ejemplo, en agua, la nucleofilia de la propia molécula del disolvente compite con el anión bromuro y lo que se obtiene es un bromoalcohol además del derivado dihalogenado vecinal que cabía esperar.

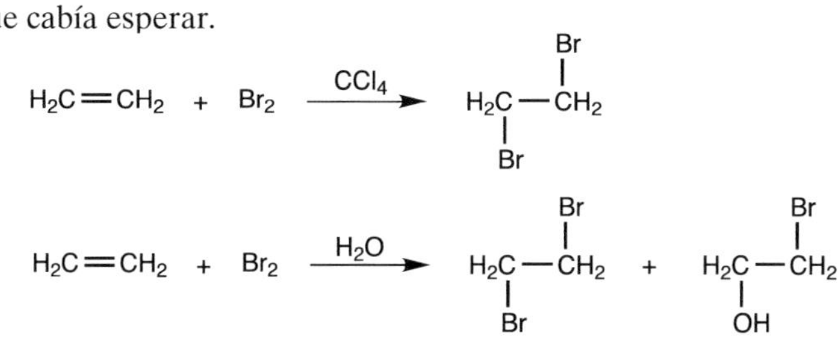

4.21.

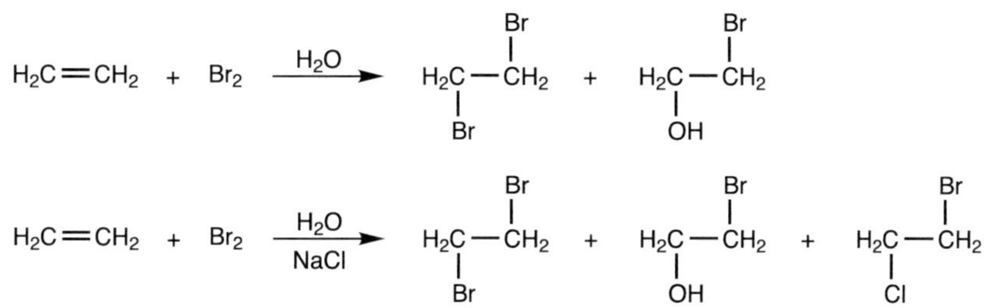

Cuando el bromo se adiciona al etileno se forma el intermedio bromonio cíclico que puede ser atacado por cualquiera de los nucleófilos presentes en la disolución: el anión bromuro, la molécula de agua y el anión cloruro en el último caso.

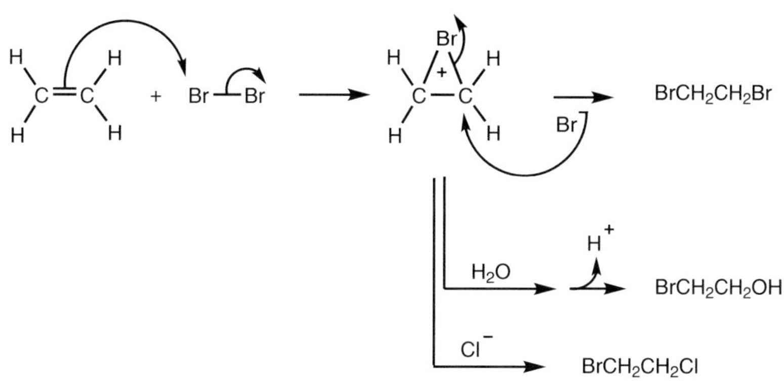

4.22.

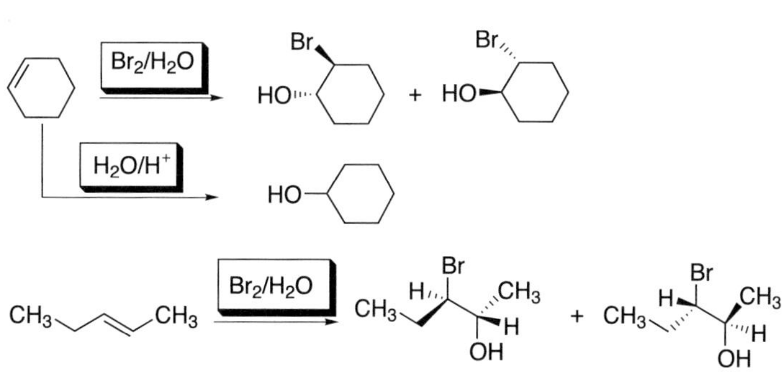

4.23.

a)

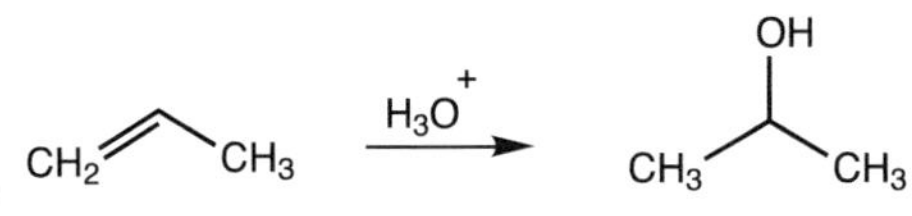

alcohol Markovnikov

b)

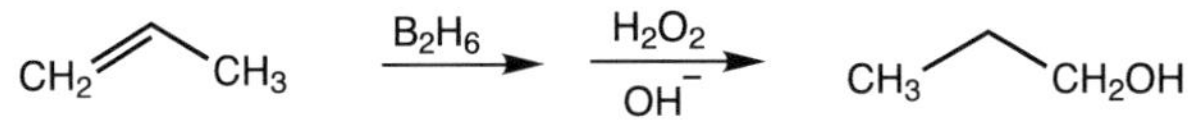

alcohol anti-Markovnikov

4.24.

a)

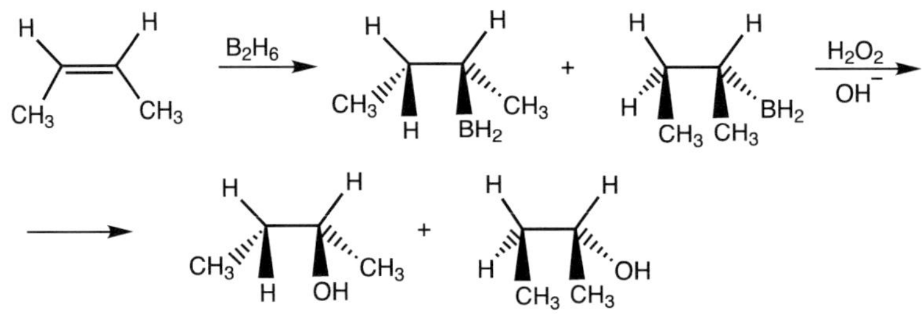

b)

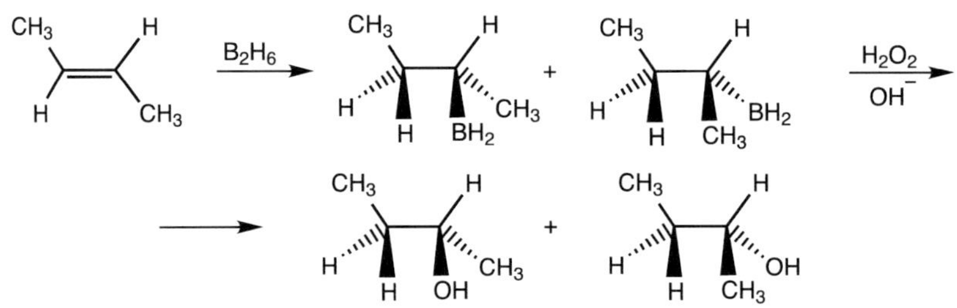

c)

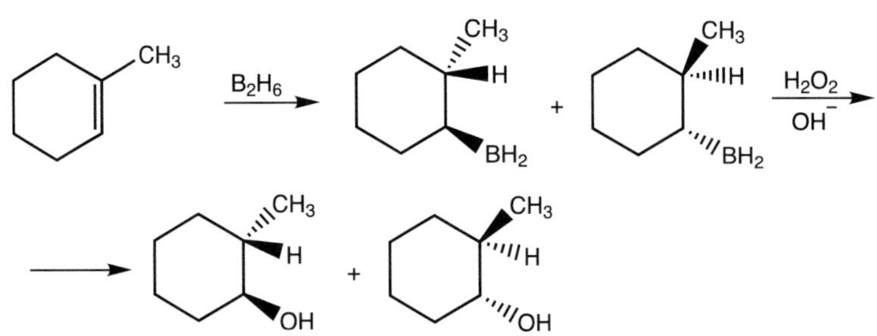

4.25.

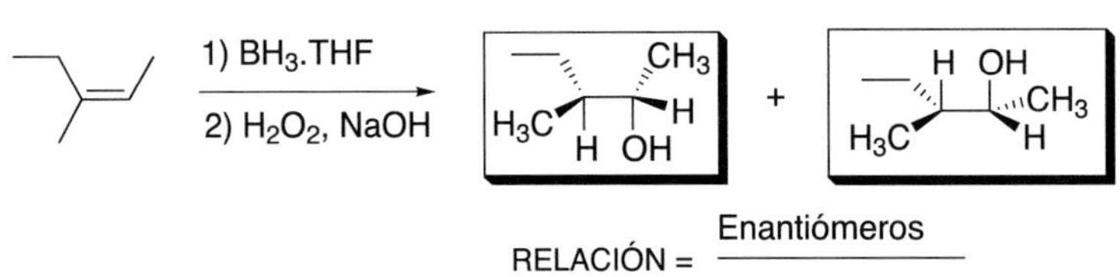

4.26.

a) Se trata de la adición de HBr de forma Markovnikov. Se obtiene una mezcla racémica. Mecanismo iónico.

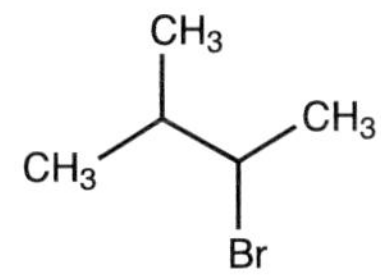

b) Se trata de la adición de HBr de forma anti-Markovnikov. Mecanismo radicalario.

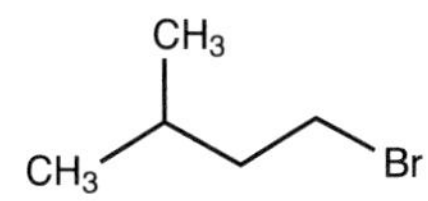

c) Mecanismo iónico $CH_3 - CH = CH_2 + HBr \longrightarrow CH_3CHBrCH_3$

d) Mecanismo iónico. El carbocatión intermedio sufre una transposición para dar un ciclo de cinco miembros.

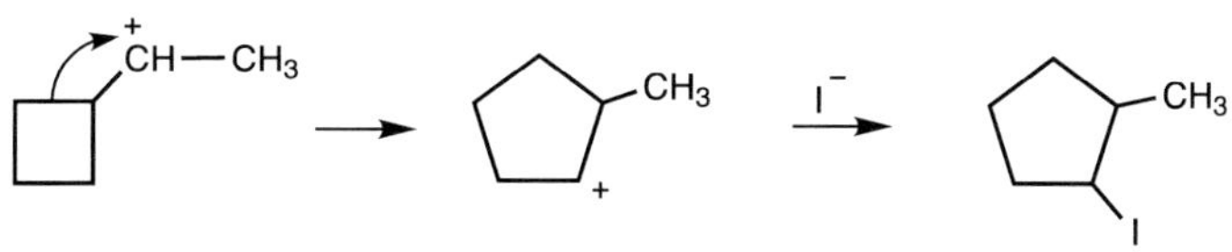

e) Mecanismo radicalario.

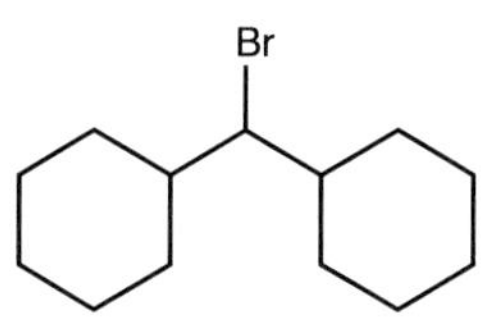

4.27.

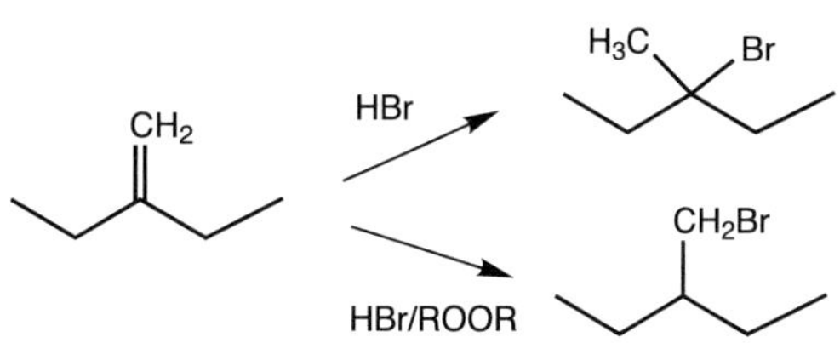

4.28. El OsO_4 seguido de hidrólisis produce una hidroxilación estereoespecífica *sin*. El compuesto obtenido posee dos carbonos asimétricos. Es una forma *meso* y carece de actividad óptica.

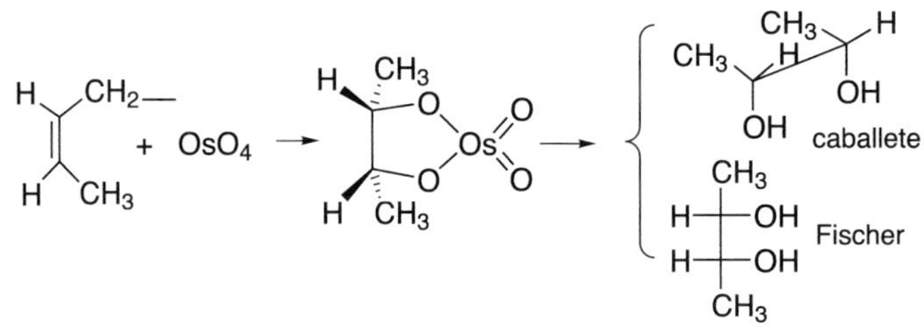

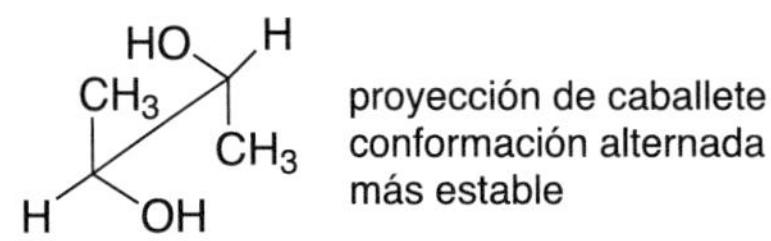

4.29. Enantiómeros.

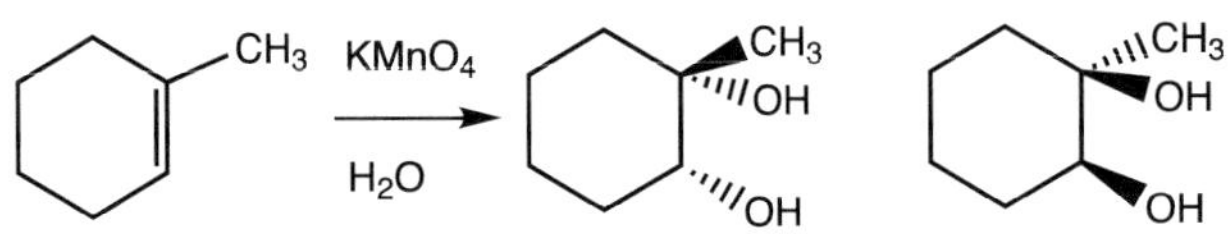

4.30.

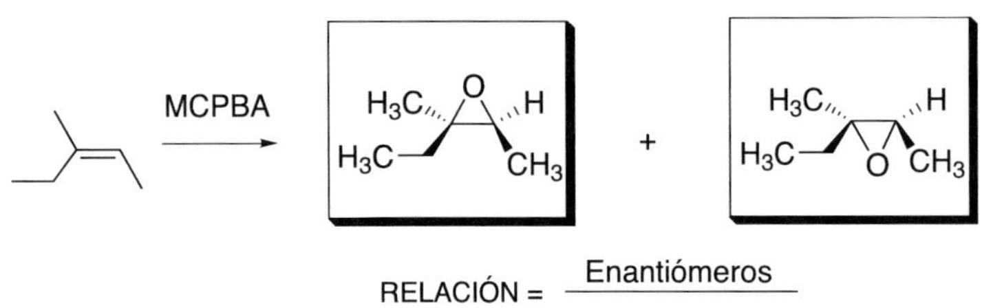

4.31.

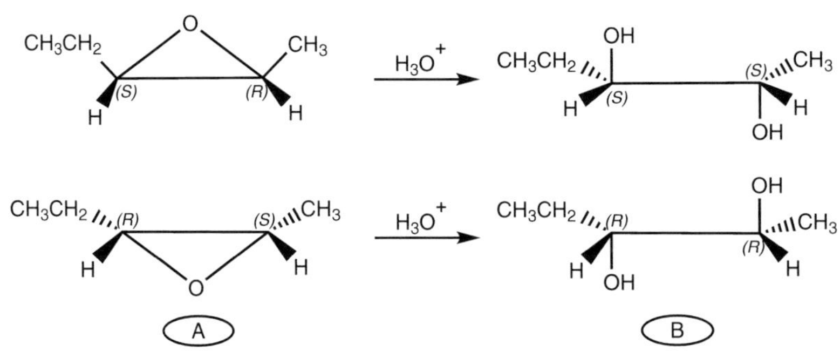

4.32.

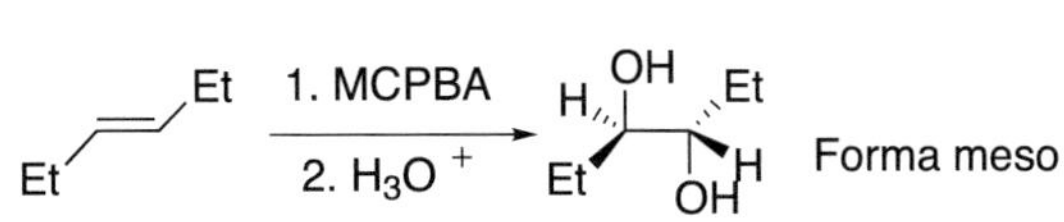

4.33.

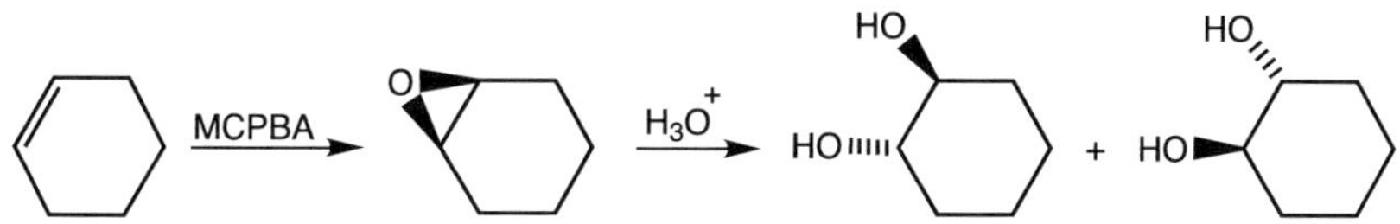

forma *meso*

4.34.

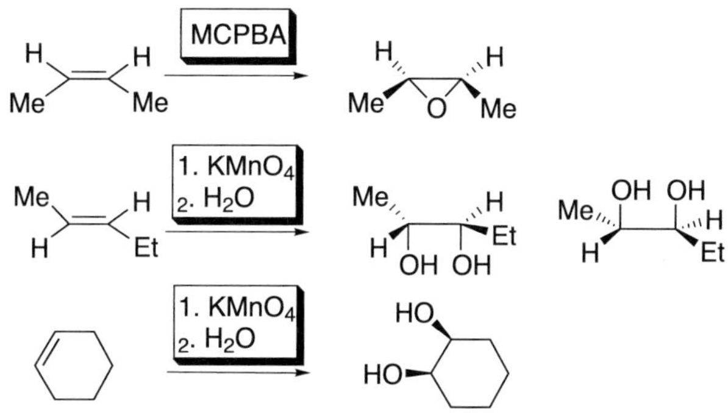

4.35.

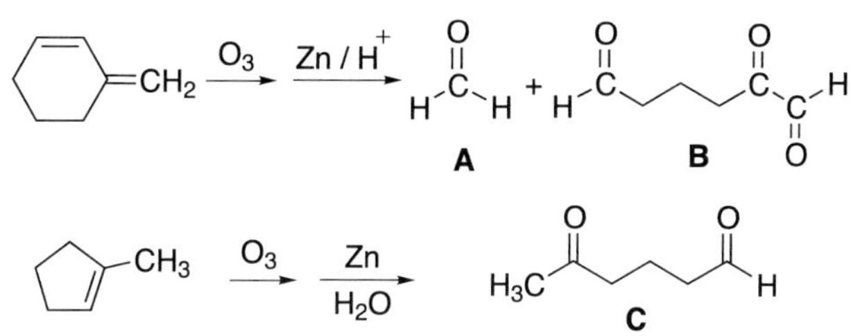

4.36.

$H_2C{=}CH{-}CH_2CH_2CH_3 \longrightarrow H_2C{=}O + O{=}CH{-}CH_2CH_2CH_3$

$H_2C{=}CH{-}CH(CH_3)CH_3 \longrightarrow H_2C{=}O + O{=}CH{-}CH(CH_3)CH_3$

$H_3C{-}CH{=}C(CH_3){-}CH_3 \longrightarrow H_3C{-}CH{=}O + O{=}C(CH_3){-}CH_3$

$H_3C{-}CH{=}CHCH_2CH_3 \longrightarrow H_3C{-}CH{=}O + H_3C{-}CH{=}O$

$H_2C{=}C(CH_3){-}CH_2CH_3 \longrightarrow H_2C{=}O + O{=}C(CH_3){-}CH_2CH_3$

4.37. *a)*

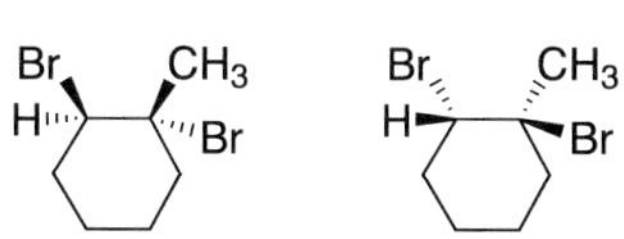

b)

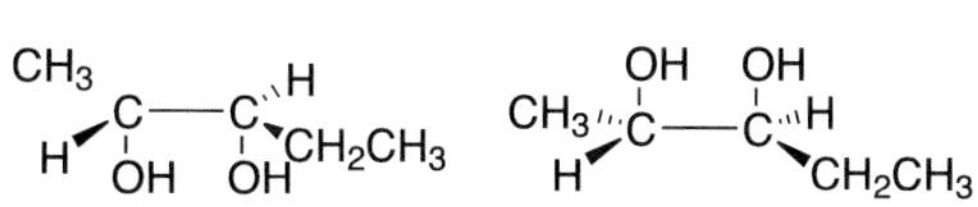

c)

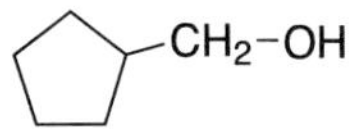

d)

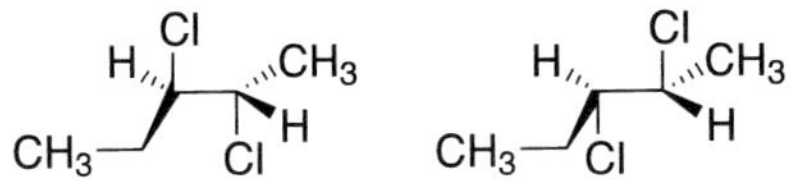

e)

f)

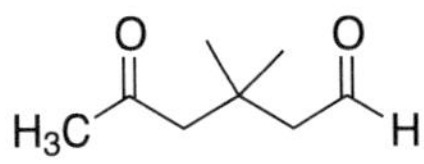

4.38.

a) $CH_3CH_2CH(CH_2CH_3)_2$

b)

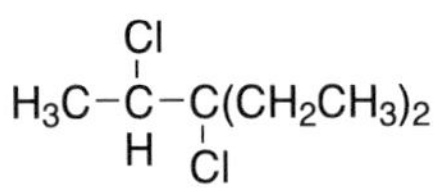

Mezcla racémica *R* + *S*

c)

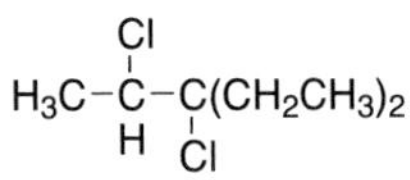

Mezcla racémica *R* + *S*

d)

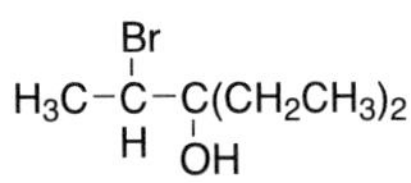

Mezcla racémica *R* + *S*

e)

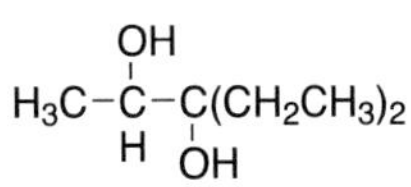

Mezcla racémica *R* + *S*

f)

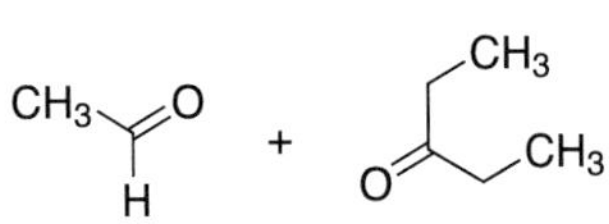

g)

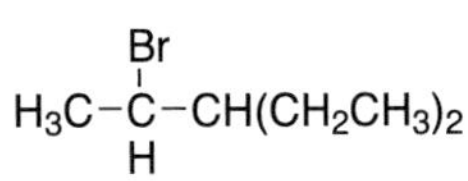

Mezcla racémica *R* + *S*

h)

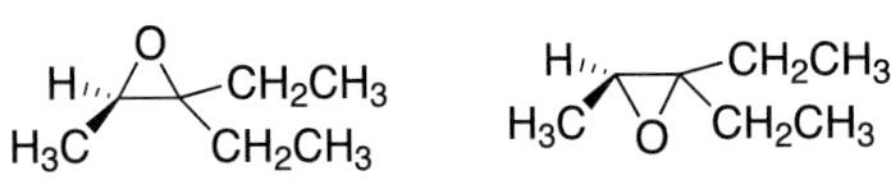

i)

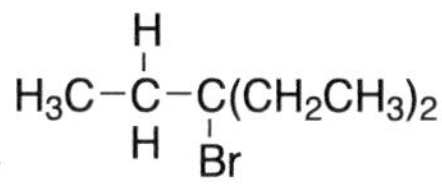

4.39.

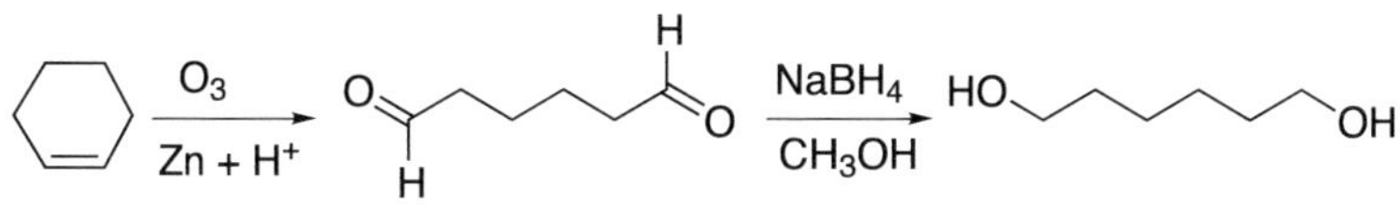

4.40.

a)

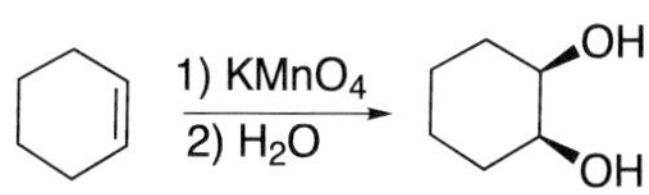

b)

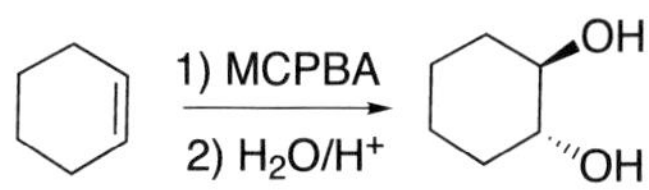

c)

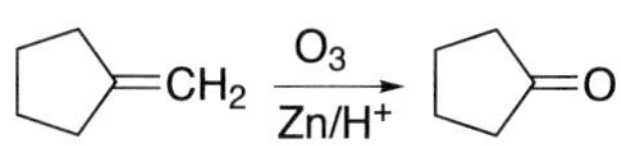

d)

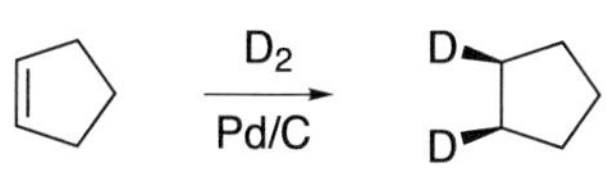

4.41. 1*d)*; 2*b)*; 3*b)*; 4*c)*; 5*c)*; 6*c)*; 7*a)*; 8*b)*; 9*c)*.

4.42. Las reacciones de hidrohalogenación son regioselectivas porque el halógeno suele ubicarse en la posición *más* sustituida, lo que se denomina *adición Markovnikov.*

La *hidroboración-oxidación* puede usarse para lograr una adición anti-Markovnikov de agua en un alqueno. La reacción es estereoespecífica y avanza a través de una adición *sin*.

Un procedimiento de dos pasos para la dihidroxilación *anti* involucra la conversión de un alqueno en un *epóxido*, seguida por la apertura del anillo catalizada por un ácido.

En presencia de *peróxidos*, la adición de HBr se realiza a través de una adición anti-Markovnikov.

La bromación se produce a través de un intermedio con un puente, denominado *ion bromonio*, que se abre en un proceso S_N2 capaz de generar una adición estereoespecífica *anti*.

4.43.

a)

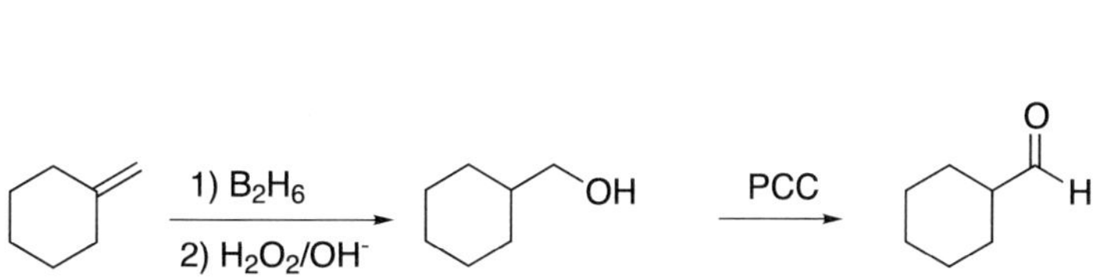

b)

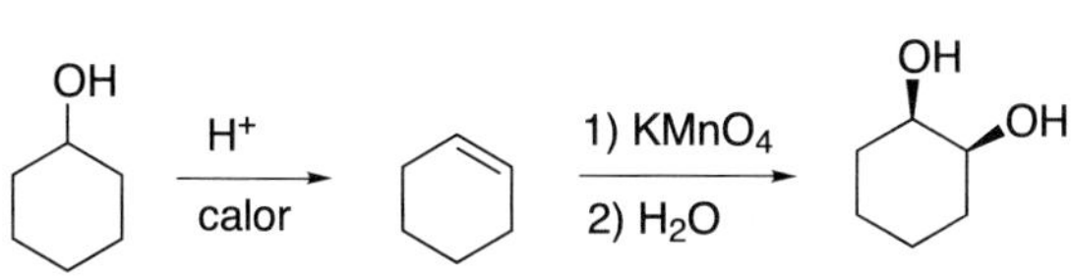

c)

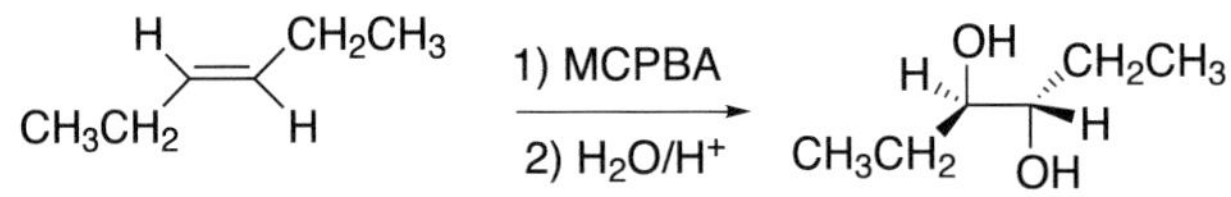

d)

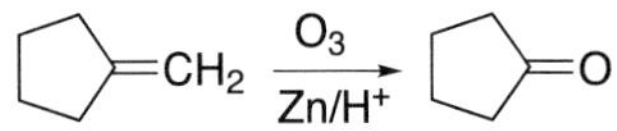

Capítulo 5

5.1.

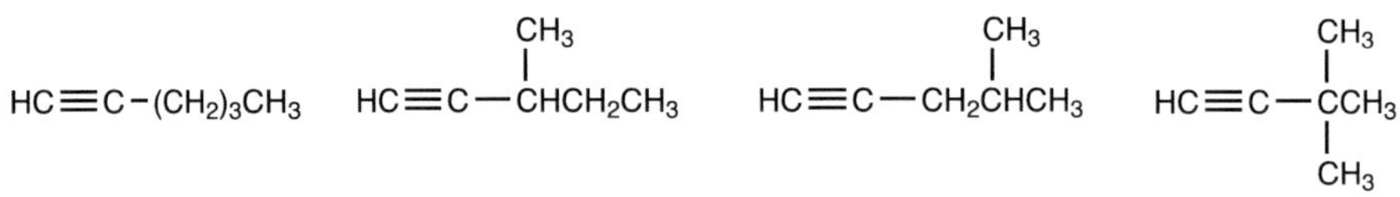

5.2.

a) No; *b)* Sí; *c)* No; *d)* Sí.

5.3. Para obtener el 2,2-dimetil-3-octino, $(CH_3)_3CC{\equiv}CCH_2CH_2CH_2CH_3$, a partir del acetileno $HC{\equiv}CH$, tendría que llevarse a cabo una desprotonación del acetileno con una base fuerte como el hidruro sódico, seguida de una alquilación S_N2 con bromuro de butilo. Esta reacción no presenta problemas. Sin embargo, la segunda alquilación con el bromuro *terc*-butilo conduciría al producto de eliminación $CH_2{=}C(CH_3)_2$, en lugar del esperado producto de sustitución.

5.4. El butil-litio es una base muy fuerte que obliga al 1-hexino a comportarse como un ácido y formar el ácido conjugado (butano) y la base conjugada (1-hexinuro).

$$\underset{\text{1-hexino}}{HC{\equiv}C{-}(CH_2)_3CH_3} + \underset{\text{BuLi}}{CH_3CH_2CH_2CH_2^{-}\ Li^{+}} \longrightarrow CH_3(CH_2)_3{-}C{\equiv}C^{-}\ Li^{+} + CH_3(CH_2)_2CH_3$$

El 1-hexinuro puede actuar frente al bromuro de isobutilo como nucleófilo, dando un producto de sustitución S_N2, $CH_3(CH_2)_3C$° $CCH_2CH(CH_3)_2$, y como base, obteniéndose un producto de eliminación E2, $CH_2{=}C(CH_3)_2$.

5.5. Primero se desprotonaría el hidrógeno del triple enlace terminal del propino con una base fuerte, como por ejemplo el hidruro sódico (NaH), y después llevaríamos a cabo la alquilación con bromuro de metilo (CH_3Br).

5.6.

a) Se produce una reacción ácido-base en vez de la conversión deseada

$$BrCH_2CH_2OH + HC{\equiv}C^{-}\ Na^{+} \not\longrightarrow HC{\equiv}C{-}CH_2{-}CH_2OH$$

$$\underset{pK_a = 15}{BrCH_2CH_2OH} + HC{\equiv}C^{-}\ Na^{+} \longrightarrow \underset{pK_a = 25}{HC{\equiv}CH} + BrCH_2CH_2O^{-}\ Na^{+}$$

b) Una ruta satisfactoria para la obtención de 3-butin-1-ol sería la siguiente:

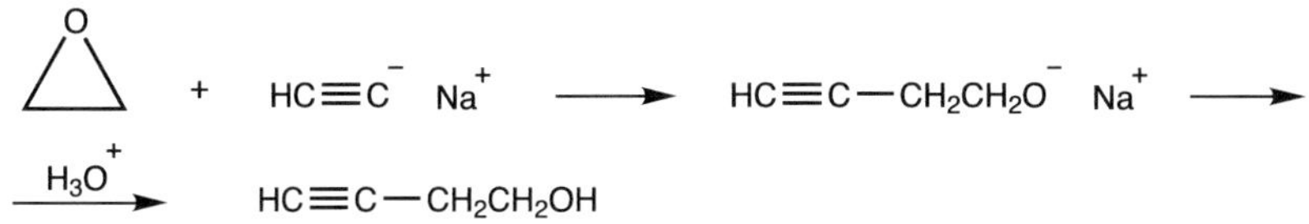

5.7.

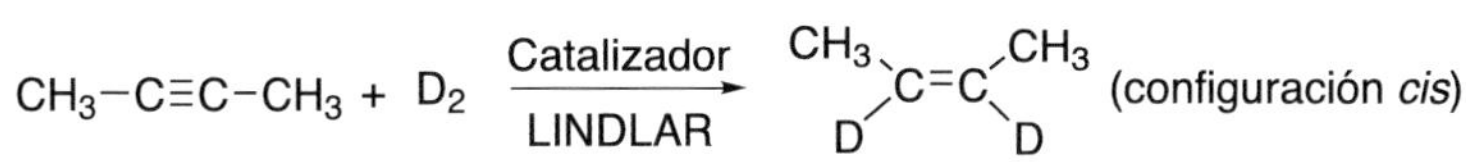

5.8.

a) $CH_2 = CH\text{-}CH_2CH_2CH_3$

b)

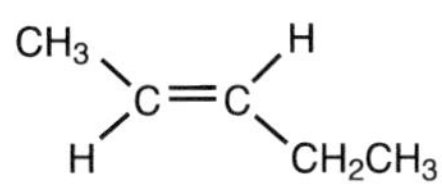

c) $CH_3CH_2CH_2CH_3$

5.9.

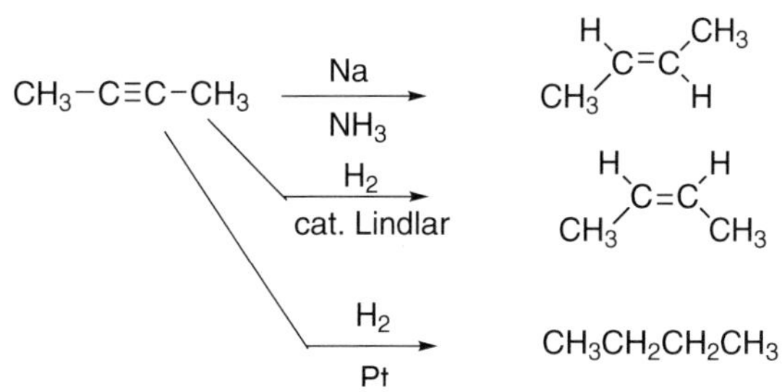

5.10. 1-pentino + Na/NH_3 (l) o $H_2/Pd/BaSO_4$/quinoleína ⟶ $CH_2 = CH\text{-}CH_2CH_2CH_3$

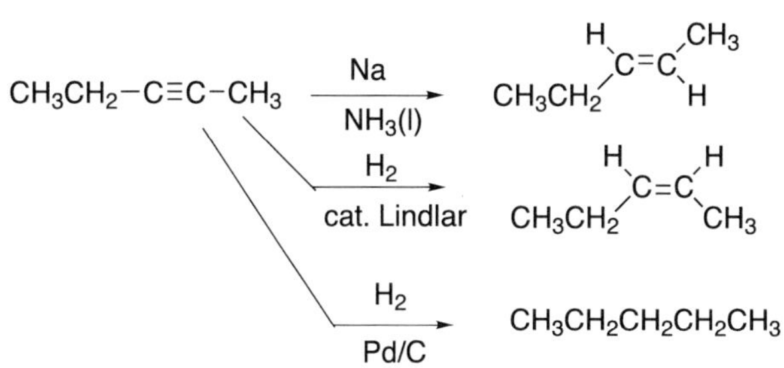

5.11.

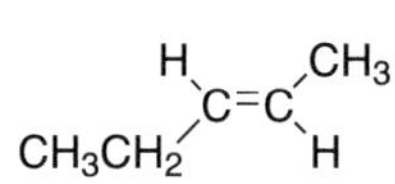

5.12. La hidrogenación catalítica de un alquino produce un *alcano.*
Una reducción por un metal en disolución convertirá a un alquino en un alqueno *trans*.

5.13. El amiduro de sodio, $Na^+ NH_2^-$, es la sal de un ácido extraordinariamente débil, el amoniaco. Por esta razón, el amiduro sódico actúa como una base muy fuerte.
El sodio, como los restantes metales, es un reductor muy poderoso capaz de transformar los alquinos en alquenos. Esta reacción de reducción es estereoselectiva y solo se obtiene el alqueno *trans*.

5.14.

a)

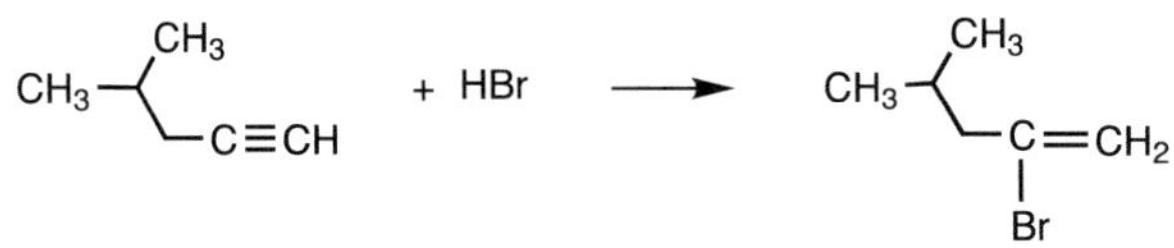

b)

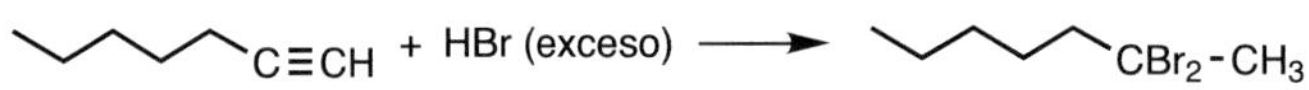

c)

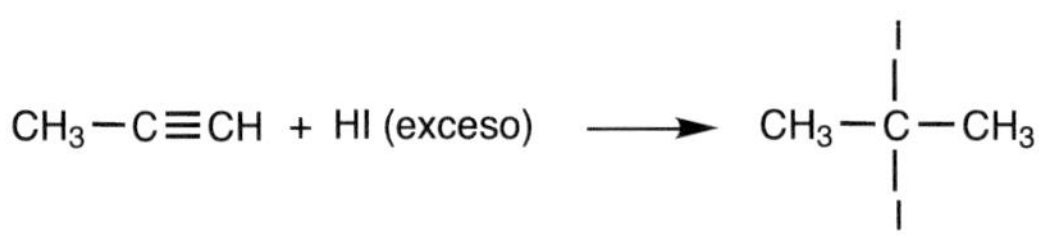

5.15. En analogía con la hidratación de alquenos, el agua se adiciona al propino en sentido Markovnikov, formándose el enol, con el grupo hidroxilo unido al átomo de carbono más sustituido, que tautomeriza a la propanona.

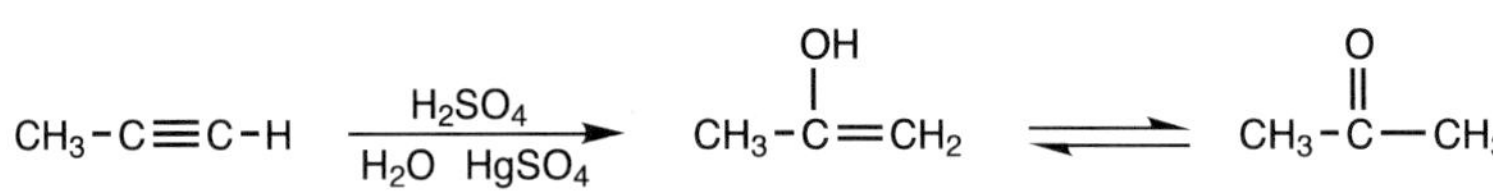

5.16.

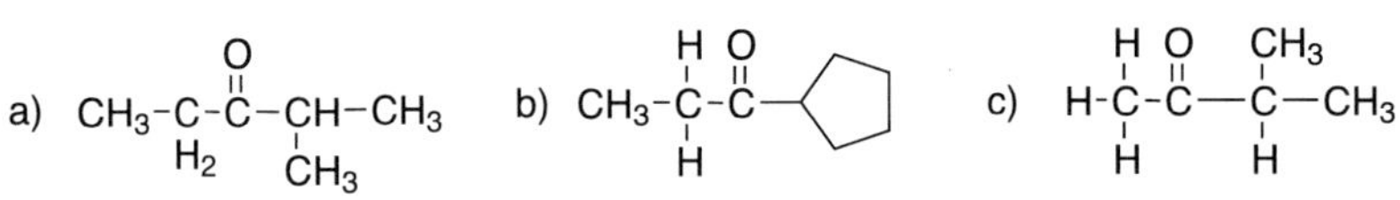

5.17.

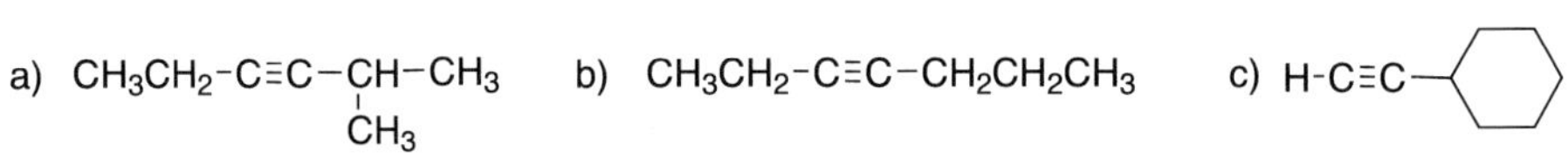

5.18. El producto obtenido es la etil metil cetona, en los dos casos.

5.19. En ambos casos, el reactivo es $H_2O/H_2SO_4/HgSO_4$.

5.20.

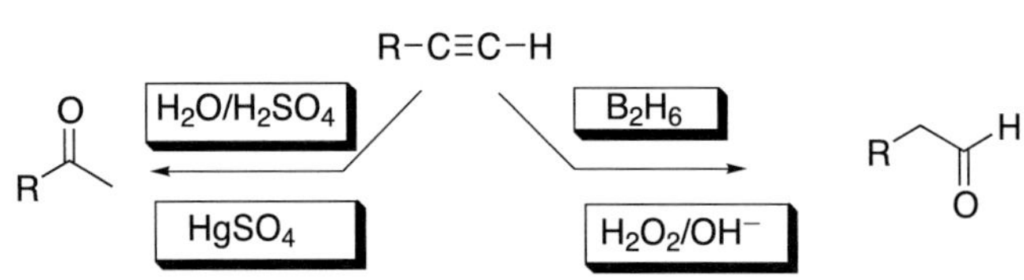

5.21.

$$H\text{-}C{\equiv}C\text{-}CH_2CH_3 \xrightarrow[\text{2) } CH_3I]{\text{1) NaH}} H_3C\text{-}C{\equiv}C\text{-}CH_2CH_3 \xrightarrow[\substack{H_2SO_4 \\ HgSO_4}]{H_2O} CH_3CH_2CH_2\text{-}\overset{\overset{\displaystyle O}{\|}}{C}\text{-}CH_3$$

5.22. En los apartados *a)* y *b)* es el mismo compuesto.

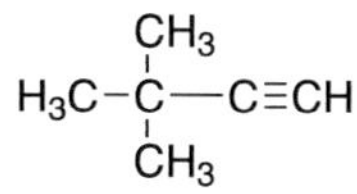

c)

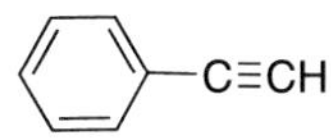

5.23.

a)

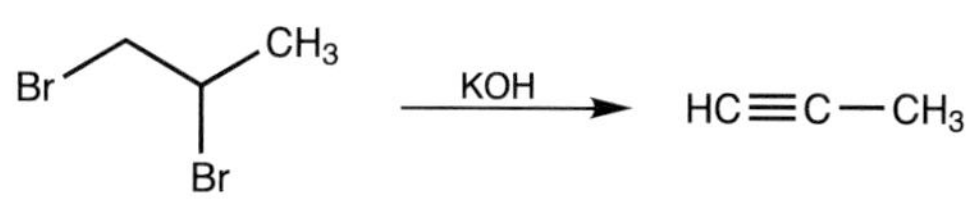

b)

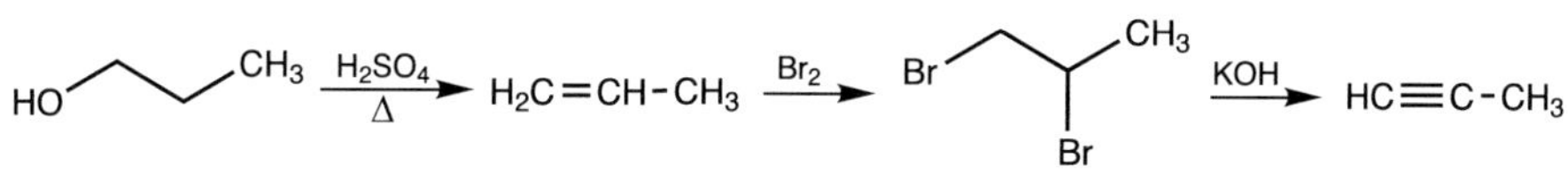

c)

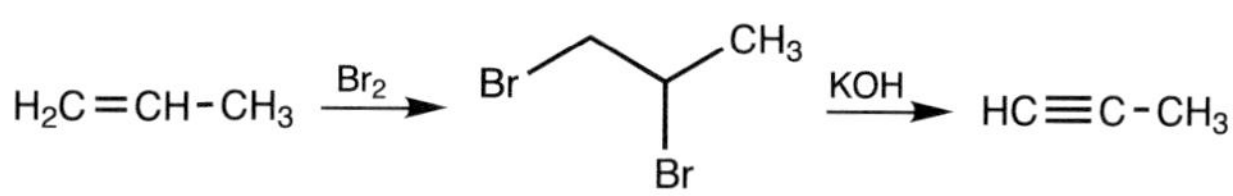

d)

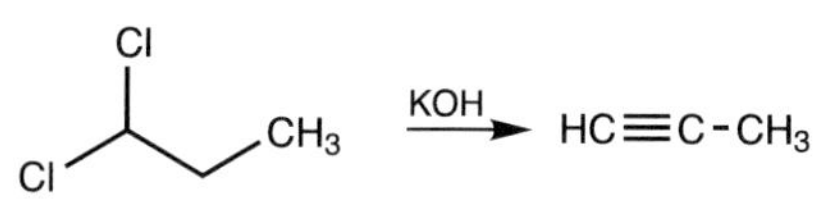

e)

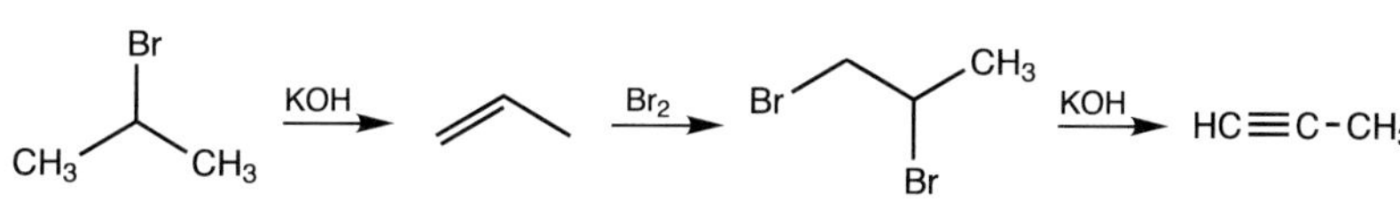

f)

$$HC{\equiv}CH \xrightarrow{Na} HC{\equiv}C^{-}\ Na^{+} \xrightarrow{CH_3Br} HC{\equiv}C\text{-}CH_3$$

g)

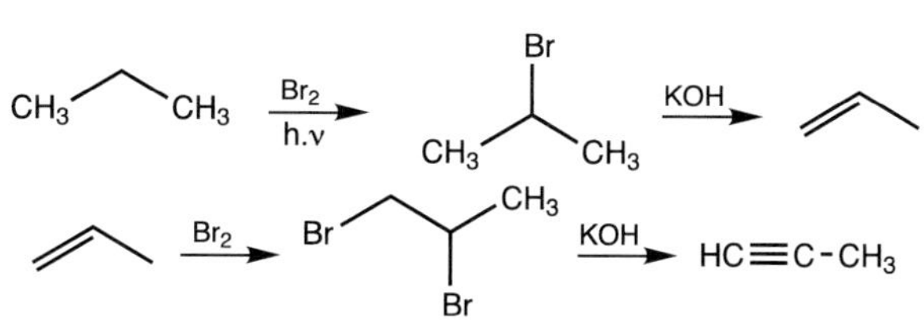

5.24. El ciclohexeno forma con el bromo el *trans* 1,2-dibromociclohexano. La eliminación se produce entre el bromo del carbono 1 y el hidrógeno situado en *anti* en el carbono 6; también se produce eliminación entre el bromo del carbono 2 y el hidrógeno situado en *anti* en el carbono 3, ya que al no existir libertad de giro en el ciclohexano, los átomos de bromo e hidrógeno de los carbonos 1 y 2 no pueden situarse en posición *anti*.

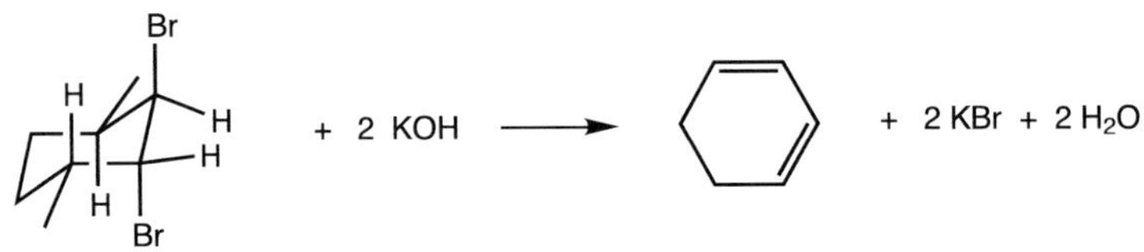

5.25.

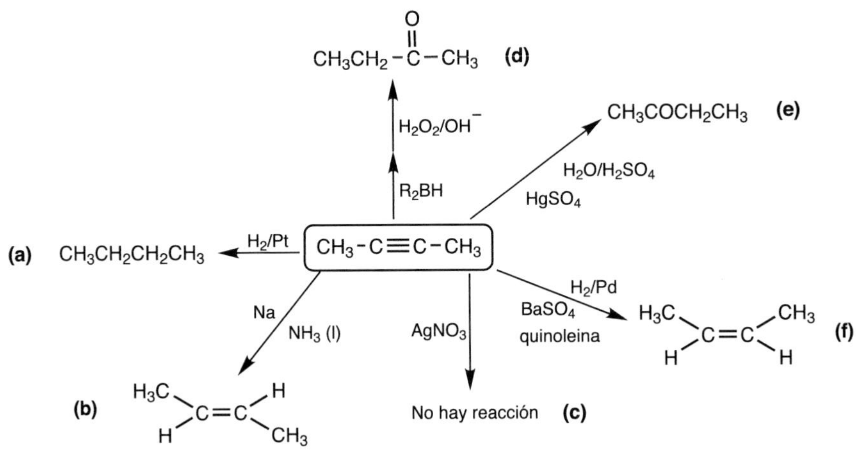

5.26.

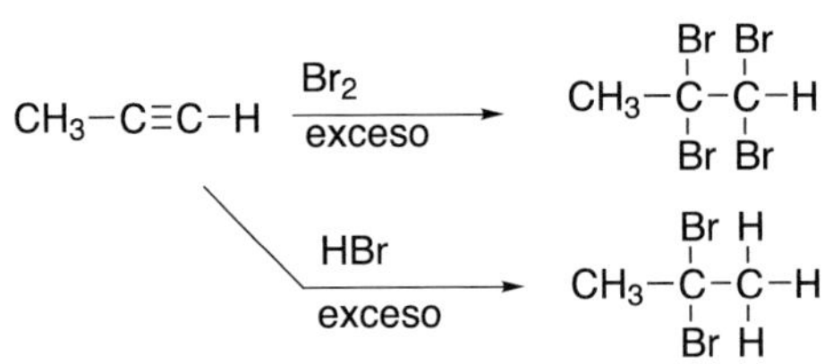

5.27.

a)

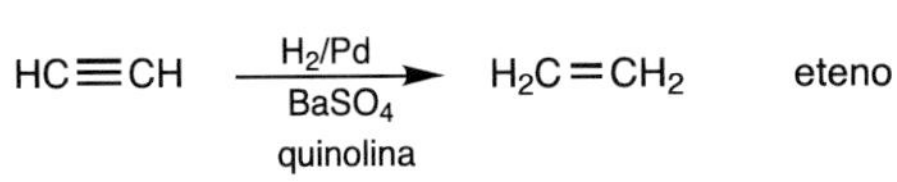

b)

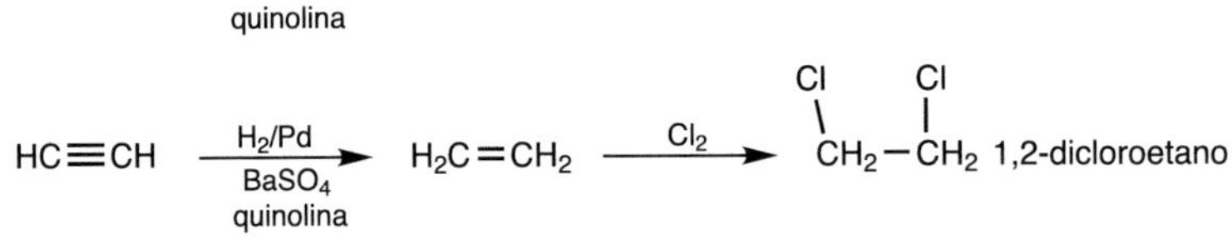

c)

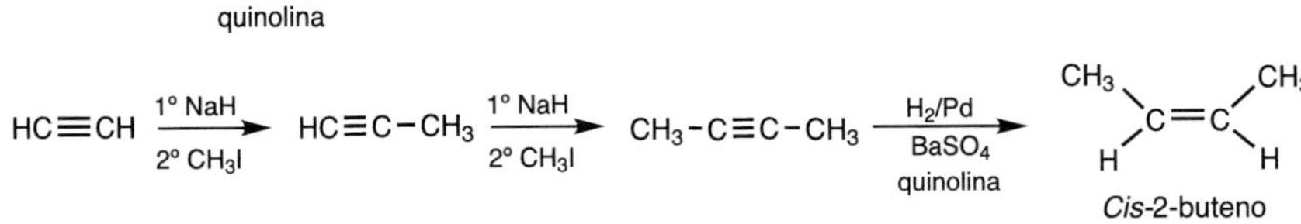

d) $HC\equiv CH \xrightarrow{H_2/Pd} H_3C-CH_3$ etano

e) $HC\equiv CH \xrightarrow[HgSO_4]{H_2O/H_2SO_4} H_3C-CHO$ etanal

f) 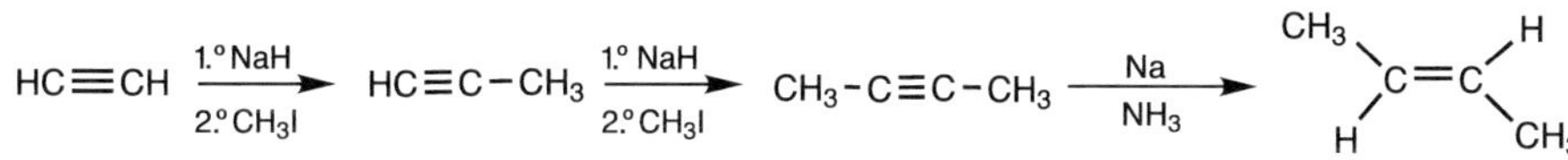

Trans-2-Buteno

g) $HC\equiv CH \xrightarrow{2\ HBr} CH_3CHBr_2$ 1,1-dibromoetano

h) $HC\equiv CH \xrightarrow[2.^{\circ}\ CH_3I]{1.^{\circ}\ NaH} HC\equiv C-CH_3$ propino

i) $HC\equiv CH \xrightarrow{NaH} \xrightarrow{CH_3CH_2CH_2Br} HC\equiv C-CH_2CH_2CH_3$ 1-pentino

j) $HC\equiv CH \xrightarrow{HCl} CH_2=CHCl$ cloruro de vinilo

k) $HC\equiv CH \xrightarrow{NaH} \xrightarrow{CH_3CH_2I} H-C\equiv C-CH_2CH_3$ 1-butino

l) $HC\equiv CH \xrightarrow[2.^{\circ}\ CH_3I]{1.^{\circ}\ NaH} HC\equiv C-CH_3 \xrightarrow[2.^{\circ}\ CH_3I]{1.^{\circ}\ NaH} CH_3-C\equiv C-CH_3$ 2-butino

5.28.

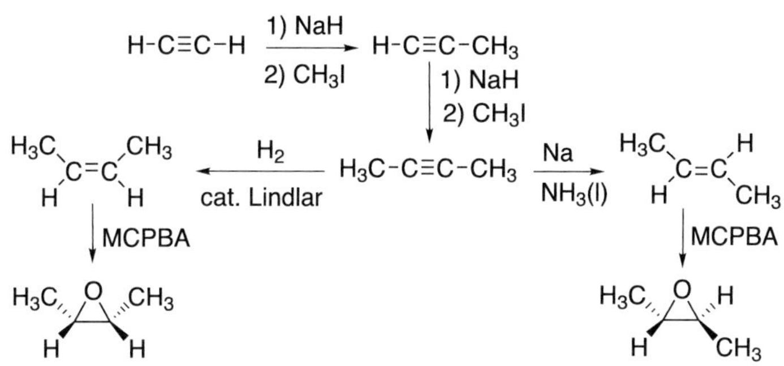

5.29.

a) La síntesis se puede llevar a cabo en tres etapas:

1. NaH/CH_3I
2. $NaH/CH_3CH_2CH_2I$
3. Na/NH_3 (l)

b)

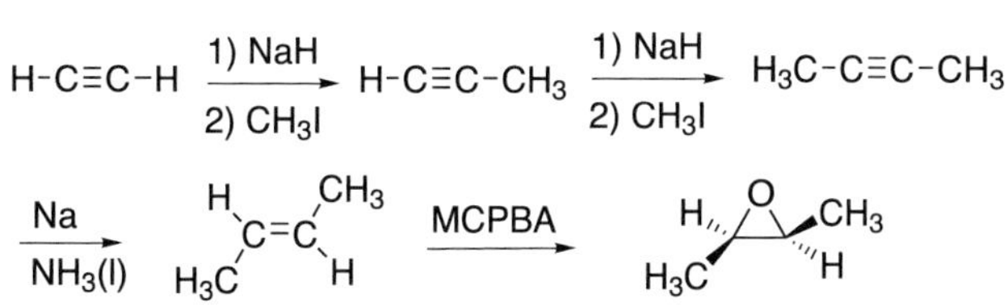

c) El 2-butanol se puede obtener a partir del 1-butino mediante una estrategia sintética en dos etapas. Primero, una hidratación con H_2O, H_2SO_4 y $HgSO_4$ que conduce a la butanona y después una reducción de la cetona, por ejemplo con hidruro de litio y aluminio seguida de hidrólisis.

5.30. 1*a)*; 2*a)*.

Capítulo 6

6.1.

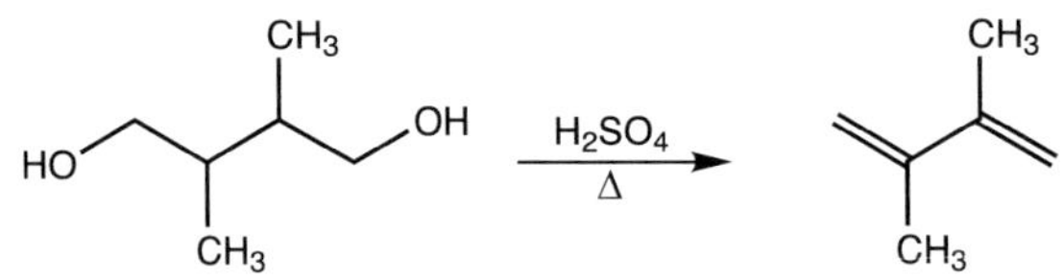

Conjugado lineal.

6.2.

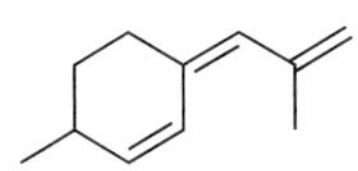

Se trata de un dieno conjugado. Los orbitales *p* paralelos se combinan para formar un orbital π extendido, lo que permite la deslocalización de los electrones sobre toda la molécula, dándole una estabilidad adicional.

6.3. Consideraremos solo los regioisómeros, sin tener en cuenta la estereoquímica.
Los productos que pueden obtenerse en la adición de un solo mol de bromo son los aductos 1-2, tanto sobre el doble enlace C1-C2 como sobre el doble enlace C3-C4. También se obtiene el producto de la adición 1-4 o adición conjugada.

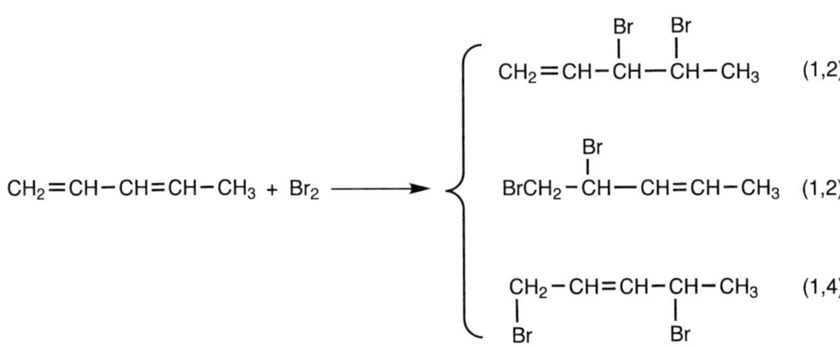

6.4.

a)

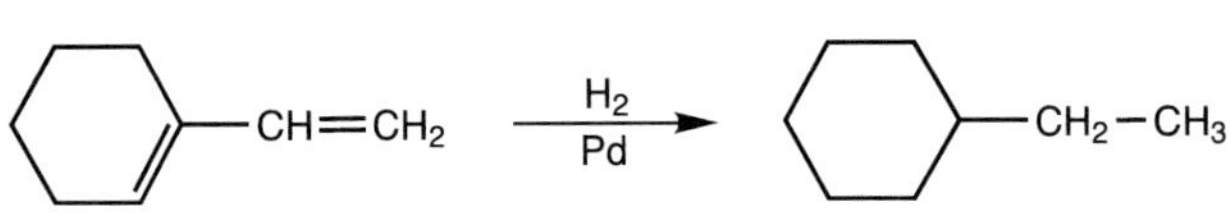

b)

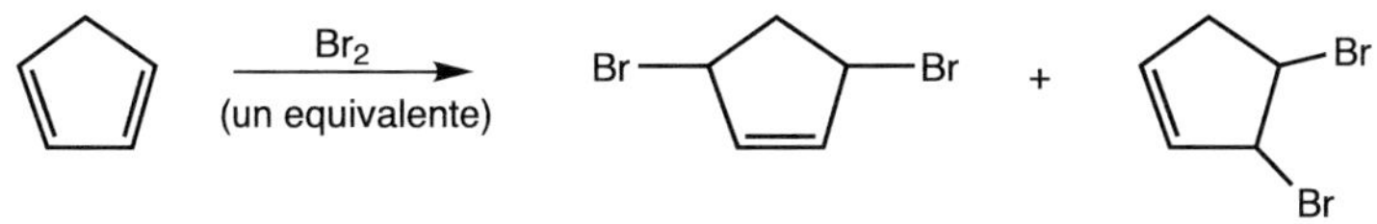

c)

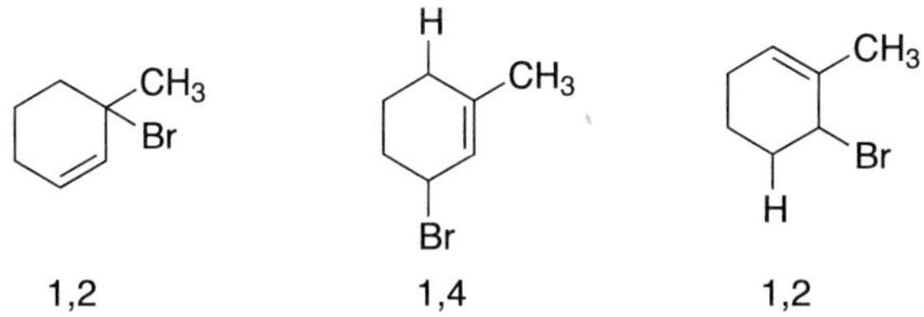

6.5. El compuesto mayoritario sería el producto 1,2 que resulta del control cinético, ya que la reacción tiene lugar a 0 °C.

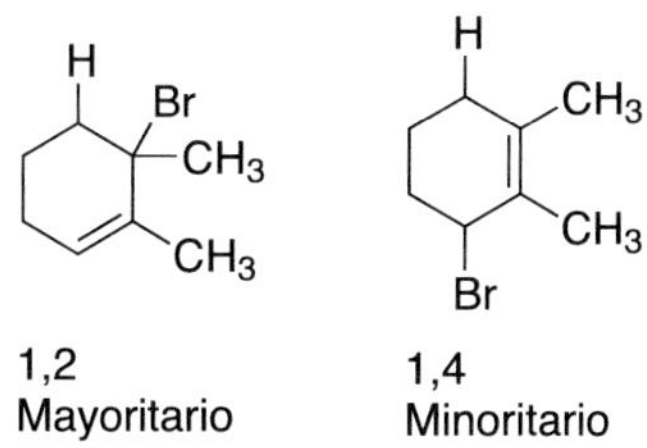

6.6. Se considera que los dienos conjugados que experimentan adición a baja temperatura están bajo el control *cinético*, mientras que los dienos conjugados que experimentan adición a temperatura elevada están bajo el control *termodinámico.*

Cuando se trata 1,3-butadieno con HBr, se obtienen dos posibles productos, procedentes de la adición-1,2 y la adición-1,4.

6.7.

a)

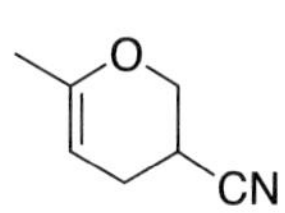

b)

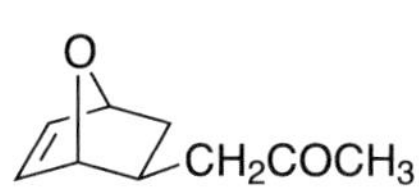

c)

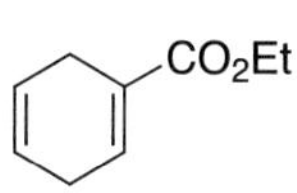

d)

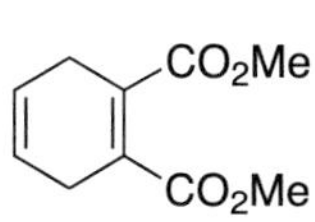

6.8.

a)

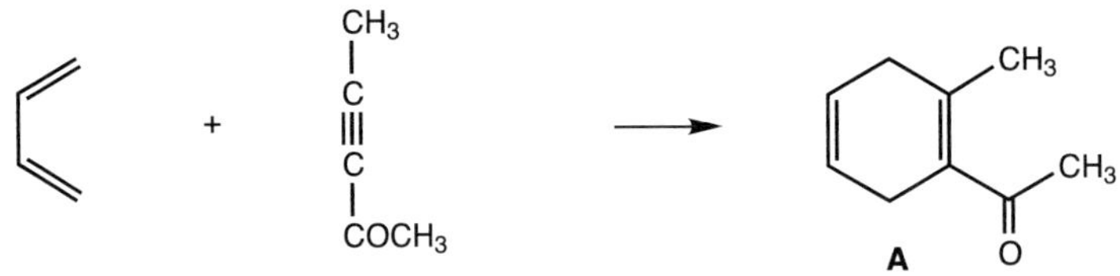

b)

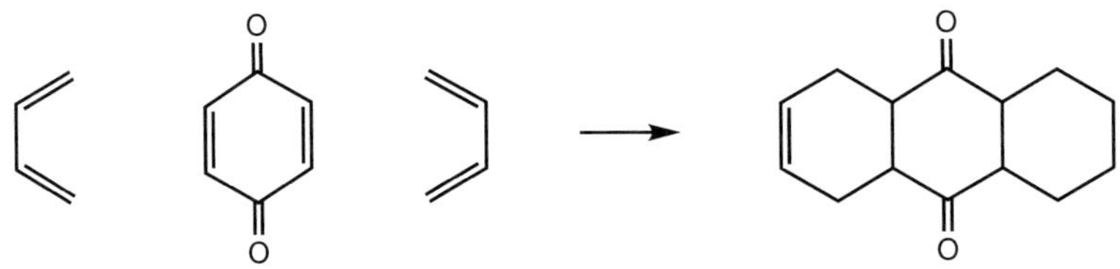

B

c)

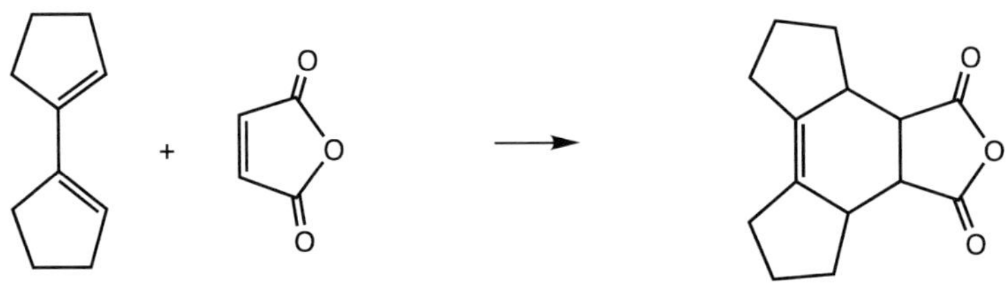

C

d)

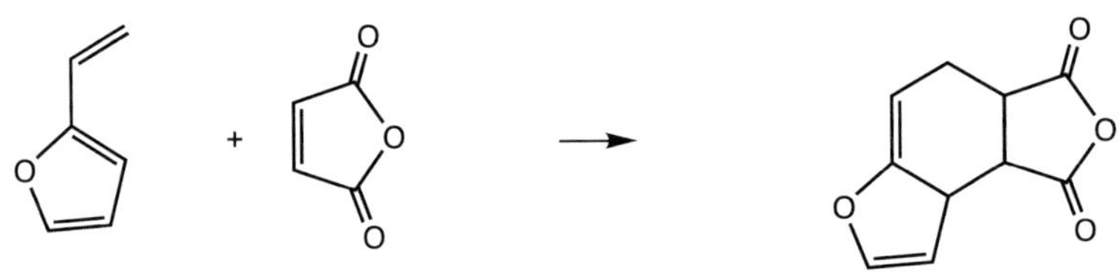

D

e)

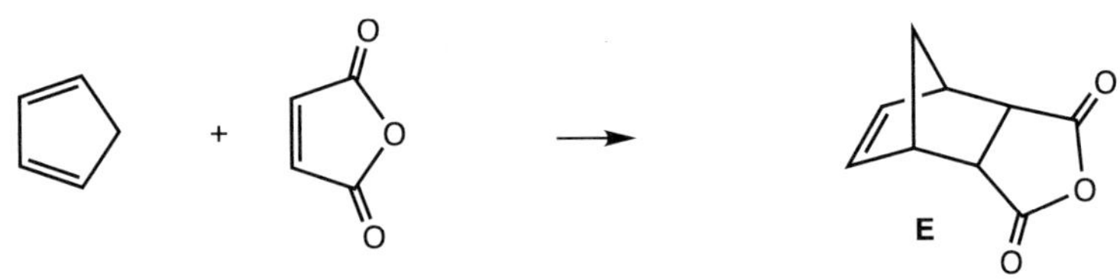

6.9.

a)

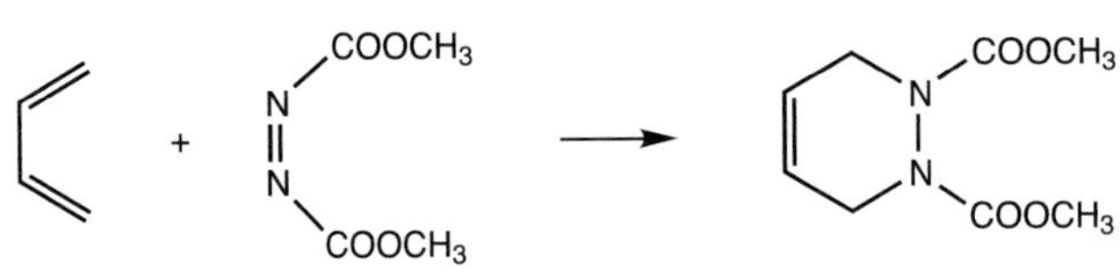

b)

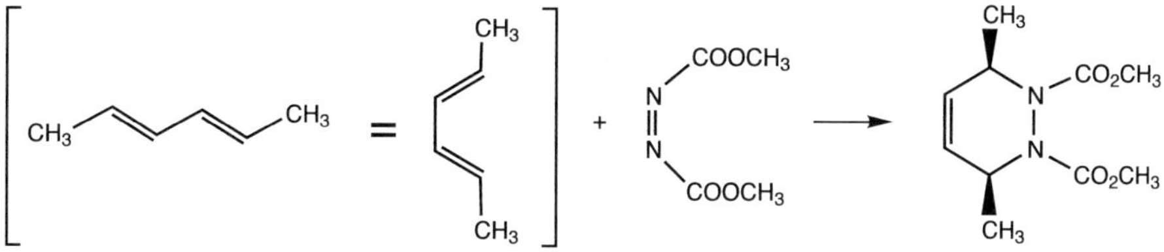

6.10.

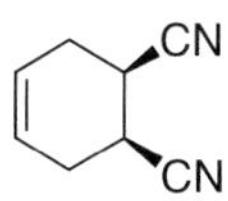

1

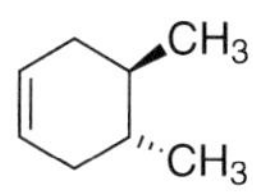

2

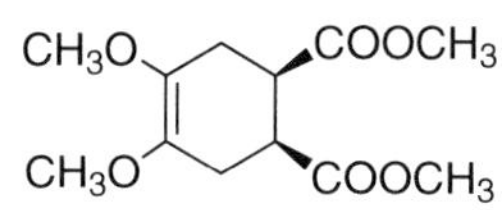

3

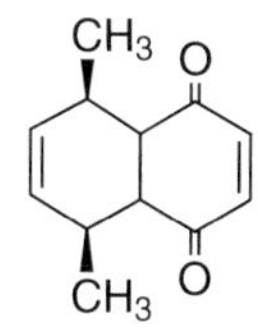

4

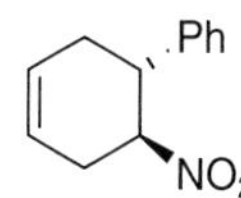

5

6.11.

a)

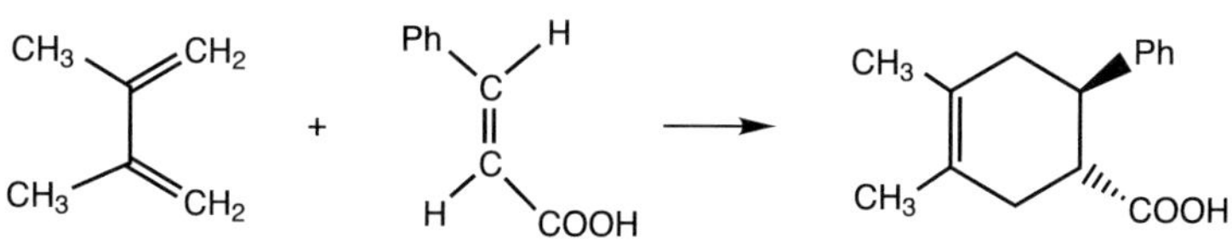

b)

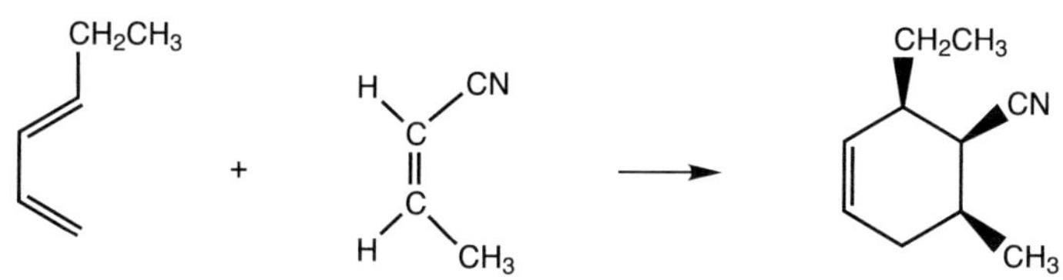

c)

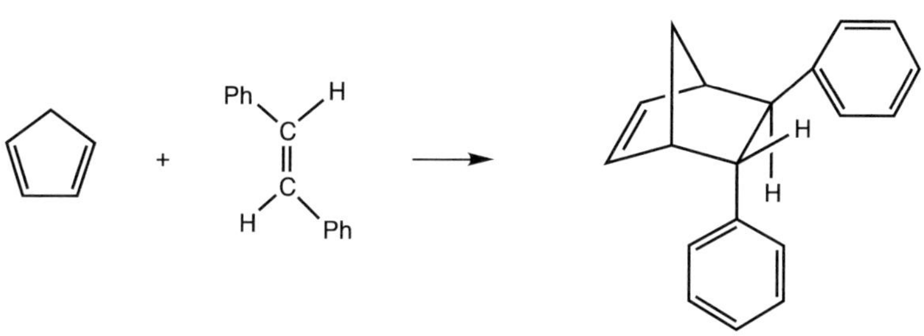

6.12.

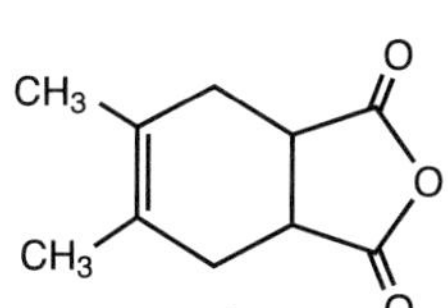

A

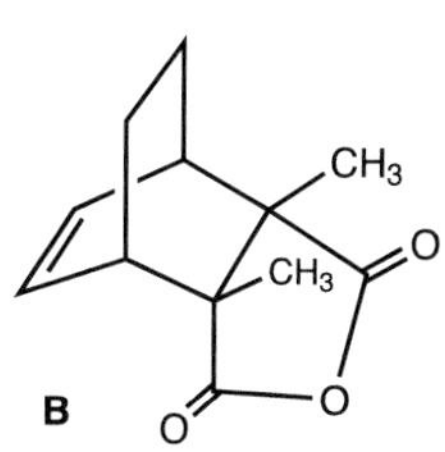

B

6.13. En el primer supuesto, el mecanismo de la reacción se desarrolla con el *trans* -2-butenonitrilo y en el biciclo resultante los grupos ciano y metilo están en posición *anti* (el ciano en *endo* y el metilo en *exo*), en el aducto mayoritario.

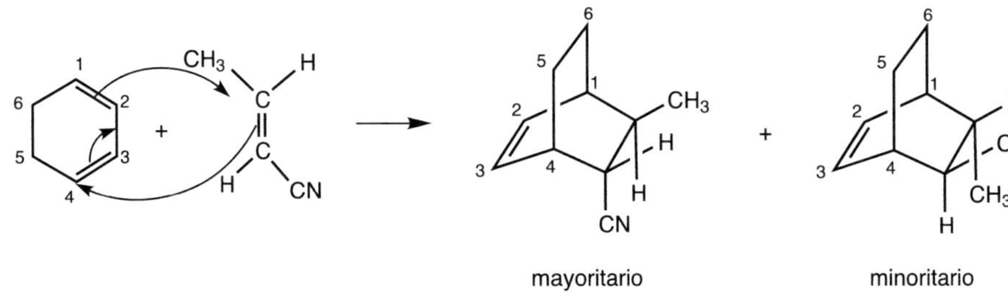

En el segundo supuesto el mecanismo de la reacción se desarrolla con el *cis*-2-butenonitrilo. Se obtiene el mismo biciclo anterior pero los grupos ciano y metilo ocupan ambos las posiciones *endo*, en el aducto mayoritario.

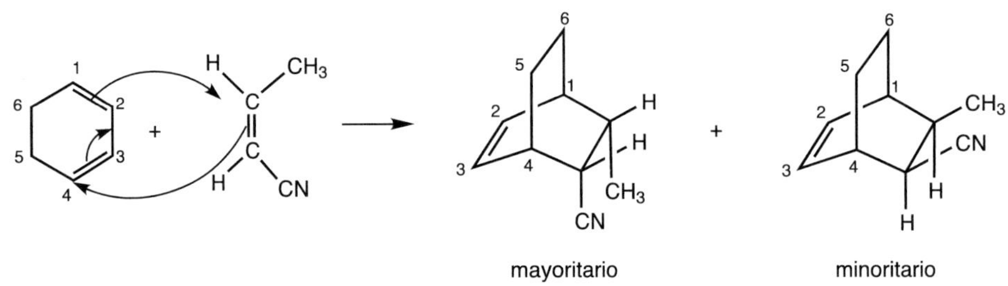

De los dos isómeros posibles en cada caso señalado son mayoritarios los isómeros *endo*. El mayor solapamiento de los orbitales *p* (de los enlaces π) favorece que el grupo ciano ocupe la posición *endo*, más próxima a los dobles enlaces conjugados.

6.14. Los dienos conjugados experimentan rotación libre alrededor del enlace C2–C3, lo que origina dos conformaciones importantes: *s-cis* y *s-trans*.

Los materiales iniciales para una reacción de Diels-Alder son dienos y un *dienófilo*.

Capítulo 7

7.1.

a) $CH_3CH_2CH_2CHO$; $(CH_3)_2CHCHO$

b) $CH_3COCH_2CH_2CH_2CH_3$; $CH_3CH_2COCH_2CH_2CH_3$; $(CH_3)_2CHCH_2COCH_3$; $(CH_3)_3CCOCH_3$

7.2.

Al disolver en agua el metanal, las moléculas del soluto forman puentes de hidrógeno con las del disolvente (agua), lo que permite la gran solubilidad observada.

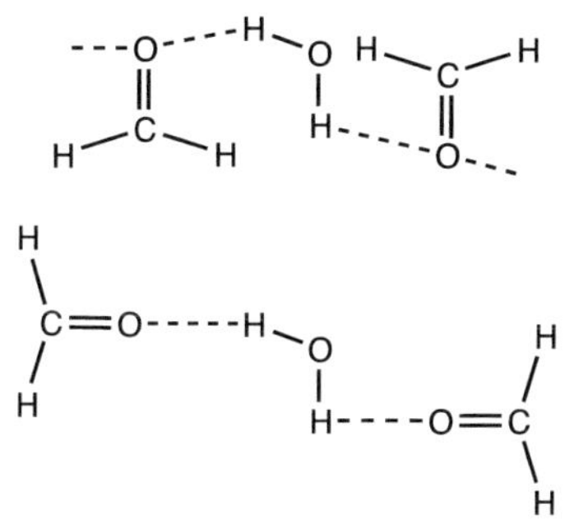

7.3. Las razones son de tipo estérico y electrónico.

a)

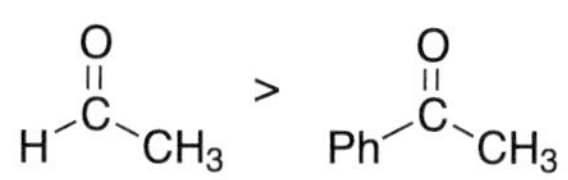

La fenil metil cetona es menos reactiva que el acetaldehído debido a un mayor impedimento estérico por la presencia de dos sustituyentes. Además, el hecho de poseer dos grupos donantes de electrones disminuye la polaridad del grupo carbonilo y por lo tanto, la reactividad frente a nucleófilos.

b)

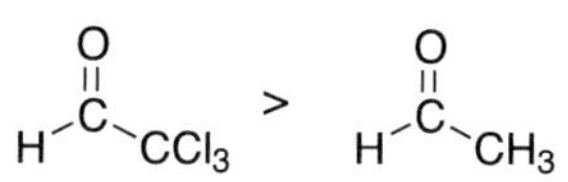

El efecto inductivo –I del grupo CCl_3 aumenta la polaridad del carbonilo, haciendo el carbono más positivo y favoreciendo el ataque nucleofílico.

7.4.

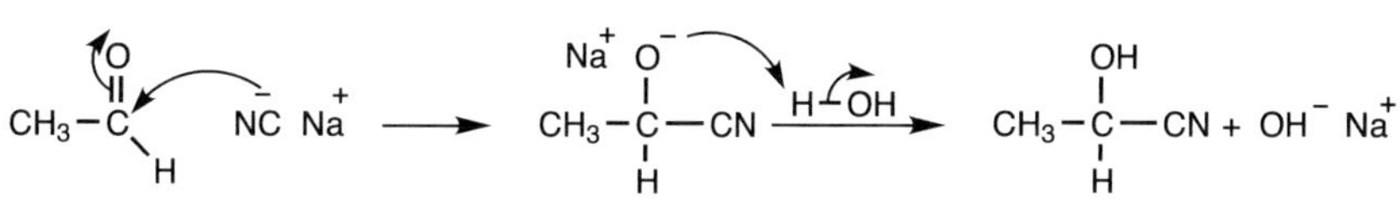

7.5.

a)

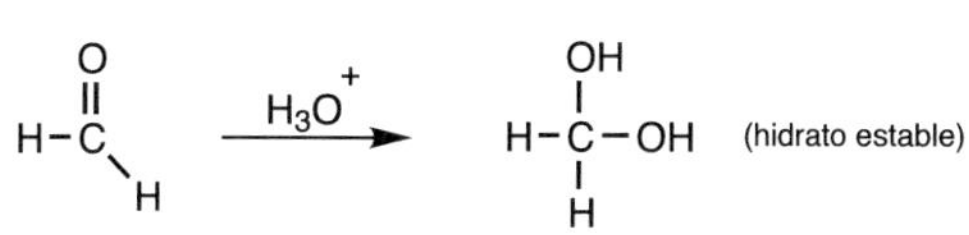

b)

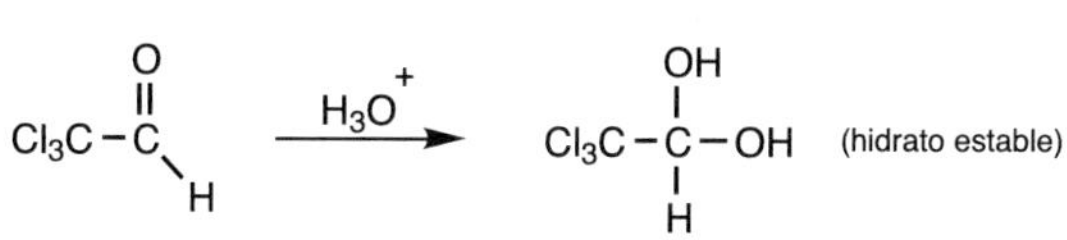

7.6. En la sucesión de equilibrios entre la acetona y el agua, pasando a través del hidrato de la acetona, entra en la molécula orgánica el átomo de oxígeno marcado, ^{18}O, que luego puede volver a salir, o bien permanecer en la molécula de acetona. En este último caso la acetona queda marcada con el isótopo.

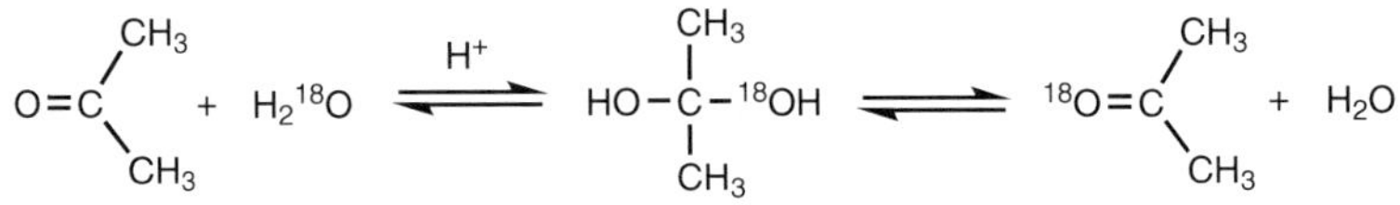

7.7.

a)

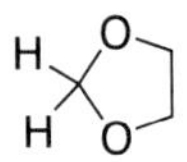

b)

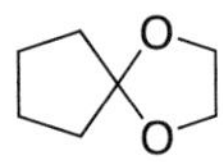

c)

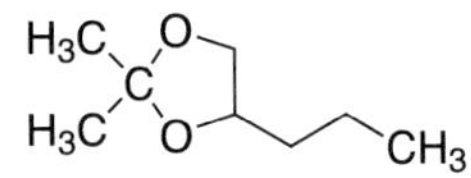

7.8.

a)

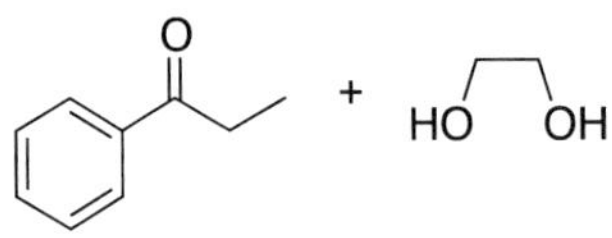

b)

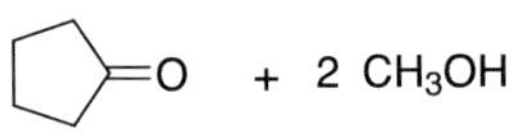

c)

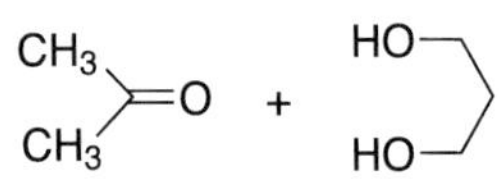

7.9.

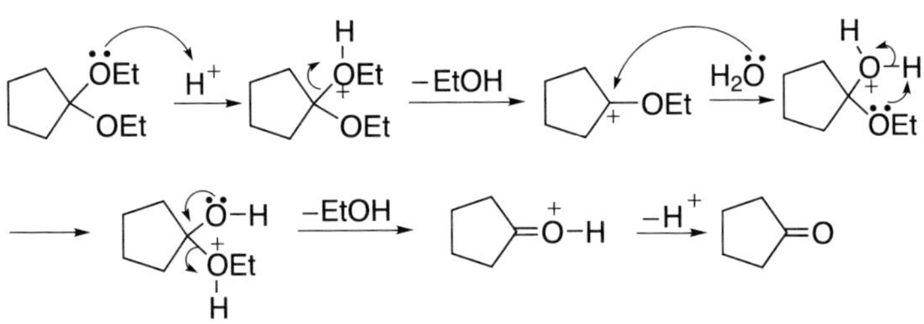

7.10. Los grupos funcionales se protegen cuando no queremos que reaccionen con los reactivos que vamos a emplear para transformar otro grupo funcional presente en la molécula.

Un buen grupo protector debe unirse de forma reversible al grupo funcional que debemos proteger, y cuando finaliza el periodo de protección debe poder eliminarse de forma total y sencilla. Además, el grupo protector debe ser inerte hacia la mayoría de los reactivos que se emplean. A mayor inercia química, mejor cumplen su función protectora.

Los grupos carbonilo (aldehídos y cetonas) se protegen mediante la formación de cetales y acetales con dioles, o bien por formación de tioacetales y tiocetales con los ditioles.

Una aplicación del uso de los CETALES cíclicos como grupos protectores es la alquilación del 3-iodopropanal con anión alquinilo. Si la alquilación se intenta con 3-iodopropanal no protegido, el anión alquinilo ataca al grupo carbonilo.

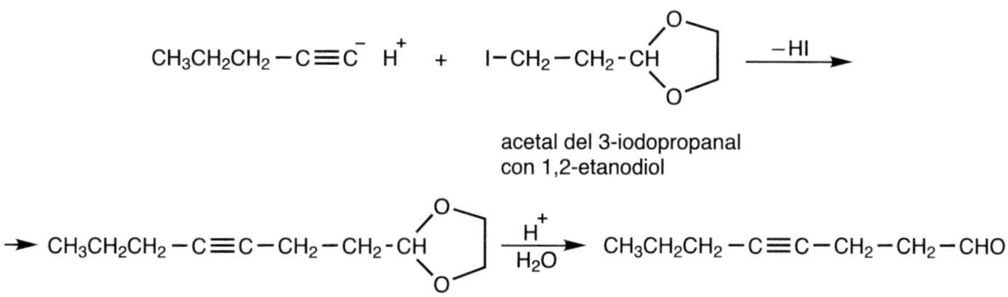

7.11. Es necesario proteger previamente el carbonilo de aldehído presente en la molécula inicial. Una vez protegido el aldehído, podemos llevar a cabo la oxidación del alcohol a cetona y la reacción con el reactivo de Grignard. Finalmente realizaremos la desprotección para recuperar el aldehído.

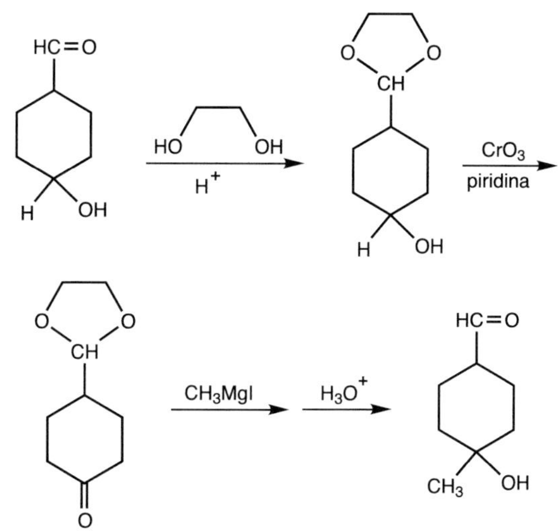

7.12.

a)

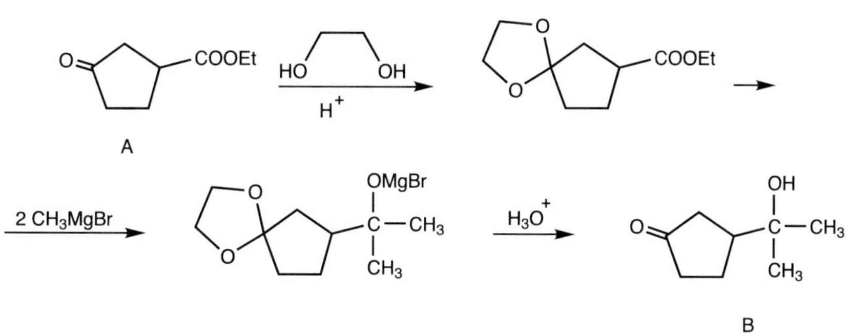

b) El compuesto B no se podría obtener por adición directa del magnesiano, ya que el bromuro de metilmagnesio reaccionaría preferentemente con el carbonilo de cetona, que es más reactivo que el carbonilo de éster.

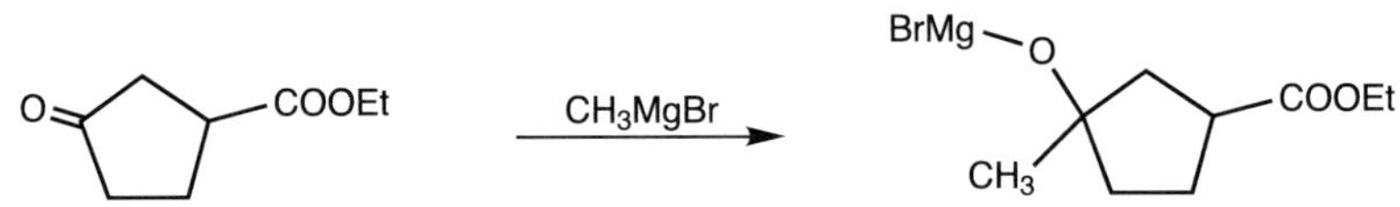

7.13.

a)

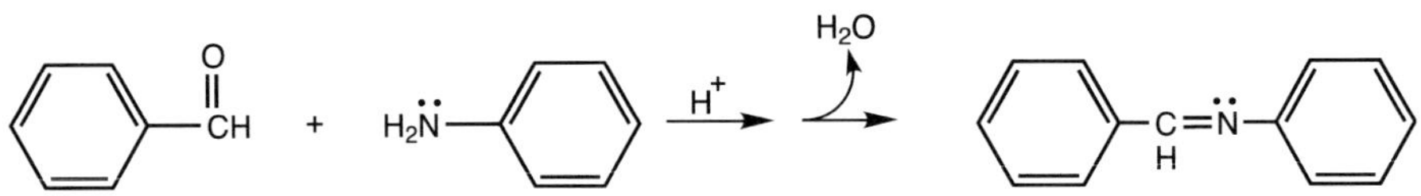

b)

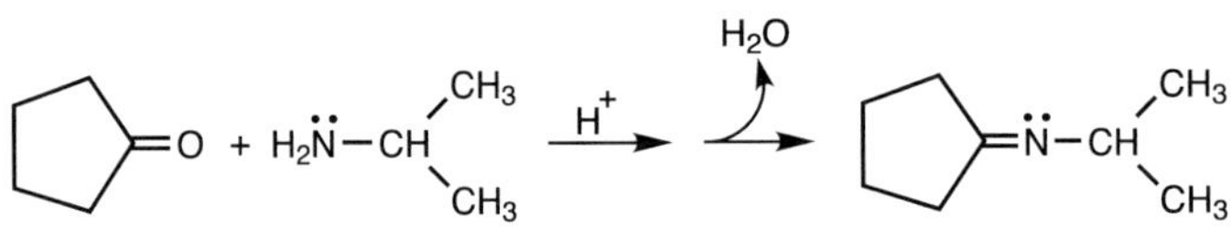

c)

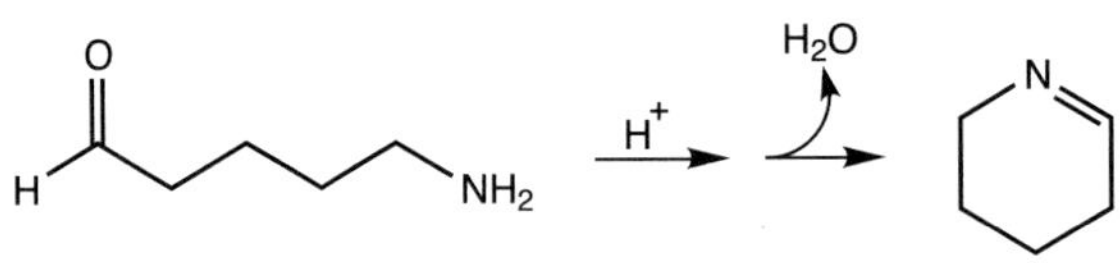

d)

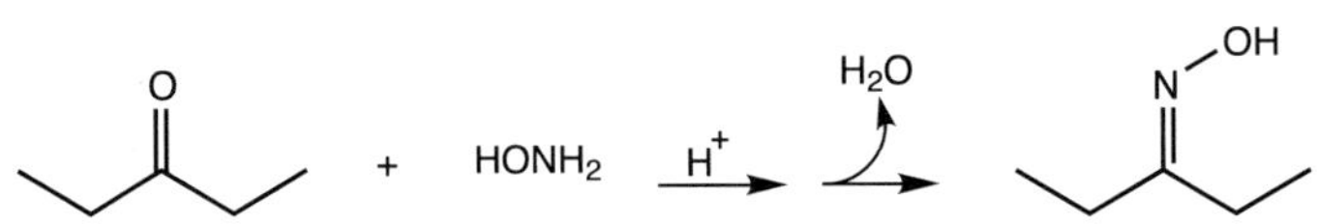

e)

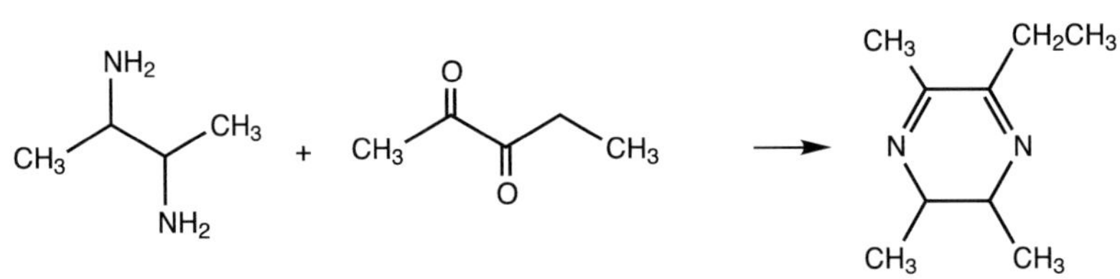

f)

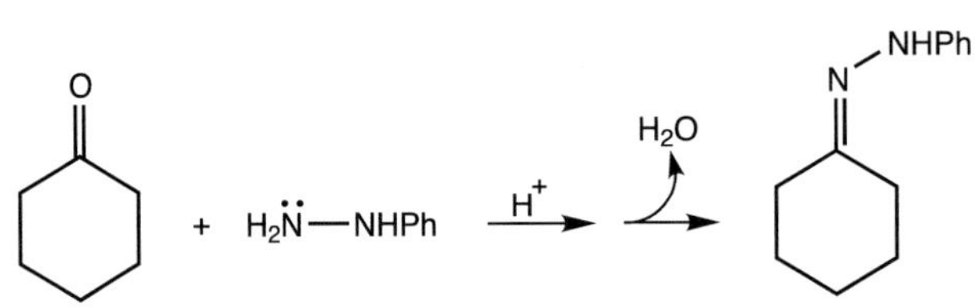

7.14.

a)

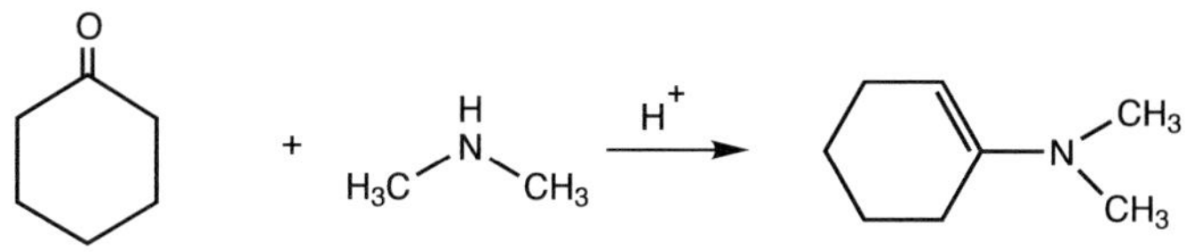

b)

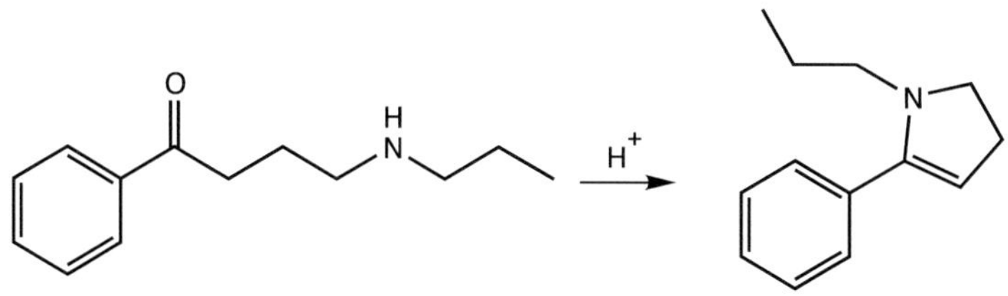

c)

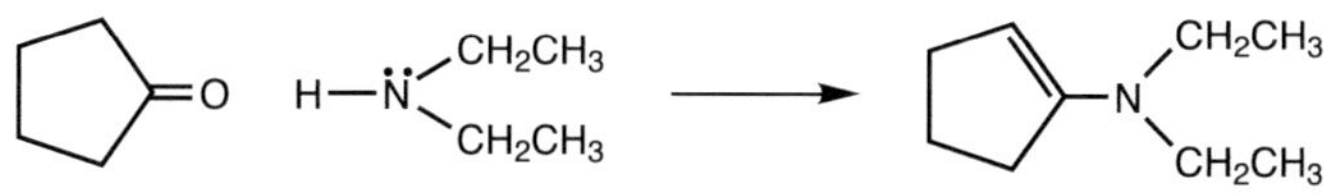

d)

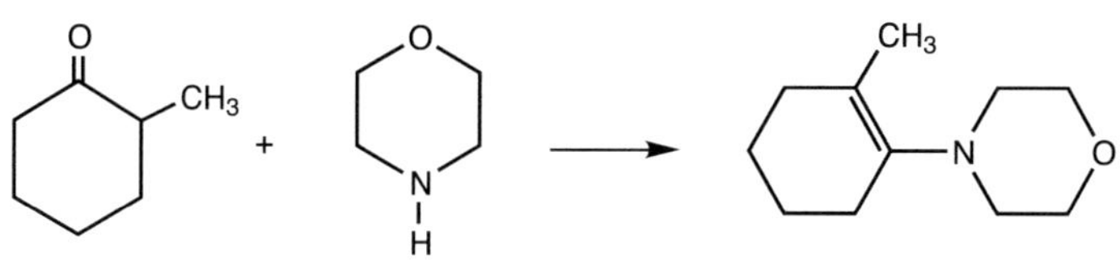

7.15.

a)

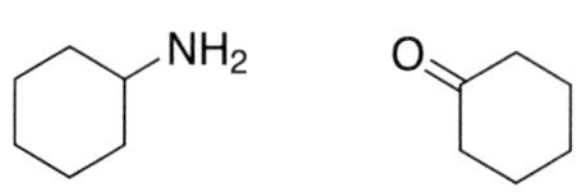

b)

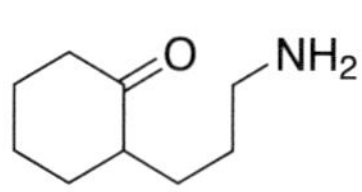

c)

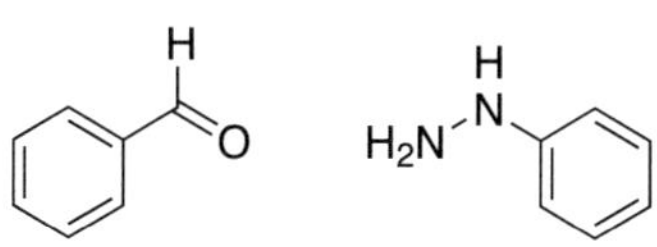

d)

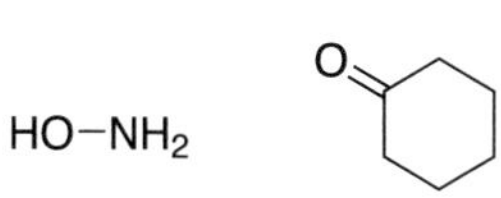

e)

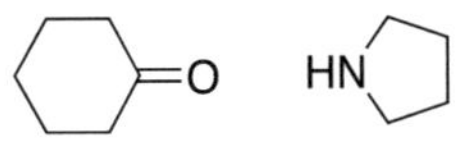

7.16.

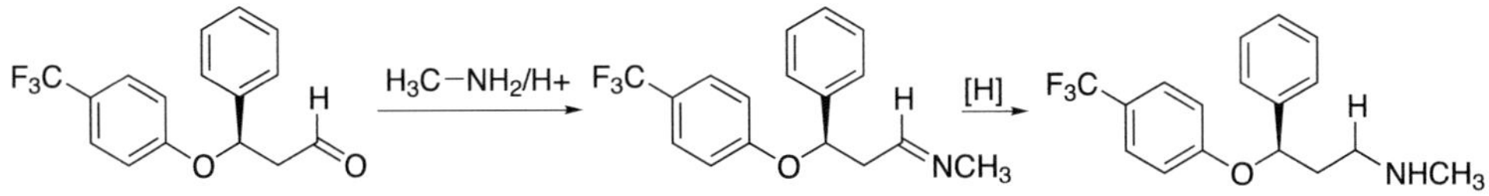

7.17. La reacción comienza con la protonación de un grupo carbonilo, que es atacado nucleofílicamente por el átomo de nitrógeno terminal de la fenilhidrazina. La pérdida de una molécula de agua conduce a la formación de la fenilhidrazona del grupo carbonilo que ha sido atacado. El otro grupo carbonilo se protona y es atacado nucleofílicamente por el segundo átomo de nitrógeno de la fenilhidrazona formada. Una vez cerrado el ciclo se pierde otra molécula de agua que conduce al compuesto heterocíclico final.

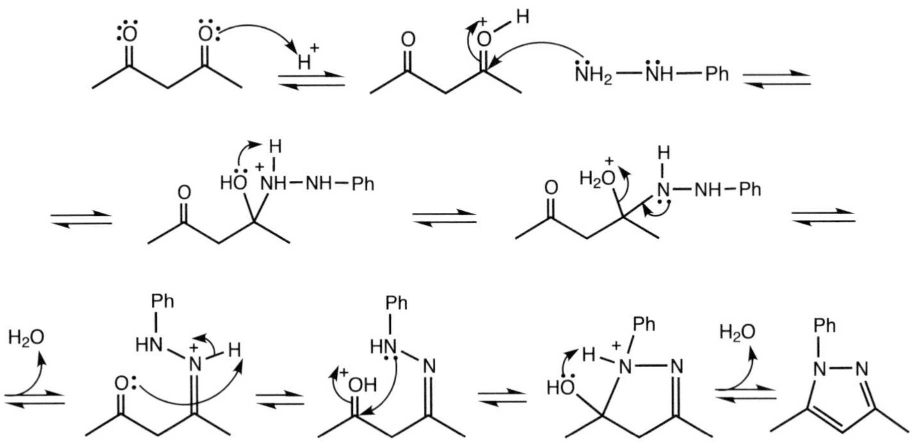

7.18.

a)

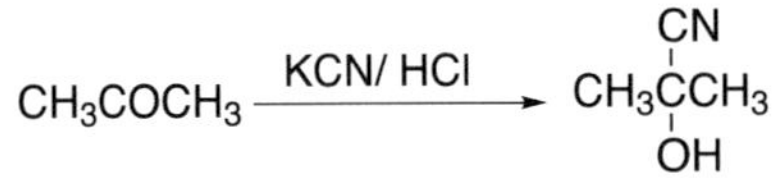

b)

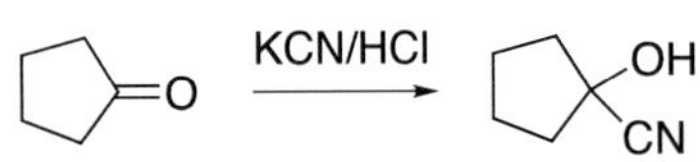

7.19.

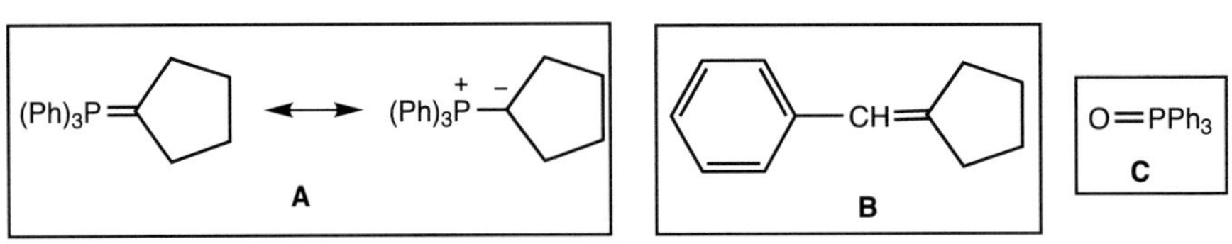

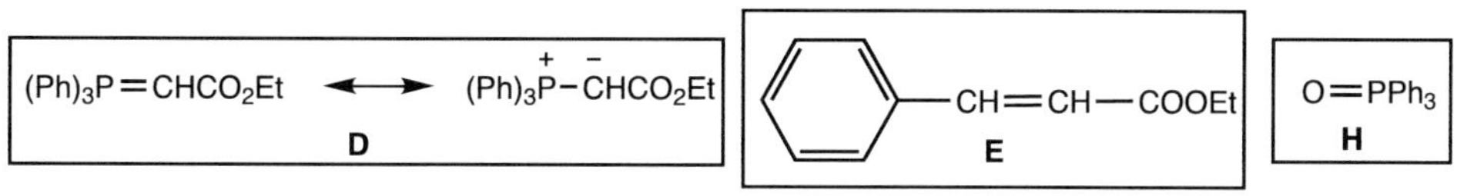

7.20.

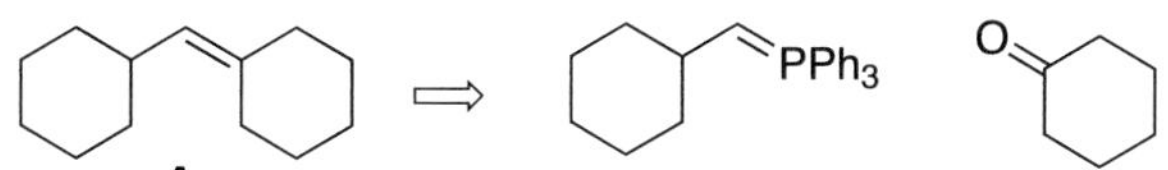

A

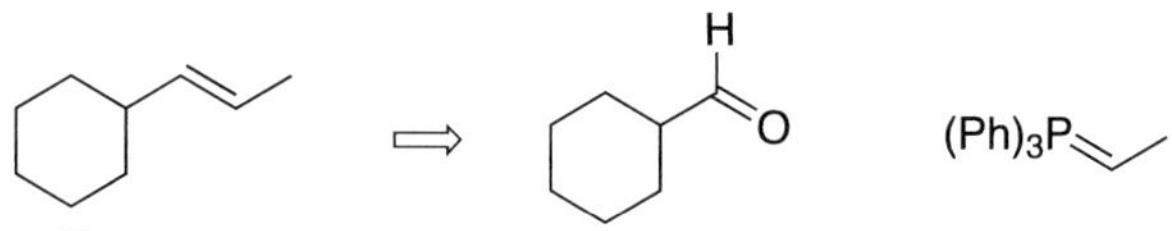

B

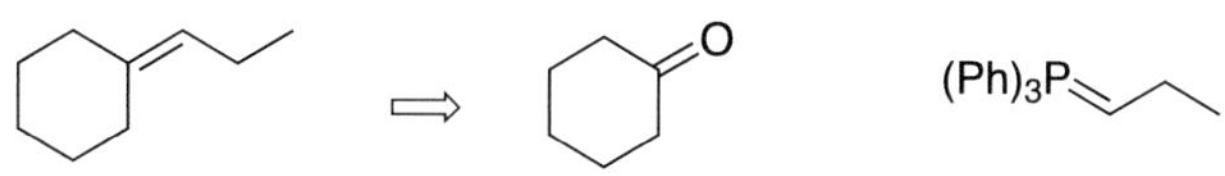

C

7.21.

Estrategia A: preparación de metilenciclohexano a través de la reacción de Wittig

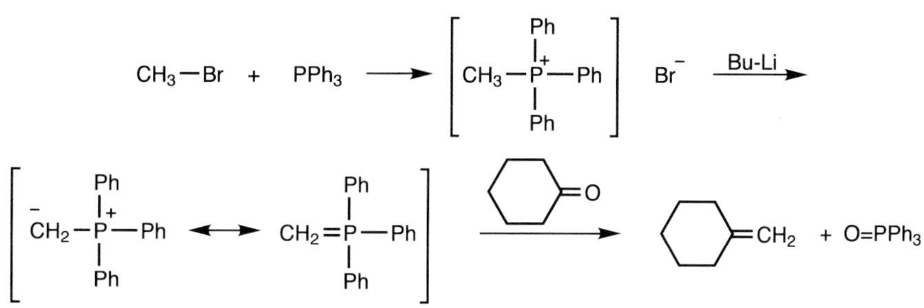

Estrategia B: Preparación a través de magnesianos. No conduce mayoritariamente al metilenciclohexano, sino al 1-metilciclohexeno, el alqueno más sustituido que se obtiene con la eliminación del agua (regla de Saytzev).

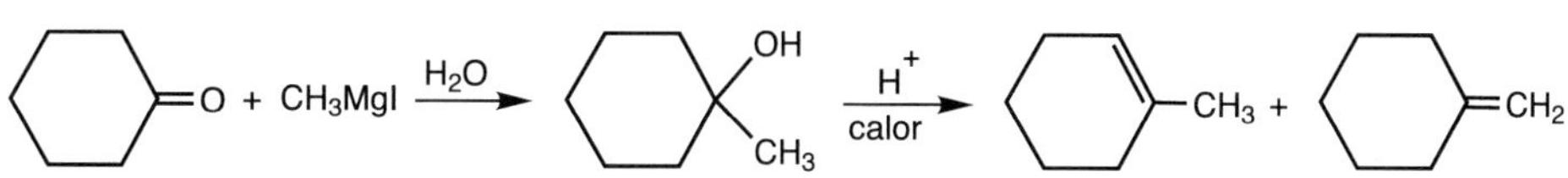

mayoritario ***minoritario***

7.22.

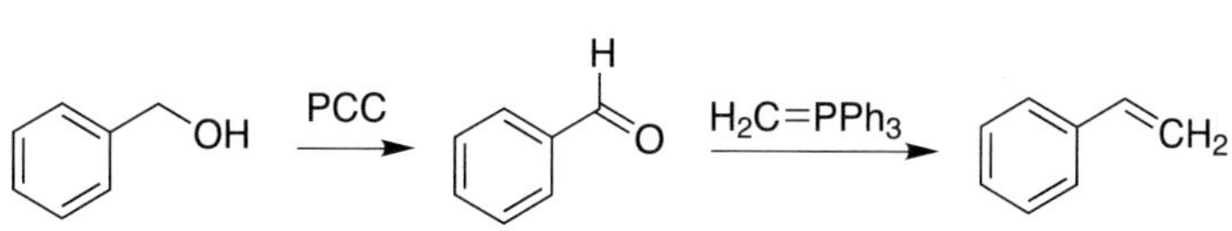

7.23.

a)

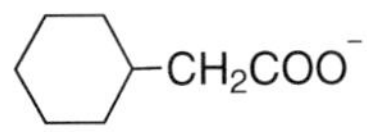

b)

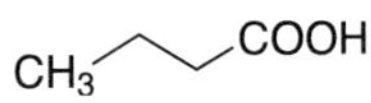

c)

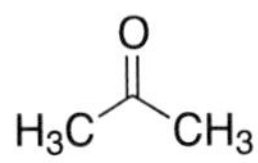

7.24.

a)

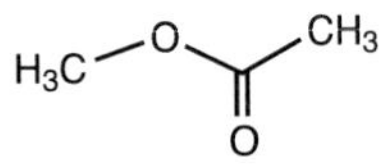

b)

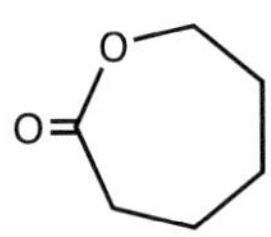

7.25.

a)

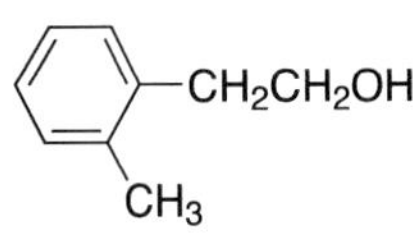

b)

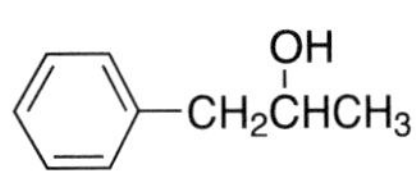

c)

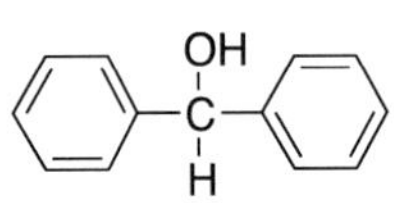

d)

$CH_3{-}CH_2{-}CH_2OH$

7.26.

a) 1 H_2 + Ni (Raney)
b) H_2 + Pt (exceso)
c) $NaBH_4$ / EtOH o $LiAlH_4 + H_2O$
d) $NaBH_4$ / EtOH
e) $LiAlH_4 + H_2O$ o H_2 + Pt (exceso)

7.27.

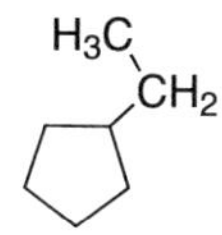

7.28.

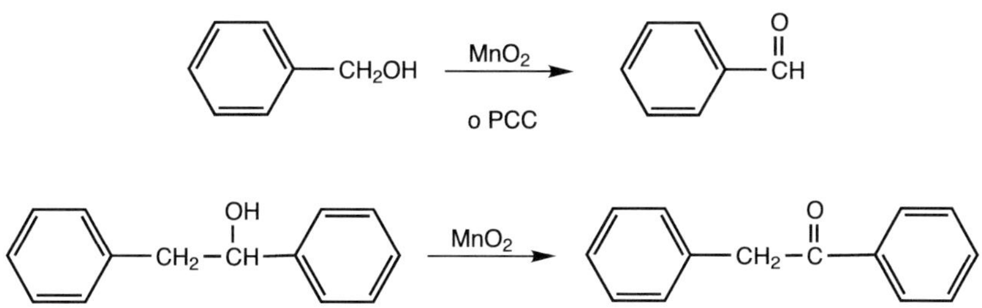

7.29. El PCC (clorocromato de piridinio) es un oxidante adecuado, ya que el agua presente en los reactivos ácidos de cromo (VI) provoca la sobreoxidación de los alcoholes primarios. En medio acuoso, el aldehído se hidrata dando el diol geminal que se vuelve a oxidar hasta el ácido carboxílico. La oxidación selectiva de alcoholes primarios a aldehídos mediante PCC (clorocromato de piridinio) requiere condiciones anhidras.

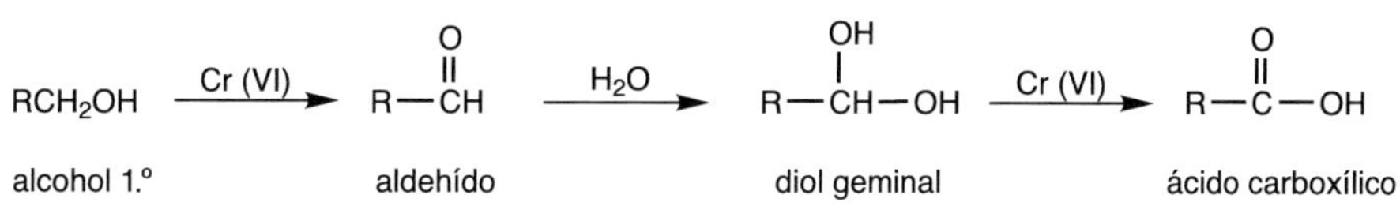

7. 30.

1) $HOCCH_2CHO + 2\ H_2CO$

2)

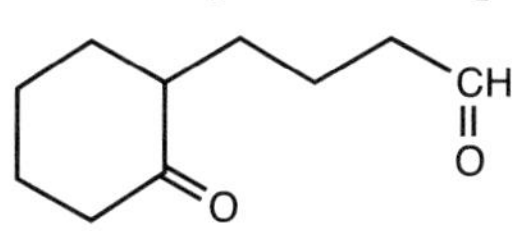

3) $2\ HOCCH_2CH_2CH_2CHO$

4)

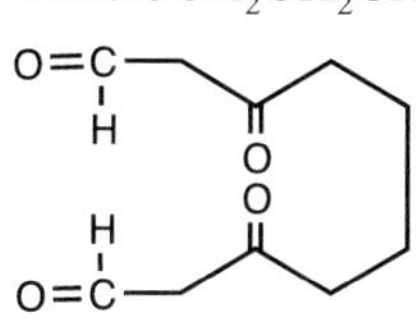

7.31.

a) $H_2O/H_2SO_4/HgSO_4$

b) $H_2O/H_2SO_4/HgSO_4$

c) CrO_3/H^+

d) CrO_3/H^+

e) PCC

f) 1) Diisoamilborano; 2) H_2O_2/OH^-

g) $O_3/Zn/H^+$

7.32.

a)

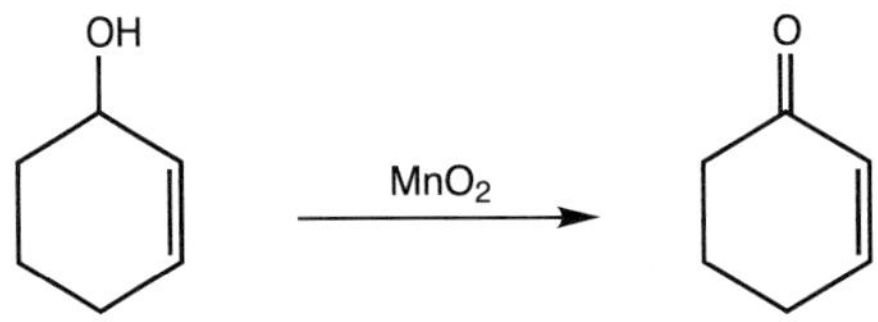

b)

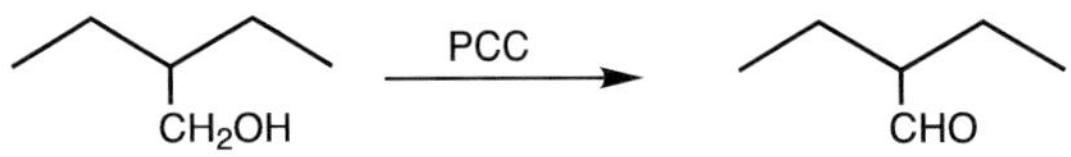

c)

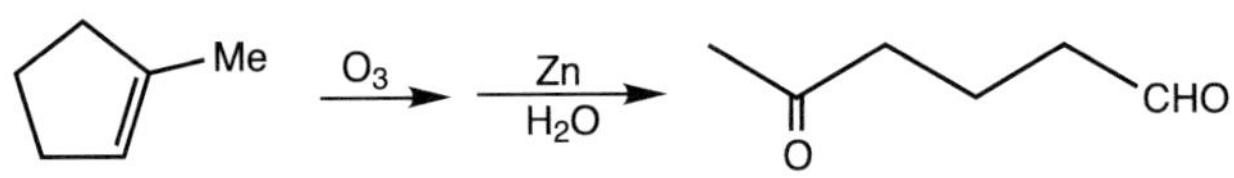

7.33.

a)

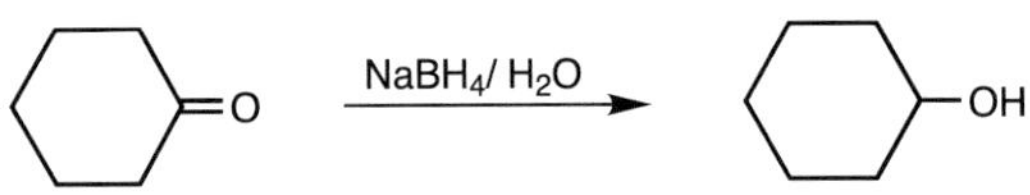

b)

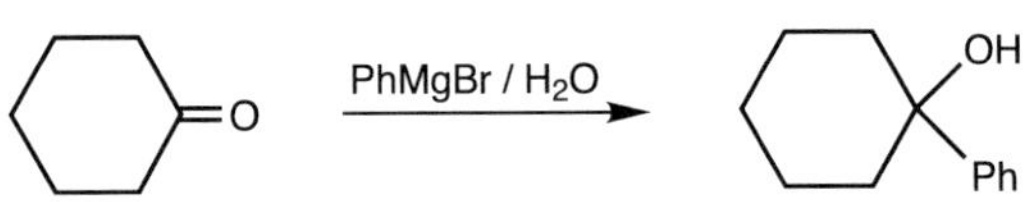

c)

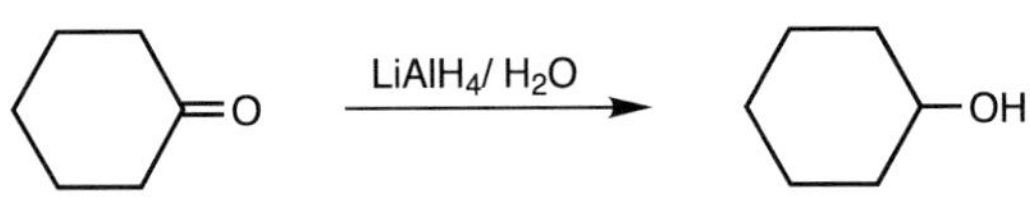

d)

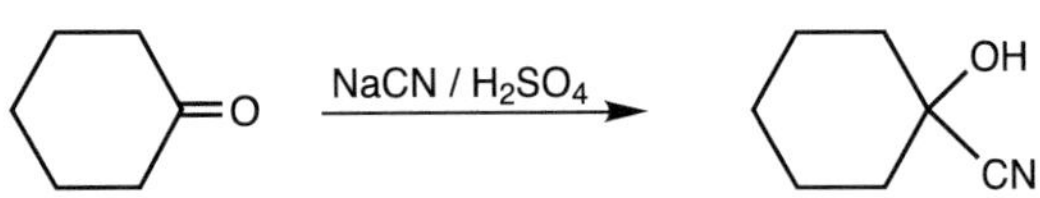

e)

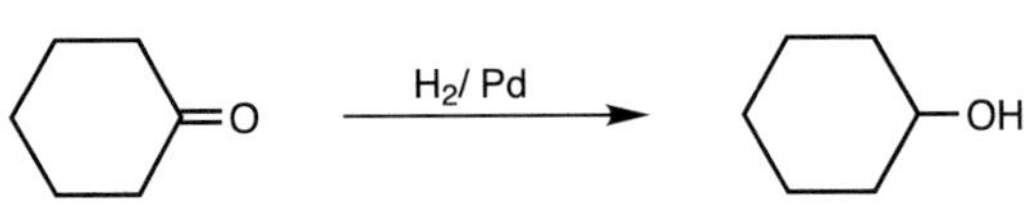

f)

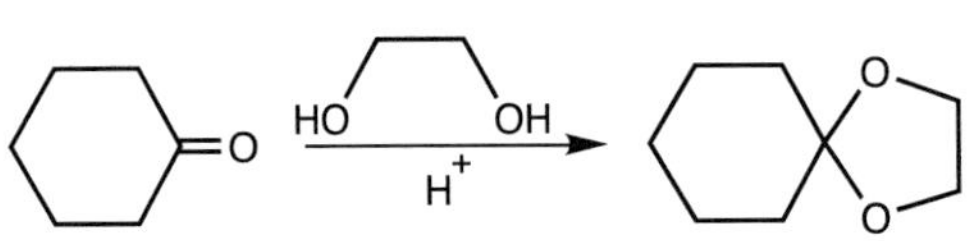

g)

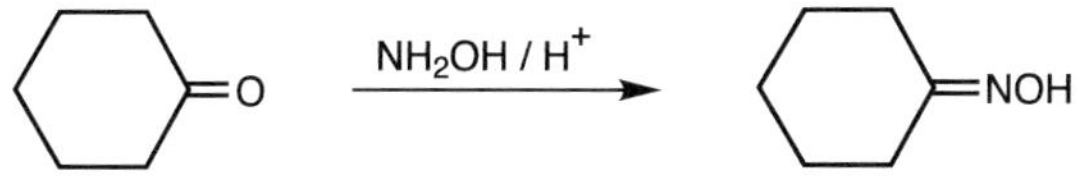

h)

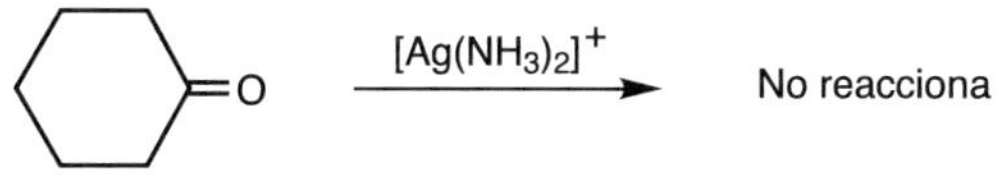

i)

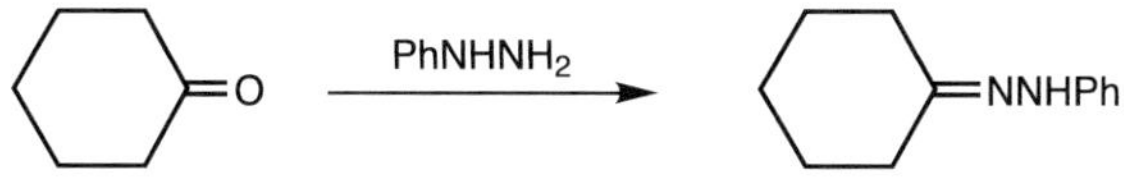

j)

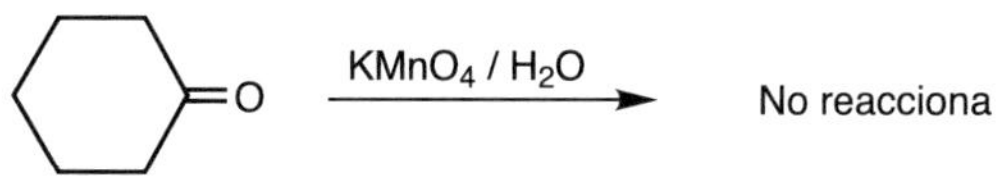

7.34.

a) 1) $LiAlH_4$ 2)H_2O o $NaBH_4/CH_3OH$ o H_2/Pd-C
b) CrO_3/H^+
c) 1) $LiAlH_4$ 2)H_2O o $NaBH_4/CH_3OH$ o H_2/Pd-C
d) CrO_3/H^+
e) 1) PhMgBr y 2) H_3O^+
f) $HOCH_2CH_2OH/H^+$
g) H_2NOH/ H^+
h) 1) KCN 2)H_2O/H^+

7.35.

1*b*); 2*b*); 3*c*); 4*a*).

Capítulo 8

8.1. Orden de solubilidad creciente en agua:

$CH_3CH_2COOCH_3 < CH_3CH_2CH_2OH < CH_3CH_2COOH$

8.2. Orden de punto de ebullición creciente:

$CH_3CH_2COOCH_3 < CH_3OH < CH_3CH_2COOH$

8.3.

a) $CH_3CH(Cl)CO_2H > ClCH_2CH_2COOH$. El ácido 3-cloropropanoico es menos fuerte que el ácido 2-cloropropanoico, debido a que el efecto –I del cloro disminuye con la distancia.
b) $F_3CCOOH > Cl_3CCOOH$. El ácido trifluoroacético es más ácido que el tricloroacético, debido al mayor efecto inductivo –I que posee el grupo $–CF_3$.

c) $Br_2CHCOOH > BrCH_2COOH$. El ácido dibromoacético es más ácido que el bromoacético debido a que la presencia de dos sustituyentes aumenta el efecto inductivo –I.

8.4. El orden está establecido de acuerdo a los efectos inductivo y mesómero de los sustituyentes: NO_2 (–I, –M), fuerte atrayente de electrones; Br (–I, +M ligero), ligero atrayente de electrones, CH_3 (+I), ligero donante de electrones y OCH_3 (–I, +M considerable), fuerte donante de electrones.

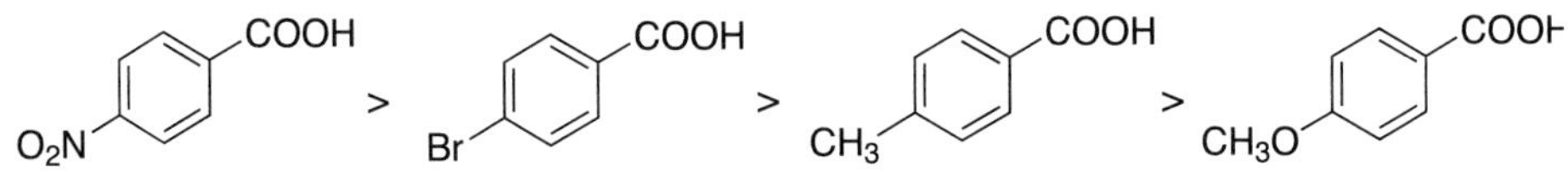

8.5.

a)

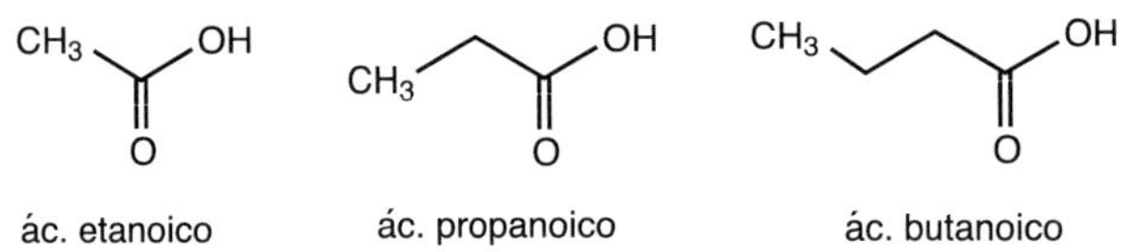

b)

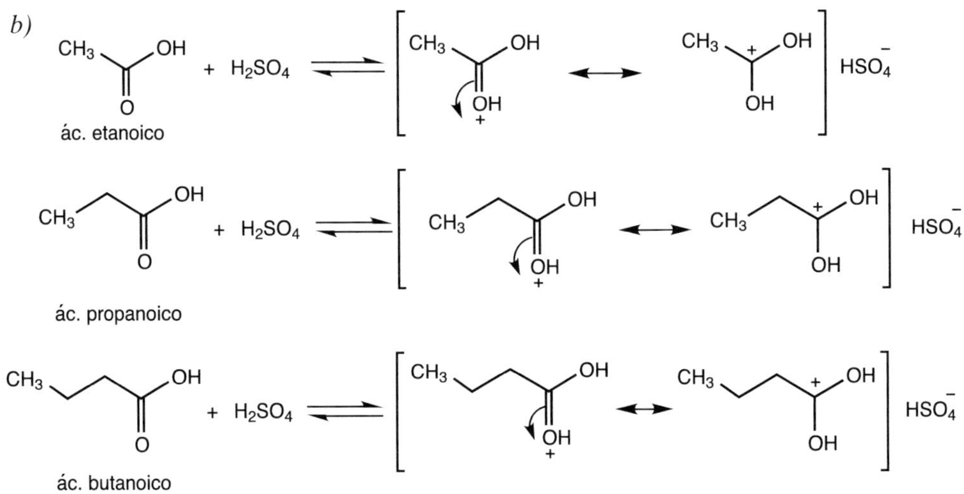

8.6.

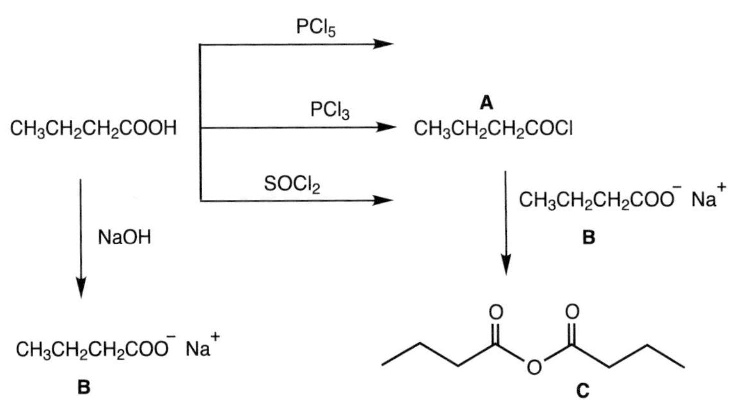

8.7. *A*: CH_3OH/H^+; *B*: 1) NaOH, 2) ICH_3; *C*: CH_2N_2; *D*: 1) $SOCl_2$, 2) CH_3OH

8.8.

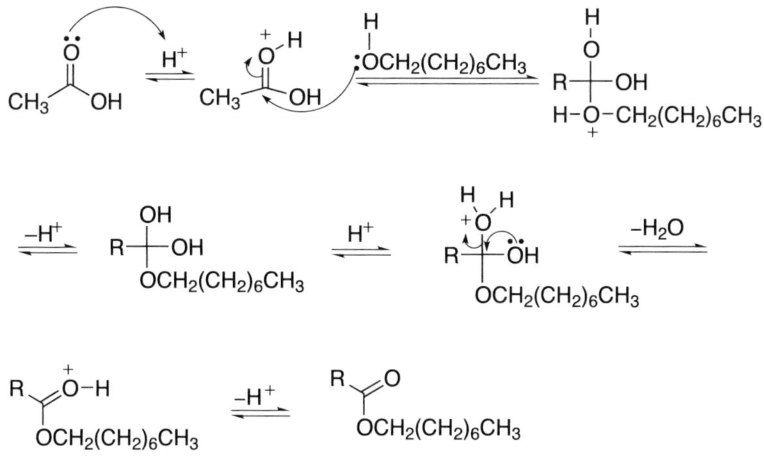

8.9.

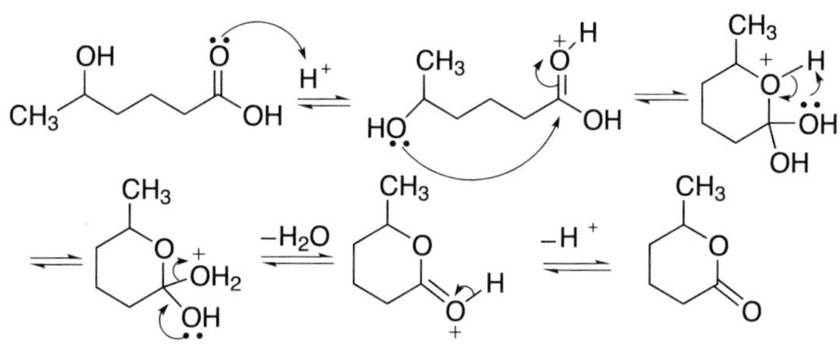

8.10. 1*b*); 2*c*); 3*d*).

8.11.

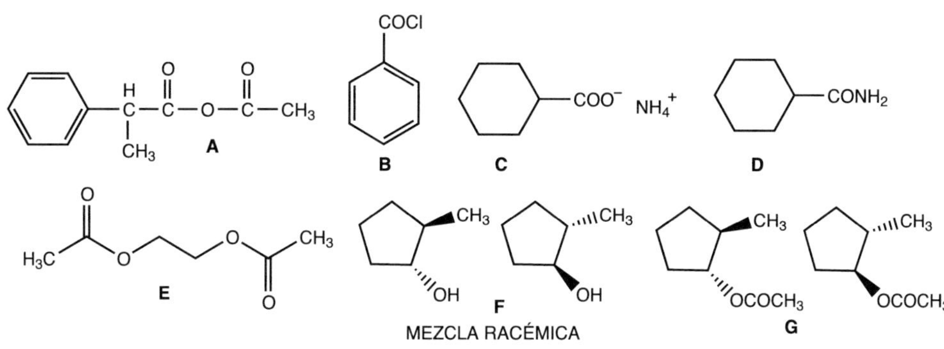

8.12.

a) 1) $SOCl_2$, 2) NH_3 o bien NH_3/calor;

b) 1) $SOCl_2$, 2) CH_3OH o 1) NaOH, 2) CH_3Br;

c) CH_3CH_2OH/H^+ o 1) NaOH, 2) CH_3CH_2Br;

d) $SOCl_2$

8.13.

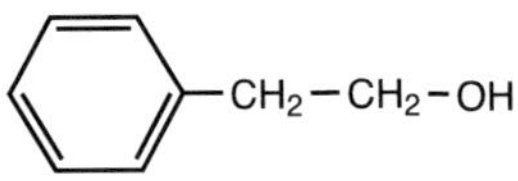

A

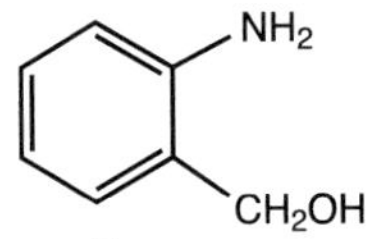

B

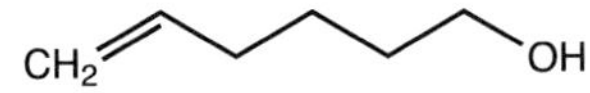

C

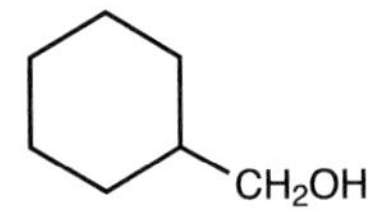

D

8.14.

a)

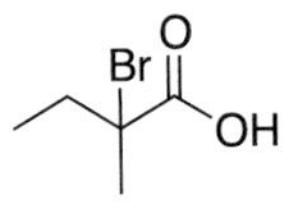

b)

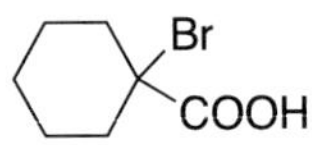

8.15.

a)

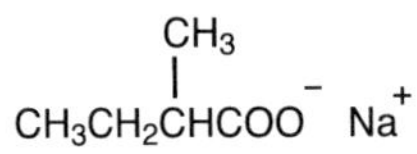

b)

$CH_3(CH_2)_4COOH$

c)

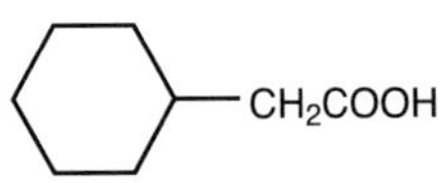

d)

$CH_3(CH_2)_4COOH$ + $HCOOH$

8.16.

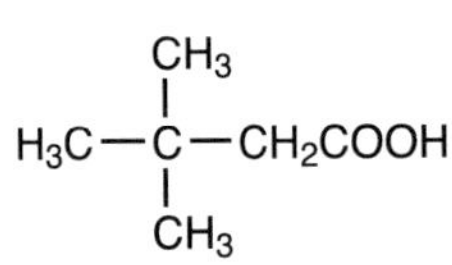

A

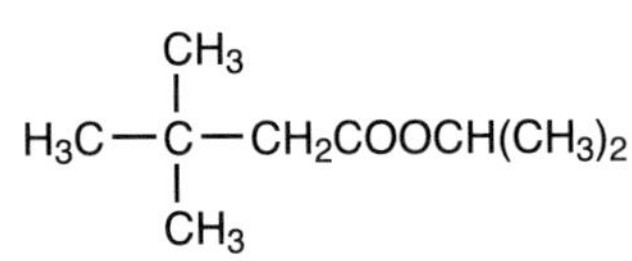

B

8.17.

- *a)* 1) $Ag_2O/NaOH/H_2O$, 2) H_3O^+
- *b)* 1) $O_3/H_2O_2/OH^-$, 2) H_3O^+
- *c)* $CrO_3/H_2SO_4/H_2O$
- *d)* 1) $KMnO_4/NaOH/H_2O$, 2) H_3O^+
- *e)* 1) Mg/Et_2O, 2) CO_2, 3) H_3O^+
- *f)* 1) NaCN, 2) H_3O^+
- *g)* 1) $CrO_3/H_2SO_4/H_2O$, 2) Br_2/PBr_3

8.18.

a)

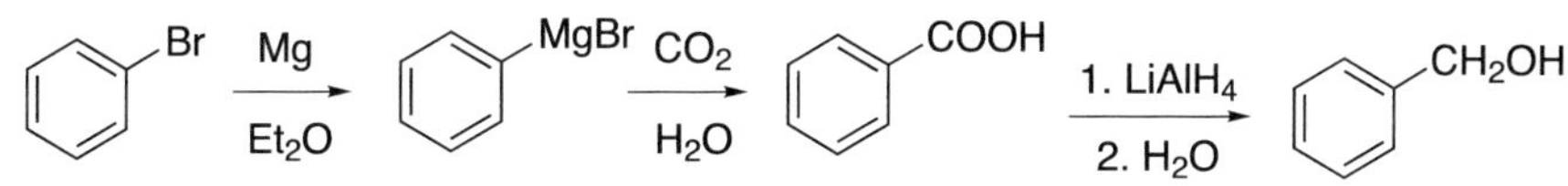

b)

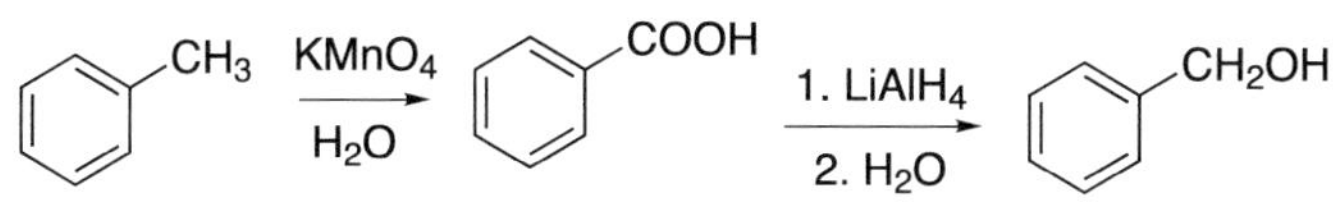

c)

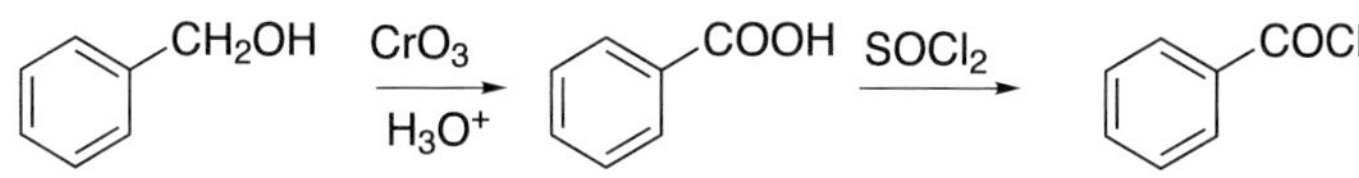

8.19.

$$CH_3CH_2CH_2OH \xrightarrow{SOCl_2} CH_3CH_2CH_2Cl \xrightarrow{KCN} CH_3CH_2CH_2CN$$

$$\xrightarrow[\Delta]{H_3O^+} CH_3CH_2CH_2COOH$$

Otro método de síntesis sigue la ruta de un organometálico que reacciona con dióxido de carbono.

$$CH_3CH_2CH_2OH \xrightarrow{SOCl_2} CH_3CH_2CH_2Cl \xrightarrow[THF]{Mg} CH_3CH_2CH_2MgCl$$

$$\xrightarrow{CO_2} \xrightarrow{H_3O^+} CH_3CH_2CH_2COOH$$

8.20.

$ClCH_2COO^- \; Na^+$	$NCCH_2COO^- \; Na^+$	$^-OOCCH_2COO^- \; 2\,Na^+$	$HOOCCH_2COOH$
A	**B**	**C**	**D**

8.21.

a) CH_3CH_2COCl
b) CH_3CH_2COOEt
c) $CH_3CH_2COOCH_3$
d) $CH_3CH_2COO^- Na^+$
e) $CH_3CH_2CONH_2$
f) $CH_3CH_2COOCOCH_3$
g) $CH_3CH_2COO^- NH_4^+$
h) $CH_3CH_2CH_2OH$

8.22.

$$CH_3CH_2CH_2COOH \xrightarrow[2.\ H_3O^+]{1.\ LiAlH_4} CH_3CH_2CH_2CH_2OH \xrightarrow{SOCl_2} CH_3CH_2CH_2CH_2Cl \xrightarrow{KCN}$$

$$CH_3CH_2CH_2CH_2CN \xrightarrow[\Delta]{H_3O^+} CH_3CH_2CH_2CH_2COOH \xrightarrow[2.\ H_3O^+]{1.\ LiAlH_4} CH_3CH_2CH_2CH_2CH_2OH$$

8.23.

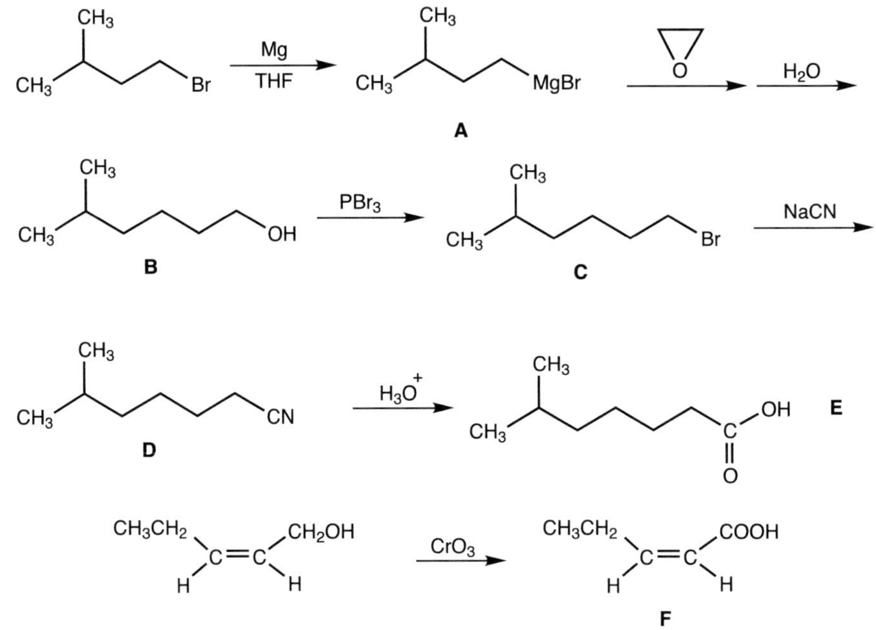

Capítulo 9

9.1.

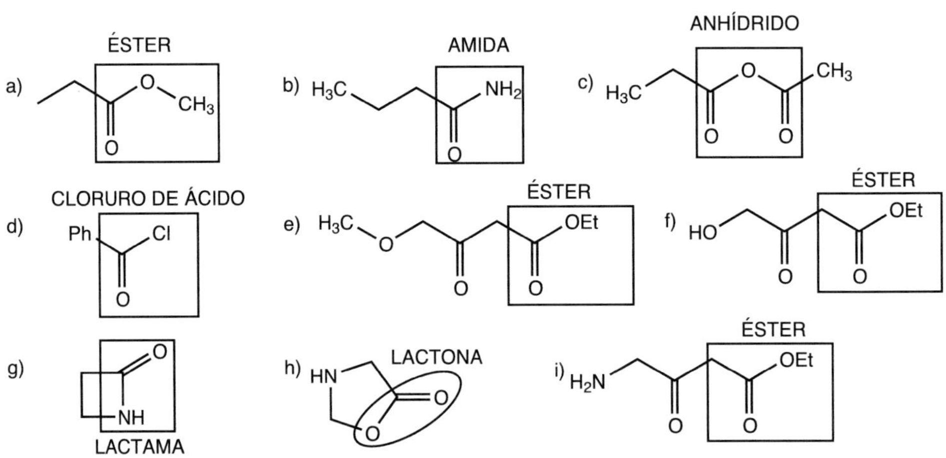

9.2.

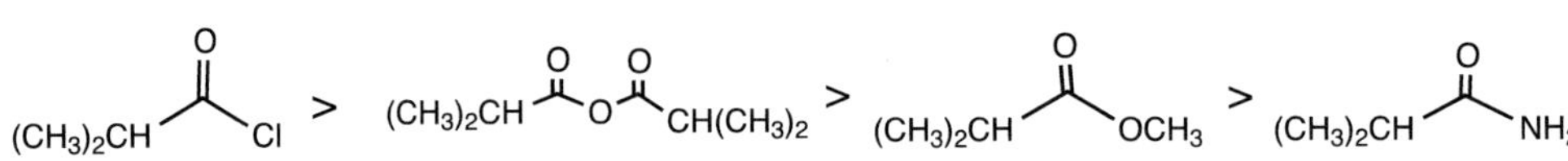

9.3.

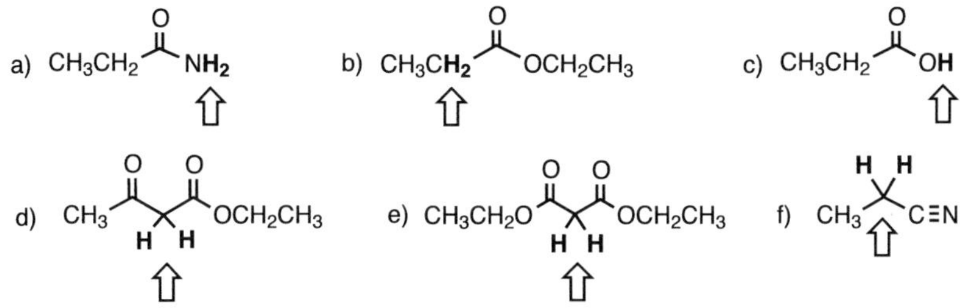

9.4.

a)

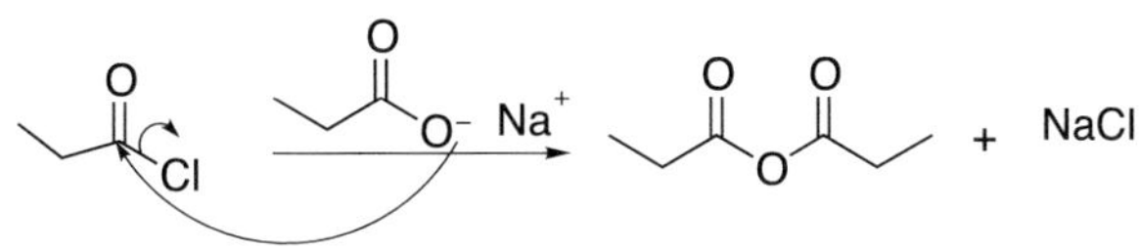

b)

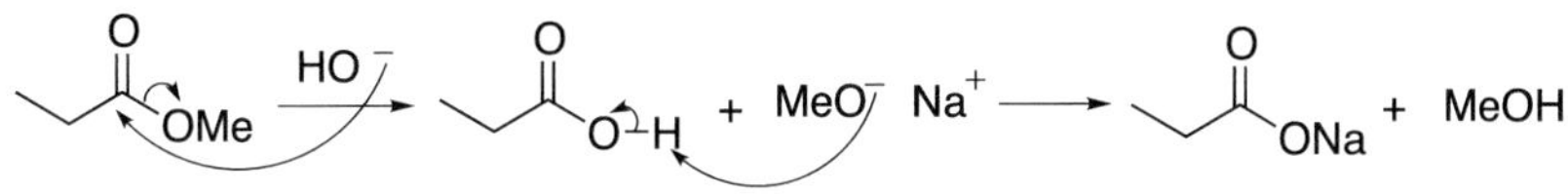

9.5. Consideremos la hidrólisis del acetato de metilo con agua marcada con el isótopo ^{18}O.

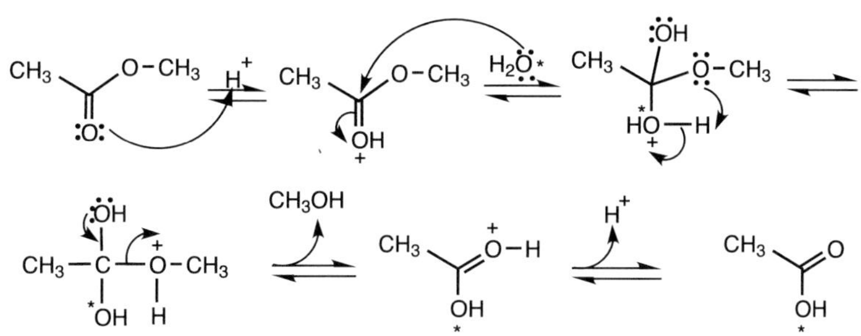

Alternativamente: se puede producir el marcaje en el oxígeno del carbonilo del éster si continuamos la hidrólisis del éster marcado en el oxígeno del carbonilo, de acuerdo con el mecanismo primero, el producto obtenido será el ácido con los dos oxígenos marcados.

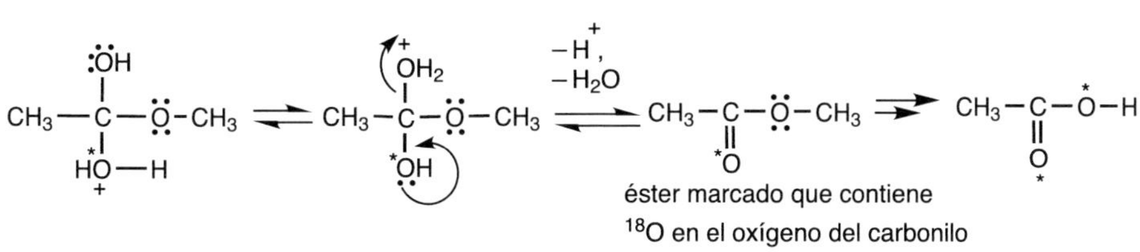

9.6.

a)

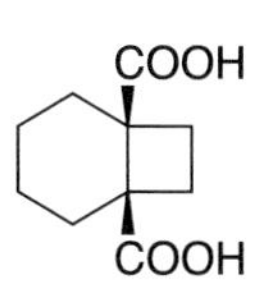

b)

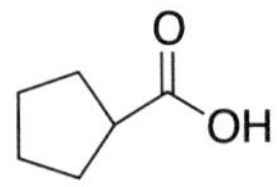

c)

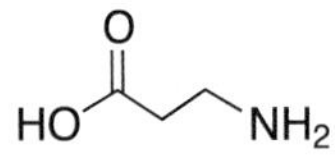

d)

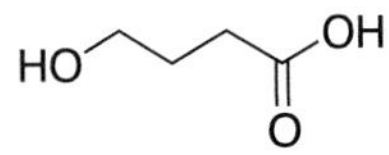

9.7.

a) CH_3COOMe
b) Ph-COOEt + MeOH
c) Ph-COOEt + PhCOOH
d) $CH_3CO_2CH_2CH_2CO_2CH_3$
e) $CH_3CH_2COOCH_2CH_3$ + $HOCH_2CH{=}CH_2$

9.8.

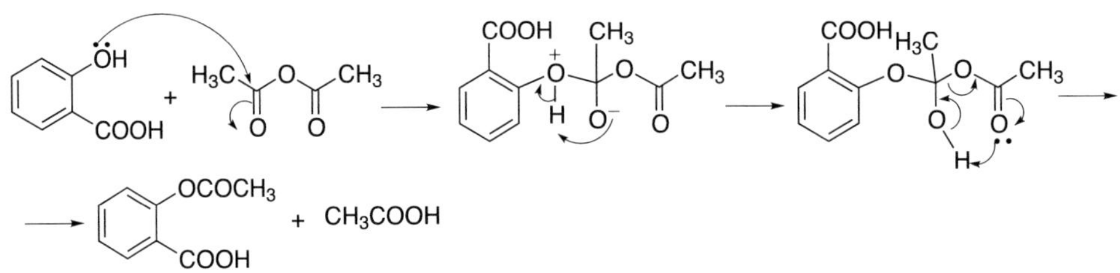

9.9.

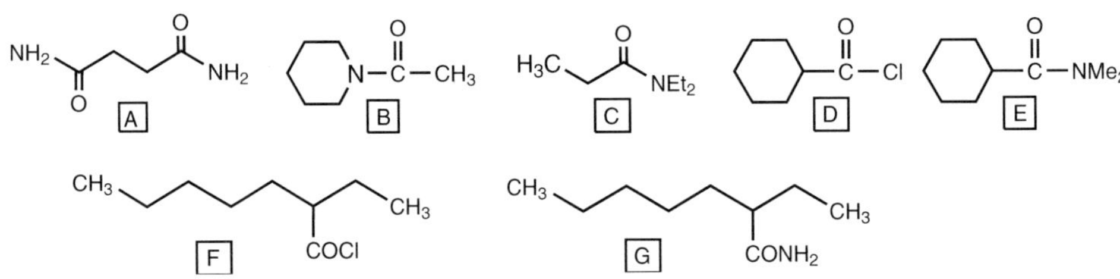

9.10.

1. $CH_3CH = CHCH_2COOCH_3 + LiAlH_4/\ H^+$ ⟶ $CH_3CH = CHCH_2CH_2OH + CH_3OH$
2. $CH_3OCO\text{-}CH_2\text{-}COOCH_3 + LiAlH_4\ /\ H^+$ ⟶ $HOCH_2CH_2CH_2OH + 2\ CH_3OH$
3. $CH_3CONHCH_3 + LiAlH_4\ /\ H^+$ ⟶ $CH_3CH_2NHCH_3$
4. $CH_3COCH_2CONHCH_3 + LiAlH_4\ /\ H^+$ ⟶ $CH_3CH(OH)CH_2CH_2NHCH_3$
5. $CH_3COCH_2COOCH_3 + LiAlH_4\ /\ H^+$ ⟶ $CH_3CH(OH)CH_2CH_2OH + CH_3OH$
6. $CH_3COCH_2CONHCH_3 + NaBH_4\ /\ CH_3OH$ ⟶ $CH_3CH(OH)CH_2CH_2NHCH_3$
7. $CH_3COCH_2COOCH_3 + NaBH_4\ /\ CH_3OH$ ⟶ $CH_3CH(OH)CH_2COOCH_3$

9.11.

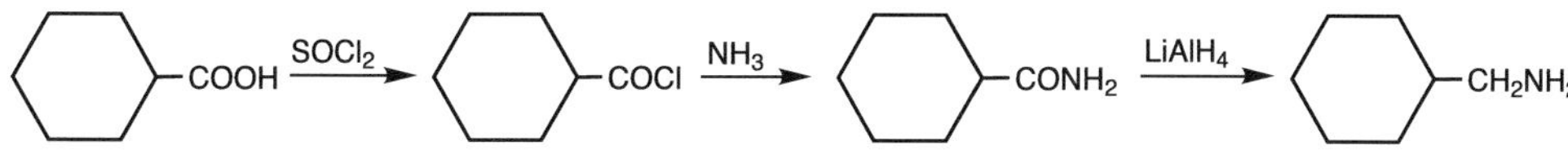

9.12.

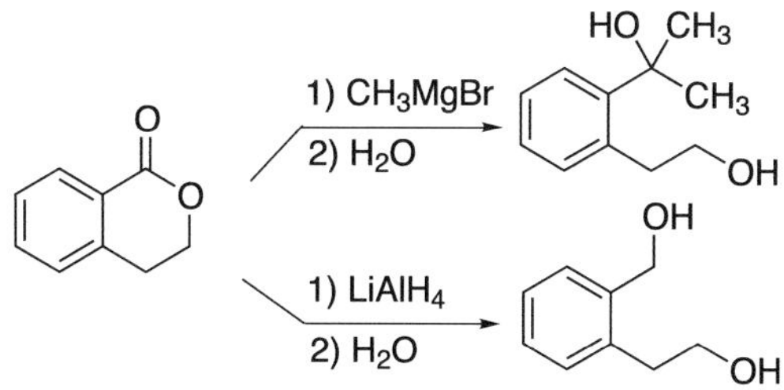

9.13. Una posible vía sintética se puede llevar a cabo partiendo de un éster y de dos moles del magnesiano adecuado.

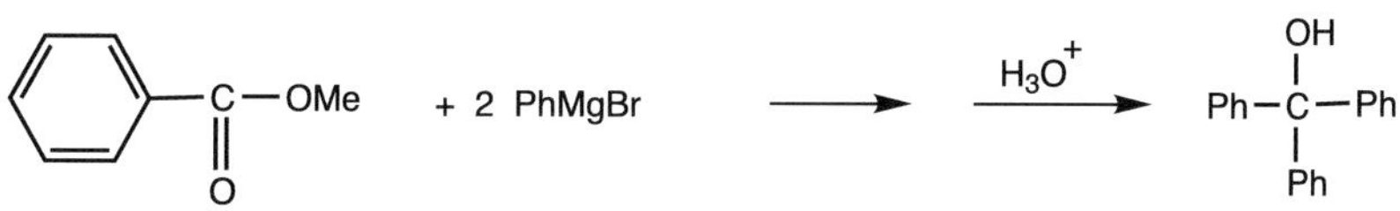

Otra ruta de síntesis parte de la cetona y de un mol del mismo magnesiano.

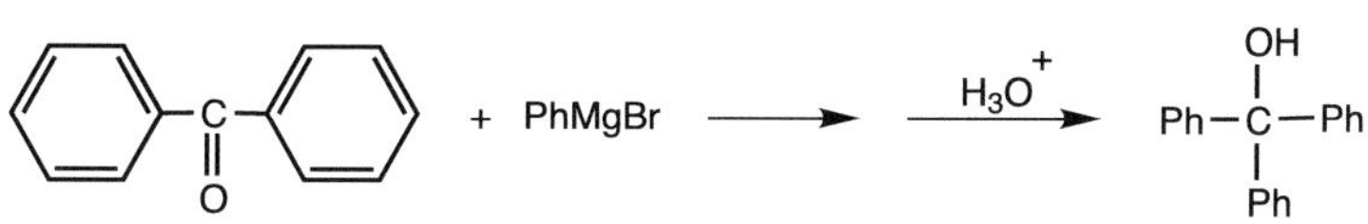

9.14.

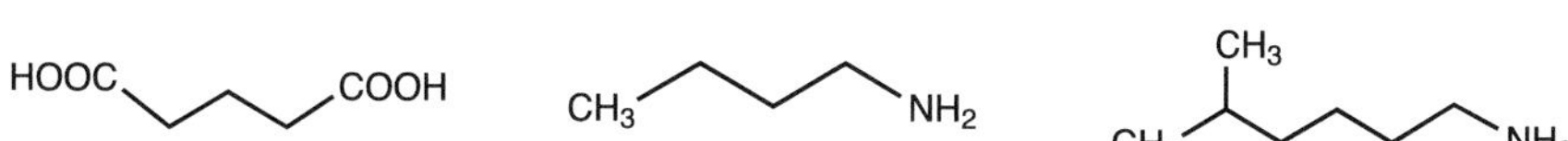

A **B** **C**

9.15.

a)

$$CH_3CH_2OH \xrightarrow{SOCl_2} CH_3CH_2Cl \xrightarrow{NaCN} CH_3CH_2CN \xrightarrow{LiAlH_4} CH_3CH_2CH_2NH_2$$

b)

$$CH_3COOH \xrightarrow{LiAlH_4} CH_3CH_2OH \xrightarrow{SOCl_2} CH_3CH_2Cl \xrightarrow{NaCN}$$

$$\longrightarrow CH_3CH_2CN \xrightarrow[\Delta]{H_3O^+} CH_3CH_2COOH$$

c)

$$CH_3COCl \xrightarrow{H_2O/H^+} CH_3COOH \xrightarrow{LiAlH_4} CH_3CH_2OH \xrightarrow{SOCl_2} CH_3CH_2Cl \xrightarrow{NaCN} CH_3CH_2CN$$

9.16.

a)

A

b)

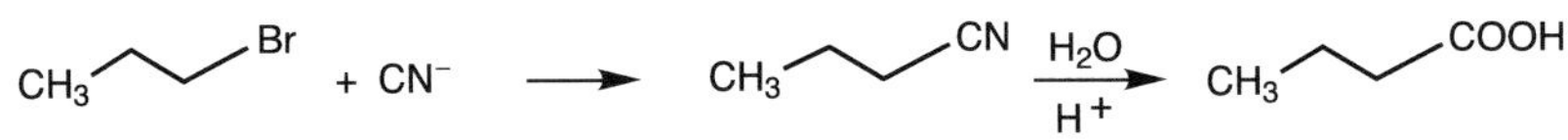

B

c)

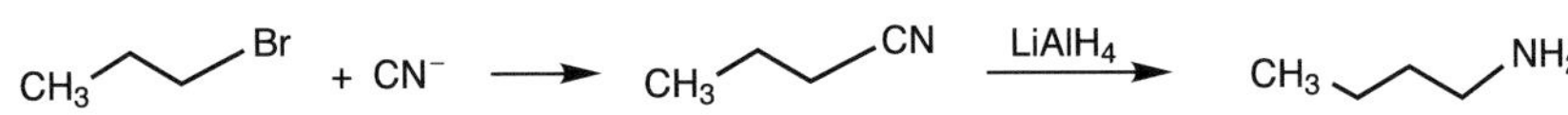

C

d)

D

9.17. Comienza con el ataque nucleofílico del anión hidroxilo sobre el grupo ciano.

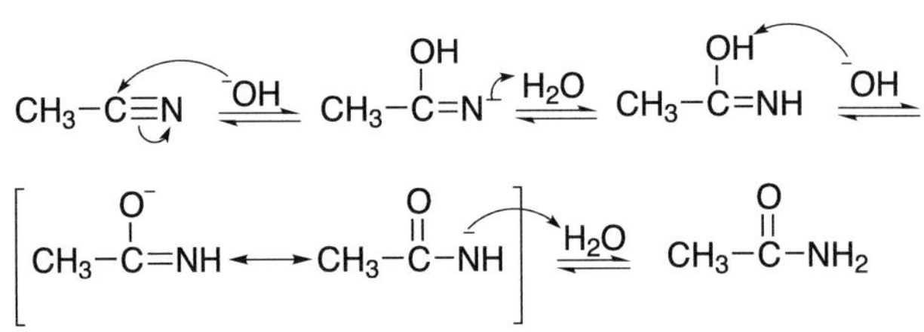

Obtenida la amida, una nueva hidrólisis conduce al ácido carboxílico.

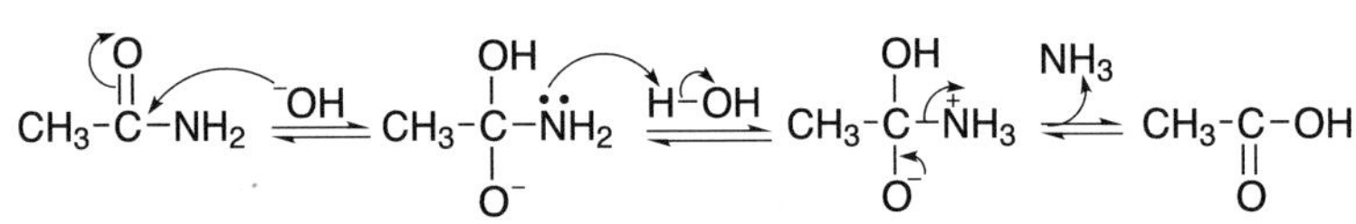

9.18.

1. *a)* $CH_3CONHCH_3 + CH_3NH_3Cl$; *b)* $CH_3CONH_2 + NH_4Cl$; *c)* $CH_3COOH + HCl$; *d)* $CH_3COOCH_3 + HCl$

2. *a)* $CH_3CONHCH_3 + CH_3NH_3OCOCH_3$; *b)* $CH_3CONH_2 + NH_4OCOCH_3$; *c)* 2 CH_3COOH; *d)* $CH_3COOCH_3 + CH_3COOH$

3. *a)* $CH_3CONHCH_3 + CH_3CH_2OH$; *b)* $CH_3CONH_2 + CH_3CH_2OH$; *c)* $CH_3COOH + CH_3CH_2OH$; *d)* $CH_3COOCH_3 + CH_3CH_2OH$; *e)* $2CH_3CH_2OH$; *f)* $(CH_3)_3COH$

4. *a)* $CH_3CH_2NH_2$; *b)* CH_3COOH

9.19.

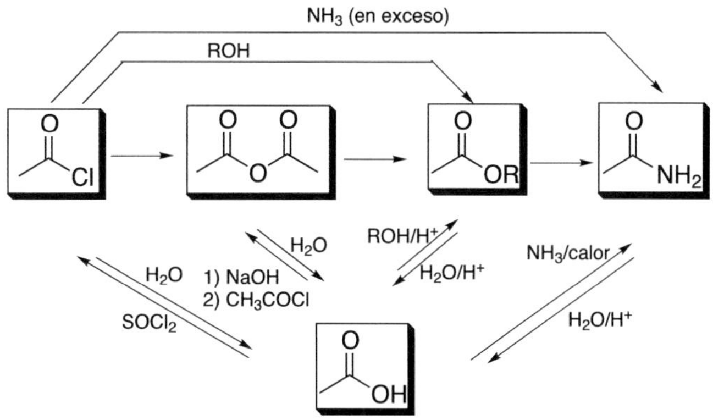

Capítulo 10

10.1. La forma enólica está estabilizada a través de un enlace por puente de hidrógeno que da lugar a una forma cíclica de seis miembros que le confiere una estabilidad adicional.

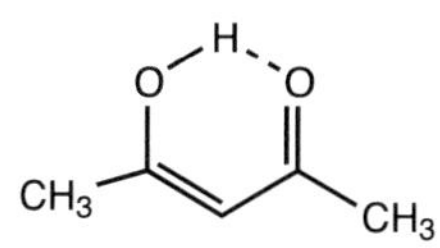

10.2.

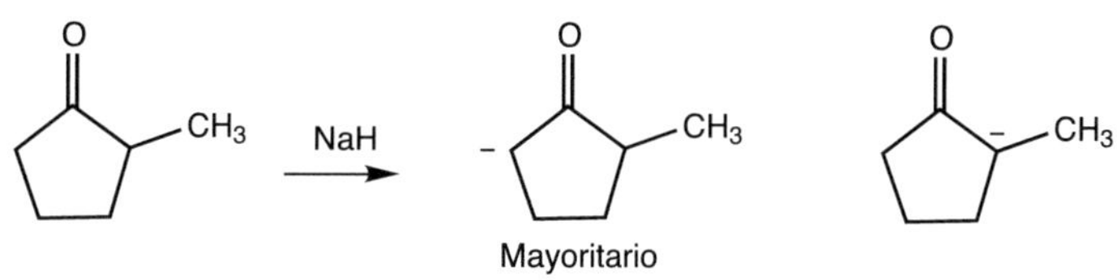

10. 3.

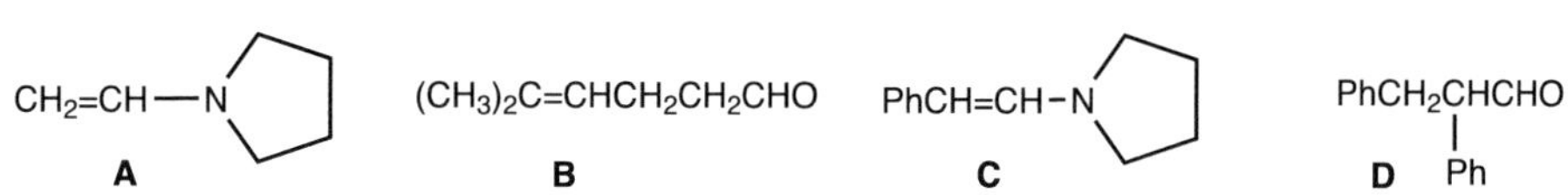

10.4.

a)

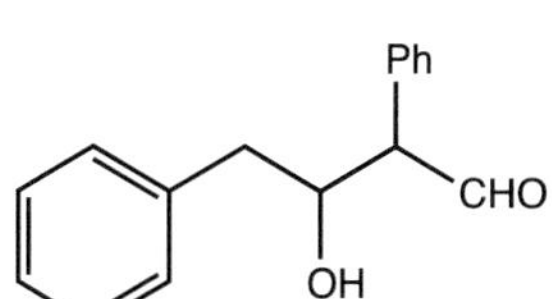

b)

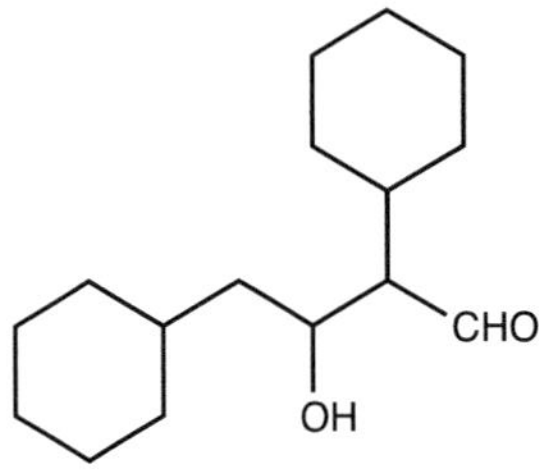

c)

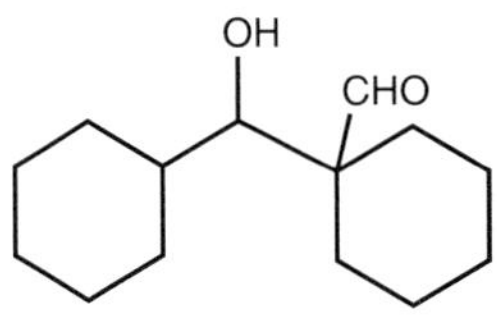

d)

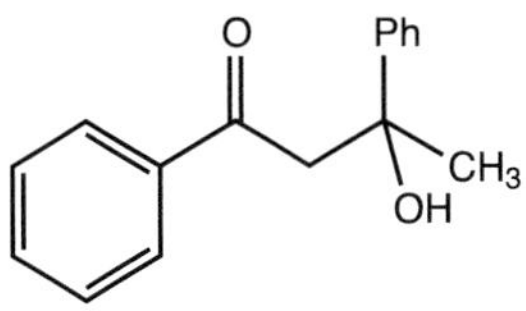

e)

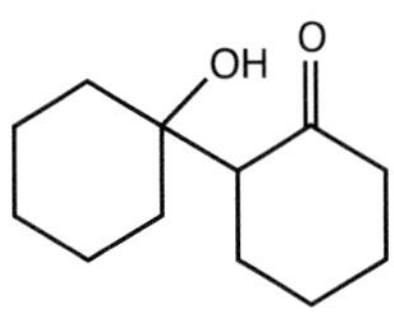

f)

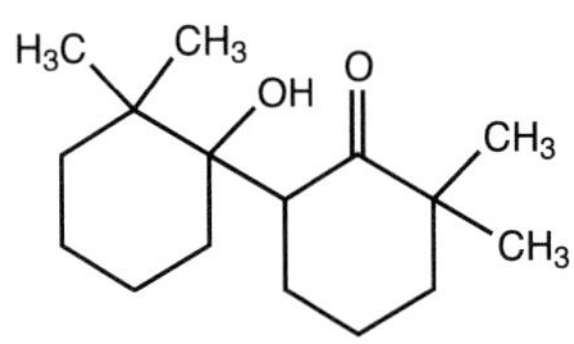

10.5. Utilizaremos el análisis retrosintético para averiguar los reactivos.

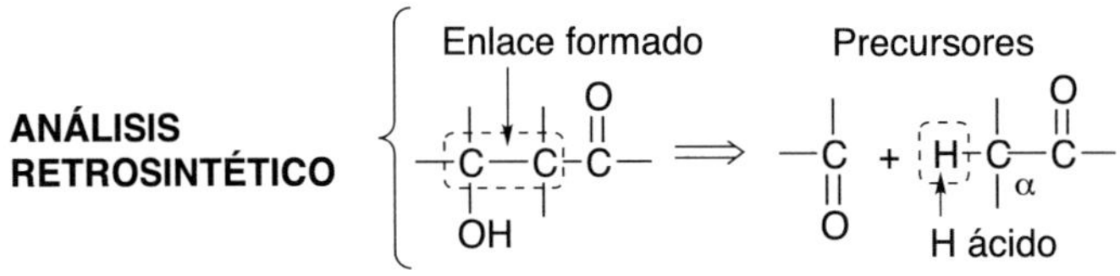

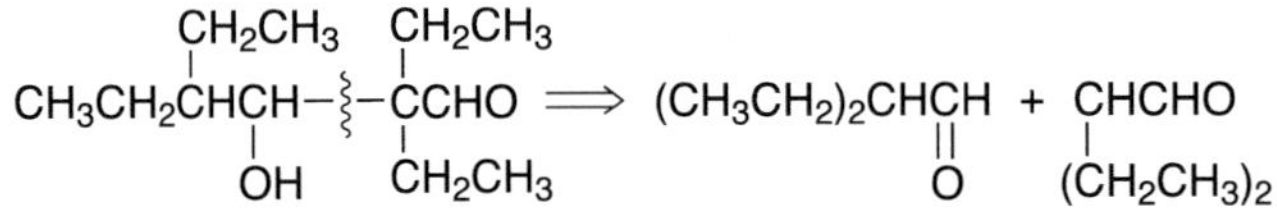

Por lo tanto, la reacción sería:

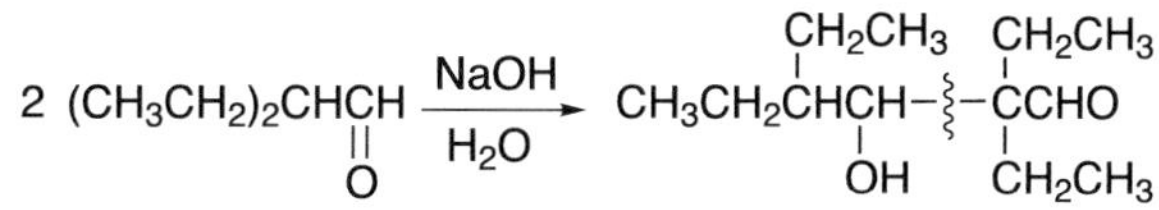

10.6.

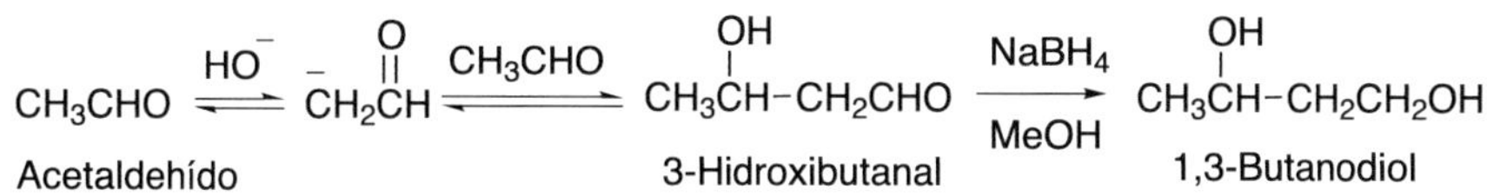

10.7.

a)

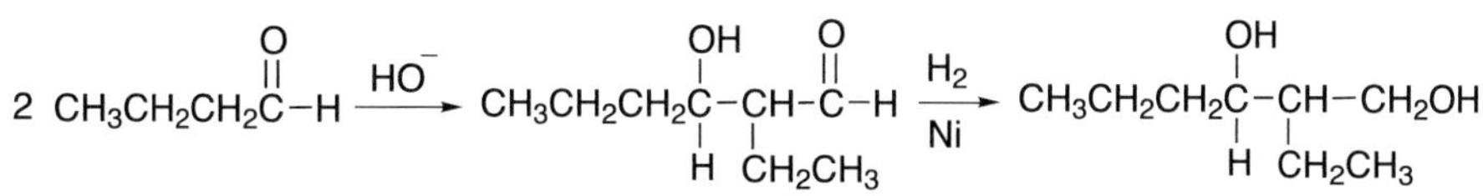

b)

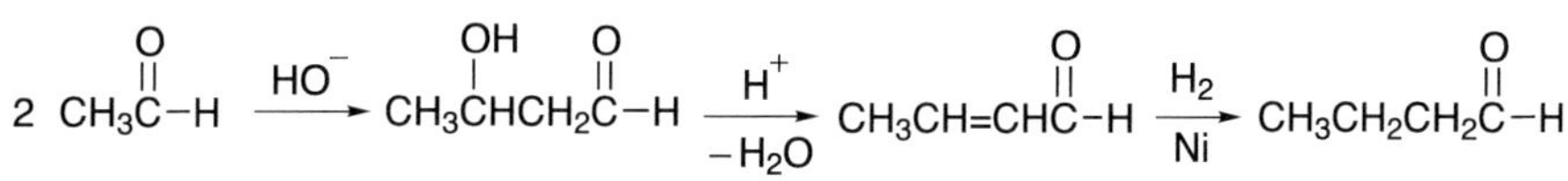

10.8.

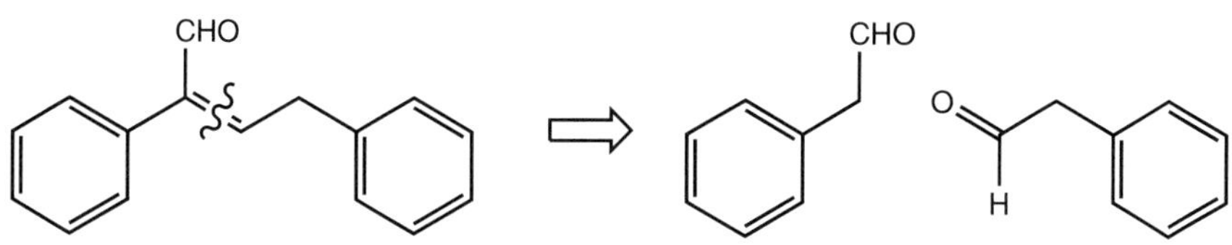

10.9.

a)

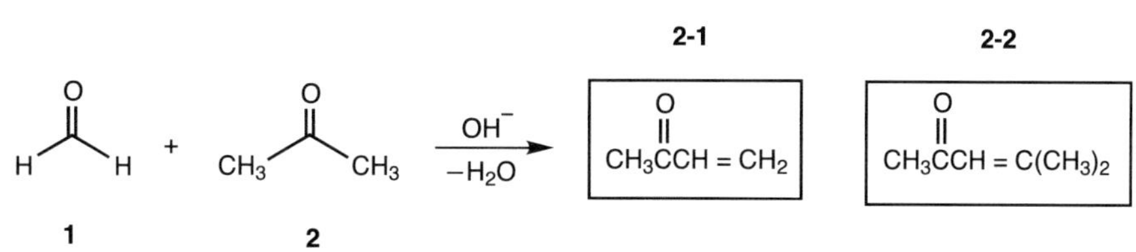

b)

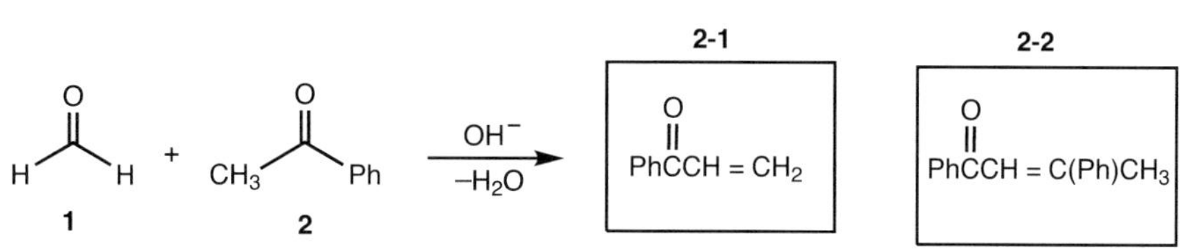

En cada caso se obtienen dos productos, puesto que es una condensación aldólica mixta reducida. Es un procedimiento útil, ya que si se usa exceso de uno de los reactivos se puede obtener un solo producto mayoritariamente.

c)

2-1 **2-2**

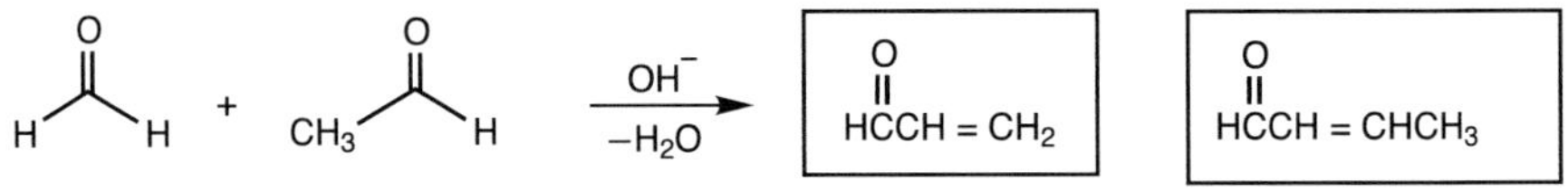

1 **2**

10.10.

a) PhCHO + CH_3COPh con NaOH acuoso seguido de una deshidratación.
b) PhCHO + CH_3COCH_3 con NaOH acuoso seguido de una deshidratación.
c) CH_3CHO + CH_3COCH_3 con NaOH acuoso seguido de una deshidratación.

10.11. a)

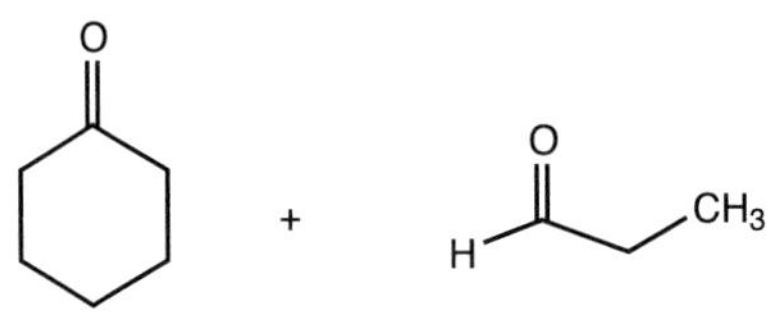

b)

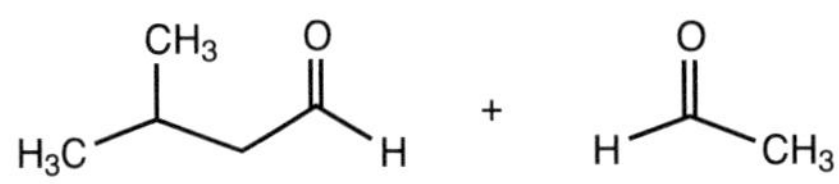

10.12. Aldehídos precursores:

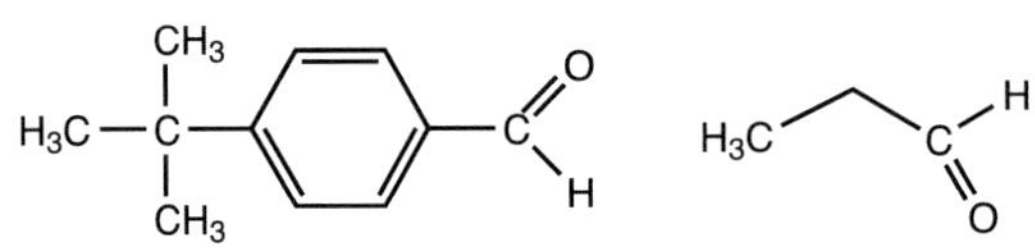

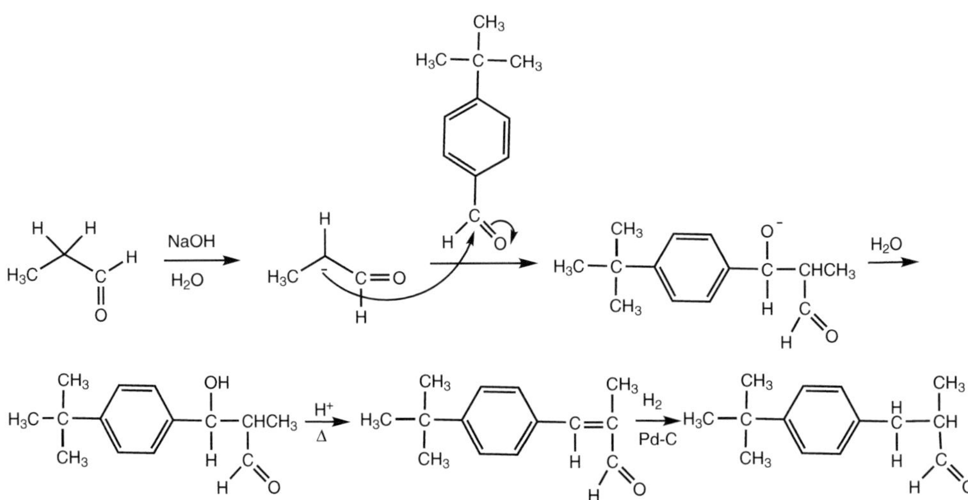

10.13.

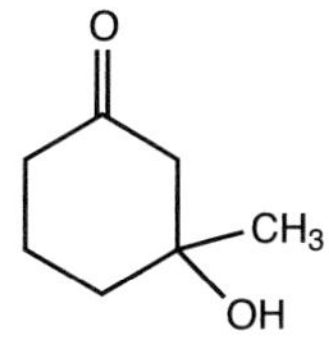

10.14.

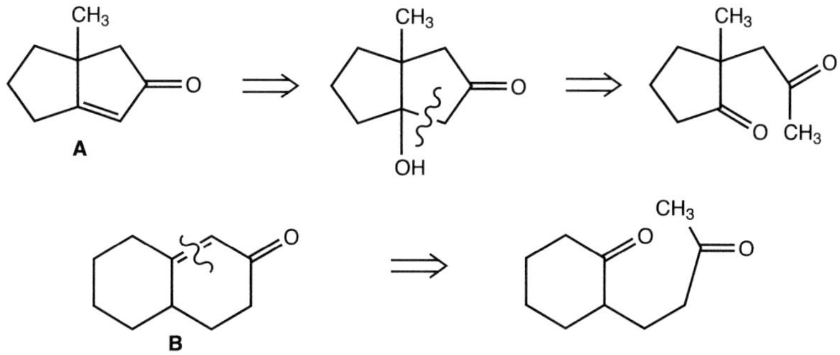

10.15. a)

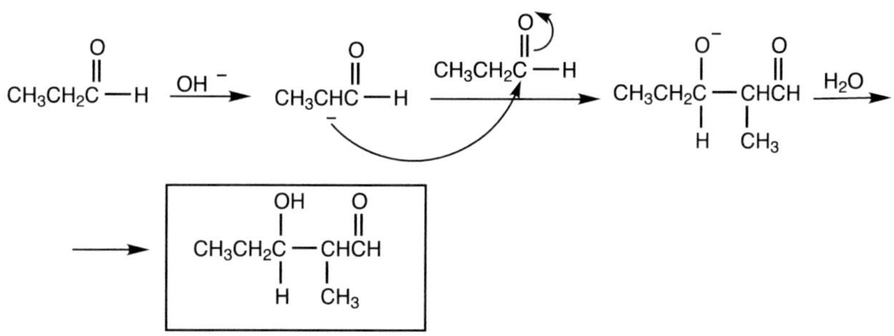

b)

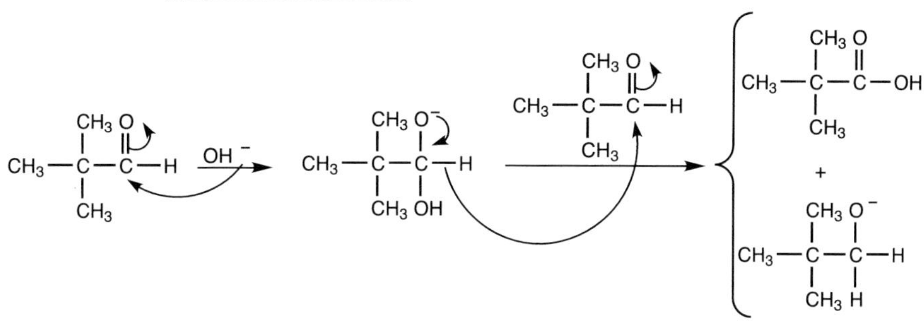

c)

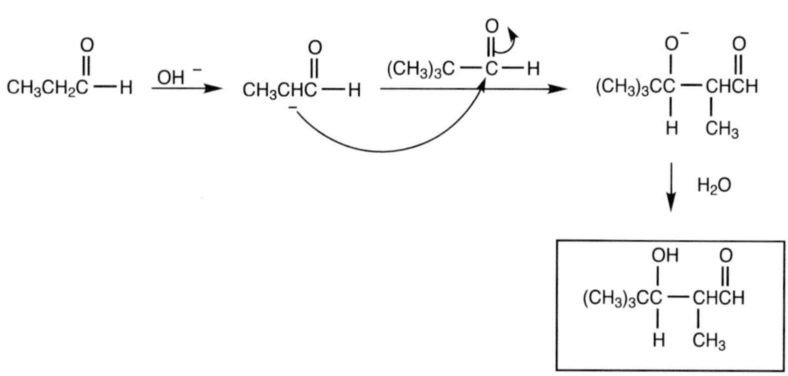

10.16.

a) $PhCOOH + HCBr_3$; *b)* $(CH_3)_3CCOOH + HCBr_3$

10.17.

a)

Esquema retrosintético para el compuesto A:

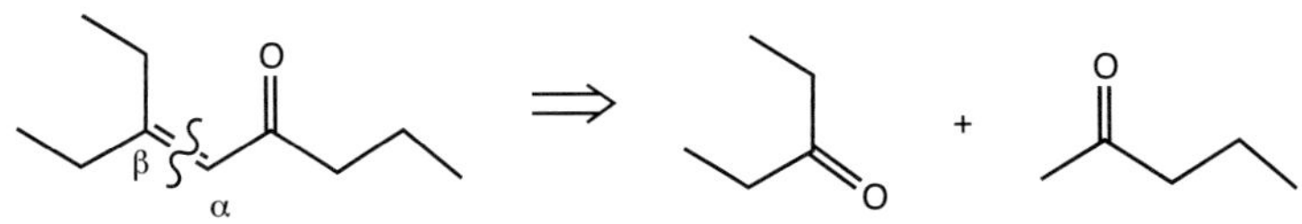

Síntesis:

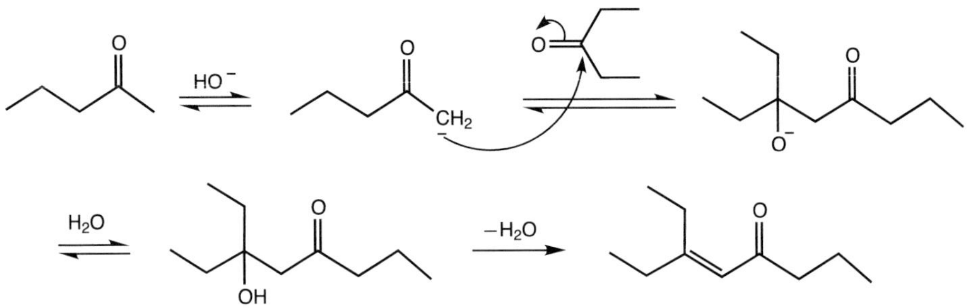

b)

Esquema retrosintético para el compuesto B:

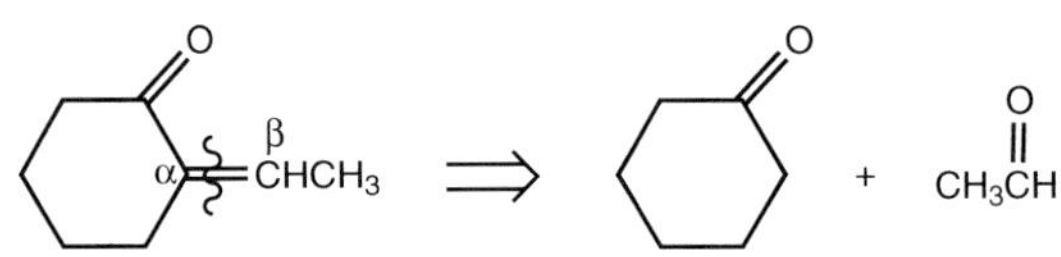

Síntesis:

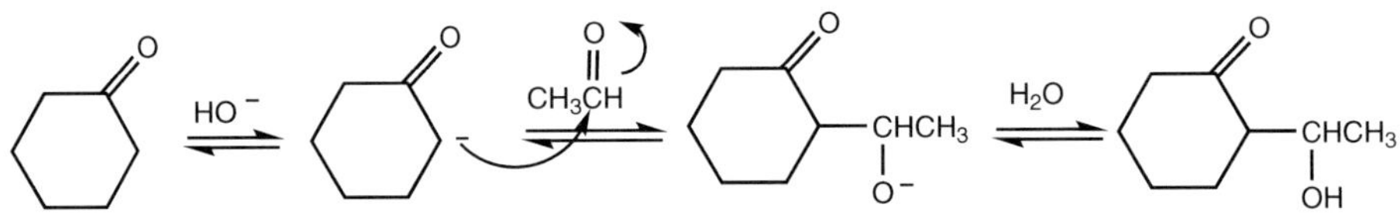

10.18. En ambos casos, se realizará primero una oxidación del alcohol, en el apartado *a)* con CrO_3/H^+ y en el apartado *b)* con PCC, después una bromación en alfa con Br_2/H^+ y por último una eliminación con base y calor.

10.19. Las reacciones son adiciones de Michael. Se trata de adiciones conjugadas 1,4 de aniones enolato a cetonas o aldehídos α,β-insaturados.

a)

$PhCOCH_2-CH_2CH_2COPh$

b)

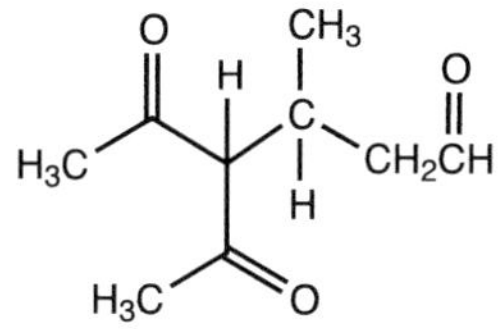

c)

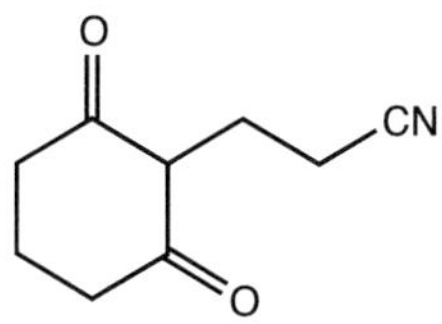

10.20.

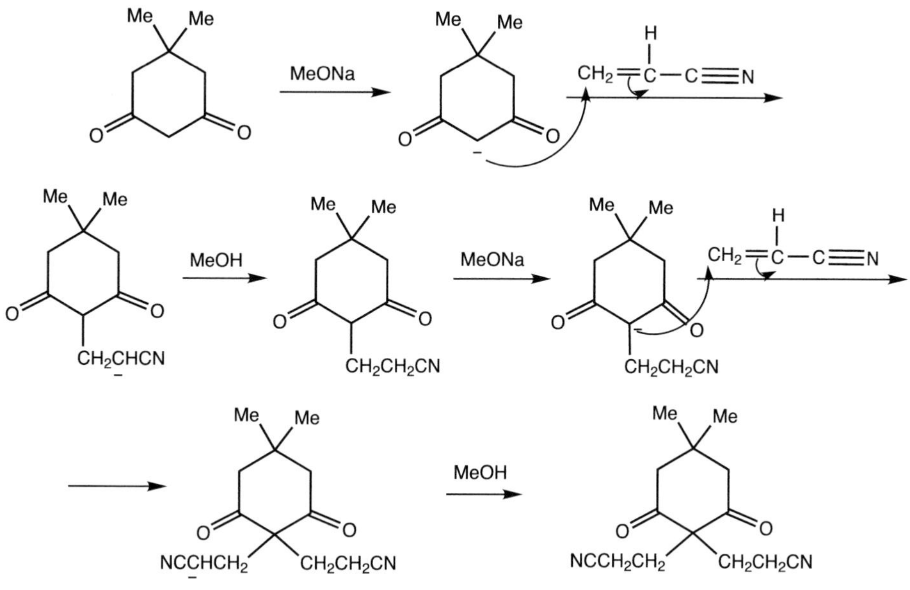

Capítulo 11

11.1.

a)

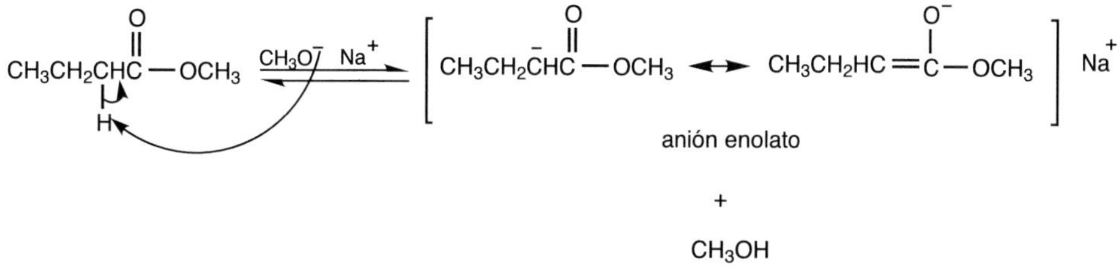

b) El anión enolato está estabilizado por resonancia y por el efecto inductivo atrayente de electrones del grupo $COOCH_3$.

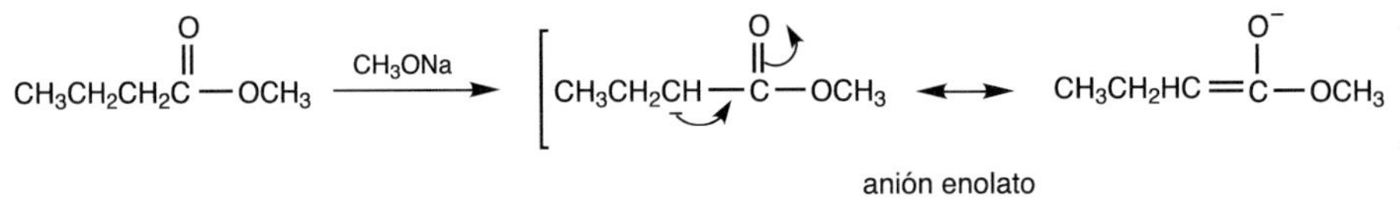

11.2.

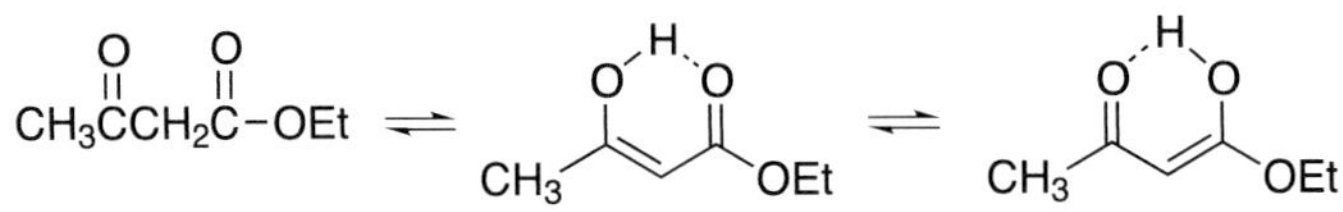

11.3.

a)

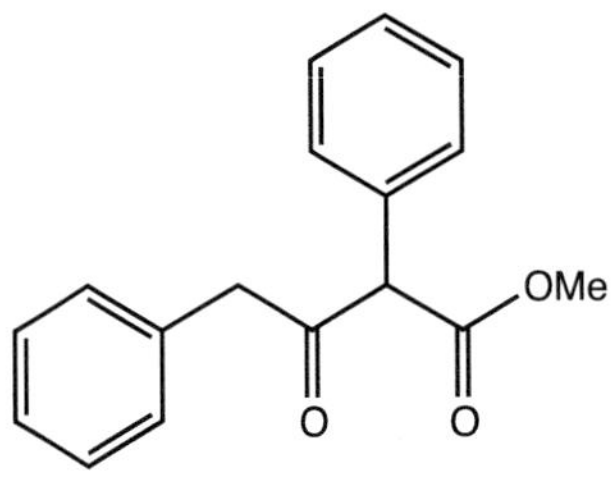

b)

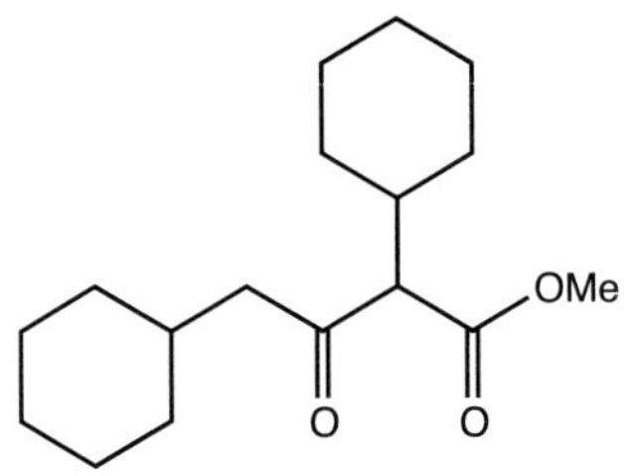

c)

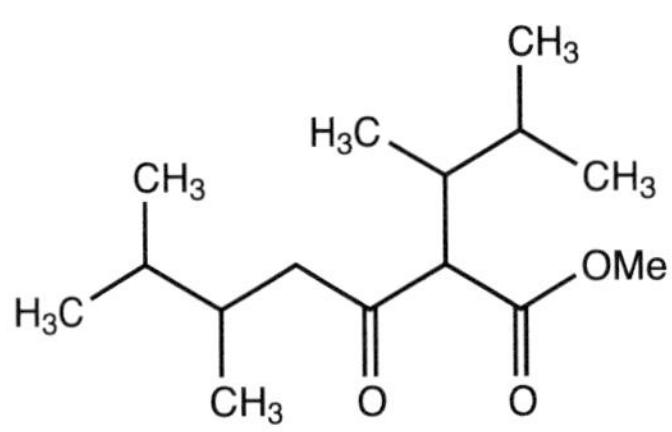

11.4. Son autocondensaciones de Claisen.

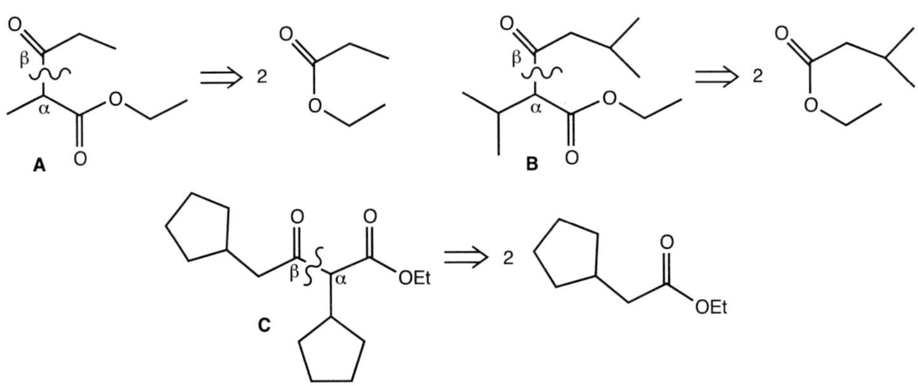

11.5. La condensación de Claisen no tendría lugar sin una base lo suficientemente fuerte para desprotonar el β-cetoéster resultante y desplazar el equilibrio hacia el producto final.

La importancia de la desprotonación también se hace patente si el éster tiene solamente un hidrógeno en α. En este caso, no se observa el producto de condensación de Claisen.

11.6. En este caso al haber un éster que no tiene hidrógenos en α se trata de una condensación aldólica mixta y el número de productos obtenidos se reduce a dos:

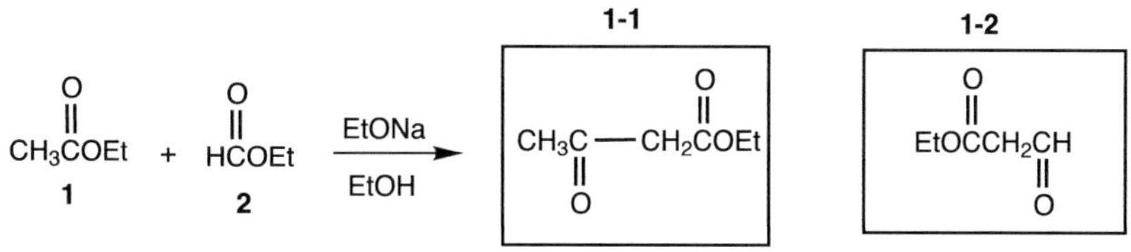

11.7.

a) Análisis retrosintético

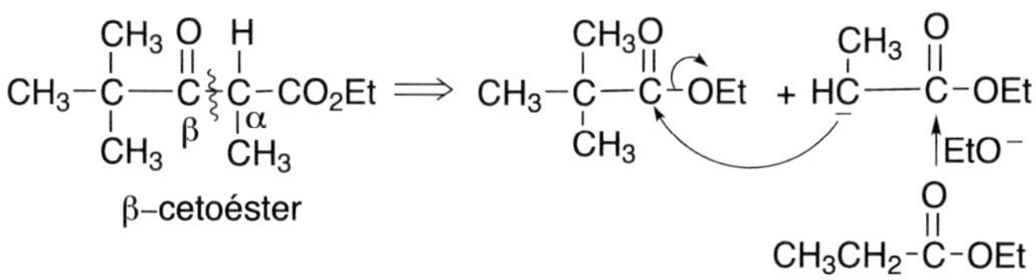

b) Análisis retrosintético

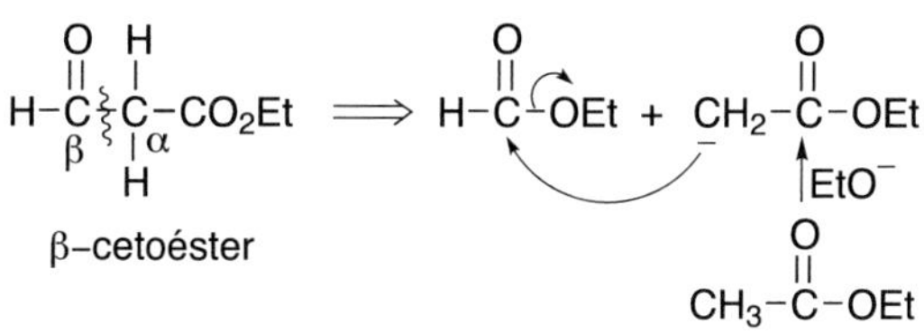

c) Análisis retrosintético

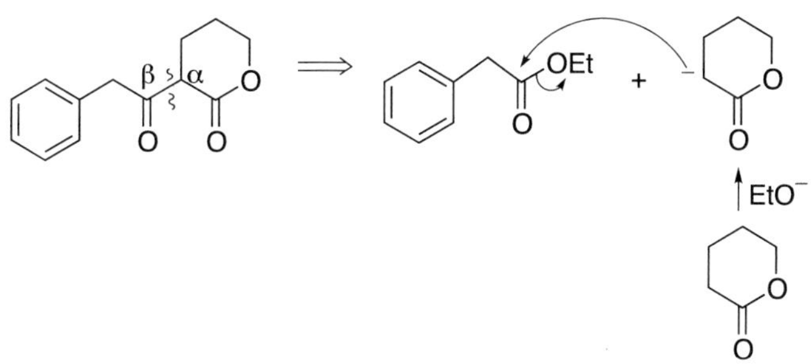

11.8.

a)

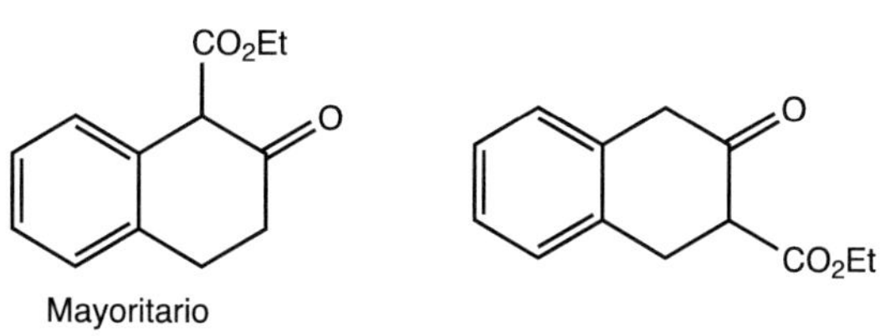

b)

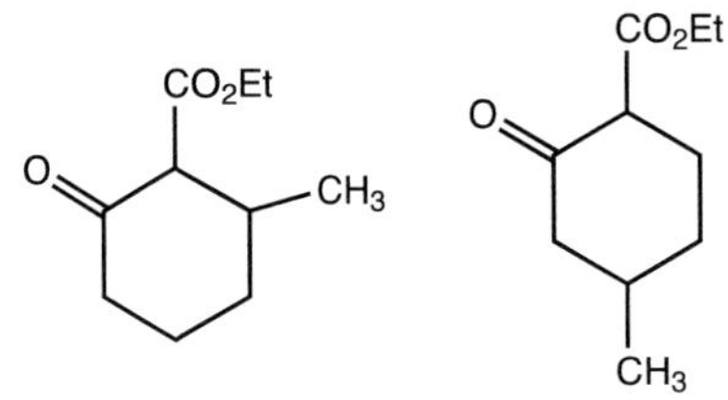

11.9.

a)

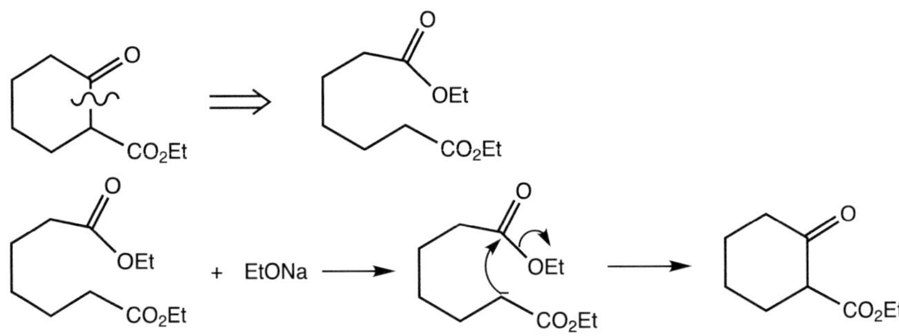

b)

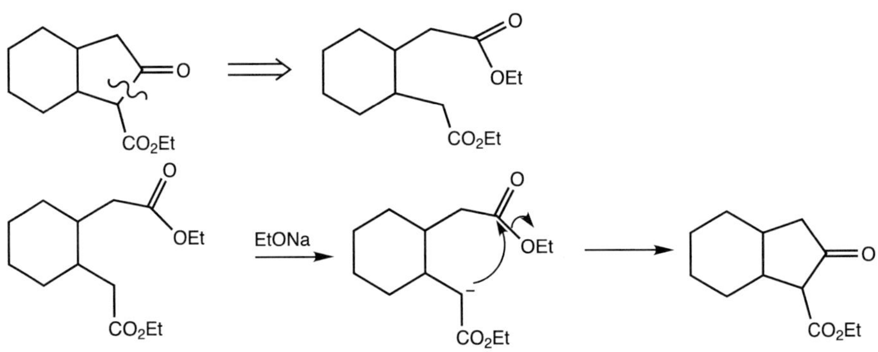

11.10.

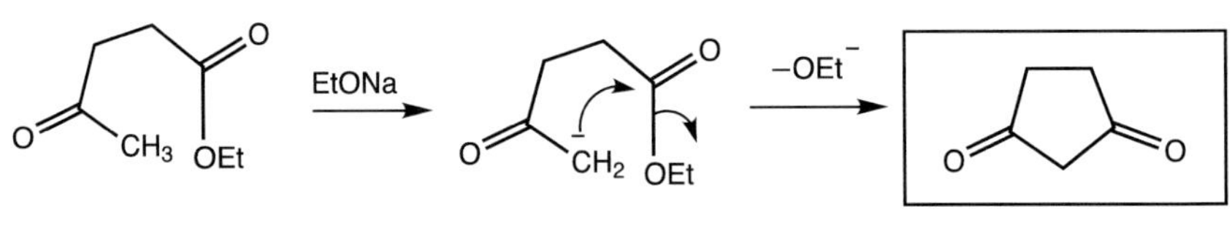

11.11.

a)

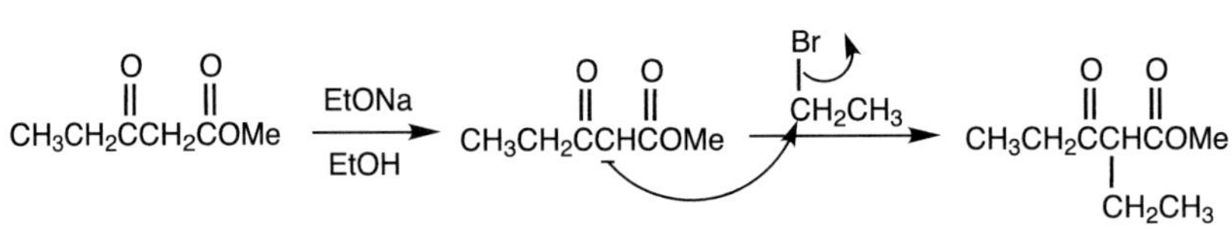

b)

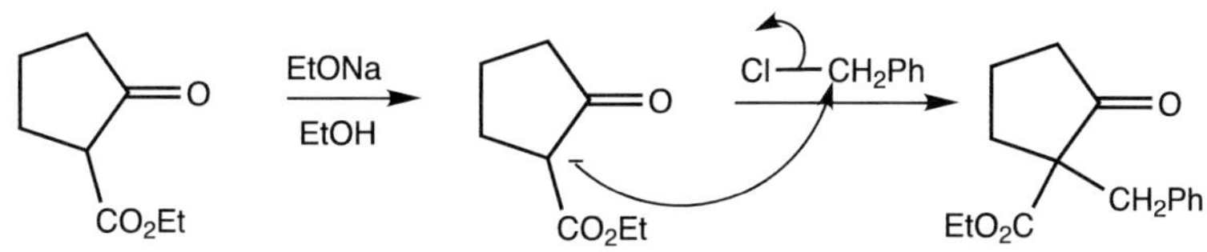

11.12.

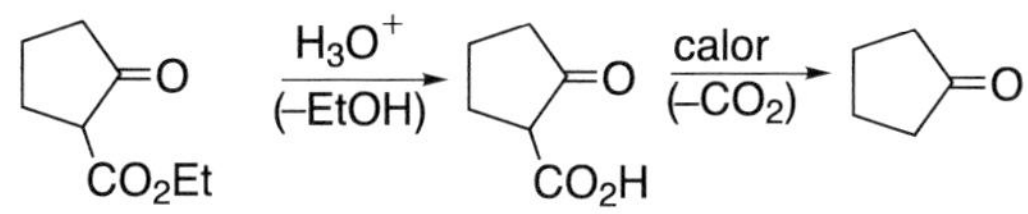

11.13.

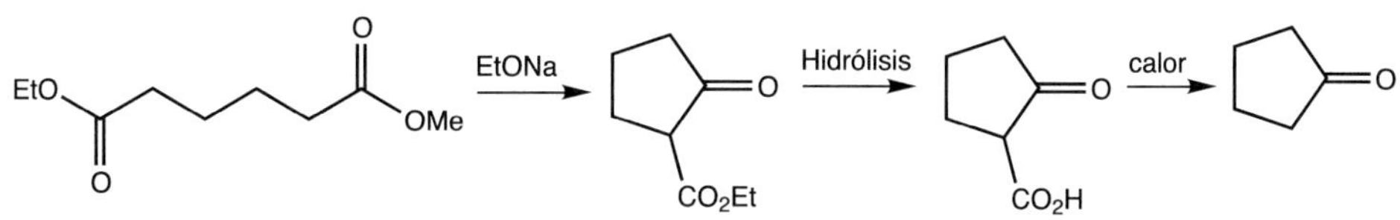

11.14.

a) La 4-fenil-2-butanona es una metilcetona-3-monosustituida. Por lo tanto, la estrategia sintética sería una síntesis acetilacética.

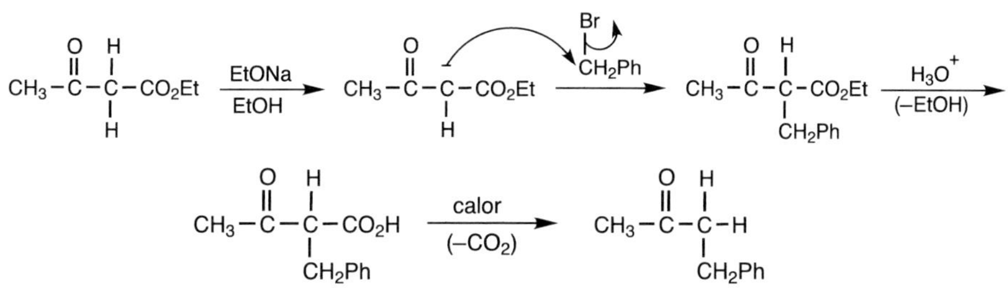

b) La 2,4-pentanodiona es una metilcetona 3-monosustituida. Por lo tanto, la estrategia sintética para obtener la 2,4-pentanodiona sería una síntesis acetilacética.

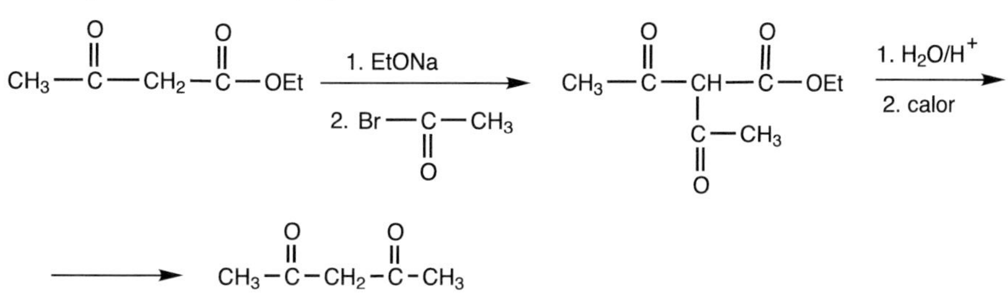

c) El 2-metil-4-fenilbuteno se puede obtener por reacción de Wittig de la 4-fenil-2-butanona, una metilcetona 3-monosustituida. Por lo tanto, la estrategia sintética sería una síntesis acetilacética seguida de una reacción de Wittig.

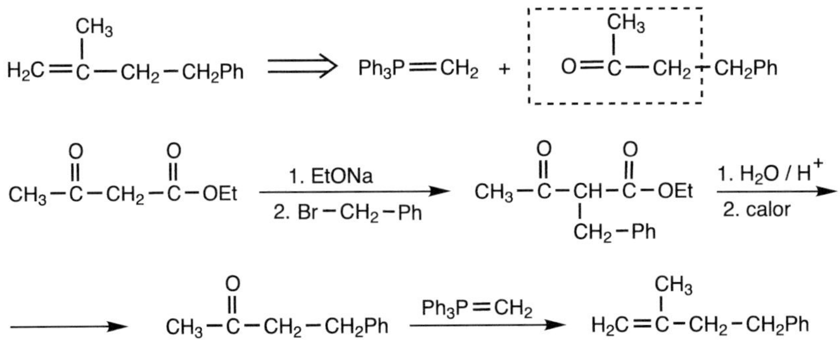

11.15.

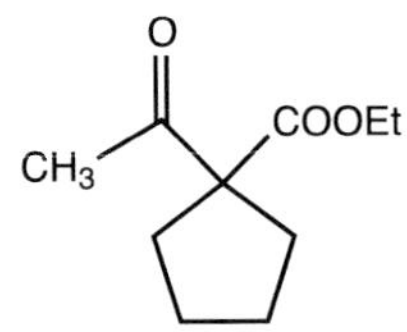

11.16.

a)

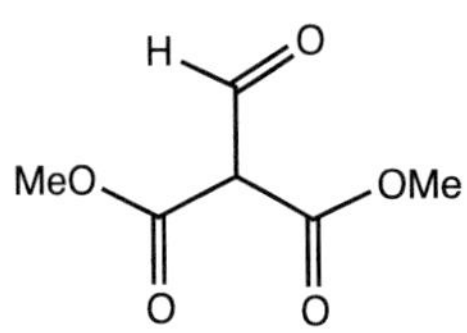

A

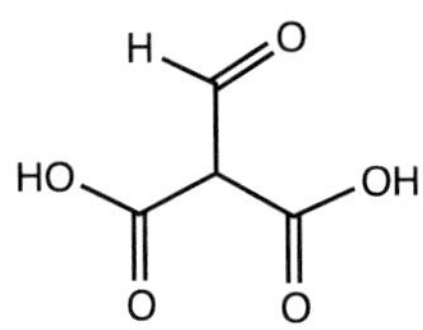

B

b)

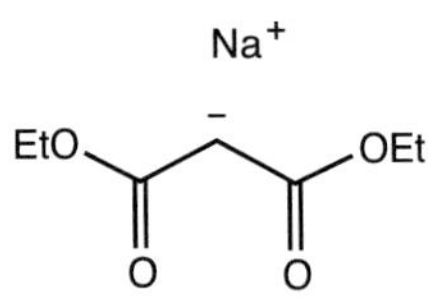

C

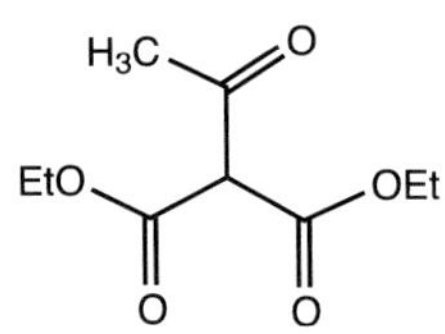

D

11.17.

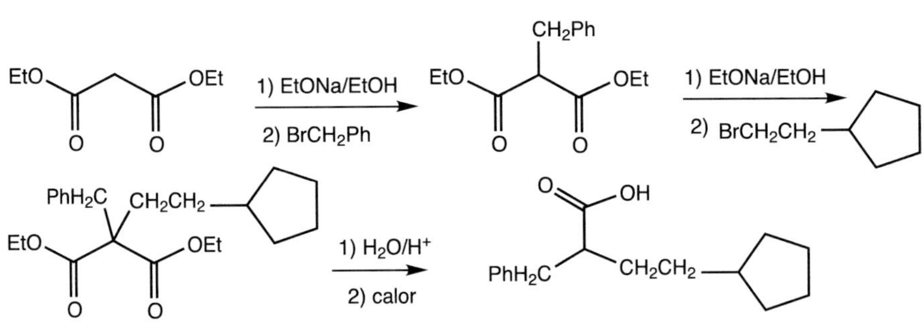

11.18.

a)

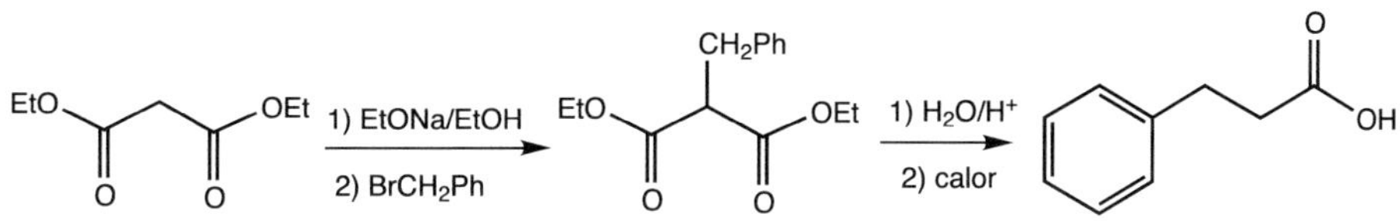

b)

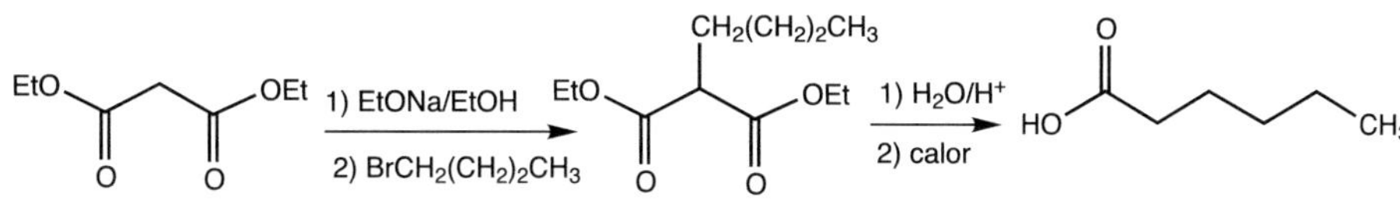

11.19.

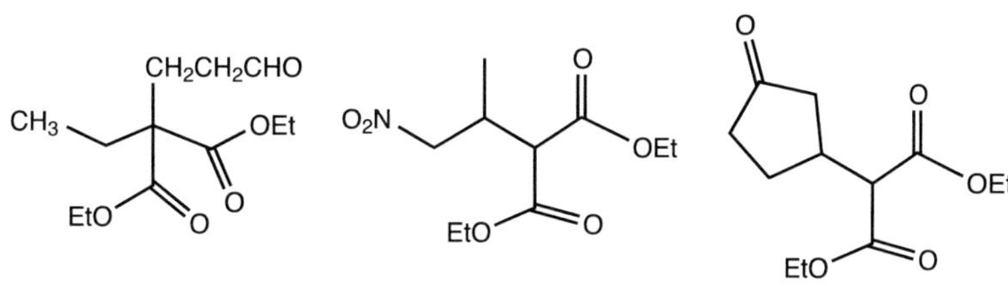

Capítulo 12

12.1.

c < b < a

La ordenación es consecuencia del efecto del enlace por puente de hidrógeno. Así, la formación del enlace de hidrógeno es más importante en las aminas primarias que en las secundarias y es imposible en las aminas terciarias. Como consecuencia, una amina primaria tiene un punto de ebullición más alto que una amina secundaria o terciaria del mismo peso molecular.

La propilamina también será la amina más soluble en agua, debido a la formación de un mayor número de enlaces de hidrógeno entre la amina y el agua.

12.2. Las aminas terciarias son menos básicas que las aminas secundarias. Ello se debe al aumento de la congestión estérica por efecto de la solvatación que sufren los iones amonio que resultan de la protonación. Dicho efecto contrarresta el efecto inductivo dador de electrones de los grupos alquilo.

12.3.

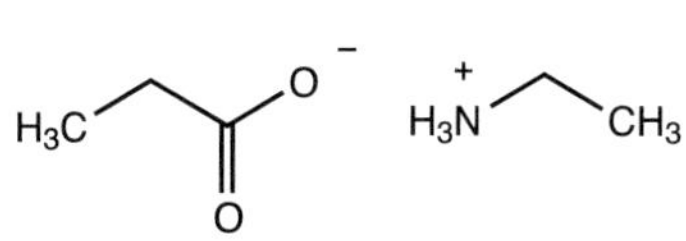

12.4. La afirmación correcta es la *d.*

12.5.

a) El amoniaco y las aminas reaccionan como nucleófilos con los haluros de alquilo, dando una mezcla de sales de alquilamonio y aminas.

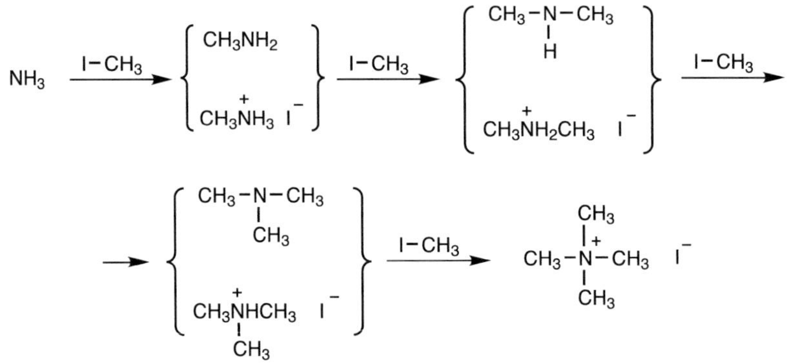

b)

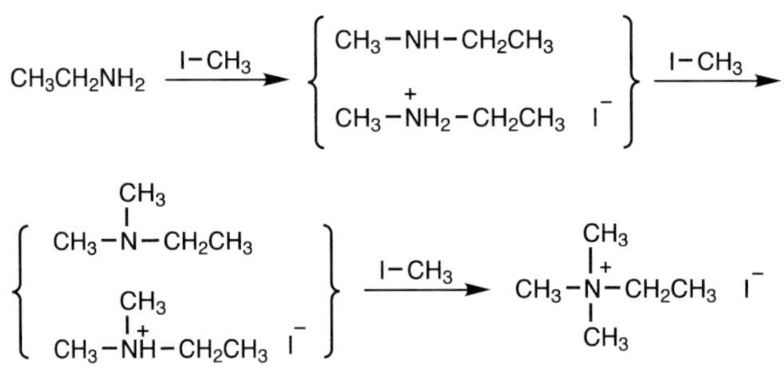

c)

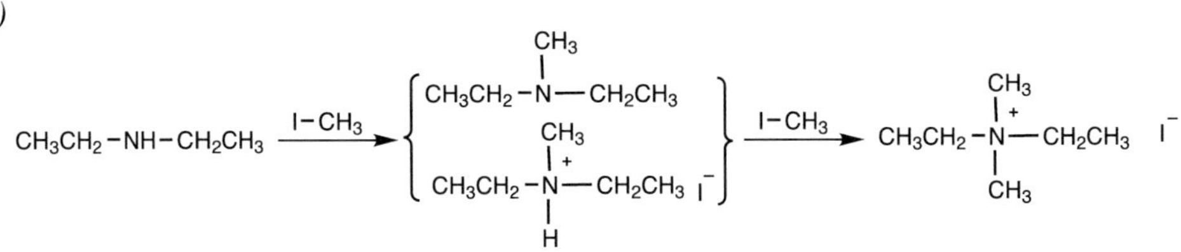

d)

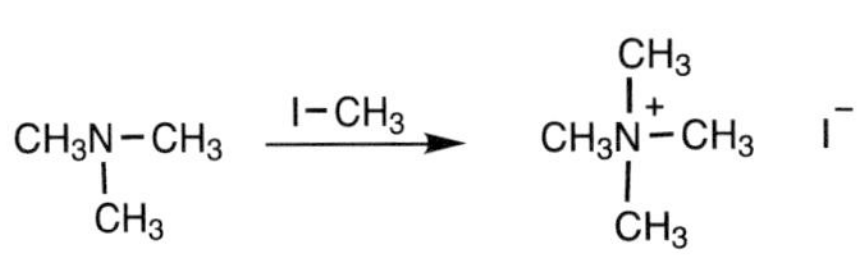

12.6.

a)

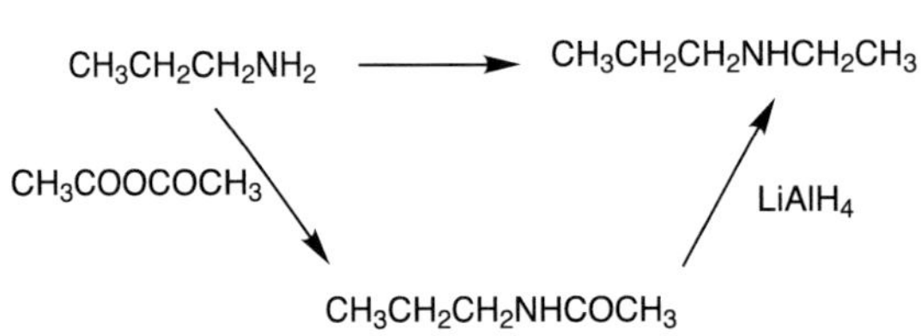

b)

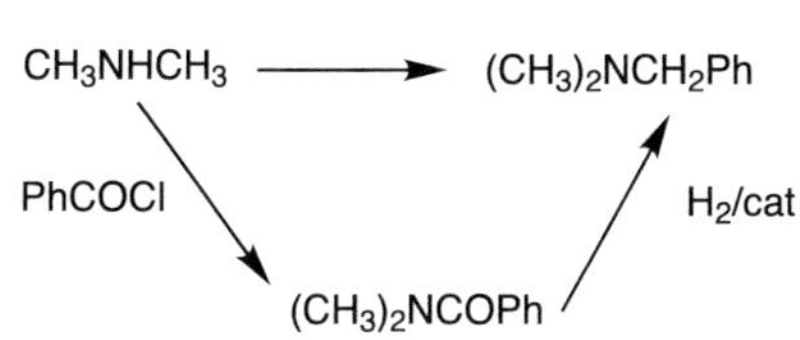

12.7. La respuesta correcta es la *a.*

12.8.

a) Utilizaríamos el ensayo de Hinsberg. La diisopropilamina (amina secundaria) reacciona generando una sulfonamida insoluble en disolución acuosa básica, mientras que la amina terciaria no da ninguna sulfonamida.

b) Podríamos utilizar el ensayo de Hinsberg para distinguir la dipropilamina (una amina secundaria), de la 1-etilbutilamina (amina primaria).

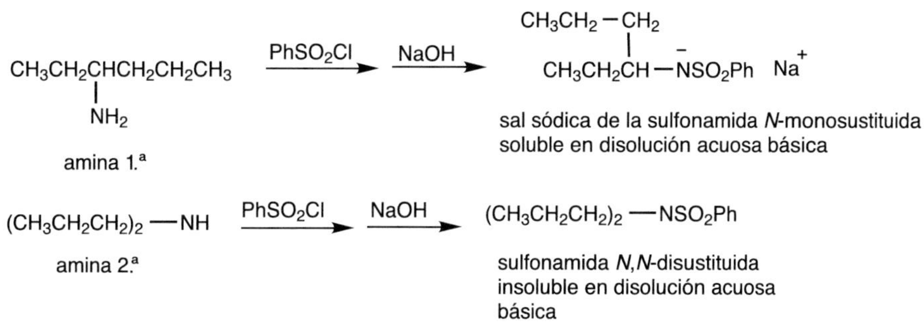

12.9.

a)

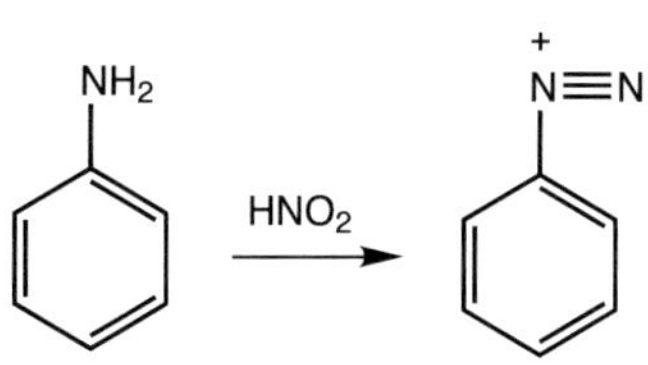

b)

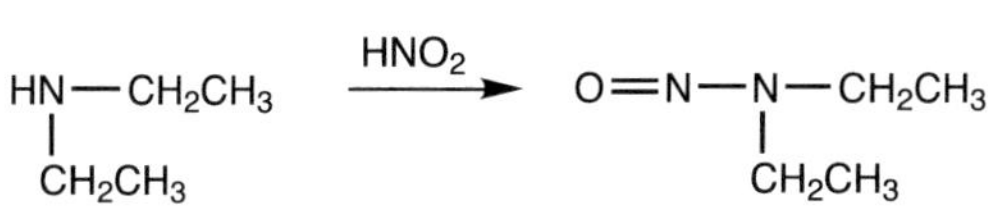

c)

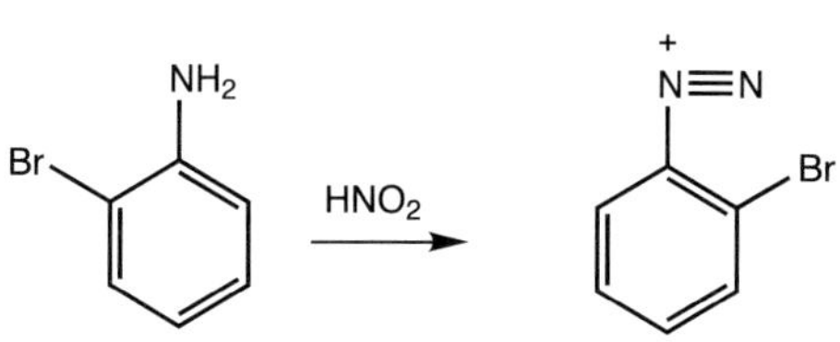

d)

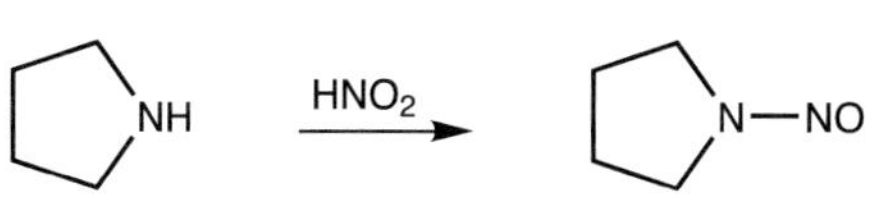

12.10. HNO_2, generado *in situ* a partir de $NaNO_2$, HCl/H_2O.

12.11.

1. Formación del ion alquildiazonio:

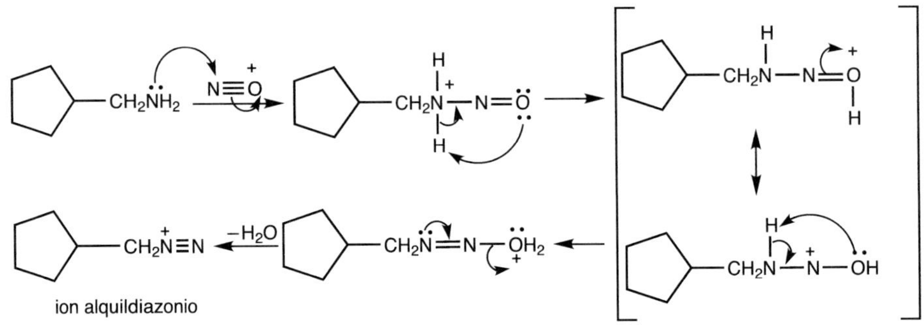

2. Pérdida de nitrógeno para dar lugar a una mezcla de alcoholes:

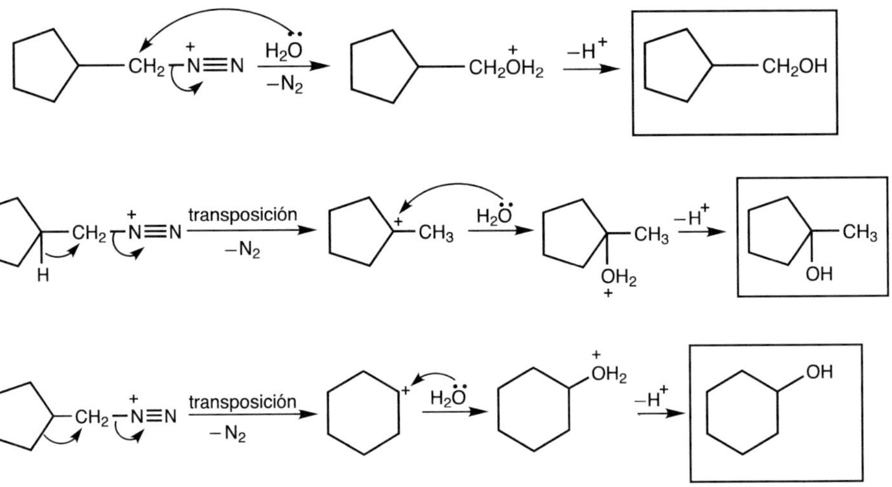

12.12. La causa de la estabilidad de las sales de arenodiazonio, en comparación con sus análogas de tipo alquildiazonio, es la *resonancia* de los cationes arilo que se forman. Uno de los pares de electrones del sistema π aromático puede deslocalizarse sobre el grupo funcional, dando lugar a estructuras con separación de cargas en las que el anillo bencénico y el sustituyente se encuentran unidos por un doble enlace.

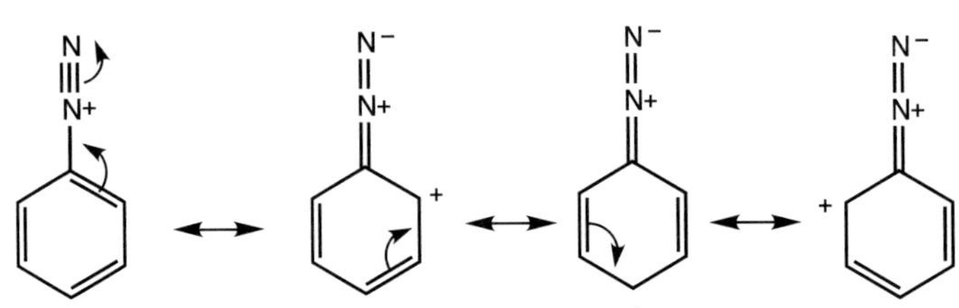

12.13.

$CH_3CH_2CH{=}NCH_2CH_2CH_3$ (*A*) $\qquad$ $CH_3CH_2CH_2NHCH_2CH_2CH_3$ (*B*)

12.14.

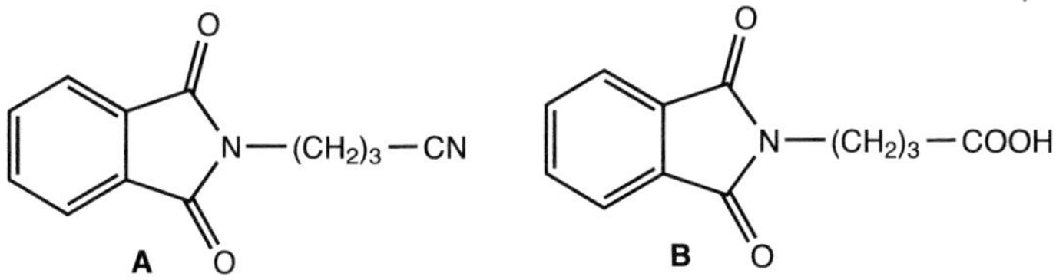

C Hidrazina

12.15.

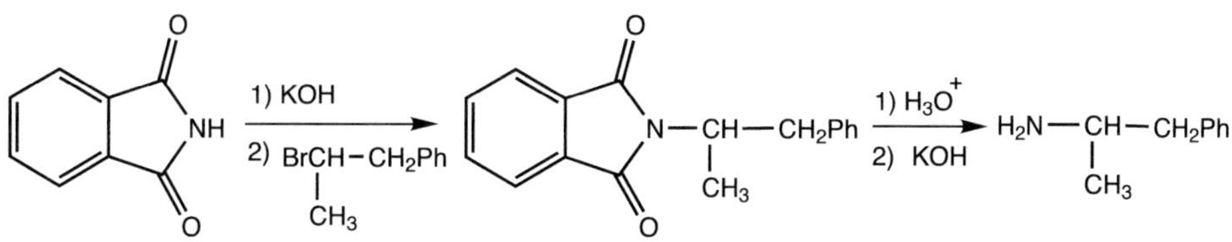

12.16.

a) A partir de hexanamina

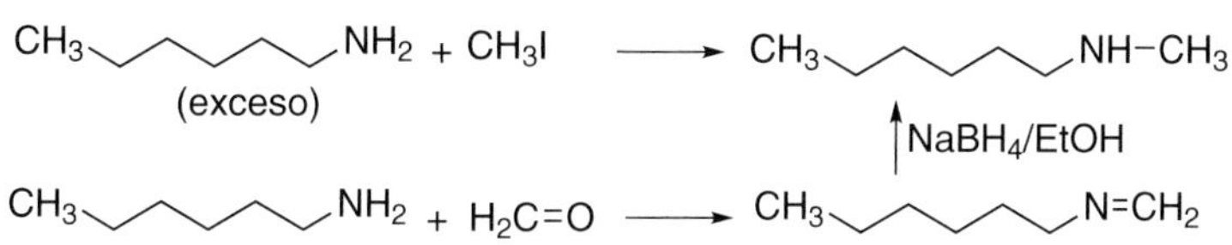

b) A partir de *N*-hexilmetanamida

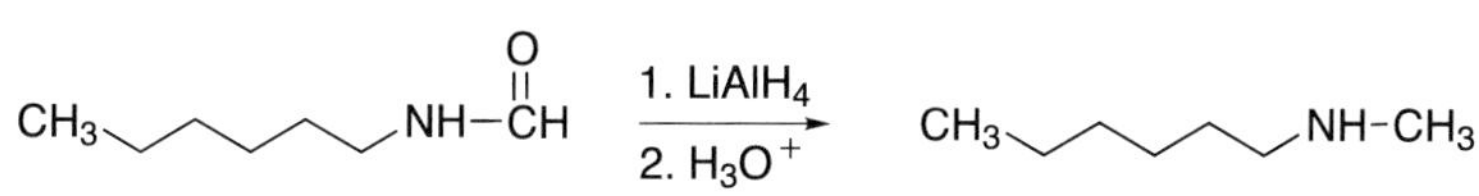

12.17.

a)

$$CH_3-C\equiv N \xrightarrow{H_2/Pt} CH_3CH_2NH_2$$

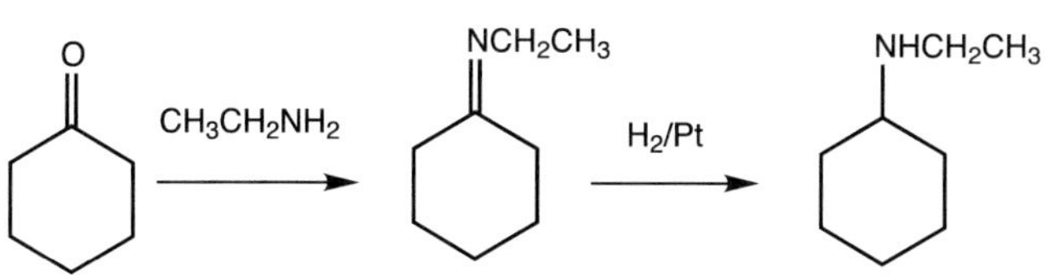

b)

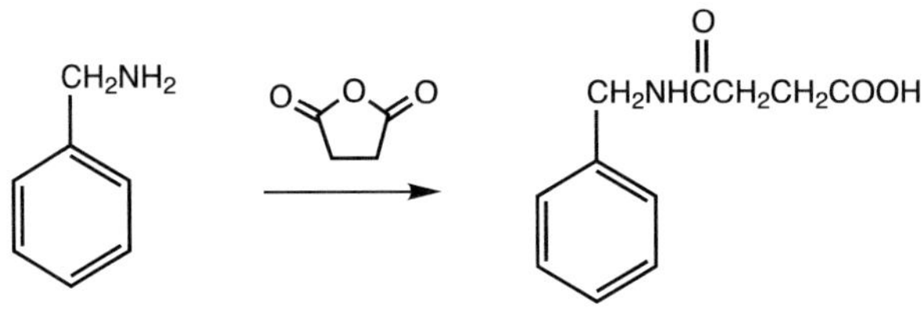

c)

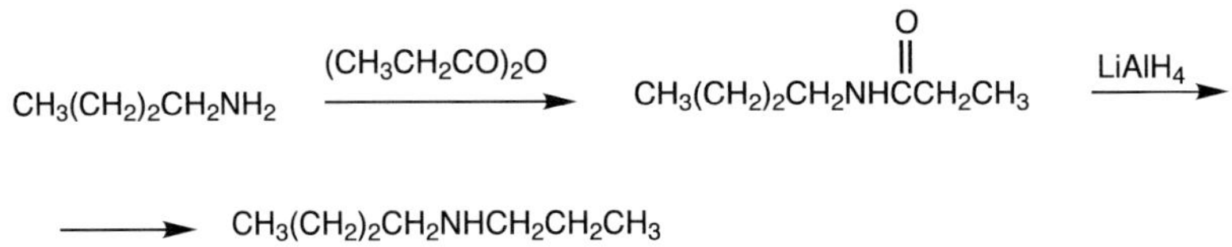

d)

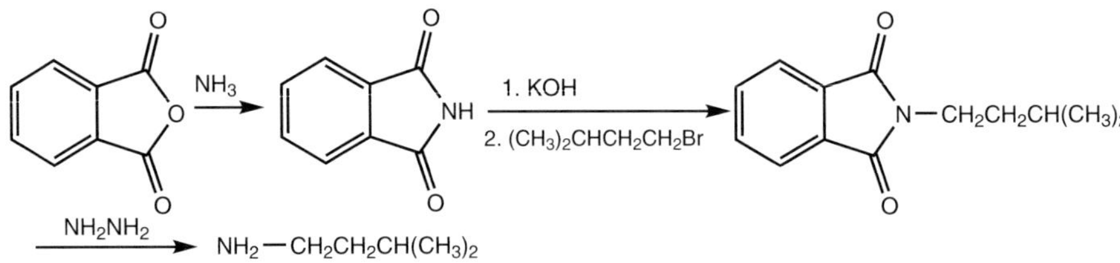

12.18.

a. NaCN; b. 1) $LiAlH_4$, 2)H_2O; c. Br_2/OH^-; d. Sn/HCl; e. $CH_3COOCOCH_3$

12.19. Se haría reaccionar una diamina, como la 1, 10 decanodiamina, y bromuro de metilo en exceso.

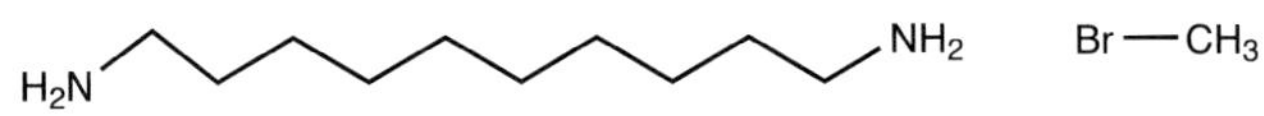

12.20.

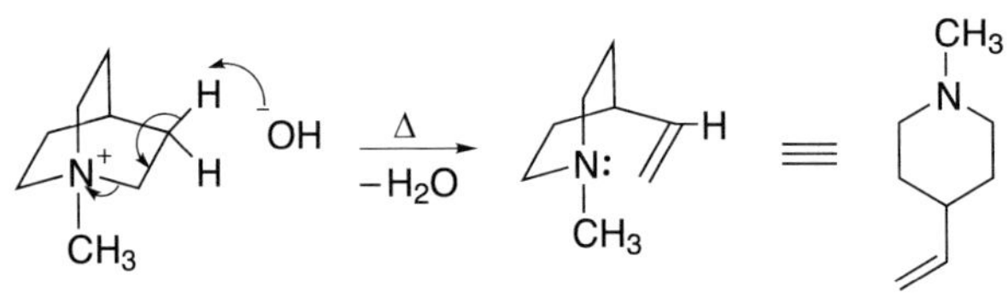

12.21.

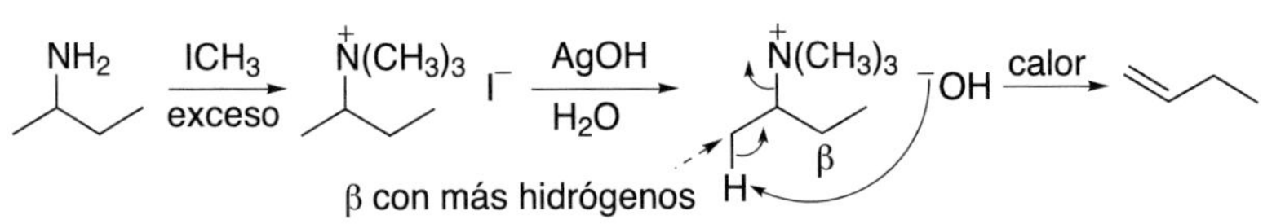

12.22.

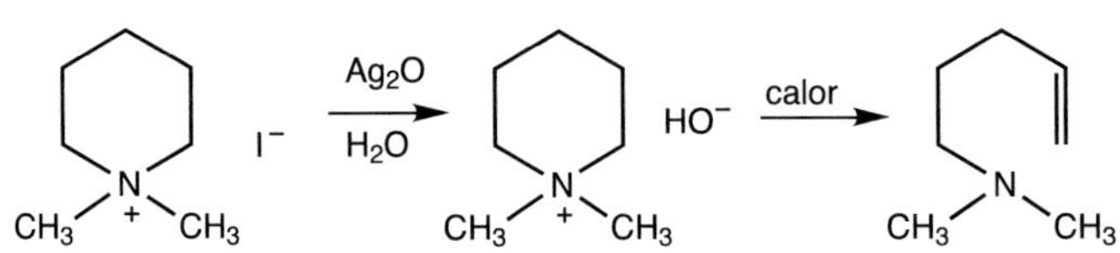

Capítulo 13

13.1. Ambos compuestos se ionizan para dar el mismo carbanión; por tanto, la diferencia en el equilibrio dependerá de la estabilidad del compuesto de partida: El tolueno es más estable que el metilenciclohexadieno, por lo tanto, es menos ácido.

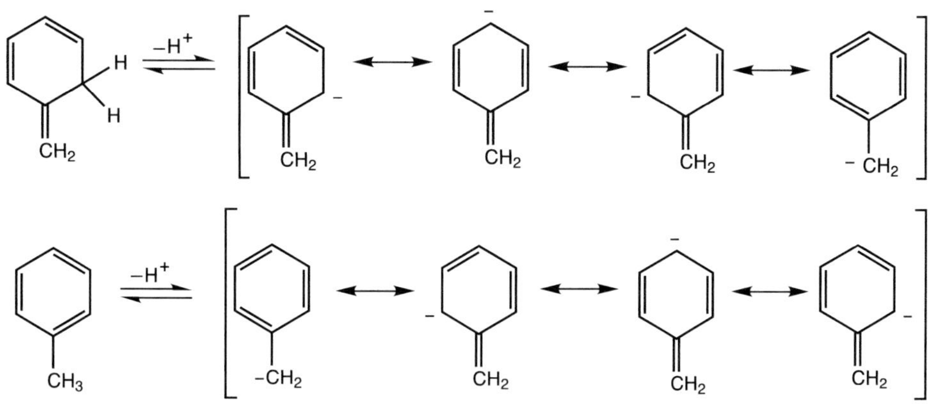

13.2.

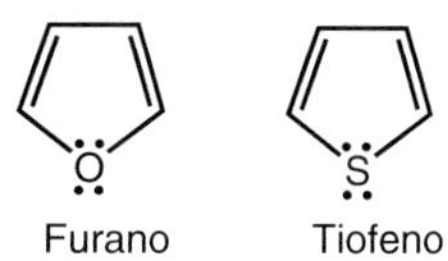

Ambos compuestos heterocíclicos cumplen la *regla de Hückel*: *cualquier polieno monocíclico conjugado que fuera plano y contuviera 4n + 2 electrones π, donde n = 0, 1, 2..., poseería la estabilidad característica de los compuestos aromáticos.*

Los dos compuestos son:

- Monocíclicos.
- Polienos conjugados.
- Planos.
- El número de electrones π es 6, por lo tanto n = 1, en la fórmula *4n + 2.*

13.3. El trióxido de azufre (SO_3), aunque es neutro, es capaz de reaccionar con el benceno debido a que el azufre, por el efecto atrayente de electrones de los tres átomos de oxígeno, es suficientemente electrófilo para realizar el ataque electrofílico.

13.4.

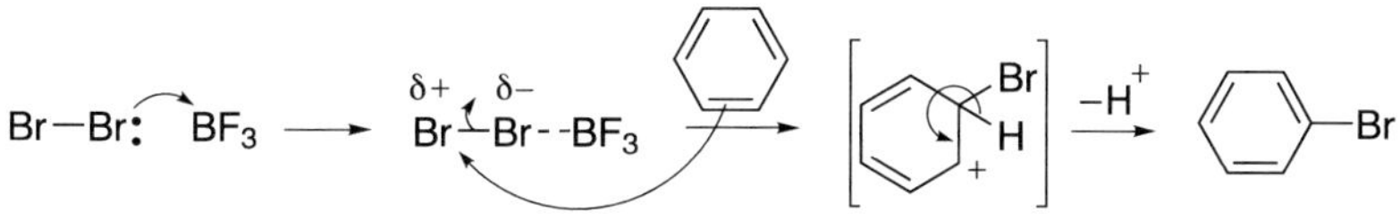

13.5. Se produce una protonación del alqueno y la generación del carbocatión (el electrófilo), que será atacado por el anillo de benceno para dar una S_EAr.

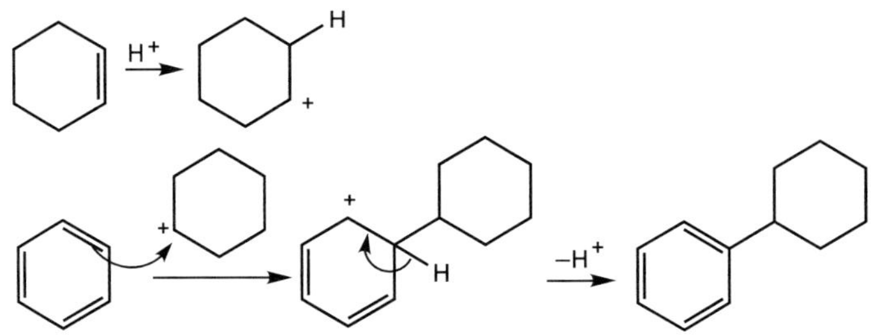

13.6. La respuesta correcta es la *b*.

13.7.

a)

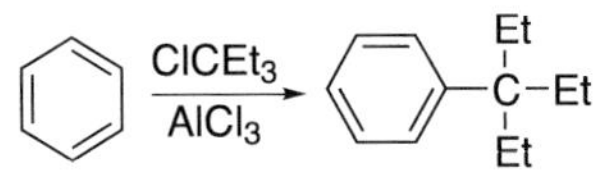

b)

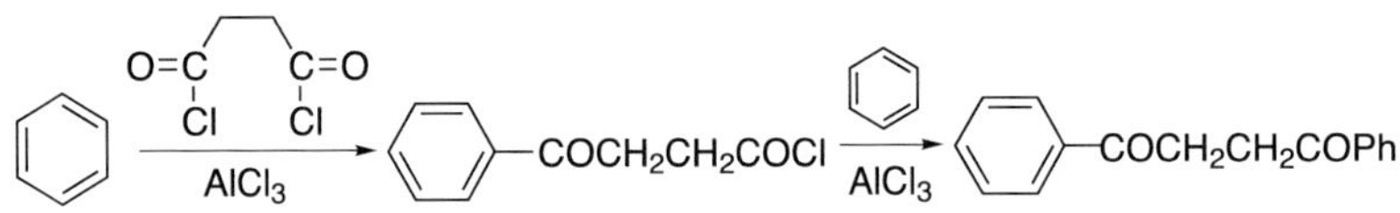

13.8. No. Habría una trasposición y se obtendría isopropilbenceno.

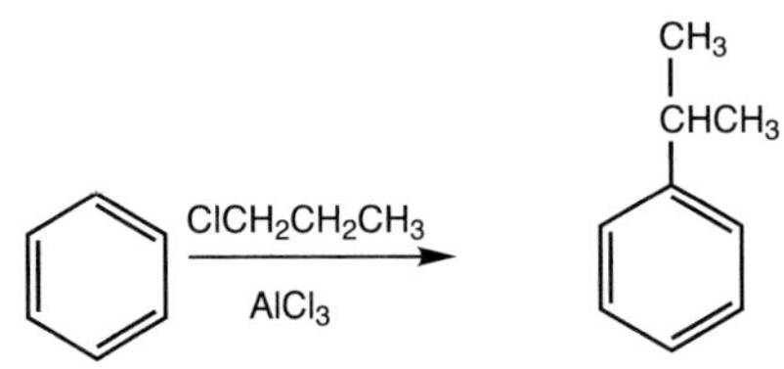

Debería realizarse de la siguiente manera:

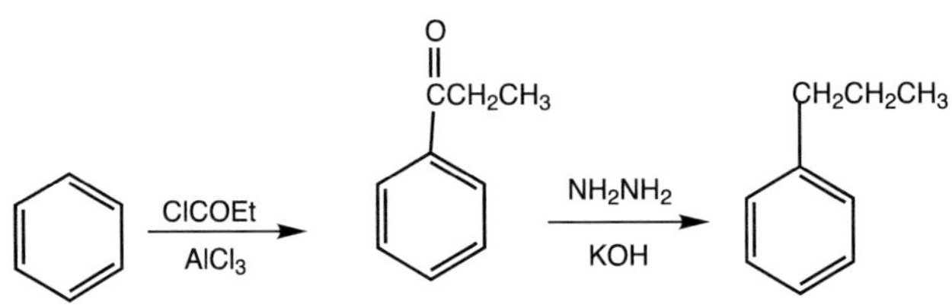

13.9.

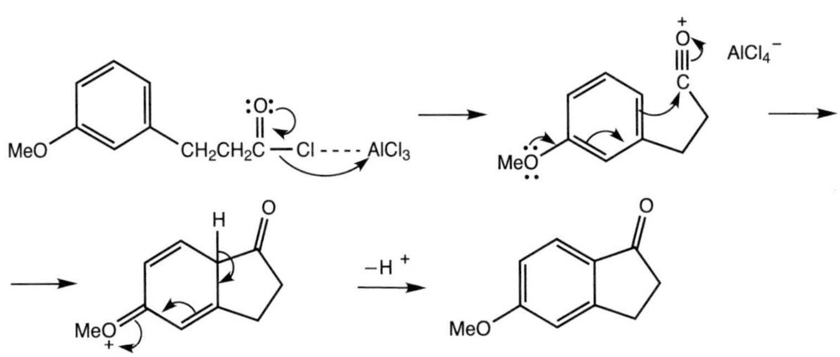

El otro posible compuesto es el que resulta de la ciclación en *orto* respecto al metoxi.

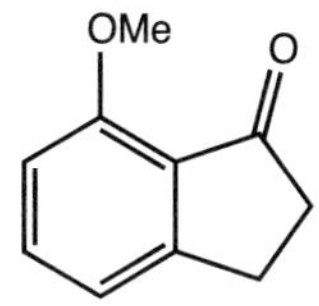

13.10.

$$d < b < f < c < e < a$$

13.11. El anillo unido al átomo de nitrógeno del grupo amida es el más reactivo debido al efecto dador de electrones + M del nitrógeno.

13.12.

Ataque en *para*:

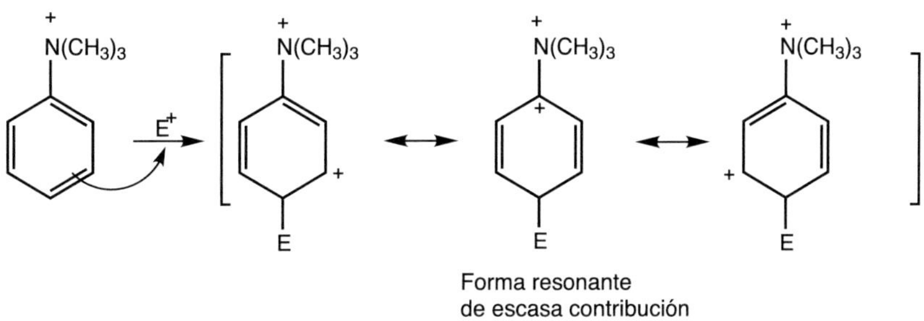

Ataque en *orto*:

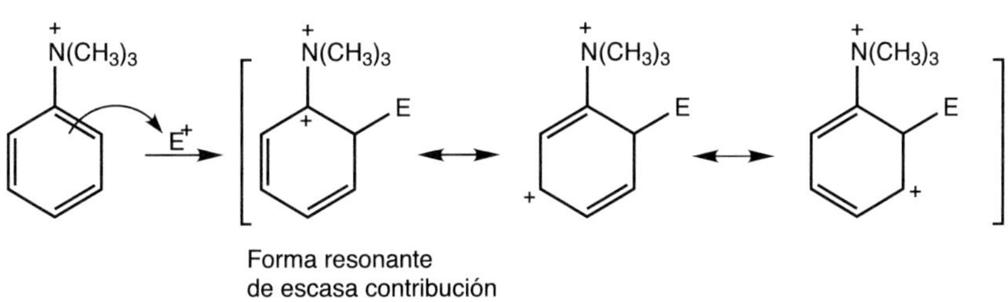

Ataque en *meta*:

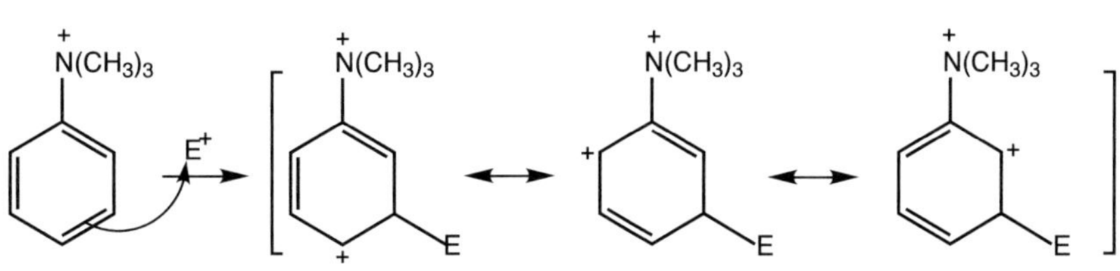

13.13.

1*d*); 2*b*); 3*e*); 4*b*).

13.14.

a)

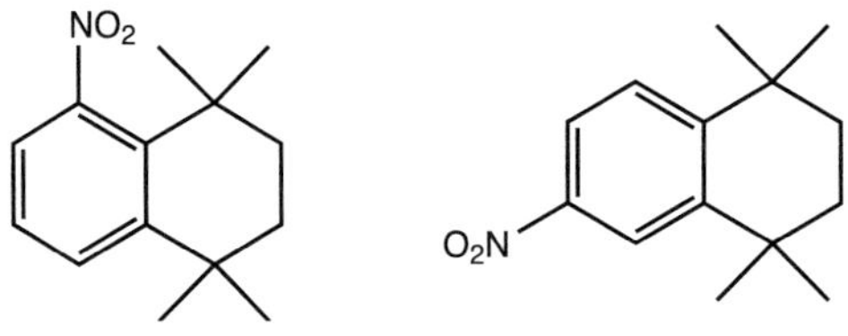

b)

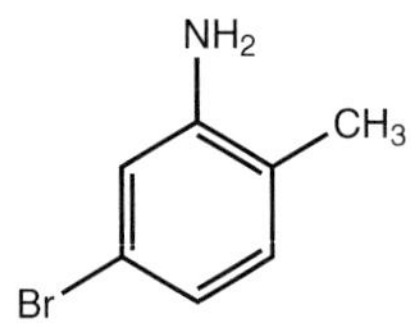

13.15.

b > d > f > e > c > a

El compuesto *b* tiene dos sustituyentes activantes (OCH_3 y CH_3), el *d* un sustituyente activante (CH_3), el *f* no posee sustituyentes, el *e* un sustiyente desactivante, el *c* dos sustiyentes desactivantes y el *a* tres.

13.16. El compuesto *b* contiene dos sustituyentes moderadamente activantes. El *c* uno moderadamente activante y otro moderadamente desactivante. El *e* tiene uno débilmente activante y otro moderadamente desactivante, *a* uno débilmente activante y otro fuertemente desactivante. Por último, los dos sustituyentes del compuesto *d* son fuertemente desactivantes.

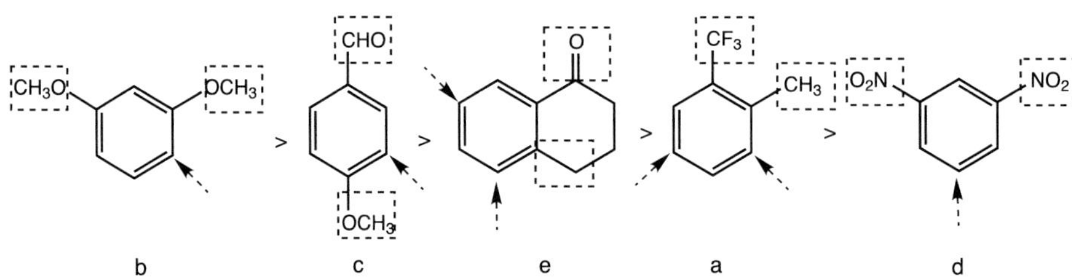

13.17.

a)

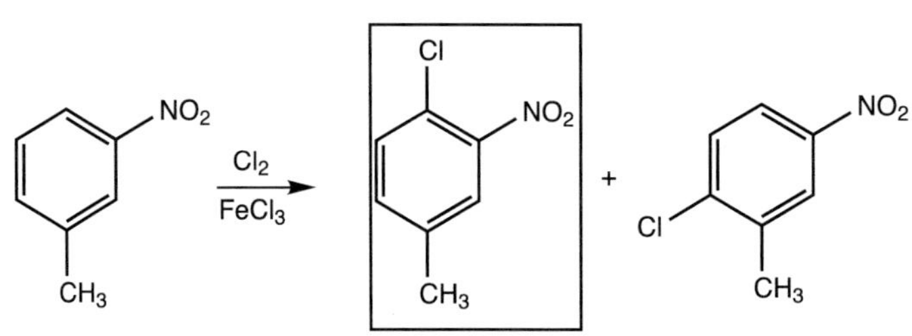

b)

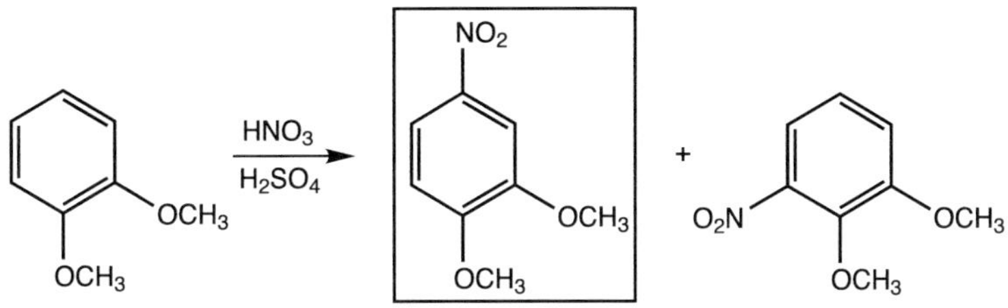
OCH3
OCH3
HNO3
H2SO4
NO2
OCH3
OCH3
+
O2N
OCH3
OCH3

c)

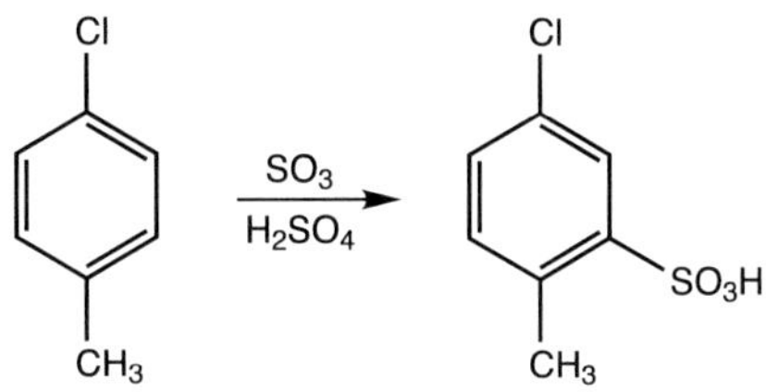
Cl
CH3
SO3
H2SO4
Cl
SO3H
CH3

d)

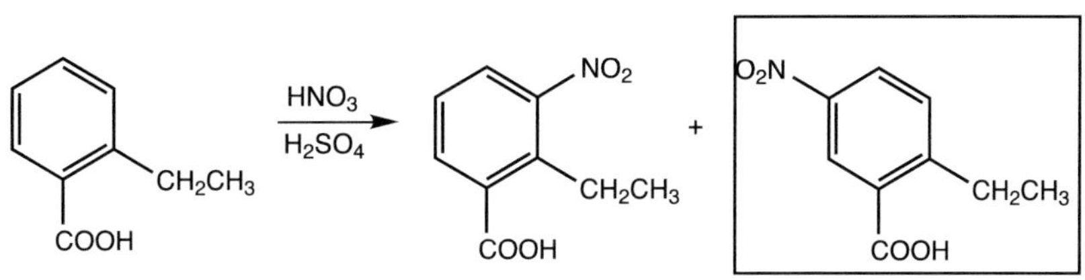
CH2CH3
COOH
HNO3
H2SO4
NO2
CH2CH3
COOH
+
O2N
CH2CH3
COOH

e)

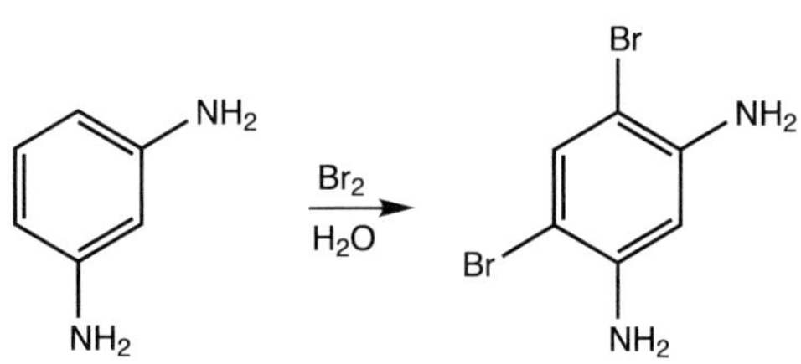
NH2
NH2
Br2
H2O
Br
NH2
Br
NH2

f)

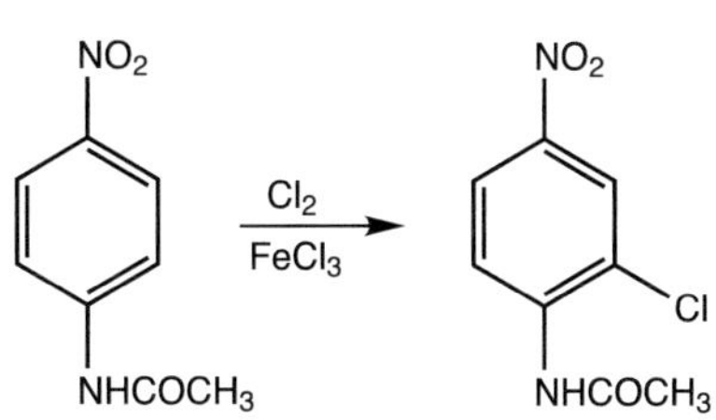
NO2
NHCOCH3
Cl2
FeCl3
NO2
Cl
NHCOCH3

13.18.

a)

i)

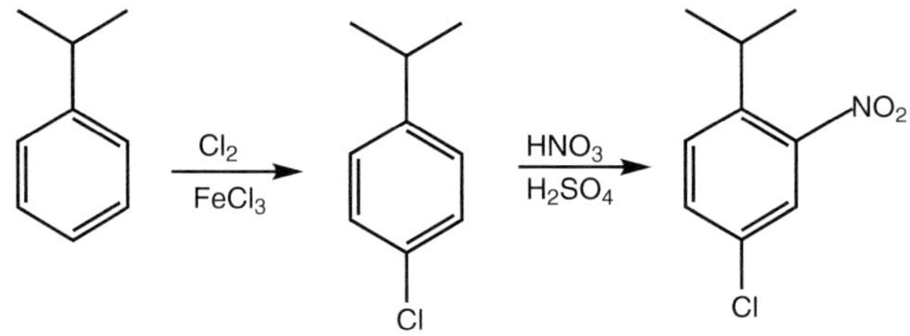

ii)

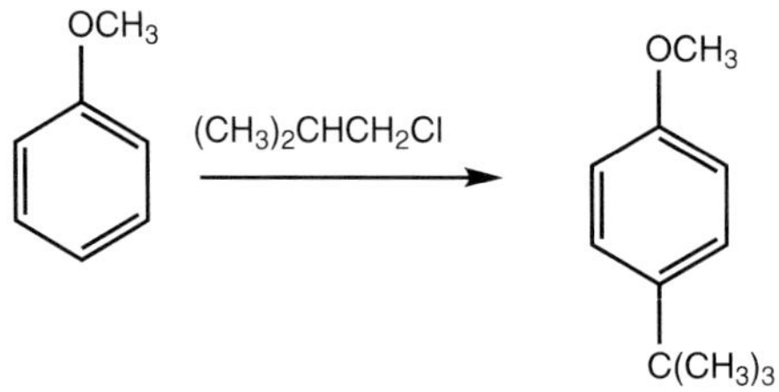

b)

i)

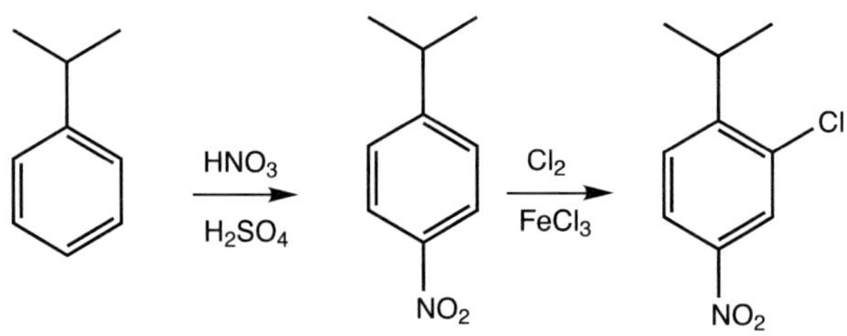

ii)

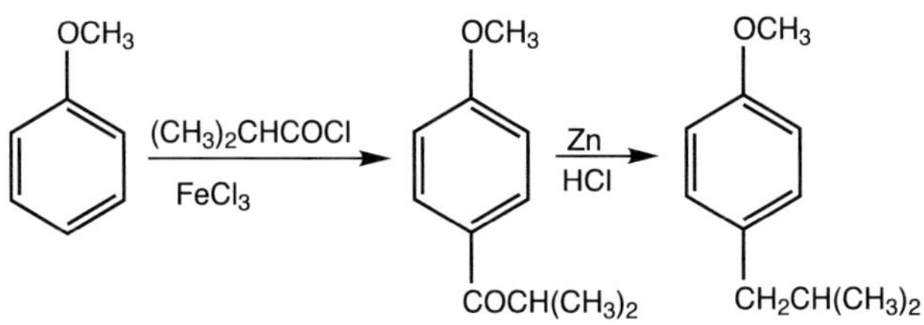

13.19.

a)

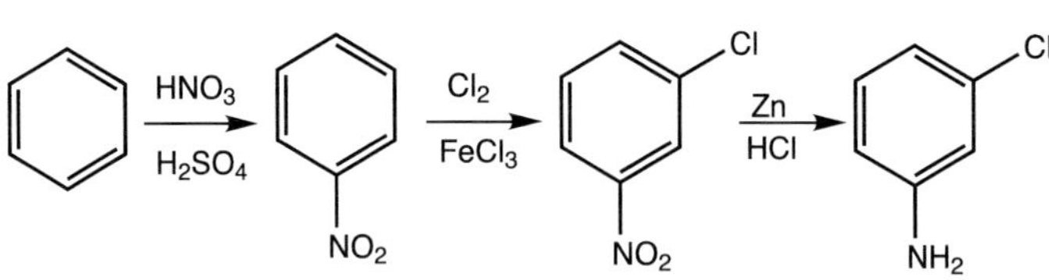

b)

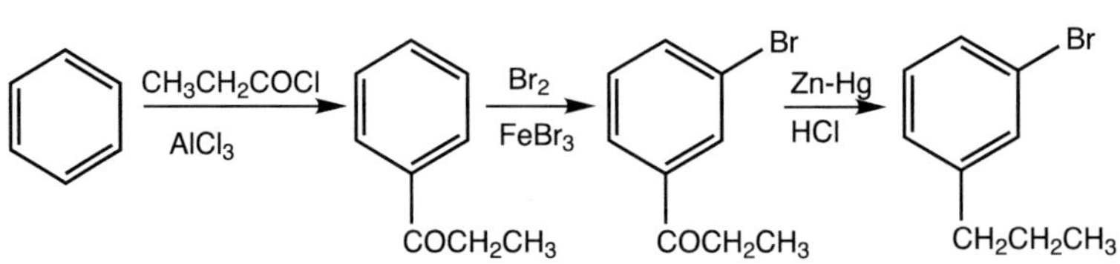

c)

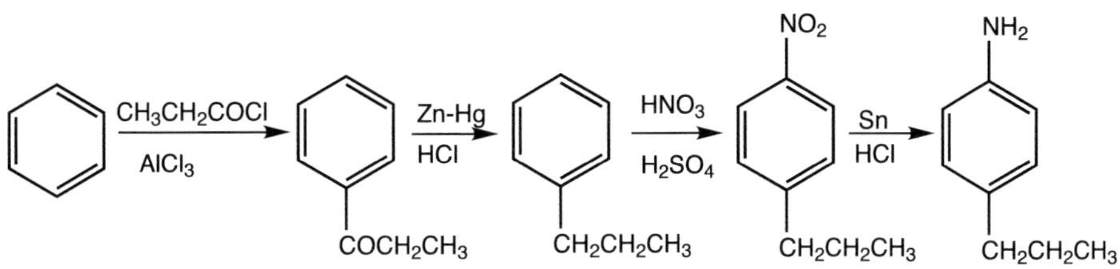

13.20.

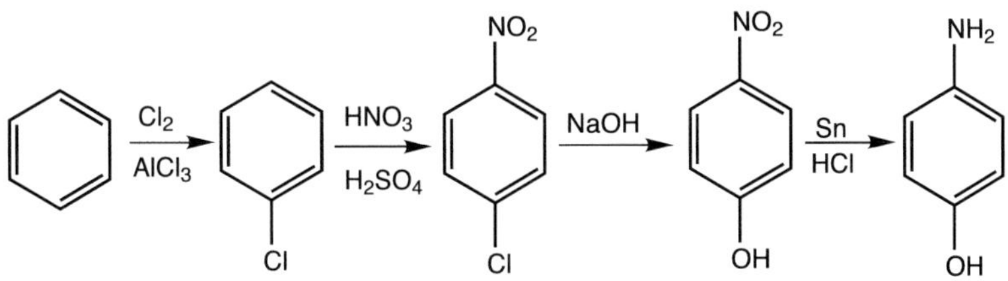

13.21.

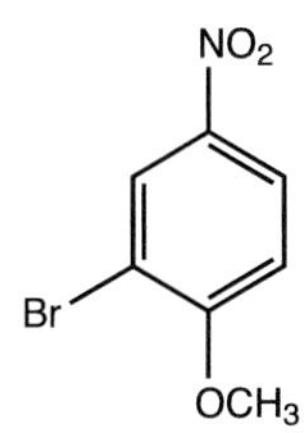

13.22.

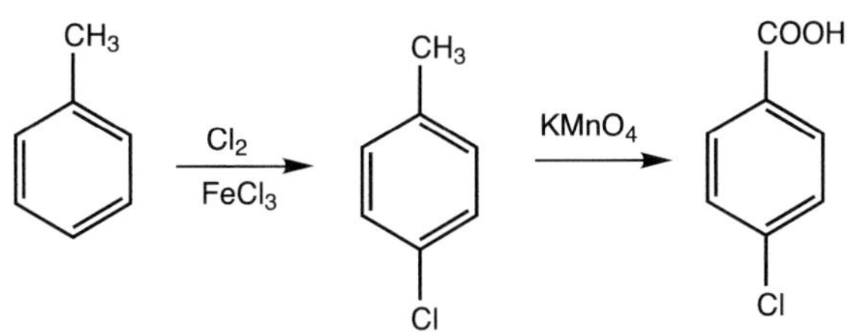

13.23.

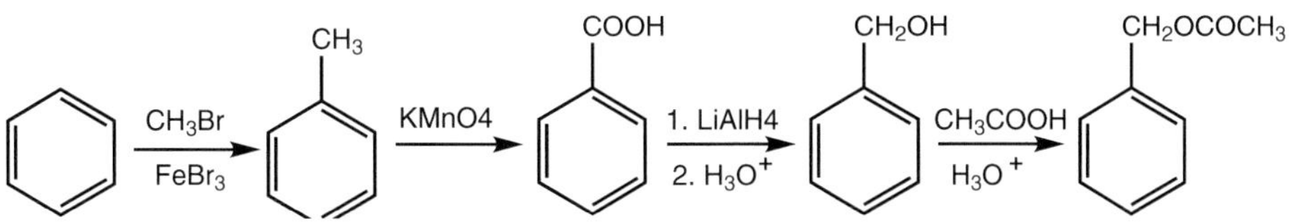

13.24. El producto principal en los apartados *a)* y *b)* es el a. benzoico. En *c)* y *d)* no hay reacción de oxidación.

13.25.

a)

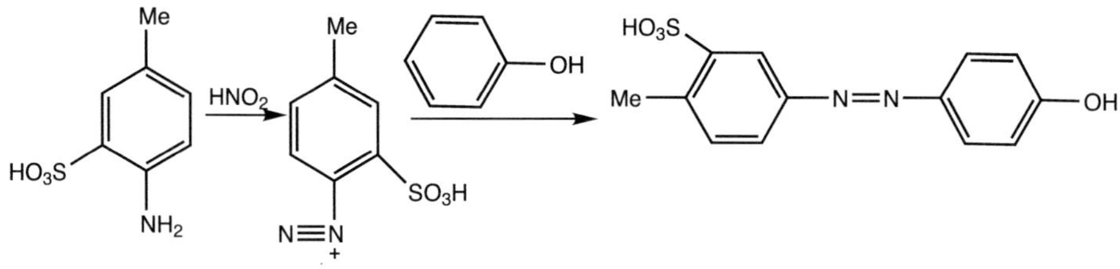

b)

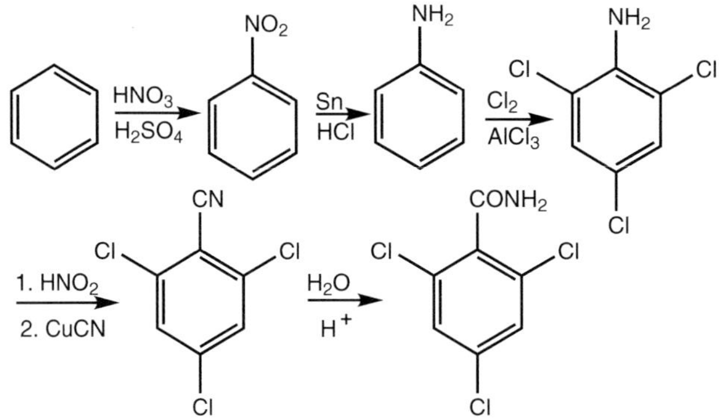

c)

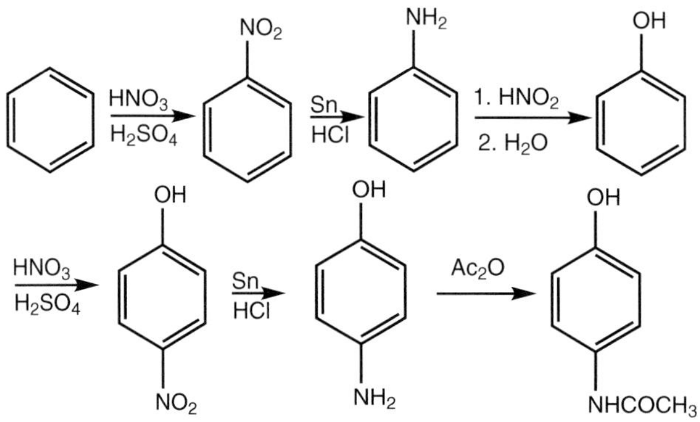

13.26.

a)

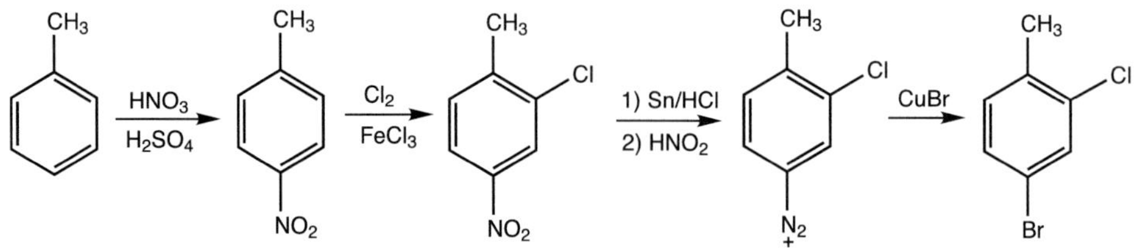

b)

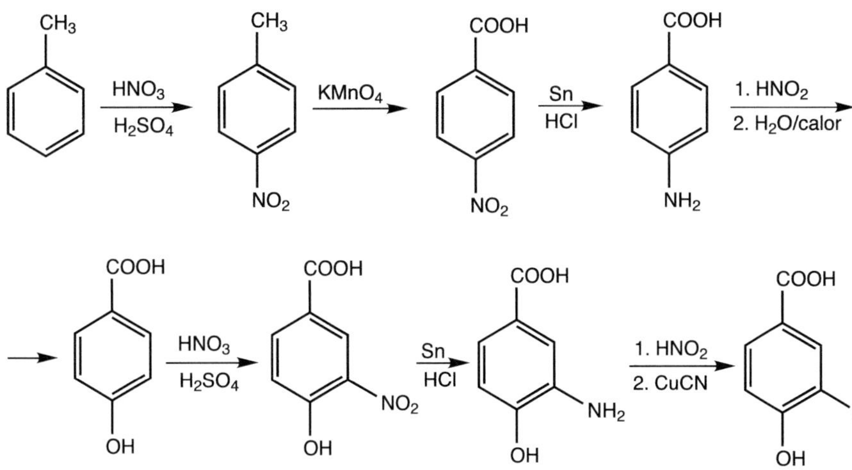
CH3
HNO3
H2SO4
CH3
NO2
KMnO4
COOH
NO2
Sn
HCl
COOH
NH2
1. HNO2
2. H2O/calor
COOH
OH
HNO3
H2SO4
COOH
NO2
OH
Sn
HCl
COOH
NH2
OH
1. HNO2
2. CuCN
COOH
CN
OH

13.27.

1*b)*; 2*b)*.

BIBLIOGRAFÍA

Alcudia, F.; García Ruano, J. L. y Prados, P. (1978): *Problemas en síntesis orgánica*. Alhambra. Madrid.

Avendaño, M. C. (2001): *Introducción a la química farmacéutica*. McGraw-Hill Interamericana. Madrid

— (2004): "La innovación farmacéutica" en *Nuevos avances en Medicamentos*. Real Academia Nacional de Farmacia. Madrid.

Breslow, R. (1962): *Mecanismos de reacciones orgánicas.* Reverté. Barcelona.

Cabildo Miranda, M. P.; García Fraile, A.; López García, C. y Santa María Gutiérrez, M. D. (2011): *Química Orgánica*. UNED. Madrid.

Camps García, P.; Vázquez Cruz, S. y Escolano Mirón, C. (2010): *Química farmacéutica I (Tomos 1 y 2)*. Universitat de Barcelona. Barcelona.

Carda, M.; Rodríguez, S.; González, F.; Murga, J.; Falomir, E. y Castillo, E. (1996): *Síntesis orgánica: resolución de problemas por el método de desconexión*. Universitat Jaume I. Castellón.

Carey, F. A. (2006): *Química orgánica.* McGraw-Hill. México D. F.

Castells, J. (1984): *Química general y bioorgánica*. Alhambra. Madrid.

Castillo García, E. y Martínez Solís, I. (2015): *Manual de fitoterapia*. Elsevier. Barcelona.

Corey, E. J.; Czakó, B. y Kürti, L. (2007): *Molecules and Medicine*. Wiley. Nueva Jersey.

Delgado, A.; Minguillón, C. y Joglar, J. (2002): *Introducción a la síntesis de fármacos*. Síntesis. Madrid.

Delgado, A.; Minguillón, C. y Joglar, J. (2003): *Introducción a la química terapéutica.* Díaz de Santos. Madrid.

Fox, M. A. y Whitesell, J. K. (2000): *Química orgánica*. Pearson Educación. México.

Galbis Pérez, J. A. (2000): *Panorama actual de la química farmacéutica*. Universidad de Sevilla. Sevilla.

Hart, H.; Craine, L. E.; Hart, D. J. y Hadad, C.M. (2007*): Química Orgánica.* McGraw-Hill. Madrid.

Kemp, D. S. y Vellaccio, F. (1986) *Química Orgánica*. Omega. Barcelona.

Klein, D. (2013): *Química Orgánica.* Médica Panamericana. Madrid.

Lee, C.-J.; Lee, L.H. y Lu C-H. (2003): *Development and evaluation of drugs*, CRC Press. Londres.

McMurry, J. (2004): *Química Orgánica.* International Thomson Editores. México.
Kleemann, A.; Engel, J. *et al*. (2001): *Pharmaceutical Substances*. Thieme Stuttgart.
Lee, S. y Robinson, G. (2001): *Process Development.* Oxford University Press. Nueva York.
Patrick, C. (2001): *Medicinal Chemistry*. Bios. Oxford.
Potapov, V. M. y Tatarinchik, S. N. (1979): *Química orgánica*. Mir. Moscú
Petrucci, R. H.; Harwood, W.S. y Herring, F.G. (2002): *Química general*. Prentice Hall. Madrid.
Procter, G. (2001): *Stereoselectivity in organic synthesis.* Oxford University Press. Nueva York.
Quiñoa, E. y Riguera, R. (2004): *Cuestiones y ejercicios de Química Orgánica. Una guía de estudio y autoevaluación.* McGraw-Hill. Madrid.
Raviña Rubira, E. (2008): *Medicamentos: Un viaje a lo largo de la evolución del descubrimiento de fármacos*. Universidad de Santiago de Compostela. Santiago de Compostela.
Robinson, M. J. T. (2000): *Organic stereochemistry.* Oxford University Press. Nueva York.
Saunders, J. (2001): *Top Drugs: top synthetic routes*. Oxford University Press. Nueva York.
Seyhan, E. (1996): *Química Orgánica, estructura y reactividad.* Reverté. Barcelona.
Stock, L. M. (1977): *Reacciones de sustitución aromática*. Alhambra. Madrid.
Soler, V. y González, M. E. (2005): *Ejercicios resueltos sobre síntesis orgánica en compuestos de interés terapéutico.* Valencia. Fundación Universitaria San Pablo-CEU. Valencia.
Solomons, T. W. G. *Química Orgánica* (2000): Limusa. México.
Soto Cámara, J. L. (1999): *Química orgánica*. Síntesis. Madrid.
Streitwieser, A. y Heathcock, C. H. (1987): *Química orgánica*. Interamericana. Madrid.
Vollhardt, P. C. y Schore, N.E. (2008): *Química Orgánica: estructura y función*. Omega. Barcelona.
Wade, L. G. (2012): *Química Orgánica*. Pearson Educación. México.
Warren, S. (1987): *Organic synthesis. The disconnection approach*. John Wiley & sons. Chichester.
Wittcoff, H. A., Bryan, G. y Reuben, M. A. (2000): *Productos químicos orgánicos industriales (tecnología,formulación y usos).* Limusa S.A. México.
Yurkanis Bruice, P. (2008): *Química Orgánica.* Pearson Educación. México.

Direcciones de internet

http://www.organic-chemistry.org
http://www.chemistryguide.org/organic-chemistry.html